《合成树脂及应用丛书》编委会

"十二五"国家重点图书

合成树脂及应用丛书

丙烯酸树脂及其应用

■ 厉蕾 颜悦 主编

化学工业出版社

·北京·

本书介绍了丙烯酸及丙烯酸酯的单体和丙烯酸树脂的特性、品种、制备方法、产能与发展。重点介绍了丙烯酸类树脂的成型方法，其下游产品丙烯酸酯类胶黏剂、涂料、塑料、弹性体、医用材料、感光材料、建筑材料、纤维、纸张、皮革、高吸水、高吸油脂材料的应用、研究动态和发展现状。对丙烯酸树脂的发展趋势进行了展望，并对丙烯酸树脂生产和使用的安全环保作了简要介绍。

本书可供从事丙烯酸树脂和相关产品的科研、生产、应用领域的技术人员和研究人员阅读参考。

图书在版编目（CIP）数据

丙烯酸树脂及其应用/厉蕾，颜悦主编 . —北京：化学工业出版社，2012.1（2023.4 重印）
（合成树脂及应用丛书）
ISBN 978-7-122-13032-7

Ⅰ . 丙⋯ Ⅱ . ①厉⋯②颜⋯ Ⅲ . 丙烯酸树脂
Ⅳ . TQ325.7

中国版本图书馆 CIP 数据核字（2011）第 260181 号

责任编辑：王苏平　　　　　　　　　　　　文字编辑：林　丹
责任校对：宋　玮　　　　　　　　　　　　装帧设计：尹琳琳

出版发行：化学工业出版社（北京市东城区青年湖南街 13 号　邮政编码 100011）
印　　装：北京科印技术咨询服务有限公司数码印刷分部
710mm×1000mm　1/16　印张 28¾　字数 559 千字　　2023 年 4 月北京第 1 版第 6 次印刷

购书咨询：010-64518888　　　　　　　　　售后服务：010-64518899
网　　址：http://www.cip.com.cn

凡购买本书，如有缺损质量问题，本社销售中心负责调换。

定　　价：88.00 元

Preface 序

合成树脂作为塑料、合成纤维、涂料、胶黏剂等行业的基础原料，不仅在建筑业、农业、制造业（汽车、铁路、船舶）、包装业有广泛应用，在国防建设、尖端技术、电子信息等领域也有很大需求，已成为继金属、木材、水泥之后的第四大类材料。2010年我国合成树脂产量达4361万吨，产量以每年两位数的速度增长，消费量也逐年提高，我国已成为仅次于美国的世界第二大合成树脂消费国。

近年来，我国合成树脂在产品质量、生产技术和装备、科研开发等方面均取得了长足的进步，在某些领域已达到或接近世界先进水平，但整体水平与发达国家相比尚存在明显差距。随着生产技术和加工应用技术的发展，合成树脂生产行业和塑料加工行业的研发人员、管理人员、技术工人都迫切希望提高自己的专业技术水平，掌握先进技术的发展现状及趋势，对高质量的合成树脂及应用方面的丛书有迫切需求。

化学工业出版社急行业之所需，组织编写《合成树脂及应用丛书》（共17个分册），开创性地打破合成树脂生产行业和加工应用行业之间的藩篱，架起了一座横跨合成树脂研究开发、生产制备、加工应用等领域的沟通桥梁。使得合成树脂上游（研发、生产、销售）人员了解下游（加工应用）的需求，下游人员了解生产过程对加工应用的影响，从而达到互相沟通，进一步提高合成树脂及加工应用产业的生产和技术水平。

该套丛书反映了我国"十五"、"十一五"期间合成树脂生产及加工应用方面的研发进展，包括"973"、"863"、"自然科学基金"等国家级课题的相关研究成果和各大公司、科研机构攻关项目的相关研究成果，突出了产、研、销、用一体化的理念。丛书涵盖了树脂产品的发展趋势及其合成新工艺、树脂牌号、加工性能、测试表征等技术，内容全面、实用。丛书的出版为提高从业人员的业务水准和提升行业竞争力做出贡献。

该套丛书的策划得到了国内生产树脂的三大集团公司（中国石化、中国石油、中国化工集团），以及管理树脂加工应用的中国塑料加工工业协会的支持。聘请国内 20 多家科研院所、高等院校和生产企业的骨干技术专家、教授组成了强大的编写队伍。各分册的稿件都经丛书编委会和编著者认真的讨论，反复修改和审查，有力地保证了该套图书内容的实用性、先进性，相信丛书的出版一定会赢得行业读者的喜爱，并对行业的结构调整、产业升级与持续发展起到重要的指导作用。

袁晴棠

2011 年 8 月

Foreword 前言

丙烯酸树脂是全球应用最为广泛的树脂之一，因其原料和制备方法的不同，可以合成出成千上万种性能迥异、用途不同的产品。采用丙烯酸树脂合成的胶黏剂、涂料、胶膜、弹性体、医用材料、透明材料、感光材料、吸水性材料、建筑材料等被广泛应用于工业、农业、机械、航空航天、汽车、电子和电气、建筑、医药、日常生活等各个领域，是国民经济和国防建设不可或缺的重要材料。

进入21世纪，丙烯酸树脂的生产技术水平和加工应用水平同其他合成树脂一样得到快速发展，本书按照产、销、研、用一体化的理念，主要介绍了以丙烯酸及其酯为单体合成的丙烯酸类树脂的上中下游产品的特性、品种、合成、制造加工、发展历程及趋势、产品质量检测及应用技术，同时介绍了丙烯酸树脂的新产品、新工艺，以达到促进合成树脂产业链间新知识、新业务沟通传递的目的。

本书对丙烯酸树脂制造的胶黏剂、涂料、透明材料、弹性体、医用材料、感光材料、建筑材料、纤维、纸张、皮革材料、高吸水性、高吸油脂材料的研究动态和发展趋势作了重点介绍，基本囊括了当今丙烯酸树脂的应用领域，以期尽可能多地反映丙烯酸树脂近十年的发展与应用新成果，内容较为全面。

本书由厉蕾、颜悦统一策划，第1章由厉蕾、颜悦编写，第2章由钟艳莉、哈恩华编写，第3章由郭新涛、张定国、张晓雯编写，第4章由陈宇宏、张晓雯编写，第5章由张洪峰、李静、厉蕾、王耀华、张晓雯、张定国、张博编写，第6章由陈洁编写，第7章由张晓雯、侯俊先、张晓峰编写。厉蕾、张晓雯、颜悦负责全书的统稿。石定杜作为主审人负责全书的审稿。

本书在编写过程中得到《合成树脂及应用丛书》编委会各方领导、专家，化学工业出版社领导和编辑的关心与支持，在此深表谢意。艾凯数据中心和五泰信息咨询公司提供了部分信息，在此一并致谢。由于时间紧迫、加之作者水平有限，存在的不妥或疏漏之处，敬请广大读者指正。

编写者
2011 年 4 月

Contents

目录

第1章 概论

1.1 丙烯酸单体及树脂的结构

丙烯酸树脂是丙烯酸酯或甲基丙烯酸酯为主要单体合成的树脂统称，由丙烯酸和甲基丙烯酸或其衍生物（酯类、腈类、酰胺类）及其他烯属单体经聚合而得，其单体化学结构式为：

$$CH_2=C-C-O-R \qquad\qquad CH_2=C-C-O-R$$

丙烯酸酯   甲基丙烯酸酯

其中，R 为 H 或 1~18 碳原子的烷基或环烷基，也可以是带各种官能团的烷基。

丙烯酸树脂的化学结构式为：

$$\left[CH_2-\overset{R^1}{\underset{R^2-O-C=O}{C}} \right]_n$$

其中，R^1 和 R^2 可为 H、烷基或其他取代基，—$COOR^2$ 也可以是—CN、—$CONH_2$ 或—CHO 等基团。

因丙烯酸树脂的单体分子结构中含有 C=C 不饱和双键、羧基及羧基衍生物，可以通过乳液聚合、悬浮聚合、本体聚合、溶液聚合等多种均聚或共聚的方式进行聚合。选用不同结构的单体、助剂、溶剂、配方，不同的制备技术和生产工艺，可合成出不同类型、不同性能、不同用途结构稳定的丙烯酸树脂，应用于各个领域。因此丙烯酸树脂已成为全球发展最快、功能应用最为显著的一类树脂，是与国民经济发展和人民生活息息相关的材料。

1.2 丙烯酸单体及树脂的分类与基本特性

1.2.1 丙烯酸单体分类

丙烯酸酯单体按照酯基 R^2 的类型分为通用丙烯酸酯和特种丙烯酸酯。

当 R^2 为纯烷基基团时，丙烯酸酯单体统称为烷基丙烯酸酯。其中丙烯酸甲酯（MA）、丙烯酸乙酯（EA）、丙烯酸正丁酯（BA，简称丙烯酸丁酯）、丙烯酸-2-乙基己酯（2-EHA，简称丙烯酸辛酯）四大单体为通用丙烯酸酯，是全球丙烯酸酯工业化生产规模最大的支柱型产品，产量占丙烯酸酯总产量的 95% 左右。

当 R^2 为含有氧、氮和硅等取代杂原子的烷基基团时，统称为特种丙烯酸酯。特种丙烯酸酯产量相对较低，生产规模也相对较小，但品种繁多。

1.2.2 丙烯酸树脂分类及基本特性

丙烯酸树脂的分类方法多样，以下是几种常见的分类方法：

$$\text{丙烯酸树脂分类}\begin{cases}\text{按热效应分类}\begin{cases}\text{热固性丙烯酸酯}\\\text{热塑性丙烯酸酯}\end{cases}\\\text{按形态分类}\begin{cases}\text{固态丙烯酸酯}\\\text{液态丙烯酸酯}\end{cases}\\\text{按反应类型分类}\begin{cases}\text{反应交联型丙烯酸酯}\\\text{自交联型丙烯酸酯}\end{cases}\\\text{按用途分类}\begin{cases}\text{丙烯酸酯塑料、橡胶、胶黏剂、涂料、纤维、}\\\text{改性剂、添加剂等}\end{cases}\end{cases}$$

(1) 按热效应分类

① 热固性丙烯酸树脂　热固性丙烯酸树脂是以丙烯酸系单体为基本成分，经交联反应形成不溶、不熔的预聚物，预聚物的分子量一般较小，结构中含有剩余的官能团，在加热过程中，官能团之间或与其他体系树脂，如氨基树脂、环氧树脂、聚氨酯等中的活性官能团能够进一步反应，固化形成交联网状结构。热固性丙烯酸树脂通常具有优异的色泽，硬度高，耐溶剂性和耐候性好，耐磨、抗划性优良。

热固性丙烯酸树脂的形态主要有固体型、溶液型、半乳型和水基型，后三种类型需加热烘烤才能交联固化成膜，常用作织物、皮革、纸张处理剂，工业用漆及建筑涂料等。

② 热塑性丙烯酸树脂　热塑性丙烯酸树脂一般为线型高分子聚合物，可以是均聚物，也可以是共聚物。热塑性丙烯酸树脂的分子量较大，在加热及成膜过程中不再发生进一步的交联反应，可反复受热软化和冷却凝固，具有良好的保光保色性和耐水耐化学性，具有易于加工成型、成膜干燥快、施工方便的特点，在汽车、电器、机械、采油、合成纤维、建筑等领域得到广泛应用。

热塑性丙烯酸树脂主要有本体浇注材料（固态）、溶液型、乳液型和水基型等多种形态。最常见的本体浇注材料是有机玻璃，它由甲基丙烯酸酯与多官能丙烯酸系单体和其他多官能烯类单体共聚制浆，经浇注聚合制得。溶液型、乳液型和水基型热塑性丙烯酸树脂常用于涂料工业，其相对分子质量一般在 75000~120000，实际使用过程中常与硝酸纤维素、醋酸丁酸纤维素和过氯乙烯树脂等混用，以改进其涂膜性能。

(2) 按形态分类

① 固态丙烯酸树脂　固态丙烯酸树脂主要是热塑性丙烯酸树脂，也包括部分热固性丙烯酸树脂，在室温下具有较好的力学性能（如良好的拉伸、弯曲性能）与光学性能。不同种类固态丙烯酸树脂的软化温度相差很大，主要通过热加工制成各种形状与类型的光学制品。

② 液态丙烯酸树脂

a. 水溶性丙烯酸树脂　水溶性丙烯酸树脂的主链或侧链中含有足够多的极性基团或离子性基团，从而能溶于水，主要包括聚（甲基）丙烯酸、聚（甲基）丙烯酰胺和某些 N 取代的聚（甲基）丙烯酰胺、聚（甲基）丙烯酸盐等。水溶性丙烯酸树脂可用溶液聚合、乳液聚合、反相乳液聚合法和接枝聚合法等方法合成；也可用某些亲水性的丙烯酸系单体或含有足够量（例如50％以上）亲水性丙烯酸系单体与丙烯酸酯等单体的混合物，以水为溶剂进行聚合，制成丙烯酸树脂的水溶液。

水溶性丙烯酸树脂可用作增稠剂、汽车涂料、油墨、织物处理剂、乳化剂、分散剂、防垢剂、絮凝剂、增稠剂、土壤调节剂、水质稳定剂、水溶性胶黏剂、化妆品添加剂等，在纺织、医学、选矿、石油、环保、食品、造纸、水处理及农林业等领域广泛应用。

水溶性丙烯酸树脂固化温度低，时间短，施工简单；具有增黏性、导电性和离子交换性；易于改性，可通过添加各种助剂改性制成不同性能与类别的产品；制成的膜耐酸、碱、油能力强；表观颜色可调，光泽性好，有较好的附着力、较强的抗划伤能力和较高的透光性。

b. 丙烯酸树脂乳液　丙烯酸树脂乳液常用丙烯酸酯单体（如丙烯酸丁酯、丙烯腈、丙烯酰胺或其混合物）乳液共聚制得，乳液呈蓝玉色或蓝白色，固体含量20％～40％，可用作皮革涂饰剂中的成膜剂和胶黏剂，具有成膜光亮、柔韧、抗水性、黏合性强等优点。根据所用各种丙烯酸酯单体配比的不同，所得共聚物的成膜性能有软性、中硬性、硬性之分，在涂料、油漆、油墨、胶黏剂、橡胶、色谱柱填料、电子显微镜标样及药物缓释载体等领域应用。

丙烯酸树脂乳液具有良好的耐候性、耐热性；优异的力学性能，硬度高，耐磨性好；表干与实干时间短，施工方便；对金属、塑料等基材具有很好的附着力；透明、光亮、色泽丰满；改性灵活，黏度可调，聚合方法多样。

(3) 按反应类型分类

① 反应交联型丙烯酸树脂　反应交联型丙烯酸树脂是指预聚物中的官能团没有自交联反应能力，必须外加至少有 2 个官能团的交联组分（如三聚氰胺树脂、环氧树脂、脲树脂和金属氧化物等）经反应交联固化，例如丙烯酸丁酯、苯乙烯、α-甲基丙烯酸和丙烯酸-2-羟乙酯共聚的丙烯酸树脂可以在

钾离子、钙离子等金属阳离子催化下与水性环氧树脂交联，在单晶硅基底上铺展形成综合性能较好的共聚物超薄膜。

② 自交联丙烯酸树脂　自交联型丙烯酸树脂是指预聚物链本身含有两种以上有反应能力的官能团（羟基、羧基、酰氨基、羟甲基等），当加热到一定温度或添加催化剂时，官能团间能相互反应，自行交联。经自交联的丙烯酸树脂可明显改善其耐水性和耐溶剂性，机械强度和耐热性也有所提高。丙烯酸系单体和两种含不同官能团（如羟基、羧基和氨基等）的单体或一种含两类官能团的单体（如羟甲基丙烯酰胺，含羟基和氨基）共聚所得的溶液聚合物或乳液聚合物，成膜时聚合物链上的两类官能团也能相互反应从而实现自交联。多价金属也是常用的自交联剂。自交联丙烯酸树脂主要用作织物、皮革、纸张处理剂和涂料等。

(4) 按用途分类　制备丙烯酸树脂的单体种类繁多，聚合工艺多样，其用途也多种多样，在生产和人类日常生活中无所不在，关于丙烯酸树脂的应用与特性将在第 5 章中详细介绍。

1.3 丙烯酸单体及树脂的发展

1.3.1 丙烯酸单体的发展与产能

随着丙烯酸树脂在工业、农业、机械、航空航天、汽车、电子和电气、建筑、医药、日常生活等各个领域的应用拓展，丙烯酸树脂的品种和数量日益增加，推动了丙烯酸、丙烯酸酯、甲基丙烯酸、甲基丙烯酸酯等聚合单体的迅猛发展。特别是当今世界人类环保意识的增强，对化工产品从原料生产到聚合物合成，环保呼声越来越高。由于丙烯酸及酯类可以合成出很多性能优异的水性化产品，符合环保的要求，因此其单体生产规模的增长更为迅速。

1.3.1.1 丙烯酸及酯类单体的合成方法

丙烯酸树脂所用的丙烯酸及酯类单体的合成方法始于 1850 年。科学家在实验室采用丙烯醛氧化法生成丙烯酸及酯，采用羟基异丁酸酯与三氯化磷反应合成甲基丙烯酸酯。1872 年发现了丙烯酸甲酯、丙烯酸乙酯和其他丙烯酸酯类，其工业生产技术是伴随着石油化学工业的发展而起步的，可以追溯到 20 世纪 20 年代。1921 年，德国 ott Roehm 博士提出了一条以乙烯经过氯乙醇合成丙烯酸的工艺路线，并于 1927 年在德国实现了工业化。从此，丙烯酸及酯类单体工业生产从最早的氯乙醇法，不断进行着生产技术改进，发展到今天最为重要的丙烯二步氧化法。图 1-1 是 20 世纪丙烯酸及酯类单体工业生产方法的主要发展历程。其中氯乙醇法、氰乙醇法、Reppe 法、烯酮法因效率低、消耗大、成本高，已逐步淘汰。乙烯法、丙烷法和环氧

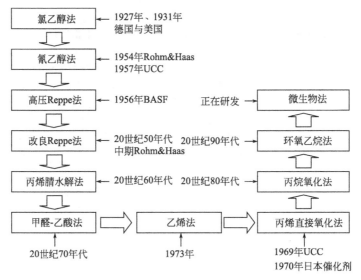

■图1-1　丙烯酸及酯类单体工业生产方法的发展历程

乙烷法由于工艺尚不成熟，现还无大规模的生产装置。当今全球丙烯酸大型生产装置仍是采用丙烯氧化法。目前研究较多的微生物法是由可再生资源、用生物方法生产的乳酸，经发酵生产丙烯酸的工艺。如果通过生物方法生产丙烯酸的工艺能够工业规模化，将是人类在绿色化学与化工革命中取得的重大突破。

甲基丙烯酸甲酯是丙烯酸树脂最主要的聚合单体之一。1936年，英国ICI公司采用丙酮氰醇法实现了单体生产工业化。日本触媒公司和三菱人造丝公司分别于1982年和1983年开发出异丁烯/叔丁醇气相氧化法。德国巴斯夫公司于1988年研制成功乙烯羰基法。目前世界上生产甲基丙烯酸甲酯的原料路线仍以丙酮氰醇法为主。

1.3.1.2　酯化级丙烯酸和通用丙烯酸酯的发展与产能

美国和亚洲是世界上最主要的丙烯酸和丙烯酸酯消费国家或地区，西欧和日本次之。目前世界上共有十几个国家或地区的几十家企业生产丙烯酸及酯，主要集中在美国及西欧、亚洲等地域。世界五大丙烯酸生产商分别是巴斯夫、罗门哈斯、陶氏化学、日本触媒化学及阿托菲纳化学公司，其合计产能约占世界总产能的85%。据统计，2008年，巴斯夫在西欧、北美及东南亚的酯化级丙烯酸产能共85.5万吨/年，通用丙烯酸酯产能共82.1万吨/年，装置规模持续雄冠世界。全球酯化级丙烯酸及通用丙烯酸酯生产厂家及其2008年的产能见表1-1。

目前，全球酯化级丙烯酸和通用丙烯酸酯的生产和应用已相对成熟，增长趋于平缓。据SRIC咨询公司统计，2008年底，全球通用丙烯酸酯的装置产能为460.5万吨/年，酯化级丙烯酸装置产能为499.3万吨/年，较2007年的491万吨/年

■表1-1 2008年全球酯化级丙烯酸及通用丙烯酸酯生产厂家及其产能

单位：万吨/年

国家(地区)	公司名称	装置地址	CAA	AE
美国	American Acryl	德克萨斯州帕萨迪纳	12	5
	巴斯夫	德克萨斯州弗里波特	23	18.1
	陶氏化学	德克萨斯州克利尔莱克	32	19.5
	陶氏化学	德克萨斯州潘帕	0	7.5
	陶氏化学	路易斯安那州塔夫特	11	16.6
	罗门哈斯/斯托哈斯	德克萨斯州迪尔帕克	58	38.6
墨西哥	陶氏化学	墨西哥	4.5	5.0
巴西	巴斯夫	Sao, Paulo	0	5
	Proquigel Quimica SA	Cacelas, Bahia	0	1.5
比利时	巴斯夫	安特卫普	16	5
法国	阿珂玛	Carling-Saint Avold	27.6	27
德国	巴斯夫	路德维希港	30.5	38
	陶氏化学	Bohlen	8	6
	斯托哈斯	马尔	26.5	6
捷克	Hexion特种化学品公司	捷克	5.5	5.7
俄罗斯	AO Akrilat	Dzerzhinsk	2.5	4
南非	Sasol	Sasdlburg	8	11.5
印尼	日本触媒	Cilegon	6	10
日本	出光石化	爱知县知多市	5	5
	三菱化学	三重县四日市	11	11.6
	日本触媒	姬路	38	13
	日本触媒	爱姬县新居滨	8	0
	大分化学	大分市	6	0
	东亚合成	名古屋	0	11.4
韩国	LG化学	Yeochon	16	23
马来西亚	巴斯夫 Petronas	Kuantan	16	16
新加坡	日本触媒	新加坡	7.3	8.2
中国台湾	台塑	台湾林园	5.5	10
	台塑	台湾麦寮	9	10.2

增长了1.6%。2009年酯化级丙烯酸生产能力达到512万吨/年，通用丙烯酸酯的生产能力490.5万吨/年。到2010年酯化级丙烯酸生产能力超过了540万吨/年。

随着涂料、电子、汽车、纺织、印刷、建筑等行业及信息、远程通信等高新技术产业的发展，特别是辐射固化技术在各个领域的应用，使得特种丙烯酸酯的增长尤为迅速。美国、日本及西欧等是特种丙烯酸酯生产开发的主要国家和地区，居世界领先地位。目前，特种丙烯酸酯中生产规模最大、产品品种最多的当属辐射固化用多官能丙烯酸酯单体和低聚物。美国的沙多玛、氰特表面技术，德国的科宁，中国台湾的长兴化学，以及日本的触媒、化药、新中村化学等公司是辐射固化用特种丙烯酸酯的重要生产商。

我国于20世纪80年代中期由北京东方石化公司东方化工厂率先引进了国外先进丙烯酸生产装置，从此翻开了国内丙烯酸及酯产品大规模生产的崭新一页，丙烯酸及酯装置产能和生产技术发展极其迅速，极大地推动了国内丙烯酸树脂上、下游产业链的连接与需求。进入 21 世纪，通过启动自主开发及产学研合作模式的国产化丙烯酸技术创新工程，充分消化吸收国外技术，进行技术自主创新，2004 年在上海华谊，自主知识产权和核心技术被运用到 3 万吨/年丙烯酸改扩建项目中，其建成投产标志着我国丙烯酸及酯生产工艺技术国产化的实现，使我国成为继美国、德国、日本之后，第 4 个拥有丙烯酸及酯生产成套技术的国家。

表 1-2 记载了 20 世纪 80 年代以来国内丙烯酸及酯生产装置建设历史，以及经过扩能建设后截至 2009 年的装置产能情况。经过近 30 年的发展，丙烯酸及酯产能已由 1984 年 3.8 万吨/年增加到 2010 年的超过 240 万吨/年。中国已成为全球近年来丙烯酸生产发展最快的地区。目前还有一些包括河北沧州、广东惠州和茂名、四川泸州、辽宁沈阳、山东等地拟建和在建的 2～10 万吨/年丙烯酸及酯工程，将使国内丙烯酸及酯的产能上一个新的台阶。

■表 1-2　国内丙烯酸及酯生产装置建设历史和 2009 年产能情况　　单位：万吨/年

生产单位	建设时间	现生产装置能力		采用技术
		丙烯酸	丙烯酸酯	
北京东方石化公司东方化工厂	1984	9.0	9.5	日本触媒
吉林石化公司	1992	3.5	4.5	三菱化学
上海华谊集团公司丙烯酸有限公司	1994	20	21	三菱化学
江苏裕廊化工有限公司	2005	21	24	兰州化工研究院
南京扬子石化巴斯夫有限责任公司	2005	16	21.5	德国巴斯夫
台塑丙烯酸酯（宁波）有限公司	2006	16	20	台塑
沈阳石蜡化工有限公司	2006	8	12	三菱化学
山东齐鲁石化开泰实业有限公司	2006	3	0.5	齐鲁石化研究院
浙江卫星丙烯酸制造有限公司	2007	4	4.5	自有技术
山东正和集团化工公司	2007	4	6	自有技术
中石油兰州石化丙烯酸厂	2007	8	10	兰州化工研究院

1.3.1.3 甲基丙烯酸甲酯的发展与产能

2007 年，国外及中国台湾甲基丙烯酸甲酯（MMA）总产能就已达到 295.9 万吨/年。MMA 生产主要集中在美国、日本及西欧等发达国家和地区，产能占世界总产能 80％以上。英国璐彩特公司是全球最大的 MMA 生产商，共有 4 套装置，分别建在美国、英国和中国，产能为 68.5 万吨/年。其他地区较大型生产装置大部分也属于西欧及美国、日本公司的合资企业或子公司。英国璐彩特，日本三菱人造丝、旭化成、住友等企业几乎垄断了亚洲 MMA 生产。国外及中国台湾 MMA 主要生产企业生产能力见表 1-3。此后生产商纷纷加紧扩能和新建项目，2007～2011 年间，国外新增产能 78 万吨/年。由于 MMA 的下游产品 PMMA 在亚洲地区需求增长强劲，亚洲成为 MMA 扩建项目的主流，亚洲新建产能占总产能 55％，装置分布在新加坡、泰国、韩国和中国，中国更为国际化学公司所看重。

我国早期的 MMA 由有机玻璃废料裂解制得，20 世纪 50 年代末期，分别在苏州安利化工厂和上海制笔化工厂建成 MMA 生产装置，工艺均采用 ACH 路线，以后又陆续建设了一批装置。截至目前，国内大型 MMA 生产

■表1-3　2007年国外及中国台湾MMA主要生产企业及产能　　　　单位：万吨/年

国家/地区		公司	装置地址	产能	小计
美国		罗姆哈斯	鹿园	47.5	98.0
		璐彩特国际	梅姆菲斯	16.5	
			博芒特	20.0	
		德固赛	福蒂尔	14.0	
西欧	法国	阿科玛	圣-阿沃德	9.0	79.4
	德国	德固赛-罗姆公司	沃尔姆斯	22.5	
			韦塞林	9.5	
		巴斯夫	路德卫希港	2.8	
	意大利	阿科玛	罗镇	9.0	
	西班牙	雷普索尔-YPF	塔拉戈纳	4.6	
	英国	璐彩特国际	比林汉姆	22.0	
俄罗斯		Orgstekio	捷尔任斯克	2.5	5.5
		Saratovorgsintez	萨拉托夫	3.0	
亚洲	日本	三菱人造丝	广岛大竹	21.7	109
		旭化成石化公司	川崎	10.0	
		住友化学	兵库姬路	4.0	
		可乐丽	中野	6.7	
		协同	大阪府高石	4.0	
		三菱瓦斯化学	新泻	5.1	
		日本触媒	姬路	5.0	
	新加坡	新加坡MMA Monomer	普洛萨卡拉	8.0	
	韩国	LG-MMA	丽水	10.0	
		南海石化	丽水	5.0	
	中国台湾	高雄单体化工公司	高雄	10.0	
		台塑	麦寮	9.8	
	泰国	曼谷公司	马塔府	9.7	
其他	巴西	Proquigel Quimica	卡德勒斯	3.3	4.0
	印度	Gujarat	巴罗达	0.5	
	印度尼西亚	Indosukses	Serang	0.2	
总计					295.9

企业主要有吉林石化公司、惠州三菱丽阳公司、上海璐彩特公司和上海Evonik公司。一些单体裂解生产MMA厂家也在不断发展，2002年，国内有30多家裂解厂家，现已发展到100多家，裂解MMA产能约15.0万吨/年，年产量约10.0万吨/年，这些企业主要分布在华东地区。表1-4为国内MMA生产企业及产能情况。

■表1-4　国内MMA生产企业及产能　　　　　　　　　　　　　单位：万吨/年

生产厂家	采用技术	生产能力	投产年份	备注
上海璐彩特公司	ACH	10.0	2005	
吉林石化丙烯腈厂	ACH	5.0	2004	2008年已扩建至10万吨/年
惠州三菱丽阳公司	i-C4	7.0	2005	2007年已扩建至9万吨/年
吉化抚顺吉特化工公司	ACH	1.6	2003	
吉化苏州安利化工厂		1.2	2004	
黑龙江龙新化工公司	ACH	2.7	2004	2009年又新建了5万吨/年
上海制笔化工厂	ACH	0.6	20世纪50年代	2007年"三废"迁建，达1.0万吨/年，2009年底投产
上海Evonik公司（前德固赛）	i-C4	10	2009	

1.3.2 丙烯酸树脂的发展与产能

树脂的发展更多依赖于上游和下游产品。上游产品产量的增加和下游产品应用领域的扩大，带动了丙烯酸树脂制造技术和应用技术的发展。从图1-2可以看出丙烯酸树脂的上、下游产业链及应用领域，在领域划分时有些是彼此交叉的。

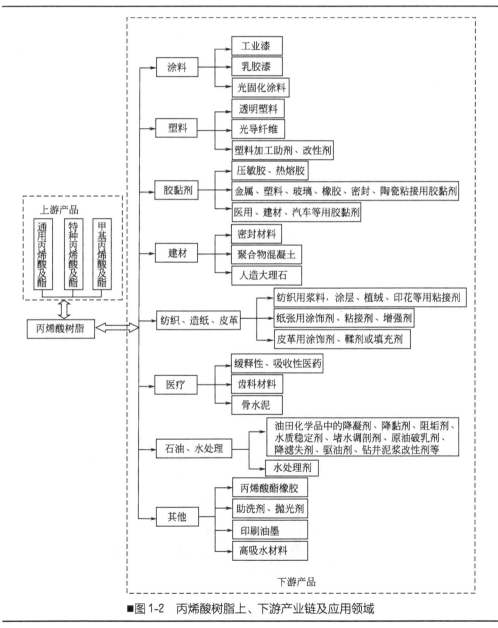

■图1-2　丙烯酸树脂上、下游产业链及应用领域

自从 1872 年人们发现了丙烯酸酯具有可聚合的性质以后，对这类具有活性的有机化合物不断地从结构与性能上进行探索，至 20 世纪 30 年代，ICI 和 Du Pont 开始丙烯酸树脂与涂料生产，丙烯酸酯单体的聚合方法日益成熟，改性树脂的种类越来越多，综合性能也在不断提高，该部分内容本书第 5 章和第 7 章将做详细介绍。

从研究开发的角度分析，丙烯酸树脂处于稳步发展的时期。表 1-5 是进入 21 世纪有关丙烯酸树脂研发方面发表的论文、专利中文文献和 SCI/IEE 收录的英文文献不完全统计结果。

■表 1-5　2000～2010 年丙烯酸树脂研发方面发表的中英文论文和专利不完全统计结果

年代	2000	2001	2002	2003	2004	2005	2006	2007	2008	2009	2010
论文	1776	2047	2203	2342	3165	2726	2983	3193	3918	4676	3618
专利	799	839	931	978	1109	1274	1382	1482	1612	1651	1473

关于丙烯酸树脂研发方面发表的文献，我国从 2000 年到 2010 年，无论是论文还是专利数量均呈逐年上升趋势，但专利数量相对较少，而国外在专利数量上更多一些。图 1-3 和图 1-4 分别为中文文献和英文文献统计结果，其中 2010 年为不完全统计数据。发表论文和申请专利的内容基本集中于丙烯酸树脂改性研究、制备及应用方面。从图 1-5 国内 2009 年论文分类的情况来看，涂料研发方面的论文是最多的，其次是纺织行业和高吸水树脂方面的论文，与丙烯酸树脂在各行业应用的比重完全对应。

目前，国内丙烯酸树脂的生产企业有数十家，主要生产单位有江苏三木集团有限公司、江苏德发树脂有限公司、佛山市高明同德化工有限公司、杭

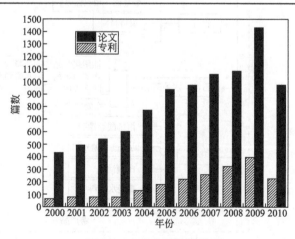

■图 1-3　中文文献统计结果

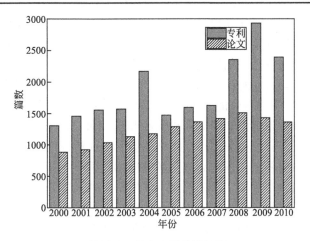

■图 1-4　英文文献统计结果

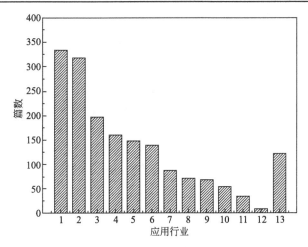

■图 1-5　2009 年国内发表论文的分类统计

1—涂料；2—纺织；3—高吸水性树脂；4—光学材料；5—胶黏剂；6—医药；7—油墨；
8—橡胶；9—建筑；10—水处理，油品；11—纸张；12—航空航天；13—其他

州德尚化工有限公司、上海华谊（集团）公司、天津津立龙精细化工有限公司、广东同步化工股份有限公司、辽宁三环树脂有限公司、东莞市花飞乐涂料有限公司、桐乡市正大涂料有限公司和济南卡夫乐化工有限公司等公司。其中，江苏三木集团有限公司是国内涂料用溶剂型丙烯酸树脂和水溶性丙烯酸树脂生产产量最大、品种最全、质量最优的专业生产企业。辽宁三环树脂有限公司是国内最主要的固体丙烯酸树脂供应商，可以根据客户的特定要求，采用各种不同的单体和特有的聚合工艺，为客户定做特殊规格的"专用树脂"，2009 年产量约为 1.2 万吨，工艺技术和产品质量已达到国外同类

产品水平。此外，佛山市高明同德化工有限公司、广东同步化工股份有限公司、沈阳化工集团公司、江苏德发树脂有限公司、杭州德尚化工有限公司、上海华谊（集团）公司、东莞市花飞乐涂料有限公司和天津津立龙精细化工有限公司等公司的年生产能力也都在万吨以上。

在国家自主创新政策的激励下，我国科研工作者正致力于研发高端的丙烯酸树脂，并在高性能、高档次、功能化涂料等领域取得了令人瞩目的成绩。

我国丙烯酸树脂的品种已经相对完善，但应用领域多在行业低端徘徊，国外市场应用则集中在吸水性树脂、表面活性剂、水处理、医药、电子等高附加值的领域，国内高端市场的应用比例不足 10%。与国外先进技术相比，在树脂生产规模、工艺控制、质量稳定性及部分特殊性能要求的产品都存在差距。因此，采用更先进的自动化控制系统，研发新技术，进一步开拓丙烯酸树脂应用方向是今后丙烯酸树脂发展的重点内容。

1.4 丙烯酸树脂的应用与需求

丙烯酸树脂的应用领域非常广泛，涉及涂料、化纤、纺织、胶黏剂、皮革、造纸、油墨、橡胶和塑料等各工业领域。随着市场与技术的不断发展与进步，丙烯酸树脂的应用新领域仍会不断出现。丙烯酸树脂的各类涂料、胶黏剂等产品在汽车、工程机械、家电、建筑等行业占有的市场份额最大，以 2009 年为例，分别占到 16%、14%、11% 和 10%，见图 1-6。由于丙烯酸树脂结构的特殊性，配方组成成千上万，对其进行特种改性或开发特殊丙烯酸树脂，可以满足不同应用领域的各种个性化需求，详细内容将在第 5 章中介绍。

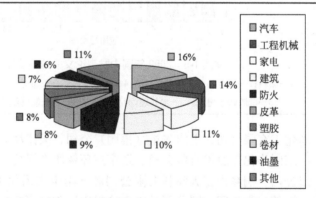

■图 1-6 2009 年国内丙烯酸树脂在各行业占有的市场份额

涂料是丙烯酸树脂应用的最大用户，主要应用在建筑、家具、家电、汽车工业。在工业发达国家，汽车涂料的销售额超过了建筑涂料，由于汽车涂料代表了一个国家的涂料工业发展水平，为了适应汽车工业的发展需要，各国均非常重视汽车涂料与涂装的研究与开发，而丙烯酸树脂在汽车涂料中占有的份额越来越大，起着举足轻重的作用。我国2009年汽车产量已跃居世界第一，汽车工业的高速发展给我国高档次丙烯酸涂料的研发应用带来了难得的历史机遇。

在建筑方面，丙烯酸涂料、胶黏剂、密封材料的使用量很大，随着中国居民住房条件和人均居住面积的进一步改善和提高，住宅建设的快速发展，对丙烯酸建筑涂料和建筑密封胶的需求量大幅增长。因此建筑行业仍将是我国丙烯酸树脂的主要消费领域，在建筑涂料和胶黏剂方面的开发应用前景非常可观。2005年，我国建筑涂料产量为180万吨，消费丙烯酸酯30万吨，占丙烯酸酯总消费量的45%。而到2010年，我国建筑涂料需求量已达280万吨左右。

随着我国包装材料行业迅速发展，包装胶黏带用丙烯酸酯类胶黏剂需求量将不断增长，据统计，2007年中国丙烯酸酯压敏胶黏剂产量约为62亿平方米，共消耗丙烯酸酯类压敏胶34万吨。据业内分析人士预测，中国压敏胶需求增速将高达20%。国内包装业对丙烯酸树脂的需求将同比增加1.7%。

丙烯酸树脂具有环保的优点，聚丙烯酸乳液成膜性好、强度高、粘接性强，在纺织领域主要用于织物整理剂、纺织经纱上浆浆料、织物涂层剂、防水剂、柔软剂等。化纤工业已成为国民经济主导产业和外向型产业，到2010年，中国纺织服装出口额达到约1200亿美元，约占世界纺织品出口总额的30%，化纤和纺织服装业发展及产品档次提高，对丙烯酸酯类高档服装浆料、涂料印花浆和加工用胶黏剂等需求也大幅增长。

高吸水性树脂（SAP）是丙烯酸最重要的应用领域之一，它是一类能吸收本身质量几百倍的液体，在受压状态下所吸液体不易释放出来的特殊聚合物，采用丙烯酸钠/高纯丙烯酸混合物与少量交联剂聚合而成。进入20世纪90年代，SAP的制造经历了快速发展时期，过去20年里，世界高吸水性树脂市场需求以两位数的速度持续强劲增长，全球制造SAP的生产装置产能2007年就已达到159万吨/年。SAP主要用于纸尿裤、卫生巾等卫生用品，约占高吸水性树脂应用的90%以上，2008～2011年全球应用于卫生用品领域的高吸水性树脂仍以年均3%～4%的速度增长，从而带动了原料丙烯酸需求快速增长。除卫生用品外，SAP的应用还包括农林、园艺、电缆、电气、包装、运输、石油、消防、医疗、化妆品等方面。

甲基丙烯酸树脂也是丙烯酸树脂中最主要的产品，其中，聚甲基丙烯酸甲酯类的透明塑料（PMMA，俗称有机玻璃或亚克力）在军事和民用领域用途十分重要，虽然用量不大，但却是不可替代的。由于其透光性能优异，质量轻，有较好的力学性能和疲劳性能，可承受气动载荷和增压载荷，因此在航空领域，光学级有机玻璃广泛用于军用飞机风挡/座舱盖，运输机和民用飞机的侧窗、舷窗等，是飞机上除复合材料外，使用的非金属材料中另一种重要的结构材料。甲基丙烯酸树脂还可以作为玻璃纤维织物或涤纶纤维织物增强塑料的树脂使用，简称为丙烯酸酯增强塑料，主要用作飞机有机玻璃风挡、座舱盖的边缘连接件，起连接增强的作用，也是承力的结构材料。

在建筑行业，有机玻璃还用于窗玻璃、采光体、农林温室、楼梯和房屋墙壁护板、卫生洁具、照明器具、水族馆海底隧道。此外，有机玻璃还大量用于光学仪器和镜片、光导纤维、光盘、汽车灯、内外饰件、摩托车前风挡和头盔玻璃等。在广告牌、宣传栏、商店和建筑铭牌、灯箱、橱窗等处也能找到各种透明的、彩色的以及珠光有机玻璃的产品。随着信息产业的高速发展，电脑、平板电视、手机屏大量采用液晶显示器（LCD），PMMA 模塑料是 LCD 导光板的主要原料，LCD 需求的迅速增长大大促进了光导用 PMMA 切片和粒料的生产发展，甲基丙烯酸树脂也成为高端的、具有高技术附加值的树脂。

由此可以看出，丙烯酸下游产业发展空间十分广阔，通过开发下游产业，将极大促进丙烯酸及酯上游产业的发展。因此根据下游产品的需求，规划上游产品的产能和建设投资将是丙烯酸树脂产业发展决策的重要环节。

我国现已成为世界丙烯酸树脂消费大国，2007 年，我国丙烯酸酯产量和消费量分别达到 73.2 万吨和 77.0 万吨，消费量就已经占世界总消费量的 24%。2008 年，我国丙烯酸酯的产量和消费量分别达到 75.9 万吨和 78 万吨。建筑、纺织、包装材料、卫生材料是国内丙烯酸酯需求量最大的领域，受其拉动，中国丙烯酸酯市场未来仍将高速发展。2010 年丙烯酸酯需求量达到 100 万吨，消费量约占世界总消费量的 31.4%，2013 年需求量预计将达到 140 万吨，见图 1-7。

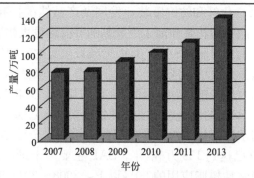

■图 1-7　国内市场对丙烯酸酯的需求量

目前，国内市场对丙烯酸树脂产品的年需求量达到了 35 万吨左右，预计未来几年仍将以 10% 左右的速度增长，到 2012 年，将达到近 43 万吨/年，2014 年将达到 55 万吨左右，见图 1-8。

2005 年以前，由于消费量增速高于产量增速，原料单体和树脂的产能远远不能满足需求，进口量较大，1993～2005 年进口量年均增速达到前所未有的 26.6%。随着近几年国内新建项目的投产，一举扭转了丙烯酸单体依赖国外的局面，进口量已呈现下降趋势，出口量开始上升，见图 1-9、图 1-10。但目前国内每年仍需进口数万吨的树脂产品来满足国内市场的需求，2010 年，进口量达 25 万吨，而出口量也增加到 10 万多吨。表 1-6 是 2005 年以来国内丙烯酸树脂的进出口量的统计情况。日本一直是我国丙烯酸树脂的主要进口国，从 2005～2010 年基本稳定在 5 万～8 万吨之间，其他大的

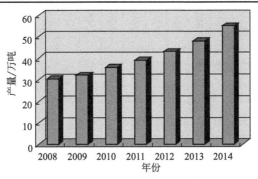

■图 1-8　国内市场对丙烯酸树脂的需求量

进口国和地区还有美国、西欧、韩国、德国、新加坡、泰国等。从美国进口的丙烯酸树脂量在 2 万~4 万吨。尤其是 2010 年韩国已经仅次于日本成为第二大进口国，达到 3 万吨，新加坡和泰国的进口量也从 2005 年的二三千吨上升到 2010 年的 2 万吨左右。从出口量看，2005 年出口到美国是最多的，约 5000 吨。2010 年主要出口巴西约 1.3 万吨，土耳其、韩国和泰国、印度、越南也成为我国主要的出口国。

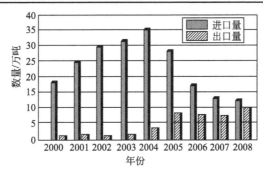

■图 1-9　丙烯酸及酯单体进出口量

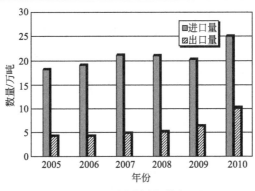

■图 1-10　丙烯酸树脂进出口量

15

■表 1-6 2005～2010 年世界主要国家对中国丙烯酸树脂的进出口情况统计

单位：吨

产销国及地区	2005 年		2006 年		2007 年		2008 年		2009 年		2010 年	
	进口量	出口量	进口量	出口量	进口量	出口量	进口量	出口量	进口量	出口量	进口量	出口量
美国	22219	5538	24811	6992	30043	5208	35486	1619	24808	2412	29317	5115
西欧	21022	2722	20306	3931	20317	827	20098	991	16688	753	20952	3225
韩国	16356	3296	19064	6146	23896	6514	22653	4286	25849	4236	30756	5724
日本	70091	1501	58849	649	63260	864	66075	1205	57012	1504	77100	2216
德国	13989	242	16439	346	19670	386	15118	563	11621	1051	13166	644
泰国	8434	2522	7028	2351	6085	1402	10052	1682	11533	3421	18794	5544
新加坡	11747	3055	19046	2801	24248	6365	19827	6638	24567	1718	26298	2750
马来西亚	2010	1195	1756	2278	1298	1257	1555	742	3489	2046	7715	2846
印度尼西亚	4431	951	6777	796	4260	935	2238	1338	2172	2822	4567	3999
意大利	4528	447	5976	108	5419	143	4833	279	4750	493	5402	506
西班牙	1738	275	2301	166	2614	69	2886	172	3677	161	4880	377
澳大利亚	1243	2443	1235	339	1297	542	950	965	1019	1012	1214	2347
越南	32	1227	320	1468	850	2154	1131	1597	1832	3230	2132	4896
巴西	211	4305	191	4615	186	2336	197	2410	98	10731	198	12926
印度	714	876	738	3767	700	4006	342	2408	448	1816	382	4843
南非	18	3278	123	210	21	689	18	3134	17	1774	5	3284
墨西哥	139	906	170	2205	283	3996	223	7782	286	4330	515	3815
土耳其	540	1356	1035	584	969	579	1340	562	1145	826	1143	6570
其他国家	4140	8094	3272	4266	4465	10186	7504	13839	4054	20095	5712	30371
总量	183602	44229	189437	44018	209881	48458	212526	52212	195065	64431	250248	101998

随着市场需求的增加，2011 年全球 MMA 需求量将增至 420.7 万吨/年，年均增长率约为 4.8%，2011～2016 年间，年增长率预计约为 3.2%，2016 年需求量仍将达到 492.7 万吨/年。我国 MMA 2011 年预计消费量将达到 49.5 万吨/年，2011～2016 年间，MMA 将以年 6.2% 速度增长，2016 年其消费量将达到 67 万吨/年。

随着国内产能的快速增长，供应大幅增加，我国 MMA 和 PMMA 进口量自 2004 年以来开始有所下降，出口量增加。MMA 进口主要来自日本、德国、我国台湾省、泰国、韩国和新加坡等地区，PMMA 进口主要来自韩国、日本、新加坡和我国台湾省等地区。

丙烯酸树脂下游产品开发领域的拓宽与发展，需求量的逐年增加，为我国丙烯酸单体和树脂的发展带来了前所未有的机遇。提高工艺技术水平，稳定工艺生产质量，开发有知名度的品牌产品将是我国丙烯酸树脂行业发展的必由之路。

参 考 文 献

[1] 陶子斌. 丙烯酸生产与应用技术. 北京：化学工业出版社，2007：13-14.
[2] 吕常钦. 丙烯酸及酯生产与管理. 北京：中国石化出版社，2009：2-6，11，13-14.
[3] 马占镖. 甲基丙烯酸树脂及其应用. 北京：化学工业出版社，2002：2.
[4] 长青. 国内外丙烯酸生产和市场分析. 精细化工原料及中间体，2008，8：35-37.
[5] 王继东，程佳. 甲基丙烯酸甲酯生产技术现状及市场分析. 产业市场，2008，16（15）：11-17.

第 2 章　丙烯酸树脂的制备

2.1 引言

作为合成丙烯酸树脂的丙烯酸及其酯类单体，其分子结构中含有 α、β 不饱和双键以及羧基结构，衍生加工能力强，可以通过本体聚合、乳液聚合、悬浮聚合或溶液聚合等多种聚合方式，均聚或共聚成塑性聚合物或交联聚合物，得到黏度、硬度、耐久性、玻璃化温度等性能各异、用途广泛的丙烯酸树脂产品。由于其产物的 C—C 主链不含易氧化和水解基团，对光的主吸收峰处在太阳光谱范围以外，结构稳定，具有良好的抗氧化性、耐介质性能以及透明性、耐光性和户外耐老化性能，可以以固体、溶液、分散液等多种形态存在。

丙烯酸树脂的化学结构式 $\left[\begin{array}{c} \text{CH}_2 - \overset{\displaystyle R^1}{\underset{\displaystyle R^2 - O - C = O}{C}} \end{array} \right]_n$ 中，R^1 可以为—H、—CN、烷基、芳基、卤素等，—COOR^2 也可以是—CN、—CONH$_2$ 或—CHO 等基团。丙烯酸树脂最主要的聚合单体是丙烯酸酯类单体，包括丙烯酸酯和甲基丙烯酸酯，该类单体品种繁多，活性适中，可均聚也可与其他烯属单体如（甲基）丙烯腈、（甲基）丙烯酰胺、苯乙烯和乙烯基醚（结构式见图 2-1）等共聚，得到性能各异的丙烯酸树脂。

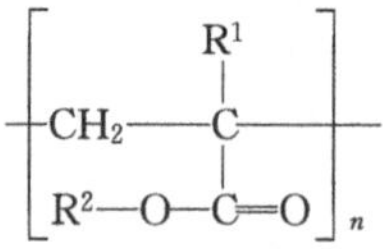

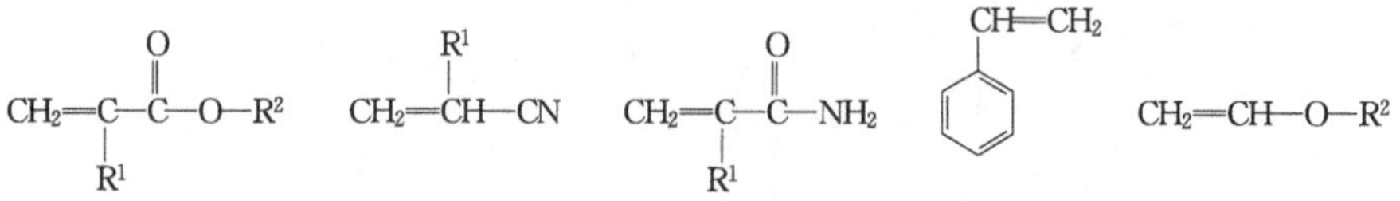

■ 图 2-1　合成丙烯酸树脂的主要单体结构式

丙烯酸酯单体　　（甲基）丙烯腈　　（甲基）丙酰胺　　苯乙烯　　乙烯基醚
（R^1——H 或 CH$_3$；R^2——烷基，环烷基或其他取代基）

本章将重点介绍合成丙烯酸树脂用主要原材料的特点、聚合化学反应和聚合实施方法。

2.2 合成丙烯酸树脂用单体

2.2.1 概述

合成丙烯酸树脂用丙烯酸及酯类单体按其取代基的类型和特性可以分为非功能性丙烯酸酯单体、功能性丙烯酸酯单体以及多官能丙烯酸酯单体。

(1) 非功能性丙烯酸酯单体 非功能性丙烯酸酯单体有：丙烯酸甲酯（MA）、丙烯酸乙酯（EA）、丙烯酸丁酯（*n*-BA）、丙烯酸-2-乙基己酯（2-EHA）、甲基丙烯酸甲酯（MMA）、甲基丙烯酸丁酯（MBA）、甲基丙烯酸-2-乙基己酯以及环基、杂环基丙烯酸酯等。

在丙烯酸酯类单体中，非功能性单体的丙烯酸酯基上碳链酯基的长短、有无支链以及支链的结构会对聚合物的性能产生不同程度的影响。烷基异构体的异构化程度越高，其聚合物玻璃化温度 T_g 越高。对于甲基丙烯酸酯，其聚合物的脆化温度随着烷基碳原子数的增加而下降，当烷基碳原子数为 1 时，脆化温度最低；随着烷基碳原子增加，其柔软性、黏附性及反应性都趋于转好。丙烯酸酯的脆化温度趋势也相同，碳原子数为 8 时，其脆化温度点最低；酯基的碳链越长，其极性越小，亲水性变差，耐水性和耐醇性（如月桂酯、十八烷基酯）较好，因此长链烷基丙烯酸酯可赋予聚合物良好的耐水性、柔韧性和低收缩性；酯基碳链越短，分子量越低，会有较好的增塑效果，但极性较大，耐水性变差；而环基、杂环基丙烯酸酯类单体中含有特殊的环系结构，使得聚合物具有所需的特殊性能。

甲基丙烯酸酯与丙烯酸酯的不同在于前者 α 位置是甲基，后者是氢，反应活性高，因此甲基丙烯酸酯对光和氧的作用较丙烯酸酯稳定，耐候性、耐光性以及耐水性通常优于丙烯酸酯类。同时，由于 α 位上甲基对其主链自由旋转存在空间位阻效应，分子链运动受到影响，刚性增强，聚甲基丙烯酸酯一般比相应的聚丙烯酸酯更"硬"，表现为甲基丙烯酸酯聚合物的玻璃化温度 T_g 较之聚丙烯酸酯更高。丙烯酸酯类单体（如 MA、EA、BA、EHA）和一些长链的甲基丙烯酸酯被称为"软单体"，而甲基丙烯酸酯则被称为"硬单体"。

(2) 功能性丙烯酸酯单体 功能性丙烯酸酯单体是指其分子结构中含有羟基（—OH）、羧基（—COOH）、环氧基（$-\overset{\displaystyle -}{C}\underset{O}{\diagdown\diagup}C-$）、伯、仲、叔氨基（—RNH$_2$、—R$_2$NH、—R$_3$N）、氰基（—CN）、酰氨基（—CONH$_2$）、含氯、氟元素或其他元素的活性基团。

这些带有活性基团的丙烯酸酯类单体由于侧链引入了不同的活性基团，可赋予丙烯酸树脂一些特殊性能，进一步改善了聚合物性能。如引入羟基、环氧基、酰氨基、氰基、叔氨基、氟烷基等对聚合物的极性和溶解性都有较大影响,羧基的引入可以改善树脂对颜料、填料的润湿性、粘接性并赋予良好的亲水性。同样,羟基、羧基、氰基等可以不同程度地改进树脂的附着力、耐油性、耐溶剂性,同时,这些功能基团的引入也可以提供交联点,与其他官能团发生交联反应,使其具有热固性树脂的特征。

(3) 多官能丙烯酸酯单体　多官能(甲基)丙烯酸酯也称(甲基)丙烯酸多元醇酯,是由(甲基)丙烯酸和多元醇酯化而得到的单体,分子中含 2 个及以上的(甲基)丙烯酸酯官能团,如 1,6-己二醇双丙烯酸酯(HD-DA)、三羟甲基丙烷三丙烯酸酯(TMPTA)、双季戊四醇六丙烯酸酯等。

多官能(甲基)丙烯酸酯单体聚合反应速度比单官能(甲基)丙烯酸酯单体快,可使交联密度增加,提高聚合物物理机械性能和耐环境性。在辐射固化材料中,双官能(甲基)丙烯酸酯主要作为活性稀释剂使用,三官能以上的(甲基)丙烯酸酯主要提供交联网络结构和反应活性。近年来,辐射固化用的丙烯酸特种酯发展迅速,丙烯酸酯单体从烷基丙烯酸酯发展到第二代烷氧基(乙氧基、丙氧基)丙烯酸酯单体,增加了分子的柔性,克服了多官能丙烯酸酯交联密度大所致的脆性大的缺点,而且乙氧基和烷氧基的引入,使得单体的气味和皮肤刺激性减小。目前,已经发展出第三代含有甲氧端基的(甲基)丙烯酸酯单体产品,其反应活性相当于甚至超过多官能团单体,同时具备单官能团单体低收缩性和高转化率特征。多官能甲基丙烯酸酯由于在反应官能团上带有甲基,因而聚合反应速率较慢,固化后材料较硬。多官能(甲基)丙烯酸酯的大量产品和相关性质在辐射固化材料专著里有较为详细的介绍。

2.2.2 非功能丙烯酸酯单体

2.2.2.1 丙烯酸甲酯

化学名称: 丙烯酸甲酯

英文名称及缩写: methyl acrylate , MA

化学结构式和分子式: $CH_2=CHCOOCH_3$, $C_4H_6O_2$

性能特点: 无色或浅黄色透明液体,易挥发,有刺激气味;相对分子质量 86.09;相对密度(d^{25})0.957g/cm^3;沸点 80℃;凝固点-76.5℃;玻璃化温度 T_g(均聚物)8℃;闪点 10℃;折射率(n_D^{25})1.401;微溶于水,溶于乙醇、乙醚、丙酮及苯;易燃、易聚合;中毒性,液体及气体腐蚀眼睛,蒸气有催泪和刺激黏膜作用。

制备方法: 丙烯酸甲酯一般均采用酯化级丙烯酸与醇在酸性催化剂存在下,直接酯化反应生产丙烯酸酯和水,化学反应式如下:

$$CH_2=CHCOOH + ROH \xrightarrow[70\sim80℃]{催化剂} CH_2=CHCOOR + H_2O \tag{2-1}$$

R 为—CH$_3$,催化剂为离子交换树脂。酯化反应涉及催化剂、原料比例、反应时间、温度、压力、阻聚剂、带水剂等工业参数。目前，各生产厂家均采用自己的专利技术和工艺，具体的技术可参见相关技术资料。

酯化反应是可逆反应，反应机理如下：

$$CH_2=CHCOOH + ROH \rightleftharpoons CH_2=CH-\overset{\displaystyle OR}{\underset{\displaystyle OH}{C}}-OH \rightleftharpoons CH_2=CHCOOR + H_2O$$

为提高转化率，一般采用甲醇方法，并添加第三组分带水剂（共沸溶剂，如苯、二甲苯、环己烷、氯仿和四氯化碳等）或者采用膜分离的方法除去酯化反应生成的水。为防止丙烯酸及酯在较高温度下发生聚合反应，在酯化反应系统及精制系统中常加入氢醌、氢醌单甲醚、噻吩嗪、对苯醌和甲基蓝等阻聚剂。

用途：用于有机合成中间体以及合成高聚物的单体。在涂料、纺织、造纸、皮革、建筑黏合剂等工业用的各种树脂制造领域使用。丙烯酸甲酯提供坚韧性和柔软性，可用于软性聚合物，在共聚物中起内增塑作用；与 MA 共聚的橡胶具有良好的耐温及耐油性；与丙烯腈共聚可改善丙烯腈的可纺性，热塑性及染色性，可以作为腈纶第二单体；与甲基丙烯酸甲酯、醋酸乙烯、苯乙烯共聚是性能良好的涂料和地板上光剂，也可以作为塑料改性助剂和压敏胶内聚单体使用。

2.2.2.2 丙烯酸乙酯

化学名称：丙烯酸乙酯

英文名称及缩写：ethyl acrylate，EA

结构式和分子式：$CH_2=CHCOOC_2H_5$，$C_5H_8O_2$

性能特点：无色透明液体，有刺激气味；相对分子质量 100.12；相对密度（d^{25}）0.917g/cm^3；沸点 100℃；凝固点 -72℃；玻璃化温度 T_g（均聚物）-22℃；闪点 10℃；折射率（n_D^{25}）1.404；微溶于水，溶于乙醇和乙醚；易燃、易聚合；中毒性，液体腐蚀眼睛，蒸气有催泪和刺激黏膜作用。

制备方法：

① 丙烯酸与乙醇在强酸阳离子交换树脂催化剂或酸性（如磺酸类）催化剂作用下，常采用过量乙醇，在沸点温度下连续发生酯化反应，得到丙烯酸乙酯。反应见式(2-1)，其中 R 为 -C_2H_5。

② 丙烯酸与乙烯反应，在硫酸催化下，得到丙烯酸乙酯。丙烯酸一般需预先加阻聚剂（如噻吩嗪、甲基蓝、对苯二酚、对苯二酚甲基醚）以防止聚合。

用途：主要用作树脂、塑料的共聚单体，广泛用于塑料、涂料、纺织助剂、皮革加工处理剂、黏合剂等领域。可与 MMA 聚合形成乳液用作内墙涂料、纺织助剂，其聚合物能作皮革的防裂剂，与乙烯的共聚物是一种热熔性胶黏剂，与 5%氯乙基乙烯基醚的共聚物是一种耐油、耐热性能良好的合成橡胶，在某些情况下可代替丁腈橡胶。

2.2.2.3 丙烯酸丁酯

化学名称：丙烯酸正丁酯

英文名称及缩写：n-buthyl acrylate，n-BA

结构式和分子式：$CH_2=CHCOOCH_2(CH_2)_2CH_3$，$C_7H_{12}O_2$

性能特点：无色透明液体，具有刺激性气味；相对分子质量 128.17；相对密度（d^{25}）0.894g/cm³；沸点 147.4℃；凝固点−64.6℃；玻璃化温度 T_g（均聚物）−56℃；闪点 48.9℃；折射率（n_D^{25}）1.416；几乎不溶于水，溶于乙醇、乙醚、丙酮等有机溶剂；中毒性，液体腐蚀眼睛。

制备方法：以丙烯酸和正丁醇进行酯化反应，采用醇过量，催化剂为浓硫酸、磺酸类或离子交换树脂，阻聚剂为噻吩嗪或酚类，产品经精制获得，反应见式(2-1)，其中，R 为—$CH_2(CH_2)_2CH_3$。当用浓硫酸作酯化反应的催化剂时，反应物容易发生脱水、氧化和自身酯化等副反应，对于产物的精制和原料回收带来困难，使后处理过程复杂化。目前生产中使用较多的是对甲苯磺酸催化剂，其用量少，反应温度低，转化率较高，可多次循环和重复使用，工艺流程简便。

用途：有机合成中间体，主要用于制备涂料、胶黏剂、腈纶纤维改性、塑料改性、纤维及织物加工、纸张处理剂、皮革加工以及丙烯酸类橡胶等领域。丙烯酸丁酯属于软单体，可与各种硬单体如甲基丙烯酸甲酯、苯乙烯、丙烯腈、醋酸乙烯等及官能性单体如丙烯酸羟乙（丙）酯、甲基丙烯酸羟乙（丙）酯、缩水甘油酯、丙烯酰胺等进行共聚，制成不同性能的丙烯酸树脂。

2.2.2.4 丙烯酸-2-乙基己酯

化学名称：丙烯酸-2-乙基己酯，丙烯酸辛酯

英文名称及缩写：2-ethyl hexyle acrylate，2-EHA

结构式和分子式：$CH_2=CHCOOCH_2CH(C_2H_5)CH_2(CH_2)_2CH_3$，$C_{11}H_{20}O_2$

性能特点：无色透明液体，有刺激气味；相对分子质量 184.27；相对密度（d^{25}）0.881g/cm³；沸点 213.0℃；凝固点−90℃；玻璃化温度 T_g（均聚物）−67℃；闪点 90℃；折射率（n_D^{25}）1.433；不溶于水，易溶于有机溶剂；低毒。

制备方法：采用直接酯化法：丙烯酸和乙基己醇进行酯化反应，浓硫酸做催化剂，采用醇过量以提高丙烯酸转化率，再经中和，脱醇和精馏得成品。反应见式(2-1)，其中，R 为 $-CH_2-\overset{C_2H_5}{\underset{|}{CH}}-CH_2CH_2CH_2CH_3$。

用途：作为软单体合成软性聚合物，在共聚物中起内增塑作用，多用于塑料改性、丙烯酸树脂涂料、胶黏剂和密封剂、纺织用织物处理剂以改进柔软性和黏结强度。软化点低，增塑效果好，由于会引起表面发黏，特别适合做压敏胶。

2.2.2.5 甲基丙烯酸甲酯

化学名称：甲基丙烯酸甲酯

英文名称及缩写：methyl methacrylate，MMA

结构式和分子式： $CH_2=\underset{\underset{CH_3}{|}}{C}-\underset{\underset{O}{\|}}{C}-OCH_3$，$C_5H_8O_2$

性能特点： 无色透明液体，具有特殊酯类气味；相对分子质量 100.12；相对密度（d^{25}）0.939g/cm³；沸点 100～101℃；熔点－48.2℃；玻璃化温度 T_g（均聚物）105℃；闪点 11.5℃；折射率（n_D^{25}）1.412；微溶于水，稍溶于乙醇、乙醚，易溶于芳香族的烃类、酯类、酮类及氯化烃有机溶剂；易挥发，易燃，易聚合；低毒，对皮肤有较强的敏感刺激性。

制备方法： 甲基丙烯酸、甲基丙烯酸甲酯以及其他甲基丙烯酸酯（如乙酯、丁酯、己酯、乙基己酯）和其他长链酯的制备一般均可采用丙酮氰醇（ACH）法、异丁烯氧化法、乙烯羰基化法、甲基丙烯腈（MAN）法制备方法，下面以甲基丙烯酸甲酯为例介绍其制备方法，其他甲基丙烯酸酯的制备可以在酯化反应阶段，通过引入不同醇来得到。

(1) 丙酮氰醇（ACH）法和改进丙酮氰醇法

ACH 是生产 MMA 的传统方法，其反应原理如下：

① 氰化反应　氢氰酸与丙酮在催化剂存在下，进行氰化反应，合成丙酮氰醇。

$$H_3C-\underset{\underset{CH_3}{}}{C}=O + HCN \xrightarrow{催化剂} H_3C-\underset{\underset{OH}{|}}{\overset{\overset{CH_3}{|}}{C}}-CN$$

② 酰胺化反应　丙酮氰醇与过量浓硫酸（98% H_2SO_4 与含 2% SO_3 发烟硫酸混合成 100% 硫酸）进行酰胺化反应，生成甲基丙烯酰胺硫酸盐（MAAS）。

$$(CH_3)_2\underset{\underset{OH}{|}}{C}-CN + H_2SO_4 \xrightarrow{80～100℃} CH_2=CCH_3CONH_2 \cdot H_2SO_4$$

③ 酯化反应　MAAS 与含水甲醇进行水解和酯化反应。

$$CH_2=CCH_3CONH_2 \cdot H_2SO_4 + H_2O \longrightarrow CH_2=CCH_3COOH + NH_4HSO_4$$
$$CH_2=CCH_3CONH_2 \cdot H_2SO_4 + CH_3OH \longrightarrow CH_2=CCH_3COOCH_3 + NH_4HSO_4$$
$$CH_2=CCH_3COOH + CH_3OH \longrightarrow CH_2=CCH_3COOCH_3 + H_2O$$

改进丙酮氰醇法：由日本三菱瓦斯化学公司开发，特点是不使用硫酸，但仍以 ACH 为原料，对 HCN 进行循环回收，采用 Mn 系催化剂进行水合反应以及使用 Al_2O_3/SiO_2 固体催化剂对酯化反应产生的 α-羟基异丁酸甲酯脱水，由于生产过程不使用 H_2SO_4，因此无废酸产生，其反应原理如下：

① 丙酮氰醇法制得羟基异丁酰胺。

$$(CH_3)_2CO + HCN \xrightarrow{NaOH} (CH_3)_2C(OH)CN$$
$$(CH_3)_2C(OH)CN + H_2O \xrightarrow{Mn 系催化剂} (CH_3)_2C(OH)CONH_2$$

② 酯化反应制备甲酸甲酯　甲醇脱氢或甲醇与甲酸反应得到甲酸甲酯。

$$2CH_3OH \xrightarrow{-2H_2} HCOOCH_3$$
$$HCOOH + CH_3OH \longrightarrow HCOOCH_3 + H_2O$$

③ 羟基异丁酰胺与甲酸甲酯反应制得 α-羟基异丁酸甲酯和甲酰胺。

$$(CH_3)_2COHCONH_2 + HCOOCH_3 \longrightarrow (CH_3)_2COHCOOCH_3 + HCONH_2$$

④ α-羟基异丁酸甲酯脱水制得 MMA。

$$(CH_3)_2COHCOOCH_3 \xrightarrow{Al_2O_3/SiO_2} CH_2=CCH_3COOCH_3 + H_2O$$

⑤ 甲酰胺加热脱水制得 HCN。

$$HCONH_2 \xrightarrow{\triangle} HCN + H_2O$$

⑥ 回收的 HCN 再与丙酮进行氰化反应制得 ACH。

此法是通用 ACH 法的改进，HCN 可以再生循环使用，减少了投资和日常生产费用。缺点是工艺时间较长、能耗较高。

(2) 异丁烯直接氧化法和改进异丁烯氧化法　日本触媒化学公司和三菱人造丝公司分别以异丁烯和叔丁醇为原料，两步氧化法工业化生产 MMA。在日本、韩国、新加坡、泰国均有此法生产装置，现已成为日本生产甲基丙烯酸单体的主导方法。该法工艺包括异丁烯氧化制甲基丙烯醛和甲基丙烯醛氧化制甲基丙烯酸，最后甲基丙烯酸与甲醇酯化制 MMA 等步骤。反应基本原理如下。

以异丁烯为原料，经过两次催化氧化生成甲基丙烯酸，经分离提纯后与甲醇进行酯化反应即得甲基丙烯酸甲酯。反应式如下：

$$CH_2=CCH_3CH_3 + O_2 \xrightarrow{催化剂 I} CH_2=CCH_3CHO + H_2O$$

$$CH_2=CCH_3CHO + O_2 \xrightarrow{催化剂 II} CH_2=CCH_3COOH$$

$$CH_2=CCH_3COOH + CH_3OH \xrightarrow{催化剂 III} CH_2=CCH_3COOCH_3 + H_2O$$

由于异丙烯 α 位以及甲基丙烯醛的 β 位上含有—CH_3，控制副反应以及深度氧化或降解是乙烯氧化法的工艺关键，前两个阶段的氧化反应是关键技术，这两个阶段的催化氧化剂均为各生产公司的专利，例如第一阶段典型的催化剂以 Mo-Bi 系和碱金属氧化物为主，第二阶段典型催化剂以 P-Mo 系和碱金属的杂多酸为主，第三阶段酯化反应的催化剂为离子交换树脂。

此后，日本旭化成化学工业公司在 1998 年建立改进异丁烯氧化法制备 MMA 的工业生产装置。其反应原理是在第二阶段时，将甲基丙烯醛直接与氧、甲醇进行氧化酯化反应以克服甲基丙烯醛的催化氧化剂杂多酸在高温下热稳定性差的问题，其反应式如下：

$$CH_2=CCH_3CH_3 + O_2 \xrightarrow{催化剂 I} CH_2=CCH_3CHO + H_2O$$

$$CH_2=CCH_3CHO + 1/2O_2 + CH_3OH \xrightarrow{催化剂 II} CH_2=CCH_3COOCH_3 + H_2O$$

第二阶段催化剂采用了 Pd-Pb 或 Bi-Ti-Hg 多元基的催化剂。

(3) 乙烯羰基化法　1988 年，德国巴斯夫公司用此法建成第一套生产装置，该法以乙烯为原料，反应原理如下。

① 乙烯与一氧化碳和氢进行羰基合成，生成丙醛。

$$CH_2=CH_2 + CO + H_2 \xrightarrow[\text{Rh-Pt 催化剂}]{\text{液相}} CH_3CH_2CHO$$

② 甲醇与氧进行氧化反应，生成甲醛。

$$CH_3OH + O_2 \longrightarrow HCHO$$

③ 丙醛与甲醛进行缩合反应生成甲基丙烯醛。

$$CH_3CH_2CHO + HCHO \longrightarrow CH_2{=}CCH_3CHO + H_2O$$

④ 甲基丙烯醛与氧进行氧化反应生成甲基丙烯酸。

$$CH_2{=}CCH_3CHO + O_2 \longrightarrow CH_2{=}CCH_3COOH$$

⑤ 甲基丙烯酸经过分离提纯后与甲醇进行酯化反应，生成 MMA。

$$CH_2{=}CCH_3COOH + CH_3OH \longrightarrow CH_2{=}CCH_3COOCH_3 + H_2O$$

(4) 甲基丙烯腈（MAN）法 此法由日本旭化成公司开发，并于 1984 年建成产量为 50kt/a 工业装置。该工艺以异丁烯为原料，异丁烯氨氧化制甲基丙烯腈，甲基丙烯腈在硫酸存在下水合制甲基丙烯酰胺硫酸盐，然后用甲醇酯化得到 MMA。

其反应原理如下式：

$$CH_2{=}C(CH_3)_2 \xrightarrow[\text{催化剂}]{NH_3, O_2} CH_2{=}CCH_3CN \xrightarrow[H_2O]{H_2SO_4}$$

$$CH_2{=}CCH_3CONH_2 \cdot H_2SO_4 \xrightarrow[H_2O]{CH_3OH} MMA$$

(5) 甲基乙炔法

$$HC{\equiv}C{-}CH_3 + CO + CH_3OH \xrightarrow{\text{催化剂}} MMA$$

(6) 异丁醛氧化法

$$CH_3CHCH_3CHO \xrightarrow{O_2} CH_3CHCH_3COOH \xrightarrow[\text{催化剂}]{O_2, -H_2}$$

$$CH_2{=}CCH_3COOH \xrightarrow{CH_3OH} MMA$$

以上这些方法中，ACH 法、异丁烯直接氧化法和乙烯羰基化法是目前制备 MMA 的主要方法，其中又以 ACH 法为主，以 ACH 法制备的 MMA 占世界总产量的 80％左右。

用途： MMA 属于硬单体，主要用作聚合单体。由 MMA 聚合的有机玻璃是重要的有机透明结构材料，也可以在主链上引入其他基团进行共聚得到改性甲基丙烯酸甲酯以满足不同高性能树脂要求；MMA 还用于丙烯酸酯类涂料、乳液树脂、胶黏剂、聚氯乙烯树脂改性剂、聚合混凝土、纺织浆料、腈纶的第二单体、人造大理石、医药功能高分子材料等。

2.2.2.6 甲基丙烯酸乙酯

化学名称： 甲基丙烯酸乙酯；异丁烯酸乙酯

英文名称及缩写： ethyl methacrylate，ethyl-α-methyl acrylate，EMA。

结构式和分子式：
$$H_2C{=}\overset{\overset{\displaystyle CH_3}{\vert}}{C}{-}\overset{\overset{\displaystyle O}{\Vert}}{C}{-}O{-}C_2H_5 ，C_6H_{10}O_2$$

性能特点： 无色透明液体，有刺激气味；相对分子质量 114.14；相对密度（d^{25}）0.909g/cm³；沸点 116～119℃；熔点 −75℃；玻璃化温度 T_g

（均聚物）65℃；闪点 17.5℃；折射率（n_D^{25}）1.4116；溶解度参数 18.3J/cm³。不溶于水，溶于乙醇、乙醚；易挥发、易燃、易聚合；低毒，其蒸气或雾对眼睛、黏膜和上呼吸道有刺激性。

制备方法：

（1）酯化反应　以 ACH 法、异丁烯直接氧化法、甲基丙烯腈法或乙烯法制备的甲基丙烯酸（参见 2.2.2.5 甲基丙烯酸的制备方法），在酯化反应阶段，与无水乙醇混合加入反应锅，加入少量浓硫酸，加热回流至出现酯层。冷却，分出酯层，经碱洗，水洗，干燥，再减压分馏即得产品。

$$CH_2\!=\!CCH_3COOH + C_2H_5OH \xrightarrow{H_2SO_4} CH_2\!=\!CCH_3COOC_2H_5 + H_2O$$

（2）酯交换反应　甲基丙烯酸甲酯与乙醇酯交换反应制得。

$$CH_2\!=\!CCH_3COOCH_3 + C_2H_5OH \longrightarrow CH_2\!=\!CCH_3COOC_2H_5 + CH_3OH$$

用途：塑料和树脂的聚合单体，还可用于涂料工业、黏合剂、纤维处理剂的制造等。

2.2.2.7　甲基丙烯酸丁酯

化学名称：甲基丙烯酸丁酯；甲基丙烯酸正丁酯

英文名称及缩写：n-butyl methacrylate, methacrylic acid n-butyl ester；BMA

结构式和分子式：
$$H_2C\!=\!\overset{\overset{\displaystyle CH_3}{|}}{C}\!-\!\overset{\overset{\displaystyle O}{\|}}{C}\!-\!O\!-\!CH_2CH_2CH_2CH_3，C_8H_{14}O_2$$

性能特点：无色透明液体，有刺激气味；相对分子质量 142.20；相对密度（d^{25}）0.889g/cm³；沸点 163℃；熔点＜－75℃；玻璃化温度 T_g（均聚物）20℃；闪点 41℃；折射率（n_D^{25}）1.4220；溶解度参数 17.8J/cm³；不溶于水，溶于乙醇、乙醚；易燃、易聚合；低毒，蒸气或雾对眼睛、黏膜和呼吸道有刺激作用。

制备方法：

（1）酯化反应　甲基丙烯酸与正丁醇在硫酸催化下进行酯化反应，再经盐析、脱水、精馏得成品。

$$CH_2\!=\!CCH_3COOH + C_4H_9OH \xrightarrow{H_2SO_4} CH_2\!=\!CCH_3COOC_4H_9 + H_2O$$

（2）酯交换反应　甲基丙烯酸甲酯与丁醇在硫酸催化下进行酯交换反应，可制得 BMA。

$$CH_2\!=\!CCH_3COOCH_3 + C_4H_9OH \xrightarrow{H_2SO_4} CH_2\!=\!CCH_3COOC_4H_9 + CH_3OH$$

用途：可作为改性有机玻璃共聚单体，其单聚物具有较好粘接性和良好弹性，可用于制作复合安全玻璃的透明夹层材料；甲基丙烯酸丁酯的聚合物或共聚物用作绝缘灌注胶片、照相底片的防光晕层及防水涂料、汽车漆、胶黏剂、石油添加剂和纸张、皮革、纺织品的整理剂、上光剂、乳化剂、防臭剂等。

2.2.2.8　甲基丙烯酸-2-乙基己酯

化学名称：甲基丙烯酸-2-乙基己酯；甲基丙烯酸异辛酯

英文名称及缩写：2-ethylhexyl methacrylate；i-octyl methacrylate；EHMA

结构式和分子式： $H_2C=\overset{\underset{\displaystyle CH_3}{|}}{C}-\overset{\underset{\displaystyle O}{||}}{C}-O-CH_2\overset{\underset{\displaystyle CH_2CH_3}{|}}{CH}(CH_2)_3CH_3$ ，$C_{12}H_{22}O_2$

性能特点： 无色液体，有刺激气味；相对分子质量 198.31；相对密度（d^{25}）0.884g/cm³；沸点 218℃；熔点＜－75℃；玻璃化温度 T_g（均聚物）－10℃；闪点 92℃；折射率（n_D^{25}）1.4398；不溶于水，易溶于乙醇、乙醚等多数有机溶剂；易燃、易聚合；低毒，对眼睛、皮肤、黏膜和呼吸道有刺激作用。

制备方法：

甲基丙烯酸与 2-乙基己醇进行酯化反应，再经盐析、脱水、精馏制得。

$H_2C=\overset{\underset{\displaystyle CH_3}{|}}{C}-\overset{\underset{\displaystyle O}{||}}{C}OH + CH_3(CH_2)_3\overset{\underset{\displaystyle C_2H_5}{|}}{C}HCH_2OH \longrightarrow H_2C=\overset{\underset{\displaystyle CH_3}{|}}{C}-\overset{\underset{\displaystyle O}{||}}{C}-O-CH_2\overset{\underset{\displaystyle CH_2CH_3}{|}}{C}H(CH_2)_3CH_3$

用途： 用于制造塑料和树脂，也用于胶黏剂、涂料、被覆材料、润滑油添加剂、纤维处理剂、牙科材料、分散剂和内增塑剂等。

2.2.3 功能丙烯酸及酯单体

2.2.3.1 丙烯酸

化学名称： 丙烯酸

英文名称及缩写： acrylic acid，AA

结构式和分子式： $CH_2=CHCOOH$，$C_3H_4O_2$

性能特点： 无色透明液体，有腐蚀性，与醋酸有类似的刺激性气味；相对分子质量 72.06；相对密度（d^{25}）1.045g/cm³；沸点 141.6℃；凝固点 13.5℃；玻璃化温度 T_g（均聚物）106℃；闪点 50℃；折射率（n_D^{25}）1.418；溶于水，溶于有机溶剂乙醇、乙醚；易燃、易挥发、易聚合；低毒，对皮肤、眼和呼吸器官有刺激作用，属于腐蚀性液体。

制备方法： 丙烯酸（酯）生产方法经过八十多年的发展历史，经历了氰乙醇法、高压 Reppe 法、烯酮法、改良 Reppe 法、丙烯腈水解法、乙烯法、环氧乙烷法和丙烯氧化法以及包括丙烯醛生产过程中获得副产物丙烯酸。在此仅介绍大型生产装置常用的丙烯直接氧化法。

丙烯直接氧化法分为一步法和两步法两种。

一步法反应如下：

$$CH_2=CH-CH_3 \xrightarrow{O_2} CH_2=CH-COOH \xrightarrow{ROH} CH_2=CH-COOR$$

两步法反应如下：

$$CH_2=CH-CH_3 + O_2(空气) \longrightarrow CH_2=CH-CHO + H_2O$$

$$CH_2=CH-CHO +1/2O_2 \longrightarrow CH_2=CH-COOH \xrightarrow{ROH} CH_2=CH-COOR$$

用途： 属于功能单体，具有双键和羧基，主要用于酯化以合成丙烯酸甲酯、丙烯酸乙酯、丙烯酸丁酯、丙烯酸-2-乙基己基酯等各种烷基酯及丙烯酸羟基酯、多官能团酯等，也作为聚合级产品使用，作为共聚单体使得聚合物具有水溶性、吸湿性、增稠性和乳液稳定性，提高反应性和附着力并具有热固性，主要用于高吸水树脂、分散助剂、阻垢剂、絮凝剂、助洗剂、胶黏剂、油田化学品以及乳液聚合中的酸性单体等。

2.2.3.2 丙烯酸羟乙酯

化学名称： 丙烯酸-2-羟乙酯；丙烯酸-β-羟乙酯；乙二醇丙烯酸酯

英文名称及缩写： 2-hydroxyethyl acrylate，HEA

结构式和分子式： $H_2C{=}CH{-}\overset{\displaystyle O}{\overset{\|}{C}}{-}O{-}CH_2CH_2OH$ ，$C_5H_8O_3$

性能特点： 无色透明液体，有刺激气味；相对分子质量 116.06；相对密度（d^{25}）1.104；沸点 82℃（655Pa），由于羟基酯比其他（甲基）丙烯酸及酯类相比易自聚，很难检测到其沸点，一般沸点数据都是在 133.3～1333.2Pa 下测得；凝固点＜－70℃；玻璃化温度 T_g（均聚物）－15℃；闪点 104℃；折射率（n_D^{25}）1.4505；与水混溶，溶于乙醇、乙醚等一般有机溶剂；中毒性，催泪、刺激皮肤。

制备方法： 丙烯酸与环氧乙烷在催化剂及阻聚剂存在下进行加成反应，生成丙烯酸-β-羟基乙基酯粗成品，经脱气、减压蒸馏得成品。

$$CH_2{=}CH{-}COOH + CH_2\overset{\displaystyle O}{\underset{\diagdown\diagup}{}}CH_2 \longrightarrow CH_2{=}CHCOOCH_2CH_2OH$$

用途： 带有—OH基特征的单体，可以与丙烯酸及酯、丙烯醛、丙烯腈、丙烯酰胺、甲基丙烯腈、氯乙烯、苯乙烯等很多单体进行共聚，得到含活性羟基的丙烯酸树脂，可用于处理纤维，提高纤维的耐水性、耐溶剂性、防皱性和防水性；制备水溶性树脂；还用于制造性能优良的热固性涂料和合成橡胶以及用作润滑油添加剂提高产品的耐热性、耐油性和耐水性以及耐磨性；在黏合剂方面，与乙烯基单体共聚制造胶黏剂，可改进其粘接强度；在纸加工方面，用于制备涂层用丙烯酸乳液，可提高其耐水性和强度；在辐射固化体系中作为活性稀释剂和交联剂使用。

2.2.3.3 丙烯酸羟丙酯

化学名称： 丙烯酸羟丙酯；2-丙烯酸-1,2-丙二醇单酯；羟丙基丙烯酸酯

英文名称及缩写： hydroxypropyl acrylate，HPA

结构式和分子式： $H_2C{=}CH{-}\overset{\displaystyle O}{\overset{\|}{C}}{-}O{-}CH_2\overset{\displaystyle CH_3}{CHOH}$ ，$C_6H_{10}O_3$

性能特点： 无色透明液体；相对分子质量 130.08；相对密度（d^{25}）1.057；沸点 77℃（655Pa）；凝固点＜－70℃；玻璃化温度 T_g（均聚物）－7℃；闪点 99℃；折射率（n_D^{20}）1.445；溶于水，溶于乙醇、乙醚等大多数有机溶剂；低毒，催泪、刺激皮肤。

制备方法： 丙烯酸与环氧丙烷在催化剂及阻聚剂如噻吩嗪存在下进行加成反应得到。

$$CH_2=CH-COOH + CH_2-CH-CH_3 \longrightarrow CH_2=CHCOOCH_2CHOH$$

用途：带有—OH单体，具有热固特征，与HEA类似，可制造水溶性树脂、热固性涂料、增强塑料反应性乳液或乳胶成分；可以促进诸如苯乙烯、氯乙烯等不易共聚的两种单体共聚；用于树脂改性可提高产品耐磨耗和防水性能；也可用于胶黏剂和纸张加工，以增加粘接强度，提高纸张耐水性和强度。

2.2.3.4 丙烯酸缩水甘油酯

化学名称：丙烯酸缩水甘油酯；丙烯酸甘油醚酯；丙烯酸环氧丙酯

英文名称及缩写：glycidyl acrylate，GA

结构式和分子式：$CH_2=CHCOOCH_2-CH-CH_2$ ，$C_6H_8O_3$

性能特点：无色透明液体，有较强刺激性；相对分子质量128.12；相对密度（d^{25}）1.107；沸点57℃（266Pa）；凝固点＜－70℃；闪点60.6℃；折射率（n_D^{25}）1.449；溶于水，溶于乙醇、乙醚等大多数有机溶剂；中毒性，是丙烯酸酯类单体中毒性最大的，其溶液和蒸气对眼睛、皮肤有较大刺激。

制备方法：与甲基丙烯酸甘油酯（GMA）相比，丙烯酸甘油酯具有更高活性，因此其精馏过程易聚合，工业化生产难度较大，其基本制备方法主要是相转移法。

丙烯酸与无水Na_2CO_3或NaOH反应，生成丙烯酸钠盐，再由丙烯酸钠盐与环氧氯丙烷反应得到丙烯酸缩水甘油酯。由于丙烯酸钠盐是固体，环氧氯丙烷是液体，需要用相转移催化剂（季铵盐、季鏻盐、冠醚等），最常见的催化剂是季铵盐，如三甲基溴化铵、苄基三甲基氯化铵、四甲基氯化铵等，工艺经过钠盐制备、相转移催化脱盐、减压蒸馏、精馏等过程得到GA，其反应方程式如下：

$$CH_2=CH-COOH + Na_2CO_3 \longrightarrow CH_2=CH-COONa + CO_2 + H_2O$$

$$CH_2=CH-COONa + CH_2-CH-CH_2Cl \longrightarrow CH_2=CH-COOCH_2CH-CH_2 + NaCl$$

用途：GA含双官能结构，对制品改性有广泛应用空间，主要用于医药、感光材料、高分子合成等领域。高分子合成中，作为交联单体和活性稀释剂，广泛用于胶黏剂、阻燃材料、吸水材料、溶剂型涂料、丙烯酸粉末涂料、橡胶和树脂改性剂、高分子胶囊等。

2.2.3.5 甲基丙烯酸

化学名称：甲基丙烯酸；异丁烯酸

英文名称及缩写：methacrylic acid，MAA

结构式和分子式：$H_2C=C-C-OH$ ，$C_4H_6O_2$

性能特点：无色透明液体，有刺激气味；相对分子质量 86.09；相对密度 (d^{25}) 1.015；沸点 159～163℃；凝固点 15℃；玻璃化温度 T_g（均聚物）185℃；闪点 77℃；折射率 (n_D^{25}) 1.430；与水混溶，溶于乙醇、乙醚等大多数有机溶剂。可燃，易聚合为水溶性聚合物；低毒，刺激眼睛，对皮肤有刺激性。

制备方法：甲基丙烯酸主要制备方法是丙酮氰醇法（ACH）、异丁烯（叔丁醇）氧化法、甲基丙烯腈水解法，还有与甲基丙烯酸甲酯制备方法相同的异丁烯氧化法（参见 2.2.2.5）。

(1) 丙酮氰醇法 丙酮和氢氰酸在碱催化剂存在下，反应生成丙酮氰醇，再与浓硫酸反应生成甲基丙烯酰胺硫酸盐，然后经水解即可制得。

(2) 异丁烯（叔丁醇）氧化法 异丁烯经两步氧化，第一步生成甲基丙烯醛，第二步生成甲基丙烯酸，然后经精馏得到合格产品。

(3) 甲基丙烯腈水解法 异丁烯为原料，经氨氧、水解而得。

用途：重要的有机化工原料和聚合物的中间体，主要用于制备甲基丙烯酸酯和有机玻璃树脂。并用于涂料、胶黏剂、织物整理剂和抗静电剂、橡胶改性剂、皮革处理剂，纸加工助剂以及离子交换树脂等。

2.2.3.6 甲基丙烯酸羟乙酯

化学名称：甲基丙烯酸羟乙酯；甲基丙烯酸-β-羟乙酯；甲基丙烯酸-2-羟乙酯；乙二醇单甲基丙烯酸酯

英文名称及缩写：β-hydroxyethyl methacrylate，HEMA

结构式和分子式：$CH_2{=}\overset{\underset{\displaystyle |}{CH_3}}{C}{-}COOCH_2CH_2OH$，$C_6H_{10}O_3$

性能特点：无色透明液体；相对分子质量 130.08；相对密度 (d^{25}) 1.079g/cm³；沸点 95℃（1.33kPa）；凝固点（熔点）－12℃；玻璃化温度 T_g（均聚物）55℃；闪点 108℃；折射率 (n_D^{25}) 1.4517；溶于水及一般有

机溶剂；易聚合；低毒，刺激眼睛，对皮肤有刺激性。

制备方法：采用加成酯化法，将环氧乙烷直接通入甲基丙烯酸，在催化剂、阻聚剂存在下发生开环加成酯化法制得。

$$CH_2=\overset{CH_3}{\underset{|}{C}}-COOH \; + \; CH_2\overset{O}{-\!\triangle\!-}CH_2 \longrightarrow CH_2=\overset{CH_3}{\underset{|}{C}}-COOCH_2CH_2OH$$

由于羟基酯聚合程度比烷基酯高，为了避免产品与环氧化合物发生副反应，用氢氧化钠和吡啶作催化剂，或者采用组合型催化剂和组合型阻聚剂。

用途：主要用于树脂及涂料的改性。与其他丙烯酸类单体共聚，可制得含有活性羟基的丙烯酸树脂，提高粘接性或起到交联作用。可作为医用高分子单体，其亲水性和透氧性使其成为隐形眼镜的主要原材料。它也是光聚合树脂的原料，厌氧胶黏剂中的稳定剂，合成纤维的胶黏剂等。

2.2.3.7 甲基丙烯酸羟丙酯

化学名称：甲基丙烯酸羟丙酯；甲基丙烯酸-2-羟丙酯；甲基丙烯酸 β-羟丙酯

英文名称及缩写：β-hydroxypropyl methacrylate，HPMA

结构式和分子式：$CH_2=\overset{CH_3}{\underset{|}{C}}-COOCH_2\overset{CH_3}{\underset{|}{C}}HOH$ ，$C_7H_{12}O_3$

性能特点：无色透明液体；相对分子质量 144.1；相对密度（d^{25}）1.033g/cm³；沸点 96℃（1.33kPa）；熔点＜－70℃；玻璃化温度 T_g（均聚物）26℃；闪点 104℃；折射率（n_D^{25}）1.446；在水中有一定溶解度（13.4 份 HPMA 可溶于 100 份水），溶于一般有机溶剂；易燃；低毒，刺激眼睛，对皮肤有刺激性。

制备方法：采用加成酯化法，由甲基丙烯酸与环氧丙烷反应而得。

$$CH_2=\overset{CH_3}{\underset{|}{C}}-COOH \; + \; CH_2\overset{O}{-\!\triangle\!-}CH-CH_3 \longrightarrow CH_2=\overset{CH_3}{\underset{|}{C}}-COOCH_2\overset{CH_3}{\underset{|}{C}}HOH$$

用途：该品与其他丙烯酸单体共聚，可制取含有活性羟基的丙烯酸树脂；与三聚氰胺甲醛树脂、二异氰酸酯、环氧树脂等制得双组分涂料；该品还用于合成纺织物的胶黏剂，也可用作去污润滑油的添加剂和聚合物改性剂；还用于辐射固化体系中的活性稀释剂和交联剂；亦可作为树脂交联剂，塑料、橡胶改性剂。

2.2.3.8 甲基丙烯酸缩水甘油酯

化学名称：甲基丙烯酸缩水甘油酯；甲基丙烯酸环氧丙酯

英文名称及缩写：glycidyl methacrylate，GMA

结构式和分子式：$CH_2=\overset{CH_3}{\underset{|}{C}}-COOCH_2-CH\overset{O}{-\!\triangle\!-}CH_2$ ，$C_7H_{10}O_3$

性能特点：无色透明液体；相对分子质量 142.15；相对密度（d^{25}）1.073g/cm³；沸点 75℃（1.33kPa）；熔点＜－50℃；玻璃化温度 T_g（均聚物）46℃；闪点 84℃；折射率（n_D^{25}）1.449；几乎不溶于水，易溶于有机溶剂；中等毒性，刺激眼睛，对皮肤有刺激性。

制备方法：

(1) 两步法（相转移法） 由甲基丙烯酸与碱金属碳酸盐或甲基丙烯酸甲酯与碱金属氢氧化物反应，生成碱金属盐，再由甲基丙烯酸碱金属盐与环氧氯丙烷在季铵盐催化剂和少量阻聚剂下反应得到甲基丙烯酸缩水甘油酯。反应方程式如下：

$$2CH_2=\overset{CH_3}{\underset{|}{C}}-COOH + Na_2CO_3 \longrightarrow 2CH_2=\overset{CH_3}{\underset{|}{C}}-COONa + CO_2 + H_2O$$

$$CH_2=\overset{CH_3}{\underset{|}{C}}-COOCH_3 + NaOH \longrightarrow CH_2=\overset{CH_3}{\underset{|}{C}}-COONa + CH_3OH$$

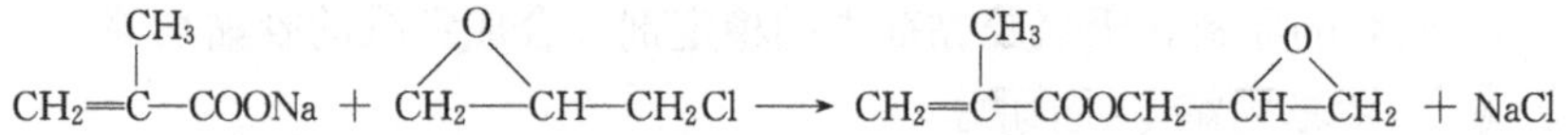

$$CH_2=\overset{CH_3}{\underset{|}{C}}-COONa + CH_2-\overset{O}{CH}-CH_2Cl \longrightarrow CH_2=\overset{CH_3}{\underset{|}{C}}-COOCH_2-\overset{O}{CH}-CH_2 + NaCl$$

(2) 酯交换法 甲基丙烯酸甲酯与缩水甘油在催化剂四乙基氰化铵、阻聚剂甲氧基苯酚作用下，经过分馏、蒸馏，可制得甲基丙烯酸缩水甘油酯。反应式如下：

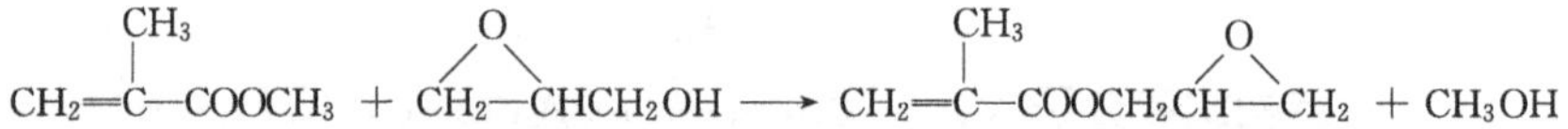

$$CH_2=\overset{CH_3}{\underset{|}{C}}-COOCH_3 + CH_2-\overset{O}{CHCH_2OH} \longrightarrow CH_2=\overset{CH_3}{\underset{|}{C}}-COOCH_2-\overset{O}{CH}-CH_2 + CH_3OH$$

用途： GMA 广泛应用于高分子合成、医药、感光材料、橡胶、纺织皮革、涂料等领域。由于其分子内既含有碳碳双键，又含有环氧基团，可进行自由基和离子型聚合反应，通过环氧基又可进行交联反应，可作为交联型单体和活性稀释剂；用于涂料树脂，可提高涂膜的硬度、光泽度、附着力及耐气候性等；用于粘接剂，可改善其对金属、玻璃、水泥、聚氟乙烯等的粘接力；用于合成胶乳的无纺布时，可提高其耐洗性；用于合成树脂，可改善喷射成型性、挤出成型性以及改善树脂与金属的粘接力；用于合成纤维，对染色较差的纤维，可改善其着色力，并提高着色牢度，提高防皱、防缩能力；还可用作离子交换树脂、螯合树脂、医疗用选择性滤过膜、抗血凝剂、牙科用材料、免溶吸附剂等的原料、橡胶改性以及提高光树脂的感度。

2.2.3.9 甲基丙烯酸-N,N-二甲氨乙酯

化学名称： 甲基丙烯酸-N,N-二甲氨乙酯；甲基丙烯酸二甲氨基乙酯

英文名称及缩写： 2-(dimethylamino) ethyl methacrylate，DM，DMAEMA

结构式和分子式： $CH_2=\overset{CH_3}{\underset{|}{C}}-\overset{O}{C}-OCH_2-CH_2N\overset{CH_3}{\underset{CH_3}{}}$ ，$C_8H_{15}O_2N$

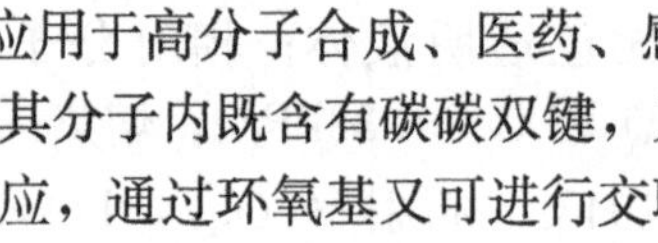

性能特点： 无色透明黏稠液体；相对分子质量 157.22；相对密度（d^{25}）0.933g/cm³；沸点 68.5℃ (1.33kPa)；熔点 -50 ℃；闪点 64℃；折射率（n_D^{25}）1.439；溶于水、醇、醚、酮、烃及卤代烃等溶剂，水溶液呈碱性；易燃；低毒，刺激眼睛、皮肤及黏膜，有强催泪性。

制备方法： 由于二甲氨基醇具有碱性，甲基丙烯酸二甲氨烷基酯不能

通过直接酯化来制备，一般采用二甲氨基乙醇与短链甲基丙烯酸酯，在催化剂和阻聚剂存在下，发生酯交换反应制得。其反应方程式如下：

$$CH_2=\overset{CH_3}{\underset{}{C}}-\overset{O}{\underset{}{C}}-OCH_3 + HOCH_2CH_2N(CH_3)_2 \longrightarrow CH_2=\overset{CH_3}{\underset{}{C}}-\overset{O}{\underset{}{C}}-OCH_2CH_2N\overset{CH_3}{\underset{CH_3}{\diagdown}} + CH_3OH$$

用途： DM 分子中含烯烃、叔胺和酯官能基团，它与类似其结构的丙烯酸二甲氨基乙酯均可以进行加成、聚合、水解和季铵化化学反应，得到的化合物用于水处理、涂料纤维处理剂、防静电剂、润滑油、燃料添加剂、橡胶改性剂、涂料、离子交换树脂、纸张加工、催泪剂等方面。DM 具有水溶性，将 DM 均聚合或与丙烯酰胺共聚得到水溶性共聚物（凝聚剂）用于污泥脱水以及用于三次采油。此外，DM 与甲基丙烯酸高碳酯共聚，其产物能够提高润滑油黏度指数和净化分散性。

2.2.3.10 α-氰基丙烯酸酯

化学名称： α-氰基丙烯酸甲酯，α-氰基丙烯酸乙酯

英文名称及缩写： methyl α-cyanoacrylate，MCA；ethyl α-cyanoacrylate，ECA

结构式和分子式： $CH_2=\overset{CN}{\underset{}{C}}-\overset{O}{\underset{}{C}}-OCH_3$ ，$C_5H_5O_2N$ ；$CH_2=\overset{CN}{\underset{}{C}}-\overset{O}{\underset{}{C}}-OC_2H_5$ ，$C_6H_7O_2N$

性能特点： α-氰基丙烯酸甲酯为无色透明有刺激性低黏度液体；相对分子质量 111.1；相对密度（d^{25}）1.1044g/cm³；沸点 55℃（392Pa）；折射率（n_D^{25}）1.443；凝点 -16.9℃；溶于乙醚、氯仿、四氯化碳、苯、二氧六环，不溶于甲醇、乙醇；易聚合。

α-氰基丙烯酸乙酯为无色透明低黏度液体；相对分子质量 125.13；相对密度（d^{25}）1.060g/cm³；沸点 55℃（392Pa）；闪点 85℃，凝点 -16.9℃；溶于乙醚、氯仿、四氯化碳、苯、二氧六环，不溶于甲醇、乙醇；易聚合。

制备方法： 由氰乙酸酯和甲醛为原料经缩合制得氰基丙烯酸酯，再经裂解而得。

$$\overset{CN}{\underset{COOR}{\underset{}{CH_2}}} + HCHO \xrightarrow[\text{加成缩合}]{\text{催化剂}} \overset{CN}{\underset{COOR}{\underset{}{CH}}}-CH_2\left[\overset{CN}{\underset{COOR}{\underset{}{C}}}-CH_2\right]_n\overset{CN}{\underset{COOR}{\underset{}{C}}}-CH_2-OH \xrightarrow{\text{加热裂解}} CH_2=\overset{CN}{\underset{}{C}}-\overset{O}{\underset{}{C}}-OR$$

用途： α-氰基丙烯酸酯由于存在强烈吸电子基团—CN（氰基）和—CO-OR（酯基）结构，容易发生阴离子聚合，具有瞬干特点，除了聚乙烯、聚丙烯、聚四氟乙烯等惰性材料外，可广泛用于金属和非金属界面的粘接。大多数 α-氰基丙烯酸酯是单组分、无溶剂、低黏度的稀薄的透明液体，不需加固化剂，在表面微量水的催化下于常温下迅速固化，适合小零件的黏合、修补和固定；α-氰基丙烯酸酯高碳数的烷基衍生物在生物基质上聚合更为迅速，且比低碳数烷基衍生物对组织的刺激性小，因此其高碳酯可用于皮肤伤

口无线缝合。缺点是固化速率太快，不适于大面积黏合，比较脆，耐水性和耐碱性较差，低级酯有刺激性气味。

2.2.3.11 甲基丙烯酸三氟乙酯

化学名称：甲基丙烯酸三氟乙酯；甲基丙烯酸-2,2,2-三氟乙酯

英文名称及缩写：trifluoroethyl methacrylate，TFEMA

结构式和分子式：$CH_2\!\!=\!\!\overset{\overset{\displaystyle CH_3}{|}}{C}\!\!-\!\!\overset{\overset{\displaystyle O}{\|}}{C}\!\!-\!\!OCH_2CF_3$，$C_6H_7O_2F_3$

性能特点：无色透明液体；相对分子质量 168.12；相对密度（d^{25}）1.181g/cm³；沸点 101℃；折射率（n_D^{25}）1.359；玻璃化温度 T_g（均聚物）82℃；不溶于水，易溶于有机溶剂。

制备方法：

(1) 以三氟乙醇、甲基丙烯酰氯为原料，在阻聚剂保护下进行酯化反应，其反应方程式如下：

$$CH_2\!\!=\!\!CCH_3COCl + CF_3CH_2OH \longrightarrow CH_2\!\!=\!\!CCH_3COOCH_2CF_3 + HCl$$

(2) 由三氟氯乙烷与甲基丙烯酸钾盐制得：

$$CH_2\!\!=\!\!CCH_3COOK + CF_3CH_2Cl \longrightarrow CH_2\!\!=\!\!CCH_3COOCH_2CF_3 + KCl$$

用途：作为有机合成中间体，侧链上含有氟原子，电负性高，能够减小聚合物的表面张力，具有优异的抗水性和抗污染性（憎水憎油性）以及热稳定性和光稳定性，用于含氟涂料及纺织染整、纸张制造领域。同时，由于C—F 键的极化率小，对光的影响小，故甲基丙烯酸-2,2,2-三氟乙酯聚合物的折射率较低，可用于以 PMMA 为芯材的光纤包层材料。另外，氟原子对氧有高亲和性，甲基丙烯酸-2,2,2-三氟乙酯与各种含氟单体的共聚物可用作隐形眼镜镜片。

2.2.4 多官能 （甲基） 丙烯酸酯单体

2.2.4.1 二乙二醇二丙烯酸酯

化学名称：二乙二醇二（双）丙烯酸酯；二缩乙二醇二（双）丙烯酸酯；一缩二乙二醇二丙烯酸酯

英文名称及缩写：diethylene glycol diacrylate，DEGDA

结构式和分子式：$CH_2\!\!=\!\!CH\!\!-\!\!\overset{\overset{\displaystyle O}{\|}}{C}\!\!-\!\!O\!\!-\!\!CH_2CH_2\!\!-\!\!O\!\!-\!\!CH_2CH_2\!\!-\!\!O\!\!-\!\!\overset{\overset{\displaystyle O}{\|}}{C}\!\!-\!\!CH\!\!=\!\!CH_2$，$C_{10}H_{14}O_5$

性能特点：无色或淡黄色透明液体；相对分子质量 214.2；相对密度（d^{25}）1.006g/cm³；沸点 100℃（400Pa）；折射率（n_D^{25}）1.463；玻璃化温度 T_g（均聚物）70℃。

制备方法：丙烯酸与二乙二醇直接酯化法，在催化剂（如对甲苯磺酸）作用下使用共沸剂（如环己烷），通过水洗、减压蒸馏制得，反应方程式

如下：

$$CH_2=CH-\overset{O}{\overset{\|}{C}}-OH + HO-CH_2-CH_2-O-CH_2-CH_2-OH \longrightarrow$$

$$CH_2=CH-\overset{O}{\overset{\|}{C}}-O-CH_2CH_2-O-CH_2-CH_2-O-\overset{O}{\overset{\|}{C}}-CH=CH_2$$

用途：具有高沸点、低挥发、低 T_g 值等特点，可作为辐射固化用活性稀释剂、自由基聚合单体、交联剂。主要用于辐射固化涂料、油墨、黏合剂和塑料改性剂、纸张、皮革、纺织品等的整理剂、乳化剂、上光剂等。

2.2.4.2　1,6-己二醇二丙烯酸酯

化学名称：1,6-己二醇二丙烯酸酯

英文名称及缩写：1,6-hexanediol diacrylate，1,6-HDDA

结构式和分子式：$CH_2=CH-\overset{O}{\overset{\|}{C}}-O-CH_2CH_2CH_2CH_2CH_2CH_2-O-\overset{O}{\overset{\|}{C}}-CH=CH_2$，$C_{12}H_{18}O_4$

性能特点：无色或浅黄色透明液体；相对分子质量 226；相对密度（d^{25}）1.03g/cm³；沸点 295℃；折射率（n_D^{25}）1.458；玻璃化温度 T_g（均聚物）43℃。

制备方法：丙烯酸和 1,6-己二醇在酸性催化剂下直接酯化，并通过碱中和、减压蒸馏制得，反应方程式如下：

$$2CH_2=CH-\overset{O}{\overset{\|}{C}}-OCH_3 + HO(CH_2)_6OH \longrightarrow$$

$$CH_2=CH-\overset{O}{\overset{\|}{C}}-OCH_2(CH_2)_4CH_2-O-\overset{O}{\overset{\|}{C}}-CH=CH_2 + 2CH_3OH$$

用途：具有低皮肤刺激、低收缩率、高活性的特点，在辐射固化中作为活性稀释剂，对塑料有良好的附着。广泛应用于塑料、黏合剂、纺织品、橡胶、改性共聚物、注塑件、涂料、油墨、光聚合物、阻焊油墨。

2.2.4.3　三丙二醇二丙烯酸酯

化学名称：三丙二醇二丙烯酸酯；三缩丙二醇双丙烯酸酯

英文名称及缩写：tripropylene glycol diacrylate，TPGDA

结构式和分子式：

$$CH_2=CH-\overset{O}{\overset{\|}{C}}-O-CH_2\overset{CH_3}{\overset{|}{CH}}-O-CH_2\overset{CH_3}{\overset{|}{CH}}-O-CH_2\overset{CH_3}{\overset{|}{CH}}-O-\overset{O}{\overset{\|}{C}}-CH=CH_2,\ C_{15}H_{24}O_6$$

性能特点：无色或微黄色透明液体；相对分子质量 300.2；相对密度（d^{25}）1.05g/cm³；折射率（n_D^{25}）1.457；玻璃化温度 T_g（均聚物）62℃。

制备方法：丙烯酸与三丙二醇在酸性催化剂下进行酯化反应后，经过碱洗、脱水、减压蒸馏制得，反应式如下：

$$2CH_2=CH-\overset{O}{\overset{\|}{C}}-OH + HO-CH_2-CH_2-O-\overset{CH_3}{\overset{|}{CH}}-CH_2-O-\overset{CH_3}{\overset{|}{CH}}-CH_2-OH \longrightarrow$$

$$CH_2=CH-\overset{O}{\overset{\|}{C}}-O-CH_2CH-O-CH_2-\overset{CH_3}{\overset{|}{CH}}-O-CH_2-\overset{CH_3}{\overset{|}{CH}}-O-\overset{O}{\overset{\|}{C}}-CH=CH_2 + 2H_2O$$

用途：反应型稀释剂，具有低挥发、低黏度和低皮肤刺激性、高活性，作为活性稀释剂用于自由基辐射聚合，并降低固化收缩率，形成的固化膜交联度较低，赋予聚合物优异的柔韧性和稳定性，可降低固化膜收缩率，具有可挠性。广泛用于清漆、塑料漆、纸品、油墨、胶黏剂等。

2.2.4.4 三羟甲基丙烷三丙烯酸酯

化学名称：三羟甲基丙烷三丙烯酸酯；三丙烯酸丙烷三甲醇酯

英文名称及缩写：trimethylolpropane triacrylate，TMPTA

结构式和分子式：

$$CH_3CH_2-C\begin{cases}CH_2-O-\overset{O}{\overset{\|}{C}}-CH=CH_2\\CH_2-O-\overset{O}{\overset{\|}{C}}-CH=CH_2\\CH_2-O-\overset{O}{\overset{\|}{C}}-CH=CH_2\end{cases} \quad , C_{15}H_{20}O_6$$

性能特点：无色或浅黄色透明液体；相对分子质量 296.4；相对密度（d^{25}）1.11g/cm³；沸点＞200℃；折射率（n_D^{25}）1.475；玻璃化温度 T_g（均聚物）62℃；易溶于低碳醇、芳香烃等有机溶剂，不溶于水。

制备方法：丙烯酸和三羟甲基丙烷在酸催化体系中进行酯化反应，然后碱中和、水洗和减压蒸馏得到 TMPTA，也有专利报道在复合固体酸催化体系下（如有机磷钼杂多酸或盐与 $SO_4^{2-}/TiO_2-La_2O_3-ZrO_2$）无需水洗，以减少丙烯酸的损失和减轻污染。其酯化反应方程式如下：

$$3CH_2=CH-\overset{O}{\overset{\|}{C}}-OH + CH_3CH_2-\overset{CH_2-OH}{\underset{CH_2-OH}{\overset{|}{C}}}-CH_2-OH \longrightarrow CH_3CH_2-C\begin{cases}CH_2-O-\overset{O}{\overset{\|}{C}}-CH=CH_2\\CH_2-O-\overset{O}{\overset{\|}{C}}-CH=CH_2\\CH_2-O-\overset{O}{\overset{\|}{C}}-CH=CH_2\end{cases} + 3H_2O$$

用途：具有高沸点、高活性、低挥发、低黏度特性，交联速率快，在自由基聚合中用作交联单体，可提高交联度，增强硬度，并提供较好的附着力、材料稳定性和光亮度。由于其低黏度、低挥发性和交联速率快被广泛作为辐射固化体系中的活性稀释剂，常用于光固油墨、表面涂层、涂料及黏合剂。

2.2.4.5 季戊四醇三丙烯酸酯

化学名称：季戊四醇三丙烯酸酯

英文名称及缩写：pentaerythritol triacrylate；PETA

结构式和分子式：

$$HO-CH_2-C\begin{cases}CH_2-O-\overset{O}{\overset{\|}{C}}-CH=CH_2\\CH_2-O-\overset{O}{\overset{\|}{C}}-CH=CH_2\\CH_2-O-\overset{O}{\overset{\|}{C}}-CH=CH_2\end{cases} \quad , C_{14}H_{18}O_7$$

性能特点：无色透明液体；相对分子质量 298；相对密度（d^{25}）1.18g/cm³；折射率（n_D^{25}）1.477；玻璃化温度 T_g（均聚物）103℃。

制备方法：丙烯酸与季戊四醇在催化剂（如对甲苯磺酸）作用下，在一定温度下进行反应，并脱水、碱洗、减压蒸馏得到产品。反应方程式如下：

$$3CH_2=CH-\overset{O}{\overset{\|}{C}}-OH + HO-CH_2-\overset{CH_2-OH}{\underset{CH_2-OH}{\overset{|}{\underset{|}{C}}}}-CH_2-OH \longrightarrow HO-CH_2-\overset{CH_2-O-\overset{O}{\overset{\|}{C}}-CH=CH_2}{\underset{CH_2-O-\overset{O}{\overset{\|}{C}}-CH=CH_2}{\overset{|}{\underset{|}{C}}}}-CH_2-O-\overset{O}{\overset{\|}{C}}-CH=CH_2 + 3H_2O$$

用途：聚合反应中增加交联度，可用作辐射固化中的活性稀释剂，增强聚合物硬度及耐磨性，PETA 分子中含有羟基，有助于改善黏附性能。可用于涂料、油墨、黏合剂、光聚合物等。

2.2.4.6 二季戊四醇六丙烯酸酯

化学名称：二季戊四醇六丙烯酸酯

英文名称及缩写：dipentaerythritol hexaacrylate，DPHA

结构式和分子式：

，$C_{28}H_{34}O_{13}$

性能特点：无色透明液体；相对密度（d^{25}）1.181g/cm³；沸点 101（107）℃；折射率（n_D^{20}）1.491。对皮肤刺激小。

制备方法：丙烯酸与季戊四醇按一定比例在酸性催化剂（如对甲苯磺酸）作用下，进行酯化反应，并脱水、碱洗、减压蒸馏得产品。反应方程式如下：

$$6CH_2=CH-\overset{O}{\overset{\|}{C}}-OH + HO-CH_2-\overset{CH_2-OH}{\underset{CH_2-OH}{\overset{|}{\underset{|}{C}}}}-CH_2-OH \longrightarrow$$

用途：主要用于辐射固化中，交联速率快。

2.2.4.7 二甲基丙烯酸乙二醇酯

化学名称：二甲基丙烯酸乙二醇酯；双甲基丙烯酸乙二酯；乙二醇二甲

基丙烯酸酯

英文名称及缩写：ethylene glycol dimethacrylate，EGDMA 或 Glycol dimethylacrylate，GDMA

结构式和分子式：$CH_2=\overset{\overset{\displaystyle CH_3}{|}}{C}-\overset{\overset{\displaystyle O}{\|}}{C}-O-CH_2-CH_2-O-\overset{\overset{\displaystyle O}{\|}}{C}-\overset{\overset{\displaystyle CH_3}{|}}{C}=CH_2$ ，$C_{10}H_{14}O_4$

主要特性：无色透明或淡黄色液体；相对密度（d^{25}）1.048g/cm³；沸点 97℃（530Pa）；熔点 260℃；闪点 116℃；折射率（n_D^{25}）1.4519。

制备方法：甲基丙烯酸与乙二醇在硫酸催化剂存在下，进行酯化反应而得。

$$CH_2=\overset{\overset{\displaystyle CH_3}{|}}{C}-\overset{\overset{\displaystyle O}{\|}}{C}-OH + \overset{\displaystyle CH_2OH}{\underset{\displaystyle CH_2OH}{|}} \xrightarrow{H_2SO_4} CH_2=\overset{\overset{\displaystyle CH_3}{|}}{C}-\overset{\overset{\displaystyle O}{\|}}{C}-O-CH_2-CH_2-O-\overset{\overset{\displaystyle O}{\|}}{C}-\overset{\overset{\displaystyle CH_3}{|}}{C}=CH_2 + H_2O$$

用途：用于有机玻璃交联剂，以提高耐热性和抗银纹性；橡胶、塑料改性剂、塑料溶胶涂料、感光树脂、胶黏剂、光学材料、牙科材料、油墨等领域。

2.2.4.8 二甲基丙烯酸一缩二乙二醇酯

化学名称：二甲基丙烯酸一缩二乙二醇酯；双甲基丙烯酸二甘醇酯；一缩乙二醇双甲基丙烯酸酯

英文名称及缩写：diethylene glycol dimethacrylate，DEGDMA

结构式和分子式：$CH_2=\overset{\overset{\displaystyle CH_3}{|}}{C}-\overset{\overset{\displaystyle O}{\|}}{C}-O-CH_2CH_2-O-CH_2CH_2-O-\overset{\overset{\displaystyle O}{\|}}{C}-\overset{\overset{\displaystyle CH_3}{|}}{C}=CH_2$ ，$C_{12}H_{18}O_5$

主要特性：无色油状液体；相对密度（d^{25}）1.064；沸点 130℃（400Pa）；闪点 145℃；折射率（n_D^{25}）1.4568。

制备方法：以甲基丙烯酸与一缩二乙二醇在 H_2SO_4 催化作用下，进行酯化反应而得。

$$2 CH_2=\overset{\overset{\displaystyle CH_3}{|}}{C}-\overset{\overset{\displaystyle O}{\|}}{C}-OH + \overset{\displaystyle HOCH_2CH_2}{\underset{\displaystyle HOCH_2CH_2}{}}O \xrightarrow{H_2SO_4}$$

$$CH_2=\overset{\overset{\displaystyle CH_3}{|}}{C}-\overset{\overset{\displaystyle O}{\|}}{C}-O-CH_2CH_2-O-CH_2CH_2-O-\overset{\overset{\displaystyle O}{\|}}{C}-\overset{\overset{\displaystyle CH_3}{|}}{C}=CH_2 + 2H_2O$$

用途：主要用作交联剂，橡胶及合成树脂的改性剂，涂料，感光材料树脂等。

2.2.4.9 二甲基丙烯酸-1,3-丁二醇酯

化学名称：二甲基丙烯酸-1,3-丁二醇酯；1,3-丁二醇双甲基丙烯酸酯；二甲基丙烯酸丁亚酯；双甲基丙烯酸-1,3-丁二酯

英文名称及缩写：1,3-butylene glycol dimethacrylate，BGDMA

结构式和分子式：$CH_2=\overset{\overset{\displaystyle CH_3}{|}}{C}-\overset{\overset{\displaystyle O}{\|}}{C}-O-\overset{\overset{\displaystyle CH_3}{|}}{CH}-CH_2-O-\overset{\overset{\displaystyle O}{\|}}{C}-\overset{\overset{\displaystyle CH_3}{|}}{C}=CH_2$ ，$C_{12}H_{18}O_4$

主要特性：淡黄色透明液体；相对密度（d^{25}）1.013；沸点 110℃（400Pa）；闪点 130℃；折射率（n_D^{25}）1.4500。

制备方法：以甲基丙烯酸与1,3-丁二醇进行酯化反应而得。

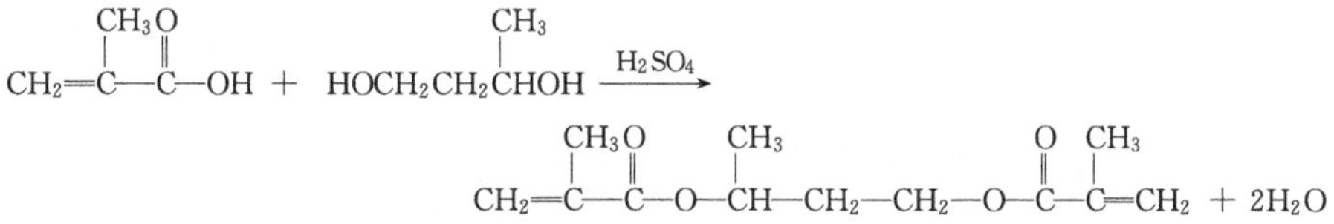

用途：用于橡胶、塑料助交联剂，橡胶及合成树脂改性剂、塑料溶胶、增强塑料、石棉增强品、涂料、高尔夫球等。

2.2.4.10 三甲基丙烯酸三羟甲基丙烷酯

化学名称：三甲基丙烯酸三羟甲基丙烷酯；三甲基丙烯酸三羟甲基丙酯；三甲基丙烯酸-2-乙基特丁三醇酯

英文名称及缩写：trimethylolpropane trimethacrylate，TMPTMA

结构式和分子式：

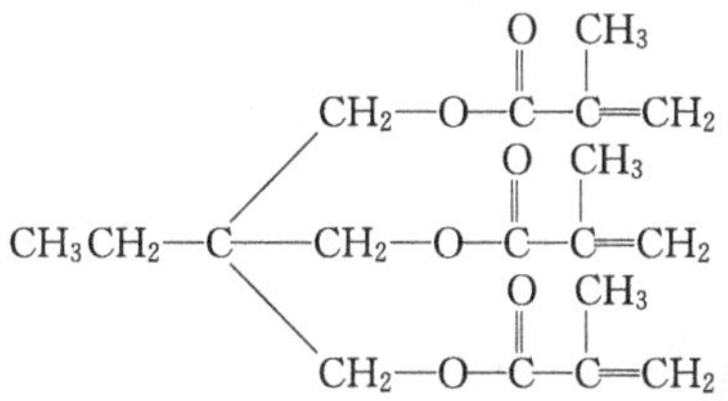

主要特性：无色或淡黄色透明液体；相对密度（d^{25}）1.067；沸点 185℃（670kPa）；闪点＞150℃；折射率（n_D^{25}）1.4690。

制备方法：甲基丙烯酸与三羟甲基丙烷进行酯化反应而制得。

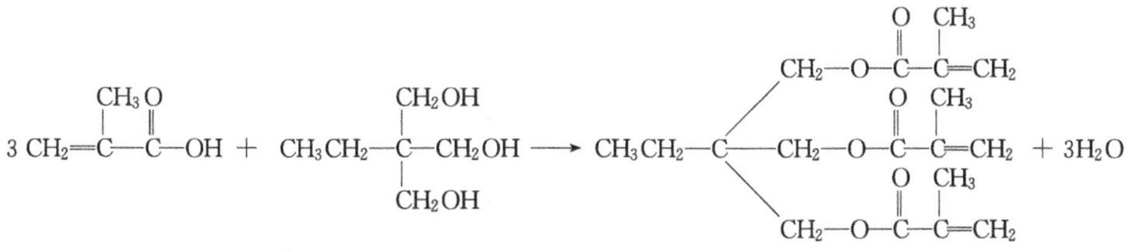

用途：具有反应活性高、交联密度高、硬度佳、高光泽等特点。如作为过氧化物交联时的助交联剂，适用于顺丁橡胶、二元乙丙橡胶、三元乙丙橡胶、异戊橡胶、丁基和丁腈橡胶，混炼时有增塑作用，交联时有增硬作用。用于高分子材料的化学交联剂或助交联剂、辐射交联敏化剂、橡胶改性剂、胶黏剂、塑料溶胶、涂料、多种树脂改性剂等。

2.2.4.11 四甲基丙烯酸季戊四醇酯

化学名称：四甲基丙烯酸季戊四醇酯

英文名称及缩写：pentaerythritol tetramethacrylate，PETMA

结构式和分子式：

$$CH_2=C-C-O-H_2C \quad H_2C-O-C-C=CH_2$$

$$CH_2=C-C-O-H_2C \quad H_2C-O-C-C=CH_2 \quad , \quad C_{21}H_{28}O_8$$

主要特性：白色粉末，相对分子质量 409。

制备方法：以甲基丙烯酸与季戊四醇在 H_2SO_4 催化下进行酯化反应而得。

$$4CH_2=C-C-OH \; + \quad \longrightarrow \quad + \; 4H_2O$$

用途：主要用于交联剂，橡胶、合成树脂改性剂，胶黏剂以及涂料等。

2.3 合成丙烯酸树脂用引发剂

2.3.1 概述

丙烯酸及酯的单体是具有吸电子基的烯烃，其聚合物主要通过自由基、阴离子和基团转移等聚合反应获得。聚合反应往往需要借助于引发剂引发初级基团逐步扩链。引发剂是化学结构上含有弱键的化合物，在一定条件下（热、光、高能射线）分解产生活性中间体（自由基、阴离子或阳离子）以引发聚合或交联反应。目前，工业上制备丙烯酸树脂的主要方法还是自由基聚合。对于自由基聚合来说，引发剂均裂后产生的初级自由基加成单体后形成单体自由基，进而使单体聚合并使其分子链增长，分子量增加。在聚合过程中引发剂不断分解，以残基形式构成大分子端基。引发剂按照分解方式分为热裂解型和氧化还原型。本节主要介绍自由基聚合用的各类型引发剂。

2.3.2 热裂解型引发剂

热裂解型引发剂在一定温度下发生裂解，是应用最广的一类引发剂，其引发效率主要以引发剂分解速率——半衰期（$t_{1/2}$）来表征。半衰期是指引发剂在特定温度下分解50%所需的时间。这个时间越长，则表示引发剂的分解速率越慢、活性越低；分解时间越短，则表明引发剂的分解速率也越快，活性也越高。对于引发剂活性指标，也可以以"10h半衰期温度"，即引发剂分解50%所需温度来表征。该温度越低说明引发剂的活性越高，分解速率也越快。在实际应用中，60℃下半衰期大于6h的引发剂被称为低活性引发剂，小于1h的引发剂被称为高活性引发剂，介于1h和6h之间的被称为中等活性引发剂。

引发剂有不同的分解温度和半衰期。引发剂的分解温度过高或半衰期过长会造成聚合反应的时间过长，不利于生产。反之，引发剂的分解温度过低或半衰期过短，化学品在存储中不稳定而容易分解，而且在参与反应时，单位时间内产生自由基的数量过多，反应速率加快，由于自由基聚合反应是一个热反应，会导致反应温度难以控制而产生爆聚或过早停止反应。

分子中含有O—O、N＝N、S—S、N—O键化合物其化学键的离解能在$100\sim170kJ/mol$范围，在常温下分解很慢，分解温度一般在$60\sim90℃$之间，因此适合用作丙烯酸酯类单体进行乳液聚合或溶液聚合的引发剂。热裂解型引发剂按照分子结构分为过氧化物引发剂和偶氮类引发剂。

2.3.2.1 过氧化物引发剂

过氧化物引发剂分子结构中含有过氧基（—O—O—），受热后—O—O—键断裂，分裂成两个相应的自由基，从而引发单体聚合。过氧化物分为无机过氧化物和有机过氧化物两类。无机过氧化物引发剂主要有过氧化氢、过硫酸铵或过硫酸钾等，可溶于水，用作水溶液聚合、乳液聚合的引发剂；有机过氧化物种类繁多，常用的有机过氧化物引发剂包括叔烷基过氧化氢、过氧化二叔烷基、过氧化二酰、过氧化羧酸叔丁基酯、过氧化二碳酸酯等，其热分解温度范围很宽，不同的聚合温度均能找到合适活性的品种，主要作油溶性引发剂用于本体、悬浮和溶液聚合，其中，过氧化氢、过氧化酰可以和亚铁盐等还原剂一起组成氧化-还原体系用于水溶液或乳液聚合。常用的过氧化物引发剂及引发剂活性见表2-1。

■表2-1 常用过氧化物引发剂及引发剂活性

引发剂类型及结构式	化学名称、结构式及英文缩写	温度 /℃	半衰期 $t_{1/2}$/h
过硫酸盐	过硫酸钾 KO—S—O—O—S—OK	45	292
		60	33
		70	7.7
		80	1.5
过氧化氢类	异丙苯基过氧化氢（CHP）	140	10
		166	1
		195	0.1

续表

引发剂类型及结构式	化学名称、结构式及英文缩写	温度/℃	半衰期 $t_{1/2}$/h
过氧化氢类	叔丁基过氧化氢（TBHP）	164	10
		185	1
		207	0.1
过氧化二叔烷基类	过氧化二异丙苯（DCP）	112	10
		132	1
		153	0.1
	过氧化二叔丁基（DTBP）	121	10
		141	1
		164	0.1
	过氧化二叔戊基（DTAP）	108	10
		128	1
		150	0.1
过氧化酰类	过氧化二苯甲酰（BPO）	71	10
		91	1
		113	0.1
	过氧化二月桂酰（LPO）	61	10
		79	1
		99	0.1
过氧化羧酸酯类	过氧化醋酸叔丁酯（TAPB）	100	10
		119	1
		139	0.1
	过氧化苯甲酸叔丁酯（TBPB）	103	10
		122	1
		142	0.1
	过氧化-2-乙基己酸叔丁酯（TBPO）	72	10
		91	1
		113	0.1
	过氧化-2-乙基己酸叔戊酯（TAPO）	73	10
		91	1
		111	0.1

引发剂类型及结构式	化学名称、结构式及英文缩写	温度/℃	半衰期 $t_{1/2}$/h
过氧化羧酸酯类	过氧化特戊酸叔丁酯（BPP）	57	10
		75	1
		94	0.1
过氧化二碳酸酯类	过氧化二碳酸二环己酯（DCPD）	44	10
		59	1
		76	0.1
	过氧化二碳酸二异丙酯（IPP）	48	10
		64	1
		82	0.1
	过氧化二碳酸二（2-乙基己基）酯（EHP）	44	10
		61	1
		80	0.1

在丙烯酸酯树脂聚合反应中，无机类过硫酸盐氧化物如过硫酸铵、过硫酸钾可以单独使用，一般不溶于单体而溶于水，使用温度 $50\sim90℃$，使用量为单体的 0.5% 或更少，其分解反应如下：

$$S_2O_8^{2-} \longrightarrow 2SO_4^- \cdot$$

$$2SO_4^- \cdot + H_2O \longrightarrow 2HSO_4^- + HO \cdot$$

$$HSO_4^- \longrightarrow H^+ + SO_4^{2-}$$

分解的硫酸根离子自由基和羟基自由基以端基存在于聚合物分子末端，从而使聚合物具有亲水性，用于丙烯酸乳液聚合。但多数情况是过硫酸盐与还原剂如亚硫酸氢钠一起组成过氧化-还原体系用于乳液或水溶液聚合。

叔烷基过氧化氢类引发剂用于高温固化，也可同还原剂构成氧化-还原体系在 $120\sim150℃$ 使用，或与过氧化苯甲酰一起用于中温固化。叔丁基过氧化氢早期使用较多，由于稳定性差现已很少使用。过氧化二叔烷类和过氧化羧酸酯类活性较小，是低偏中活性引发剂，用于引发高温（$>100℃$）聚合；过氧化酰类引发剂活性适中，在工业上应用最广，它可单独用作中温引发剂，也可与叔胺一起用作室温氧化还原引发剂。过氧化二碳酸酯类引发剂活性大，用于中、低温聚合，或者同低活性引发剂复合使用，由于过氧化二碳酸二异丙酯（IPP）需要在 0℃ 以下储存，且在室温下为半固体状，目前已较少使用。

过氧化二苯甲酰（BPO）是制备丙烯酸树脂中最常用的过氧类引发剂，

BPO 中 O—O 键的电子云密度大且相互排斥，容易断键，在温度 70～100℃时分解较快，其半衰期在 100℃约为 20min，裂解的苯甲酰自由基能够引发聚合，在 130℃的温度下很快离解为高反应性苯基自由基和 CO_2。其引发分解反应式如下：

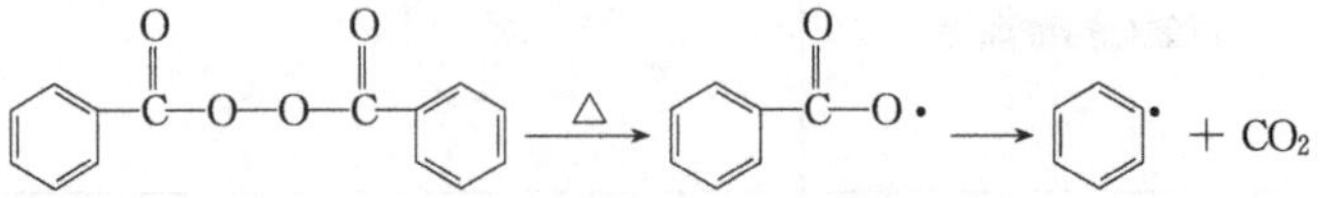

其分解成自由基后除了发生重结合，还会发生诱导分解作用。

重结合：

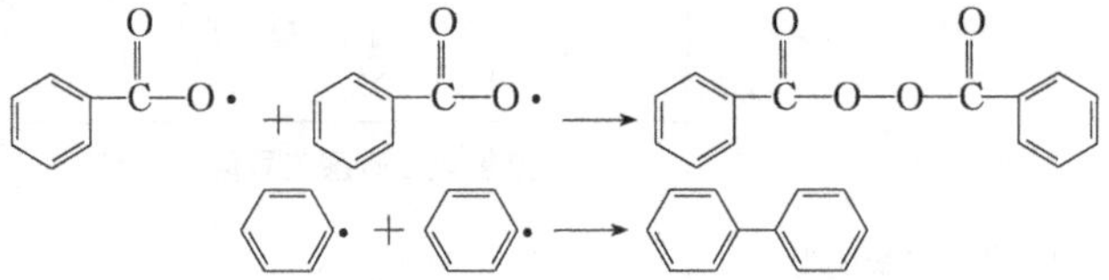

诱导分解：

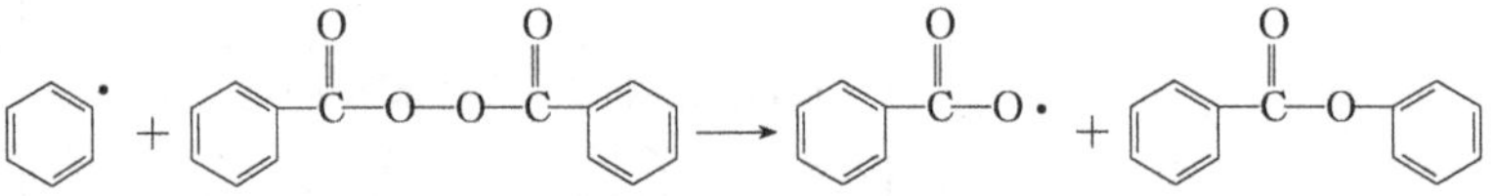

有机过氧化物的引发剂发生离解后，生成的自由基相互结合易产生副反应，这些副反应在消耗自由基的同时，也在一定程度上减缓自由基生成的速率，降低了引发效率。为提高引发效率，有效控制聚合物的分子量和分子量分布，需要在聚合过程中进行聚合工艺的调整，包括聚合反应温度、时间、单体和引发剂等原料的加料方式等。

BPO 分解的自由基有较强的提取氢原子的作用，特别是在高于 130℃时，是有效的氢夺取剂，导致聚合物产生相当大的支链化。因此，需要支链化或接枝共聚时，BPO 是很好的选择。但是 BPO 裂解产生初级自由基容易夺取大分子链上的氢、氯等原子或基团，进而在大分子链上引入支链，导致聚合物分枝多、分子量分布变宽，对于高固体丙烯酸树脂应避免使用。由于 BPO 的残基最终连接在聚合物末端，对于高分子量的聚合物来说，连接在聚合物末端的引发剂残基对大多数聚合物性能影响很小，对分子量小的聚合物来说，可能会对某些性能有一定影响，如涂料树脂里要求的耐候性以及户外耐久性等。

2.3.2.2　偶氮类引发剂

偶氮类引发剂是指分子中含有偶氮基的一类化合物，其结构式为：

其中，X 可以是氰基、硝基、酯基、羟基等吸电子基团，工业上最为常见的是氰基，即腈类偶氮化合物，常用的产品主要是偶氮二异丁腈（AIBN）和偶氮二异庚腈（ABVN），其引发活性见表 2-2。

■表 2-2 常用偶氮类引发剂及引发活性

引发剂其结构式及英文缩写	温度/℃	半衰期 $t_{1/2}$/h
偶氮二异丁腈 $$CH_3-\underset{\underset{CN}{\mid}}{\overset{\overset{CH_3}{\mid}}{C}}-N=N-\underset{\underset{CN}{\mid}}{\overset{\overset{CH_3}{\mid}}{C}}-CH_3$$ ABIN	50	73
	60	16.6
	64	10
	70	5.1
	82	1
	100	0.1
	120	1/60
偶氮二异庚腈 $$(CH_3)_2CHCH_2-\underset{\underset{CN}{\mid}}{\overset{\overset{CH_3}{\mid}}{C}}-N=N-\underset{\underset{CN}{\mid}}{\overset{\overset{CH_3}{\mid}}{C}}-CH_2CH(CH_3)_2$$ ABVN	50	28
	60	2.4
	70	0.97
	80	0.27

其中，偶氮二异丁腈是较为常用的引发剂品种，使用温度 60～80℃，热分解只产生一种自由基，一般不太容易发生向溶剂链转移之类的副反应，无诱导反应，所得大分子的分子量分布较窄。其分解反应式如下：

$$CH_3-\underset{\underset{CN}{\mid}}{\overset{\overset{CH_3}{\mid}}{C}}-N=N-\underset{\underset{CN}{\mid}}{\overset{\overset{CH_3}{\mid}}{C}}-CH_3 \longrightarrow CH_3-\underset{\underset{CN}{\mid}}{\overset{\overset{CH_3}{\mid}}{C}}\cdot + N_2$$

其副反应为：

$$2\,CH_3-\underset{\underset{CN}{\mid}}{\overset{\overset{CH_3}{\mid}}{C}}\cdot \longrightarrow CH_3-\underset{\underset{CN}{\mid}}{\overset{\overset{CH_3}{\mid}}{C}}-N=N-\underset{\underset{CN}{\mid}}{\overset{\overset{CH_3}{\mid}}{C}}-CH_3$$

偶氮二异庚腈是在偶氮二异丁腈基础上发展的偶氮类引发剂，其活性较高，在低温下使用效率较高。

偶氮类引发剂与过氧化物引发剂相比有很多优点。热分解生成自由基的反应较简单，分解后产生自由基的活性较低，在聚合物中不易夺取氢原子，所得大分子的分子量分布较窄，所得聚合物的黏度也较低；氧化能力小，其分解速率受溶剂影响较小，在不同溶剂中的分解速率常数相差不大，均呈一级反应；无诱导分解，碰撞时也不会爆炸，产品易提纯，价格便宜。但偶氮类引发剂也有其不足：品种少、多为固体，在丙烯酸单体或溶剂中的溶解度较小，分解温度范围不够宽，通常分解温度较低，引发效率也较低，用量多时，还会给树脂带来颜色。

2.3.3 氧化还原引发剂

氧化还原引发剂体系是过氧类引发剂中加入还原剂，通过电子转移机理生成活性自由基以引发单体聚合反应，如常用的过氧化氢-亚硫酸铁体系，

Fe^{2+} 为还原剂，过氧化氢为氧化剂，过氧化氢在 Fe^{2+} 存在下进行裂解产生自由基，使活化能发生变化。

$$HOOH \longrightarrow HO\cdot + \cdot OH \qquad E_a = 226kJ/mol$$
$$HOOH + Fe^{2+} \longrightarrow HO\cdot + Fe^{3+} + OH^- \qquad E_a = 39.4kJ/mol$$

由于分解活性低，可在室温或低温下引发聚合。氧化-还原体系的优点是提高了引发和聚合速率并降低聚合温度，在较低的聚合温度下能得到较高的聚合物分子量，而较高的反应温度会促使自由基向溶剂、单体和聚合物链转移，产生链终止反应，从而降低聚合物分子量。

目前，常用的氧化-还原引发体系分为水溶性氧化-还原体系和油溶性氧化-还原体系。水溶性氧化-还原体系的氧化剂有过氧化氢、过硫酸盐；还原剂有硫酸亚铁、亚硫酸钠、亚硫酸氢钠、连二硫酸钠、硫代硫酸钠等，油溶性氧化-还原体系的氧化剂有氢过氧化物、过氧化二烷基、过氧化二酰基等，用做还原剂的有叔胺、环烷酸盐、硫醇及有机金属化合物等。

表 2-3 是常用的氧化剂和还原剂组合形成的多种氧化还原引发体系。

■表 2-3　常用氧化还原引发剂

氧化剂	还原剂
过氧化氢	$FeSO_4$，$NaHSO_3$，Na_2SO_3
过硫酸盐：$Na_2S_2O_8$、$K_2S_2O_8$、$(NH_4)_2S_2O_8$	$FeSO_4$，$NaHSO_3$，Na_2SO_3
过氧化二苯甲酰，异丙苯基过氧化氢	二甲苯胺（DMA），N,N-二甲基对甲苯胺（DMT）（硫酸）亚铁盐

水溶性氧化还原体系主要用于乳液聚合及水溶液聚合。如过硫酸盐-亚硫酸氢盐的氧化-还原体系广泛地用于丙烯腈、丙烯酸酯等单体的乳液聚合工业生产中，该体系生成自由基的反应如下：

$$S_2O_8^{2-} + HSO_3^- \longrightarrow SO_4^- \cdot + SO_4^{2-} + HSO_3\cdot$$

该引发体系生成的 $SO_4^-\cdot$ 和 $HSO_3\cdot$ 均具有引发活性，生成的聚合物分子链末端分别带有硫酸根负离子和磺酸根负离子，这些离子性基团的亲水性很好，所以赋予聚合物分子链一定的自乳化能力。

油性氧化还原体系中最为典型的是 BPO-DMA，叔胺的作用不是作为典型的还原剂使用，而是加速氧化物的分解，因此也可以认为叔胺是促进剂。BPO-DMA 体系可以用于甲基丙烯酸甲酯和其他单体的室温本体聚合，它的引发反应机理如下：

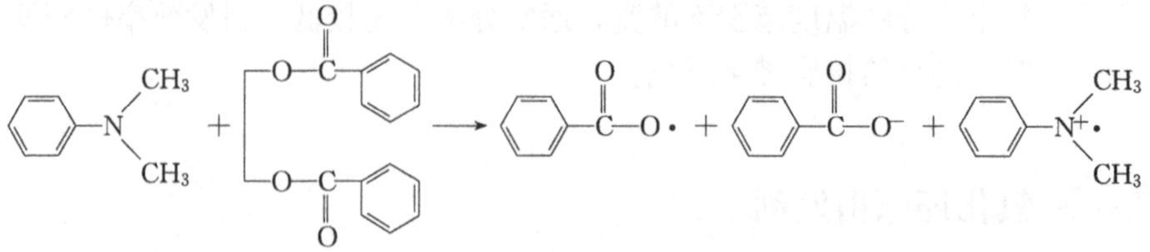

近年来，DMA 逐渐被 N,N-二甲基对甲苯胺（DMT）代替，BPO-DMA 和 BPO-DMT 体系广泛用于高分子的齿科材料、外科和骨胶材料。

氧化还原反应的缺点是引发效率低，转化率往往也不高，为了有较好的引发效率，需要选择好还原体系的成分和配比，一般还原剂的浓度不宜太高，加入量为单体量的0.05%~1%，氧化剂稍过量，加入量为单体量的0.1%~1%为宜，在实际生产中，为了得到最佳引发速率，具体用量需要通过实验才能确定。

2.3.4 引发剂的选择

在丙烯酸树脂合成工艺和配方设计中，引发剂的选择是十分重要的，它通过在聚合过程中控制生成的自由基数量来控制生成的聚合物分子量及其分布。选择引发剂的原则如下。

(1) 根据聚合反应类型选择引发剂 选择的引发剂必须能够溶解或者是能够很好地分散在反应体系中，根据聚合反应要求，不同的聚合反应应采用不同体系的引发剂。对于本体、悬浮和溶液聚合，通常采用偶氮类或过氧化类油溶性引发剂。对于乳液聚合和水溶液聚合，主要采用过硫酸盐、过氧化氢或氧化还原引发剂。也有乳液聚合采用偶氮类或过氧化物类引发剂的。

(2) 根据聚合工艺要求选择引发剂 引发剂分解活化能高或半衰期过长，则分解速率过低，使聚合时间延长，不适合工业生产中采用。但如果活化能过低或者半衰期过短，引发过快，单位时间内产生自由基的数量过多，会导致反应温度难以控制而产生爆聚或过早停止反应。因此一般应选择半衰期与聚合时间同数量级或相当的引发剂。

(3) 根据产品性能要求选择引发剂 引发剂的种类对生成的树脂性能（尤其是分子量分布）影响较大。如前所述，偶氮类引发剂分解成自由基后，副反应较有机过氧化物少得多，所得聚合物分子量分布较窄。有机过氧化物引发剂分解过程相对复杂，如过氧化二苯甲酰、叔丁基过氧化物和叔戊基过氧化物制备羟基丙烯酸树脂时，BPO和过氧化叔丁基分解生成的自由基活性较高，夺氢能力较强，容易发生副反应，使聚合物分子量趋宽，而叔戊基过氧化物分解成自由基活性较低，较弱的夺氢能力，使其聚合物支链化低，分子量小，分子量分布窄，树脂黏度较低，起到了控制分子量分布的作用。因此，在相同配方、相同聚合反应工艺条件下，通过引发剂的选择也可以在一定程度上改变聚合物的性能。

在产品应用上，对于那些色泽要求高的丙烯酸树脂产品，由于过氧化物引发剂具有氧化性，容易使（甲基）丙烯酸酯类单体氧化而变色，最好考虑选用偶氮类引发剂。此外，还要考虑到一些安全问题，比如对于医用材料的丙烯酸树脂制备，偶氮类引发剂的毒性较大，不宜使用。

(4) 根据聚合工艺和产品要求选择引发剂的加入方式和用量 在聚合工艺中，除了引发剂种类对树脂性能有较大影响外，引发剂的加入方式和加入量也影响聚合物的聚合速率、产品性能。

一般制备大分子量热塑性丙烯酸树脂时，单体、溶剂、引发剂一次投入，要求引发剂半衰期在反应温度下至少为 1h 以上，使引发剂缓慢分解以制备较高分子量的丙烯酸树脂。在制备分子量不高的热塑性丙烯酸树脂或热固性丙烯酸树脂时，多数情况是采用单体和引发剂同时滴加的工艺，以尽量保持聚合过程中单体和引发剂浓度的稳定配比，得到的聚合物分子量较为均匀，因此在滴加单体和引发剂的聚合反应中，在聚合温度下，引发剂的半衰期不宜过长，一般控制在 15~60min，以保证平稳的聚合速率持续产生自由基，使反应温度在聚合过程中可控，并且提高转化率，得到分子量较为均匀的聚合物。一般来说，如果延长引发剂滴加时间或增加引发剂用量、提高聚合温度，最终单体的转化率高，得到的聚合物的分子量降低，树脂的黏度下降。

引发剂用量影响聚合物分子量大小。引发剂用量大，产生的自由基多，聚合物分子量较小；引发剂用量少，聚合物分子量高，但反应速率慢，反应转化率也可能下降。通常引发剂用量为单体总量的 0.1%~1%，如在溶液聚合反应中，为获得较高分子量的树脂，引发剂一般控制在 0.2%~0.5%；为获得低分子量树脂，引发剂可控制在 4%~5%。在实际生产中，由于对产品性能有不同要求，引发剂的用量需要实验确定。

2.4 丙烯酸树脂聚合化学反应

2.4.1 概述

合成丙烯酸树脂的反应有自由基聚合反应、共聚合反应、可控/活性自由基聚合反应和基团转移聚合反应。在所有的合成高分子材料总产量中，由自由基聚合反应制得的产品占 60%以上，在热塑性树脂中则占 80%，聚丙烯酸酯类树脂、高压聚乙烯、聚氯乙烯、聚苯乙烯、聚四氟乙烯、聚丙烯腈、ABS 树脂、丁苯橡胶、丁腈橡胶等聚合物都是通过自由基聚合生产的。普通自由基聚合的理论和实践比较成熟，已有不少专著问世，本节不再赘述，只介绍常用的光引发聚合。可控/活性自由基聚合与基团转移聚合是近二十多年来发展起来的新型聚合反应，而基团转移聚合被认为是发现配位聚合以来又一重要的新聚合技术，本节将针对丙烯酸树脂的合成着重介绍可控/活性自由基聚合和基团转移聚合两个部分。

2.4.2 自由基聚合

自由基聚合反应理论的基本框架建立于 20 世纪三四十年代，确定了自由基聚合过程中包括链引发、链增长和链终止等步骤。该理论是在长链假设、等活性假设及稳态近似假设等基础上形成的。所谓长链假设认为生成聚合物的聚合度很大，由链引发所消耗的单体量远小于链增长消耗的单体量，总聚合速率就可用链增长速率表示；所谓等活性假设认为链自由基的活性与链长无关，只与链自由基末端基团性质有关，则链增长步骤中各基元反应速率常数相等；所谓稳态近似假设认为链引发速率与链终止速率相等，两者构成动态平衡。经典自由基聚合理论可以解释范围很广的单体在低转化率下的聚合行为，根据经典理论，在引发剂引发聚合时，聚合速率与单体浓度的一次方和引发剂浓度的二分之一次方成正比。因此随反应不断进行，单体浓度和引发剂浓度将逐渐减小，聚合速率也应随之下降。

自由基聚合反应最重要的步骤是自由基引发，引发方式包括热引发、光引发、辐射引发、等离子体引发、微波引发等，丙烯酸及酯的单体多是采用热引发、光引发、辐射引发。

2.4.2.1 自由基均聚合反应机理

普通自由基聚合的特点是：①引发剂分解持续整个反应过程（慢引发）；②自由基一旦形成，立即以链式反应方式加上多个单体单元，迅速形成大分子（快增长）；③单体浓度逐渐降低，聚合物浓度逐渐升高，聚合物平均分子量在整个聚合反应过程中基本不变，在任何时候反应体系中只存在单体和聚合物；④单体的总转化率随反应时间的增加而增加。以下是丙烯酸酯自由基均聚合机理的典型过程。

① 链引发

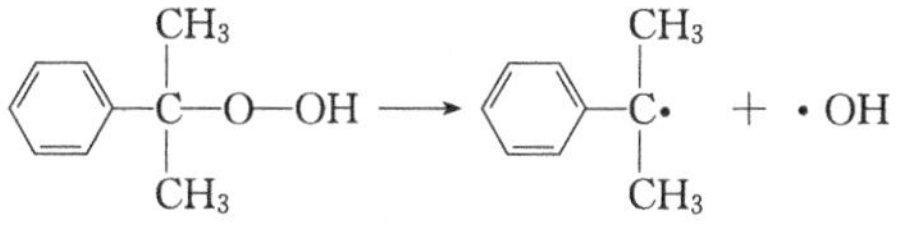

异丙苯基过氧化氢

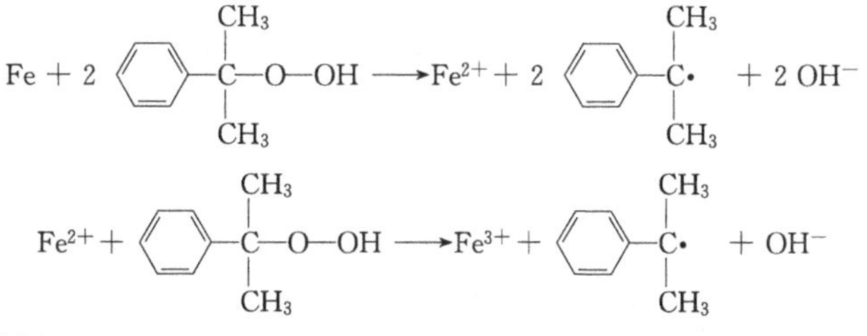

② 链增长

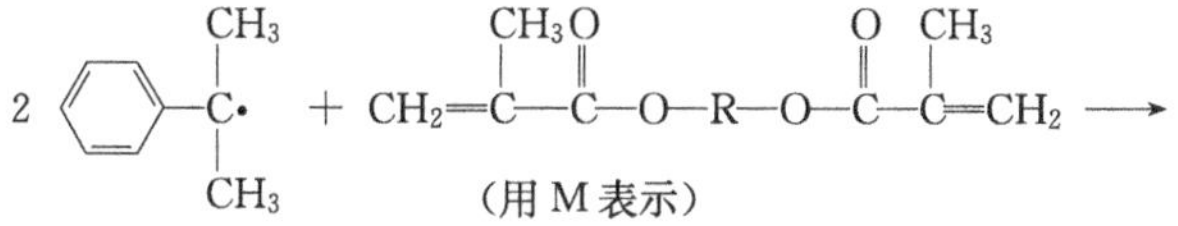

（用 M 表示）

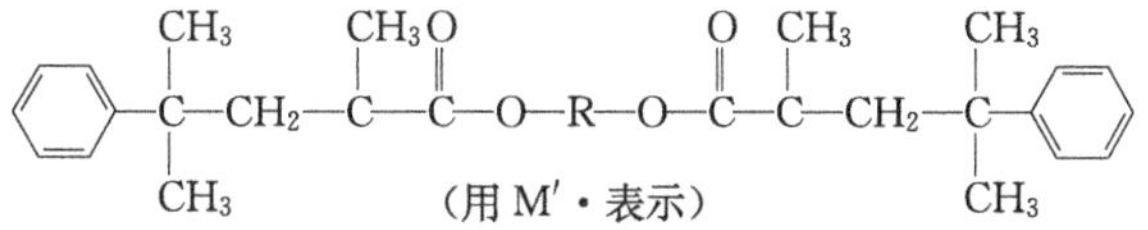

（用 M′· 表示）

$M + M' \cdot \longrightarrow M'M \cdot$

......

$$nM + M' \cdot \longrightarrow M'(M)_n M \cdot \text{（用 } M_n \cdot \text{ 表示）}$$

③ 链终止

$$M'_n + \cdot M_n \longrightarrow M'_n M_n$$

2.4.2.2 自由基共聚合反应机理

共聚合是指两种或两种以上单体经相互反应而连接成高聚物大分子共聚产物的聚合反应，与均聚物结构的最大区别是共聚物结构中含有两种或两种以上单体单元。通过共聚不仅可以综合参与共聚反应各单体的性能优点，改变均聚物的结构和性能，对均聚物进行改性，有目的地合成出有特定性能的共聚物，使均聚物的机械强度、弹性、塑性、柔性、玻璃化温度、塑化温度、熔点、溶解性能、染色性能、表面性能、抗老化性能等发生改变，同时还可以增加聚合物的品种，扩大应用范围。

自由基连锁共聚反应的机理与均聚反应基本相同，也可以分为链引发、链增长及链终止三个阶段。以丙烯酸酯胶黏剂的固化反应为例，由氧化还原引发体系引发的自由基共聚合反应基本遵循链引发、链增长和链终止的自由基聚合规律，反应机理如下：

① 链引发

$$ROOH + M^{2+} \longrightarrow RO \cdot + M^{3+} + OH^-$$

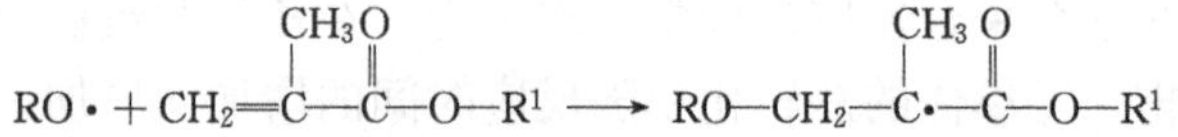

② 链增长

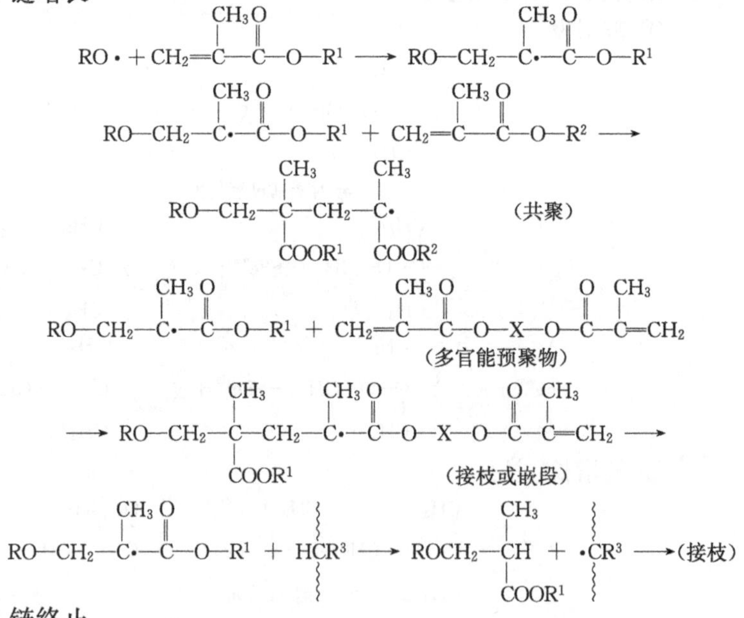

（共聚）

（多官能预聚物）

（接枝或嵌段）

（接枝）

③ 链终止

（自由基重合）

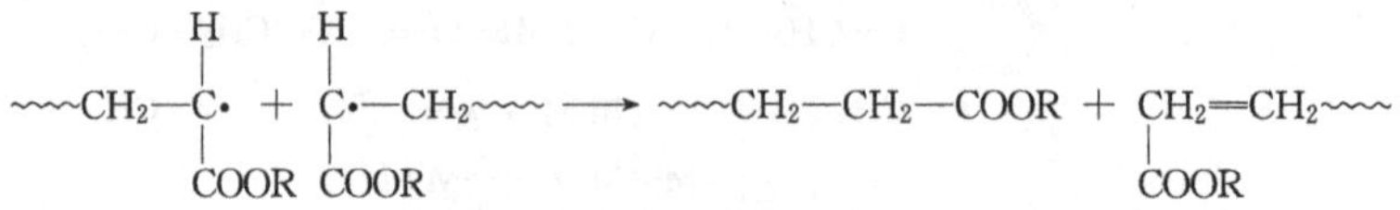

（自由基歧化反应）

2.4.2.3 光引发聚合

光引发聚合反应是指在紫外光、可见光或电子束的作用下，引发具有化学反应活性的液态低聚物，经过交联聚合而形成固态产物的反应，简称为光聚合或光固化。它具有固化速率快、污染小、节能、固化产物性能优异等特点，是一种环境友好的绿色技术，因此，近年来得到了迅猛的发展，目前，光聚合绝大部分是采用紫外光聚合的。光聚合配方主要由低聚物、单体（活性稀释剂）和光引发剂组成，在光聚合配方中所采用的低聚物和大多数单体都具有两个或两个以上的可聚合官能团，例如聚酯丙烯酸酯预聚物、双（甲基）丙烯酸、三（甲基）丙烯酸酯等。

（1）**低聚物** 低聚物是树脂的主体，是光聚合产品中比例最大的组分之一，它和活性稀释剂一起往往占到整个配方质量的 90% 以上，光聚合后产品的基本性能（包括硬度、柔韧性、附着力、光学性能、耐老化性等）主要由低聚物树脂决定，也与光聚合反应程度有关，通过稀释剂及其他添加剂也可以对产品最终性能进行调整。

低聚物一般应具有在光照条件下进一步反应或聚合的基团，例如 C═C 双键、环氧基团等。根据光固化的机理不同，适用的树脂结构也不同。丙烯酸酯或甲基丙烯酸树脂是目前光聚合行业内用量最大的一类低聚物，主要因为丙烯酸酯基团的聚合反应速率较快，且具有一定的抗氧聚合能力。

例如，光固化粉末涂料主要由丙烯酸基的固化树脂等组成，它在熔融状态下是稳定的，在高温流平过程中不易发生因热所导致的聚合反应，因此在挤出机中不会固化，室温储存时也有很高的稳定性。此外，目前印刷行业光固化涂料大部分采用自由基聚合型丙烯酸类涂料，代表性的丙烯酸酯类预聚物主要有聚酯丙烯酸酯、聚醚丙烯酸酯、聚氨酯丙烯酸酯和环氧丙烯酸酯等，这些低聚物材料的特点、选择和应用将在第 5 章相关章节中详细介绍。

（2）**光引发剂** 在光的激发下，许多烯类单体能够形成自由基而聚合的光聚合反应中，除光直接引发、光敏剂间接引发外，最重要的一类引发是光引发剂引发。光引发剂是光聚合体系的关键组成部分，它关系到配方体系在光照射时低聚物及稀释剂能否迅速由液态转变成固态。按照所产生的活性碎片不同，在光聚合丙烯酸树脂中自由基聚合光引发剂应用最为广泛。

自由基聚合光引发剂按光引发产生活性自由基的作用机理不同可分为裂解型光引发剂和夺氢型光引发剂。

裂解型光引发剂是指引发剂分子吸收光能后跃迁至激发单线态，经系间窜跃到激发三线态，在其激发单线态或三线态时分子结构呈不稳定状态，其中弱键会发生均裂，产生初级活性自由基，从而对乙烯基类单体进行引发聚合。此类光引发剂的结构多以芳基烷基酮类衍生物为主，代表性的包括苯偶姻衍生物、苯偶酰缩酮衍生物、二烷氧基苯乙酮、α-羟烷基苯酮、α-胺烷基苯酮、酰基膦氧化物、酯化肟酮化合物、芳基过氧酯化合物、卤代甲基芳酮、有机含硫化合物、苯甲酰甲酸酯等。

夺氢型光引发剂吸收光能，在激发态与助引发剂发生双分子作用，产生活性自由基。一般以芳香酮结构为主，还包括某些稠环芳烃，具有代表性的夺氢型光引发剂包括二苯甲酮、硫杂蒽酮及其衍生物、蒽醌、香豆酮及樟脑醌等。芳酮类光引发剂因为较长的激发三线态寿命，和有活性氢的化合物发生双分子反应的机会也较大。尽管芳酮直接夺氢效率很低，但树脂配方体系中大量存在酯、醇、醚等结构，可以大量提供活性氢，因此，将芳酮光引发剂直接加到丙烯酸树脂等体系中紫外光光照，体系也可能缓慢发生光聚合。

(3) **稀释剂** 在光聚合体系中，由于大多数用于光聚合的预聚体黏度很大，因此需要加入溶剂或稀释剂，这些稀释剂一般含有可聚合官能团的小分子（习惯上称之为单体），通常都能参与固化反应，在施工过程中极少挥发到空气中，通常称为活性稀释剂。

活性稀释剂按其每个分子所含反应性基团的多少，可以分为单官能团和多官能团活性稀释剂。单官能团活性稀释剂每个分子中仅含一个可参与固化反应的基团，如甲基丙烯酸-β-羟乙酯（HEMA）、丙烯酸异冰片酯（IBOA）、月桂酸甲基丙烯酸酯（LMA）等。多官能团活性稀释剂是指每个分子中含有两个或两个以上可参与固化反应基团的活性稀释剂，如1,6-己二醇二丙烯酸酯（HDDA）、三丙二醇二丙烯酸酯（TPGDA）、三羟甲基丙烷三丙烯酸酯（TMPTA）、季戊四醇四丙烯酸酯（PETTA）等。

(4) **光聚合反应机理** 光聚合反应主要包括光引发自由基聚合和光引发阳离子聚合，丙烯酸树脂光引发自由基聚合占大多数，它是利用光引发剂的光解反应得到活性自由基。以双苯甲酰基苯基氧化膦（BAPO）为光引发剂引发苯乙烯与甲基丙烯酸甲酯的光聚合制备嵌段聚合物的引发过程如下：

自由基光聚合体系的优点是固化速率快，原料价格相对低廉，但该体系存在收缩大、氧阻聚等问题。

2.4.3 可控/活性自由基聚合反应

到目前为止，自由基聚合是合成聚（甲基）丙烯酸酯最重要的聚合方法之一。虽然传统自由基聚合的优点是聚合条件温和，反应效率高，速率可控，但由于自由基聚合的特点，决定了其很难获得较窄的分子量分布和较好的官能团分布，尤其是普遍存在于自由基聚合中的不可逆链终止和链转移反应使得聚合物的微结构、聚合度和多分散性难以控制。

阴离子聚合是一种行之有效的"活性"聚合方法。它可以有效避免反应中的链终止和链转移，从而成功制备出端基、组成、结构和分子量可控的高分子材料。然而离子型聚合的聚合条件十分苛刻，无论是单体还是溶剂都要经过十分严格的纯化处理，同时可适用于离子型聚合的单体十分有限，这些缺点严重限制了离子型聚合作为大规模聚合物制备方法的可行性。

在典型的自由基均聚中，两个增长自由基之间的双分子终止反应是不可避免的，因此典型的活性自由基聚合不可能完全实现。而经过科学界和工业界的努力，人们认识到，可以调节一些自由基聚合的反应条件，制备具有可控分子量和相当低多分散性的聚合物，表现为分子量随转化率增加而增加，分子量分布窄，并可用于制备共聚物。这类聚合反应的一些例子包括苯乙烯的氮氧稳定自由基聚合，由 Ru(II)/Al 或由 Cu(I)/联吡啶络合物控制的原子转移自由基聚合，甲基丙烯酸甲酯和丙烯酸酯的 Co(II)-调节聚合，以及采用退化链转移法的苯乙烯聚合等。虽然这些反应可当作过渡金属的催化聚合，但在原子转移聚合中表现出其自由基的特性。

2.4.3.1 原子转移自由基聚合

原子转移自由基聚合（ATRP）同时被两个课题组报道，一组是 Matyjaszewski 和中国旅美学者王锦山博士，另一组是 Sawamoto 及其同事。Matyjaszewski 等用 Cu(I)/联吡啶络合物卤素为转移剂，在休眠种和活性聚合物链之间起作用。报道说形成了具有预定分子量达到 M_n 约为 10^5 和分子量分布窄到 1.05 的聚合物，其反应机理如图 2-2 所示。

该反应是以低价态过渡金属卤代物与配体所形成的络合物 [Cu(I)X/L] 为催化剂，以带有可转移性原子或基团的化合物（如卤代烷烃类化合物 R—X）为引发剂，过渡金属化合物通过氧化还原过程从有机卤代物"提取"卤原子，产生氧化物种 $M_t^{n+1}X$ 和自由基 R·，自由基 R· 和烯烃 M 反应，生成自由基 R—M·，R—M· 再与 $M_t^{n+1}X$ 反应，得到产物 R—M—X，同时过渡金属被还原，可以再次引发新一轮的反应。由 M_t^n / M_t^{n+1} 催化的氧化还原过程，可使体系有效地保持一个很低的自由基浓度，从而大大减少自由基间的终止反应。聚合物卤代物 R—M$_n$—X 可与 M$_t^n$ 进行原子转移反应，生成有引发活性的自由基 R—M$_n$·，R—M$_n$·进行链增长反应，生成新的自由基 R—M$_t^{n+1}$·，再和 M$_t^{n+1}$X 反应生成相应的卤代物（反应机理如图 2-2 所示），而卤代物则不能和单体发生增长反应。在反应过程中，所有分子链在反应初期被引发，只要在合适的反应条件下，被引发的分子链在整个反应过程中都将保持活性。由于活性种与休眠种之间建立动态平衡的过程非常快，活性种近乎同时引发单体聚合，因此能够控制聚合产物的分子量分布较窄。

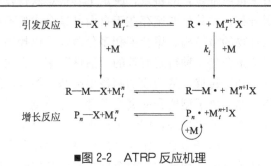

■图 2-2 ATRP 反应机理

相比其他活性可控自由基聚合方法，ATRP 方法具有许多独特优势，主要体现在以下几方面。

① 适用的单体种类广泛，包括苯乙烯类、（甲基）丙烯酸酯类、丙烯腈类、丙烯酰胺类以及一些含有羟基、羧基或其他官能团的单体。

② 引发剂一端为卤原子，另一端可以是卤原子、羧基、羟基、氨基、二硫代酯或尿苷等官能团。官能团的存在不会影响可控反应的顺利进行。

③ ATRP 方法适合于多种聚合体系，特别是水基聚合体系。

④ 利用 ATRP 方法可以方便地制备分子量和端基确定的、窄分布的遥爪聚合物，特别是合成多种结构的高（超）分子聚合物嵌段共聚物，如接枝共聚物、树形大分子、超支化聚合物、星形聚合物以及刷（梳）形聚合物以及侧链型功能性聚合物等。

鉴于以上技术优势，从其发现至今的二十几年里吸引了人们的广泛关注，在生物载药体系、医用高分子合成体系以及其他特殊高分子合成体系中进行了广泛的研究，已发展成为一种具有工业化生产前景的活性可控聚合方法。

2.4.3.2 可逆加成-断裂链转移自由基聚合

可逆加成-断裂链转移自由基聚合（RAFT）方法最早报道是在 1986 年，CSIRO（Common Scientific and Industrial Research Organization）课题组用含烯烃端基的 PMMA 大分子单体在自由基聚合体系中作为链转移剂，增长自由基链会加成到此大分子单体的烯烃上，通过链转移反应生成一个新的增长自由基链和一个新的含烯烃端基的 PMMA 大分子单体，新的大分子单体可以进行下一步链转移反应，此过程被称为 AFCT（Addition Fragmentation Chain Transfer），反应机理如图 2-3 所示。由此引发进行的聚合过程就被称为可逆加成-断裂链转移自由基聚合（RAFT）。

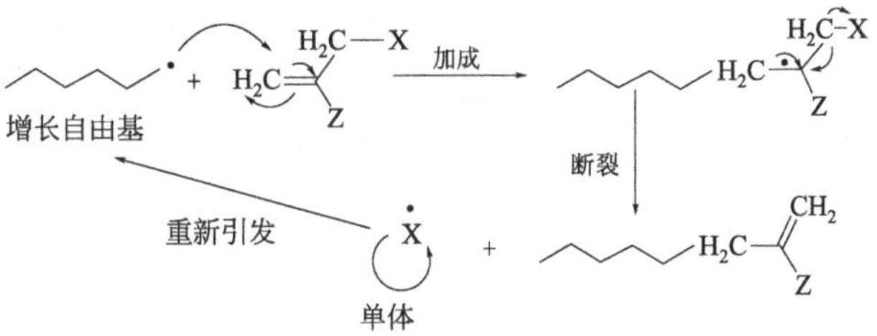

■图 2-3　AFCT 反应机理

之后很多种其他的 AFCT 试剂被合成出来，主要结构见图 2-4。此类化合物都含有一个容易离去的基团 X，C—X 和 O—X 是比较弱的单键，容易均裂断开，Z 是一个活化基团。根据 Z 活化基团的不同主要分为四类：双硫酯（dithioesters），黄原酸盐（xanthates），三硫碳酸酯（trithiocarbonates）和双硫代氨基甲酸酯（dithiocarbamates）。实验证明，含双硫酯基团的化合物是一种高效的链转移剂，相对其他链转移剂所得到的聚合物分子量分布窄，分子量可以预测，且可以适用于多数单体，最终得到的聚合物端基仍然保持聚合活性，可以进行下一步反应。随着人们对这个方法认识的不断加深，合成出大量不同结构的高效链转移剂，这些链转移剂能很好地调控自由基聚合，单体的实用性也很广，只是它们没有商业产品，需要自己合成，一些特殊链转移剂的合成相对比较复杂，要得到较高纯度的产物也比较困难。

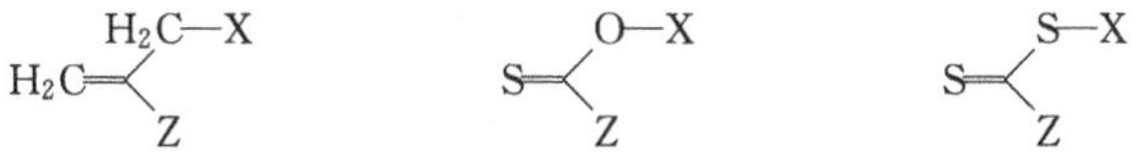

■图 2-4　主要的 AFCT 试剂

(1) RAFT 聚合条件和聚合过程　聚合条件和聚合过程是 RAFT 方法的优势，因为和一般的普通自由基聚合相比仅向其中引入了少量的链转移剂（CTA），就可以高效引发聚合。理论上来讲，只要普通自由基聚合能做的条件 RAFT 方法都可以实现，并不需要对聚合体系做一定的改变，这为工业化的实现提供了极大的发展空间。RAFT 能在多数的聚合方法中得以实现，包括本体聚合、溶液聚合、乳液聚合、微乳液聚合、离子液体和超临界 CO_2，还有高压聚合。

(2) RAFT 聚合的可聚合单体

① 丙烯酸酯和丙烯酰胺　这两种单体也在 RAFT 聚合中被广泛研究，虽然在一些聚合的初期有诱导期的存在，但是它不会影响它们的实用性，其

增长自由基空间位阻低，活性高，聚合速率很快，同时能实现很好的活性聚合。对于一些含官能团的单体尤其是含有羧基或氨基的单体也能用 RAFT 聚合，这正是 RAFT 方法的优势所在。比如，丙烯酸可以用水相 RAFT 聚合很容易实现，而不适合用 ATRP 方法，因为羧酸官能团会使催化剂失活。不同于苯乙烯及其衍生物，丙烯酸酯和丙烯酰胺单体对 RAFT 试剂的选择要高些，双硫代氨基甲酸酯和多数的黄原酸盐作 CTA 时聚合物的分子量分布（PDI＝1.2~2.3）相对于双硫酯和双硫碳酸酯（PDI＝1.06~1.25）要宽。一些能聚合的丙烯酸酯和丙烯酰胺单体如图 2-5 所示。

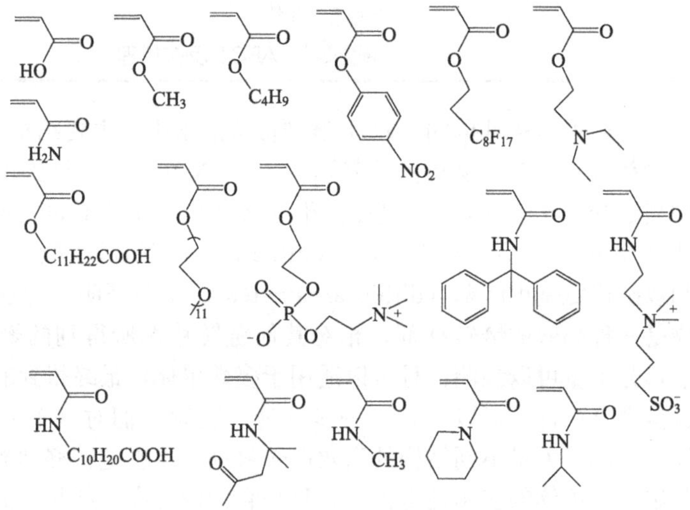

■图 2-5　能用 RAFT 法聚合的丙烯酸酯和丙烯酰胺单体

② 甲基丙烯酸酯和甲基丙烯酰胺　甲基丙烯酸酯和甲基丙烯酰胺及其衍生物产生的增长链自由基，空间位阻大，很难加成到 CTA 的 C＝S 键上去，因此，要使加成-裂解平衡朝着形成中间态自由基的方向进行，必须得有很强的活化基团 Z，因此双硫代苯甲酸酯是调控 RAFT 聚合最好的 CTA，一般的脂肪类双硫酯、三硫碳酸酯和双硫代氨基甲酸酯调控聚合也能实现单分散性的活性聚合（PDI＝1.1~1.3），但是黄原酸盐调控聚合很差。

对 CTA 的 R 基团的要求，既要保证所产生的 R 自由基（也就是离去自由基、再引发自由基）有足够的稳定性，因为相对于聚合物增长链自由基，要求 R 自由基更易于发生裂解反应，同时要保证它有足够的反应活性，使它更易于加成到单体上去。例如，假如 R 自由基的结构和聚合物增长自由基的结构比较相似，调控的 RAFT 聚合将不会有窄的分子量分布，因为前末端效应的存在使得小分子离去基团和聚合物增长自由基的裂解速率有差别。

到目前为止，只有少量的 CTA 能够调控甲基丙烯酸酯和甲基丙烯酰胺类单体实现 RAFT 可控的活性聚合，双硫代苯甲酸枯基酯（CDB）和双硫代苯甲酸异丙苯酯（CPDB）是此类聚合最好的调控剂。能够用 RAFT 法进行聚合的甲基丙烯酸酯和甲基丙烯酰胺类单体结构如图 2-6 所示。

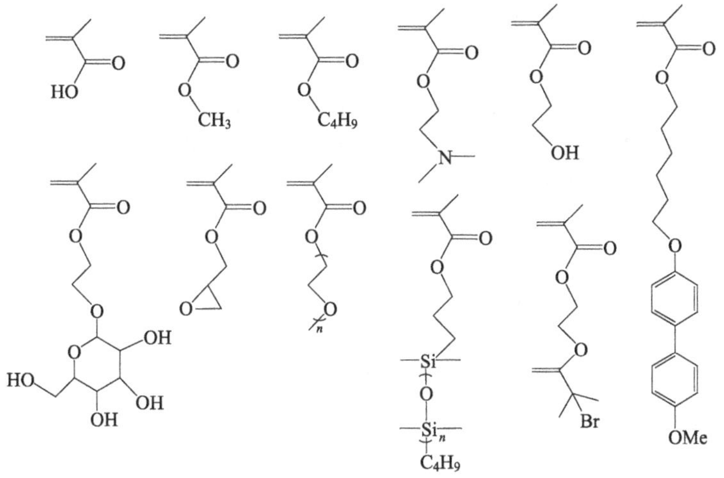

■图 2-6　能用 RAFT 法聚合的甲基丙烯酸酯和甲基丙烯酰胺类单体

2.4.4 基团转移聚合

　　基团转移聚合（GTP）是一种以 α , β 不饱和酯、酮、酰胺和腈为单体，以带有硅、锗、锡烷基基团的化合物为引发剂，用阴离子型或路易斯酸型化合物为催化剂，以适当的有机物为溶剂而进行的聚合反应，是合成分子量及其分布可控的丙烯酸酯及甲基丙烯酸酯聚合物比较好的方法，既可用于合成分子量窄分布的均聚物，也可用于制备无规共聚物和嵌段共聚物以及带官能团的遥爪聚合物，还可以合成特殊的共聚物。该方法在合成各种嵌段共聚物，特别是合成表面活性剂方面具有重要的应用价值。用这种方法合成的聚合物的官能度可达到理论值，较其他方法优越。

2.4.4.1 基团转移聚合反应的特点

　　① 基团转移聚合可在 $-100 \sim 150℃$ 范围内进行，其中甲基丙烯酸酯最适宜的聚合温度为 $20 \sim 70℃$。与阴离子聚合相比，易于工业化生产。

　　② 基团转移聚合具有活性聚合的特征，可以合成各种分子量分布窄的聚合物。

　　③ 通过引发剂和终止剂的组合可以合成链端功能化的聚合物。

　　④ 通过多种不同单体的逐次加入，可以制备嵌段、接枝、星状聚合物。

　　⑤ 实验条件严格，所有单体、溶剂和聚合仪器均要严格干燥纯化，反应必须与质子性溶剂和水隔离。

基团转移聚合法可在室温下使丙烯酸酯类及甲基丙烯酸酯类单体迅速聚合，该方法在控制分子量及其分布、端基官能化和反应条件等方面，比传统的聚合方法具有更多的优点，为高分子材料的分子设计开辟了新的途径。

2.4.4.2 基团转移聚合反应机理

基团转移聚合与一般聚合相似，聚合过程也可分为链引发、链增长和链终止三步。以甲基丙烯酸甲酯在引发剂 1-甲氧基-1-(三甲基硅氧)-2-甲基丙烯（MTS）和催化剂 HF_2^- 作用下的聚合为例。

(1) 链引发

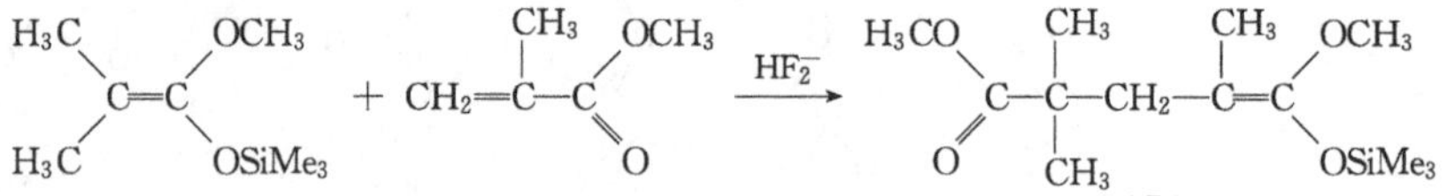

（I）

(2) 链增长 上述加成物（I）的一端仍含有与 MTS 相似的结构，可与 MMA 的羰基氧进一步加成，使聚合链不断增长：

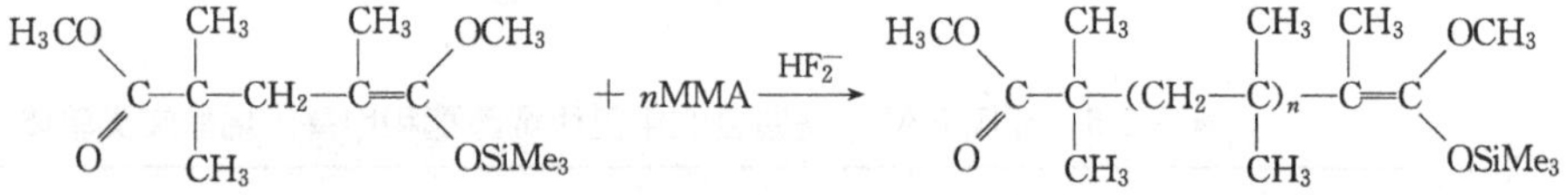

（II）

(3) 链终止 从（II）可见，增长的聚合链均含有—$SiMe_3$ 末端基，具有与单体加成聚合的能力，因此是一种活性聚合物。若聚合体系存在活性氢（质子）一类杂质，活性聚合链将终止反应。例如以甲醇为终止剂，终止反应表示如下：

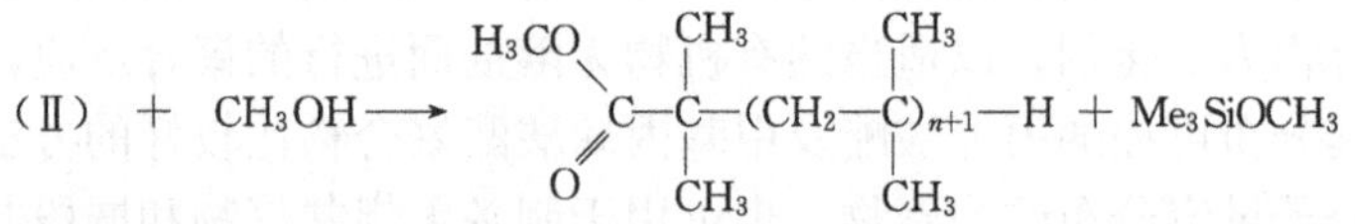

2.4.4.3 基团转移聚合的影响因素

在基团转移聚合中，引发剂的作用是提供可转移的基团。其通式为 R^3MZ，式中 R 为烷基，M 为 Si；Z 是一个活化基团。聚合速率对 Si 原子上取代基的大小并不十分敏感，但当 Si 原子上的一个甲基被叔丁基取代后，太大的立体位阻效应会导致引发剂效率降低，分子量分布变宽。

作为基团转移聚合反应的引发剂，分子中含有活泼的 R_3M—C 键或 R_3M—O 键，它极易被含活泼氢的化合物分解，所以与阴离子聚合一样，在整个反应体系中必须避免含质子的化合物存在。

基团转移聚合中的催化剂分为阴离子型催化剂和路易斯酸型催化剂。阴离子型催化剂主要包括 HF_2^-、CN^-、$F_2Si(CH_3)_3^-$ 等。路易斯酸型催化剂主要包括 $ZnCl_2$、$ZnBr_2$、ZnI_2 以及二烷基氯化铝等。催化剂用量越大，聚合速率越快，当催化剂用量太大时，聚合反应将难以控制。因此，在保证一定的聚合速率前提下，催化剂的用量越少越好。

除上述两类单体外，N,N-二甲基丙烯酰胺、丙烯腈及甲基丙烯腈也可以进行基团转移聚合。由于聚丙烯腈（PAN）的溶解性能较差，所以丙烯腈的聚合反应应选用 N,N'-二甲基甲酰胺（DMF）作溶剂。由于其聚合速率非常快，在通常的加料方式下，往往单体还未完全与溶剂混合，即出现局部聚合速率过快的情况，所得聚合物的分子量分布较宽。

2.4.4.4 基团转移中的共聚合

采用基团转移聚合可制得无规共聚物、嵌段共聚物及活性端基共聚物。

① 无规共聚物　已制得 MMA、BMA 和 GMA 等的无规共聚物。

② 嵌段共聚物　最初研究的基团转移聚合法嵌段共聚物是 MMA 或 n-BMA 与甲基丙烯酸烯丙酯的二嵌段和三嵌段共聚物，采用 $[(CH_3)_2N]_3SHF_2$（简称为 $TASHF_2$）作为催化剂，四氢呋喃为介质，已制得 MMA/MA 的嵌段共聚物。

利用末端基含 $OSiR_3$ 的活性 PMMA 与另一末端含醛基的活性聚合物作用，可制得 PMMA-PVA 双嵌段共聚物，通过引入不同量的 PVA 来控制产物的亲水性。制备过程的反应式如下：

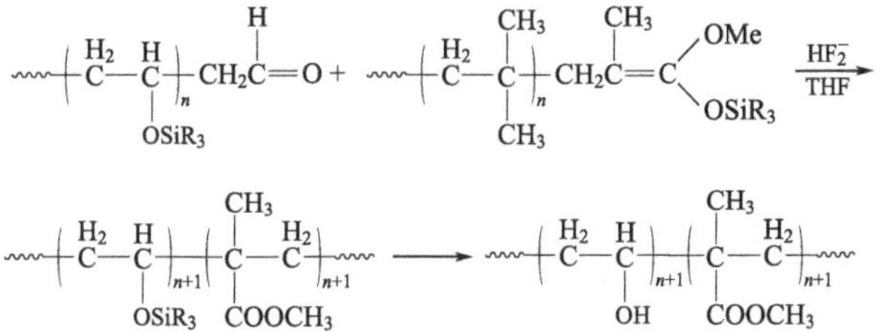

2.4.4.5 基团转移聚合的应用

基团转移聚合最早专利中设计的单体主要是指 α,β 位上带有不饱和酯类特别是丙烯酸酯和甲基丙烯酸酯类等。甲基丙烯酸甲酯是基团转移聚合反应最常用的单体。甲基丙烯酸甘油酯在 0℃ 聚合，可制得带环氧侧基的聚合物，亦可制得带侧羧基侧羟基的聚合物，不过需要单体中这些官能团事先被屏蔽保护起来，聚合后再脱除保护基，这样得到的聚合物不但具有水溶性，而且具有单分散性。基团转移聚合也是制备高固体分丙烯酸树脂低聚物理想的聚合方法，这种聚合方法可以精确地控制丙烯酸聚合物的结构和分子量，分子量分布很窄，几乎是单分散的，官能团分布均匀。

基团转移聚合还用于制备枝状、梳状及各种星状聚合物，也可制备结构更复杂的聚合物。例如，将双官能单体二甲基丙烯酸乙二醇酯加到活性聚合而得的"活"PMMA 中而生成嵌段共聚物，在聚合中可交联，是一种星状结构，PMMA 嵌段连于表面。这种星状聚合物可用于制备韧性涂料。若用基团转移聚合法制备星状聚合物时，引发剂带有被屏蔽保护的羟基，除去保护后，星状聚合物成为多元醇，连到其他结构上可形成高度交联的材料。

含有咔唑或苯环等特殊基团的丙烯酸酯或甲基丙烯酸酯类单体也可以进行基团转移聚合，结构式如下：

$$CH_2=C(CH_3)-CO_2CH_2CH_2-N\diagdown \quad (HECM)$$

$$H_2C=C(CH_3)-CO_2CH_2-C_6H_4-CH=CH_2 \quad (VBM)$$

$$H_2C=C(CH_3)-CO_2CH_2-C_6H_4-C_6H_4-CH=CH_2 \quad (PBA)$$

$$H_2C=CHCO+O-C_6H_2(CH_3)_2+_n \quad (PPOA)$$

对于丙烯酸酯类单体的聚合，路易斯酸的催化效果优于阴离子催化剂，后者往往导致宽分布聚合物的生成。这是因为在阴离子型催化剂存在下，丙烯酸酯活性链末端的三甲基硅会向链的中间位置转移，分子内的异构化速率比单体的增长速率慢得多，所以聚丙烯酸酯链仍然具有活性。但由于异构化而导致的有效活性中心浓度的降低，可能是导致聚合物分子量分布变宽的主要原因。同样由于丙烯酸酯类单体的高聚合活性，反应通常在 0℃ 以下进行，并且催化剂的活性不能太高。这也是丙烯酸酯聚合用阴离子型催化剂不好控制的原因之一。当使用路易斯酸作为催化剂时，ZnI_2 的催化活性小，效果要优于 $ZnCl_2$ 和 $ZnBr_2$。

基团转移聚合法存在的问题是引发剂价格昂贵，使该方法难以大规模应用。由于存在固有终止反应，在制备高分子量聚合物方面尚有困难。目前，该方法仅用于特殊场合及少量需求的情况。

2.5 丙烯酸树脂聚合实施方法

2.5.1 概述

丙烯酸树脂聚合实施方法主要有本体聚合、溶液聚合、乳液聚合和悬浮聚合。本体聚合反应适合于实验理论研究，如单体竞聚率的测定、动力学研究等，因可以不需要溶剂或介质就能进行的反应，不仅方便后处理而且避免了环境污染，丙烯酸树脂模塑料的合成基本都采用本体聚合。溶液聚合与本体聚合相比，溶液聚合体系黏度较低，混合和传热较容易，温度容易控制，工业上多用于高聚物直接使用的场合，如涂料、胶黏剂、合成纤维纺丝液等。乳液聚合体系黏度低，易混合，易散热，既具有较高的聚合反应速率，又可以制得高分子量的聚合物，另外大多数乳液聚合过程都以水做介质，生产安全，环境污染问题小，且成本低廉，避免了采用昂贵的溶剂以及回收溶剂的麻烦，同时减少了火灾和污染的可能性。悬浮聚合体系黏度低，传热和温度容易控制，产品分子量及分布比较稳定，杂质含量比溶液聚合少，后处理工序比乳液聚合和溶液聚合简单，生产成本低，用悬浮法制备丙烯酸树脂相对其他几种方法要少，本章将主要对本体聚合、溶液聚合、乳液聚合实施方法进行介绍。

2.5.2 本体聚合

本体聚合是单体加有（或不加）少量引发剂的聚合，产物纯净，无溶剂添加，环境友好，后处理简单。由于助剂少，聚合历程中的影响因素少，可直接制得板材、管材、棒材或其他形状不太复杂的制品。以 MMA 单体为例，单体浆液可在模具中进行本体聚合生产 PMMA 板材、棒材、管材等制品，MMA 单体也可在带有搅拌器和控制气压装置的聚合釜中进行连续的本体聚合，再经螺杆挤出机挤出造粒，得到 PMMA 模塑料产品并进行后续成型或加工。在本体聚合中大部分丙烯酸树脂均能溶于单体，属于均相体系。

本体聚合由于其实施简单，无环境污染，常被用来合成很多其他丙烯酸功能树脂，如清华大学周其庠等人采用本体聚合的方法合成出了丙烯酸系热熔压敏胶，并研究了合成丙烯酸酯共聚物的软单体、硬单体、官能单体的种类及用量对该热熔压敏胶性能的影响。陈榕珍等人采用本体聚合方法，以 Co 螯合物自由基为引发剂，合成温度可控，制备出一种新型环境友好的丙烯酸酯压敏胶。CoN、ABL 和 O_2 的共引发体系对丙烯酸酯单体可持续产生引发效果。在相同的分子量条件下，其黏着性能与溶剂型压敏胶的效果相当。

杜夕彦等人以丙烯酸甲酯、丙烯酸丁酯作为共聚单体，采用本体浇注的方法制备出聚丙烯酸酯液体橡胶，并对聚丙烯酸酯橡胶的主要力学性能及其各种影响因素作了研究，结果表明：交联剂用量、补强剂用量、硅烷偶联剂的使用等均影响到橡胶的力学性能。通过一系列的试验，最后得到较优化的配方及工艺：丙烯酸酯单体 100g，二乙烯基苯 1.8g，过氧化苯甲酰 1g，N,N-二甲基苯胺 0.1g，二氧化硅 0.18g；反应条件为 27℃/10h，后处理条件为 160℃/6h。该体系在室温下具有良好的反应性；此外，以此配方及工艺制备的聚丙烯酸酯橡胶，具有良好的力学性能和优异的耐热、耐热油性能，具体性能如表 2-4 所示。

■表 2-4　本体浇注法制备液态丙烯酸酯橡胶的性能

性能项目	实测值	性能项目	实测值
拉伸强度/MPa	6.24	耐油拉伸强度变化/%	−12.54
邵氏硬度（A）	26	耐油断裂伸长率变化/%	−3.86
断裂伸长率/%	286.88	耐油硬度变化率/%	0
热油处理重量变化率/%	5.84	热空气老化重量变化率/%	−1.37

　　本体聚合在工业上可以用间歇法，也可用连续法。烯类单体链式聚合反应速率高，反应过程中释放出来的聚合反应热多，合 55～95kJ/mol。因此，合成中的关键问题是聚合反应热的及时排除，否则聚合反应就会失去控制。在聚合反应初期，转化率比较低时，体系黏度不大，散热基本没有困难。但当转化率提高到 20%～30%时，体系的黏度已比较大，散热比较困难，如果不能及时地把聚合反应热从体系中移走，轻则造成局部过热、使分子量分布变宽，从而影响聚合物的力学性能，或引起聚合物变色，影响使用；严重时会使体系温度失去控制，引起冲料和爆聚，造成生产事故。如果在一个绝热反应体系中进行聚合反应，体系温度可自动上升到超过 100℃。为了使聚合反应热以更快的速率散出去，必须对体系进行有效搅拌。由于本体聚合体系的黏度大，搅拌比悬浮聚合、乳液聚合和溶液聚合困难。

　　为了克服本体聚合存在的上述缺点，工业上采用本体聚合生产加聚物，往往采用两段聚合的办法来解决部分散热和体积收缩的问题。先在较低温度下预聚合，转化率控制在 10%～30%左右，此时体系黏度较低，散热不是很困难，可在较大搅拌釜中进行聚合。然后浇成薄板，由低温至高温进一步进行聚合。另一种方法是，当聚合反应还在低转化率时，就把聚合物分离出来，让单体再回到反应釜中继续进行聚合反应。

2.5.3　溶液聚合

　　单体和引发剂溶于适当的溶剂中进行聚合称为溶液聚合，从单体和介质的溶解情况看，也多属于均相体系。溶液聚合体系黏度较低，混合和传热较容易，温度容易控制，较少的自动加速效应可以避免局部过热。另外由于体系中聚合产物浓度较低，所以向高聚物转移少，支化或交联产物较少；反应物料易于输送；低分子物易除去。不足之处是由于单体被稀释，聚合速率较慢，高聚物分子量较低；由于使用溶剂，还需要增加溶剂回收设备。

　　溶液聚合反应也是放热反应，为导出反应热，一般使用低沸点溶剂，使聚合反应在回流温度下进行。如果使用的溶剂沸点高或反应温度要求较低时，需在加料方式上采取半连续操作。为便于控制聚合反应速率，溶液聚合通常在釜式反应器中半连续操作，即一部分溶剂或全部溶剂先加于反应釜中；也可以将一部分单体与一部分溶剂和少量引发剂先加于反应釜中，加热使聚合反应开始后，继续将剩余的单体和剩余的溶剂在 1～4h 内连续加于反应釜中。单体全部加完后继续反应 2h 以上后，再补加适量引发剂使聚合反应均匀进行。如果所得聚合物溶液直接应用时，在聚合过程结束前应补加引发剂以尽量减少残存单体含量，或用化学办法将未反应单体去除。如果单体沸点低于溶剂也可采用蒸馏或减压蒸馏的办法去除残存单体。

溶液聚合法在丙烯酸树脂合成中也很常见。刘辉等人利用原位溶液聚合法在纳米铝粉表面进行三羟基甲基丙烷三丙烯酸酯（TMPTA）的聚合包覆，从而制备具有核壳结构的 PTMPTA/纳米铝粉（记为 PTMPTA/Al）复合粒子。运用 FTIR、光学显微镜、TEM、TGA 等手段对 PTMPTA/Al 复合粒子进行了表征，最后对复合粒子的分散性能、耐腐蚀性能、热稳定性能以及活性保持性能进行了评价。图 2-7 为 PTMPTA/Al 纳米复合粒子的 TEM 照片，由图中可以看到，纳米铝粉在包覆聚合物后，保持着良好的分散性。因此，通过原位溶液聚合制备的 PTMPTA/Al 复合粒子为核壳结构，其中纳米铝粉为核，PTMPTA 为包覆在其表面的壳层。

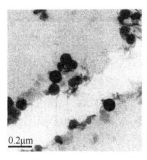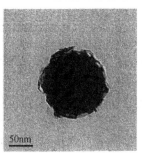

■图 2-7　PTMPTA/Al 纳米复合粒子的 TEM 照片

对于溶液聚合，如果选用的溶剂既能溶解单体又能溶解聚合体，反应最终产物是均一的聚合物溶液，主要用于涂料、胶黏剂等；如果选用的溶剂只能溶解单体而不能溶解聚合体，在聚合反应时就会有沉淀产生，分子量比均相的大，分子量分布也较为均匀，采用此方法即可以生产模塑料。溶液聚合法生产聚甲基丙烯酸甲酯（PMMA）模塑料工艺过程是以 MMA 和丙烯酸酯（MA 或 EA）为聚合单体，加入添加剂，以甲苯作为溶剂，在两个串联反应釜中进行共聚的反应过程。反应完成后，聚合物与溶剂经加热，在脱挥塔中蒸发分离，蒸气被冷凝后，再经蒸馏塔蒸馏回收甲苯，重返利用；脱除溶剂后的熔融聚合物，可直接加工生产 PMMA 模塑料；也可以直接送往挤出机加工成 PMMA 挤出板材。溶液聚合法生产 PMMA 模塑料主要特点是生产连续化、产品质量高。

2.5.4 乳液聚合

单体在水中分散成乳液状态的聚合称为乳液聚合，组分主要由单体、水、水溶性引发剂和水溶性乳化剂组成。乳液聚合的特点是：①以水为介质，体系黏度低，易传热，温度易控制；②采用水溶性的氧化还原引发体系，反应可以在低温下进行；③采用调节乳化剂用量或搅拌效率的方法，可得到聚合速率快而产物分子量又高的反应体系；④反应后期体系的黏度较低，适合制取黏性聚合物，并可直接使用。聚丙烯酸酯类涂料和胶黏剂大部分都是采用乳液聚合方法生产的。例如，由丙烯酸酯类和甲基丙烯酸酯类共聚，或加入醋酸乙烯酯等其他单体共聚而生成的乳液型丙烯酸酯胶黏剂具有优良耐候性和耐老化性能，既耐紫外光老化，又耐热老化，并且还有很好的抗氧化性。

由于乳液聚合方法独特的优点，在高分子材料生产中具有极其重要的地位，所以乳液聚合的理论研究和新技术开发取得了很大的进步，派生出了一系列乳液聚合的新分支，形成了许多乳液聚合新方法，进一步扩大了乳液聚合的应用领域，深化了理论研究的深度。

2.5.4.1 反相乳液聚合

传统的乳液聚合是以水为分散介质，不溶于水（或微溶于水）的单体为分散相（油相），采用水溶性引发剂。但对像丙烯酸、丙烯酰胺等水溶性单体，采用水为分散介质的传统乳液聚合方法就有困难。在此背景下，提出了非水介质中乳液聚合问题。反相乳液聚合是将水溶性单体溶于水中，借助乳化剂的作用使之分散在非极性溶液中形成"油包水"（W/O）型乳液而进行的聚合。因采用的分散介质、单体溶解性和所用引发剂类型与水作分散介质的乳液聚合体系刚好相反而得名。

可用于反相乳液聚合的水溶性单体有丙烯酸、甲基丙烯酸、丙烯酰胺、甲基丙烯酸二氨基乙酯的季铵盐等。分散介质可选择任何与水不相溶的有机溶液，通常为烃类或卤代烃等。

使水相分散于油中的乳化剂，一般选择其亲水/亲油平衡值（HLB）在5左右，通常采用非离子型乳化剂如山梨糖醇酯或聚环氧乙烷的酚基或壬基醚系列。这类乳化剂是靠水油亲和力在分散水滴之间产生隔离屏障，它一般比离子型乳化剂的稳定效果差、用量也较大；如采用油溶性引发剂 BPO，其在油相中分解产生的自由基扩散进入胶束，随后在互相隔离的场所引发单体聚合，因此终止反应少，聚合速率和聚合度都高，且反应条件缓和、易于散热和控制，所得产品可直接应用，也可经凝聚、蒸出油相后干燥成粉末成品。

徐相凌等人以阴离子乳化剂制备丙烯酸钠反相乳液，用 γ 射线引发其聚合，用扫描电镜观测了聚合前后粒径的变化；并在聚合过程中改变剂量观测了聚合速率的变化。经测定：从聚合机理看，反相乳液聚合实际上就是粒子分散得比较小的反相悬浮聚合。韩玉贵等人以丙烯酰胺（AM）和丙烯酸钾（AAK）为原料，采用反相乳液法制备了 AM/AAK 共聚物胶乳产品，对其进行了粒径分析、组成分析和热失重分析，考察了其在水中溶解速率和溶液性质。结果表明：聚合后乳液颗粒的粒径较聚合前增大了4倍，共聚物溶液具有较明显的聚电解质性质，在250℃前共聚物较稳定。图2-8为聚合前后粒径变化的透射电镜（TEM）图。

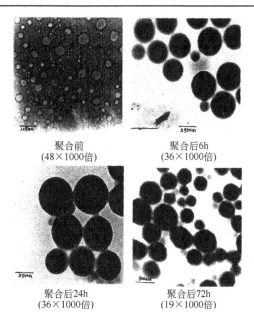

聚合前
(48×1000倍)

聚合后6h
(36×1000倍)

聚合后24h
(36×1000倍)

聚合后72h
(19×1000倍)

■图2-8　聚合前后AM/AAK共聚物胶乳的透射电镜照片

2.5.4.2　核壳乳液聚合

　　核壳是指以聚合物A为核、外层包覆聚合物B的乳胶粒子结构。典型的核壳结构为球型、不规则核壳，不规则核壳又分为草莓型、夹心型、雪人型和翻转型。核壳由硬聚合物如聚苯乙烯或其交联共聚物组成，也可以由软聚合物如聚丙烯酸酯或其交联共聚物构成；壳层由与上相似的软、硬聚合物构成。如果核层A与壳层B相容，则核壳层相互渗透、界限不分明；反之则发生相分离，形成异形核壳。根据制备方法和聚合物A、B的性质，核壳之间可以是离子键合、接枝共聚物过渡层或是A、B分子链互相贯穿形成聚合物网络。

　　由于核壳结构乳胶粒的核层与壳层之间存在接枝、互穿网络或离子键合，核壳乳胶粒聚合物乳液与一般的聚合物乳液、共聚物或聚合物共混物相比，性能发生明显变化。在相同原料组成的情况，乳胶粒的核壳化结构可以显著提高聚合物的耐磨、耐水、耐候、抗污、防辐射性能以及拉伸强度、冲击强度和粘接强度，改善其透明性，并显著降低最低成膜温度，改善加工性能。所以核壳乳液聚合物可广泛应用于塑料、涂料和生物医学工程等领域。

　　以聚甲基丙烯酸甲酯（PMMA）-聚丙烯酸乙酯（PEA）核壳乳液为例，乳液的最低成膜温度（MFT）强烈依赖于聚合物结构与粒子形态，当

PMMA 含量为 50％时，共聚物乳液的 MFT 为 30℃，而 PMMA 核/PEA 壳和 PEA 核/PMMA 壳的核壳乳液的 MFT 分别为 0℃和 70℃，这些具有不同结构乳胶粒乳液的 MFT 之间的差别反映了乳液成膜能力的不同。同时所成膜的力学性能也各有差异，当伸长率为 100％时，上述核壳乳液皮膜的模量是相同组成共聚物乳液皮膜模量的四倍。MA-BA-MMA、MMA-BA-MAA 或 St-BA-MAA 等体系也可有相类似的结果。

徐丽娜等人制备具有抗沾污性能的丙烯酸树脂外墙涂料，主要研究丙烯酸酯核壳乳液的配方设计及合成工艺。系统研究乳化剂类型、乳化剂复合、乳化剂掺量以及核壳两阶段乳化剂用量比对核壳乳液性能及涂料综合性能的影响；通过改变核壳单体比例，分别研究壳层厚度对内硬外软型乳液和内软外硬型乳液成膜性和胶膜硬度的影响；同时，研究了功能单体 MAA 与 AA 的加入对涂膜性能的影响，见表 2-5。从表中可以看出，加入功能单体能够明显增大涂膜的表面接触角，即抗沾污性能好。

■表 2-5　MAA 与 AA 的加入对涂膜性能的影响

引入单体种类 / 外墙涂料性能	无	AA	MAA
成膜性能	成膜良好	成膜良好	成膜良好
黏度/mPa·s	600	530	500
附着力	3 级	1 级	1 级
吸水性	不合格	合格	合格
吸水率/%	7.65	4.52	3.74
表面接触角/(°)	18	43	47

此外，核壳乳液在热塑性弹性体和作为高抗冲塑料添加剂等方面有着广阔的应用前景，在理论研究方面，可以将核壳乳液作为研究共混聚合物性能与聚合物颗粒形态之间关系的模型。

2.5.4.3　无皂乳液聚合

无皂乳液聚合是指在反应体系中事先不加或只加入微量（其浓度小于 CMC 值）乳化剂的乳液聚合。乳化剂主要是在反应过程中形成的。一般采用可离子化的引发剂，它分解后生成离子型自由基。这样在引发聚合反应后，产生的链自由基和聚合物链带有离子型端基，其结构类似于离子型乳化剂结构，因而起到乳化剂的作用。常用的阴离子型引发剂有过硫酸盐和偶氮烷基羧酸基等；阳离子型引发剂主要有偶氮烷基氯化铵盐，最常用的是过硫酸钾（KPS）。引发聚合反应后，引发剂碎片—SO_4^- 将保留在自由基链的一端。反应过程可表示如下：

$$S_2O_8^{2-} \longrightarrow 2-SO_4^-$$

$$-SO_4^- + M \longrightarrow -SO_4^- M$$

$$-SO_4^- M + M \longrightarrow SO_4^- MM$$

$$-SO_4^- MM + M \longrightarrow SO_4^- MMM$$

这样就形成一端带有亲水性基团的活性自由基链。当链长达到临界链长并卷曲缠结成聚合物粒子时，大部分—SO_4^-基团分布在粒子表面，类似于乳化剂的稳定作用。初始粒子形成之后，便会捕捉水相中的自由基而继续增长，形成二次粒子。当粒子对自由基的捕捉速率等于自由基有效生成速率时，乳胶粒数目（N_p）不再变化，成核期结束。

无皂乳液聚合由于反应过程中不含有乳化剂，故而克服了传统乳液聚合中由于乳化剂存在而对最终聚合物性能造成不良影响的弊端。此外，无皂乳液聚合还可以用来制备粒径在$0.5\sim1.0\mu m$之间单分散、表面清洁的聚合物粒子，可用于标准测量的基准物。这种聚合技术适合制备具有窄粒径分布及功能化表面特性的胶乳，采用此方法可制备较纯净且聚合物乳胶膜耐水性好的乳液型丙烯酸酯胶黏剂。所以，这是一项具有重要应用前景和理论意义的新型聚合技术。

沈一丁等人以聚乙烯醇为胶体保护剂，正硅酸乙酯为前躯体，通过无皂乳液聚合法合成了SiO_2/聚丙烯酸酯杂化材料纸张表面增强剂。通过对杂化材料进行表征，结果表明，纳米SiO_2和丙烯酸酯之间产生了化学键的结合，无机相的引入使杂化材料的热分解温度升高。应用实验结果表明，当增强剂用量为1%时，纸张的环压指数提高36%，拉伸强度提高30%，撕裂强度提高31%，拉毛强度提高30%。

舒适等人采用无皂乳液聚合法合成了粒径分布单一的硅溶胶/聚丙烯酸酯复合乳液。研究表明，硅溶胶的加入减小了乳胶粒粒径，并且对乳液有稳定作用。通过透射电镜（TEM）对复合乳胶粒结构进行观察，表明乳胶粒具有两相复合结构，有大量硅溶胶粒子（深色）分布在乳胶粒壳层，见图2-9。结合实验结果，他们提出了该体系无机/有机两相复合机理，即无皂乳液聚合初期的聚丙烯酸酯初始微粒不稳定，易与硅溶胶粒子聚并。

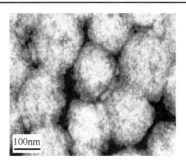

100nm

■图2-9 复合乳胶粒结构的 TEM 照片

参 考 文 献

[1] 刘勇，黄志宇等. 自由基聚合引发剂研究进展. 化工时刊，2005，19（3）：35-39.
[2] 大森英三. 功能性丙烯酸树脂. 张育川等译. 北京：化学工业出版社，1993.

[3] 马占镖. 甲基丙烯酸酯树脂及其应用. 北京：化学工业出版社，2005：335-342.

[4] 刘登良. 涂料工艺：上册. 第 4 版. 北京：化学工业出版社，2010.

[5] 汪长春，包启宇. 丙烯酸酯涂料. 北京：化学工业出版社，2005.

[6] 童忠良. 化工产品手册：树脂与塑料. 第 5 版. 北京：化学工业出版社，2008.

[7] 陶子斌. 丙烯酸生产与应用技术. 北京：化学工业出版社，2007.

[8] 魏杰，金养智. 光固化涂料. 北京：化学工业出版社，2005.

[9] 闫福安. 涂料树脂合成及应用. 北京：化学工业出版社，2008.

[10] 王善琦. 高分子化学原理. 北京：北京航空航天大学出版社，1993：63-105.

[11] 汪长春，包启宇. 丙烯酸酯涂料. 北京：化学工业出版社，2005：31-79.

[12] 高俊刚，李源勋. 高分子材料. 北京：化学工业出版社，2002：53-63.

[13] 潘祖仁. 高分子化学. 北京：化学工业出版社，1997.

[14] 邓云祥，刘振兴，冯开才. 高分子化学、物理和应用基础. 北京：高等教育出版社，1997.

[15] 张留成，闫卫东，王家喜. 高分子材料进展. 北京：化学工业出版社，2005：25-127.

[16] 潘才元. 高分子化学. 合肥：中国科学技术大学出版社，2003.

[17] Hawker C J, Bosman A W, Harth E. New Polymer Synthesis by Nitroxide Mediated Living Radical Polymerizations. Chem Rev, 2001, 101 (12)：3661-3688.

[18] Chong Y K, Krstina J, Le T P, et al. Thiocarbonylthio Compounds [S=C(Ph)S—R] in Free Radical Polymerization with Reversible Addition-Fragmentation Chain Transfer (RAFT Polymerization). Role of the Free-Radical Leaving Group (R) Macromolecules, 2003, 36 (7)：2256-2272.

[19] Dourges M A, Charleux B, Varion J P, et al. MALDI-TOF Mass Spectrometry Analysis of TEMPO-Capped Polystyrene. Macromolecules, 1999, 32 (8)：2495-2502.

[20] H. 瓦尔森，C. A. 芬奇著. 合成聚合物乳液的应用. 成国祥，旁兴收，刘超等译. 北京：化学工业出版社，2004.

[21] Ahmed S F, Poehlein G W. Kinetics of Dispersion Polymerization of Styrene in Ethanol. 2. Model Validation Ind. Eng. Chem. Res., 1997, 36：(2) 2605-2615.

[22] Vanderhoff J W. Mechanism of emulsion polymerization. J Polym. Sci., Polym. Symp., 1985, 72 (1)：161-198.

[23] Song Z Q, et al. Particle nucleation in emulsifier-free aqueous-phase polymerization：Stage 1. J. Colloid. Inter, Sci., 1989, 129 (2)：486-500.

[24] 郭清泉，林淑英，陈焕钦. "活性"/可控自由基聚合的研究进展. 材料科学与工程学报，2003，21 (3)：446-449.

[25] 袁金颖，王延梅，潘才元. 引发剂结构对原子转移自由基聚合反应的影响. 功能高分子学报，2001，14 (3)：57-60.

[26] 徐江涛. 甲基丙烯酸酯类单体的 RAFT 聚合：力学、设计合成、结构与性能关系：[博士论文]. 上海复旦大学. 2006, 10.

[27] Zhu S M, Xiao G Y, Yan D Y. Synthesis of aromatic polyethersulfone-based graft copolyacrylates via ATRP catalyzed by $FeCl_2$/isophthalic acid. J. Polym. Sci., part A：Polym. Chem., 2001, 39 (17)：2943-2950.

[28] Wang J S, Matyjaszewski K. Controlled/"living" radical polymerization, atom transfer radical polymerization in the presence of transition-metal complexes. J. Am. Chem. Soc., 1995, 117 (20)：5614-5615.

[29] Kato M, Kamigaito M, Sawamoto M, Higashimura T. Polymerization of Methyl Methacrylate with the Carbon Tetrachloride/Dichlorotris-(triphenylphosphine) ruthenium (Ⅱ)/Methylaluminum Bis(2,6-di-tert- butylphenoxide) Initiating System：Possibility of Living Radical Polymerization. Macromolecules, 1995, 28 (5)：1721-1723.

[30] Haddleton D M, Jasieczek C B, Hannon M J, Shooter A J. Atom Transfer Radical Polymerization of Methyl Methacrylate Initiated by Alkyl Bromide and 2-Pyridinecarbaldehyde Imine Copper (I) Complexes. Macromolecules, 1997, 30 (7)：2190-2193.

[31] 聂俊，肖鸣等.光聚合技术与应用.北京：化学工业出版社，2009：76-90.

[32] 杨建文，曾兆华，陈用烈.光固化涂料及应用.北京：化学工业出版社，2006：5-13，398-410.

[33] Decker C, Moussa K. Kinetic study of the cationic photopolymerization of epoxy monomers. J. Polym. Sci. Part A：Polym. Chem.，1990，28（12）：3429-3443.

[34] 陈榕珍，李国庆，成荣明.环境友好型丙烯酸酯压敏胶的研究.高分子材料科学与工程，2005，21（6）：247-250.

[35] 任嘉祥，杜奕，李江屏，潘智存，刘德山，周其庠.丙烯酸系热熔压敏胶黏剂的研究.高分子材料科学与工程，2000，16（4）：139-142.

[36] 杜夕彦，宁荣昌.丙烯酸酯液体橡胶的研制［硕士学位论文］.西安：西北工业大学，2002.

[37] 刘辉，叶红齐.原位聚合制备聚丙烯酸酯/氧化铝或金属铝复合粒子及性能研究.［博士学位论文］.长沙：中南大学，2007.

[38] 徐相凌，张志成，费宾，葛学武，张曼维.丙烯酸钠反相乳液聚合.高分子学报，1998，（2）：134-138.

[39] 韩玉贵，庞雪君，窦立霞，祝仰文.反相乳液法制备的 AM/AAK 共聚物的性能研究.精细石油化工进展，2007，8（2）：8-11.

[40] 沈一丁，赵艳娜，李小瑞.原位无皂乳液聚合制备纳米 SiO_2/聚丙烯酸酯杂化材料纸张表面增强剂的性能研究.功能材料，2009，40（11）：1873-1876.

[41] 徐丽娜，陈明凤.丙烯酸系核壳乳液的合成及其在耐沾污外墙涂料中的应用.［硕士学位论文］.重庆：重庆大学，2005.

[42] 舒适，吉静，王欢.硅溶胶存在下的聚丙烯酸酯无皂乳液聚合.高分子材料科学与工程，2010，26（6）：1-4.

第 **3** 章 丙烯酸树脂的结构性能与牌号

3.1 引言

由丙烯酸及其系列衍生物聚合而成的丙烯酸树脂主链为碳-碳结构，对光的主吸收峰位于太阳光谱范围外，具有很高的热和化学稳定性，耐光性及耐户外老化性能优异。不同的单体为聚合物提供了完全不同的物化性能，通过单体均聚或与不同的单体共混、共聚，将可以得到既具有各单体特征又具有共混物或共聚物特征的聚合物。但聚合物的性质并非是单体性质的简单叠加和罗列，长链高分子聚合物的性质有其特殊性，分子链构型、构造的不同都会引起丙烯酸树脂物化及热力学性质的巨大差异。玻璃化温度的不同使其在室温下的状态从坚硬的塑料到柔软的橡胶、胶黏剂；而本体结构、官能团、聚合分子量等的不同，成就了丙烯酸树脂遍及涂料、塑料、橡胶、密封剂、胶黏剂、弹性体、纤维、高吸水性树脂、油品、界面处理剂、医药等各个应用领域。

要对丙烯酸树脂进行合理的开发与利用，了解其本体性能如分子链结构、组成、分子量及分子量分布、各特征温度是十分必要的，通常需要借助仪器分析，对其本体的结构性能进行表征；而针对丙烯酸树脂的应用性能，通常需要通过理化性能、力学性能、光学性能、热性能、电性能、耐环境性能等多方面对其进行表征，这些都将在本章中详细介绍。

此外，本章还对丙烯酸树脂的命名规则进行了解释，对丙烯酸树脂中应用最广泛的丙烯酸酯塑料 PMMA 的部分产品牌号和生产厂家进行了介绍。

3.2 丙烯酸树脂的结构与性能表征

3.2.1 丙烯酸树脂的结构

3.2.1.1 分子链构型

构型是指分子中由化学键所固定的原子在空间的排列。丙烯酸系均聚物的结构单元都具有一个手性中心原子，每个手性中心的构型有 R 和 L 两种。构成高分子链时，如果相邻两个单体单元的取向相同，如 RR 或 LL，则用 m（meso）表示；如果不同，则用 r（racemeso）表示。所以二（单体）单元组有 m 和 r 两种。如此类推，三单元组有 mm、rr 和 mr 三种；四单元组有 mmm、mmr、rmr、mrm、mrr 和 rrr 六种⋯如果单元组构型相同，即 mmmm⋯称为全同，见图 3-1(a)；如果相邻单元构型都不相同，即 mrmrmr⋯称为间同，见图 3-1(b)；如果结构单元无规分布，则称为无规或杂同，见图 3-1(c)。

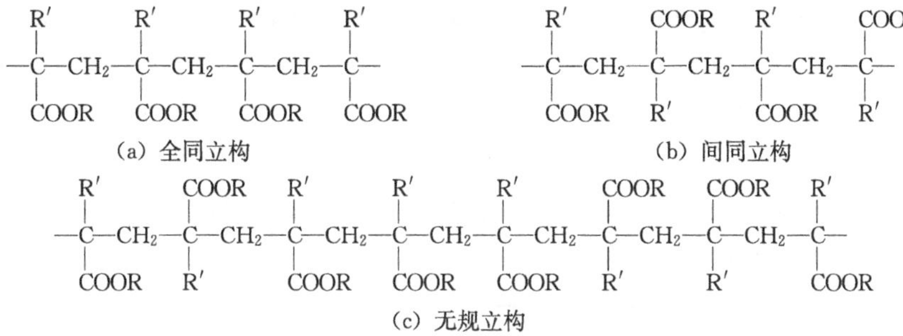

■图 3-1　分子链构型示意图

结构式中 R 和 R′ 可为 H、烷基或其他取代基，—COOR 也可以是 —CN、—CONH₂ 或 —CHO 等基团。

以 PMMA 为例，构型的不同对其性质有很大影响，见表 3-1。

■表 3-1　不同构型 PMMA 的性能比较

项　　目	无规立构	间同立构	全同立构
密度/（g/cm³）	1.188	1.19	1.22
玻璃化温度/℃	104	115	45
熔融温度/℃	—	大于 200	160
偶极距	1.258~1.346	1.261~1.269	1.425~1.460
主链移动温度/℃	108	105	42
侧链移动温度/℃	30	32	—
特性黏数（丙酮中）/（dL/g）	$7.7×10^{-5}$	—	$2.3×10^{-4}$

丙烯酸系共聚物的聚合方式主要包括无规共聚、嵌段共聚和接枝共聚等，不仅两种单体可以共聚，三种甚至更多种单体之间也可以发生共聚反应，共聚物与均聚物分子链构型的最大区别在于共聚物结构中含有两种或两种以上的结构单元，这将使聚合物分子链的构型更加丰富多样。共聚改性在丙烯酸树脂合成中应用非常广泛，主要目的是为了提高丙烯酸树脂的综合性能或改善某一方面的性能，详细内容将在第 5 章中介绍。

3.2.1.2 分子链构造

分子链构造是指聚合物分子链的各种形状，主要分线型和非线型两种。常见的丙烯酸树脂分子链为线型，也有支化和交联结构。线型聚合物分子链排布比较规则，分子链之间没有化学键结合，可以在适当的溶剂中溶解，加热可以熔融。支化聚合物的性质与线型聚合物相似，但其物理性能和加工流动性受支化的影响显著，短链支化会破坏结构的规整性，长支链则会严重影响聚合物的熔融流动性。交联高分子的分子链之间可通过化学键或链段相互连接，形成平面或立体的网状大分子，这种聚合物通常是不溶不熔的，只有当交联程度较低时才能在溶剂中溶胀，同时交联对丙烯酸树脂的热性能会产生很大影响。

以航空有机玻璃为例，YB-DM-3 航空有机玻璃为线型结构的聚合物，在温度-变形曲线（TMA）上表现出明显的热塑性塑料的三态（见图 3-2）。而交联有机玻璃是在聚合时通过含有双官能团或三官能团的交联剂与甲基丙烯酸甲酯单体反应，大分子链之间形成二维或三维的网状结构，YB-DM-10、YB-DM-11 航空有机玻璃等均属这种结构。交联有机玻璃与线型有机玻璃相比其高弹区更宽，没有黏流态，其耐热性明显提高，软化温度和玻璃化温度分别高 8~10℃。

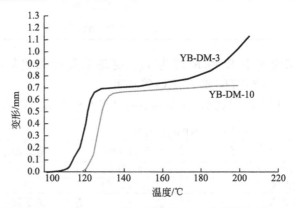

■图 3-2　YB-DM-3 和 YB-DM-10 航空有机玻璃的 TMA 曲线

3.2.2 丙烯酸树脂的性能表征

3.2.2.1 本体性能表征

丙烯酸树脂的本体性能是其最基本性能，涉及官能团结构、分子链结构、分子链组成、分子量、分子量分布、玻璃化温度、热变形温度、分解温度等重要信息。红外光谱（IR）能够提供丙烯酸树脂官能团结构信息；核磁共振波谱（NMR）能够得到丙烯酸树脂的结构与组成信息；凝胶渗透色谱（GPC）与体积排除色谱（SEC）能够测试丙烯酸树脂的分子量以及分子量分布；可以通过示差扫描量热法（DSC）或差热分析（DTA）获得玻璃化温度（T_g）；可以用热重分析（TG）的方法得到分解温度（T_d）；动态热机械分析（DMA）则能给出树脂与频率、温度及固化程度有关的流变响应。在实际测试过程中，通常需要几种仪器分析方法联用，以获取更为全面的信息。下面将分别对这几种仪器分析测试方法在丙烯酸树脂本体性能表征中的应用加以介绍。

（1）官能团结构 研究丙烯酸树脂组成结构的一种十分普遍而重要的测试分析手段是红外光谱法（IR），该方法以揭示分子中的振动和提供有关官能团结构信息为特征，主要用来做成分定性、定量分析和结构分析，也可用于样品剖析及固化机理和老化机理的研究等。目前最为常用的是傅里叶变换红外光谱（FT-IR）。丙烯酸树脂结构中的羧基、羰基、羟基、酯基等均存在特征吸收峰，但根据各基团所处化学环境的不同，谱峰的位置会向高频或低频移动。表 3-2 对丙烯酸树脂的常见特征吸收频率进行了归纳。

■表 3-2 丙烯酸树脂的特征吸收频率

基团	吸收频率/cm^{-1}	归 属
ν（C=O）	1760～1740	游离态羧酸 C=O 键伸缩振动峰
ν（C=O）	1725～1700	缔合态羧酸 C=O 键伸缩振动峰
ν_{as}（C—O—C）	1300～1150	酯类化合物的最强吸收带，不对称伸缩振动
ν_s（C—O—C）	1140～1000	酯类化合物的最强吸收带，对称伸缩振动

以 PMMA 为例，图 3-3 是 YB-DM-10 有机玻璃典型的 FT-IR 图谱。其中 1730cm^{-1}处的强吸收峰是 C=O 键的伸缩振动峰，1386cm^{-1}处的吸收峰是—CH 的变角振动峰，1272～1243cm^{-1}处是酯基 C—O—C 的不对称伸缩振动峰，1193～1148cm^{-1}处是酯基的对称伸缩振动峰。

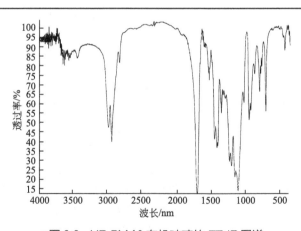

■图 3-3　YB-DM-10 有机玻璃的 FT-IR 图谱

（2）结构与组成 研究分子结构、分子本身的运动、基团的相互关系、立体异构和分子内旋转等常用核磁共振波谱法（NMR），NMR 法主要包括[1]H-NMR 谱和[13]C-NMR 谱。[13]C 谱的测定灵敏度比[1]H 谱低很多，约为氢谱的1/6000，但[13]C-NMR 的化学位移范围约 300ppm，比[1]H-NMR 大约 20 倍，分辨率较高。

用[13]C-NMR可直接测定分子骨架，并可获得C=O、C=N和季碳原子等在[1]H谱中测不到的信息。以下是[1]H谱和[13]C谱的具体应用。

① 核磁共振氢谱（^{1}H-NMR） 在丙烯酸树脂的性能研究与表征中，^{1}H-NMR是研究丙烯酸树脂中H原子核（即质子）的核磁共振信息，可以提供丙烯酸聚合物中氢原子所处的不同化学环境和它们之间相互关系的信息，根据这些信息可以确定分子的组成、连接方式、空间结构等。^{1}H-NMR谱图中横坐标表示化学位移和耦合常数，纵坐标表示强度。除了化学位移和强度外，^{1}H-NMR谱中还有相应的积分曲线，各组峰面积之比反映各官能团中氢原子数目之比，及积分曲线高度之比等于官能团中氢原子数目之比，这对于确定丙烯酸树脂的结构与成分以及确定丙烯酸树脂聚合过程机理是很有帮助的。

例如在研究丙烯酸β羟乙酯（HEA）与丙烯酸正丁酯（BA）共聚过程的竞聚率问题时，研究者在共聚单体组成敏感点附近做重复实验，进行了60℃、80℃、100℃、120℃、140℃下的共聚合，借助于[1]H-NMR手段测定共聚物的组成（合成的共聚物各个峰对应位置如图3-4所示），之后用Mayo-Lewis微分组成方程的误差变量法计算竞聚率，同时给出竞聚率的95％置信区间。

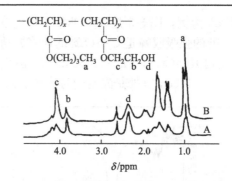

■图 3-4 合成的共聚物（PBA-HEA）的[1]H-NMR图

在研究用于发射药的聚乙二醇基聚氨酯（PEG-TPE）与聚甲基丙烯酸甲酯（PMMA）半互穿网络聚合物制备方法时，使甲基丙烯酸甲酯（MMA）与丙烯酸乙酯（EA）共聚，生成既具有PMMA刚性链段，又具有PEA柔性链段的丙烯酸酯聚合物P（MMA/EA），借助其中PEA链段的柔顺性，与PEG-TPE链形成物理缠结，互锁，得到半互穿网络聚合物P（MMA/EA）/PEG-TPE。通过[1]H-NMR可以表征体系中各物质的反应程度，各峰的指认见表3-3。

② 核磁共振碳谱（^{13}C-NMR） 碳原子是丙烯酸树脂的基本骨架，它可以为丙烯酸树脂的结果分析提供重要信息，特别是在其结构分析研究中，研究碳原子的归属具有重要意义。^{13}C-NMR在对丙烯酸树脂聚合物的研究中主要具有以下应用：

■表 3-3 MMA/EA 混合物及 S-IPN 中质子的化学位移

材料	官能团	化学位移/ppm	面积
EA	—C=C—	6.4，6.1，5.8	1.0，3.1，1.0
	—OCH₂—	4.2	1.9
	—CH₃	1.3	2.8
MMA	—C=C—	6.1，5.6	3.1，1.9
	—OCH₃	3.8	6.1
	—CH₃	2	6.4
PEG-TPE	—NHCO—	8.8	1.0
	⬡	7.4，7.0	2.2，2.3
	—CH₂—	3.8	1.2
P（MMA/EA）	—OCH₂CH₂O—	3.6	14.2
	—OCH₂—	4.3	1.3
	—CH—	0.8	0.5

a. 对丙烯酸树脂材料进行定性鉴定；

b. 对丙烯酸树脂材料立构规整性进行测定；

c. 对丙烯酸树脂的支化结构进行研究。

在研究以异佛尔酮二异氰酸酯（IPDI）、丙三醇、聚四氢呋喃醚二醇（PTMO）、二羟甲基丙酸（DMPA）、季戊四醇三丙烯酸酯（PETA）为原料，合成一种具有核壳结构的新型多官能度水性光敏聚氨酯丙烯酸酯（PUA）乳液时，通过 FT-IR、¹³C-NMR 等物理测试手段对聚合物结构进行表征。FT-IR、¹³C-NMR 分析表明，合成得到的树脂是带有多支链的多官能度水性光敏聚氨酯丙烯酸酯（PUA）。其 ¹³C-NMR 谱图如图 3-5 所示，其中，δ 128.6、δ 128.3 处对应的是 C=C 双键的化学位移，而 δ166.6、δ166.7 处为羧基 C=O 的化学位移，这说明得到的产物为聚氨酯丙烯酸酯预聚物。

以上所述的 ¹H-NMR 与 ¹³C-NMR 都是用溶液试样测试完成的，但是，一般的丙烯酸树脂材料都是在固体状态下使用的，且很多丙烯酸树脂材料由

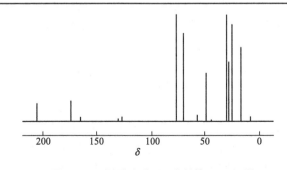

■图 3-5 丙烯酸酯（PUA）的¹³C-NMR 谱

于交联固化等原因不能溶于普通的核磁试剂；同时可能有些特殊结构或功能化的丙烯酸树脂材料需要了解它们的链构象、晶体形状以及形态特征等，因此，了解固体状态下材料的结构，发展固体核磁共振对于丙烯酸树脂的研究具有重要意义。由于固体状态下，^{1}H-NMR 谱图中同核质子间存在强烈的偶极-偶极相互作用，很难获得高分辨的 NMR 谱，这使得^{13}C 谱在固体研究中占有重要地位。

(3) 分子量以及分子量分布　丙烯酸树脂都是由丙烯酸酯单体通过自聚或共聚得到的，其分子量并不均匀。而丙烯酸树脂的很多物理及使用性能都与平均分子量和分子量分布密度相关。分子量以及分子量分布测定方法很多，但最实用可靠、应用最广的方法是凝胶渗透色谱（GPC）法。

① 凝胶渗透色谱（GPC）　GPC 可快速测定高、低分子量成分，能够用作对比一系列丙烯酸酯聚合物之间分子量大小的定性工具，也可以用作计算丙烯酸树脂聚合物的平均分子量和分子量分布的定量工具。因此，在对丙烯酸树脂本体性能表征中，GPC 已成为必不可少的重要手段之一。

GPC 法在丙烯酸树脂材料合成和加工使用中的应用大致可以归纳为以下几个方面。

a. 在合成中应用 GPC 可以研究丙烯酸树脂的聚合机理，选择聚合工艺，把握与调控合理的聚合条件。

如在合成不同黏度的涂料时，可以根据不同合成工艺条件下得到的样品分子量与综合性能分析，得出合理的分子量以及分子量分布信息，以此调整单体投料量、引发剂种类与用量、聚合物温度、反应时间等工艺条件，便于工艺的优化。

b. 在加工与使用过程中应用 GPC 可以研究丙烯酸树脂材料的老化机理，进一步改进材料性能，改善树脂材料的老化性能。

丙烯酸树脂材料在加工使用过程中往往会受到光、热、氧和微生物及机械的作用，发生聚合物链的断裂与降解，进而产生老化，直接影响材料性能和使用寿命。为把握丙烯酸树脂的使用寿命，需对其老化过程以及机理进行监控与研究。如聚丙烯酸甲酯、乙酯及正丁酯的光氧化过程中，紫外光照10min 后，GPC 曲线上就显示出既有比原始试样分子量范围大的部分产生，又有比原始试样分子量小的部分产生，McGill 和 Ackerman 就由此提出了分子链的偶合和断裂机理。

c. 作为分析和分离的工具，能够确定丙烯酸树脂材料中分子量较低的低聚物或未参与聚合的单体的存在。

如以 MMA、BA 和 MA 为单体对苯乙烯-丁二烯-苯乙烯三嵌段共聚物（SBS）进行共聚改性时，在 SBS 上引入极性基团进行原位改性，以提高与极性材料的相容性及粘接性能。研究中用 IR、GPC 等对产物进行表征，通过 GPC 测定，比较了引发剂 BPO 不同用量时得到的共聚物分子量与分子量分布，并得出最佳的引发剂添加量，如表 3-4 所示。

■表 3-4　引发剂用量对共聚物分子量和单体转化率的影响

序号	BPO/100g 单体	$M_w/10^4$	$M_n/10^4$	M_w/M_n	转化率/%
1	1.5	15.26	10.67	1.43	97.4
2	1.2	22.08	15.23	1.45	97.7
3	0.9	24.48	16.43	1.49	97.8
4	0.6	33.43	21.57	1.55	97.6
5	0.3	35.62	22.26	1.60	81.2
6	0.1	38.74	23.62	1.64	73.1

注: M_w—重均分子量; M_n—数均分子量; M_w/M_n—分子量分布。

　　② 体积排除色谱（SEC）　SEC 是测定丙烯酸酯聚合物分子量及分子量分布的另一种常见方法，是液相色谱的一个分支，已成为测定聚合物分子量分布和结构的最有效手段之一。SEC 还可测定聚合物的支化度、共聚物及共混物的组成。采用制备型的色谱仪，可将聚合物按分子量的大小分级，制备窄分布试样，供进一步分析和测定其结构。该方法的优点是：快捷、简便、重视性好、取样量少、自动化程度高。

　　(4) 玻璃化温度（T_g）　T_g 是丙烯酸树脂的一个重要指标，在研究与生产加工中起着十分重要的作用。是丙烯酸塑料的使用温度上限和丙烯酸橡胶的使用温度下限。对于热塑性或热固性丙烯酸树脂的加工成型来说，掌握材料 T_g 才能选择合理的热成型温度范围，优化成型工艺，如 PMMA 板材成型的冷弯温度就是通过 T_g 来确定的。丙烯酸酯胶黏剂、涂料、涂饰剂等各种产品的 T_g 还直接影响产品的软硬程度和粘接性能。许多测量方法都能测出材料的 T_g，但具体数值会有所差别。示差扫描量热法（DSC）和差热分析（DTA）是测量丙烯酸树脂 T_g 的最常用的方法。

　　① 示差扫描量热法（DSC）　DSC 是在控制温度变化情况下，以温度（或时间）为横坐标，以样品与参比物间温差为零所需供给的热量为纵坐标所得的扫描曲线。示差扫描量热测定时记录的热谱图称之为 DSC 曲线，其纵坐标是试样与参比物的功率差 dH/dt，也称作热流率，单位为 mW，横坐标为温度（T）或时间（t）。一般在 DSC 热谱图中，吸热（endothermic）效应用凸起的峰值来表征（热熵增加），放热（exothermic）效应用反向的峰值表征（热熵减少）。

　　丙烯酸树脂在玻璃化转变时由于热容的改变使 DSC 基线平移，因此可以看到非常明显的转变区，如图 3-6 为某丙烯酸酯共聚物压敏胶的 DSC 曲线图。图中 A 点是 DSC 曲线开始偏离基线的点，是玻璃化转变的起始温度点，沿着 A 点做基线的切线向右外延，并与转变区切线相交的 B 点作为外推起始温度。国际热分析协会（ICTA）规定将外推起始温度（B 点温度）作为玻璃化温度。但也有人将中点温度作为玻璃化温度点（O 点温度），将转变区曲线与高温区基线向左外推的交点作为终止温度。在丙烯酸树脂玻璃化转变区往往会出现一个异常小峰（熵变松弛），其峰回落后与基线的交点成为外推玻璃化温度（O′ 点温度）。

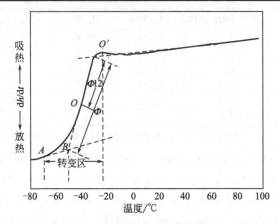

■图 3-6 某丙烯酸酯共聚物压敏胶的 DSC 曲线

② 差热分析（DTA） 与 DSC 不同，DTA 是在程序控制温度下测量样品与参比物之间的温度差和温度之间关系的热分析方法。在实验过程中，将样品与参比物的温差作为温度或时间的函数连续记录下来，就得到了差热分析曲线。由于丙烯酸树脂样品在升温过程中产生玻璃化转变会吸收热量，因此，可以用 DTA 监测这一过程，并从转变峰曲线上得到丙烯酸树脂的 T_g。典型的 DTA 曲线如图 3-7 所示。图中基线相当于 $\Delta T = 0$，样品无热效应发生，向上和向下的峰反映了样品的放热、吸热过程。

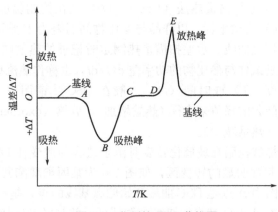

■图 3-7 典型的 DTA 曲线图

依据差热分析曲线特征，如各种吸热与放热峰的个数、形状及相应的温度等，可定性分析物质的物理或化学变化过程，通过特征峰（熔融吸热峰）确定聚合物组成，还可依据峰面积半定量地测定反应热。

(5) 热稳定性 为直观表达丙烯酸树脂的热稳定性，可采用热失重分析（TG）法。TG 法是一种在不同的热条件（以恒定速率升温或等温条件下延长时间）下对样品的质量变化加以测量的动态技术。通过热失重分析，可以客观地表明丙烯酸树脂的热分解温度，对确定丙烯酸树脂的使用温度、使用条件等都有很好的指导作用。另外，对于未知的添加或复合甚至是共聚丙烯酸树脂类产品，可以根据各组分的分解温度和剩余重量来确定各组分的含量比。如对于含有未知填料的丙烯酸树脂涂料或胶黏剂，就可以用热失重方法来较精确地确定其中填料或灰分的含量。

热重分析的结果用热重 TG 曲线或微分热重 DTG 曲线表示。TG 曲线表示加热过程中样品失重累积量，为积分型曲线；DTG 曲线是 TG 曲线对温度或时间的一阶导数，即质量变化率 dW/dT 或 dW/dt，为微分型曲线。通常 TG 曲线的纵坐标为余重（mg）或以余重百分比（%）表示，向下表示质量减少，反之质量增加；横坐标为温度（℃）或时间（s 或 min）；DTG 曲线与 TG 曲线横坐标相同，纵坐标为质量变化速率 dm/dT 或 dm/dt，单位为 mg/min（mg/℃）或%/min（%/℃）。图 3-8 为某添加无机添加剂的丙烯酸酯系橡胶的热失重曲线图。从图中可以明确区分丙烯酸酯系橡胶中的水分含量、填料及灰分比例等信息。

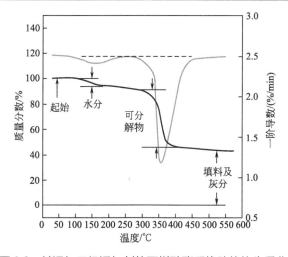

■图 3-8　某添加无机添加剂的丙烯酸酯系橡胶的热失重曲线

（6）材料的力学性质　材料的力学性质是由内部结构通过分子运动所决定的，丙烯酸树脂的运动单元具有多重性，可以是整个高分子链、链段、链节、侧基等。在不同的温度下，对应于不同的运动单元的运动，这些力学状态特点及各力学状态的转变可以在热机械曲线上得到体现。通过测定聚合物的温度-形变曲线可以了解聚合物分子运动与力学性能的关系，并可分析聚合物的结构形态，如结晶、交联、增塑等，同时还可以得到聚合物玻璃化温

度 T_g、黏流温度 T_f 和熔点 T_m 等特征转变温度，这对评价聚合物的耐热性、使用温度范围及加工温度等具有一定的实用性。但对于丙烯酸树脂材料而言，由于其广泛的应用场合，用温度-形变曲线显然不能得到更多的交变外力作用下热力学性能的信息，因此用动态热机械分析（DMA）法对其进行热力学性能测定十分必要。

DMA 是指试样在交变外力作用下的响应。它所测量的是材料的黏弹性即动态模量和力学损耗（即内耗），测量方式有拉伸、压缩、弯曲、剪切和扭转等，可得到保持频率不变的动态力学温度谱和保持温度不变的动态力学频率谱。

朱光明等人在研究聚酯丙烯酸酯（PEA）类多官能团物质与聚己内酯（PCL）共混物辐射交联反应生成形状记忆材料时，通过 DMA 测定材料的动态力学性能如图 3-9 所示，以此判断强化交联的效果。DMA 分析表明，PCL 强化辐照（辐照 100 kGy）交联后的弹性模量和耐热性能显著提高。强化交联 PCL 在其熔点以上都呈现出高弹态平台，可以实现形状记忆，且交联度较高，形状记忆恢复速率较快。

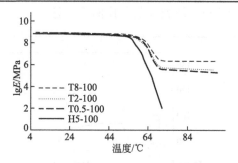

■图 3-9 形状记忆材料的 DMA 温度谱图

T8-100—8%PEA(摩尔质量)；T2-100—2%PEA(摩尔质量)；T0.5-100—0.5%PEA(摩尔质量)；
H5-100—相对分子质量为 50000 的 PCL

复旦大学杜强国等人用溶液法以醋酸乙酯为溶剂，偶氮二异丁腈（AIBN）为引发剂，合成丙烯酸-2-乙基己基酯（2-EHA）/丙烯酸丁酯（BA）/丙烯酸（AA）三元共聚物，采用机械共混分散方法制备气相纳米 SiO_2 改性丙烯酸酯共聚物时，运用 DMA 法对共聚物进行表征，研究 SiO_2 浓度、表面处理、分散方法对聚合物动态力学性能的影响规律，由此判断工艺方法对丙烯酸酯共聚物的改性效果。从图 3-10 的 DMA 测试曲线中可以看到，SiO_2 加入量为 1%时，疏水性 SiO_2 仍然可以提高储存模量（G'）与损耗模量（G''），而加入亲水性 SiO_2 则 G'、G'' 均略有减小，但总体上损耗因子（$\tan\delta$）基本不变，即 G' 与 G'' 比例基本未发生变化。

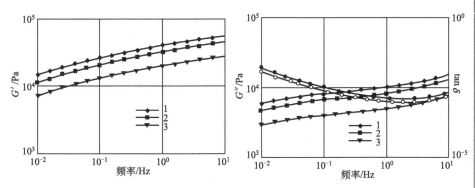

■图 3-10 SiO$_2$ 改性丙烯酸酯共聚物的 DMA 频率谱图
1—加入疏水 SiO$_2$；2—无 SiO$_2$；3—加入亲水 SiO$_2$

3.2.2.2 应用性能表征

丙烯酸树脂的应用性能主要包括物理性能、化学性能、力学性能、光学性能、热性能、电性能、耐环境性能等。树脂的应用场合不同，对其性能的具体要求、测试项目、测试方法也不同。常用的性能试验方法包括中华人民共和国国家标准（GB 或 GB/T）、美国材料与试验学会标准（ASTM）、日本工业标准（JIS）、德国国家标准（DIN）、俄罗斯标准（ГГСТ）以及国际标准化组织标准（ISO）。对于一些具体的应用领域，还会有一些其他标准，如国内 GJB、HJB、HB、HG、LY、JB、QB 等军用标准和行业标准，以及美国军用规范（MIL）等，不同的标准方法测试的材料性能可能会存在差异。本节主要以应用量较大的丙烯酸系涂料、塑料、胶黏剂和高吸水性树脂为例，介绍所要表征的丙烯酸树脂性能项目和试验方法。

（1）涂料 常用来表征丙烯酸酯涂料性能的项目包括：漆膜的颜色与外观、黏度、细度、遮盖力、干燥时间、光泽、柔韧性、抗冲击性、附着力、硬度以及耐水性、耐盐水性、耐碱性、耐汽油性、耐液压油性、耐热性等耐环境性能，根据其具体使用对象，有时还会增加一些特殊的测试项目，例如对于卷材涂料，还增加了 T 弯、耐 MEK 指标。表 3-5 和表 3-6 是丙烯酸氨基卷铝涂料和 S04-101H 丙烯酸聚氨酯磁漆主要性能指标及测试方法的具体实例。

■表 3-5 丙烯酸氨基卷铝涂料主要性能和指标要求

项 目	性能指标	通用测试方法	
		GB	ASTM
漆膜颜色及外观	平整、无气泡、无流痕	GB/T 9761	—
T 弯	≤2T	GB/T 12754	—
铅笔硬度	≥2H	GB/T 6739	—
耐 MEK 擦拭/次	≥100	—	ASTM D5402
耐冲击性/J	≥9	—	ASTM D2794

续表

项 目	性能指标	通用测试方法	
		GB	ASTM
附着力（划格法）/级	1	GB/T 9286	—
60°光泽	≥90	GB/T 9754	—
密度/（g/cm³）	1.1~1.4	GB/T 1725	—
耐盐雾性（200h）	不起泡、不脱落	—	ASTM B 117
耐人工加速老化（1500h）	变色2级，失光2级	GB/T 1965	—

■表 3-6　S04-101H 丙烯酸聚氨酯磁漆的性能

项目	性能指标		实测值
	GJB 385A	津 Q/HG 3731	
漆膜颜色及外观	表面平整光滑 符合色差范围	表面平整光滑 符合色差范围	通过
光泽/%	≥85	—	100~110
黏度（涂-4号杯）/s	—	—	20~30
细度/μm	≤20	≤20	10~20
遮盖力/（g/m²）	≤110	—	65~70
闪点/℃	≥25	25	通过
硬度 摆杆硬度	—		0.6~0.7
铅笔硬度	≥4H		4H~5H
柔韧性/mm	≤2	50	通过
抗冲击性/cm	50		通过
附着力 划圈法/级	≤2	≤2	1~2
划格法/级	—	—	完好
胶带附着力	漆膜无脱落	—	通过
拉开法/MPa	≥16	—	通过
固体含量/% 组分一	48~52	42~48（黑绿） 47~53（其他）	通过 通过
组分二	73~77	—	—
干燥时间/h 表干	≤0.5	≤0.5	通过
实干	≤24	≤24	通过
烘干（50℃±2℃）	≤6	≤6	通过
适用期/h	≥6	≥8	通过
耐水性（蒸馏水， 23℃±2℃，4d）	漆膜不起泡，允许轻微失光 变色，铅笔硬度不低于4H[①]	漆膜不起泡， 不脱落（72h）	21d无变化[①]
耐盐雾性（3.5%NaCl 溶液，常温500h）	外观1级[①]	漆膜不起泡， 不脱落（72h）	1000h无明显变化[①]
耐湿热性（47℃±1℃，相 对湿度96%±2%，500h）	外观1级，胶带 附着力合格[①]	漆膜不起泡， 不脱落（72h）	21d无明显变化[①]
耐汽油性（航空洗涤汽油， 23℃±2℃，24h）	不起皱，允许轻微失光变色， 抗冲击性≥50cm，铅笔硬度 ≥3H[①]	漆膜不发黏，不 起泡（浸泡5h）	30d无明显变化[①]
耐盐水性（5%NaCl溶液， 常温72h）	—	漆膜不起泡， 不脱落	通过

项目	性能指标		实测值
	GJB 385A	津 Q/HG 3731	
耐润滑油性（4109 或 4106 号润滑油，121℃±2℃，24h）	不脱落，允许轻微失光变色，抗冲击性≥50cm[①]	—	通过
耐煤油性（RP-1 或 RP-2 煤油，23℃±2℃，7d）	漆膜不起泡、不起皱，允许轻微失光变色，抗冲击性≥50cm，铅笔硬度≥4H[①]	—	通过
耐液压油性（YH-10 或 YH-12 液压油，23℃±2℃，7d）	漆膜不起泡、不起皱，允许轻微失光变色，抗冲击性≥50cm，铅笔硬度≥4H[①]	—	通过
耐热性（150℃±2℃，4h）	允许漆膜变色，抗冲击性≥50cm，柔韧性≤3mm[①]	—	通过
耐热性（−55℃±2℃，4h）	漆膜不开裂，不脱落	—	无明显变化
耐候性（12 个月）	失光率 2 级；粉化 1 级	—	—

① 指与 H06-101H 底漆配套后的指标与实验结果。

(2) 塑料 丙烯酸酯塑料重点需关注物理、力学、热性能、耐老化性能等。对于透明塑料，光学性能是最重要的。有电性能要求的应用场合，对产品的各项电性能指标均有明确要求。表 3-7 列出了表征丙烯酸酯塑料性能的主要项目及试验方法。

■表 3-7　表征丙烯酸酯塑料性能的主要项目及试验方法

类别	项目名称	测试内容/物理意义	试验方法	
			国内	国外
物理性能	透气性	树脂透气性	GB/T 1038	ASTM D638
	透水蒸气性	水蒸气穿透量	GB/T 1037	ASTM D638
	吸水率	浸泡吸水量	GB/T 1034	ASTM D570
	密度	密度	GB/T 15223	ASTM D792
力学性能	拉伸性能	拉伸强度、伸长率、弹性模量、泊松比	GB/T 1040	ASTM D638
	冲击性能	对硬质塑料施加一次冲击弯曲负荷使试样破坏时单位面积所吸收的能量，用无缺口试样、缺口试样简支梁冲击强度和悬臂梁冲击强度表示	GB/T 1043	ASTM D256
	压缩性能	表征试样的压缩行为，常用压缩应力、屈服压缩应力、压缩强度、破坏时的压缩力、x（%）应变时的压缩应力、压缩应变、标准压缩应变、标准压缩屈服应变、破坏时的标准压缩应变和压缩模量等来表示	GB/T 1041	ASTM D695
	弯曲性能	表征试样的弯曲行为，常用挠度、弯曲应力、弯曲强度和弯曲弹性模量表示	GB/T 1042	ASTM D790
	剪切性能	试样经受剪切，使运动部位与静止部分分开所需的最大负荷，常用剪切应力、剪切强度、剪切应变、剪切模量和屈服剪切强度表示	GB/T 15598 GJB 5872	ASTM D732
	洛氏硬度	材料抗压痕的能力。用规定的压头先施加初试验力，后施加主试验力，然后返回主试验力，用前后两次初试验力作用下的压头压入深度差求得的值	GB/T 9342	ASTM D785

续表

类别	项目名称	测试内容/物理意义	试验方法	
			国内	国外
力学性能	抗裂纹扩展性（断裂韧性）	材料抵抗裂纹扩展的能力，是衡量材料韧性的指标，常用平面应变断裂韧度K_{1C}表示	HB 5268	MIL-P-25690
光学性能	透光率	透过试样的光通量与射到试样上的光通量之比	GB/T 2410	ASTM D1003
	雾度	透过试样而偏离入射方向的散射光通量与透射光通量之比	GB/T 2410	ASTM D1003
	色度	透明塑料在特定波长范围内的透光率	GJB 1253	—
	黄色指数	塑料对国际照明委员会（CIE）标准C光源，以氧化镁为基准的黄色值	GB/T 2409	ASTM E313
	白度	不透明的白色或近白色的粉末状树脂和板状塑料表面对规定蓝光漫反射的辐射能与同样条件下理想的全反射体反射的辐射能之比，以百分数表示	GB/T 2913	—
	折射率	光从真空射入介质发生折射时，入射角i与折射角r的正弦之比，表示光在介质中传播时，介质对光的一种特征，常用阿贝折射仪测量	GB/T 7193	ASTM D542
热性能	维卡耐热温度	聚合物试样于液体传热介质中，在一定载荷、等速升温条件下，被$1mm^2$的压针压入$1mm$深度时的温度	GB/T 1633	ASTM D1525
	热变形温度	负荷耐热温度是指在规定的试验条件下，试样弯曲变形达到规定值时的温度	GB/T1634.1	ASTM D648
	马丁耐热温度	试样在等速升温环境中受恒定弯矩作用发生弯曲变形，达到规定变形量时的温度	HG/T 3847	—
	线膨胀系数	单位长度试样在温度每升高$1℃$时的伸长量	GB/T 1036	ASTM C696
	熔体指数	在一定温度和压力下，树脂每10min通过规定标准口模的质量或体积	GB/T 3682	ASTM D1238
	热导率	在稳态下，垂直于热传导方向的每单位温度梯度通过单位面积上的热量	GB/T 11205	ASTM C177
	低温脆化温度	当温度降低至聚合物不能产生强迫高弹性而呈玻璃态，同时高弹性消失，产生脆性断裂时的临界温度	GB/T 5470	ASTM D746
	尺寸稳定性	尺寸稳定性是指材料在受机械力、热或其他外界条件作用下，其外形尺寸不发生变化的性能	GB/T 8811	—
	燃烧性	将物质点燃的困难程度和燃烧速率	—	ASTM D635
电性能	体积电阻率	单位体积的体积电阻	GB/T 1410	ASTM D257
	表面电阻率	单位面积的表面电阻	GB/T 1410	ASTM D257
	介电常数	表征电介质或绝缘材料相对电容率的一个重要数据，介电常数愈小绝缘性愈好	GB/T 1408	ASTM D150
	介质损耗角正切值	电介质在交变电场作用下，有功功率与无功功率的比值，被定义为内部发热形式的能量损耗，通常用正切$\tan\delta$表示	GB/T 1693	ASTM D1248

类别	项目名称	测试内容/物理意义	试验方法	
			国内	国外
电性能	耐电弧性	塑料材料抵抗由高压电弧作用引起变质的能力	GB/T 1411	ASTM D495
	相对耐漏电起痕性	材料表面能经受住 50 滴电解液（0.1%氯化铵水溶液）而没有形成漏电痕迹的最高电压值，单位为 V，常用相比漏电痕指数（CTI）表示	GB/T 4207	ASTM D3638
耐老化性能	自然气候暴露试验	将试样在自然气候环境下暴露，使其经受日光、温度、雨水与氧气等的综合作用，测试其性能随时间变化关系	GB/T 15596	—
	荧光紫外灯老化试验	用标准的荧光紫外灯发射紫外线照射试样，测试照射时间与其性能变化关系	GB/T 16422.3	—
	加速大气老化试验	在户外大气自然环境中，采用可以活动的暴露试样架同步跟踪太阳转动，充分利用太阳光的能量，强化光和热效应，加速试样老化的一种自然环境加速老化试验	GB/T 3681	—
	盐雾腐蚀试验	模拟海洋大气或者海边大气的盐雾及其他因素对材料及其产品进行以腐蚀为主要特征的一种模拟加速试验方法	GB/T 10125	—

最为典型的丙烯酸酯塑料 PMMA 主要有板材和模塑料两种形式，表 3-8 是国外典型的 PMMA 板材的主要性能，表 3-9 是国外典型（PMMA）模塑料的主要性能，从表 3-8 和表 3-9 实测值来看，PMMA 的状态不同，所测性能不完全相同。

■表 3-8　国外典型 PMMA 板材的主要性能

性能	试验方法	单位	PMMA 板材牌号				
			Poly 76	Nordex 918	Acrivue 350	Plexiglas GS249	Plexidur Plus
密度	ASTM D792	g/m³	1.19	1.19	1.19	1.19	1.17
折射率	ASTM D542	—	1.49	1.49	1.49	1.49	1.508
透光率	ASTM D1003	%	91	92	92	91	90
雾度	ASTM D1003	%	≤0.75	—	1	1.5	0.8
吸水率（23℃,24h）	ASTM D570	%	—	0.2	—	0.2	0.21
拉伸强度	ASTM D638	MPa	62~76	76	76	80	85
拉伸弹性模量	ASTM D638	MPa		3.1	3.1	3.34	
弯曲强度	ASTM D790	MPa	—	110	110	107	
冲击强度	ASTM D256	kJ/m²		213	213	—	
断裂伸长率	ASTM D638	%	5.0	4.9		3~4	>40
热变形温度 $\sigma=1.85$MPa	ASTM D648	℃	112	104	114	113	73
热导率	Cento-fiton	W/(m·K)	—	0.2~0.24	0.187		

续表

性能	试验方法	单位	PMMA 板材牌号				
			Poly 76	Nordex 918	Acrivue 350	Plexiglas GS249	Plexidur Plus
热膨胀系数	ASTM D696	$10^{-5}K^{-1}$	7.6	8.5	7.2	7.0	—
燃烧速率	ASTM D635	—	19	12.7	—	15.2	—
介电强度	ASTM D149	kV/mm	—	21.2	19.7	—	—
干态银纹（异丙醇）	MIL-P-8184	MPa	>17.2	—	14.3	>19.9	>21
湿态银纹（异丙醇）	MIL-P-8184	MPa	>10.3	—	10.8	>17.1	—

■表 3-9　国外典型 PMMA 模塑料的主要性能

性能	试验方法	单位	PMMA 模塑料牌号				
			O15M3	MH-254	E-7	9E	EH-1000
密度	ASTM D792	g/m³	1.19	1.19	1.18	1.18	1.19
吸水率	ASTM D570	%	0.3	0.3	0.23	—	0.3
收缩率	ASTM D955	%	0.3~0.7	0.4~0.7	0.5	—	0.2~0.6
熔体指数	ASTM D1238	g/10min	1.2~1.7	0.9	5	1.0	1.5
拉伸强度	ASTM D638	MPa	77	72	74	73	75
弯曲强度	ASTM D790	MPa	120	—	134	—	126
弯曲模量	ASTM D790	MPa	3200	3350	3200	3400	3500
冲击强度	ASTM D256	kJ/m²	2.25	3.33	1.67	—	1.57
洛氏硬度	ASTM D1238	M	95	98	92	—	97
热变形温度	ASTM D648	℃	99	98	90	—	97
维卡软化点	ASTM D1525	℃	106	114	108	114	108
折射率	ASTM D542	—	1.490	1.491	1.490	1.490	1.490
透光率	ASTM D1003	%	92.8	92	92	92	93
雾度	ASTM D1003	%	≤1.5	<0.4	—	≤2	—
介电常数	ASTM D150	—	3.3	3.0	3.7	—	—
功率因数	ASTM D150	—	0.06	0.04	0.06	—	—
击穿电压	ASTM D149	kV/mm	16.0	20.0	19.5	19.0	—
抗电弧性	ASTM D495	—	不受破坏	不受破坏	不受破坏	不受破坏	不受破坏

对于飞机上使用的航空有机玻璃除表 3-8 的项目外，增加了对光学畸变要求、外观质量要求，定向航空有机玻璃板材在此基础上增加了平面应力断裂韧度、应力-溶剂银纹、定向度、热松弛等性能指标，表 3-10 为 YB-DM-3 航空有机玻璃要求的特殊性能。

■表 3-10　YB-DM-3 航空定向有机玻璃要求的特殊性能

性能		指标		性能	指标
		板材厚度/mm		定向度/%	58~62
		3/4/5/6/8	9/10/12		
光学畸变	波纹消失角/(°)	≤48	≤35	应力-溶剂银纹/MPa	≥18
	亮道消失角/(°)	≤44	≤44		
	黑线消失角/(°)	≤50	≤50	热松弛	
	明暗区消失角/(°)	≤35	≤35	100℃，6h	≤3%
	平面应力断裂韧度/(MN/m³/²)	—	≥2.85	110℃，6h	≤10.0
				130℃，1h	36.9~38.0

（3）胶黏剂 以丙烯酸酯为基体的胶黏剂，具有不需严格称量、使用方便、固化快、粘接强度较高等特点，适用多种材料的胶接。胶接强度、使用温度与耐环境性能是胶黏剂的基本要求，而黏度、固化速度与固化条件等工艺性能是其能否成功应用的基础。通常从理化、力学、工艺、耐环境等方面对胶黏剂的性能进行表征，主要测试项目见表 3-11。

■表 3-11　丙烯酸类胶黏剂的常见检测项目及试验方法

类别	项目名称	测试内容/物理意义	试验方法	
			国内	国外
理化性能	外观	颜色均匀性，有无外来杂质、结冻、凝胶、结块的黏流状液体或不均匀黏稠膏状物	—	—
	结合丙烯酸含量	端羧基含量	—	—
	酸值	游离酸含量的大小	—	—
	腐蚀性	胶黏剂在温度、接触介质种类与浓度、水、氧、气体中有害物质等环境中，对粘接对象造成的破坏与变质	HB 5326	
	黏度	流体的内摩擦，包括绝对黏度、运动黏度、黏度比、条件黏度	GB/T 2797 HB 5323/5378	ASTM D1084
	挥发分和固体含量	在一定温度下，经一定时间烘干后剩余物质量与试样质量的比值百分数	GB/T 2793	ASTM D1489 ASTM D1582
	灰分	反复燃烧后剩下的不燃物和可燃物的无机残渣	HB 5318	MIL-S-45180C
	细度	胶黏剂中颜料与填料分散程度的一种量度	GB/T 1724	—
	透光率	规定波长范围内的透过率	GB/T 2410	ASTM D1003
力学性能	剪切强度	胶接件在单位面积上所能承受平行于胶接面的最大载荷。按胶接受力方式分为拉伸剪切、压缩剪切、扭转剪切与弯曲剪切	GB/T 8124 HB 5164	ASTM D1002
	拉伸强度	包括正拉伸强度、不均匀拉伸强度和不对称拉伸强度	GB/T 7749	ASTM D1062
	剥离强度	胶接接头抗线应力的能力大小，包括 T 剥离强度、180° 剥离强度和 90° 剥离强度	GB/T 2791	—
	扭矩强度	试样发生相对运动时的转动扭矩，包括破坏扭矩、平均拆卸扭矩和紧固扭矩	HB 5315	DIN54454
工艺性能	适用期	胶黏剂能维持其可使用的时间	GB/T 7123	ASTM D1338
	储存期	胶黏剂保持其操作性能与规定强度的储存时间	GB/T 7751 HB 5329	ASTM D1337
	不黏期	胶黏剂处于表面的活性基团被反应到不黏手或不黏某些材料的最短时间	HB 5242	—
	固化速率	胶黏剂达到胶接负荷的最短时间	HB 5325	ASTM D1144
	渗透性	胶黏剂渗透孔隙的性质	HB 5316	MIL-S-46163
	润湿性	胶黏剂在洁净光滑一面的扩展能力	HB 5327	MIL-S-224738
	流淌性	保持涂布后赋予形状的能力	HB 5383	MIL-S-45180C
	润滑性	加有触变剂的厌氧胶在螺母、螺栓和固定螺钉安装时达到各紧固件设计拉力的重要指标	HB 5315	—

续表

类别	项目名称	测试内容/物理意义	试验方法	
			国内	国外
耐环境性能	耐介质试验	耐酸、碱、盐溶液以及各种化学试剂、有机溶剂与化合物以及各种常用的石油基油品的耐久性	GB/T 1690	ASTM D896
	耐水性试验	胶接接头长期浸泡在水里，或处在湿热或沿海地带，胶接性能的变化	HB 5398	—
	耐温试验	不同温度及高低温交变条件下胶接性能的变化	HB 5398	ASTM D1151
	海水浸泡与盐雾腐蚀试验	测试胶接接头的耐海水能力，估算它在这一环境条件下的使用寿命	HB 5398	ASTM D1183
	耐应力试验	包括持久强度试验、蠕变试验和疲劳强度试验等	GB/T 7750	ASTM D2294
	耐霉菌试验	胶接接头受到霉菌、细菌与其他生物的侵袭，胶接性能的变化	—	ASTM D1286
	耐昆虫试验	胶接接头在昆虫的侵害下，胶接性能的变化	—	ASTM D1382
	耐候性试验	胶接接头受内外因素的综合作用，物理与化学性质的变化，胶接性能的变化	—	ASTM D1828

表 3-12 是 GY-240 和 GY-260 两种丙烯酸厌氧胶的性能指标，表 3-13～表 3-18 是其性能实测值。

■表 3-12　GY-240 和 GY-260 厌氧胶的性能指标

性　　能	指标	
	GY-240(N 级)	**GY-260(O 级)**
黏度/mPa·s	900～5000	900～5000
破坏扭矩（T_B）/N·m	10.0～22.5	20.0～40.0
平均拆卸扭矩（T_P）/N·m	2.0～7.0	10.0～30.0

■表 3-13　GY-240 和 GY-260 厌氧胶的常规性能

项　　目	实测值	
	GY-240	**GY-260**
外观	混浊液体，茶色或蓝色	混浊液体，红色
密度/（g/cm³）	1.07	1.07
黏度/mPa·s	1200	1000
闪点/℃	≥90	≥90
密封性	合格	—
静剪切强度/MPa	8.5	19.0
润湿性	对 A3 钢、LY12CZ 铝合金、H62 黄铜及镀锌件进行 10d 腐蚀试验均未产生永久性腐蚀缺陷	

■表 3-14　GY-240 和 GY-260 厌氧胶的储存稳定性试验结果

胶黏剂	储存条件	储存开始实测值		储存后实测值	
		(T_B/T_P)/N·m	黏度/mPa·s	(T_B/T_P)/N·m	黏度/mPa·s
GY-240	50℃，30d	15.4/2.6	1200	15.4/2.9	1000
GY-260	50℃，30d	40.1/18.0	1000	30.1/16.3	—

注：技术条件要求瓶装胶液经 50℃，28d 后 T_B/T_P 符合指标要求，黏度增长不大于 50%。

■表 3-15　GY-240 和 GY-260 厌氧胶在不同温度下的紧固扭矩

胶黏剂	在不同温度下的扭矩(T_B/T_P)/N·m				
	−55℃	28℃	100℃	120℃	150℃
GY-240	43.9/8.3	15.4/2.6	9.7/4.9	8.9/5.6	6.3/3.0
GY-260	38.1/22.9	40.1/18.0	23.7/12.9	19.2/10.3	14.9/8.4

■表 3-16　GY-240 和 GY-260 厌氧胶的湿热老化性能

胶黏剂	湿热老化后的扭矩(T_B/T_P)/N·m				
	指标(1000h)	0h	1000h	2000h	3000h
GY-240	≥5.0/≥1.0	15.4/2.6	10.4/4.0	9.2/6.1	9.1/9.1
GY-260	≥10.0/≥5.0	40.1/18.0	12.9/24.0	—	—

■表 3-17　GY-240 和 GY-260 厌氧胶的耐介质性能

介质	扭矩(T_B/T_P)/N·m	
	GY-240	GY-260
空白	15.4/2.6	40.1/18.0
蒸馏水	3.4/1.7	17.8/11.2
2 号喷气燃料	19.0/10.0	47.8/螺栓断
10 号航空液压油	17.8/4.6	—
乙二醇	14.8/3.3	44.6/9.7
0 号柴油	18.6/5.9	46.8/18.7
磷酸三苯酯	22.7/5.4	40.0/螺栓断
3%氯化钠溶液	3.4/2.0	13.0/12.9
指标	≥5.0/≥1.0	≥10.0/≥5.0

注：以上数据为试样在 85～87℃不同介质中浸泡 168h 后的扭矩。

■表 3-18　GY-240 和 GY-260 厌氧胶不同固化温度和时间的扭矩 T_B/T_P

单位：N·m

胶黏剂	固化温度/℃	固化时间			
		1h	6h	24h	72h
GY-240	28	10.0/1.9	12.4/2.1	15.4/2.6	—
	10	7.8/1.4	16.8/2.4	17.6/3.2	—
	2	2.9/0.6	5.5/2.3	6.4/2.1	8.1/2.3
GY-260	28	22.7/11.9	34.3/18.1	40.1/18.0	—
	10	18.1/9.5	29.4/18.9	31.1/18.9	—
	2	12.9/7.8	22.3/13.6	30.4/18.8	33.6/17.5

(4) 高吸水性树脂（SAP）　表征 SAP 性能的主要项目包括吸收能力、吸液速率、保水能力、水溶解性等，部分项目的测试方法可参照 GB/T 22875 和 GB/T 22905。

① 吸收能力　吸收能力是指树脂在溶液中溶胀和形成凝胶以吸收液体的能力，用吸收量定量表示，通过吸收溶液倍率（简称吸收倍率）来量度。吸收倍率是指 1g 吸收树脂所吸收液体的量，其单位是 g/g 或 mL/g，吸收的液体若是水、盐水、血液、尿等，则吸收倍率分别为吸水倍率、吸盐水倍率、吸血倍率、吸尿倍率等。

② 吸液速率　吸液速率是指单位质量（体积）在单位时间内吸收的液

体体积或质量。由于吸水树脂在不同时间内吸收速率显著不同,所以多用吸液量与吸液时间的关系曲线来描述不同时期的吸液速率。通过吸水膨胀进行测定,可以采用不同的方法在各种不同的仪器中进行,主要有体积膨胀法(量筒法、袋滤法等),凝胶质量法(自然过滤法、布袋法等)。对于片状和膜状的产品,也可按照质量法和体积法进行测量。

③ 保水性能 保水性能是指吸水后的膨胀体能保持其对水溶液不离析的状态的能力。SAP 不但吸水能力强,而且保水能力非常强。SAP 树脂的保水能力分加压保水性、热保水性、在土壤的保水性等几种。它可通过测量不同压力下的吸液率(Q_i)进行表征。一定量 SAP(G),吸水率为 Q,当施加不同压力时,挤出水的克数为 WI,则吸液率通过式(3-1)计算。

$$Q_i = \frac{G - WI}{G/Q} \tag{3-1}$$

④ 凝胶强度 SAP 吸水后,其凝胶具有一定的强度,才能维持良好的保水性和加工性能。聚合物本身的结构及组成直接决定了 SAP 树脂吸水后的强度,而且强度与吸水能力、吸水速率三者有相互依赖和相互矛盾的关系。SAP 树脂凝胶强度测试难度相对较大,Brandt 等人通过振荡应力流变计测定树脂凝胶粒的剪切模量,用以表征凝胶强度。

⑤ 水溶解性 由于 SAP 合成过程中残留单体或者小分子的存在,会导致成品的 SAP 仍然存在一定的水溶解性。这种特性对 SAP 的使用性能是一种不利因素,将表现为 SAP 的溶解损失,常用溶解度来表示。

溶解度的测量方法与一般方法相同,将干燥的吸水树脂样品 1g,于 1000mL 蒸馏水中,在 50℃下搅拌 8h 后,过滤剩余的水得到液体 A。将吸水膨胀的高吸水性树脂加适量的丙酮凝聚,过滤得到液体 B,然后,将滤液 A 及滤液 B 干燥,测其剩余质量,再换算成相当于干燥高吸水性树脂样品的质量百分数,即为吸水树脂溶解度。

⑥ 稳定性 SAP 在光、热、化学物质以及其他条件的作用下,其吸水性能发生变化。高吸水性树脂的稳定性主要包括热稳定性、光稳定性、微生物降解稳定性和储存稳定性等,不同类型的 SAP 的稳定性存在一定的差异。

⑦ 吸氨能力 SAP 是含羧基的阴离子物质,残存的羧基(约 30%)往往使树脂显示弱酸性,并可吸收氨类等弱碱性物质。这一特性有利于一次性尿布、尿不湿、卫生巾等的除臭,并可将土壤中氮肥的利用率提高约 10%。吸氨能力无标准测试方法,但通常会对 pH 值有要求。

⑧ 粒径 将树脂粒子分散置于表面皿中,采用带数字显示的游标卡尺直接测量其直径,随机取样数>100 粒,并以平均粒径表示。树脂粒径的大小会影响树脂的吸水速率和吸水倍率,树脂平均粒径越小吸水率越大。

⑨ 其他性能 SAP 还有其他一些主要性能,如增黏性可获得比使用普通水溶性高分子系列增黏剂更高的黏度,重复吸液性指树脂吸液后干燥,再进行吸收仍可保持较高的吸液率,即树脂的再生。另外高吸水性树脂还具有

黏着性、选择吸收性、缓释性及蓄热性等方面的性能。

SAP 在具体应用中，有相应的国家标准对吸收量、保水量、吸收速率、单体残留量、挥发物含量、pH 值等做出要求，表 3-19 和表 3-20 分别是卫生巾高吸收性树脂和纸尿裤高吸收性树脂的性能要求。

■表 3-19　卫生巾高吸收性树脂的要求

指　标		单位	要求
残留单体（丙烯酸）		mg/kg	≤1800
挥发物含量		%	≤10.0
pH 值		—	4.0～8.0
粒度分布	＜106μm	%	≤10
	＜45μm	%	≤1
密度		g/cm³	0.3～0.9
吸收速率		s	≥200
吸收量		g/g	≥20

■表 3-20　GB/T 22905 对纸尿裤高吸收性树脂的要求

指　标		单位	要求
残留单体（丙烯酸）		mg/kg	≤1800
挥发物含量		%	≤10.0
pH 值		—	4.0～8.0
粒度分布	＜106μm	%	≤10
	＜45μm	%	≤1
密度		g/cm³	0.3～0.9
吸收量		g/g	≥40
保水量		g/g	≥20
加压吸收量		g/g	≥10

3.3 丙烯酸树脂的通用与专用牌号

3.3.1 丙烯酸树脂的通用牌号

丙烯酸树脂是一大类聚合物的总称，通用牌号的命名原则是"缩写代号＋型号"，但在实际生产及销售过程中，各厂家通常会按照自己的产品系列来命名，各自的命名规则大不相同，而很少遵守通用命名原则。常见与常用的丙烯酸树脂主要有聚丙烯酸及其酯类、聚丙烯腈类、聚丙烯酰胺类等。其缩写代号见表 3-21。

丙烯酸树脂的型号主要由以下几个部分组成："类型＋表观性状＋用途＋特性黏数＋离子度"。按类型和用途进行分类见表 3-22。

■表 3-21 常见丙烯酸树脂缩写代号

名　　　称	简　写	名　　　称	简　写
聚丙烯酸	PAA	聚甲基丙烯酸丁酯	PMBA
聚丙烯酸甲酯	PMA	聚丙烯酸羟乙酯	PHEA
聚甲基丙烯酸甲酯	PMMA	聚丙烯腈	PAN
聚丙烯酸乙酯	PEA	聚甲基丙烯酰胺	PMAN
聚丙烯酸丁酯	PBA	聚丙烯酰胺	PAM

■表 3-22 丙烯酸树脂类型缩写代号

类型/用途	代号	类型/用途	代号
非离子型	N	胶液状	L
阴离子型	A	乳胶状	E
阳离子型	C	一般工业	G
固体状	S	食用工业	F

另外，对于丙烯酸树脂的特性黏数，其单位为 mL/g，不同的黏度范围，对应的代号由阿拉伯数字表示；对于离子度，不同离子度范围也可以用不同的阿拉伯数字来表示。

例如：阳离子型聚丙烯酰胺乳胶，其用途为一般工业用途，特性黏数为 420mL/g，离子度为 56%，其相应的命名牌号为 PAM-CEG206。

3.3.2 丙烯酸树脂的主要生产厂家与专用牌号

由于丙烯酸树脂在各个领域应用广泛，包括涂料、胶黏剂、塑料等各类产品不计其数，难以在本书中囊括所有生产厂家和牌号，本节主要对丙烯酸树脂中最主要的产品 PMMA 进行介绍，从地域上对全球丙烯酸工业及其产品牌号进行归纳，分别介绍中国、日本、韩国、美国和欧洲地区 PMMA 的主要产品与牌号。丙烯酸树脂其他应用的具体生产厂家和牌号将在本书附录中列出一部分。

3.3.2.1 中国 PMMA 主要生产厂家及产品牌号

中国的丙烯酸树脂工业主要集中在东北、以上海为中心的江浙地区和台湾地区。PMMA 的主要生产厂家及产品牌号见表 3-23。

■表 3-23 中国主要 PMMA 生产厂家和产品牌号

生产厂家	板材牌号	模塑料牌号	液态树脂牌号
锦西化工研究院	YB-2、YB-3、YB-9、YB-DM-3、YB-DM-11、YB-DM-10	PMMA	—
上海制笔化工厂	—	PMMA205/304/372、MAS711、MBS714	101
苏州安利化工厂	A-ZR	MAS、506	PAM

生产厂家	板材牌号	模塑料牌号	液态树脂牌号
黑龙江龙新化工有限公司	—	LX-015 、LX-025、LX-040、LX-040B、LX-060	—
安庆月山化工有限公司	—	—	PUA-9012、PUA-9010、RA-RT、RA-RS、RA-FS、RA-F1
上海元邦树脂制造有限公司	—	—	YP28-50、YP28-52B、YP28-50H、YP28-55N、YP28-50G、YP28-50C、YP28-50HD、YP2660、YP2685、YP2653、YP2640P、YP21-60、YP21-70、P21-70L、YP21-60LH、YP22-65、YP23-60A、YP2050、YP2050SH
广东同步化工股份有限公司	—	—	TP2160、TP5162、TP5052、TP5350、TP5534P、TP5538P、TP6018P、TP7023P
台湾奇美实业股份有限公司	—	203、205N、205U、CM-205、 CM-207、 CM-208、 CM-211 、 CM-201、CM-205、CM-207	—

3.3.2.2 日本、 韩国丙烯酸树脂产品

日本是丙烯酸树脂生产与消费大国,其主要丙烯酸树脂企业为三菱丽阳株式会社、住友诺格达克公司、协和瓦斯化学工业有限公司、合成橡胶公司、可乐丽株式会社(Kuraray)和东洋纺绩公司等,韩国的 LG 化学公司也有多种丙烯酸树脂提供,主要生产厂家及主要产品牌号见表 3-24。

■表 3-24　日本、 韩国主要丙烯酸树脂产品

国别	生产厂家	板材牌号	模塑料牌号	液态树脂牌号
日本	三菱丽阳株式会社	アクリパネルAR、アクリパネルMR、LH-010、LN-530	PMMA F001/VH001/VR-L40/VR-S40/ IR-H70/MD001/AR/FR/MF/MDP/TB/TH/V/VH/VP	FR、IR-D50、IR-D70、IR-H50
	住友诺格达克公司	Sumipek ＸＸ	PMMA MH/LG/LG2/LG6/MG2/MG5/ HT22X/ HT25X/HT152X/HT55X/HT013E/EX/LO/MH/L0-6/MHO、MMO/MHOG	—
	协和瓦斯化学工业有限公司	—	Parapet EH-1000/F-1000/G/GF/GH/GR-01240/GR-01270/GR-01440/GR-01490/HR/HR-L/PF/SF/SH	—
	旭化成工业有限公司	—	PMMA HA、LP-1、SR8200、SR8350、SR8500、50N、60N、80N、560F	—
	合成橡胶公司	—	ARTON/G、ARTON/F、ARTON/I	—

续表

国别	生产厂家	板材牌号	模塑料牌号	液态树脂牌号
日本	可乐丽株式会社	—	PMMA HR-1000L/GR-04940/GR-04970/GH/GF1000/EVOH 171	CF-1000
	东洋纺绩公司	—	129K、130K、140、147K、T	SAR
韩国	LG 化学	—	HP210/IH830/IF850/IF870/EH910/GF1000/HI835H/HI835S/HI835M/HI855M/HI855S/EG920/EG930/EF940	—

3.3.2.3 美国丙烯酸树脂产品

美国是丙烯酸树脂的生产与消费大国，其生产厂的产品涵盖了丙烯酸树脂全系列，主要生产厂有大陆聚合物公司（Continent Polymer）、杜邦公司（Dupont）、B. F. 古德里奇公司（Goodrich）、罗姆哈斯公司（Rohm&Hass）、理查森化学公司（RELL）、赛罗工业公司（CRYO）、聚合物技术公司（PTI）等，主要丙烯酸树脂产品生产厂家及主要产品牌号见表 3-25。

■表3-25　美国主要丙烯酸树脂产品

生产厂家	板材牌号	粒料/模塑料牌号	液态树脂牌号
Continent Polymer	—	CP51、CP61、CP80、CP81、CP82、CP923、CP510P、CP1000、CP924、CP927、CP1000E、CP1000I	—
Du pont	Lucite AR、Lucite SAR	130K、147K	—
Pilkington	Acrivue A、Acrivue SA、Acrivue320、Acrivue350、Acrivue350S、Acrivue351、Acrivue352、Acrivue352S	—	
Polycast	Poly I 、Poly II 、Poly76、Poly84	—	
Nordam MRC	Nordex 389、Nordex 918、Nordex 188	—	
Goodrich	—	525、XL11、XL19	514A、514H、515、531
Rohm&Hass	Plexiglas-55、Plexiglas MI-7、Plexiglas T-UVT、Plexiglas UF-3、Plexiglas UF-4	Plexiglas DM-M/DR/H/HFI-7G/MFI-10G/M1/M2/M3/M4/M5/M6/M7/MC/MI-7/SE3/SE20/V825/V920/V920UVT/VM/VQ105S/VQ110S/VS UVT/VLD-100/V052/V066/V500 KamaxT150/T260/T170/T240	—
RELL	—	GL200、NAS、P205UV、NOAN、R570、RPC440、RAT	—
CYRO	—	DQ501、FF、8Ndf20、8Ndf21、8Ndf22、8Ndf23、S10、S11、XT-2000、Cyrex 2000-8005	—
PTI	—	015M3、025M3、040M3、060M3	—

3.3.2.4 欧洲地区丙烯酸树脂产品

欧洲地区丙烯酸工业发达国家主要是俄罗斯、英国与意大利等，主要丙烯酸树脂生产厂家有俄罗斯联合化工出口公司、英国帝国化学工业有限公司（ICI）、卢西特国际英国有限公司（Lucite）、法国联合碳化公司（Union Carbide Corporation）、阿托菲纳道达尔（TOTAL）意大利维德里耳公司（Vedril）、德国巴斯夫公司（BASF）、德国罗姆公司（Evonic Röhm GmbH）、德国雷萨尔特·伊姆公司（Resart-Ihm）和奥地利塞诺柏拉斯公司（SENOPLAST）等，其主要代表产品见表 3-26。

■表 3-26 欧洲主要丙烯酸树脂产品

国别	生产厂家	板材牌号	粒料/模塑料牌号	液态树脂牌号
俄罗斯	俄罗斯联合化工出口公司	CO-95、CO-120、CO-140、CO-180、CO-200、AO-120 、AO-180	—	—
英国	ICI	Perspex AGO25、Perspex sw、Perspex IM014、Perspex FR007/VA004/VE003、Opal031	Diakon LG156/LG702/LH174/LH754/LH174/ME135/MG102/MH254、DiakonTD542/TD642/TD625、Perspex VA /UV/VE	—
英国	Lucite	—	CP-51、CP-80、CP-82、CP-924、 CP-1000、 CP-1000E、CP-86	—
法国	UCC	Altugls Choc	A-8、B-8、M-6、D-8、E-7、D-7	—
法国	Altulor	Altulor choc DR	—	—
法国	TOTAL	—	V040/V150/V825/DR101/VM-100/V825-100/V045-100/HFI-10/HFI-101	—
法国	Elf Atochem	—	Oroglas 201XP、Oroglas DRG、Oroglas DRT、Oroglas HF17、Oroglas HF110、Oroglas M17T	—
法国	Aerostructures Hamble	Hamblex	—	—
法国	Lucas Aerospace	Dynacylic	—	—
法国	Sully Products Speciaux	Acrylex	—	—
意大利	Vedril	Vedril AR、Vedril ER、Vedril HR、Vedril E-UVP	Vedril5/7/8/10/8E/9E/AR/AR-ER/C/CR/CS/C/C-UVT/E/EMI	—

续表

国别	生产厂家	板材牌号	粒料/模塑料牌号	液态树脂牌号
德国	BASF	—	Lucryl KR2001/2002/2003/2013、14300HX、14300MX、A2710H、A2710SX、A2710M、A2910M、A2920M	—
	Evonic Röhm GmbH	Plexiglas hard 230、Plexiglas GS209/218/221/222/231/232/233/235/241/245/249/1875、Plexidue Plus、Plexidue T、Stretched Plexiglas GS249、PLEXIGLAS XT 20070/20070 HQ/24370/29070/29080、Plexiglas resist 45/65/75/100、Plexiglas sunactive XT 24770、Plexiglas GS Einfärbungen、Plexiglas resist HP、Plexiglas satinice SC and DC、Plexiglas soundstop GS、Plexiglas soundstop GS CC、Plexiglas sunactive GS、Plexiglas GS SW und、Plexiglas free flow GS SW、Plexiglas tru LED、Plexiglas multicolor、Plexiglas Struktur、Plexicor、Plexiglas alltop SP、Plexiglas EndLighten、Plexiglas XT einfärbungen、Plexiglas gallery、Plexiglas resist SP / WP、Plexiglas XT RP、Plexiglas crystal ice	Plexiglas 5N/6N/6H/7H/7N/8H Plexiglas ZK20/ZK30/ZK40/ZK50/ZK3A/ZK5A/ZK6A/ZK6BR/ZK5HC/ZK5HF/ZK6HF/ZH5HT/ZK5BR/ZK4BR/ZK3BR Plexiglas 999000VQ/99141/99402/99390、Plexiglas 8805/8813/8817、Cyrolite GS90/8N/8707-F/K86 Plexiglas HW55/HW55CLEAR Plexiglas DF237H/DF227H/DQ501/DF22ZK6BR/DF2387N/DF218N/DF23ZK6BR	ACRIFIX 1S 0106/0107/0117/0109/0350/0310、ACRIFIX 2R0190/0192/0195/01200/1900/1074、ACRIFIX 5R 0194、ACRIFIX CA 0020/0030、ACRIFIX MO 0070、ACRIFIX CO、ACRIFIX TC 0030、ACRIFIX TH 0032、ACRIFIX PR 0031、ACRIFIX AC 0032、ACRIFIX CL 0033
	Resart-Ihm	Resart GS-FS、Resart PMMA XT500	Resart 410/410S/432Z/440/440Z/444/444Z/470/810/810S/830Z/840/840Z/844/844Z/870/5036/5041/5045/5027/K/K6/K12	—
	Metzeler Plastics	Metzoplast PMMA/N/H/S、Metzoplast ACA/N/H/S、Metzoplast ABS/H	—	—
奥地利	SENOPLAST	—	AM40、AM40BM	—

[1] 马占镖. 甲基丙烯酸树脂及其应用. 北京：化学工业出版社，2001.

[2] 闫福安等. 涂料树脂合成及应用. 北京：化学工业出版社，2008.

[3] 陶子斌. 丙烯酸生产与应用技术. 北京：化学工业出版社，2007.

[4] 吕常钦. 丙烯酸及酯生产与管理. 北京：中国石化出版社，2009.

[5] 焦剑，雷渭媛. 高聚物结构、性能与测试. 北京：化学工业出版社，2005.

[6] 张向宇. 胶黏剂分析与测试技术. 北京：化学工业出版社，2004.

[7] 程军. 通用塑料手册. 北京：国防工业出版社，2007.

[8] 汪长春，包启宇. 丙烯酸酯涂料. 北京：化学工业出版社，2005.

[9] 黄丽. 高分子材料. 北京：化学工业出版社，2005.

[10] 张知先. 合成树脂与塑料牌号手册（上）. 北京：化学工业出版社，2006.

[11] 朱诚身. 聚合物结构分析. 第2版. 北京：科学出版社，2010.

[12] 杨睿等. 聚合物近代仪器分析. 第3版. 北京：清华大学出版社，2010.

[13] 杨万泰. 聚合物材料表征与测试. 北京：中国轻工业出版社，2008.

[14] 《中国航空材料手册》编辑委员会. 中国航空材料手册. 第6卷：复合材料 胶粘剂. 第2版. 北京：中国标准出版社，2001：453-457.

[15] 《中国航空材料手册》编辑委员会. 中国航空材料手册. 第7卷：塑料 透明材料 绝缘材料. 第2版. 北京：中国标准出版社，2001.241-247.

[16] 《中国航空材料手册》编辑委员会. 中国航空材料手册. 第9卷：涂料 镀覆层与防锈材料. 第2版. 北京：中国标准出版社，2001.48-51.

[17] 陈漫里，韩哲文等. ^{1}H-NMR 法测定丙烯酸 β 羟乙酯和丙烯酸正丁酯竞聚率. 华东理工大学学报，1997，23（2）：210-214.

[18] 菅晓霞，肖乐勤，周伟良，徐复铭. P（MMA/EA）/PEG-TPE 半互穿网络聚合物的合成. 含能材料，2009，17（4）：442-446.

[19] 罗雪方，赵秀丽等. 多官能度水性光敏聚氨酯丙烯酸酯的合成与表征. 涂料工业，2009，39（8）：8-12.

[20] 安秋凤，窦蓓蕾，孙刚. 聚氨酯改性氟代聚丙烯酸酯的合成、表征与膜形态. 功能高分子学报，2010，23（1）：56-62.

[21] 郑艳菊，王素娟，王继英，巴信武. 丙烯酸酯/SBS 共聚物的合成及性能研究化学与黏合. 2007，29（2）：105-107.

[22] 刘建华，施文芳. 超支化聚合物合成方法研究：偶合单体对法、"调聚-缩聚"法及链转移单体法. ［博士学位论文］中国科技大学，2008.

[23] 温翠珠等. 环氧-胺/环氧-丙烯酸酯复配阴极电泳涂料热固性树脂.2009，2（5）：26-31.

[24] 朱光明，梁国正等. 聚己内酯/聚酯丙烯酸酯共混物的辐射交联及其形状记忆行为. 高分子学报，2005，（2）：275-280.

[25] 潘祺晟，杜强国. 二氧化硅/丙烯酸酯压敏胶复合材料的制备与性能研究. ［硕士学位论文］. 上海：复旦大学，2010.

[26] 刘勤，范晓东等. 反相悬浮法合成大颗粒珠状高吸水性聚合物及其性能研究. 中国胶粘剂，2008，17（11）：16-19.

[27] 田义龙，张敬平，付国瑞. 高吸水性树脂. 塑料，2003，32（6）：75-76.

[28] 商淑瑞，瞿雄伟. 高吸水性聚合物研究进展. 塑料科技，2000，12（6）：37-38.

[29] 黄杨娥. 保水剂的研究应用现状与发展. 安徽化工，2008，34（1）：17-18.

第 **4** 章 丙烯酸树脂的成型与加工

4.1 引言

　　丙烯酸树脂的成型加工工艺与方法对其树脂产品的应用起着重要作用。按照原料状态分类，用于成型加工的丙烯酸树脂的原料有模塑料、浇注料两种形式，不同的原料形式具有各自的成型加工工艺。模塑料用于注射成型、模压成型和挤出成型；浇注料主要用于模塑成型。丙烯酸树脂的成型加工也有其独特的优势，如树脂靠双键聚合，无析出气体、低分子物，不需很高的温度与压力等。成型出的丙烯酸树脂制品还可以进行二次加工，如板材的二次成型和机械加工等，以上这些成型方法主要针对甲基丙烯酸酯塑料而言。对于胶膜等产品则是丙烯酸树脂溶于溶剂中配成一定浓度的溶液，然后以各种涂布工艺方法涂布在基材上，通过溶剂蒸发或化学反应硬化成膜而制备的。不同工艺成型的制品用于不同的应用领域，本章主要介绍丙烯酸树脂模塑料、浇注料的成型方法以及丙烯酸树脂胶膜的制备方法。

4.2 丙烯酸树脂模塑料成型方法

4.2.1 概述

　　丙烯酸树脂模塑料是指以丙烯酸类均聚物或共聚物为主体的珠粒状料或颗粒状料。按类型可分为注射型用料和挤出型用料。以聚甲基丙烯酸甲酯（PMMA）为例，PMMA 模塑料的聚合方法主要包括悬浮聚合、溶液聚合和本体聚合。聚合反应主要按自由基聚合机理进行。其引发方式可以是光引发、热引发或引发剂引发。表 4-1 对比了 PMMA 模塑料的不同聚合方法。

■表 4-1　PMMA 模塑料不同聚合方法的对比

聚合方法	聚合配方	聚合场所	温度控制及分子量调节	反应速率	反应器形式	优点	缺点
悬浮聚合	油溶性引发剂＋单体＋悬浮剂＋水	液滴内	反应温度易控制，分子量难控制	快	单釜式	聚合物产物为珠状颗粒，利于加工成型	聚合物不够纯净，含有悬浮剂等添加剂
溶液聚合	油溶性引发剂＋单体＋有机溶剂	溶液内	反应温度较易控制，分子量易控制	慢	两釜串联和釜管串联	聚合物比较纯净，熔融态聚合物可直接挤板	溶剂量大，能耗大，生产效率低
本体聚合	油溶性引发剂＋单体	本体内	反应温度难控制，分子量难控制	快	釜管串联和环管直管串联	聚合物纯净，可直接成型	聚合温度难以控制，易局部过热引起爆聚

　　不同聚合方法制出的模塑料的熔料黏度不同，其本质是分子量的不同，从而用于不同的成型工艺，模塑料成型工艺主要包括注射成型、模压成型和挤出成型。下面分别介绍丙烯酸树脂模塑料的三种成型方法。

4.2.2 注射成型

　　丙烯酸树脂的注射成型是先将丙烯酸树脂在注射机加热料筒中均匀塑化，而后由柱塞或移动螺杆推挤到已经完全闭合的模具型腔中进行成型的一种方法。注射成型一般采用悬浮聚合所制得的颗粒料，成型工艺流程图如图 4-1 所示。

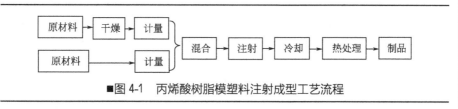

■图 4-1　丙烯酸树脂模塑料注射成型工艺流程

4.2.2.1 注射成型系统

　　丙烯酸树脂的注射成型系统包括注射机和注射模具，注射机主要由料筒和螺杆或柱塞组成，前者的作用是加热塑料粒料或粉料，使其达到熔化状态，后者是通过对熔融塑料施加高压，使熔融料射入并充满型腔，得到制品。

　　注射模具主要由浇注系统、顶出系统和温控系统组成。浇注系统包括主流道、分流道和浇口三部分。模具的排气系统也很重要，如模具排气差，会使制品表面粗糙度增大，甚至产生烧焦的痕迹，壁较厚的制品还容易出现气泡。

　　以 PMMA 为例，由于 PMMA 所需注射压力较大，注射周期较长，因此往往在浇口一带残留的压力较大。较小的浇口角度会使脱模困难，设计模具时，浇口最佳角度应为 $50°\sim70°$。与其他树脂制品的模具相比，PMMA制品的模具浇口应粗而短，其主浇口直径通常为 $8\sim10mm$，长度不应超过 $50mm$。制品越大、壁越厚，相应的模具浇口越短、越粗。模具流道应尽可能光滑，直径不应小于 $6mm$。小浇口主要采用针形、扇形、半圆形、矩形等。对于壁较厚的制品而言，采用深度为 $0.5d$（d 为制品的最大厚度）的小浇口能使制品表面平滑，并且不易出现熔接痕。对于尺寸过大的制品，模具设计如采用针形小浇口时，容易使制品表面熔接痕面积过大，针形小浇口尺寸太小容易使注射过程产生"二次加热"现象，从而使树脂过热分解，因此，最佳的针形小浇口直径应为 $0.8\sim2.0mm$。

PMMA制品硬而脆，而且往往对表面要求较高，因此对制品的脱模设计要求也较高。模具脱模斜度应为 $1°\sim2°$，较厚制品的脱模斜度应为 $3°\sim4°$。顶出系统有针形、套筒、片形、板形等。对于针形顶出系统，顶针间距不能超过 $40mm$，以防顶出时制品受到过大的局部应力而扭曲或破裂。

常见的排气孔深度为 $0.05\sim0.07mm$，宽度为 $5\sim8mm$，合适的排气孔可使PMMA内水分或分解出的气体容易散发。为保证PMMA制品表面质量，模具模腔的表面粗糙度也应该较小。因此，通常选用模腔钢材的洛氏硬度在45以上，这样模腔表面更容易抛光至较小的粗糙度。由于模腔温度直接影响制品的表面质量、制品的内应力及注射过程中树脂的流动等，所以模具冷却管道的设计应尽可能使模温均匀。

4.2.2.2 注射成型前的准备

(1) 熔融指数的检测 丙烯酸树脂模塑料的熔体指数一般为 $1\sim15g/10min$。熔体指数的大小对注射成型工艺的影响很大，因此注射前应检测材料的熔体指数。

(2) 模塑料的干燥 丙烯酸树脂在注射之前都需要对原料进行比较严格的干燥，要求水分含量在 0.03% 以下。干燥可以采用真空干燥箱，PMMA的干燥工艺条件一般为：干燥温度 $80\sim90℃$，干燥时间 $2\sim4h$，料层厚度 $30\sim40mm$，最终使水分含量小于 0.03%。干燥效果用失重法测定，也可用实际注射来判断。由于真空干燥箱效率比较低，能耗比较大，现在都采用除湿干燥机来干燥树脂。除湿干燥机干燥效率比较高，特别适合于大规模生产。

(3) 上料设备和螺杆的清洗 丙烯酸树脂如果用于透明光学元件的成型，对成型设备的洁净度有很高的要求。必须进行严格的清洗，以防止受到其他物料污染，影响制品的透明度及质量。清洗时，可以采用专门的螺杆清洗料，反复注射和挤出，使残余在料筒内各部位的原料得以清除。清除完毕后再进行正常的注射。

4.2.2.3 注射成型过程

注射成型必须获得塑化良好的熔料，并把它注射到模腔中去，在控制条件下冷却定型，使制品达到要求。重要的工艺参数包括温度、压力、注射周期和注射速率。

(1) 温度 温度包括机筒温度、喷嘴温度、模具温度等。前两种温度影响塑料的塑化和流动，后一种温度影响塑料的流动和冷却。温度的选择与丙烯酸树脂的种类和特性有关，不同丙烯酸树脂有不同的黏流温度 T_f，机筒末端最高温度应高于黏流温度 T_f，低于其分解温度 T_d。

① 机筒温度 机筒温度与制品的力学性能密切相关。提高机筒温度，有利于大分子的解取向，减小制品的收缩率。随着料温升高，熔料黏度下降，料筒、喷嘴、模具的浇注系统压力降减小，熔料在模具中的流动性增加，流程变长，从而改善了成型工艺性能。在料筒内，物料是靠摩擦力贴着筒壁作旋转运动，同时又相对螺杆轴向前移。PMMA 在黏流态之前，自身温度愈高，对金属的摩擦力愈大。在固体输送段，物料必须以玻璃态形式存在，并要有相对高的温度以确保较大摩擦力来完成输送任务。这段温度应控制在 160~210℃。如果超过 210℃，物料在固体输送段会过早软化或熔融，使料筒前部难以产生足够大的内压，削弱料筒内挤压料的推力，影响压缩段顺利挤压排气，造成制品收缩变形大，尺寸不稳定，而熔融又会使物料粘住螺杆槽难以轴向前进。固体输送段的温度若低于 160℃，由于进料处有冷水环，在这种情况下物料难以产生所需摩擦力，也不能使物料在进入压缩段前形成块状固体床，物料会沿着料筒内壁打滑，影响固体输送。表 4-2 所示为PMMA 模塑料的注射机机筒温度选择参考值。

■表 4-2 注射机机筒温度的选择

模塑料牌号	悬浮法 PMMA	613 和 372 模塑料
机筒温度范围/℃	160~210	180

注：613 模塑料为甲基丙烯酸甲酯-丙烯酸甲酯共聚物；372 模塑料为甲基丙烯酸甲酯-苯乙烯的共聚物。

② 喷嘴温度 喷嘴温度通常略低于料筒最高温度，这是为了防止熔料使用直通式喷嘴时可能发生的"流延现象"。机筒温度和喷嘴温度的选择不是孤立的，与其他工艺条件间有一定关系。例如选用较低的注射压力时，为保证塑料的流动，应适当提高机筒温度。反之，机筒温度偏低就需要较高的注射压力。而喷嘴是直径较小的细长通道，当物料高速高压通过时，产生很大的剪切速率和摩擦力，造成温度升高。这种额外的温度升高会使物料黏度明显下降，产生局部高温使制品变色，为防止过高的温度，通常 PMMA 成型时喷嘴温度要比均化段温度略低，一般为 180~200℃。

③ 模具温度 模具温度不但影响塑料充模时的流动行为，而且影响制品的内在性能和表观质量。对于黏度随温度变化较大的 PMMA 料，应适当提高模具温度。一般模具温度控制在 60~90℃，因为较高的模温会使非结晶性 PMMA 出模冷却时间延长，相应延长了高分子松弛时间，增强了缓解取向的能力，提高了制品的光学性能。制品内应力的存在是造成废品的重要原因，可以采取将制

品高温提前脱膜后，立即浸入热水中缓慢冷却的方法来降低制品内应力，但这仅适用于一般小型制品，而对于多色注射制品，这种方法不适用。

(2) 压力 注射过程中的压力主要包括塑化压力和注射压力，并直接影响塑料的塑化和制品质量。

① 塑化压力 塑化压力（也称背压）是指采用螺杆式注射机时，螺杆顶部熔料在螺杆转动后退时所受的压力。增加塑化压力将加强剪切作用使熔料的温度升高，但会减小塑化的速率，增大逆流、漏流和增加驱动功率。此外，增加塑化压力还有利于熔料温度均匀、色料混合均匀和熔料中的气体排出。

② 注射压力 注射压力是指柱塞或螺杆顶部对塑料熔料所施加的压力。其作用是克服熔料从料筒流向型腔的流动阻力，以一定的充模速率对熔料进行压实。注射压力的大小与制品的质量密切相关，受塑料品种、注射机类型、制件和模具结构以及注射工艺条件等很多因素的影响。

以 PMMA 光学元件为例，在安全生产的前提下，注射压力愈大，制件质量愈好，在不会造成粘模及飞边的限度内以偏高的压力注射，可使型腔内熔融体完全冷凝前始终获得充分的压力和质量补充，既压紧熔料，又使从不同方向先后充满型腔的熔料熔为一体，加之在较高温度的型腔内，高聚物大分子有松弛的机会，从而使制件密度增大，出模后的制件表面自由变化程度减少，进而能够达到接近模面的粗糙度，整体力学性能也较好，其他如收缩凹陷、尺寸误差、波浪纹和色泽差异等缺陷也大大减少。虽然偏高的注射压力是熔料充满模腔的基本保证，但制件的密度主要取决于封闭浇口时的压力降。具体作用是补充靠近浇口位置的料量，并在浇口冷凝封闭前阻止模具型腔中尚未完全硬化的塑料在残余应力的作用下向浇口料源方向倒流。

(3) 注射周期 注射成型周期直接影响劳动生产率和设备利用率，因此，生产中应在保证质量的前提下，尽量缩短成型周期中各个有关时间。注射成型各阶段的时间与塑料品种、制品性能要求及工艺条件有关，整个成型周期中，以注射和冷却时间最重要，对制品质量有决定性的影响。

(4) 注射速率 注射速率过快，容易产生较大内应力，制品内部也容易有明显的熔接痕，特别是厚壁 PMMA 制品，宜采用较慢的注射速率，大多数情况下，应采用多级注射或渐进的注射速率。

表 4-3 和表 4-4 分别是采用柱塞式注射机和螺杆式注射机时，PMMA注射成型的典型工艺参数。

■表 4-3 PMMA 塑料柱塞式注射机注射成型典型工艺参数

工艺条件	推荐参数	工艺条件	推荐参数
前部机筒温度/℃	210~240	模具温度/℃	40~80
中部机筒温度/℃	200~220	注射压力/MPa	80~130
后部机筒温度/℃	180~200	保压压力/MPa	40~60
喷嘴温度/℃	210~240		

■表 4-4　PMMA 塑料螺杆式注射机注射成型工艺参数

温度/℃					压力/MPa			螺杆转速
喷嘴	均化段	压缩段	加料段	模具	注射	保压	背压	/（r/min）
180~200	190~210	200~230	180~200	40~90	70~150	40~60	14.5~40	20~40

4.2.2.4 注射制品的后处理

　　注射件经脱模后，往往需要后处理，以提高制品的性能。后处理对于 PMMA 而言，一般是指退火处理。由于塑料在料筒内塑化不均匀或在模腔内冷却速率不同，常会产生不均匀的定向和收缩，致使制品存在内应力，这在生产厚壁零件时更为突出。有内应力的制品，在储存和使用中，常会发生力学性能和光学性能下降，表面产生银纹，甚至变形开裂。退火处理的方法是使制品在加热流体介质或热空气循环烘箱中静置一段时间。退火的实质是使强迫冻结的分子链得到松弛，凝固的大分子链段转向无规则状态，从而消除取向应力。一般退火温度应控制在零件使用温度以上 10~20℃或低于塑料的热变形温度 10~20℃为宜。退火时间以消除制品内应力为宜，退火时间到达后，零件应该缓慢冷却至室温，冷却太快，有可能重新引起内应力而前功尽弃。对于 PMMA 零件，退火是必不可少的，一般退火温度控制在 60~80℃，时间大约 12h。

4.2.2.5 丙烯酸树脂注射成型中易出现的缺陷及解决办法

　　对于丙烯酸树脂在注射成型中易出现的缺陷，除了以上所述需控制的主要注射工艺及参数外，对于某些特殊的制品，在工艺上还要采取一些优化的措施，以达到更好的注射效果。以下针对几个有代表性的制品进行工艺优化方法的探讨。

　　(1) 圆盘状薄壁制品　对圆盘状制品，应考虑注射后加工的方便性，并且不影响制品外观，一般采用针状小浇口并设在圆盘中心，如用较大浇口，注射后除去浇口的工序要求较严格，容易影响外观。以 PMMA 为例，在注射过程中，使用充分干燥的 PMMA 注射圆盘不易产生气泡，但由于 PMMA 的流动性低，且采用针状小浇口，会导致树脂在注射过程中不易注满，这需要提高模具温度和注射温度，但提高相应的温度后，制品会出现气泡，甚至局部变成黑色或深绿色。其工艺优化方法是在满足注射压力和注射温度的条件下，选择小容量的注射料筒或低一级注射量的注射机，缩短树脂在较高温度料筒内的停留时间，以免产生分解。另外，适当增加模具排气槽和增大浇口尺寸，降低注射温度和注射速率也是解决此类问题的方法之一。

　　(2) 透明光学元件　对于凸透镜类光学元件，制品外观要求非常饱满和完美，因此浇口只能设在旁边。用 PMMA 注射该制品时，容易产生的主要缺陷是厚的部位收缩大，并且在浇口旁边有明显的熔接痕。其工艺优化方法为：①调高模具温度，延长保压时间，可减小收缩现象；②加大浇口尺寸，设计厚度均匀的扇形浇口，注射时采用多级注射，首级注射采用极低的速率，这样树脂在注射过程中能平滑地充满模腔，不会产生卷曲而形成熔接痕。

(3) 壁厚不均制品　对于壁厚相差大的制品，其主要的缺陷有收缩和气泡。改善收缩的方法可采用提高模温、降低注射速率和加大保压压力等方法。该类制品极易在厚壁部分形成气泡，而极小的气泡都会影响制品的质量。表 4-5 列出了 PMMA 注射制品产生的常见缺陷的主要原因及解决办法。

■表 4-5　PMMA 注射制品常见缺陷的产生原因及解决办法

缺陷名称	缺陷特征	产生原因	解决办法
制品溢料	制品上有多余物质或棱角	① 注射压力太大 ② 熔料温度太高 ③ 保压压力太高	① 减小注射压力 ② 降低熔料温度 ③ 降低保压压力
制品收缩	制品表面有凹痕	① 保压时间太短 ② 模温不当 ③ 冷却时间不够	① 延长保压时间 ② 适当调整温度 ③ 延长冷却时间
制品顶出时破裂	制品在顶出时断裂，或者在处理时容易断掉或裂开	① 注射料量过多 ② 模温太低 ③ 模具填充速率太慢	① 降低注射速率及料量 ② 升高模温 ③ 提高注射速率
制品表面光泽不均	表面粗糙度不一致	① 模具温度太低 ② 注射料量不够 ③ 干燥不当 ④ 模内表面有水	① 提高模具温度 ② 增加料量或注射压力 ③ 改进干燥方法 ④ 擦拭并检查是否漏水
气泡	由于熔料中充气过多或排气不良而导致制品内残留气体并成空穴或成串空穴	① 塑料含有水分 ② 注射压力低 ③ 料量不足或料温低 ④ 排气不良	① 彻底烘干 ② 提高注射压力 ③ 提高供料量 ④ 在容易产生捕捉空穴的部位设置推挺钉，实行真空排气
裂纹	表面有细小裂纹或裂缝，在透明制品上则呈现白色或银色	① 注射压力太高 ② 模具温度太低 ③ 制品冷却时间过长 ④ 制品顶出装置不平衡	① 降低注射压力 ② 提高模具温度 ③ 缩短成型周期 ④ 调整顶出装置的位置，使制品受力均匀

4.2.3 模压成型

模压成型又称压缩模塑或压塑，其主要优点是可模压较大平面的制品和利用多槽模进行大量生产，缺点是生产周期长，效率低，不能成型尺寸精度要求高的制品。丙烯酸树脂在模压成型时，首先将预热的模塑料（可以是粉料、粒料或片料等）置于被加热的模具型腔内，然后合上模具，对塑料施加压力，使之熔融为黏流态而充满模腔，成型为制品；制品固化后，开模取出制品并清理模具，开始下一成型周期。

4.2.3.1 热固性丙烯酸树脂模压成型

热固性丙烯酸树脂在模压成型时，置于模具型腔内的物料被加热到一定温度后，其中的树脂熔融成为黏流态，在压力作用下流动直至充满整个模腔，从而取得模腔所赋予的形状，该阶段为充模阶段；热量与压力的作用加速了热固性树脂的聚合或交联，随着树脂交联反应程度的增加，塑料熔料逐渐失去流动性，变成不熔的体型结构，而成为致密的固体，该阶段为固化阶段；聚合过程所需的时间一般与温度有关，适当提高温度可缩短固化时间，最后打开模具取出制品。可见采用热固性丙烯酸树脂模压成型制品的过程中，不但塑料的外观发生了变化，而且结构和性能也发生了质的变化，因此可以说热固性丙烯酸树脂的模压成型是利用树脂固化反应中各阶段的特性来成型制品的。还有一种热量输入发生在后固化阶段或称熟化阶段，制品脱模后在升高的温度下放置一段时间可提高交联度，改善制品性能。

4.2.3.2 热塑性丙烯酸树脂模压成型

热塑性丙烯酸树脂模压成型中的充模阶段与热固性丙烯酸树脂类似，为了得到一定形状、一定尺寸的制品，在熔料充满模腔后要冷却模具，使制品固化才能开模取出制品。正因为热塑性丙烯酸树脂模压成型时模具需要交替地加热和冷却，所以成型周期长，生产效率低。因此，一般不采用模压方法成型热塑性丙烯酸树脂制品，只有在成型大型厚壁平板状制品和一些流动性很差的热塑性丙烯酸树脂时才采用模压成型方法。模压成型中，除模具加热外，另一种热源是合模过程中产生的摩擦热，这是因为合模会使塑料产生流动，其局部流动速率很高，从而转变成摩擦热。

模压成型所用的主要设备是压机，可以分为上动式和下动式压机。模压成型所用的模具又可以分为溢式塑模、不溢式塑模和半溢式塑模。

4.2.3.3 丙烯酸树脂模压成型过程

丙烯酸树脂模压成型的全过程可分为六个阶段。

(1) 原材料准备 原材料准备主要是制备模压料或预浸料坯，这一阶段可能包括丙烯酸树脂与其他树脂混合，丙烯酸树脂与填料混合，或增强织物与丙烯酸树脂浸渍料混合。准备阶段通常要控制模压料的流变性能，对增强塑料还要控制纤维与丙烯酸树脂之间的粘接。

(2) 预压实 将松散的粉状或纤维状的热固性丙烯酸树脂预先用冷压法（即模具不加热）压成质量一定、形状规整的密实体。用预压法压制的塑料有以下优点：①加料快、准确、简单，可避免加料过多或不足产生的废次品；②可降低塑料的压缩率；③避免压缩粉料飞扬；④传热快，可缩短预热固化时间；⑤可避免制品出现较多的气泡，提高制品质量；⑥便于运转；⑦便于模压较大或带有精细嵌件的制品。

预压的主要设备有偏心式预压机，旋转式预压机，液压式压片机；模具形式主要有上阳模、下阳模、阴模等。表4-6列出了预压物的形状及其优缺点。

■表 4-6　预压物的形状及其优缺点

预压物的形状	优　缺　点	应用情况
圆片	压模简单，易于操作，运转中破损较少，可以用各种预热功当量方法预热	广泛采用
圆角或腰鼓形的长条	优点：适用于质量较重的预压物 缺点：运转中磨损较大	较少采用
扁球	优点：运转中磨损较少，模压时装料容易 缺点：成堆的扁球体很难作规整性的排列，以致表观黏度不够，不宜用高频电流预热	较少采用
与制品形状相仿	优点：适用于流动性较低的压塑粉，制品的溢流料痕迹不十分明显，模压时可以使型腔受压均匀 缺点：制品表面易吸附机械杂质，有时不能符合高频电流预热功当量的要求	只用于较大的制品
空心体和双合体	优点：模压时可以保证型腔受压均匀，不易使嵌件移位或歪曲，不易使嵌件周围的塑料出现熔接痕迹 缺点：制品表面易吸附机械杂质，有时不能符合高频电流预热功当量的要求	适用于带有精细嵌件的制品

(3) 预热　热固性丙烯酸树脂经预热后进行模压成型，可以提高树脂的流动性，降低模压压力，缩短闭模时间，加快固化速率（模塑周期），最后再用较低的压力进行模压，达到降低成本的目的，同时提高制品固化的均匀性和力学性能。常用的预热和干燥方法有热板加热、烘箱加热、红外线加热和高频电热。对某些热固性塑料，预热是在模具外采用高频加热完成的，对某些热固性塑料预热可将模压料直接置于模腔内，在合模与流动开始之前进行加热。

(4) 熔料充模　该阶段包括塑料开始流动至完全充满模腔。模压成型中物料流动的量是较少的，由于流动控制着取向，对制品的力学性能有着直接的影响，即使对未增强的塑料流动也对热传递起着重要的作用，从而控制制品的固化。在某些模压成型过程中，尤其是包含层压的过程中，初始的模压料已经充满模腔，基本上没有流动。

(5) 模内固化　该阶段是指制品在模具内固化，对热固性模压料，有些固化在充模过程中就开始发生了，而固化的最后阶段也可以在制品脱模后的后固化加热过程中完成，通常模内固化要把模压料由黏流态转变成固态，这一阶段要发生大量的热传导，因此，必须弄清热传递与固化之间的相互作用，根据模压料类型、预热温度以及制品厚度的不同来确定热固性丙烯酸树脂的固化时间。

(6) 制品脱模与冷却　这是模压成型的最后一个阶段，这一阶段对制品是否发生变形以及残余应力的形成会有很大影响。产生残余应力的原因之一是制品不同部位之间的热膨胀存在差异，因此，即使制品在模压成型加热过程中无应力，在冷却至室温的过程中也会形成残余应力，从而使制品变形。有时为了保证制品有较高的尺寸精度，制品脱模后被置于防缩器或冷压模内进行后处理。

4.2.4 挤出成型

挤出成型适用于板材和管棒型材的成型，一般分为两个阶段：第一阶段是使丙烯酸树脂熔融，在加压状态下使其通过口模而成为截面与口模相仿的连续体；第二阶段是将连续体冷却、定型，使其变成固体，即得到所需制品。挤出成型工艺流程如图 4-2 所示。

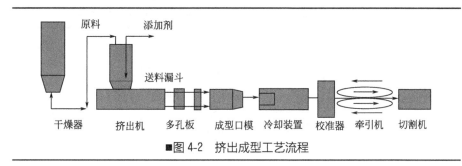

■图 4-2 挤出成型工艺流程

4.2.4.1 挤出成型设备

挤出成型用的挤出成型设备一般是由挤出机、挤出口模（机头）及冷却定型、牵引、切割等辅助设备组成。挤出机主要有单螺杆挤出机和双螺杆挤出机。

挤出成型模具的设计是影响最终产品性能与质量的关键因素之一。挤出成型模具主要包括成型口模和定型模两部分，其中成型口模是保证材质密度、挤出质量和生产效率的关键。

挤出口模是制品横截面的成型部件，采用螺栓或其他方法固定在机头上。机头是口模和机筒之间的过渡部分，是挤出成型模具的主要部件，其主要功能是：①使物料由螺旋运动变为直线运动；②通过模腔内的剪切流动，使物料进一步塑化；③通过模腔内流道几何形状与尺寸的变化，产生必要的成型压力，保证制品密实；④通过机头成型段及模唇的调节作用，获得所需断面形状的制品。根据口模的用途可将其分为管材机头、板材机头、异型材机头等。

挤出成型辅助设备（辅机）是挤出生产线中不可或缺的重要组成部分，是将从机头连续挤出已获得初步形状和尺寸的塑料连续体进行定型，固定其形状及尺寸以获得所要求的表面品质和力学性能的制品。辅机主要包括定型、冷却、牵引、切割和卷取装置。不同制品、不同工艺过程，辅机装置各不相同。

4.2.4.2 挤出成型工艺

挤出成型工艺条件的控制是影响最终产品性能与质量的关键因素。挤出成型工艺条件包括挤出流量、牵引速率以及挤出温度等。

挤出成型的丙烯酸树脂模塑料可以采用悬浮聚合、本体聚合、溶液聚合方法制备，该种模塑料的分子量较低，流动性较好。如聚甲基丙烯酸甲酯（PMMA）挤出产品，是采用悬浮聚合生产的颗粒料制备的，通过挤出成型，可以制造 PMMA 板材、棒材、管材、片材等。PMMA 板材挤出成型的模塑料分子量一般在 15 万左右，熔体指数控制在 1.5～3.5g/10min，图 4-3 是其生产流程示意图。

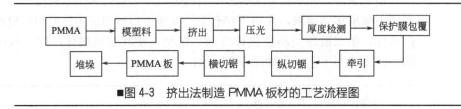

■图 4-3 挤出法制造 PMMA 板材的工艺流程图

挤出成型可采用单阶或双阶排气式挤出机，螺杆长径比一般在 20～25。表 4-7 列出的是 PMMA 板材、棒材挤出成型典型工艺条件。

■表 4-7 PMMA 板材、棒材挤出典型成型工艺条件

工艺参数	PMMA 板材	PMMA 棒材	工艺参数	PMMA 板材	PMMA 棒材
螺杆压缩比	2	2	挤出压力/MPa	2.8～12.4	0.7～3.4
前部机筒温度/℃	170～230	170～200	进料口温度/℃	50～80	50～80
中部机筒温度/℃	170～200	170～200	口模温度/℃	180～200	170～190
后部机筒温度/℃	150～180	150～180			

4.3 丙烯酸树脂浇注料成型方法

4.3.1 概述

丙烯酸树脂浇注料是指合成丙烯酸树脂用的单体或预聚物，一般呈液态。浇注成型是指在常压下将浇注料注入模具内，经聚合而固化成型为与模具内腔形状相同的制品。丙烯酸树脂的浇注成型又称为模塑成型，包括浇注和反应注射成型，其中浇注成型又包括静态浇注、嵌注、离心浇注、滚塑等。

丙烯酸树脂的模塑一般对设备和模具的强度要求不高，对制品尺寸限制较小，制品中内应力也低，因此生产投资较少，可制得性能优良的大型制件，但生产周期较长，成型后须进行机械加工。

4.3.2 浇注成型

4.3.2.1 静态浇注成型

静态浇注成型，是指将液体材料靠自身重量慢慢倾倒于已备好的模具型

腔中，靠液态材料的化学或物理聚合原理固化而成型。

静态浇注成型应满足下列要求。

① 浇注原料熔料或溶液的流动性好，容易充满模具型腔；由于静态浇注不依靠压力的作用，所以熔料或溶液的流动性对成型很关键。

② 浇注成型的温度应比产品的熔点低。

③ 原料在模具中固化时没有低沸点物或气体等副产物生成，制品不易产生气泡。

④ 浇注原料的化学变化、反应的放热及结晶、固化等过程在反应体系中能均匀分布且同时进行，体积收缩率小，不易使制品出现缩孔或残余应力。

静态浇注工艺过程可分为模具准备、原料配制、浇注及固化、制品后处理四个步骤。

(1) 模具准备 模具准备过程包括：清洁表面、涂脱模剂、嵌件准备与安放以及模具预热等。

浇注过程多在常压下进行，因此对模具材料的强度要求不高，只要模具能承受聚合温度即可。设计型腔要考虑到较大制品的收缩量。常用的制模材料有铸铁、钢、铝合金、型砂、硅橡胶、塑料、玻璃、水泥和石膏等。选用时需视丙烯酸树脂的品种，制品要求及所需数量而定。当小批量生产时，可选用石膏模；当大批量生产时，可用金属模。

按模具的种类分类，浇注方式可分为敞开式浇注、水平式浇注、侧立式浇注、真空浇注。

敞开式浇注装置较简单，一般只有阴模，便于排气，因而所得制品内部的缺陷较少，适用于制造外形简单的制品，如图 4-4 所示。

水平式浇注是把生产制品的基体（支撑塑料部分用的）安装固定于阴模上，然后用密封板密封，密封板可用石棉板或油毛毡，然后用石膏浆或环氧胶泥封闭缝隙。然后向基体上的浇口注入原料并通过基体上的排气口排气，见图 4-5。

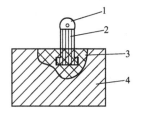

■图 4-4 敞开式浇注示意图
1—固定嵌件及拔出制品圆环；2—嵌件；
3—制品；4—阴模

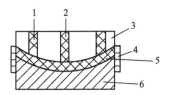

■图 4-5 水平式浇注示意图
1—排气口；2—浇口；3—基体；
4—密封板；5—制品；6—阴模

侧立式浇注通常两瓣模具对合侧立放置，两瓣模具对合时中间所留的缝隙就是模腔。合缝处用石膏浆与石膏板或环氧胶泥密封，模具侧立放置，顶口留出浇口和排气口，外部用固定夹夹紧，见图 4-6。此法的优点是制品的气泡集中在制品顶部非工作部位，使得制品内部质量提高。

真空浇注是指用抽真空的办法将模具型腔内的空气抽出，真空状态下浇注，使得制品中气泡减少，质量提高，并可在型腔内铺设玻璃布等增强材料，从而提高制品的机械强度，见图4-7。

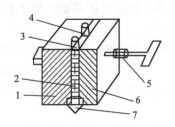

■图4-6 侧立式浇注示意图
1—模具；2—制品；3—排气口；4—浇口；
5—G形夹；6—模具或基体；7—密封物

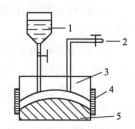

■图4-7 真空浇注示意图
1—浇注用容器；2—连接真空装置；3—阴模或基体；
4—密封板；5—阳模

(2) 原料的配制 针对不同的树脂种类，配比不同。以 PMMA 为例，在单体中加入少量增塑剂（如邻苯二甲酸二丁酯，用量为单体量的 1%～10%，制品厚度或直径增大时用量可减少），引发剂（通常用过氧化二苯甲酰，为单体量的 0.02%～0.12%，制品厚度或直径增大时用量可减少）和润滑剂，在升温（80～110℃）和搅拌的情况下进行预聚合，当反应液的黏度达到 0.7～1.0Pa·s 时，用急冷使其温度降至 30℃左右，即得浇注液。

(3) 浇注及固化 将配制好的浆状物用漏斗灌注入模具，过程中尽量避免带入气泡，灌满后将模具封闭。其固化通常是在常压下于烘房或水浴中进行的。固化温度应逐步分段提高，必要时还需加入几个冷却阶段，各段的温度和所占的时间主要取决于制品的厚度。当单体转化率达 92%～96% 以前，固化温度均不得高于 100℃，而在这以后，则需提高到 100℃或者更高，且应维持数小时，此时的聚合速率已十分缓慢。聚合反应也可以在高压（1MPa 左右）惰性气体下进行，即在高压釜内进行，这样就可适当提高固化温度（70～135℃）便于缩短生产周期。采用高压聚合时，浆状物可以不经过脱气过程。

PMMA 的整个静态浇注工艺过程可用图 4-8 表示。

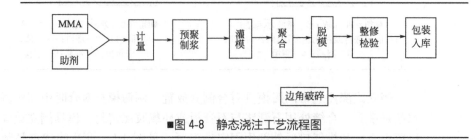

■图4-8 静态浇注工艺流程图

在静态浇注过程中，经常会出现各种缺陷，以 PMMA 板材生产为例，常见的主要缺陷是厚度不均和表面裂纹。为使制品厚薄均匀，应控制模具内腔厚度均匀性；表面产生裂纹主要是制品内应力过大造成，常采取在 70～80℃下加热 3～4h 进行热处理的办法来解决。

4.3.2.2 离心浇注成型

离心浇注成型是将配制好的浇注浆料注入高速单向旋转的模具中，利用旋转的离心力使浆料在贴紧模具内表面的情况下进行聚合固化，以获得空心的回转体制件。离心浇注尤其适于制造各种壁厚的大型管件。由于此法成型制件的内应力很小，内部无缩孔，所以表面光滑，机械强度较高。离心浇注件的尺寸精度通常较静态注件高，所以后续加工量也相应减少。但成型设备复杂，生产周期也较长，投资和制品成本要高于静态浇注件，并且难于生产制造外形较复杂的浇注件。

离心浇注适用于热塑性丙烯酸树脂，所用的模具通常用一般碳钢制成，因受力不大，模具的壁厚可较小，这样也有利于旋转时较少的动能消耗。

离心浇注工艺可以分为立式离心浇注和水平离心浇注，根据制品的形状和尺寸要求可采用水平式或立式离心设备。当制品径向尺寸较大时，适合采用立式离心浇注，宜用立式设备。生产中通常是将模具固定于离心浇注设备的壳体内，靠电机经减速装置带动其旋转，所产生的离心力基本决定了物料在模具内所受压力的大小。根据丙烯酸树脂类型的不同，所需离心力的大小略有差异，通常离心力在 0.3～0.5MPa 即可。立式离心浇注示意图见图 4-9，其中模具型腔的上部留有储备物料的空间，外部设有绝热层以保持内部的物料呈熔融状态，以便填补型腔内树脂因冷却收缩而留出的空隙部分。当制品轴向尺寸大时，应采用水平离心浇注工艺，水平式设备制造见图 4-10。图 4-11 是离心浇注聚合模管结构示意图。生产空心制品时通常是单方向旋转，生产实心制品时，单向旋转后还需要在紧压机上进行旋转，以保证制品质量。

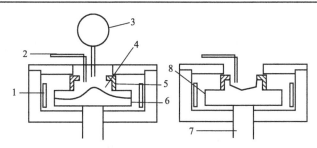

■图 4-9　立式离心浇注示意图

1—红外线或电阻丝；2—惰性气体送入管；3—挤出机；4—储备树脂部分；5—绝热层；
6—树脂；7—转动轴；8—模具

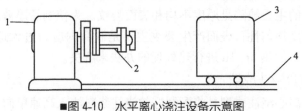

■图 4-10 水平离心浇注设备示意图

1—传动减速器；2—旋转模具；3—可移动的烘箱；4—轨道

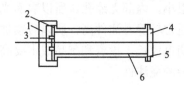

■图 4-11 离心浇注聚合模管结构示意图

1—夹头；2—底盖；3—闷头；4—顶盖；5—模管本体；6—浆液

以 PMMA 管的离心浇注为例，其典型配方、工艺流程图分别见表 4-8 和图 4-12。离心浇注制品出现气泡，主要原因是离心浇注设备的反压力太低，流入模具中的物料呈现不规则的无序湍流。因此，浇注料入模的过程应设法避免小泡存在，在不影响制品质量的前提下，应尽量提高树脂的温度使其黏度降低，模具旋转转速越快越好。

■表 4-8 PMMA 管离心浇注预聚浆料的典型配方

原理名称	圆管壁厚	
	<5mm	≥5mm
甲基丙烯酸甲酯	100	100
偶氮二异丁腈	0.02	0.02
过氧化二碳酸二异丙酯	0.02	0.02
邻苯二甲酸二丁酯	5	5
硬脂酸	1	0.4

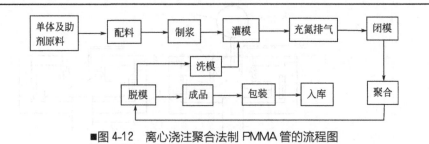

■图 4-12 离心浇注聚合法制 PMMA 管的流程图

4.3.2.3 嵌注成型

嵌注成型又称封入成型，是在静态浇注的基础上发展起来的，它是一种将非树脂物件包封到树脂中间的一种成型技术。在模型内预先安放经过处理的嵌件，然后将丙烯酸树脂浇注原料倾入模中，在一定条件下固化成型，嵌件便被包裹在制品中。通常嵌注制品外形都较简单，模具要求较低，制品脱模后一般还需要进行机械加工（如去掉顶部因浇注后收缩形成的不平整部分等）及抛光等。模具材料可用玻璃、塑料（如玻璃纤维增强塑料）、铝、石膏、木材等，也可用钢制模具，但表面应镀铬。

嵌注的工艺过程可以简单地分为嵌件预处理、嵌件固定、浇注3个步骤。

嵌注的预处理对制品的性能有重要的影响，根据处理目的的不同，可以采取干燥、嵌件表面润湿、表面涂层、表面粗糙化等方法。干燥的程度直接决定了制品是否会出现气泡。嵌件表面的润湿过程对树脂与嵌件粘接程度密切相关。嵌件表面进行相应处理，可以提高树脂与嵌件的粘接性。PMMA的嵌铸工艺与静态浇注的过程基本一致，只是需要预处理过程。

4.3.2.4 滚塑成型

滚塑成型又称旋转浇注成型，是制取大型中空丙烯酸树脂制品最经济的方法。其方法是将一定量的液状或糊状物料加入模具中，通过对模具的加热及纵横向的滚动旋转，使物料熔融塑化，并借物料自身的重力作用均匀地布满模具型腔的整个表面，待冷却固化后脱模即可得到中空的制品。滚塑成型与离心浇注成型的区别在于：前者靠浇注原料的自重而流布并黏附于旋转模具的壁面，转速较慢；后者靠离心力的作用使物料流动并黏附于模腔，转速较大。

丙烯酸树脂滚塑成型的特点在于其加热、成型和冷却过程全都在同一个无压力作用的模具中进行。滚塑小型制品常用铝或铜的瓣合模，大型制品多采用薄钢板模具。成型时将一定量的物料加入可以完全闭合的模具内，然后合模，并将它固定在能够顺着两根正交的（或几根互相垂直的）轴同时旋转的机器上（滚塑设备示意图见图4-13），当模具旋转时，通过热空气或红外线等对其加热，物料完全熔融并均匀分布在型腔的表面后，冷却开模取出制品。在成型过程中，加热温度偏高可以加速物料的熔融，缩短生产周期，易于排出气泡，制品表面粗糙度较低。但温度过高则易使制品变色、降解等。同时加热不能过快，否则制品厚度不均匀。保温旋转的时间视制品的大小、厚度等决定。旋转速率偏高时可增加树脂的流动性，制品均匀性较好。

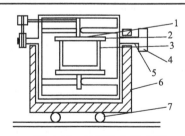

■图4-13　滚塑设备示意图

1—次轴；2—模架；3—模具；4—联轴器；5—主轴；6—支撑架；7—导轮

4.3.3 反应注射成型

反应注射成型（RIM）不同于普通的注射成型，是单体或预聚物以液体状态经计量泵按一定的配比输入混合头均匀混合，混合物注入模具内进行快速聚合、交联固化后，脱模成为制品见图 4-14，它是在成型过程中进一步反应固化，这点与浇注过程类似。精确的化学计量、高效的混合和快速的成型速率是反应注射成型工艺中需要严格控制的参数。

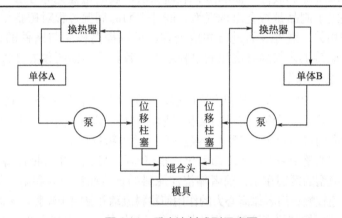

■图 4-14　反应注射成型示意图

（1）两组分原料的储存和加热　为了防止储存时发生化学变化，两组分原料应分别储存在独立、封闭的储槽内，并用氮气保护。同时用换热器和低压泵，使物料保持恒温，并在储槽、换热器之间不断循环（即使不成型时，也要保持循环），以保证原料中各组分的均匀分布，一般温度维持在 20～40℃，在 0.2～0.3MPa 的低压下进行循环。原料喷出时经置换装置由低压转换为设定的高压喷出。

（2）撞击混合　反应注射成型的最大特点是撞击混合，即高速高压混合。由于在反应注射成型过程中反应速率快而分子扩散又较慢，因此，必须通过高速高压的混合，同时混合停留时间要短，才可实现高质量的混合，以确保反应注射成型制品的质量。

（3）充模　反应注射成型的充模特点是料流的速率很高，因此要求原料液有适当的黏度。过高黏度的物料难以高速流动；而黏度过低，充模时会产生如下问题：①混合料易沿模具分型面泄漏和进入排气槽，造成模腔排气困难；②物料易夹带空气进入模腔，造成充模不稳定；③在生产增强的反应注射制品时，反应原料不易和增强物质（如玻璃纤维）均匀混合，甚至会造成这些增强物质在流动中沉析，不利于制品质量均匀一致。因此，充模时反应物的黏度一般不小于 0.01Pa·s。

　　(4) 固化定型　制品的固化是通过化学交联反应或相分离、结晶等物理变化完成的。对于化学交联反应固化，反应温度必须超过完全转化为聚合物网络结构的玻璃化温度 T_g，适当提高模具加热温度不仅能缩短固化时间，而且可使制品内外有更均一的固化度，因此，材料在反应末期往往温度仍很高，制品处在弹性状态，尚不具备脱模的模量和强度，应延长生产周期，等制品冷却到玻璃化温度以下再进行脱模。

　　由于丙烯酸单体缺乏按要求速率聚合的成分，不易在合适的温度下制备出足够坚硬、能脱模的聚合物，因此，适用于反应注射成型过程的丙烯酸单体较少。早在 1979 年，美国 Ashland 化学公司研制出了端羟基端乙烯基的不饱和丙烯酸树脂系列产品，其商品牌号为 Arimax，主要成分结构式如下（其中，$n=0\sim4$）：

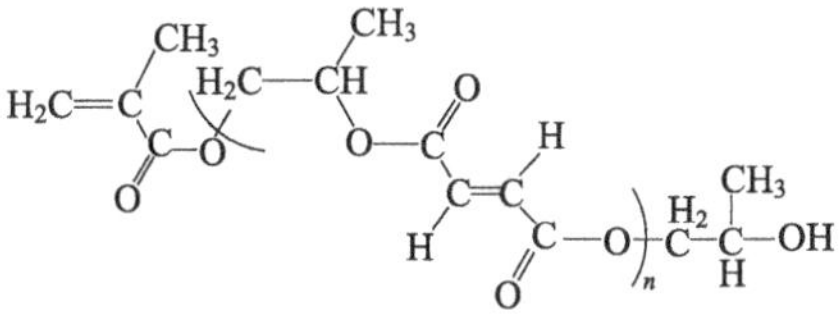

　　该公司率先将此树脂与其他材料（如多异氰酸酯）配合，用于结构反应注射成型（SRIM）并投入工业设备生产，最大的制件可达 13.62kg。投入市场后发现，丙烯酸类配合物的 SRIM 制品比聚氨酯类制品销路好。到目前为止，这种 SRIM 制品已用于运输、通信、农业、建筑和娱乐行业。据称，有些制件可以代替金属用于汽车或其他配件上。继 Ashland 公司之后，日本、荷兰、英国、德国等先后研制出了各种结构的用于 RIM、SRIM、RRIM（增强反应注射成型）的丙烯酸酯类聚合物，并相继投入工业化生产。另外，日本和英国除了对丙烯酸酯配合物进行大量的试验研究外，利用甲基丙烯酸酯的特点，对其单纯聚合体系的 RIM 进行了研究，取得了一定的进展，但还未见有工业化的报道。在其他丙烯酸酯-聚氨酯的配合体系中，丙烯酸羟基酯起到了很主要的"媒介"作用，特别是在互穿聚合物网络结构体系中，丙烯酸羟基酯的使用尤为重要。

　　用于 RIM、RRIM 和 SRIM 的不饱和聚氨酯-甲基丙烯酸甲酯聚合物是一种由丙烯酸羟基酯或甲基丙烯酸羟基酯与官能度大于 2 的多异氰酸酯或多异氰酸酯混合物如多亚甲基多苯基多异氰酸酯（PAPI）或用三醇、二醇改性的官能度大于 2 的异氰酸酯反应而衍生的树脂。丙烯酸羟基酯与多异氰酸酯反应所用的催化剂是聚氨酯反应中常用的催化剂，例如叔胺和金属盐，一般常用二月桂酸二丁基锡，此反应在惰性稀释剂中进行。同样，聚氨酯丙烯酸酯与甲基丙烯酸甲酯的聚合作用可按常规的工艺进行，使用过氧化物以及过氧化物与叔胺混合的催化剂，如过氧化二苯酰与 N,N-二乙基苯胺或 N,N-二甲基-对甲苯胺。反应物的相对比例最好是每一个异氰酸酯基团至少提供一个羟烷基丙烯酸酯。

　　虽然丙烯酸酯及其聚合物具有很多性能上的优势，其产品应用范围较广，由于 RIM 的特殊要求，丙烯酸酯及其聚合物作为 RIM 的材料有一定的局限性，目前世界上这类 RIM 制品的种类和数量还是很有限的，但与其他材料配合特别是与聚氨酯（PU）配合可使体系黏度大大降低，在 RRIM 和 SRIM 领域有着广阔的应用前景，其制品性能比单独 PU 制品更优良，可满足不同用途的需求。目前，这类 RIM 材料的研究很活跃，RIM 制品数量、品种的增加以及应用范围的扩大被普遍看好。

4.4 丙烯酸树脂板材二次成型方法

4.4.1 概述

二次成型是指在一定条件下，将聚合物型材或其他形式的原料再次成型加工，得到制品的最终型样，适用于热塑性聚合物。对于丙烯酸树脂而言，除聚甲基丙烯酸酯外，很多丙烯酸树脂在常温下都表现为柔软的橡胶状，基本不采用二次成型。因此，本节主要介绍 PMMA 板材二次成型。

PMMA 平板的使用范围很窄，大部分都要经过二次成型成所需的形状才能应用。二次成型主要通过热成型实现，一般有弯曲成型、压差成型、热压成型、吹塑成型等几种成型方法，热成型工艺过程见图 4-15。

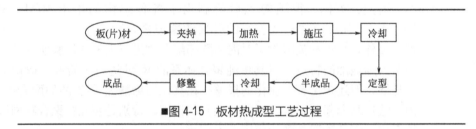

■图 4-15　板材热成型工艺过程

4.4.2 弯曲成型

弯曲成型是二次成型中最简单的方法之一，可以分为高温成型和中温成型。高温成型是将 PMMA 板材加热到高弹态下，再冷却定型的工艺方法。此方法只能成型浇注或挤出的非定向板材，并且板材的厚度和尺寸也不宜过大。浇注成型的 PMMA 成型温度一般在 143～182℃；而挤出成型的 PMMA 成型温度为 110～160℃。由于此方法成型温度相对较高，PMMA 表面已经完全软化，成型件的表面质量极易受各种外界因素的影响，容易产生波纹或者折光等光学缺陷。中温成型是 PMMA 板材仍处于玻璃态时，在加热或不加热的条件下，靠在阳模上逐步加载并包拢阳模，并随时间对 PMMA 内部残余的成型应力进行应力松弛，直至成型件外形尺寸稳定为止，一般成型温度在 110℃以下。

成型模具一般采用阳模，所用材质以金属材质为主，常用 30# （A3）和 45# 钢或铸铝等材料加工制造；室温模具以干燥木材等制造为宜，其中以松木等软性木材最为常用。其结构可以是实心的模胎也可以是空心的模框，外形尺寸按照成型件的内表面尺寸设计。

PMMA 高温弯曲成型的典型工艺过程是先把板材加热到高弹态，保温时间按双面受热需时 4min/mm，单面受热需时 6min/mm 计算，然后从加热烘箱内迅速取出，平铺到模具表面，此时模具表面温度最好控制在 60～80℃之间，趁热用弓形夹等夹紧装置或悬挂配重拉垂的方法使 PMMA 迅速准确贴模，此时 PMMA 表面的最低成型温度不得低于 105℃。待自然冷却至 60℃以下后卸载脱模取下成型件。

中温成型是在成型加热烘箱内安装好成型模具和 PMMA 板材，加上预成型载荷后加热到 90～105℃（具体温度应参考所用 PMMA 板材线性尺寸稳定的极限温度而定），保温至板材热透后加上成型载荷，所加载荷大小取决于材料的牌号、厚度和成型件的尺寸形状，并应随着板材弯曲包模程度的提高而相应增大，可以每 10mm 板厚 50～200N·m 的弯曲力矩作为参考，注意应适度分次加载，尽量控制板材弯曲的速率平稳适中，通常 10mm 厚的板材包完半个圆周的时间以不少于 40min 为宜，以减少成型件中的内应力，避免成型件的严重回弹变形。板材中温弯曲贴模到位后，为减少卸载后成型件的回弹变形，可以在冷却前对成型件进行回火或退火处理，回火时应将成型件在加载紧固的条件下，加热到 PMMA 热变形温度附近（通常为 108～115℃），保温至 PMMA 热透为止；退火时保持板材的成型温度不变持续加热，每 10mm 板厚不少于 45min，具体时间应通过实验确定。经过回火处理的成型件回弹量一般可小于 10mm，且外形比较稳定，而退火处理后的成型件其回弹量分散性较大，若回弹较大，可重新退火处理。

4.4.3 压差成型

压差成型是在气体压力差的作用下，将有机玻璃板材加热到高弹态后，材料四周与成型模具夹持边牢固压紧，形成气密腔体后在玻璃内外表面形成气压差，当压差达到一定程度后，板材将向低压区变形，通过调节压差温度，在一定时间后使玻璃完全贴模，冷却后即可成型出制件。其特点是：与模面贴合的一面，表面精细，光洁度较高；板材与模面贴合得越晚的部位，其厚度越小。压差成型存在着制件壁厚不均匀的缺点，为了改善制品厚度均匀性问题，实际生产中往往先将板（片）材拉伸，再用真空或气压成型。

压差成型可细分为真空成型，加压成型，覆盖成型，柱塞助压成型，回吸成型。

① 真空成型　如图 4-16 所示，是指依靠真空泵将模具与加热的热成型板（片）材之间抽成真空状态，造成板（片）材上下产生压力差，从而使板

（片）材紧紧贴附在模具表面成型的方法。真空成型可分为单阳模（凸模）、单阴模（凹模）、无模等几种形式。

② 加压成型　如图 4-17 所示，加压成型称为吸塑成型，也称气压成型或压缩空气成型。它是依靠空气压缩机将受热软化的塑料板（片）材加压、拉伸，使其紧贴在模具表面，冷却定型后成为制品。

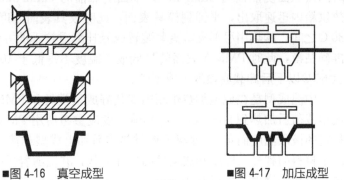

■图 4-16　真空成型　　　　　　　　■图 4-17　加压成型

压差成型较为复杂，需要的工艺设备较多，不仅要有可形成气密腔的成型模具系统，还必须建立实现压差的气压源以及各种操纵控制系统。吸塑成型的真空压力源通常可以选择文氏管抽气系统或机械真空泵抽气系统。而吹塑成型通常直接利用气压站或小型空压机提供的压缩空气经去油、去水和除尘净化后，按工艺要求调压、调温后储存待用。两种成型方法的成型模具也不同，吸塑成型的阴模内部要产生负差区，必须是整体结构，为了降低成本和方便加工型面，通常采用干燥木材或热固性环氧树脂制造，只有模具要在加热的情况下使用时才考虑采用金属模。吹塑成型时模具型腔内要求具有较高的气密性，所以边缘的夹持结构必须严密可靠，一般首选金属模。由于吹塑模具必须具备气密型腔，因此往往采用模框-压板结构，尤其在吹塑半球体时以整体式环状压板最为常用。在吹塑模具的设计时应注意气密型腔中吹塑空气的缓冲和分配结构的合理布置。

③ 覆盖成型　如图 4-18 所示，与真空成型基本相同，不同的只是所用模具只有阳模；成型时借助于液压系统的推力，将阳模顶入由框架夹持且已加热的片材中，也可用机械力移动框架将片材合扣在模具上，然后再抽真空使片材包覆于模具上成型。

④ 柱塞助压成型　压差和覆盖成型所得制品都有壁厚不均匀的缺点，制品尺寸越大，结构越复杂，壁厚越不均匀。为改善制品壁厚的均匀性，可采取先将坯料拉伸，再进行真空或气压成型，柱塞助压就是根据上述原理成型的。其特点是能精确控制制品断面的厚度，片材能均匀牵伸，制品的壁厚小，重复性好，呈各向异性。柱塞助压成型还可分为柱塞助压真空成型、柱塞助压气压成型、气胀柱塞助压气压成型。表 4-9 是 PMMA 典型的柱塞助压真空成型工艺条件。

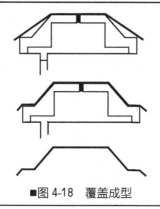

■图 4-18　覆盖成型

■表 4-9　PMMA 柱塞助压真空成型典型工艺条件

工艺条件	工艺参数	工艺条件	工艺参数
制品拉伸比	2：1	坯料加热时间	45～60min
坯料厚度	2mm	真空度	1.013×10^5 Pa
坯料面积	350mm×350mm	抽真空方式	加热器退出后抽真空成型
加热方式	全功率单面加热	冷却方式	风扇、压缩空气喷枪
坯料加热温度	140～150℃	冷却时间	15～30min
加热器与坯料间的距离	100mm	成型周期	80～110min

⑤ 回吸成型　包括真空回吸成型、气胀真空回吸成型、推气真空回吸成型三种。回吸成型由于回吸前片材已进行拉伸，成型后制品壁厚较为均匀，结构较为复杂的制品可采用此方法成型。

4.4.4　热压成型

热压成型是将 PMMA 板材加热到高弹态后，将材料平铺在下模具分型面上，用一定压力压合上下模具型面，使板材受压变形，当模具完全压合到位后，随模具冷却板材，冻结压合形状，成型出制件毛坯。该工艺方法只适合于成型非定向 PMMA 板材，可以成型外形比较复杂的制件。由于此法单件成型所需时间较短，效率比较高。热压成型时的表面接触力较大，成型温度比较高，因此成型件的表面质量会受到一定的影响，光学性能也会有所降低。用 PMMA 的浇注或挤出片材成型时在技术上无大的差别，不同的只是浇注片材分子量偏高，其成型温度更高一些。

热压成型通常使用平板硫化机等自带加热系统和压力系统的专业设备，也可改造应用其他类似的压力加工设备，但成型厚度在 3mm 以上的板材时必须对压机上的模具采取加热措施。当成型壁厚较小的薄片制件时，可在成型加热烘箱中靠上模自重逐步压合后，用夹子夹紧对合上下模具，实现热压成型。选用金属模具时容易控制模具温度，模具不易变形；非金属模具加热均匀性差，易变形，但加工和制造成本较低。

采用压机成型时，首先将板材加热到 135～150℃，保温热透后再把板材放到模具分型面上合模，合模压力应不小于 15MPa。压合前模具应当预热，预热温度最好不低于 80～85℃。成型件质量的好坏，启模温度的控制是关键，通常成型件随模冷却到 60℃ 左右时，才可卸压启模。如采用模重压合成型应在加热环境下进行，可先将板材平放到下模分型面上，随模具一起升温到 135～150℃，保温热透后再把上模分型面对合加压，在上模自重作用下逐步压合板材。为保证成型件外形准确到位，最好在模具压合到合适间隙后，用定位夹夹紧装置将模具压合定位，热压到位后停止加热，随炉冷却到 60℃ 以下启模取出成型件。

在上述成型方法成型过程中，由于工艺条件掌握不当，模具设计不良，设备故障以及片材质量等原因，往往会使制品存在缺陷，甚至成为废品，常见的问题及解决方法见表 4-10。

■表 4-10 热压成型常见缺陷产生原因和排除方法

缺陷形式	产生原因	排除方法
成品壁上出现褶皱	① 板材过热 ② 模具温度过高 ③ 模具结构不合格 ④ 模具上边缘倒圆半径小 ⑤ 成型速率过快	① 减少加热持续时间 ② 冷却模具 ③ 采用厚板材 ④ 增加倒圆半径 ⑤ 减小成型速率
制品厚度不均匀	① 型坯加热不均匀 ② 塑料片材和成型温度差过高	① 按加热器各加热区调节温度 ② 调整阴模和阳模的温度
产生气泡	① 板材在有水分的条件下存放 ② 板材过热	① 改变板材的存放条件，板材预先干燥 ② 减少加热时间
拐角处有裂纹、断裂	① 热板材与冷模具间的温差过大 ② 成型机附近有循环冷空气 ③ 成型压力过大，成型速率过快	① 改变加热方式 ② 消除对流空气 ③ 减小成型压力和成型速率
制品没有完全成型	① 坯料加热方式选择不对 ② 成型压力不足 ③ 模具结构不合理 ④ 空气管路堵塞	① 改变加热方式 ② 增大成型压力 ③ 改变空气管路配制 ④ 增大空气管路直径
夹紧装置下方材料中有缩孔	① 夹紧力不足 ② 坯料加热温度低	① 调整好夹紧装置 ② 延长坯料加热时间
材料黏附到模具上	① 模具结构不合理 ② 模具工作表面加工不好 ③ 模具过热	① 增加模具侧壁倾斜角 ② 降低模具工作表面粗糙度 ③ 冷却模具
板坯改变颜色	坯料过热	减少坯料加热时间
成型制品截面内呈白色	热型坯拉伸不足	增加型坯加热时间
制品产生弯曲	制品在模具中冷却时间不足	增加冷却时间
制品表面有麻点	① 型坯上有划痕 ② 模具润滑不良 ③ 模具侧壁倾斜角不够	① 检查坯料运输和存放条件 ② 模具涂聚硅氧烷润滑油 ③ 增大模具侧壁倾斜角
排气孔有压痕	空气管路截面过大	减小空气管路直径或成型压力

4.4.5 吹塑成型

吹塑成型起源于 19 世纪 30 年代。直到 1979 年以后，吹塑成型才进入广泛应用的阶段。吹塑成型是一种压差成型的方法，与前面所讲的压差成型不同的是吹塑成型受材料变形过程中表面张力的作用，有向球形均化发展的倾向规律，尤其适合半球（或椭球）体等双曲率二次曲线回转型面的成型，成型件的光学质量相对也比较高。其主要过程为将加温好的有机玻璃毛坯放在模框上，在机械力或配重的作用下，加温弯曲预成型，然后在夹紧状态下升温至材料的玻璃化温度以上，用热空气向模腔内充压，在高弹态的中前期进行吹塑，通过控制成型温度、保温时间、吹塑压力，来获得预定形状的制件。

吹塑成型时模具型腔内要求较高的气密性，所以玻璃边缘的夹持结构必须严密可靠，一般首选金属模具。由于吹塑模具必须具有气密型腔，因此往往采用模框-压板结构，尤其在吹塑半球体时以整体式环状压板最为常用。在设计吹塑模具时应注意气密型腔中吹塑空气的缓冲和分配的合理布置，要求玻璃内表面避免有直接的气流冲击，以免形成点状光学缺陷。

模框自由吹塑成型可看作是模框真空成型的反过程，但模框自由吹塑成型工艺的可操作性更强，吹塑压力可突破 1 个标准大气压的限制。图 4-19 为某有机玻璃零件模框自由吹塑成型的示意图，成型工艺程序与参数见表 4-11。

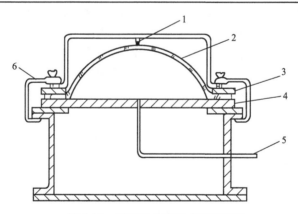

■ 图 4-19　模框自由吹塑成型示意图

1—高度指示器；2—有机玻璃；3—压紧环；4—支撑板；5—充气管；6—夹子

模框自由吹塑成型的注意事项：

（a）成型工作间的温度应在 30℃以上；

（b）毛坯从加温箱内取出，放在夹具上夹紧时间要快，一般不超过 2min；

（c）吹塑成型的时间为 1.5～2.0min；

■表 4-11　典型 PMMA 零件模框吹塑成型工艺

工艺程序	工艺参数及要求
划线、下料、清洗	按展开样板划线，按划线下料刮边，端面必须光滑，不允许由毛刺、裂纹、崩角等。按展开样板上的控位，在毛坯上钻孔
预成型	① 在毛坯左右侧挂上三组配重 ② 加温温度在（105±3）℃，保温 50min ③ 夹紧
吹塑成型	① 加温时间到达后，从箱内取出毛坯，放在支撑环上，盖上并夹紧压环，时间不应超过 1.5min ② 用 50℃的压缩空气吹制，其压力不大于 98kPa，有机玻璃吹塑高度按高度指示器，吹制时间不得超过 2min ③ 测量有机玻璃端面的温度不应低于 105℃
冷却	保压后缓慢冷却至 40℃以下，启模，取出制件

（d）为使成型的制件获得最小应力，在成型的过程中应缓慢冷却，夹具设有保温罩，上下模框都要预加热。

4.5 丙烯酸树脂机械加工方法

4.5.1 概述

除聚甲基丙烯酸酯外，很多丙烯酸树脂在常温下都表现为柔软的橡胶状，这主要是其大分子链呈螺旋状，围绕主链的旋转容易进行。而聚甲基丙烯酸酯在 α 位上有一个—CH$_3$，阻碍大分子链的运动，因而聚甲基丙烯酸酯在室温下呈玻璃态，更易于实现机械加工。因此机械加工主要是针对 PMMA 这种硬塑料，加工形式包括车削加工、切削加工、钻削加工、铣削加工、磨削及抛光加工等。

4.5.2 车削加工

车削适于加工回转表面，大部分具有回转表面的工件都可以用车削方法加工，如内外圆柱面、内外圆锥面、端面、沟槽、螺纹和回转成型面等，所用刀具主要是车刀。

车床既可用车刀对工件进行车削加工，又可用钻头、铰刀、丝锥和滚花刀进行钻孔、铰孔、攻螺纹和滚花加工。按工艺特点、布局形式和结构特性等的不同，车床可以分为卧式车床、落地车床、立式车床、转塔车床以及仿形车床等，其中大部分为卧式车床。

由于 PMMA 材料的车削力只有 45$^{\#}$ 钢的十分之一左右，而弹性则要大几百倍，所以在设计夹紧工装时，夹紧力不宜过大。虽然由于切削力小，切削功率也小，发热量少，但是由于 PMMA 材料的导热能力仅为钢材的几百分之一，所以切削区域的温度很快就会升高。在粗车时甚至会超过 PMMA 的软化温度，造成"过烧"现象，不仅影响表面光洁度，而且容易产生表面裂纹。为此可以用冷却液（水或机油等）或者压缩空气进行冷却。若将冷却水流或气流朝向排屑方向，也可以帮助解决车削形成的带状切屑容易缠绕工件或刀具的问题。

车削工艺参数的选择一般包括：切削速率 v、切削深度 a_p 和走刀量 f。对于 PMMA 而言，材质较脆，车削时容易产生剥落的现象，具体的参数推荐见表 4-12。

■表 4-12　PMMA 车削加工推荐工艺参数

车刀材料	车刀耐用度 /min	车削速率 v /(mm/min)	走刀量 f /(mm/r)	切削深度 a_p /mm	表面光洁度 R_a/μm
YG8	30~90（普通车床） 60~180（半自动车床） 120~480（自动车床）	300~500（粗车） 600~800（精车）	0.3~0.5（粗车） 0.1~0.3（精车）	0.5~3.0（粗车） 0.5~1.5（精车）	1.6~0.8
W18Cr4V	30~90（普通车床） 60~120（半自动车床） 120~360（自动车床）	75~100（粗车） 100~600（精车）	0.1~0.3（粗车） 0.05~0.1（精车）		

4.5.3　切削加工

切削加工是用切削工具，把坯料或工件上多余的材料层切去，使工件获得规定的几何形状、尺寸和表面质量的加工方法。

切削加工是 PMMA 机械加工中最主要的加工方法。由于切削加工的适应范围广，且能达到很高的精度和很低的表面粗糙度，在机械制造工艺中仍占有重要地位。切削加工的工艺特征取决于切削工具的结构以及切削工具与工件的相对运动形式。切削加工时，工件已加工表面是依靠切削工具和工件作相对运动来获得的。按表面形成的方法，切削加工可分为刀尖轨迹法、成形刀具法、展成法三类。

刀尖轨迹法是依靠刀尖相对于工件表面的运动轨迹来获得工件所要求的表面几何形状，如切削外圆、刨削平面、磨削外圆、靠模切削成型面等，刀尖的运动轨迹取决于机床所提供的切削工具与工件的相对运动。

成型刀具法简称成型法，是用与工件的最终表面轮廓相匹配的成型刀具，或成型砂轮等加工出成型面，如成型车削、成型铣削和成型磨削等，由于成型刀具的制造比较困难，因此一般只用于加工短的成型面。

展成法又称滚切法，加工时切削工具与工件作相对展成运动，刀具和工件的瞬心线相互作纯滚动，两者之间保持确定的速比关系，所获得加工表面就是刀刃在这种运动中的包络面，齿轮加工中的滚齿、插齿、剃齿、珩齿和磨齿等均属展成法加工。有些切削加工兼有刀尖轨迹法和成型刀具法的特点，如螺纹切削。

要提高切削加工质量，必须对影响切削加工质量的主要因素——机床、刀具、夹具、工件毛坯、工艺方法和加工环境等采取适当工艺措施，如减小机床工作误差、正确选用切削工具、提高毛坯质量、合理安排工艺、改善环境条件等。

PMMA 易弯曲变形，尤其是导热性差，温度过高，材料容易软化。故切削时，宜用高速钢或硬质合金刀具，选用小的进给量和高的切削速率，并用冷却液或压缩空气冷却。若刀具锋利，角度合适，可产生带状切屑，易于带走热量。

4.5.4 钻削加工

使用钻削加工可以在制品上得到通孔和盲孔等。与车削一样，钻削加工可以在通用机床设备上进行。塑料材料的钻削加工与金属材料的加工有很大的不同，尤其在 PMMA 钻削时，由于 PMMA 的导热性差，对钻削的要求很高，在加工高质量航空透明件骨架装配安装孔时，推荐使用带自适应冷却及排屑系统的自动调速进给靠模定位钻孔机。风动工具由于最大转速高，调速方便，范围大，具备过载保护和吹气冷却排屑等优点，因而在手工钻削中得到了广泛的应用。随着数控加工技术的发展，采用数控机床在航空透明件上钻孔已经实现，与风动工具相比，减少了手动工具控制的不确定性，可大大提高制件钻孔的质量。

在钻削不同的制品和通孔时，要选择不同的钻头来进行加工。由于钻削加工是利用钻头进行直接切屑，因此钻头直接关系到加工效率和质量。

(1) 钻小孔的精孔钻 钻削直径在 $2\sim16mm$ 的内孔时，钻头应具有较长的修光刃和较大的后角，刃口锋利，类似铰刀的刃口和较大的容屑槽，可进行钻孔和扩孔，使孔获得较高的加工精度和表面质量。钻孔或扩孔时，进给要均匀。

(2) 半孔钻 工件上原来就有圆孔，要扩成腰形孔，若采用一般的钻头进行钻削，会产生严重的偏斜现象，甚至无法钻削加工，此时需要采用半孔钻头钻半孔的工艺，即将钻头的钻心修整成凹形，如图 4-20 所示，突出两个外刃尖，以低速手动进给，即可钻削。实际钻削时，还会遇到超过半孔和不超过半孔的情况，由于两者的切削分力情况不同，必须对半孔钻的几何参数作必要的修正，若条件许可，最好使用相应的钻套。

(3) 平底孔钻 平底孔钻可分为平底通孔和平底盲孔。可把麻花钻磨成两刃平直且十分对称的切削刃，并把前角修磨成 $3°\sim8°$，后角为 $2°\sim3°$，特别是后角不能大，大了以后不仅引起"扎刀"，而且孔底面呈波浪形，重则会造成钻头折断事故。若钻削盲孔时，应把钻心磨成凸形钻心，以便钻头定心，使钻削平稳。

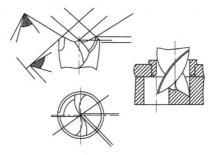

■图 4-20　半孔钻示意图

4.5.5 铣削加工

铣削加工和车削不同之处在于铣削加工中刀具在主轴驱动下高速旋转，而被加工工件处于相对静止。

PMMA 的铣削加工实际上是多个小车刀组合在一起的切削加工，车削特点也同样适用于铣削，但铣削 PMMA 应采用专用铣刀。由于铣削加工中铣削下的切屑在铣刀未离开工件时，绝大多数都存留在铣刀刀齿间的容屑槽内，而 PMMA 切屑的体积膨胀比金属切屑要大得多，因此专用铣刀设计有以下特点：

① 铣刀的前角、后角、副后角和主偏角较大；

② 铣刀的直径较大；

③ 铣刀的齿数较少，通常取刀具齿数 Z 为 3~6 个，并且选用合适的齿背形式。

以上设计的目的是为增大铣刀的容屑空间，容纳切屑下的蓬松带状切屑，尽量减小切削热对 PMMA 加工的危害。目前，国内 PMMA 专用铣刀还未广泛推广应用。PMMA 铣削典型工艺参数见表 4-13。

■表 4-13　PMMA 铣削典型工艺参数

铣刀材料	铣刀耐用度 /min	铣削速率 /(m/min)	走刀量 /(mm/r)	铣削宽度 /mm	表面粗糙度 /μm
W18Cr4V	60~120（万能铣床） 120~180（半自动铣床）	30~60（粗铣） 60~120（精铣）	0.2~0.4（粗铣） 0.1~0.2（精铣）	1~3（粗铣） 0.5~1.0（精铣）	0.8~0.2

4.5.6 磨削及抛光加工

为进一步提高机加工后 PMMA 表面尺寸精度和光洁度，往往需要进行磨削加工，磨削加工既可以使用磨削机床也常用手工操作。而在磨削后为进一步提高工件的透明度和光学质量，需进行抛光加工。磨削通常为半精加工工序，而抛光则是精加工工序。

PMMA 的磨床加工一般使用砂轮磨料，而手工或半机械磨削则以砂带或砂纸（砂布）为主。PMMA 磨料砂轮常用陶瓷黏结的黑色碳化硅磨料砂轮（代号 TH，A）。为了尽量减少磨削时的发热量，降低磨削区域的温度，必须保持磨粒的锋利性，所以宜选用软规格的产品。使用砂带或砂纸（布）磨削，由于比较柔软，贴型性好，磨削时接触面积较大，发热少，散热好，不仅生产效率高，磨削质量好，而且适应于磨削复杂的成型表面。

磨削速率在 45m/s 以上的磨削称为高速磨削。采用高速磨削既可提高效率，又可降低表面粗糙度。高速磨削不仅要求机床具有高转速、高刚度、大功率和抗震性好的工艺系统，而且要求刀具有合理的几何参数和方便的紧固形式，同时还需考虑安全可靠的断屑方法。

对于 PMMA 工件的磨床加工推荐工艺参数为：砂轮转速 $20\sim25$m/s，工件转速 $1.5\sim3.5$m/min；磨削深度粗磨 $0.07\sim0.2$mm，精磨 $0.01\sim0.05$mm；纵向进给量 $1\sim3$m/min。

抛光与磨削的最大不同之处在于抛光并不能改变工件的尺寸精度，只能除掉工件上的细纹和斑迹，提高表面光洁度，降低雾度，直至得到镜面光泽。抛光工艺直接影响工件的表面质量和透明性能。抛光通常分粗抛、细抛和精抛光三个阶段。粗抛时先用布质抛光轮进行工件表面光整加工；细抛时则要在抛光轮与加工表面之间添加专用抛光膏；精抛时通常要改用手工抛光。PMMA 的细抛和精抛工序一般应采用湿抛工艺。

对于 PMMA 零件机床与刀具的机械加工，各种表面的常用加工方法综合在表 4-14 中。

■表 4-14　各种加工类型的常用加工方法

加工方法	加工类型					
	平面	孔	外圆	回转曲面	自由曲面	齿轮齿面
车	车端面	车内孔、内锥孔	车外圆	成形车、靠模车、数控车	—	—
铣	立铣、卧铣	铣孔	数控铣	旋风铣	数控铣、仿形铣	铣齿、滚切齿轮
刨	牛头刨、龙门刨、插键槽	—	—	—	—	锥齿、刨插齿
磨	平面磨	磨内孔、内锥孔	外磨圆	成形磨、仿形磨、数控磨	曲线磨、靠模磨	齿轮磨、数控齿轮磨
钻	锪台阶	钻孔、扩孔	—	—	—	—

4.6 丙烯酸树脂胶膜制备方法

4.6.1 概述

丙烯酸树脂胶膜主要有两种形式，一是与载体结合在一起的，如带基材的压敏胶带、带纱网载体的胶膜等；另一种是单纯的膜片（无基材），直接铺于胶接表面操作，两面只用隔离材料（如纸、塑料薄膜）覆盖。基材一般包括纸质基材、布类基材、塑料薄膜类基材以及其他类如金属箔类、泡沫材料片、橡胶薄片等。胶黏剂有压敏型、热熔型、固化型等。对于胶膜的成膜，胶黏剂与基材之间的润湿是控制成膜质量的关键。而胶黏剂与基材润湿的关键是基材的表面特征，要得到良好的胶膜，一般会对基材进行前处理，本节介绍胶膜制备的工艺过程和胶膜涂布的几种方法。

4.6.2 基材种类与前处理

在压敏胶制品中使用的基材，要同时考虑品质、制造工艺与环保等多方面问题。首先要求基材外观上印刷性好，薄膜平整，无针孔；物理性能要求具有良好的拉伸强度、断裂伸长率与耐候性、冷热稳定性、耐老化性、电绝缘性等；化学性能要求具有良好的耐酸碱油性、耐水性、耐有机溶剂性等，另外基材应具有良好的环境友好性能，无公害，废料易处理，符合国家环境保护要求等。常见的丙烯酸酯压敏胶制品的基材如表4-15所示。

■表4-15　常用的丙烯酸酯压敏胶制品基材种类

名称	类　别
纸	牛皮纸、和纸、皱纸、合成纸
布	棉布、人造棉布、醋酸纤维布、玻璃布、聚酯布、维尼纶布等以及它们的混纺织布、聚芳酰胺无纺布、聚酯无纺布、玻璃无纺布等
塑料薄膜	赛璐玢、醋酸纤维、聚氯乙烯、聚乙烯、聚丙烯、聚酯、聚四氟乙烯、聚氯乙烯、聚酰胺、聚碳酸酯、聚苯乙烯等
橡胶薄片	天然橡胶、丁苯橡胶、丁基橡胶、氯丁橡胶以及它们的混合体
发泡体	聚氨酯、聚乙烯、丁基橡胶、氯丁橡胶、EVA发泡体等
复合体	玻璃丝、尼龙丝、人造丝和薄膜的复贴以及纸、布、塑料薄膜、金属箔、发泡体等的同种或不同种的二层或三层的复合物
其他	石棉、云母

在压敏胶制品中基材的表面能与压敏胶相差甚远时，二者就不能牢固地黏合在一起，使用时容易脱胶，使用后再次剥开时压敏胶会残留在压敏胶表面上。为了防止这种现象的出现，要对基材进行适当地处理。基材表面处理的目的是为了增加压敏胶层与基材表面的黏合力（黏基力）。一般情况下，基材表面处理的方法主要有底涂剂处理和电晕或等离子体处理两种。

（1）底涂剂处理　这种方法是在涂布压敏胶之前在基材表面涂以称为底涂剂或底胶的薄层。所采用的底涂剂或底胶必须具备如下前提条件：①它的表面能处于压敏胶和基材的表面能之间；②底胶不随温湿度变化而失去效果，不受基材和压敏胶中的成分迁移影响；③底胶成分不能进入压敏胶中；④对压敏胶无化学活性；⑤不溶于压敏胶的溶剂中；⑥对基材性能无影响。

(2) 电晕处理与等离子体处理 电晕处理与等离子体处理是工业上更常用的表面处理方法，因为这些表面处理方法比底涂剂处理更方便、更经济实用。处理原理是将基材表面附近的空气变成等离子状态，生成的电子、正离子以及负离子再与塑料基材表面发生反应，生成的含氧官能团可使基材表面的极性增加、表面能升高。

① 电晕处理 电晕放电处理装置示意图如图 4-21 所示，从负极飞出的电子撞击大气中的分子，使电极间形成电晕带，在高达数万伏电压、数万赫兹的交流电条件下进行电晕放电。电晕放电通常在大气中进行，氧和材料反应时表面生成含氧官能团。由于氮气的存在，也会生成少量的含氮官能团。一般情况下，电晕处理时，主要生成羧基、烃基、羰基，但也能生成过氧化基和环氧基。

② 等离子体处理 等离子体是一种电离了的气体，利用等离子体进行化学反应时，一般使用非平衡低温等离子的辉光放电。在等离子体中存在很多活性种，而由于大多数活性种的透过力小，因而几乎只限于在材料表面上进行反应，使材料整体不受影响，而在短时间内能有效改变材料的表面性质。

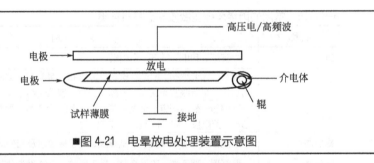

■图 4-21 电晕放电处理装置示意图

为了改善表面的黏合性，基本上都使用氧气等离子进行处理，绝大多数有机聚合物基体在氧气等离子体处理时，材料表面生成亲水性的含氧官能团，表面能增大，致使表面的黏合性能提高。但是氧气等离子体处理容易引起表面侵蚀，使表面粗糙，最终使基材的比表面积增大，表面形态发生改变。

基材今后的发展动向有两个方面。一是新基材的开发，例如耐磨耗性和润滑性优良的超高分子量聚乙烯表面、耐热和导电性优良的碳纤维织物以及耐腐蚀很好的锌箔等。另一方面是对现有材料的改进，从节约资源和能源、环保安全，需要多样化以及降低价格和增强竞争力等方面考虑，对现有基材通过共混、复合、拉伸、放电处理、电子射线和紫外线照射等方法使基材向高性能、高机械化和轻、薄、长、大的方向发展。

4.6.3 胶膜的制备工艺过程

和其他类型的压敏胶或热熔胶胶膜的制备工艺类似，丙烯酸树脂胶膜的制备最基本的是用各种方法将各类压敏胶黏剂涂布于经电晕处理或底涂剂以及隔离剂处理过的基材或临时性载体上，干燥固化后复合上隔离纸再卷取成卷（或不复合隔离纸直接卷取成卷），然后直接切割成规定尺寸的产品并包装。其制作的工艺流程如图 4-22 所示。

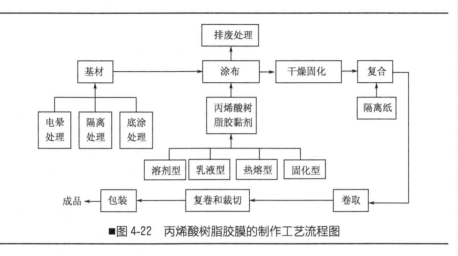

■图 4-22　丙烯酸树脂胶膜的制作工艺流程图

4.6.4 压敏胶膜的涂布方法

涂布或施胶方法是将压敏胶高质量、定量地涂于基材上的方法。高质量涂布是指涂层应平整光滑、无条纹、无褶皱、无气泡等，适当的涂布方法是制备高质量胶膜的基本要求。一般共聚丙烯酸酯压敏胶的胶层厚度为 $15\sim70\mu m$（干），经常使用的厚度为 $20\sim25\mu m$（干）。涂布使用的压敏胶的固含量约为 $20\%\sim40\%$（溶液型）或 $30\%\sim60\%$（乳液型）。涂布过程中厚度的控制可以采用前计量涂布和后计量涂布，前者是指压敏胶通过控制胶层厚度的计量辊、计量棒、计量刮刀等涂布于基材上；后者是指压敏胶先涂布于基材上，再通过控制胶层厚度的计量辊、计量棒、计量刮刀等装置进行厚度控制。常见的丙烯酸酯共聚物压敏胶的涂布方法有旋涂法、喷涂法、辊涂法、刮涂法。以下针对胶膜旋涂法、辊涂法、刮涂法进行介绍。

(1) 旋涂法　旋涂法（spin coating）是旋转涂抹法的简称，主要设备为匀胶机。旋涂法包括：配料，高速旋转，挥发成膜三个步骤。通过控制匀胶的时间、转速、滴液量以及所用溶液的浓度、黏度来控制成膜的厚度。在水平旋转的基板上滴入涂布聚合物溶液，靠离心力跟丙烯酸树脂溶液与基板黏结力的平衡，获得厚度均匀的胶膜。涂布膜厚度随基板旋转速率、丙烯酸树脂胶液的黏度（浓度）以及溶液中溶剂的挥发速率（温度）等工艺参数的不同而变化，因此比较容易控制，通常使用的多为数百至数千纳米膜厚的薄膜。

　　旋转涂膜过程实际上是具有一定黏度的流体在一定合力的作用下于平整基片上流动的过程，是一个涉及流体力学的问题。因此，所制备胶液的稳定性、浓度、旋转速率及其流型变化均对成膜有很大影响。

　　刘伟民就在用旋涂法制备气溶胶的过程中，研究了浓度不同与转速不同对气溶胶厚度的影响，结果表明，薄膜厚度 d 随旋转角 ω 速率（r/min）的变化近似为一反比例曲线，旋转角速率只有达到一定值时，薄膜厚度才会明显减小，然后减小趋势又趋于平缓，黏度为 30mPa・s 和 60mPa・s 时的变化趋势基本一致，表明结果的重现性较好，经过计算发现曲线的斜率平均值为 -0.28，因此可得 $d \infty \omega^{-0.28}$。

　　刘洪来等人利用旋涂法制备了不同溶剂条件下的聚（苯乙烯-嵌-乙烯/丁烯-嵌-苯乙烯）（SEBS）和聚甲基丙烯酸甲酯（PMMA）共混物薄膜，采用原子力显微镜（AFM）研究了旋转涂膜的表面形态和相分离行为。结果表明：不同共混比的 SEBS/PMMA 薄膜形貌显然是不同的，但所有共混膜在旋转涂膜的过程中均发生相分离，形成相畴形状和尺寸显著不同的分散或连续的相形态，见图 4-23。在低 SEBS 含量共混物薄膜中（mSEBS/mPMMA＝30/70），SEBS 形成凸起的树枝状分散相，见图 4-23(a)；当 SEBS 含量逐渐增高至 50％ 以后，SEBS 就形成连续网状结构，PMMA 则表现为分散的凹坑，且 PMMA 组分含量越少，PMMA 相越分散，相区尺寸越小，见图 4-23(b)。各微区尺寸均在几百纳米至几微米之间，显然该共混物体系呈现宏观的相分离。图 4-23(c) 给出了由氯仿溶液浇注的 mSEBS/mPMMA＝70/30 的 SEBS/PMMA 共混膜的高分辨图，由 SEBS 的微相分离形态清晰可见，SEBS 在 PMMA 基体上形成相区尺寸为 25nm 左右的蠕虫状形态，这些蠕虫状结构相连，在较大的尺度上形成网状结构，而 PMMA 相则形成凹陷的网洞。

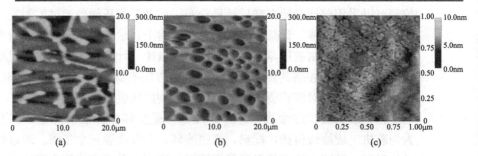

■图 4-23　SEBS/PMMA 共混物薄膜旋转涂膜的表面形态和相分离行为

　　由于胶膜除底部与转盘接触并受到旋转力作用之外，正面不与任何物件接触，因此旋涂法所得到的胶膜不会造成膜性质的改变。但是由于旋涂法的设备规模有限，效率不高，因此一般仅限于实验室或科研小试使用，不适合大规模的工业生产。图 4-24 是常用的小型实验室用旋转涂膜机。

■图 4-24　实验室用小型旋转涂膜机

旋涂法的缺点在于聚合物溶液的黏度以及温度的管理与控制都比较困难，同时胶膜的均匀性还与旋转速率有关，速率需与溶液黏度有一良好的匹配，方能得到厚薄均匀的胶膜。

（2）刮涂法　刮涂法（scrape coating）是最为常见被广泛使用的一种胶膜制备方法，采用各种刮刀对黏稠的丙烯酸树脂胶液进行成膜，工业上多采用这种方法。刮刀有金属的弹簧刮刀和木制、玻璃钢制、牛角制、硬胶皮制以及竹制的刮刀。根据不同的基材可以选择不同的刮刀类型。刮涂能在底板上形成平滑厚度均匀的丙烯酸树脂胶膜，可以在实验室手工操作，也可以在车间或工厂机器上进行。在挡板形成的供胶槽中，胶液通过刮刀和背衬托板或背衬辊之间的间隙供给基材。这样，可以通过调节间隙大小进行计量后涂布成一定厚度的胶层。

常用的辊上刮刀涂布法结构示意图如图 4-25 所示。这种涂布方法使用一把与带基成直角的坚硬刮刀，而带基则由一精密磨削过的钢制涂布辊控制着。刮刀刃口与带基之间的间隙决定着胶层的厚度。间隙的大小通过调整涂布辊或者调整刮刀组件来确定。上述两种调整法均使用测微千分表。使用的刮刀组件包括一套边缘封闭的压力供料器，它把胶液送到刮刀与带基的间隙处。为了防止涂液缺料，将过量的涂液送到间隙处，多余的胶液从贴近隔板的刀背处流到料槽，胶液从料槽又回到供料系统去。涂层厚度均匀性取决于刮刀刀刃的直线度、背辊（前面称为涂布辊）的总指示流量和测微千分表的调整精度。涂层的表面质量取决于刮刀刀刃的形状和刀刃位与刮刀成直角的带基和背辊的接触切点的相互关系。这种方法的优点是结构简单、涂层厚度均匀、成本低、涂层厚度范围大。缺点是接头通过时仍必须开启间隙，让接头通过，带基容易断（对薄带基来说是个主要问题），清洗费时，涂液在循环过程中，溶剂挥发量大，涂层有纵条纹。

各种形式的刮刀涂布机适用于厚涂胶层和高黏度的压敏胶。一般涂胶层

的厚度在 $60\mu m$（湿）以上，丙烯酸树脂胶液的黏度在 $30000 \sim 400000$ mPa·s之间。图 4-26 是实验阶段所用的刮刀涂布器。涂胶层的厚度与刮刀间隙和间隙宽带、压敏胶的黏度、密度和表面张力以及基材的涂布速率等有密切关系。涂胶层厚度一般是刮刀间隙的一半，其他因素会使涂胶层的厚度产生 10% 的误差。关于它们之间的定量关系，其经验公式可参照 Freestton 方程式、Hwang.S.S 方程式和 Middleman 方程式。

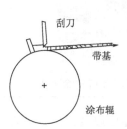

■图 4-25　辊上刮刀涂布法结构示意图　　　■图 4-26　刮刀涂布器示意图

刮涂法的优点是工具简单，厚度容易控制，成膜均匀性好。缺点是技术要求高、速率慢、效率较低。

（3）辊涂法　辊涂法（rolled coating）又称机械辊涂法，是利用专用辊涂机在辊上形成一定厚度的湿涂层，在滚动中将丙烯酸树脂胶液涂到被涂物上的涂装方法。它适用于平板和带状的平面底材，如胶合板、金属板、纸、布、塑料薄膜、皮革等。辊涂机由一组数量不等的辊子所组成。辊涂机又分板材单面涂漆与双面同时涂漆两种，结构上又有同向、逆向两种类型，逆向辊更适合卷材的连续涂装。图 4-27 为常用的小型的辊涂式涂布机。

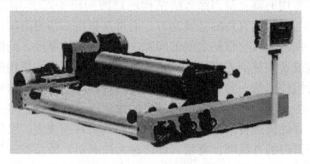

■图 4-27　小型辊涂式涂布机

辊涂法具有涂装效率高，易实现连续化生产，涂覆的胶膜外观质量较好，膜厚控制容易，污染小并可与印刷并用等优点，但相比刮涂法设备投资大，加工时可能会有切口和损伤，需进行修补。生产中所用的辊涂设备一般均为大型设备，适合集成化快速生产。

丙烯酸树脂胶黏剂黏度对涂膜的均匀性和涂膜厚度影响极大。黏度较小时，对辊的浸润性大，被涂物表面涂膜分布比较均匀，但可能产生胶液供应量不足，膜层偏薄的缺点；如果胶液黏度大时与上述情况相反，可能产生膜层偏厚和均匀性不好的缺点。经验证明，辊涂法适宜黏度在 40～150Pa·s（涂-4 杯）之间的丙烯酸树脂胶液。

涂膜厚度易于控制是辊涂法的一大优点，除前述调整丙烯酸树脂胶液黏度可以控制厚度外，还可以通过调节漆辊转速或漆辊与被涂物间距来实现。对同向辊涂法，辊转速快，涂膜薄，转速慢涂膜厚。辊与被涂物的间距大则涂膜厚，反之则薄。对逆向辊涂法，其调节要稍微复杂一些，供料辊与涂漆辊之间的压力和转速比都会影响胶膜厚度。

4.6.5 精密涂布工艺

精密涂布工艺在丙烯酸树脂功能性胶膜生产中起着重要作用。当今材料工业的迅速发展，对膜层提出更薄、更均匀的要求。平板显示器（FPD）中所用的功能性光学丙烯酸树脂胶膜，如防反射膜、防眩光膜、选择性吸收胶膜等，其涂层厚度往往小于 $1\mu m$。如锂电池电极的涂层则要求采用间歇式涂布方法来生产。本节着重介绍微凹版辊涂布和条缝涂布的制备工艺。

(1) 微凹版辊涂布　微凹版辊与普通凹版辊涂布工艺的最大区别就在于"微"。普通凹版辊的直径为 125～250mm，而微凹版涂布辊的直径，根据不同涂幅宽度分别为 20mm（涂布宽幅为 300mm）和 50mm（涂布宽幅为 1600mm）。这样小直径的凹版辊在涂布时与被涂基材的接触面积相比要小得多。涂布过程中凹版辊凹槽中的丙烯酸树脂一部分被转移到被涂基材上，一部分则仍留在凹版辊的凹槽内。工艺原理如图 4-28 所示。

微凹版涂布工艺既可适应水溶型涂液，又可适应溶剂型涂液的涂布，其黏度范围为 1～1000mPa·s，在某些情况下甚至可以达到 2000mPa·s。正因具有上述的特点，微凹版涂布工艺已得到越来越广的实际应用。据日本康井精机公司介绍，该公司已向世界各大公司销售 100 台以上的微凹版辊涂布生产设备，其中包括美国的伊斯曼柯达、杜邦、3M，日本的 JVC、日立、东芝、松下、三菱化学、帝人以及韩国的 SKC 等不同工业领域的顶尖企业。而众多有关功能性丙烯酸树脂胶膜制备的专利文献中，也列出了微凹版辊涂布工艺应用于不同功能性胶膜制备的例子。

(2) 条缝涂布工艺　条缝涂布工艺原理如图 4-29 所示。丙烯酸树脂首先输入条缝涂布模头的储液分配腔中，然后经过狭缝向横向匀化，在出口唇片处以液膜状铺展到被涂基体上。这是一种预计量的涂布方式，即涂布量取决于输入液料量与基材运行速率之比，可预先精确设定。通常都采用高精度无脉冲计量泵来输送涂布液料，以保持涂液供料的稳定准确。通过控制涂布模头和被涂基材之间的间隙以及模头下方设置的负压，可以达到薄层涂布的目的。涂布的均匀性则取决于涂布模头，特别是前后唇片的设计、加工精

度、变形状态和涂布物料本身的物性（流变特性和表面张力等），以及涂布
间隙、负压和车速等工艺条件的设定。

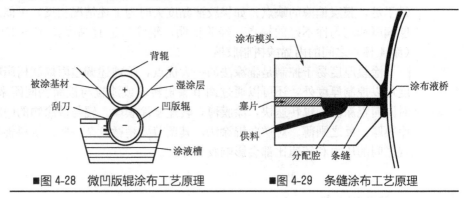

■图 4-28 微凹版辊涂布工艺原理　　　　　　■图 4-29 条缝涂布工艺原理

参 考 文 献

[1] 王兴天.注射成型技术.北京：化学工业出版社，1989.
[2] 王贵恒.高分子材料成型加工原理.北京：化学工业出版社，1991：24.
[3] 田学军.PMMA注射成型工艺及优化.工程塑料应用，2005，33（8）：22-25.
[4] 王善勤等.塑料挤出成型工艺与设备，北京：中国轻工业出版社，1998：267.
[5] 陈日清，金立维，段丽艳.纤维素-丙烯酸酯模塑料的制备和性能研究.林产化学与工业，2009，29（1）：64-66.
[6] 申长雨，陈静波等.塑料成型加工概述.工程塑料应用，1999，34（3）：272-275.
[7] 申长雨，陈静波等.成型加工过程中材料的性能.工程塑料应用，1999，34（5）：280-283.
[8] 申长雨，陈静波等.注塑成型制品的质量控制.工程塑料应用，1999，34（8）：296-300.
[9] 申长雨，陈静波等.塑料挤出成型加工设备.工程塑料应用，1999，34（2）：310-315.
[10] 黄汉雄.塑料模压成型技术.橡塑技术与装备，2001，29（2）：1-5.
[11] 杨晓燕，孙岩.模压成型过程中的复合材料在模腔内的力学分析.玻璃钢/复合材料，2007，21（5）：16-19.
[12] 马占镖.甲基丙烯酸酯树脂及其应用.北京：化学工业出版社，2001：291-392.
[13] 沈新元.高分子材料加工原理.中国纺织出版社，1998：156-200.
[14] 王小妹，阮文红.高分子加工原理与技术.化学工业出版社，2001：76-90.
[15] 郑武城，汤自义.PMMA注射成型工艺.光学技术，1992，29（2）：78-82.
[16] 吴晓红，林可君.丙烯酸酯及其聚合物在反应注射成型中的应用.化学推进剂与高分子材料，2006，16（6）：5-12.
[17] 成都科技大学.塑料成型工艺学.北京：机械工业出版社，1984.
[18] 《现代模具技术》编委会.注射成型原理与注射模设计.北京：国防工业出版社，1996.
[19] 王善勤等.塑料挤出成型工艺与设备.北京：中国轻工业出版社，1998.
[20] ［德］劳温代尔.塑料挤出.陈文瑛等译.北京：中国轻工业出版社，1996.
[21] 《航空制造工程手册》编委会.般空制造工程手册.北京：航空工业出版社，1996.
[22] 刘伟民，王朝阳，王红艳，唐永建.旋转涂膜法制备ICF靶用气凝胶薄膜工艺研究.化工时刊，2005，19（7）：20-22.
[23] 韩霞，彭昌军，黄永民，刘洪来，胡英.溶剂对SEBS/PMMA共混物薄膜形态的影响.功能高分子学报，2005，18（4）：560-566.
[24] 李琰，潘庆谊，张剑平，程知萱，陈海华.旋涂法制备纳米有机无机复合膜成膜过程的研究.无机材料学报，2004，19（5）：1065-1072.
[25] 郭英，齐辉，吴国荣.单、双色表面保护胶粘带的研制化学与粘合，2003，（4）：167-169.
[26] 谢宜风，精密涂布工艺应用新进展信息记录材料，2010，11（1）：28-37.
[27] 杨玉昆，吕凤亭.压敏胶制品技术手册.北京：化学工业出版社，2004.

第 5 章 丙烯酸树脂的应用

5.1 丙烯酸酯类胶黏剂

5.1.1 概述

丙烯酸酯类胶黏剂是以各种类型的丙烯酸酯为基料经化学反应制得的一类胶黏剂，其性能独特、品种繁多、应用范围广泛，在国内外胶黏剂市场中占有重要的地位。

从世界范围看，丙烯酸酯类胶黏剂市场的格局是美国市场成熟、西欧市场发展缓慢、亚洲地区发展较快，其中美、日、德是丙烯酸酯类胶黏剂生产的大国。国外研制丙烯酸酯类胶黏剂的普遍做法是针对具体用途开发专用胶，并追求使用方便、粘接快速、低公害、高性能、节能、高效率、低成本以及适应市场需要的品种。

与国际相比，国内产品与先进国家的产品还存在明显的差距。我国胶黏剂工业的特点是：粗放型发展，生产厂家和产品品种繁多，生产规模较小，多数跨行业、跨部门生产。发展较快的多为比较容易生产、技术含量低、应用广泛的乳液型胶黏剂，主要是压敏胶、胶黏带和标签等品种。近年来，我国引进了各种原料或半成品生产线及胶黏剂的生产技术、工艺配方、生产装置及设备，一些研究单位也积极从事这方面的研究与开发工作，并且开发出一些优良的产品。这些都有利于我国胶黏剂技术水平和产量的提高。但我国胶黏剂工业也存在较多的问题，如重复研究多，对应用技术研究（如应用基础理论研究）、产品标准、测试方法、施胶技术和设备开展工作很少，这些都影响了我国胶黏剂技术的发展。

丙烯酸酯类胶黏剂由于合成和使用方法不同，其产品也具有不同的特点和使用范围。按其有无溶剂及溶剂的类型分类可分为无溶剂型、溶液型、乳液型；按其固化方式分类，可以分为热固型、光固型、压敏型、厌氧型等。本书按胶黏剂粘接机理将丙烯酸酯类胶黏剂分为非反应型和反应型两大类。

5.1.2 非反应型丙烯酸酯类胶黏剂

非反应型丙烯酸酯类胶黏剂是由热塑性聚丙烯酸酯或丙烯酸酯与其他单体的共聚物组成的，胶接过程的初黏阶段以物理过程为主，这种类型胶黏剂主要包括丙烯酸酯压敏胶和乳液型丙烯酸酯胶两种。

5.1.2.1 丙烯酸酯压敏胶

(1) 发展历程及性能特点 压敏胶是指只需施加轻度压力就能湿润被粘接表面并将被粘物粘牢，产生使用粘接强度的一类胶黏剂。20 世纪 20 年代电器用绝缘胶带使压敏胶开始进入工业应用领域，20 世纪 60 年代以来，特别是各种丙烯酸酯压敏胶的相继发展，压敏胶技术及制品的工业一直处于高速发展中，压敏胶制品被广泛用于工业、日用、医用等诸多领域。

丙烯酸酯压敏胶在常温下具有优良的压敏性和粘接性，其平均分子量较低，湿润性好，初黏性大，干燥速率快，储存稳定，压敏性持久，可剥离性能优良，且具有耐老化、耐水、耐光、耐油等优良特性；其生产过程还具有投资成本低，加工速率快，节能环保的特点。

(2) 组成及粘接机理

① 组成及主要组分的作用 丙烯酸酯压敏胶一般由单体、增黏剂、溶剂、引发剂、交联剂、乳化剂、防老化剂、隔离膜、底层处理剂以及背面处理剂等材料组成，主要组分的作用和常用材料见表 5-1，其中单体是决定丙烯酸酯压敏胶性能的主要材料。

■表 5-1 丙烯酸酯压敏胶主要组分作用和常用材料

组 分		作 用	常用材料
单体	软单体	T_g较低，主要起黏附作用，使压敏胶对基材具有足够高的润湿性和黏附性	丙烯酸丁酯和丙烯酸-2-乙基己酯等
	硬单体	有较高T_g的均聚物，并能与软单体共聚的丙烯酸酯类材料	(甲基)丙烯酸酯、醋酸乙烯酯或其他烯类单体
	活性单体	提高交联点，通过羟基将共聚物进行化学交联，从而提高压敏胶的内聚强度、耐热性和耐老化性能	丙烯酸、丙烯酰胺和马来酸酐等
增黏剂		提高体系黏度、增大压敏胶的快黏力和持黏力，改善非极性材料表面的粘接条件	丁基橡胶、丁苯橡胶等橡胶弹性体；可与丙烯酸酯单体进行聚合反应的丙烯酸酯预聚物
底层处理剂		增加胶黏剂与基材间的黏附强度，以便揭除胶黏带时不会导致胶黏剂与基材脱开而沾污被粘表面，并使胶黏带具有复用性	用异氰酸酯部分硫化的氯丁橡胶、改性的氯化橡胶、主链聚合物及接枝聚合物等
背面处理剂		使基材与压敏胶容易剥离开，起到隔离剂作用	由聚丙烯酸酯、PVC(聚氯乙烯)、纤维素衍生物或有机硅化合物等材料配制而成
隔离材料		胶面之间隔离，各类材料厚度一般在 0.1～0.5mm 之间	棉布、玻璃布或无纺布等织物；PE(聚乙烯)、PP(聚丙烯)、PVC和聚酯薄膜等塑料薄膜；牛皮纸、玻璃透明纸等纸类材料

② 粘接机理　压敏胶通常以胶黏带、标签或各种片状制品的形式应用。标签或单面胶黏带的结构一般是基材的单面涂有压敏胶，见图 5-1(a)；双面胶黏带是基材的两面均涂有压敏胶再贴一层两面经隔离剂处理过的衬纸，见图 5-1(b)，最后卷曲成带状卷筒。胶黏带是在基材的单面涂上压敏胶，然后贴一层单面用隔离剂处理过的衬纸，见图 5-1(c)。

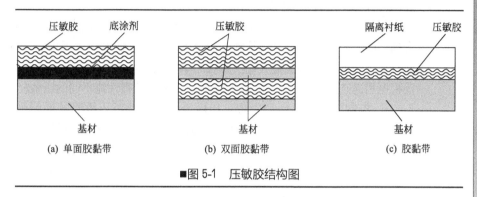

压敏胶　　底涂剂　　　　　　　压敏胶　　　　　　隔离衬纸　　压敏胶

基材　　　　　　　　　　　　基材　　　　　　　　　　基材

(a) 单面胶黏带　　　　　　(b) 双面胶黏带　　　　　(c) 胶黏带

■图 5-1　压敏胶结构图

压敏胶的压敏性是其黏度特征的表现，由快黏力、粘接力、内聚力和黏基力四要素组成，如图 5-2 所示。

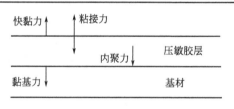

快黏力　　　粘接力

内聚力　　压敏胶层

黏基力　　　　　基材

■图 5-2　压敏胶四要素之间的关系

快黏力：胶黏带与被粘物之间以最小的压力、最快的速率接触后立即分离时所表现出的一种界面剥离力，可以理解为初黏性，表面黏性及压敏胶对被粘物的浸润能力等，它体现出压敏胶对被粘物表面粘接的难易程度。

粘接力：进行适当粘贴后胶黏带与被粘物表面之间所体现出的剥离力，其大小决定着胶黏带的黏附性能。

内聚力：压敏胶内部聚集力，即粘贴后胶层的内聚强度，它与分子间力、分子间键、分子大小及分子间的排布方式有关。

黏基力：黏基力是胶黏剂与基材之间的黏附力，或者说胶黏剂与底胶和基材间的黏附力。

在压敏胶带中，黏基力是基材和压敏胶之间的黏合力，粘接力必须大于快黏力，否则胶带没有压敏性；内聚力必须大于粘接力，否则揭胶黏带时，胶层会破坏；黏基力必须大于内聚力，否则胶层与基材间易脱开。

因此，好的压敏胶带应该是：黏基力＞内聚力＞粘接力＞快黏力。

(3) 配方设计及生产工艺

① 配方设计 要想得到性能满足使用要求的压敏胶，需要对压敏胶的配方及配制过程进行精心的设计，压敏胶制备的关键是黏基力、内聚力、粘接力三力的平衡，因此，在树脂的选择上要注意刚性单体和柔性单体的搭配，同时提高压敏胶的内聚强度，改善耐热性、耐水性和抗蠕变性。控制丙烯酸酯压敏胶性能的措施主要有以下方面。

a. 选择单体及基体树脂的配比 丙烯酸酯压敏胶的主要成分为丙烯酸系聚合物。由于丙烯酸酯的主链及侧链情况不同，使它们的脆化温度、黏附力等性能有很大差别。丙烯酸酯压敏胶选用的单体及基体树脂的配比自由度较大，主要根据用途选用单体及树脂的类型及配比，从而获得性能不同的压敏胶。

b. 控制聚合度 研究发现，压敏胶的分子量对压敏胶的性能影响较大，特别是初黏性及剥离强度；分子量越大，则剥离强度和初黏性越好，但分子量对内聚强度影响有限。压敏胶的重均分子量一般为 30 万～100 万，通过聚合反应类型、聚合温度、聚合时间等工艺过程的控制，得到理想的分子量及分子量分布，从而得到性能较好的压敏胶。

c. 调整黏性 压敏胶最重要的性能是初黏性、黏合力和持黏性，丙烯酸酯压敏胶可以通过调整树脂种类和用量来控制其黏性，也可通过加入增黏树脂调整黏性。丙烯酸酯压敏胶是长链分子与小分子或低聚物分子的共混物，只有上述材料完全相容，体系才能呈均匀单一相结构，起初这个体系黏度由小变大，黏合力迅速提高，并达到最大值，此后黏合力降低，内聚强度下降。因此调整压敏胶的黏性，对压敏胶性能影响较大。

② 配方实例。

【配方 5-1】溶剂型丙烯酸酯压敏胶

溶剂型丙烯酸酯压敏胶按表 5-2 的配方，以一定顺序混合均匀制备，具体性能见表 5-3。

■表 5-2 溶剂型丙烯酸酯压敏胶配方

原材料	配方 1	配方 2	配方 3	配方 4	配方 5	作用
丙烯酸-2-乙基己酯	67	59	65	61	116.5	主料单体
丙烯酸丁酯	—	—	—	—	112.5	主料单体
醋酸乙烯	28	39.5	32.5	—	12.5	主料单体
丙烯酸甲酯	—	—	—	33	—	主料单体
丙烯酸	—	1.5	2.5	6	7.5	主料单体
丙烯酸-β-羟乙酯	5	—	—	—	—	主料单体
醋酸乙酯	81	50	60	75	162.5	溶剂
甲苯	19	—	—	—	87.5	溶剂
正己烷	—	50	40	15	—	溶剂
异丙醇	—	—	—	10	—	溶剂
过氧化苯甲酰（BPO）	0.3	0.3	0.5	0.5	0.5	引发剂

注：1. 基材为 PET（聚对苯二甲酸乙二醇酯）；干燥条件 90℃×2min。

2. 配方均为质量份。

■表5-3 溶剂型丙烯酸酯压敏胶的性能

性　　能	配方1	配方2	配方3	配方4	配方5
固含量（质量）/%	40	50	47	39	—
黏度（25℃）/mPa·s	3700	1500	1800	1500	—
初黏力/cm	2.79	7.69	7.92	>25	—
180°剥离强度/（kN/m） 10min后 24h后	0.542 0.594	0.468 0.830	0.428 0.577	0.328 0.699	0.56
持黏力/min	9	12	43	60	—

注：测试温度23℃，初黏力测试为滚球平面停止法（PSTC-6法），滚球直径11.1mm。

【配方5-2】可喷涂的压敏胶

可喷涂的压敏胶的配方见表5-4。先将丙烯酸乙酯和丙烯酸共聚，将得到的共聚物作为分散体稳定剂，再将丙烯酸-2-乙基己酯、分散体稳定剂、甲醇和过氧化物混合，于60℃下加热反应8h，制成分散体，然后与醋酸乙酯混合制成压敏胶。喷涂施胶于基体材料上，形成压敏胶带。

■表5-4 可喷涂压敏胶配方

原材料	配比(质量份)	作用	原材料	配比(质量份)	作用
丙烯酸-2-乙基己酯	200	主料单体	丙烯酸	2	改性剂
丙烯酸乙酯	38	主料单体	月桂酸过氧化物	0.8	引发剂
甲醇	240	溶剂	醋酸乙酯	1380	溶剂

【配方5-3】乳液丙烯酸酯压敏胶

乳液丙烯酸酯压敏胶按表5-5的配方，以一定顺序混合均匀制备，具体性能见表5-6。

■表5-5 乳液丙烯酸酯压敏胶配方

原材料	配方1	配方2	配方3	配方4	作用
丙烯酸-2-乙基己酯	—	—	—	70	主料单体
丙烯酸丁酯	80	85	60	—	主料单体
丙烯酸乙酯	10	—	—	—	主料单体
醋酸乙烯	5	10	30	21	主料单体
丙烯酸	5	5	4	5	主料单体
N-羟甲基丙烯酸酯	—	—	6	4	主料单体
乳化剂	1.8	1.8	1.8	3.0	乳化剂
过硫酸铵	0.6	0.6	0.6	0.4	引发剂
碳酸氢钠	0.5	0.5	0.5	0.5	促进剂
去离子水	60	60	60	80	黏度调节剂

注：配方均为质量份。

■表 5-6　乳液丙烯酸酯压敏胶性能

性　　能	配方 1	配方 2	配方 3	配方 4
黏度（25℃）/mPa·s	620	440	460	600
pH 值	6.2	6.4	6.0	5.8
钙离子稳定性①	合格	合格	合格	合格

　① 将氯化钙配成 5%（质量）的水溶液，以乳液∶氯化钙溶液＝5∶1 的比例混合搅匀，放置 1h 或 24h 后无沉淀、絮凝等现象为合格。

【配方 5-4】D-PS 压敏胶

D-PS 压敏胶配方见表 5-7。将组分 B 和 90％的组分 C 加入到反应釜中，搅拌并升温至 80℃；将预先混匀的组分 A 滴加至该乳化液中，在 2h 内加完，然后加入所剩组分 C 和少量引发剂过硫酸铵，将反应温度升至（90±2）℃，搅拌 30 min；接着抽真空除去未反应的单体，冷却反应产物。于配方中加入氢化松香酯作改性成分，提高胶的黏附性能，同时对胶有稳定作用；涂胶量为 55.5g/m²，干燥温度 120℃，干燥时间 20min。

■表 5-7　D-PS 压敏胶配方

组分	原材料	配比(质量份)	作用
A	丙烯酸异辛酯	25~30	主料单体
	丙烯酸丁酯	25~30	主料单体
	醋酸乙烯酯	10~20	主料单体
	丙烯酸	10~20	改性剂
	氢化松香酯	30~40	改性剂
B	混合乳化剂	4~8	乳化剂
	碳酸氢钠	0.65	促进剂
	过硫酸铵	0.6	引发剂
C	去离子水	100	黏度调节剂

【配方 5-5】辐射固化丙烯酸酯压敏胶

辐射固化丙烯酸酯压敏胶配方见表 5-8。其性能见表 5-9。

■表 5-8　辐射固化丙烯酸酯压敏胶配方

原材料	配方 1	配方 2	配方 3	配方 4	配方 5	作用
2-乙氧基丙烯酸乙酯	40	—	35	—	—	主料单体
3-乙氧基丙烯酸丙酯	20	—	—	—	—	主料单体
丙烯酸乙酯	20	—	—	—	—	主料单体
甲基丙烯酸-β-羟乙酯	5	—	—	—	—	主料单体
丙烯酸正丁酯	—	—	65	—	95	主料单体
丙烯酸异丁酯	—	92	—	—	—	主料单体

原材料	配方 1	配方 2	配方 3	配方 4	配方 5	作用
丙烯酸-2-乙基己酯	—	—	—	80	—	主料单体
醋酸乙烯	15	—	—	—	—	主料单体
丙烯腈	—	—	—	7	—	主料单体
3-甲氧基丙烯酸丙酯	—	—	—	10	—	主料单体
甲基丙烯酸缩水甘油酯	—	5	—	—	—	主料单体
丙烯酸	—	—	—	—	5	改性剂
甲基丙烯酸	—	—	—	3	—	改性剂
辐照剂量/Mrad	2.4	2.4(5)	2.4	2.4	2.4	光引发剂

注：配方均为质量份。

■表 5-9　辐射固化丙烯酸酯压敏胶性能

性能	配方 1	配方 2	配方 3	配方 4	配方 5
T_g/℃	−33	−24	−12	−72	−49
快黏力/球号	6	4（4）	<1	12	10
剥离强度/（kN/m）	0.21	0.28（0.27）	0.25	0.30	0.51
持黏力/min	无位移	0.5mm（无位移）	无位移	无位移	5

注：配方均为质量份。

③ 生产工艺　压敏胶制品的制造工艺及所用设备因压敏胶的种类、基材种类和制品形状等的不同而有所不同，但基本制造过程非常相似，主要包括压敏胶黏剂的合成、涂布与干燥、制品卷曲、裁切和包装等部分，工艺流程见图 5-3。

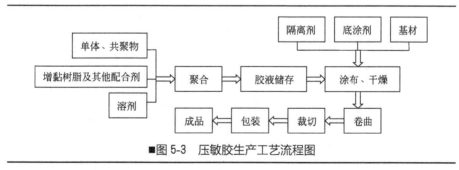

■图 5-3　压敏胶生产工艺流程图

(4) 应用

① 使用方法　压敏胶的种类较多，使用方法各有不同，但基本都包括脱脂和粘接两步。

脱脂：被粘接面表面一般会有一定的油脂，需要用丙酮、汽油等有机溶剂除油脱脂，以提高粘接强度，但部分对粘接强度要求不高的表面也可以不除油。

粘接:将压敏胶带粘接到被粘接表面,施加压力提高粘接强度。

② 用途及应用实例 丙烯酸酯压敏胶种类繁多,在各领域均有较广泛的应用,应用较多的几个领域如下。

a. 标志 用于管道、导线等的标识,商品的标志,零件、储藏物的区别,道路的区分和标志等。

b. 绝缘材料 用于变压器线圈、电器设备的接线,电线电缆的组合绝缘等。

c. 粘接固定 用于纸、布、塑料薄膜、电线等的粘接,印刷板、毛毯和壁纸的粘贴固定等。

d. 保护 常用于不锈钢、钢板、铝板、有机玻璃、化妆板表面的保护,导管的防腐等。

e. 掩蔽 可用于涂料、喷漆、电镀、印刷线路板等非工作面的掩蔽。

f. 包装材料 可用于纸箱的捆包、容器的封域、棒状物质的捆束以及其他各种包装。

g. 医疗 用于外科手术粘贴与包扎。

(5) 丙烯酸酯压敏胶发展方向

① 丙烯酸酯热熔压敏胶 丙烯酸酯热熔压敏胶是继溶剂型压敏胶和乳液型压敏胶之后的第三代压敏胶产品,其应用范围更为广泛,目前世界各国大力发展热熔型压敏胶。丙烯酸酯热熔压敏胶较之传统的压敏胶黏剂投资成本低,加工速率快、生产中不使用溶剂、环保无毒害,具有无色透明、耐候性好,配方简单等优点,但其内聚强度尤其是高温内聚强度较差,有待改善。

② 水溶性丙烯酸酯压敏胶 将各种丙烯酸树脂(其中至少一种是亲水的)按一定配比,通过本体聚合、溶液共聚、乳液共聚或悬浮共聚的方法制成共聚物,然后用氨水或氢氧化钠溶液中和共聚物的部分或全部羧基,再用水稀释至一定黏度,即得乳白色半透明的水溶性丙烯酸酯压敏胶。水溶性丙烯酸酯压敏胶以水为介质,避免了溶剂型压敏胶具有的污染环境和火灾危险等缺点;不用乳化剂,共聚物粒径比乳液聚合的粒径小,混合更均匀,黏合力、耐水性等性能更好。但黏度大、固含量低、储存稳定性差等缺点制约了它的发展。在对环保要求越来越高的今天,如何改进其缺点研制出综合性能较好的水溶性丙烯酸酯压敏胶将是该类型胶黏剂发展的关键。

③ 微球再剥型丙烯酸酯压敏胶 微球再剥型丙烯酸酯压敏胶是一种新型的压敏胶黏剂,由丙烯酸树脂经悬浮法聚合得到 $50\sim150\mu m$ 的微球,再用溶剂制成压敏胶进行涂布,它具有独特的再剥离性能,涂于纸张、织物、塑料、金属等基材表面,轻度施压即可达到粘接强度,此后再加压,强度不增大,长时间存放和承受压力胶层也不会转移,可多次剥离,重复粘贴,但剥离强度要比一般的压敏胶小得多。

④ 辐射固化型丙烯酸酯压敏胶 辐射固化型丙烯酸酯压敏胶是一种新

型无溶剂压敏胶，它在室温下处于黏稠液体状态，使用时将其涂于基材上，经电子束和紫外线照射后才成为具有实用性能的压敏胶黏剂制品。

辐射固化型丙烯酸酯压敏胶具有基材适用性广，固化速率快，生产效率高，节能，不必使用引发剂，胶液储存期长，固化时间短，无溶剂，不污染环境等许多优点，是一种很有发展前途的压敏胶。但辐照时间短，单体转化率不高，残留单体的气味难闻；较强的电子束对某些基材有损害；涂布时单体仍有一定的挥发性等缺点制约了辐射固化型丙烯酸酯压敏胶的发展。只有较好地解决了这些问题，辐射固化型丙烯酸酯压敏胶的应用前景才会更加看好。

⑤ 光学薄膜中应用的压敏胶　在光学薄膜或保护膜领域，压敏胶主要应用于粘接层。随着液晶显示器（LCD）与液晶电视市场的不断扩大，作为液晶显示三大原材料之一的偏光片的需求量急剧增加。目前偏光片市场为日本、韩国与中国台湾占据。通常情况下，偏光片的基本结构是包括对聚乙烯醇（PVA）膜、三醋酸纤维素（TAC）膜、压敏胶、保护膜、离型膜和反射膜的一个多层复合膜，其结构示意图如图5-4。

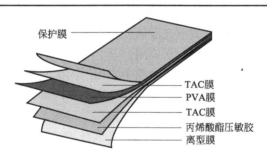

■图5-4　液晶显示器用偏光片的结构示意图

在等离子显示器滤光保护膜中，由于等离子显示器（PDP）的电容性负载较差，在等离子显示器充电与放电过程中会产生过大的冲击位移电流，因此，相对于传统的显示器，等离子显示器就会产生电磁波干扰和大量的能量损失。另外，等离子显示器填充的氙气与氖气受到真空紫外线激发时会发出相应的近红外光（NIR）与氖黄光。NIR会对遥控器以及其他应用红外线的部件产生影响甚至导致失灵，原子在被真空紫外线激发再回到基态的过程中会在590nm处产生氖黄光，直接影响了等离子显示器的色彩平衡。因此，PDP一般都需要粘贴多种作用的滤光保护膜，如防红外线（NIR）、橘黄调色（Ne-cut）、高增透（AR）甚至包括防电磁辐射波（EMI）铜网膜的多合一滤光保护膜来消除以上的缺陷，见图5-5。滤光保护膜需具有良好的可见光透过率以保证屏幕的亮度，确保显示器光源的寿命；同时，要求对近红外区以及氖黄光有良好的吸收，对遥控设备不会造成影响，并能保证画面不失真。而此类光学滤光保护膜粘接的一种重要成分即为丙烯酸酯压敏胶。丙烯酸树脂胶黏剂混合具有特定波长吸收的染料或颜料，对等离子显示器能够起到滤光保护的作用，同时起到滤光膜粘接保护的作用。

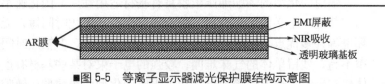

■图 5-5　等离子显示器滤光保护膜结构示意图

　　用于液晶显示上偏光片的丙烯酸树脂压敏胶，需具有良好的再剥离性、较高的剥离强度、较强的持黏力和初黏力等性能，对于具有这种性能的压敏胶的研究，国内的技术还相当薄弱，产品主要依赖于进口。液晶显示上的偏光片用丙烯酸树脂压敏胶，国外主要的生产厂家集中在日本和韩国，如日本的日东电工、综研化学、合成化学、日本碳化学等，韩国主要是 LG 化学。韩国 LG 化学株式会社以（甲基）丙烯酸酯共聚物、多功能交联单体及其与之反应的官能单体等为原料，成功制备出偏振片用丙烯酸酯压敏胶，这对现代视听器材和光电产业界而言颇具实用价值。由于该胶黏剂具有良好的应力松弛能力和黏附功能，可使偏振膜及液晶显示装置的漏光问题趋于最小化。其更为突出的优点是能在湿热环境中具有持久的粘接性能，在集成电路等电子元器件施工中得到广泛应用。

　　等离子显示器滤光保护膜中应用的丙烯酸树脂压敏胶除具备良好的再剥离性、较高的剥离强度、较强的持黏力和内聚力等性能，还要求有较高的玻璃化温度，由于需要和染料或颜料匹配，技术难度更大，在国内还处于研发阶段，韩国三星、LG 等公司已将该技术应用于等离子显示器的滤光保护中。因此，国内开发具有高技术附加值的丙烯酸树脂压敏胶任重而道远。

5.1.2.2 乳液型丙烯酸酯胶黏剂

　　(1) 发展历程及性能特点　乳液型丙烯酸酯胶黏剂的研制、生产始于1958 年。至 20 世纪 70 年代末期，随着经济的迅速发展和人民生活水平的提高，对该类型胶黏剂的需求呈快速增长趋势。20 世纪 80 年代乳液型丙烯酸酯胶黏剂在我国得到快速发展，近些年随着研究的深入，其品种不断增加，应用范围不断扩大，已广泛应用于纺织、建筑、制品包装、皮革等多个领域。

　　乳液型丙烯酸酯胶黏剂由丙烯酸酯类和甲基丙烯酸酯类单体共聚，或加入醋酸乙烯酯等其他单体共聚而成，具有耐紫外光、耐热、耐水、抗氧化性极好等特点，该类胶黏剂还具有粘接强度高，断裂伸长率大等优点。另外，由于该类胶黏剂为水基，使其又具备了环保的特性。

　　(2) 配方组成及粘接机理

　　① 配方组成及主要组分的作用　乳液聚合体系主要由分散介质、乳化剂、单体、引发剂和其他助剂组成。其作用和常用材料见表 5-10。

■表 5-10 乳液型丙烯酸酯胶黏剂主要组分和作用

组 分		作 用	常用材料和类型
分散介质		是乳液聚合中用量最大的组分，其质量较为关键，如果水中有杂质可能导致引发体系加速或延缓、产品变色、尺寸变化甚至乳液絮凝	去离子水或蒸馏水
乳化剂		决定乳液聚合的关键部分，由极性的亲水基和非极性的亲水基两部分构成。 ① 可以大大降低水的表面张力，使单体液滴容易分散在水中，形成细小的液滴； ② 可以在单体液滴表面形成带电保护层，阻止液滴之间的凝聚，形成稳定的乳液； ③ 可以形成增溶胶束，为反应提供聚合场所	分为阴离子型、阳离子型、非离子型和两性乳化剂四类。 阴离子型：化学稳定性不好，但其生成乳液粒度小、乳液机械稳定性好、聚合中不易生成凝块； 阳离子型：赋予某些纤维整理剂乳液特殊性能； 非离子型：对电解质的化学稳定性好，但使聚合速率减慢，而且其乳化力弱，聚合后易生成凝块； 两性乳化剂：把阴离子和非离子两种乳化剂共同使用，可有效发挥两者的优点
单体		形成高聚物的基料，是乳液聚合中最重要的组分，各种不同单体赋予聚合物产品硬度、拉伸强度、弹性、粘接性和柔软性等不同性能，并决定着乳液及其乳胶膜的物理、化学和力学性能	含不饱和双键的烯烃及其衍生物，应用广泛的有乙烯基单体，共轭二烯单体，丙烯酸及甲基丙烯酸酯类单体等
引发剂		引发乳液聚合反应进行的关键	热引发剂：过硫酸盐类 氧化还原引发剂：过硫酸盐/亚硫酸氢盐体系、过硫酸盐/醇体系、过氧化氢/亚铁盐体系等
分子量调节剂		控制聚合物分子量或者控制聚合物的分子结构	含硫、氯、磷、硒及有机不饱和键的化合物。最常用的是正十二碳硫醇或叔十二碳硫醇等硫醇类
其他助剂	缓冲剂	可以调节乳液的 pH 值	
	保护胶	防止聚合物粒子凝聚	
	增塑剂	可以提高胶黏剂的韧性	
	增黏剂	可以提高胶液的初黏性	
	填料	加入适量可以减少胶层收缩率	
	防冻剂、防雾剂、消泡剂、染料、杀菌剂、颜料分散剂	根据需求加入，获得所需的相关性能	

② 粘接机理　乳液型丙烯酸酯胶黏剂是以合成丙烯酸酯聚合物乳状液为基料，将各种助剂分散在其中形成分散系统。当施工时，胶黏剂涂覆在被粘基材上，挥发性组分蒸发后，不溶的聚合物粒子形成一个连续膜，实现胶

接固化，该固化过程为物理过程。乳液型丙烯酸酯胶黏剂成膜的过程分为三步，首先水和水溶性溶剂的蒸发导致乳液粒子形成密集层，然后粒子以其外壳的形变导致或多或少的连续，形成很弱的膜；最后聚合物分子相互扩散、凝结，跨越粒子边界并缠卷增强薄膜，完成固化。

(3) 配方设计及生产工艺

① 配方设计　根据聚合原理，乳液型丙烯酸酯胶黏剂配方设计要注意以下两个技术关键。

a. 选择适合的单体组合　乳液型丙烯酸酯胶黏剂单体组成是根据对生成聚合物的物理性能要求进行选择的。在乳液型丙烯酸酯胶黏剂中，共聚单体的组成分三个部分，第一部分为玻璃化温度较低的软单体，赋予胶黏剂粘接特性；第二部分为玻璃化温度较高的硬单体，赋予胶黏剂内聚力；第三部分为带反应官能团的官能单体，赋予胶黏剂反应特性，如亲水性、耐热性、耐水性、交联性等；因此，在进行胶黏剂设计时要根据单体的性能及所粘接基材的结构特征选择单体种类。

b. 选择适合的引发体系　乳液聚合一般采用热引发或氧化还原引发体系，氧化还原引发体系可以大大降低生成自由基的活化能，提高聚合反应速率，提高生产能力。氧化还原引发体系中引发剂和促进剂的种类、分解机理、聚合温度、体系 pH 值和电解质等对引发速率影响很大，这些因素连同引发剂和促进剂浓度直接影响到聚合速率和聚合物胶乳的性能。

② 配方实例。

【配方 5-6】环氧树脂改性聚丙烯酸酯互穿网格（IPN）乳液胶黏剂

环氧树脂改性聚丙烯酸酯互穿网格（IPN）乳液胶黏剂配方见表 5-11。

■表 5-11　环氧树脂改性聚丙烯酸酯互穿网格 （IPN） 乳液胶黏剂配方

原材料	配比/质量份	作用	原材料	配比/质量份	作用
混合单体	60～90	主料单体	复合乳化液	144.15	乳化剂
N-羟甲基丙烯酰胺	2.5～4.0	交联剂	E-44 环氧树脂	5～30	改性剂

注：混合单体由丙烯酸丁酯、丙烯酸甲酯和醋酸乙烯酯组成；复合乳化液由 140 质量份水、0.1 质量份过硫酸钾、0.05 质量份亚硫酸氢钠、4 质量份聚乙二醇烷基苯基醚与烷基硫酸酯组成。

制备方法：

a. 单体乳化　将 60～90 质量份混合单体、2.5～4.0 质量份交联剂 N-羟甲基丙烯酰胺加入到反应釜中，搅拌下加入 5～30 质量份 E-44 环氧树脂使之溶解，然后滴加复合乳化液，高速搅拌乳化。

b. 聚合　取上述乳液的 1/7，加入 0.1 质量份引发剂和 0.05 质量份引发促进剂，将反应釜在 N_2 保护下加热至 80℃反应 20min，然后再将剩余的乳液慢慢滴入，滴完后保温反应 2h 即可。

使用时，取一定量的上述聚合乳液，按环氧树脂含量加入固化剂，并根据所需黏度加入酒精或水，搅拌均匀后配成乳液胶黏剂。该胶黏剂可用于食品或其他软包装材料，为一种性能优异的复合薄膜胶黏剂。

【配方 5-7】包装材料胶黏剂

包装材料胶黏剂配方见表 5-12，主要粘接铝箔、聚酯薄膜、聚乙烯薄膜等包装材料。

■表 5-12　包装材料胶黏剂配方

组分	原材料	配比/质量份	作用
A	醋酸乙烯酯	110	主料单体
	顺丁烯二酸酐-2-乙基乙酯	110	主料单体
	丙烯酸-2-乙基乙酯	110	主料单体
B	壬基酚与氧化乙烯缩合物［86%（质量）氧化乙烯］	1.0	增黏剂
	酸式磷酸盐烷基酚与氧化乙烯缩合物的酯	2.0	增黏剂
	烷基淀粉酯	1.5	增黏剂
	聚乙烯醇（水解度 70%～80%）	1.5	增黏剂
	氢氧化铵	0.14	缓冲剂
	水	71.52	黏度调节剂
C	过硫酸钾	0.02	引发剂
	水	0.40	黏度调节剂
D	碳酸氢钠	0.25	促进剂
	水	0.25	黏度调节剂

制备方法：先配制组分 B，将其加热到 60℃，然后在 5min 内加入 5%（质量）的单体，再加入引发剂 C，于 3h 内将余下的单体缓缓加入，加完后升温至 87～89℃ 再加入促进剂 D，进一步加热 0.5h，就制得固体含量为 54%～56%（质量）的聚合物乳液胶黏剂，其黏度在 3～5Pa·s 范围内。

【配方 5-8】瓷砖胶

瓷砖胶配方见表 5-13，依次称量各组分并混合均匀，初干时间约 20min，用于室内粘贴各类瓷砖。

■表 5-13　瓷砖胶配方

原材料	配比/质量份	作用	原材料	配比/质量份	作用
丙苯乳液	200	主料	80 目石英砂	325	填料
乙二醇	8	抗冻剂	240 目石英砂	324	填料
羟甲基纤维素溶液	75	增黏剂	水	12	黏度调节剂

【配方 5-9】丙烯酸酯乳液地板胶

丙烯酸酯乳液地板胶配方见表 5-14，依次称量各组分并混合均匀，20～35min 初固化，与混凝土附着力大于 1MPa，用于聚氯乙烯、木地板、瓷砖的粘接。

■表5-14　丙烯酸酯乳液地板胶配方

原材料	配比/质量份	作用	原材料	配比/质量份	作用
丙烯酸酯乳液	50	主料	乳化剂	0.5	乳化剂
邻苯二甲酸二丁酯	2	增塑剂	消泡剂	0.2	消泡剂
70%松香甲苯溶液	12	增黏剂	碳酸钙	30	填料

【配方 5-10】丙烯酸酯乳液密封胶

丙烯酸酯乳液密封胶配方见表 5-15，依次称量各组分并混合均匀。该密封胶粘接力强、防漏、防空鼓、防裂缝、防脱落等效果显著，可用作建筑界面处理及粘接硅酸盐类和各类多孔、微孔建筑装饰材料。

■表5-15　丙烯酸酯乳液密封胶配方

原材料	配比/质量份	作用	原材料	配比/质量份	作用
丙烯酸酯乳液	100	主料	钛白粉	6	填料
邻苯二甲酸二辛酯	15	增塑剂	碳酸钙	120	填料
乙二醇	5	抗冻剂	去离子水	适量	黏度调节剂
分散剂	5	分散填料			

③ 生产工艺　乳液型丙烯酸酯胶黏剂的种类很多，但制造工艺及所用设备非常相似，具体工艺流程如图 5-6。

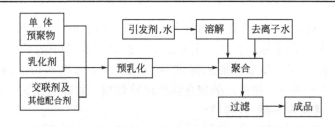

■图5-6　乳液型丙烯酸酯胶黏剂生产工艺流程图

(4) 应用

① 使用方法　乳液型丙烯酸酯胶黏剂使用时基本步骤如下。

a. 打磨　打磨粘接表面除去表面不坚实的附着物，增加粘接面的粗糙度，增大可粘接面积，加大胶体与被粘接面的镶嵌作用。

b. 脱脂　被粘接面表面一般会有一定的油脂，需要用有机溶剂除油脱脂，但部分对粘接强度要求不高的表面可以不除油。

c. 涂胶　配制胶黏剂并均匀地涂刷到被粘接表面。

d. 固化　将被粘接面贴合到一起，在一定温度、一定压力条件下固化。

② 用途及应用实例　乳液型丙烯酸酯胶黏剂及其制品应用的领域如下。

a. 制品包装　主要用于制造压敏胶带，用其制造的胶带、标签、招贴等产品广泛地应用在各行各业及日常生活中。汽车、飞机、机械零件、电器、木制品、塑料及塑料成型制品等的表面保护都采用乳液型丙烯酸酯胶制备的压敏胶带，特别是一些有特殊性能的胶带，如高强度双面胶带、耐高温美纹纸胶带、阻燃胶带、魔术胶带、防晒膜及标示胶带等。

b. 建筑　主要应用于壁纸、地毯制造、瓷砖粘接等方面，也可用来制造嵌缝膏、玻璃腻子以及地板胶等。以 YJ-5 型丙烯酸酯水乳密封膏为代表的一些丙烯酸树脂乳液胶黏剂具有优良的粘接性、延伸性、耐低温性和施工工艺性以及优异的耐老化性能，已经广泛应用到玻璃、陶瓷、钢、铝、混凝土等材料的嵌缝、防水、密封领域。

c. 纺织　大量应用到织物黏合、织物印花、静电植绒、无纺布粘接、涂布纸加工、纸与铝箔粘接、纸塑覆膜聚氯乙烯与纤维素粘接、喷胶棉等方面。

d. 皮革　主要用于钳帮、包头皮、支跟、鞋帮、托底、半托底、支跟皮、衬钢条等的粘接。

(5) 乳液型丙烯酸酯胶黏剂发展方向　通常乳液型丙烯酸酯胶黏剂都是采用加入乳化剂的乳液聚合方法，目前的发展趋势是采用无皂乳液、非水乳液聚合方法以进一步改善胶膜的性能；采用微乳液、细乳液聚合方法，实现聚合反应的可控，从而得到预期性能的胶黏剂。

① 无皂乳液聚合　乳液聚合中不加入乳化剂的无皂乳液聚合技术适合制备具有窄粒径分布及功能化表面特性的胶乳，采用无皂乳液聚合方法制备的乳液型丙烯酸酯胶黏剂纯净且聚合物乳胶膜耐水性好。虽然无皂乳液聚合不存在乳化剂，但可以通过引入反应性组分发挥乳化剂的作用，从而使体系得以稳定。其中，一种方法是利用引发剂分解产生的自由基引发聚合引入离子基团，利用这种方法制得的胶乳、胶粒仅仅依靠引发剂分解产生的离子基团而稳定，乳胶粒表面电荷密度低，聚合速率较小。资料报道，用过硫酸铵做引发剂制备丙烯酸酯印花胶黏剂应用于织物上，可使印花织物的摩擦、皂洗牢度及手感均有明显改善。另一种是采用与单体共聚的方法。共聚单体由于亲水性而位于粒子表面，在一定 pH 值下这些亲水基以离子形式存在，或者依靠它们间的空间位阻效应而稳定胶粒，胶粒之间通过静电排斥作用或空间位阻效应保持稳定。采用上述方法用丙烯酸丁酯与甲基丙烯酸（钠）制成的低聚物代替乳化剂，合成的硅丙乳液胶膜的耐候性、耐水性更优良，应用范围更广。

② 非水乳液聚合　非水乳液聚合是在一种可以溶解单体而不溶解聚合体的溶剂中，以溶解于该溶剂的聚合物为稳定剂，使乙烯基单体进行聚合得到非水乳液，通过这种方法制备高聚合度、高浓度的丙烯酸酯乳液，该乳液成膜性、耐水性、耐碱性等性能都较好。但非水乳液聚合体系稳定性较差，很难得到稳定的分散体系。研究结果表明，如果把有稳定作用可与氢键结合

的成分通过主体化学键结合，从化学结构上使之成为分散粒子的一个组成部分，就可以制得聚合物在有机液中的稳定分散液。Kato 等采用非水乳液聚合法合成了 MMA 和 MAA 的共聚物，并发现当共聚物相对分子质量小于9100 时，聚合反应进行比较平缓，几乎没有凝胶现象。

③ 细乳液聚合　细乳液聚合反应体系经由超声乳化或雾化处理，使其单体液滴仅为 100～400nm 的亚微米大小，细乳液聚合产物的粒子数目、大小、分布相似于被分散的单体液滴大小、数目和分布，因而在反应前就可预测并加以控制；细乳液聚合反应液滴间没有单体的扩散、重新分配和碰撞凝聚，特别是在共聚时其胶粒的共聚组成就是开始时单体液滴内的投料组成，以上性能特点可实现聚合反应的控制。有研究者以甲苯二异氰酸酯和甲基丙烯酸羟乙酯为原料，合成了丙烯酸酯/聚氨酯预聚体，采用细乳液聚合，合成了聚氟丙烯酸酯/聚氨酯细乳液，所得聚合物乳胶粒径在 120～140nm 之间，与单体液滴的粒径几乎完全一对一复制。

④ 微乳液聚合　微乳液聚合是乳液聚合的一个新的前沿发展分支。微乳液是两种不相容的液体由表面活性物质进行稳定而形成的热力学稳定、各向同性、清亮透明的胶体分散体系。微乳液聚合最为重要的特征是它具有各向同性的热力学稳定体系，只要体系组成和温度不变，体系就不会发生凝聚，而且它一般为稳定透明的体系，非常适合进行光化学反应与光聚合的研究。印度的 Roy 和 Devi 用微乳化聚合制备了丙烯酸甲酯、丙烯酸丁酯共聚物成膜材料，颗粒粒径 15～25nm。柯昌美等以过硫酸铵和 N,N,N,N-四基乙二胺为引发剂，对功能性单体丙烯酸、丙烯酰胺、N-羟甲基丙烯酰胺与甲基丙烯酸甲酯、丙烯酸丁酯、丙烯腈等采用半连续乳液聚合方法进行共聚，获得平均粒径小于 50nm 的微胶乳，该微胶乳较常规胶乳具有粒径小且分布均匀、摩擦牢度高、手感柔软、成膜透明、光洁和储存稳定的优点，适于做印花胶黏剂。

5.1.3 反应型丙烯酸酯类胶黏剂

反应型丙烯酸酯类胶黏剂粘接时需经化学反应固化，这种类型胶黏剂主要包括 α-氰基丙烯酸酯瞬干胶、厌氧胶和丙烯酸酯胶黏剂三种。

5.1.3.1 α-氰基丙烯酸酯瞬干胶

(1) **发展历程及性能特点**　α-氰基丙烯酸酯是一类具有特殊材料性能的丙烯酸酯，也叫瞬干胶。其分子结构中强吸电子的氰基（—CN）和强吸电子的酯基（—COOR）同时位于双键的一侧，使双键的电子云强烈极化，该类物质在弱碱性的作用下极易发生阴离子聚合。α-氰基丙烯酸酯瞬干胶最早出现于 1950 年，1959 年实现工业化，1962 年我国开始研制生产，近几年 α-氰基丙烯酸酯瞬干胶发展更为迅猛，用途不断扩大，性能不断提高，新品种不断出现，相继出现了耐热、耐冲击、低臭、导电、阻燃等新品种。

α-氰基丙烯酸酯瞬干胶一般为单组分液态，无需混合，不必另加催化剂；其黏度低，便于涂布，容易润湿，使用方便；固化不必加温加压，节约设备及能源；室温下可瞬间固化，数秒内就可粘牢，对大多数基材如金属、塑料、橡胶等均可粘接，有较高的粘接强度，被粘接表面不必进行特殊处理；α-氰基丙烯酸酯瞬干胶透明性较好，粘接面清洁美观，而且毒性小，无溶剂，可实现100％反应。但该类胶黏剂脆性大，不能承受冲击和振动；其耐热、耐水、耐溶剂、耐候性都比较差，而且在环境湿度过大时易出现白化现象。

(2) 配方组成及粘接机理

① 配方组成及主要组分的作用。

a. α-氰基丙烯酸酯单体　结构式为 $CH_2=\overset{\displaystyle CN}{\underset{\displaystyle |}{C}}-COOR$ ，其中 R 代表烷基，如甲基、乙基、丙基、丁基、异丁基、戊基、庚基、正辛基、癸基等，在工业上大多数采用粘接强度较高的甲酯及乙酯。在医疗方面粘接伤口代替缝合，一般为高碳烷基酯单体。

b. 增稠剂　因为单体的黏度很低，使用时易流到不应粘接的部位，而且不适用于多孔性材料及间隙较大的充填性胶接，因此必须加以增稠。常用的增稠剂有聚甲基丙烯酸甲酯、聚丙烯酸酯、聚氰基丙烯酸酯、纤维素衍生物等。

c. 增塑剂　为改善胶黏剂固化后胶层的脆性，往往加入邻苯二甲酸二丁酯、邻苯二甲酸二辛酯等增塑剂，以提高胶层的冲击强度。

d. 稳定剂　由于单体较易发生聚合，因此必须加入一定量的二氧化硫及对苯二酚稳定剂，以阻止发生阴离子聚合作用及自由基聚合作用。

② 粘接机理　α-氰基丙烯酸酯的固化可以近似认为是氰基丙烯酸酯的本体聚合过程，经历链引发、链增长、链转移、链终止等阶段。当亲核试剂攻击单体分子的 β-碳原子时，就会产生稳定的负碳离子，如果亲核试剂是一个负离子，被引发单体将产生负离子，如果亲核试剂是中性物，将产生一个阳离子和一个阴离子，使体系中有稳定的负碳离子存在，完成引发；这些负碳离子再攻击其他单体生产二元体，进一步和更多的单体反应，直到生成大分子链，完成链增长；增长中的负碳离子不和单体反应而和其他材料反应，将生成一个惰性高分子和一个新的负离子或一个中性物，如果这个负离子或中性物有能力进一步引发聚合，就发生链转移；如果活性增长链在聚合过程中遇到单体以外的物质能使阴离子质子化，则很快阻止聚合反应进行，实现链终止。

链引发反应：

$$HO^- + CH_2=\overset{\overset{CN}{|}}{\underset{\underset{COOR}{}}{C}} \longrightarrow HO-CH_2-\overset{\overset{CN}{|}}{\underset{\underset{COOR}{}}{C}}$$

$$R_3N + CH_2=\overset{\overset{CN}{|}}{\underset{\underset{COOR}{}}{C}} \longrightarrow R_3N^+-CH_2-\overset{\overset{CN}{|}}{\underset{\underset{COOR}{}}{C}}$$

链增长反应：

$$B-CH_2-\overset{\overset{CN}{|}}{\underset{\underset{COOR}{}}{C}} + CH_2=\overset{\overset{CN}{|}}{\underset{\underset{COOR}{}}{C}} \longrightarrow B-CH_2-\overset{\overset{CN}{|}}{\underset{\underset{COOR}{}}{C}}-\overset{\overset{CN}{|}}{\underset{\underset{COOR}{}}{C}}$$

$$\longrightarrow B-CH_2-\overset{\overset{CN}{|}}{\underset{\underset{COOR}{}}{C}}\left[CH_2-\overset{\overset{CN}{|}}{\underset{\underset{COOR}{}}{C}}\right]_n CH_2-\overset{\overset{CN}{|}}{\underset{\underset{COOR}{}}{C}}$$

链转移及链终止反应：

$$B-CH_2-\overset{\overset{CN}{|}}{\underset{\underset{COOR}{}}{C}}\left[CH_2-\overset{\overset{CN}{|}}{\underset{\underset{COOR}{}}{C}}\right]_n CH_2-\overset{\overset{CN}{|}}{C}-COOR + H^+ \longrightarrow$$

$$B-CH_2-\overset{\overset{CN}{|}}{\underset{\underset{COOR}{}}{C}}-CH_2-\overset{\overset{CN}{|}}{\underset{\underset{COOR}{}}{C}}-CH_2-\overset{\overset{CN}{|}}{C}H-COOR\left[\right]_n$$

实际上大多数材料表面均有氢氧根离子存在，一般材料表面都吸附有湿气，α-氰基丙烯酸酯胶黏剂与吸附着的水分子接触，使碳阴离子快速产生，迅速聚合。水分子中的氢氧基能快速而有效地引发聚合反应，几乎是瞬时完成，这就是瞬干胶的反应原理。

(3) 配方设计及生产工艺

① 配方设计　为了获得性能满足使用要求的胶黏剂，需要对 α-氰基丙烯酸酯胶黏剂配方进行精心设计，关键有两点。

a. 根据胶黏剂产品性能要求选择不同烷基结构的 α-氰基丙烯酸酯单体。

α-氰基丙烯酸酯单体的特点是随着烷基数量和结构的不同单体呈现出不同的性能，见表 5-16，而 α-氰基丙烯酸酯单体是决定产品性能的主要材料，因此需要根据胶黏剂的性能要求做出选择，使单体经聚合反应后达到所要求的性能。

b. 通过控制单体中阻聚剂的含量及酸度来改善胶黏剂的性能。

为了提高瞬干胶制备产率和改善储存性，一般要加入阻聚剂如对苯二酚、对甲氧基酚和通入 SO_2 酸性气体；若阻聚剂含量过高，储存过程中水与阻聚剂结合，可引起单体的水解，生成使固化速率变慢的羧酸，使定位时间变慢或失去粘接性，尤其用低密度聚乙烯瓶包装时更是如此。为了保证瞬干胶的固化速率和储存稳定性，必须控制阴离子和自由基聚合反应的阻聚剂，以提高单体纯度，并改进包装的密封性。不同酯基的 α-氰基丙烯酸酯单体的物理性质和相应胶黏剂的胶接强度见表 5-16。

■表 5-16　不同酯基的α-氰基丙烯酸酯单体的物理性质和相应胶黏剂的胶接强度

酯基种类	相对分子质量	沸点(133.3Pa)/℃	密度/(g/cm³)	胶接强度(钢-钢)	
				拉伸/MPa	剪切/MPa
甲基	111	55/4	1.1044	34	23
乙基	125	60/3	1.040	26	14
丙基	139	80/6	1.001	19	11
异丙基	139	—	—	31	15
丁基	153	68/1.8	0.989	17	5
异丁基	153	—	—	18	12
丙烯基	137	75/4.2	1.066	—	—

② 配方实例。

【配方 5-11】KH-504 止血胶黏剂

KH-504 止血胶黏剂配方见表 5-17，依次称量各组分并混合均匀，室温下固化 0.5min，室温时铝剪切强度＞4.5MPa。由于对皮肤有较强的粘接力，所以可用于外科医疗手术上。

■表 5-17　KH-504 止血胶黏剂配方

原材料	配比/质量份	作用
α-氰基丙烯酸丁酯	100	主料单体
二氧化硫	0.01	稳定剂
对苯二酚	0.02	稳定剂

【配方 5-12】新 KH-501 胶黏剂

新 KH-501 胶黏剂配方见表 5-18，依次称量各组分并混合均匀。使用时用 γ-氯丙基三乙氧基硅烷 2％（质量）乙醇液处理被粘表面，晾置 30～40min，涂胶后于 0.01MPa 压力下室温固化几分钟。粘接 45 号钢剪切强度为 20.0～24.2MPa。主要用于金属、塑料和玻璃等粘接。

■表 5-18　KH-504 止血胶黏剂配方

原材料	配比/质量份	作用	原材料	配比/质量份	作用
α-氰基丙烯酸乙酯	100	主料单体	二氧化硫	0.01	稳定剂
聚α-氰基丙烯酸丁酯	0～3	增黏剂	对苯二酚	0.02	稳定剂
邻苯二甲酸异丁酯	3	增塑剂			

【配方 5-13】无白化 α-氰基丙烯酸酯胶黏剂

无白化 α-氰基丙烯酸酯胶黏剂配方见表 5-19，依次称量各组分并混合均匀，20～120s 初固化无白化现象。剪切强度 18MPa，低气味、无白化，用于快速粘接与定位。

■表 5-19 无白化α-氰基丙烯酸酯胶黏剂配方

原材料	配比/质量份	作用
α-甲氧基氰基丙烯酸酯	100	主料单体
二氧化硫	60×10^{-6}	稳定剂
对苯二酚	微量	稳定剂

注：α-甲氧基氰基丙烯酸酯由甲氧基氢乙酸己酯与甲醛缩合反应，然后裂解、精制而成。

【配方 5-14】增韧型 502 胶黏剂

增韧型 502 胶黏剂配方见表 5-20，依次称量各组分并混合均匀，经增韧改性后 502 胶黏剂主要用于耐冲击件的快固化粘接定位，与非增韧型 502 胶黏剂的性能对比见表 5-21。

■表 5-20 增韧型 502 胶黏剂配方

原材料	配比/质量份	作用
α-氰基丙烯酸酯	75	主料单体
嵌段丙烯酸酯共聚物	25	增黏剂

注：甲基丙烯酸甲酯 480 质量份，丙烯酸氯乙烯酯 40 质量份，甲苯 750 质量份，在 20 质量份双(4-叔丁基环己基)过氧二碳酸酯引发剂存在下，于 55℃聚合 7h，然后加入丙烯酸-2-乙基己酯 685 质量份，苯乙烯 5 质量份，甲基丙烯酸环氧酯 40 质量份，继续在该引发剂 16.8 质量份存在下，聚合 16h，得嵌段丙烯酸酯共聚物。

■表 5-21 增韧型 502 胶黏剂的性能

性能	增韧型 502	非增韧型 502
剪切强度/MPa	16.5	16.0
冲击强度/（N/cm）	18500	3200
剥离强度/（N/cm）	10720	28000

【配方 5-15】耐热氰基丙烯酸酯胶黏剂

耐热氰基丙烯酸酯胶黏剂配方见表 5-22，依次称量各组分并混合均匀，常温定位时间 120s，耐热 121℃。用于耐高温工件粘接定位。

■表 5-22 耐热氰基丙烯酸酯胶黏剂配方

原材料	配比/质量份	作用
α-甲氧基氰基丙烯酸酯	80	主料单体
氰基戊二烯双酯	10	交联剂
邻苯二甲酸酐	10	改性剂

【配方 5-16】瞬间胶黏剂

瞬间胶黏剂配方见表 5-23，依次称量各组分并混合均匀，在洁净的粘接面上涂胶后，接触压力下室温 5～60s 基本固化。

■表5-23　瞬间胶黏剂配方

原材料	配比/质量份	作用	原材料	配比/质量份	作用
α-氰基丙烯酸乙酯	90.7	主料单体	二氧化硫	0.01～0.10	稳定剂
聚甲基丙烯酸甲酯	6.0	增黏剂	对苯二酚	0.01	稳定剂
癸二酸二甲酯	3.3	增塑剂			

③ 生产工艺　α-氰基丙烯酸酯胶黏剂的生产过程包括聚合、裂解、精制三步，具体流程如图5-7所示。

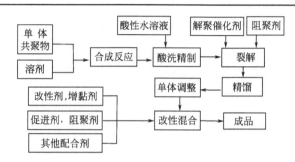

■图5-7　α-氰基丙烯酸酯胶黏剂的生产工艺流程图

(4) 应用

① 使用方法　虽然α-氰基丙烯酸酯胶黏剂是单组分反应型胶黏剂，使用较为方便，无需对操作者进行严格培训，但有时也不是随便粘接就能收到预期效果。只有设计正确的使用方案才能用得更加合理。根据α-氰基丙烯酸酯粘接的实际情况和质量要求，粘接工艺可按以下任意一个步骤进行操作：

a. 表面处理→涂胶→叠合→加压→固化

b. 表面处理→装配→定位→渗浸涂胶→固化

c. 表面处理→涂底胶→涂胶→叠合→加压→固化

d. 表面处理→装配→定位→渗浸涂胶→涂底胶

表面处理：表面处理的目的是改善被粘物的表面状况，增大粘接力；表面处理一般是将被粘物表面打磨至一定粗糙度，然后用适当的有机溶剂对被粘物表面脱脂清洁，并进行干燥；被粘物表面残留碱性物质，则会加速α-氰基丙烯酸酯胶黏剂固化，如残留酸性物质，则减慢固化。

涂底胶：为了粘接酸性多孔材料、大间隙材料、聚乙烯、聚丙烯、硅橡胶等，提高对聚氨酯、聚乙烯醇缩醛、软质聚氯乙烯、玻璃、陶瓷等的粘接强度和耐久性，防止白化，包封保护等都要在涂α-氰基丙烯酸酯胶黏剂之前或最后涂底胶。

涂胶：涂胶量要适当，太少会造成缺胶，过多又会减慢固化速率，降低粘接强度；对小件组装、嵌接、裂缝修补、针孔堵漏等可采用渗浸法涂胶，即先将被粘接件定位，然后滴胶，借毛细作用吸入粘接面；被粘物形状和材质相同时，任何一面涂胶均可。若形状和材质不同时，一般应涂胶于粘接面向上、面积较小、固化速率慢、难渗透的一面。

晾置时间：涂胶后晾置时间的长短对粘接强度影响很大，要控制适当的晾置时间。

叠合：对准位置叠合，叠合后最好不要错动，否则会影响粘接强度。

固化：加压以保持被粘物紧密接触；固化速率与固化温度、环境湿度有关，粘接部位的温度和湿度高，固化速率快。

② 用途及应用实例　α-氰基丙烯酸酯胶黏剂的独特性能使其能粘接多种材料，其室温快速固化的特性对于组装及精密细小部件的粘接最为方便，因此，在很多领域中获得了成功的应用；尤其在电子、电器、仪表、精密机械、交通运输、体育用品、玩具、家具、乐器、工艺品、医疗等行业颇受欢迎。

a. 医疗　α-氰基丙烯酸酯胶黏剂适于皮肤、脏器、神经、肌肉、血管、黏膜等软组织的粘接，在临床上用于闭合创口、皮肤移植、管腔器官的连接以及肝、肾、肺、脾、胰、胃肠道等损伤的止血。此外，在眼科、骨科、口腔科都得到广泛地应用。用作缝合剂和止血剂具有使用方便、固化迅速、无毒、止血效果好等优点。同时该胶黏剂提供了使伤口快速闭合的简单方法，可以免除拆线痛苦，皮肤呈线状愈合、无缝线异物反应，避免了在变形组织、薄弱组织或者削弱组织的情况下进行手术的困难，对外科手术的进步和新方法的开发产生了深远的影响。

b. 电子、电器工业　α-氰基丙烯酸酯胶黏剂是粘接小的电子元件的理想胶黏剂，可用于计算器、计算机装配、唱机针头盒、盒式录像带、导线和线圈粘接以及在显微加工器、助听器、小型电机、电动剃须刀、吸尘器、音响设备零件粘接中应用。

c. 精密机械工业　α-氰基丙烯酸酯胶黏剂可用于轴承、量具制造时工艺加工的临时固定，粘接设备铭牌，O形橡胶密封圈制造定位，照相机、光学透镜、手表、医疗器械零件粘接，掺金属粉堵铸件砂眼等。

d. 交通　用于飞机内部零件粘接，汽车门窗密封条与车身粘接，橡胶垫圈定位，振荡器喇叭粘接，橡胶垫圈与汽车恒温器的粘接，塑料标志和橡胶印模粘贴，燃料或空气过滤器粘接等。

(5) α-氰基丙烯酸酯胶黏剂发展方向

① 提高综合性能　α-氰基丙烯酸酯胶黏剂虽然具有瞬间固化、使用方便等优点，但其耐热性、耐水性、耐冲击性等性能还不尽如人意，因此，现在许多研究人员通过各种方法进一步对该胶黏剂进行改性。

α-氰基丙烯酸酯胶黏剂固化后一般具有热塑性性质，玻璃化温度不高，耐热性不是很理想。改善其耐热性方法主要有两种，一种方法是加入交联剂，如双氰基丙烯酸酯、氰基丙烯酸烯丙基酯、氰基戊二烯酸单酯或双酯，这些交联剂可以使线型大分子之间产生适当交联而具有一定程度的热固性，从而提高胶黏剂的耐热性；另一种方法是加入耐热黏合促进剂，如多元羧酸、酸酐、酚类化合物等弱酸性物质，改善界面状态，提高粘接强度和耐热性，使胶层受热时不丧失粘接力。

α-氰基丙烯酸酯胶黏剂耐水性的改善方法主要有两种：一种是加入交联剂或共聚单体，使线型结构聚合物变成网状结构聚合物，从而提高α-氰基丙烯酸酯聚合物本身的水解稳定性；另外一种方法是加入适量的硅烷偶联剂改善胶黏剂与被粘物的表面状况，提高耐水性。

α-氰基丙烯酸酯胶黏剂的脆性较大，剥离强度较差，尤其是在自然老化以后更差。过去是加入增塑剂，可以改善胶黏剂的韧性，但由于长期使用时增塑作用的单体耗尽，老化后韧性仍很不理想；现在较为先进的方法是在胶黏剂中加入塑性较好的单体或者加入弹性体（聚氨酯橡胶、羧基丁腈橡胶、丙烯酸酯橡胶、嵌段或接枝共聚物等），增韧效果较好，制备的胶黏剂韧性、老化性能均较为理想。

② 改善储存稳定性与固化性能　α-氰基丙烯酸酯胶黏剂一般为单组分胶黏剂，使用较为方便，但如何解决储存稳定和快固化的矛盾，制备出储存稳定且固化性能好的胶黏剂是未来发展的一个重要方向。针对α-氰基丙烯酸酯单体阴离子聚合或自由基聚合反应方式，为改善储存稳定性必须加入两类阻聚剂：一类是阻止自由基聚合的对苯二酚、对甲氧基苯酚、受阻酚等酚类化合物，其目的是防止热、光和其他可能的自由基源引起的过早聚合；另一类是阴离子聚合阻聚剂，最为有效且应用广泛的是 SO_2 酸性气体。而α-氰基丙烯酸酯胶黏剂的特点是瞬间固化，如何在添加各种阻聚剂的情况下还能保证较好的固化性能，是配制这种胶黏剂需要重点解决的问题。α-氰基丙烯酸酯胶黏剂的固化对阻聚剂或减缓阴离子聚合的酸性表面很敏感，因此粘接酸处理的表面、潮湿木材等，必须用碱性物质作为底胶，加速其固化，起到阴离子聚合引发剂作用。醇类、环氧化物、仲胺、叔胺、乙醇胺、咖啡碱、三氮杂苯、氢氧化钾、溴化钾等引发剂均可用适当的溶剂配置做成底胶，在涂α-氰基丙烯酸酯胶黏剂之前使用。但上述引发剂只能做底胶，实际应用很不方便。皇冠醚、硅烷冠醚、芳醚及各种线型聚乙烯基醚等自身不引发聚合的促进剂可直接加入胶液中，既可加速固化，又不影响储存稳定性。

③ 注重环保性能　普遍使用的α-氰基丙烯酸酯胶黏剂刺激性气味大，污染环境，危害健康，易出现白化现象；比较新的品种是烷氧基氰基丙烯酸酯胶黏剂，其结构是在酯键上的 β-碳上连有甲氧基或乙氧基的氰基丙烯酸乙酯，这类单体基本无臭，蒸气压较低，白化性大大降低，是未来发展前景较好的环保型氰基丙烯酸酯胶黏剂。

5.1.3.2 厌氧胶

(1) 发展历程及性能特点　厌氧胶又称"厌氧性胶黏密封剂"，是一种具有厌氧特性的胶黏密封剂，能起到粘接、固定和密封作用。丙烯酸酯类单体和树脂是厌氧胶的主要成分，约占其总配比的 90% 以上。该类单体包括丙烯酸、甲基丙烯酸的双酯或某些特殊的丙烯酸酯树脂。最早的厌氧胶是在20 世纪 40 年代发明的，是在单体通氧的条件下制成的，但胶黏剂储存稳定性差，20 世纪 50 年代无需通氧且储存稳定的厌氧胶研制成功，随后在 20 世纪 60 年代通用型厌氧胶实现了商品化，但由于不适合大间隙使用、固化后胶层脆，应用不是很广泛。20 世纪 60 年代末期，大间隙固化、韧性好的结构厌氧胶的研制成功使厌氧胶的应用范围扩大，而到了 20 世纪 70 年代，随着紫外固化技术和微胶囊技术的发展，快固化、储存稳定厌氧胶品种的研制成功，使厌氧胶的使用工艺更加简化，厌氧胶越来越受到广大使用者的青睐，一些西方国家现在每年厌氧胶的产量达 5000 多吨。我国自 1972 年首次研制成功第一种厌氧胶后，厌氧胶的研制和生产就呈现突飞猛进的发展趋势，现在国内厌氧胶有几百个品种，年产量也达到 2000t 以上，应用范围涉及机械、电子、航空和航天等多个领域。

厌氧胶一般为单组分胶黏剂，黏度变化范围较大，不需要称量、混合和配制，储存稳定、储存期较长。这类胶黏剂溶剂含量低，毒性较小，是一种较好的环境友好型胶黏剂。厌氧胶可室温快速固化，固化收缩率小、密封性能好，耐热、耐压、耐低温、耐溶剂、耐油、耐酸碱，但粘接强度和韧性较差，耐水性也不好。厌氧胶工艺性能较好，可实现自动化作业，对被粘接材料表面处理要求不严，可实现油面粘接，而且其暴露在空气中的部分不固化，较易清除。

(2) 配方组成及粘接机理

① 配方组成及主要组分的作用　厌氧胶黏剂是一种引发和阻聚共存的平衡体系，一般由基体树脂、引发剂、促进剂、助促进剂、稳定剂、阻聚剂等组分组成，必要时还可以添加表面活性剂、填料、增稠剂、染料、增塑剂、触变剂和紫外吸收剂等。基体树脂分子结构中具有一个或多个丙烯酸或丙烯酸的 α-取代物的基团，其他部分结构可以根据性能的需求不同进行选择，其分类和结构特点见表 5-24，助剂的作用和常用材料见表 5-25。

■表 5-24　厌氧胶黏剂基体树脂的分类和结构特点

基体树脂分类	结构和特点
聚醚型丙烯酸酯	由多元醇和（甲基）丙烯酸类化合物合成制备而成，制造工艺简单，原料易得，但胶黏剂固化后耐热性和耐水性较差 空气氧化厌氧型：需不断充氧气，以防止胶黏剂固化 过氧化物厌氧型：可以在空气中储存
聚酯型丙烯酸酯	由多元醇或多元酸和（甲基）丙烯酸类化合物合成制备，具有较高的交联结构，本体内聚力大；其分子结构中含有羟基和羧基两个极性基团，具有较强的粘接力，黏度较大
环氧型丙烯酸酯	由环氧树脂与（甲基）丙烯酸酯通过酯化反应制成。分子链中的苯环提供材料良好的刚性和耐热性，醚键提供良好的柔韧性，羟基和酯基可以提供良好的粘接力。甲基丙烯酸酯上的侧甲基能保护酯键，耐水性、耐化学溶剂性能较好。树脂的黏度较大，需与低黏度单体或稀释剂配合使用
带极性基团的丙烯酸酯	端部带有羟基、羧基、氨基或有机硅氧烷极性基团的丙烯酸酯树脂。端部带有的羟基、羧基、氨基的树脂粘接强度较高；端部带有有机硅氧烷的树脂具有较好的耐热性
聚氨酯丙烯酸酯	用多异氰酸酯、长链二醇和丙烯酸酯羟基酯经两步反应制成。主链上含有氨基甲酸酯键和异氰酸酯键，具有较好的粘接强度、耐水性、耐热性

■表 5-25　厌氧胶黏剂助剂的作用和常用材料

组分	特点与作用	常用材料
引发剂	活化能较高，能产生自由基，在隔绝空气后靠引发剂产生自由基引发丙烯酸酯树脂固化	异丙苯过氧化氢、叔丁基过氧化氢、过氧化甲乙酮、过氧化异丙苯、苯甲酸过氧化叔丁酯、醋酸过氧化叔丁酯和 2,5-二甲基-2,5-二过氧化氢己烷等
促进剂	兼顾厌氧胶固化速率和储存稳定性，在引发剂引发树脂聚合时加速树脂聚合，使厌氧胶很快达到一定的粘接强度，而在储存期间不起作用	胺类：N,N-二甲基苯胺、二甲基对苯二胺、三乙胺、辛胺、三乙醇胺氮化合物：酰胺、肼、腙、叠氮化合物以及重氮盐
助促进剂	加速促进剂固化作用	亚胺类：邻苯磺酰亚胺（俗称糖精）、邻苯二酰亚胺、三苯基膦等羧酸类：抗坏血酸、甲基丙烯酸
阻聚剂	能与自由基结合而使自由基失去活性，既可确保储存稳定性，又对固化速率不产生明显影响，提高厌氧胶的储存稳定性	氢醌、蒽醌、1,4-萘醌、苯醌和 2,5-二苯基对苯醌等
稳定剂	消除或削弱树脂配置中混入的微量变价金属，被引发剂氧化成金属离子或在叔胺类促进剂作用下还原成低价离子，形成氧化-还原体系，引发胶液中树脂的自由基聚合反应，能使厌氧胶长期稳定储存，又不影响胶使用时快速固化	多芳环的叔胺盐、卤代脂肪单羧酸、硝基化合物和金属螯合物等
表面活性剂	减弱胶液对油膜的敏感程度，降低对工件表面清洗的要求	十二烷基（苯）磺酸钠、聚氧乙烯烷基酚醚等
增塑剂	增加胶的塑性	邻苯二甲酸二辛酯、癸二酸二辛酯
触变剂	避免胶在垂直面上发生流淌	气相白炭黑或熔点稍高的酯类、脂肪酸及盐类
增稠剂	增加胶的初黏性	聚苯乙烯、聚甲基丙烯酸甲酯、聚乙烯醇缩丁醛和聚乙二醇等
填料	降低成本、减少收缩率	
染料和颜料	调色	

　　② 粘接机理　厌氧胶中的引发剂、促进剂和助促进剂形成氧化-还原体系引发树脂聚合从而快速固化，其反应机理为自由基聚合反应（见第 2 章 2.4.2）。

(3) 配方设计及生产工艺

　　① 配方设计　厌氧胶一般为单组分胶黏剂，胶黏剂中既有氧化剂又有还原剂，因此在配方设计时既要考虑到胶黏剂能快速固化又要保证胶黏剂储存的稳定性。配制厌氧胶的关键有三点。

　　a. 要有一个强有力的氧化-还原体系。只有适合的氧化-还原体系才能在所需的温度甚至室温条件下，产生活性自由基，引发胶黏剂固化。

b. 要解决快速固化与储存稳定性之间的矛盾。胶液的组分较复杂，除了过氧化物引发剂、促进剂外，还可能存在一些过渡金属离子，这些都可能使引发剂分解引起自由基聚合反应，使胶黏剂过早凝胶，可以采用在胶液中加入阻聚剂的方法消灭已产生的自由基，而更好的方法是在胶黏剂制备过程中采用乙二胺四乙酸二钠盐处理丙烯酸单体和丙烯酸树脂，从而降低胶液中金属离子的含量，减少阻聚剂的添加量，使胶液既能快速固化又具有稳定的储存性。

c. 要有适合的单体与树脂的组合。每种单体和树脂均具有不同的特性，使用时需根据胶黏剂的性能要求选用不同的单体和树脂组合，从而获得不同强度、不同黏度、不同性能的厌氧胶。

② 配方实例

【配方 5-17】XQ-1 厌氧胶

XQ-1 厌氧胶配方见表 5-26，依次称量，混合均匀后使用。使用时先用表面处理剂隔氧，室温固化；粘接钢剪切强度为 17MPa，铝剪切强度为 9.5MPa，使用温度在 100℃ 以下；这种胶主要用于防漏密封、螺钉柱销固定和金属塑料粘接等。

■表 5-26　XQ-1 厌氧胶配方

组分	原材料	配比/质量份	作用	组分	原材料	配比/质量份	作用
A	309 聚酯型丙烯酸树脂	100	主料	B	促进剂 M	2	促进剂
	丙烯酸	2	改性剂		二茂铁	0.25	促进剂
	过氧化二异丙苯	5	引发剂		620 聚硫	0.2	促进剂
	糖精	0.3	促进剂		二氯甲烷	67	溶剂
	三乙胺	2	促进剂		丙酮	33	溶剂
	气相法白炭黑	0.5	触变剂				

【配方 5-18】Y-150 厌氧胶

Y-150 厌氧胶配方见表 5-27，依次称量，混合均匀后使用。使用时需隔氧，室温固化。粘接铝剪切强度＞9MPa，钢破坏扭矩为 3100～3800N/cm。可用于防漏密封及螺钉、柱销固定和金属粘接等。

■表 5-27　Y-150 厌氧胶配方

原材料	配比/质量份	作用	原材料	配比/质量份	作用
环氧丙烯酸双酯	100	主料	糖精	0.3	促进剂
丙烯酸	2	改性剂	三乙胺	2	促进剂
过氧化羟基二异丙苯	5	引发剂	气相法白炭黑	0.5	触变剂

【配方 5-19】铁锚 300 厌氧胶

铁锚 300 厌氧胶配方见表 5-28，依次称量，混合均匀后使用。使用时隔氧,室温固化。铝破坏扭矩＞1500N/cm,钢牵出扭矩(也称松出扭矩、脱出扭矩)＞3000N/cm。该胶可用于防漏密封及螺钉、柱销固定和金属塑料粘接等。

■表 5-28　铁锚 300 厌氧胶配方

原材料	配比/质量份	作用	原材料	配比/质量份	作用
甲基丙烯酸甲酯	100	主料	过氧化二异丙苯	1~3	引发剂
二甲基苯胺	适量	促进剂	对苯醌	适量	稳定剂

【配方 5-20】BN-601 厌氧胶

BN-601 厌氧胶配方见表 5-29,依次称量,混合均匀后使用。先在室温下初固化 10min,然后再固化 48h;粘接钢剪切强度为 30MPa,铝为 20 MPa。它耐机油、海水、乙醇及 10%NaOH 溶液,即使浸泡 40 天,其基本性能也不会变。主要用于螺栓、柱销紧固、防漏密封及金属、塑料和陶瓷等粘接。

■表 5-29　BN-601 厌氧胶配方

原材料	配比/质量份	作用	原材料	配比/质量份	作用
异氰酸酯甲基丙烯酸酯	40	主料	糖精	0.5	促进剂
聚醚型聚氨酯丙烯酸双酯	30	主料	三乙胺	1	促进剂
甲基丙烯酸羟丙酯	30	改性单体	对苯醌	0.04	稳定剂
甲基丙烯酸	2	改性剂	二甲基苯胺	0.1	促进剂
过氧化二异丙苯	4	引发剂			

【配方 5-21】厌氧胶 MJ-35

厌氧胶 MJ-35 配方见表 5-30,依次称量,混合均匀后使用。主要用于螺栓、柱销紧固、防漏密封及金属、塑料和陶瓷等粘接。

■表 5-30　厌氧胶 MJ-35 配方

原材料	配比/质量份	作用	原材料	配比/质量份	作用
异氰酸酯甲基丙烯酸酯	40	主料	糖精	0.5	促进剂
聚醚型聚氨酯丙烯酸双酯	30	主料	三乙胺	1	促进剂
甲基丙烯酸羟丙酯	30	改性单体	对苯醌	0.04	稳定剂
甲基丙烯酸	2	改性剂	二甲基苯胺	0.5	促进剂
过氧化异丙苯	4	引发剂	丙酮	100	溶剂

【配方 5-22】YY-923 厌氧胶

YY-923 厌氧胶配方见表 5-31,A、B 组分分别称量,混合均匀。使用时,在处理过的试片上分别涂上 A、B 两组分,合片室温固化 2min 以上,剪切强度为 4.8MPa,拉伸强度为 24.0MPa,主要用于铁氧体的粘接。

■表 5-31 YY-923 厌氧胶配方

组分	原材料	配比/质量份	作用	组分	原材料	配比/质量份	作用
A	618/丙烯酸/癸二酸环氧丙烯酸酯	10	主料	B	N,N-二甲基苯胺	2	促进剂
	313 聚酯树脂	3	主料		甲基丙烯酸甲酯	10	活性单体
	过氧化苯甲酰	0.3	引发剂		南大-42	2	偶联剂
	甲基丙烯酸甲酯	2.7	活性单体				
	丙烯酸	1	改性剂				

③ 生产工艺 厌氧胶的生产工艺较为简单，一般是将树脂和单体注入反应釜中，混合均匀，然后按照配方分别加入引发剂、促进剂、助促进剂等配合剂，混合均匀，配制好的胶料放入储存罐中，然后通过包装机包装制成成品，其工艺流程见图 5-8。

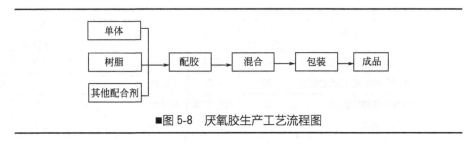

■图 5-8 厌氧胶生产工艺流程图

(4) 应用

① 使用方法 厌氧胶与乳液型丙烯酸酯胶黏剂使用时的基本步骤类似，包括打磨、脱脂、涂胶、粘接和固化等。

② 用途及应用实例 厌氧胶因其独特的固化特性使其广泛应用于机械、宇航、军工、汽车、电子和电器等行业，主要用于锁紧、密封、固持、粘接、堵漏等方面。

a. 锁紧防松 金属螺钉受冲击振动很容易松动或脱扣，传统的机械锁固方法不够理想，而化学锁固方法价廉效高。使用时将厌氧胶涂于螺钉之上装配，固化后形成坚韧的塑性胶膜，可有效地防止相对滑动和冲击振动，使螺钉锁紧不会松动，这种方法方便快捷，防松效果优异。国内锁固厌氧胶的牌号、品种较多，应用较为成熟，具有特色的厌氧胶有 GY 厌氧胶系列和 ZY 厌氧胶系列。GY 系列厌氧胶采用双酚 A 环氧的甲基丙烯酸甲酯作为主体材料，改善了胶黏剂的耐介质性能和耐老化性能。ZY 系列厌氧胶使用苯三酸为原料合成三甲基丙烯酸酯，提高了交联度，改善了胶黏剂的综合性能。

b. 密封防漏 任何平面都不可能完全紧密接触，产生泄漏很难避免，传统的方法是用橡胶、石棉、金属等垫片密封，但因老化和腐蚀很快就会渗漏。而厌氧胶代替固化胶片，由于无溶剂，固化后体积收缩小，可实现紧密接触。加之具有耐压、耐溶剂、耐老化、耐振动等优点，所以密封持久，防漏效果好。

c. 固持定位　以往的圆柱形组件，如轴承与轴、皮带轮与轴、轴承与孔座、衬套与孔等轴承配合组件固定方法复杂，对工件的加工精度要求很高，其间的配合很容易产生磨损或腐蚀，很容易出现松动。而使用厌氧胶填满配合间隙，固化后形成坚韧的耐介质、耐温的粘接层，牢固耐久，密封稳定可靠，不但效率高，而且加工费用低。

d. 结构粘接　由于厌氧胶的快速固化以及韧性、强度和耐久性的改进，使其可以作为结构胶使用。其安全性和方便性优于α-氰基丙烯酸酯胶黏剂和第二代丙烯酸酯胶黏剂。紫外光固化的新型厌氧结构胶具有固化速率快，粘接强度高、粘接定位快、耐湿性良好等优异性能，广泛应用于电子和电气工业。

e. 填充堵漏　对于有微孔的铸件、压铸件、粉末冶金和焊接件等，可将低黏度的厌氧胶涂于缺陷处，使胶液充满孔隙固化后达到堵漏效果。这种新技术已在铸造行业推广使用。

(5) 发展方向

① 耐高温厌氧胶　普通厌氧胶长期耐热温度在150℃以下，而现在工程上机械产品需要工作温度较高，耐热温度较高的厌氧胶研制将是未来发展的一个重要方向。提高厌氧胶耐热性一般采用在胶黏剂中加入热性能较好的单体或树脂制备的技术路线，可供选择的耐温树脂有马来酰亚胺树脂、聚酰亚胺树脂、聚四氟乙烯、三嗪树脂等，采用这种方法可以使胶液较长期耐热老化温度达到230℃、短期耐热温度260℃。近年来，国外采用有机硅改性丙烯酸酯厌氧胶可以大幅度提高厌氧胶的耐温性，但这方面国内却少有报道，高耐温性的有机硅改性丙烯酸酯厌氧胶将是未来厌氧胶发展的一个趋势。

② 真空浸渗厌氧胶　压铸件、粉末冶金件和各种铸件均需要将其存在的微孔加以填充密封来解决渗漏，在美国以及许多西方国家均已采用厌氧性浸渗胶进行密封。真空浸渗厌氧胶的品种很多、销量相当大。国内虽然有过浸渗厌氧胶的研制报告，但应用较少，特别是近些年相关新技术和新产品比较少，从发展的角度来看，需要国内同行共同努力，真正掌握这种胶黏剂的先进技术。

③ 微胶囊型厌氧胶　微胶囊厌氧胶是20世纪80年代研制和生产的一种新型厌氧胶，其最突出的优点是预涂性好。制造微胶囊厌氧胶的方法有界面聚合法、胶定向聚合法、液相表层固化法、水溶液相分离法、液相干燥法、熔融分散冷却法。现在较先进的技术是省去厌氧胶微胶囊的制备和分离等工序而直接在水液中制成产品，方法是将厌氧胶胶液以及其他所需的改性组分加入到由马来酸酐/苯乙烯等合成的多元共聚物的水溶液中，搅拌至厌氧胶液分散成悬浮液滴，此悬浮液是储存稳定的产品。另外，将引发剂制成

一定大小的微胶囊,将悬浮液与引发剂微胶囊按比例混合,就可用涂布机涂布于螺纹件上,烘干形成含有许多微小液滴的"微胶囊化"预涂层的螺纹件,应用时微胶囊被挤压流出的胶液迅速反应固化,达到锁固密封的效果。

④ 结构型厌氧胶 厌氧胶虽然有很多优点,但粘接强度和韧性较差,耐水性也不理想,很少用于结构材料的粘接。国外现在已经有大量的结构厌氧胶研制成功并批量生产,国内相关报道还很少,如何克服厌氧胶的上述缺点,制备出性能优异的结构型厌氧胶,扩大厌氧胶的使用范围是厌氧胶发展中急需解决的问题。

5.1.3.3 新型快固化丙烯酸酯胶黏剂

(1) 发展历程及性能特点 丙烯酸酯胶黏剂出现于 20 世纪 50 年代,由于固化速率慢、性能一般,发展不快。20 世纪 70 年代,美国杜邦公司开发成功一种新型快固化丙烯酸酯胶黏剂,又名第二代丙烯酸酯胶黏剂(SGA),并于 1975 年投放市场。该胶操作方便、具有高的反应性,固化速率快,可油面粘接,耐冲击、抗剥离,粘接综合性能优良,被粘接材料广泛,因此近年来发展较快。随着科技的发展,又出现了紫外光固化或电子束固化的丙烯酸酯胶黏剂,称为第三代丙烯酸酯胶黏剂。

丙烯酸酯胶黏剂特别是第二代、第三代丙烯酸酯胶黏剂具有优异的特性,可室温快速固化,一般十几秒即可定位,几十秒或十几分钟便可实现固化;对粘接面不需严格的表面处理,可用于油面粘接;虽然大部分为双组分胶黏剂,但配制时不需精确计量,可混合后使用,也可将两组分单独涂布,然后叠合粘接;丙烯酸酯胶黏剂粘接强度高、韧性好、剥离强度和冲击强度均较高;其耐介质性、耐高温性、耐低温性、耐湿热老化性、耐大气老化性能较好;该类胶黏剂收缩率较低,用途广泛,可用于异种材料的粘接,且可以 100% 参与反应;但该类胶黏剂气味较大,储存期较短。

(2) 配方组成及粘接机理

① 配方组成 新型快固化丙烯酸酯胶黏剂分为底涂型、双主剂型和光固化型三大类。

a. 底涂型 也称底胶型、非混合型,即预先将氧化-还原引发体系中的一部分(氧化剂或还原剂)溶于适当的溶剂中,做成底胶,另一部分则配入主剂中,先将底胶涂于被粘物表面(一面或两面)晾干,粘接之前再涂主剂,叠合后底胶中的氧化剂和主剂中的还原剂构成氧化-还原体系而引发聚合固化。

b. 双主剂型 又称混合型、AB 型,即将弹性体溶解于反应型丙烯酸酯单体中,加入稳定剂、引发剂等配成 A 剂,以弹性体溶解于反应型丙烯酸酯单体中,加入促进剂、增塑剂等配成 B 剂,粘接时将 A、B 分别涂于两被黏物表面上,叠合后便可固化,也可将 A、B 两组分等体积混合后再涂胶粘接。

c. 光固化型 将快固化反应型丙烯酸酯胶黏剂的引发剂和促进剂换成

光敏剂和增感剂，即可实现紫外光固化或电子束固化。光固化丙烯酸酯胶黏剂可配制成单组分胶黏剂。

无论上述哪种类型的丙烯酸酯胶黏剂，其配方均由丙烯酸酯单体或预聚物、弹性体、增韧树脂、引发剂、光敏剂、促进剂、稳定剂、增稠剂、触变剂等组分组成。

单体：所用的反应性单体有单官能单体、多官能单体或是预聚物，常用的单体主要有甲基丙烯酸甲酯、甲基丙烯酸乙酯、甲基丙烯酸丁酯、甲基丙烯酸-2-乙基己酯、甲基丙烯酸-β-羟乙（丙）酯、甲基丙烯酸缩水甘油酯等，为了改善性能还可以加入其他单体，如苯乙烯、醋酸乙烯、丙烯酰胺、乙烯基甲苯、甲基苯乙烯等。

弹性体和增韧树脂：常用的弹性体有氯磺化聚乙烯、丁腈橡胶、氯丁橡胶、丙烯酸酯橡胶、聚醚橡胶、苯乙烯-丁二烯-苯乙烯嵌段共聚物（SBS）、丙烯腈-丁二烯-苯乙烯共聚物（ABS）和甲基丙烯酸甲酯-丁二烯-苯乙烯共聚物（MBS）等；加入的这些弹性体在胶液自由基聚合中有的参与反应，产生接枝共聚物，有的会形成"海岛"结构，从而提高韧性、耐冲击性、耐疲劳性、耐久性和剥离强度；同时弹性体的加入还可以调节黏度，降低固化收缩率。

引发剂：又叫氧化剂，通常是过氧化物，较为常用的有过氧化苯甲酰（BPO）、叔丁基过氧化氢（BHP）、异丙苯过氧化氢（CHPO）、过氧化甲乙酮（MEKP）、过氧化二异丙苯（DCP）等；其中 BHP 和 CHPO 在反应性、安全性和储存稳定性方面都优于其他过氧化物，尤其 CHPO 室温下为液态，使用更加方便。

光敏剂：任何能吸收辐射能，经化学变化产生具有引发能力的活性中间体的物质都可成为光引发剂（光敏剂）。在光固化丙烯酸酯胶黏剂中一般加入自由基型光引发剂，主要有裂解型和夺氢型两种。裂解型引发剂在吸收紫外光后分子中与羰基相邻的 C—C 键发生断裂形成自由基，此类材料主要有安息香及其衍生物、苯偶酰缩酮、苯乙酮衍生物以及部分含硫光引发剂；夺氢型引发剂受到光照时并不进行分解反应，而是从一个 H 供体分子中提取一个 H，产生一个羰基自由基和一个供体自由基，此类材料主要有二苯甲酮、邻苯甲酰苯甲酸甲酯、各种蒽酮衍生物、烷硫基二苯甲酮、双二苯甲酮硫醚化合物及双苯硫基联二苯甲酮类化合物等。

促进剂：又称还原剂，是能与有机过氧化物反应在室温下产生活性自由基的物质，它可以与过氧化物组成一个强有力的氧化-还原引发体系。常用的促进剂有胺类化合物、硫脲类、金属有机化合物、酮类、硫化合物、磷化合物等；胺类化合物主要有 N,N-二甲基苯胺、N,N-二乙基苯胺、N,N-二甲基对甲基苯胺、正丁醇-苯胺缩合物 808、丁醛-正丁胺缩合物 833、三乙胺、苄基二甲胺、2,4,6-三（二甲氨基甲基）苯酚（DMP-30）；硫脲类化合物主要有硫脲、亚乙基硫脲、三甲基硫脲、四甲基硫脲、苯基硫脲；金属有机化合物主要有萘酸钴、环烷酸钴、醋酸钴、萘酸锰、辛酸铜、乙酰丙酮钒；酮类化合物主要有乙酰丙酮、苯甲酰丙酮、二苯甲酰丙酮；硫化合物主要有十二烷基硫醇、α-羟基丁基苯并噻唑；磷化合物主要有三（α-乙基己基）磷酸酯、三苯基磷。

稳定剂：在配制胶黏剂时单体中加入引发剂后可能会引发聚合，为了保持一定时间的室温储存性，需要加入一定量的稳定剂（阻聚剂），常用的稳定剂有对苯二酚、对苯酚、对甲氧基苯酚及硝基化合物等；另外一些有机酸和无机酸的碱金属盐、锌盐、镍盐和铵盐也可以提高胶黏剂储存稳定性。

② 粘接机理 新型快固化丙烯酸酯胶黏剂的固化反应是一种包括共聚、嵌段、接枝、交联在内的，由氧化-还原引发体系引发的复杂自由基聚合反应，其基本遵循链引发、链增长和链终止的自由基聚合规律。

(3) 配方设计及生产工艺

① 配方设计 新型快固化型丙烯酸酯胶黏剂主要是通过自由基聚合反应胶接固化的，因此，其配方需根据自由基聚合反应的特点进行设计，在设计时要关注以下四个方面。

a. 有效的氧化-还原引发体系 在新型快固化型丙烯酸酯胶黏剂中，为使自由基固化反应顺利进行，需要加入引发剂，但由于引发剂的热分解温度较高，单独加入引发剂很难实现室温固化，更谈不上室温快速固化了，为此需要加入促进剂和助促进剂，以降低引发温度，提高引发效率，使胶黏剂在室温条件下快速固化。但并不是所有的促进剂、助促进剂加入到引发剂中都会明显提高引发效率，不同的引发剂需要不同的促进剂和助促进剂有效配合才能发挥出最大的引发作用，同时由于引发剂、促进剂和助促进剂的用量也对丙烯酸酯胶黏剂的固化速率有较大的影响，因此，需要选择适当的配比以提高固化速率。表 5-32 列出了不同引发剂和不同促进剂的较佳组合。

■表 5-32　较佳的引发剂和促进剂组合

引发剂	促进剂
酮过氧化物	金属皂类、金属皂类与叔胺类并用、金属皂类与 1，3-二酮类并用、硫醇类
二酰基过氧化物类	叔胺
氢过氧化物类、异丙苯基过氧化氢	醛-胺缩合物、钒促进剂、三乙胺、取代基硫脲
过氧酯类、过辛酸叔丁酯	金属皂类、钒促进剂

b. 适合的单体组合 反应性单体除了对丙烯酸酯胶黏剂性能有较大影响以外，还具有溶解弹性体等各种配合剂的作用。因此，在选择反应性单体时，除了要考虑所要研制丙烯酸酯胶黏剂的性能要求以外，还要考虑反应性单体对弹性体和其他配合剂的溶解性，从而选出适当的单体组合，保证胶黏剂相均一，性能满足要求。

c. 预聚物或高分子弹性体的选择 丙烯酸酯胶黏剂中加入预聚物或高

分子弹性体的作用主要有三个方面。第一，无论是预聚物还是高分子弹性体均为大分子长链结构，它们的加入可以有效改善胶黏剂的脆性，提高胶黏剂的冲击强度；第二，丙烯酸酯胶黏剂引入的预聚物或弹性体分子链中存在可能参与反应的官能团或在某些分子链叔碳原子上的活性自由基作用下发生歧化反应时，将引起接枝或交联反应，从而改善胶黏剂的综合性能；第三，提高胶液的黏度。当胶液黏度提高后，氧气在胶液中的扩散受阻，保证链增长顺利进行，同时高黏度使长链自由基活动受阻，链终止速率相对变小，而单体可自由扩散，不断在长链自由基上进行链增长反应，使链增长速率相对较大，自动加速作用提前出现，引起聚合速率和分子量迅速上升，从而提高反应速率。

d. 胶液的快速固化与储存稳定性之间的平衡 丙烯酸酯胶黏剂除了引发剂外，还有促进剂和助促进剂，这些都会使引发剂分解引起自由基聚合反应，使胶黏剂过早凝胶。为提高胶黏剂储存稳定性，可以采用在胶液中加入阻聚剂的方法消灭已产生的自由基，使胶液既能快速固化又具有稳定的储存性。

② 配方实例。

【配方 5-23】底涂型 SGA 胶黏剂

两种底涂型 SGA 胶黏剂配方分别见表 5-33、表 5-34，各组分分别称量，混合均匀。用于金属与非金属材料的粘接。

■表 5-33 底涂型 SGA 胶黏剂配方 A

原材料	配比/质量份	作用	原材料	配比/质量份	作用
甲基丙烯酸甲酯	58.5	主料单体	ABS	7.1	增韧剂
甲基丙烯酸	4.5	改性剂	异丙苯过氧化氢	4.5	引发剂
甲基丙烯酸乙二醇双酯	0.45	交联剂	对苯二酚	0.27	稳定剂
氯磺化聚乙烯	13.27	增韧剂	促进剂 808	适量	促进剂
丁腈橡胶	5.0	增韧剂			

■表 5-34 底涂型 SGA 胶黏剂配方 B

组分	原材料	配比/质量份	作用	组分	原材料	配比/质量份	作用
A	甲基丙烯酸甲酯	50	主料单体	A	防老剂 264（2,6-二叔丁基对甲酚）	0.5	防老剂
	甲基丙烯酸	10	改性剂		氯磺化聚乙烯	35	增韧剂
	异丙苯过氧化物	1	引发剂	B	甲基丙烯酸甲酯	80	活性单体
	甲基丙烯酸乙二醇双酯	1	交联剂		丙烯酸乙醇-丙烯腈共聚物	20	增韧剂
	环氧树脂	4	改性剂		C_3H_7CHO 与 C_6H_5NH 缩合物	10	增韧剂

【配方 5-24】双主剂型 SGA 胶黏剂

双主剂型 SGA 胶黏剂配方见表 5-35，各组分分别称量，混合均匀。用于金属与非金属材料的粘接。

■表 5-35　双主剂型 SGA 胶黏剂配方

组分	原材料	配比/质量份	作用	组分	原材料	配比/质量份	作用
A	甲基丙烯酸甲酯	75	主料单体	B	异丙苯过氧化氢	9	引发剂
	甲基丙烯酸	3	改性剂		甲基丙烯酸甲酯	75	活性单体
	ABS	25	增韧剂		丁腈橡胶（NBR3604）	25	增韧剂
	促进剂	5	促进剂				

【配方 5-25】4-M 型牙釉胶黏剂-3 胶黏剂

4-M 型牙釉胶黏剂-3 胶黏剂配方见表 5-36，各组分分别称量，混合均匀，室温下固化 1h，37℃ 下 24h 可达到最大强度；剪切强度为 6.09MPa，可用于粘牙。

■表 5-36　4-M 型牙釉胶黏剂-3 胶黏剂配方

组分	原材料	配比/质量份	作用
A	聚甲基丙烯酸甲酯	99	主料
	过氧化二苯甲酰	1	引发剂
B	甲基丙烯酸甲酯	90	主料单体
	4-甲基丙烯氧乙基偏苯三酸酐	10	改性剂
C	甲基丙烯酸甲酯	75	主料单体
	N,N-二甲基对甲苯胺	25	促进剂

注：A:B=2:1（或 5:3），C 用量为 A、B 用量之和的 1%（质量）。

【配方 5-26】医用胶黏剂

医用胶黏剂配方见表 5-37，依次称量各组分并混合均匀。室温下固化 10min 以上。骨/胶黏剂的剪切强度为 9.2MPa，用于骨和牙的粘接。

■表 5-37　医用胶黏剂配方

原材料	配比/质量份	作用	原材料	配比/质量份	作用
甲基丙烯酸甲酯	45	主料单体	氯磺化聚乙烯	13.27	增韧剂
聚甲基丙烯酸甲酯	40	增韧剂	玻璃粉	10	填料
三正丁基硼（与氧反应物）	3	引发剂	双甲基丙烯酸三缩乙二醇酯	5	交联剂

【配方 5-27】J-39 胶黏剂

J-39 胶黏剂配方见表 5-38，各组分依次称量，混合均匀，涂胶叠合于 20℃下固化 0.5h；继续固化 24h，粘接铝材剪切强度为：20℃时 23.6MPa，

100℃时 13.2MPa；于 100℃老化 100h 以后，剪切强度为：100℃时 12.7MPa，120℃时 7.5MPa。粘接钢剪切强度为 35.0MPa。粘接铜剪切强度为 13.1～19.2MPa。该胶黏剂用于金属、橡胶、塑料的粘接。

■表 5-38　J-39 胶黏剂配方

组分	原材料	配比/质量份	作用	组分	原材料	配比/质量份	作用
A	甲基丙烯酸甲酯	60～71	主料单体	B	ABS 树脂	10～90	增韧剂
	丁腈橡胶-40	0～20	增韧剂		促进剂	1～5	促进剂
	甲基丙烯酸	1～3	改性剂		过氧化羟基异丙苯	3～6	引发剂

【配方 5-28】SY-69 胶黏剂

SY-69 胶黏剂配方见表 5-39，依次称量各组分并混合均匀。常温 24h 固化，用于塑料粘接。

■表 5-39　SY-69 胶黏剂配方

原材料	配比/质量份	作用	原材料	配比/质量份	作用
甲基丙烯酸甲酯/甲基丙烯酸塑胶牙粉混合物	120	主料	二甲基苯胺	0.625	促进剂
过氧化甲乙酮	1.25	引发剂	石油酸钴	0.625	促进剂

【配方 5-29】萜烯增黏丙烯酸胶

萜烯增黏丙烯酸胶配方见表 5-40。先将月桂基硫醇、硅烷衍生物和 3 种丙烯酸酯，在偶氮二异丁腈引发下进行自由基聚合，反应 8h 制得聚合物溶液。将该聚合物溶液与萜烯酚醛树脂、二丁基锡化合物混合制得胶黏剂。萜烯酚醛树脂增黏的丙烯酸胶黏剂，具有高粘接强度和高温黏合性，其剪切黏合力为 210kPa。

■表 5-40　萜烯增黏丙烯酸胶配方

原材料	配比/质量份	作用	原材料	配比/质量份	作用
丙烯酸丁酯	85	主料单体	甲基丙烯酸甲酯	15	活性单体
月桂基硫醇	0.5	促进剂	2-聚苯乙烯甲基丙烯酸乙酯	10	改性剂
偶氮二异丁腈	0.01	引发剂	3-甲基丙烯酰氧丙基三甲氧基硅烷	0.7	偶联剂
萜烯酚醛树脂	50	增韧剂	二丁基锡双月桂酸酯	0.02	催化剂

③ 生产工艺　丙烯酸酯胶黏剂的生产工艺较为简单，一般是将树脂和单体注入反应釜中，混合均匀，然后按照配方分别加入引发剂、促进剂、助促进剂等配合剂，混合均匀，配制好的胶料放入储存罐中，然后通过包装机包装制成成品。工艺流程见图 5-9。

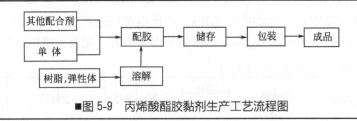

■图 5-9　丙烯酸酯胶黏剂生产工艺流程图

(4) 应用

① 使用方法　丙烯酸酯胶黏剂使用方法与前面介绍的胶黏剂类似，包括打磨、脱脂、涂胶、粘接和固化等步骤。

② 用途及应用实例　丙烯酸酯胶黏剂由于具有固化快、综合性能好等特点，而在各个行业中得到广泛的应用，其中主要的应用有以下几个方面。

a. 航空航天　丙烯酸酯胶黏剂在航空航天领域主要用于仪器、仪表和座舱系统等塑料制品的粘接，尤其在座舱盖透明件的边缘连接中，丙烯酸酯胶黏剂作为结构胶使用。边缘连接的作用是使座舱盖透明件与骨架牢固连接，座舱盖透明件材质为有机玻璃，具有透明性好、材料强度高、耐环境性能好等优点，但该材料易受到腐蚀出现银纹，因此，座舱盖边缘连接用胶黏剂除了对有机玻璃应有高粘接强度外，还要对其腐蚀小；STY-1 胶黏剂和 SY-50s 胶黏剂是国内应用较为成熟的边缘连接胶黏剂，这两种胶黏剂综合性能较好，已经用到多种机型的飞机座舱盖透明件边缘连接中，见图 5-10、图 5-11。

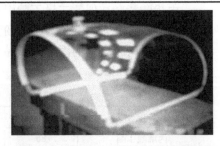

■图 5-10　STY-1 胶黏剂粘接的透明件　　　■图 5-11　SY-50s 胶黏剂粘接的透明件

b. 医疗　丙烯酸酯胶黏剂可以制成牙胶粘接牙齿，也可用于制备骨水泥。以 4-M 型牙釉胶黏剂为代表的牙胶具有对牙齿粘接力强、无毒、固化速率快等特点，现已广泛使用；骨水泥也是丙烯酸酯胶黏剂在医疗领域中应用的另一个重要方面，现有的骨水泥有 Simplex-P、CMW-3、Sulfix-60、Palacos-R、Zimmer、TJ 等多种牌号，这些牌号的骨水泥具有强度高、固化快、无毒的特性，其全部性能均满足 ISO—5833 要求，可以安全使用。具体在 5.6 中有详细介绍。

c. 小件物品的装配　在扬声器、小型电机、电子元件、塑料玩具、聚碳酸酯零件、酚醛-铝零件、珠宝首饰、体育用品、螺帽及螺栓等方面的粘接装配中常会用到丙烯酸酯胶黏剂。例如市面上较常用的 ZG206 双组分丙烯酸酯胶黏剂具有固化速率快、粘接强度高、耐温范围广、耐候性能好等特点，广泛应用于玻璃、陶瓷、玉器、金属、硬塑料、水泥制品的粘接。而具有室温固化速率快、剥离强度高、综合性能优良的 LAL-303 双组分丙烯酸酯胶黏剂也在陶瓷、金属、塑料、木材等多种材料粘接中得到应用。

d. 光学棱镜的定位　光固化丙烯酸酯胶黏剂由于具有透明性，可用于光学反射镜片、激光器、探头、透镜及光栅等的组合定位粘接。例如，具有固化速率快、胶层透光性好、耐光、耐候性能好的 ZGT102 单组分丙烯酸酯胶黏剂采用光固化方式固化，可以应用到对透光度要求较高的材料之间的粘接；市面上较常用的 J-50 双组分丙烯酸酯胶黏剂具有固化速率快、粘接强度高、胶层透光性好等特点，现在广泛应用于玻璃与玻璃、玻璃与金属、玻璃与陶瓷等对透光度有一定要求的工艺美术用品及文体用品的粘接。

e. 其他行业　丙烯酸酯胶黏剂可以用于大型镶板的组装、交通运输工具的组装、各种修复粘接、建筑补强及加固等。例如双组分哥俩好牌 4115 建筑胶具有固化速率快、粘接强度高、耐候性好、使用寿命长等特点，应用在门窗组装、户外广告、室内装修、建筑施工补强等方面。而具有常温快速固化、耐高温性能优良、耐溶剂性能好的 ZG204 双组分丙烯酸酯胶黏剂则更适合高温条件下工作的陶瓷、复合材料、金属铸件制成的各种设备的粘接。

(5) 发展方向

① 改善综合性能　随着丙烯酸酯胶黏剂应用领域和应用范围的不断扩大，对其综合性能提出了更高的要求。

由于丙烯酸酯胶黏剂配方中含有大量小分子单体，在固化时这些小分子单体会发生一部分聚合反应，增长分子链的长度。但由于固化速率较快，很难形成长分子链结构的聚合物，因此，胶黏剂脆性较大，需要对其进行增韧，增韧的方法有两种。一种是加入不参与反应的高分子预聚物或弹性体。这些材料与单体之间有一定的相容性，可以在胶黏剂中形成岛状结构，从而阻止裂纹扩展并吸收能量。采用这种方式增韧时，如果增韧剂加入量过大，增韧材料粒子排列过于紧密，形成超出银纹支化的临界值引起基体破坏，致使冲击强度增加缓慢，剪切强度明显下降；如果增韧剂加入量过小，增韧粒子不足以阻止裂纹扩展，增韧效果不明显。另一种方法是在胶黏剂中加入相容性较好的增黏树脂或偶联剂。丙烯酸酯胶黏剂粘接非极性材料时粘接力较差，特别是剥离强度较低，由于它属于极性弹性体，因此，增黏树脂或偶联剂有利于改善胶黏剂与被粘接材料之间的润湿性，提高剥离强度。

② 改善储存稳定性　丙烯酸酯胶黏剂无论其性能如何优异，如果不具备储存稳定性，将无法得到推广应用；而丙烯酸酯胶黏剂快固化与其储存稳定性之间又存在一定的矛盾，如何解决这一问题成为研制的技术难点。现在

较理想的方法是寻找出既能稳定过氧化物又不影响固化速率的添加剂。2,6-二叔丁基-4-甲基苯酚，锌、镍、钴等的醋酸盐、丙烯酸盐，甲酸、醋酸、甲基丙烯酸的铵盐等均具有一定的稳定作用，且不会对胶黏剂的反应速率造成太大的影响，但这种方法并不能彻底解决稳定性与快固化之间的矛盾。微胶囊技术是解决快固化丙烯酸酯胶黏剂储存稳定性的良好方法，将过氧化物包装成微粒悬浮于丙烯酸酯胶黏剂中，形成储存稳定的单组分胶黏剂，使用时微胶囊受压挤碎，过氧化物与胶黏剂接触后引发聚合实现快固化。最为保险的方法是将过氧化物引发剂与单体分开，制成双组分甚至多组分胶黏剂，在使用时再将几个组分按配比混合，这种方法可以保证胶黏剂的储存稳定性，但使用工艺略显复杂。

③ 环保型丙烯酸酯胶黏剂　丙烯酸酯胶黏剂的臭味主要是低沸点丙烯酸酯单体挥发到空气中产生的。为改善臭味，可以采用（甲基）丙烯酸高级烷基酯代替低分子量的丙烯酸酯单体，用甲基丙烯酰基封端的低聚物或丙烯酸酯低聚物作为胶黏剂基料的主体，减少高挥发性的丙烯酸酯单体在胶黏剂中的含量，这些方法均可有效降低刺激性气味。近年来，主要是通过高级醇单酯如（甲基）丙烯酸异辛酯、丙烯酸四氢呋喃甲醇酯、丙烯酸十八烷醇酯等代替挥发性大的丙烯酸酯单体，这种方法可以制备出基本无味的产品，但原材料价格太高。现在既经济又有效的方法是选用高沸点、低臭味的预聚物，如聚醚丙烯酸酯、聚酯丙烯酸酯、环氧丙烯酸酯和聚氨酯丙烯酸酯，这些材料分子末端含有多个丙烯酸或甲基丙烯酸基团，除了改善气味以外，由于其分子结构中含有多个官能团，可发生交联反应，形成空间网状结构，可提高胶黏剂的综合性能，同时上述材料黏度较大，可以明显提高胶黏剂的固化速率。

④ 光固化丙烯酸酯胶黏剂　丙烯酸酯胶黏剂制备过程中反应速率很快，工艺操作时间较短，因此现在大多数快固化丙烯酸酯胶黏剂采用两组分分别涂于被粘接材料表面，再叠合固化的粘接工艺，这种工艺方法在进行大面积粘接或连续化生产时会受到一定限制。光固化与热固化相比具有能耗小、环保、固化速率快、效率高，可在高速生产线上使用的特点，因此近年来发展迅速。光固化丙烯酸酯胶黏剂按其固化引发机理可分为自由基引发聚合和阳离子引发聚合，两种引发聚合方式各有优缺点，而其缺点制约了材料的发展和应用。自由基聚合固化速率快，但固化物收缩较大，粘接力较差；阳离子聚合固化收缩较小，粘接力较好，但固化速率较慢。近些年结合自由基光固化引发和阳离子引发的优点，研制出自由基和阳离子配合引发的混杂聚合体系，这样不仅可以提高固化速率，而且还可以得到性能较好的固化物；但是光引发固化具有固化深度受限制、在有色体系难以应用、阴影部分无法固化等缺点，大大限制了其发展。为了解决这些问题，双重固化体系应运而生。双重固化是指胶黏剂在固化过程中一个阶段进行光固化，一个阶段进行热固化、湿气固化、厌氧固化等反应，这样就可以将光固化应用范围扩大到不透

明介质、形状复杂的基材、厚度较大的基材上，拓宽光固化丙烯酸酯胶黏剂的应用范围。

⑤ 快固喜氧丙烯酸酯胶黏剂　自由基引发的链聚合反应一般会受到氧气的阻聚作用，因此丙烯酸酯胶黏剂不是特别适合多孔材料的粘接。为了克服氧的阻聚作用，可从优化胶黏剂的组成、提高链反应速率两方面解决，研究证明，加快聚合反应速率可以有效抑制氧阻聚反应，为此在喜氧型丙烯酸酯胶黏剂中一般要加入大分子材料以提高胶黏剂黏度，抑制氧阻聚作用，加快聚合反应，另外，由于加入的大分子材料挥发性较低，可制成室温固化环保胶黏剂，发展前景看好。

5.2 丙烯酸酯类涂料

5.2.1 概述

以丙烯酸类树脂为主要成膜物制备而成的涂料称为丙烯酸酯类涂料（以下称为丙烯酸酯涂料）。1950 年美国杜邦公司首先制成热塑性丙烯酸树脂涂料，1952 年加拿大工业公司获得了生产热固性丙烯酸树脂涂料的专利。随着石化工业的发展，丙烯酸酯和甲基丙烯酸甲酯在涂料中的应用迅速扩大。我国 20 世纪 60 年代开始开发丙烯酸酯涂料，20 世纪 80 年代北京东方化工厂、20 世纪 90 年代吉化和上海高桥丙烯酸酯生产线的分别投产，促进了我国丙烯酸酯涂料的迅猛发展，20 年间我国丙烯酸酯涂料的产量增长了 20 倍。

丙烯酸树脂对光的主吸收峰处在太阳光谱范围之外，因此，丙烯酸酯涂料最大的特点是优良的耐光性和耐户外老化性，具有很强的热和化学稳定性，在 170℃下不分解，不变色，具有较好的耐酸、碱、盐、油脂和洗涤剂等化学品沾污性与耐腐蚀的性能。另外丙烯酸酯涂料还具有优良的施工性能，酯基的存在能防止涂料结晶，且不同的酯基在不同介质中的溶解性不同，能改善丙烯酸树脂与其他树脂的混溶性。

丙烯酸酯涂料品种多，因此分类较为复杂，最常用的分类方法是按固化方式分类和按溶剂含量分类。按固化方式分为：烘干型、自干型及辐射固化型等。按可挥发性有机溶剂含量（VOC）可分为溶剂型、高固体分型、水基型和无溶剂型四大类。每一类又可按干燥方式、树脂特点或树脂改性方式分类。例如，溶剂型丙烯酸酯涂料按干燥方式又可分为热固性和热塑性，也可按树脂改性方式分为环氧改性丙烯酸酯涂料、聚氨酯改性丙烯酸酯涂料等。一般地讲，丙烯酸酯树脂的分子量（M_n）在 $50000\sim100000$ 范围内，适用于热塑性涂料；$M_n\leqslant50000$ 范围内，适用于热固性涂料，其中 M_n 在

2000～8000 范围内，更适用于高固体分涂料。本节采用按挥发性有机溶剂含量分类法，针对四大类涂料，着重从国内外的技术发展及应用情况进行介绍。表 5-41 列出了溶剂型、水基型、高固体分型和无溶剂型丙烯酸酯涂料的主要品种。

■表 5-41　按挥发性有机溶剂含量分类的丙烯酸酯涂料品种

类别	品种	类别	品种
溶剂型丙烯酸酯涂料	热塑性 热固性	高固体分丙烯酸酯涂料	热固性
水基型丙烯酸酯涂料	热塑性 热固性：① 乳液型 　　　　② 水稀释型 　　　　③ 水溶液型	无溶剂型丙烯酸酯涂料	液态涂料 粉末涂料：① 热固化型 　　　　② 辐射固化型

5.2.2 溶剂型丙烯酸酯涂料

5.2.2.1 特点与分类

溶剂型涂料是相对于高固体分涂料而言的，国际上公认的施工固体分大于等于 70％的涂料称为高固体分涂料，因此溶剂型涂料一般指施工固体分低于 70％的涂料。这一标准根据构成涂料的基体树脂类型不同而略有差异，对于溶剂型丙烯酸酯涂料，适用于施工的固体分一般低于 65％，按成膜方式可分为热塑性和热固性两种。热塑性丙烯酸酯涂料主要依靠溶剂挥发自干，而热固性丙烯酸酯涂料则除溶剂挥发外还有官能团的交联反应，这种交联有的需要加热烘烤，有的可在室温下进行。热塑性丙烯酸酯涂料的特点是表干迅速、易于施工、固含量比较低，硬度和柔韧性不易兼顾，一次施工得不到厚涂膜，涂层丰满度不好；热固性丙烯酸酯涂料为双组分，其特点为固含量较高、力学性能好、丰满度高，容易实现硬度和柔韧性的兼顾，对施工条件要求比较高。表 5-42 为溶剂型丙烯酸酯涂料的分类及用途。

■表 5-42　溶剂型丙烯酸酯涂料的分类及用途

类　别		用途	类　别		用途
热固性	自交联型	汽车、家用电器 钢家具 铝制品 彩色镀锌板	热塑性	透明型	汽车修理 车辆 工业机械设备
	氨基树脂交联			硝化棉改性	
	环氧树脂交联			醋丁纤维改性	
	异氰酸酯交联 （可常温固化）			醇酸树脂改性	

5.2.2.2 热塑性丙烯酸酯涂料

热塑性涂料用丙烯酸树脂的相对分子质量一般在 50000～100000 之间，

如果分子量低，就不容易得到高耐久性的坚韧涂层，因此，在条件允许的情况下，要尽量选用分子量高的树脂。在此分子量范围内所制备的涂料，在施工黏度下的固体分一般为15%～25%之间。

热塑性涂料用丙烯酸树脂通常以甲基丙烯酸甲酯为主体，以保持硬度，并通过适量的丙烯酸乙酯、丙烯酸丁酯等与之进行共聚从而得到树脂的柔韧性。聚合方法为溶液聚合。热塑性丙烯酸酯涂料的特点如下：

① 具有优良的耐候性，户外耐久性优于硝基、醇酸、乙烯基等产品，单体调配得当时，耐候性不低于热固性丙烯酸酯涂料；

② 具有优良的保光、保色性，树脂水白，透明度高，耐紫外线照射优，适宜制备金属感铝粉面漆和浅色面漆；

③ 具有优良的耐介质性能，耐水、酸、碱、洗涤剂性良好，不易受润滑脂和石油沥青的污染；

④ 与适当底漆配套使用时，附着力良好；

⑤ 可挥发自干，施工方便，抛光性良好；

⑥ 不易制成高固体分型涂料；

⑦ 流平性差、对温度敏感；

⑧ 与树脂混溶性差，对颜料润湿分散性不佳。

纯丙烯酸树脂涂料虽然耐候性、保光性、耐水和耐化学品性优良，但由于以甲基丙烯酸甲酯聚合物为主体，分子量大，故黏度高，喷涂时易出现"拉丝"现象，不多加稀释剂就无法施工，颜料的分散性不好，易发生"浮色"、"发花"现象。对于干燥完全的涂层，因其对温度比较敏感，因此在施工打磨时，易发软粘砂纸。为克服热塑性纯丙烯酸树脂涂料应用过程中的缺点，一般用不同的方法对其进行改性。表5-43为改性丙烯酸树脂涂料的种类、特点和主要应用领域。由于热塑性丙烯酸涂料可挥发自干以及良好的耐候性，因此车辆、塑料表面以及标识标志成为其典型应用。

■表5-43 改性热塑性丙烯酸树脂涂料的种类和特点

种类	干燥条件	应用领域	特点
纯丙烯酸树脂系列	常温或80～120℃下，20min	车辆、塑料制品	耐候性优良，外观好
硝化纤维树脂改性系列	常温或80～100℃下，20min	车辆、木器、塑料制品	耐久性、耐汽油性良好
醋丁纤维树脂改性系列	常温或80～140℃下，30min	车辆、塑料制品、木质窗框	保色性、耐候性好，低温涂覆不易发生龟裂
过氯乙烯树脂改性系列	常温或80～100℃下，30min	轻金属、窗框、车辆、人造革、塑料制品	对钢、轻金属附着力、耐化学药品性良好
醇酸树脂改性系列	常温或80～100℃下，30min	车辆、轻金属、窗框、地板、塑料制品	丰满度高、附着力好

(1) 纤维素改性丙烯酸酯涂料 为改善纯丙烯酸酯涂料漆膜的干燥性，提高硬度，可将硝化棉和醋丁纤维并用。在此基础上，添加增塑剂改善柔韧

性。因此，热塑性丙烯酸树脂多与硝化纤维（NC）、醋丁纤维（CAB）、增塑剂、各种树脂混合使用。CAB与丙烯酸树脂的相容性较好，且丁酸基团能起到内增塑剂的作用，所得涂层带电性低、吸尘少、热稳定性和耐候性优良，因此，醋丁纤维比硝化纤维更加常用。添加不同并用成分后涂膜性能的改善趋势见表5-44。该类涂料最典型的用途是作为汽车修补及翻新维修用漆。

■表5-44　并用成分对纤维素改性丙烯酸酯涂料涂膜性能的影响

性能 ＼ 混合成分	纤维素衍生物	增塑剂	颜料
光泽	↓	↑	↓
硬度	↑	↓	↑
伸长率	↓	↑	↓
耐湿性	↑	↓	→
耐汽油性	↑	↓	→

注：↑—提高；↓—降低；→—不变。

(2) 过氯乙烯改性丙烯酸树脂涂料　过氯乙烯树脂与丙烯酸树脂混溶性良好，以氯乙烯树脂改性丙烯酸树脂所得到的涂层，既保持了丙烯酸酯涂料的优良耐候性，又有效克服了热塑性丙烯酸酯涂料的温度敏感性，同时对涂料的流平性、溶剂挥发性以及施工性能均有改善。改性后的涂料对金属的附着力和挠曲性提高，耐化学品性也有所提高。需要注意的是拼用的过氯乙烯树脂量不能太大，配套稀释剂避免采用醇类溶剂。该类涂料主要用于铝门窗等的涂装。

(3) 醇酸树脂改性丙烯酸树脂涂料　以醇酸树脂改性丙烯酸树脂，可以吸收醇酸树脂涂料丰满度好、易施工的优点，同时改性后的涂料附着力明显提高，且耐热性和耐化学腐蚀性也较好，价格低廉，因此，在大型汽车和重型车辆上得到较多的应用。

5.2.2.3　热固性丙烯酸酯涂料

热固性丙烯酸酯涂料是溶剂型丙烯酸酯涂料的主要类型，热塑性丙烯酸酯涂料的光泽、保色、耐沾污等性能虽优异，但耐溶剂性不好，对温度敏感，且分子量大，因此要求使用溶解力很强的强溶剂，限制了它的应用。而热固性丙烯酸酯涂料可以保持热塑性丙烯酸酯涂料的优点，并克服其缺点，其特点如下：

①　颜色浅、透明度高，具有良好的户外耐候性和保光保色性；

②　硬度和丰满度高，涂层坚韧耐磨，附着力好；

③　固含量高，VOC低于热塑性丙烯酸酯涂料；

④　耐热性好，可在180℃下长期使用；

⑤　耐介质、耐环境性能好，对各类酸、碱、油、醇类稳定，耐盐雾、

湿热、霉菌性优良；

⑥ 储存稳定性好。

热固性丙烯酸酯涂料根据交联反应和改性树脂的不同，其用途也各不相同。所使用树脂的相对分子质量通常在 30000 以下，大部分在 10000～20000 之间。分子量较热塑性丙烯酸酯涂料低，通过侧链上带有可与其他树脂反应或自身反应的活性官能团进行交联。热固性丙烯酸酯涂料的树脂可分为"自反应"与"潜反应"两大类。自反应型树脂本身含有两种以上的能相互反应的活性官能团，其单独或在微量催化剂的存在下，侧链上的活性官能团自身之间可发生交联反应形成网状结构的聚合物。潜反应型树脂本身含有一种以上的反应型基团，其活性官能团自身不发生反应，但可以与外加交联剂的活性官能团发生反应形成网状结构聚合物。表 5-45 为常用热固性丙烯酸树脂交联反应类型，表 5-46 为常用热固性丙烯酸酯涂料烘干条件。

■表 5-45　常用热固性丙烯酸树脂交联反应类型

侧链官能团	官能单体	交联反应树脂与类型
羟基	（甲基）丙烯酸羟烷酯	与烷氧基氨基树脂加热交联或与多异氰酸酯室温交联
羧基	（甲基）丙烯酸、顺丁烯二酸酐或衣康酸（亚甲基丁二酸）	与烷氧基氨基树脂加热交联或与环氧树脂加热交联
环氧基	（甲基）丙烯酸缩水甘油酯	多元羧酸或多元胺交联或催化加热自交联
N-羟甲基或烷甲氧基酰氨基	（甲基）丙烯酰胺羟甲基化或再用醇醚化	① 加热自交联 ② 与环氧树脂加热交联 ③ 与烷氧基氨基树脂加热交联

■表 5-46　常用热固性丙烯酸酯涂料烘干条件

涂料种类	烘干条件
丙烯酰胺系丙烯酸/环氧树脂类	（150～180）℃×30min
羟基系丙烯酸/氨基树脂类	（140～170）℃×20min
氨基醇酸树脂类	（120～140）℃×20min

（1）羟基丙烯酸树脂与氨基树脂交联　含羟基的丙烯酸树脂是最为常见的树脂类型，与其发生交联反应的是以六羟甲基化的三聚氰胺和三羟甲基化的三聚氰胺为原料合成的氨基树脂。六羟甲基化的三聚氰胺和三羟甲基化的三聚氰胺分子结构式如下：

六羟甲基化的三聚氰胺　　　　三羟甲基化的三聚氰胺

六羟甲基化的三聚氰胺树脂作为交联剂，由于只存在氨基树脂与丙烯酸树脂之间的交联反应，不存在氨基树脂之间的缩聚反应，因此与三羟甲基化的三聚氰胺树脂相比，反应活性降低，必须大大提高烘烤温度或延长反应时间，或者采用强酸催化剂来降低反应温度。American cyanamide 公司的Cymel 300 即为六羟甲基化的三聚氰胺树脂，但该树脂在常温下为蜡状，使用不方便，当把羟甲基化程度降到 4.85～5.15 时，可得到常温下呈液态的性能稳定的涂料专用固化剂。

早期的三聚氰胺甲醛树脂固体分只有 50％左右，现在新型的氨基树脂向高羟基化、高醚化、低聚合度方向发展，固体分可达 80％以上，有的甚至达到 98％，成为制备高固体分涂料的重要基础材料。

氨基固化丙烯酸酯涂料具有良好的光泽、硬度、耐化学药品性、保色性、耐候性和耐沾污性，因此是轿车面漆的主要品种之一，同时也可用作其他如家用电器、钢制家具、火车车厢天花板等高装饰性涂料。

表 5-47 为一种氨基固化丙烯酸酯涂料配方（丙烯酸氨基卷铝涂料），主要用于卷铝。建筑用铝箔厚度经常在 0.1mm 以下，为提高表面装饰效果，需在铝箔表面辊涂一层涂料。涂料烘干温度一般不能太高，否则会导致铝箔变形。通常使用的聚酯涂料往往在 230℃才能固化，易导致铝箔变形，而丙烯酸氨基涂料在 180～190℃即可固化，能够更好地满足使用要求。表 5-48 为该涂料的主要性能指标要求。

■表 5-47　丙烯酸氨基卷铝涂料配方

组分	质量份	组分	质量份
热固性丙烯酸树脂	45～55	流平剂	0.1～0.3
氨基树脂	15～20	消泡剂	0.1～0.3
颜料	10～25	附着力促进剂	1～4
分散剂	1～5	溶剂	10～15

■表 5-48　丙烯酸氨基卷铝涂料主要性能要求

项　目	性能指标	测试方法
漆膜颜色及外观	平整、无气泡、无流痕	GB/T 9761
T 弯	≤2T	GB/T 12754
铅笔硬度	≥2H	GB/T 6739
耐 MEK 擦拭/次	≥100	ASTM D5402
耐冲击性/J	≥9	ASTM D2794
附着力（划格法）/级	1	GB/T 9286
60°光泽/%	≥90	GB/T 9754
密度/（g/cm³）	1.1～1.4	GB/T 1725
耐盐雾性（200h）	不起泡、不脱落	ASTM B 117
耐人工加速老化（1500h）	变色 2 级，失光 2 级	GB/T 1965

(2) 羟基丙烯酸树脂与多异氰酸酯交联 羟基丙烯酸树脂与多异氰酸酯交联制备涂料，多异氰酸酯作为固化剂。由于含有氨酯键，因此也属于聚氨酯类涂料。涂层固化可在室温下进行，具有快干、耐久性好、易抛光、丰满度高等特点，如使用脂肪族异氰酸酯固化，则涂层耐候性显著提高。该类丙烯酸聚氨酯涂料已部分代替轿车面漆，在耐酸雨性能方面优于氨基固化丙烯酸酯涂料，但耐划伤性劣于后者。目前，主要用于汽车、航空、木器面漆、铝门窗用清漆、工业生产线和维修用漆。

最常使用的异氰酸酯固化剂有己二异氰酸酯（HDI）缩二脲和 HDI 三聚体以及各类多异氰酸酯加成物。由 3mol 甲苯二异氰酸酯（TDI）与 1mol 三羟甲基丙烷（TMP）反应生产的芳香族多异氰酸酯加成物结构如下：

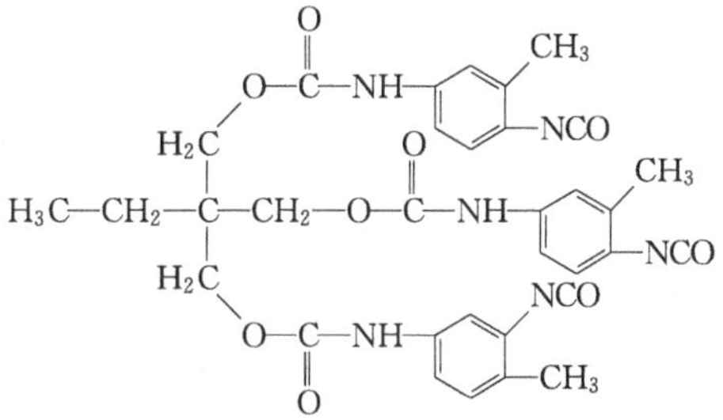

为满足制备高固体分涂料的要求，以 HDI 为基础，又开发了新的低黏度固化剂，代表性的产品结构式如下：

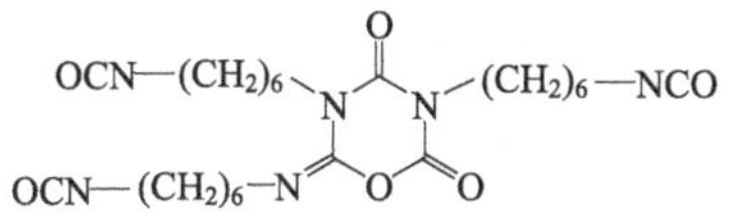

HDI 的亚氨基噁嗪二酮 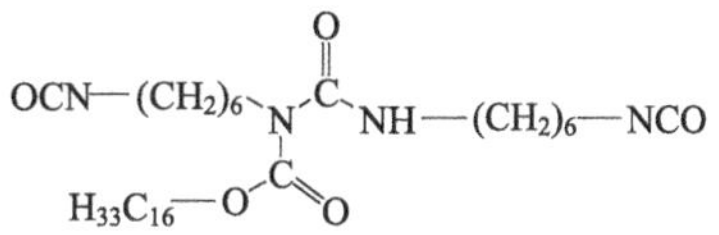　　　　　　　脲基甲酸酯

多异氰酸酯与丙烯酸树脂上的羟基反应，可被叔胺、金属化合物或螯合物催化。常用的有二月桂酸二丁基锡和三乙烯二胺等。使用二月桂酸二丁基锡催化剂时，羧酸能抑制异氰酸酯的反应速率。因此，如果涂料使用期太短，在体系中加入少量醋酸，可以延长涂料的适用期。在成膜时，醋酸挥发后，不影响涂层的固化速率。

另外，溶剂对丙烯酸异氰酸酯体系的反应速率有较大的影响。一般氢键受体能力越强，异氰酸酯的反应速率越慢，常用溶剂对速率减慢的程度由弱到强依次为脂肪烃、芳香烃、酯类和酮类、醚类和二元醇二醚。可选用合适的溶剂，调整涂料的适用期。

由于异氰酸酯对空气中的水分敏感，因此，在潮湿的空气中施工时，异氰酸酯不仅与羟基反应，还与湿气中的水分反应。催化剂只在反应初期有效。反应后期，反应速率受动力学控制，反应速率取决于反应物质接触的概率。在干燥的环境下，NCO 基团剩余 25% 就很难继续反应。而在潮湿的环境中，NCO 基团几乎完全参加反应。

丙烯酸树脂和异氰酸酯的固化反应，主要是 NCO 基团和 OH 基团的反应。一般配方设计时，NCO/OH 接近 1 或略大于 1，但很少超过 1.3。过量的 NCO 基团可使涂料中的羟基含量降到最低，可以提高涂层的耐水性和耐溶剂性。剩余的 NCO 基团可和环境中的水分反应，生成脲基交联结构。当 NCO 基团适量时，NCO 基团组分的过量比例越高，涂料适用期越长。

丙烯酸聚氨酯涂料为双组分型，可常温固化。此类涂料交联密度较高，因此漆膜硬度高，耐化学品性、耐沾污性和耐磨损性好。如使用脂肪族多异氰酸酯，涂层的耐候性优良。如果以乙烯基聚氨酯为底漆，以丙烯酸聚氨酯涂料为面漆，配套应用到木器和胶合板上，可经受木材的伸缩、膨胀而不致引起涂层开裂。

表 5-49 是美国专利 US Patent 5279862 报道的一种异氰酸酯固化的丙烯酸酯涂料的典型配方，组分 A 为树脂部分，组分 B 为异氰酸酯固化剂。组分 A 和 B 的比例为 4∶1。该涂料的特点是干燥快，4min 不沾尘，3h 不发黏，且有很好的外观。该涂料的性能指标见表 5-50。

■表 5-49　异氰酸酯固化的丙烯酸酯涂料典型配方

组分	组分	质量份	组分	质量份	合计
组分 A	丙烯酸树脂	58.09	甲乙酮	8.66	100
	Tinuvin292	0.68	甲苯	18.23	
	Tinuvin328	0.68	二甲苯	4.71	
	BYK306	0.59	甲基异丁基酮	6.60	
	二月桂酸二丁基锡	0.01	醋酸乙酯	0.26	
			醋酸丁酯	1.43	
组分 B	Dusmodui 3390	43.34	醋酸丁酯	29.37	100
			甲苯	27.29	

■表 5-50　典型配方的异氰酸酯固化丙烯酸酯涂料性能指标

项　　目		指标	项　　目		指标
表干时间/min		4	实干时间/h		3
Tukon 硬度	24h	2.8	Persoz 硬度	24h	108
	48h	5.1		48h	144
	1 周	7.7		1 周	179
	1 个月	8.9		1 个月	229
玻璃化温度/℃ （DMA 测定）	4h	18			
	24h	40			
	48h	45			
	1 个月	58			

(3) 羧基丙烯酸树脂与环氧树脂交联　含有羧基的丙烯酸树脂能与环氧树脂反应生成酯，环氧树脂作为固化剂，反应式如下：

$$RCH\text{—}CH_2 + R'COOH \longrightarrow R'\text{—}\underset{\underset{O}{\|}}{C}\text{—}O\text{—}CH_2\text{—}\underset{\underset{OH}{\|}}{CH}\text{—}R$$

羧基丙烯酸树脂与环氧树脂交联制备的涂层具备优良的附着力，固化温度一般在170℃左右，加入碱类催化剂，固化温度可降低到150℃。该类涂料耐候性不如氨基固化丙烯酸酯涂料，但由于具有良好的附着力、耐化学药品性，耐沾污性等优点，广泛应用于家用电器、化工厂仪表、车辆、电梯等的内部涂装。

另外，环氧树脂和丙烯酸缩水甘油酯或甲基丙烯酸缩水甘油酯进行共聚，可将环氧基团直接导入聚合物链中，通过与酸、氨基共聚，可得到自交联型树脂。由于环氧基反应活性大，如果溶剂、颜料、催化剂选择不当，将影响涂料的稳定性及施工性能。

(4) 聚酯改性丙烯酸酯涂料 热固性丙烯酸氨基树脂涂料和热固性聚酯氨基涂料是目前汽车面漆最具代表性的两个品种，美国和法国各大汽车公司大量使用热固性丙烯酸氨基树脂面漆，而欧洲和日本各大汽车公司习惯于使用热固性聚酯氨基树脂面漆。聚酯氨基树脂涂料的突出优点是：丰满度高、鲜映性和光泽度好，易实现高固体分；丙烯酸氨基树脂涂料的优点是保光保色性好、耐污染、层间附着力好、力学性能突出。为了吸收两类涂料的优点，聚酯改性丙烯酸酯涂料成为新的研究方向。

聚酯改性丙烯酸酯涂料一般有三种技术途径：第一种为常规的"冷拼法"，缺点是对涂料性能的调整有限；第二种为接枝共聚法，在聚酯存在下进行丙烯酸酯的自由基聚合，使部分丙烯酸酯链接枝到聚酯链上，该方法的优点是可以增加两种树脂的相容性；第三种是先制备含羟基或羧酸的丙烯酸酯预聚物，然后将该预聚物与多元醇和多元酸进一步酯化，得到聚酯丙烯酸树脂，该方法较前两种方法能获得相容性更好的树脂。

一般聚酯改性羟基丙烯酸树脂有内增塑和外增塑两种方法。外增塑方法有：①拼入高柔性的聚酯多元醇，例如 Bayer 公司 670BA 聚酯多元醇；②拼入高柔性的封闭型聚氨酯，例如 Bayer 公司 BL 3175 HDI 封闭型聚氨酯树脂、BL 4265 IPDI 封闭型聚氨酯树脂，国内江门市制漆厂 PJ330-70 聚酯多元酯等。内增塑方法有：①采用软单体，例如丙烯酸-2-乙基己酯、丙烯酸十二烷基酯等；②采用含环氧基的长链脂肪族单体改性，例如 Shell 公司的 Cardura E10（叔碳酸缩水甘油酯）；③利用共聚合方式引入柔性的聚酯多元醇。

共聚合方式引入柔性聚酯多元醇改性丙烯酸酯共聚物的合成路线是：先采用多元醇、多元酸、含活泼双键的一元酸合成一种高柔性的带有活泼双键的聚酯多元醇，再以上述带活泼双键的聚酯多元醇为核心，与经过筛选的（甲基）丙烯酸酯类单体进行接枝共聚，从而制得兼有聚酯树脂和丙烯酸树脂性能的产品。

聚酯树脂与丙烯酸酯的比例对聚酯改性丙烯酸树脂的综合性能影响极大。因此，需选定聚酯树脂与丙烯酸酯的比例后，再选定其他原料。聚合物是以聚酯为核心进行链增长，因此，聚酯多元醇的分子量分布极其重要。聚酯多元醇的平均官能度为 2.1～2.3（计算值）时，在共聚合改性丙烯酸树脂的合成中工艺平稳，能较好地控制分子量，丙烯酸酯单体的选择较灵活。表 5-51 是一种聚酯改性丙烯酸树脂的性能指标要求。

■表 5-51 聚酯改性丙烯酸树脂的性能指标

项　　目	性能指标	检测方法
外观	白色或浅黄色透明液体	GB/T 1721
颜色（Fe-Co 比色）/号	≤1	GB/T 1722
黏度（格氏管，25℃）/s	8～15	Q/JQJ 02.034
固体含量/%	60±1	GB/T 6751
酸值/（mgKOH/g）	≤9	Q/JQJ 02.034
羟值/（mgKOH/g）	100±10	Q/JQJ 02.034

以上述聚酯改性丙烯酸树脂与氨基树脂制成涂料的实测性能见表 5-52。

■表 5-52 氨基树脂固化聚酯改性丙烯酸酯涂料的实测性能

项　　目	实测性能	项　　目	实测性能
漆膜外观	平整光滑	耐水性（500h）	通过
60°光泽/%	94	耐酸性[2]（30h）	通过
铅笔硬度	2H	耐碱性[3]（30h）	通过
附着力（划格法）	0 级	耐汽油性（4h）	通过
柔韧性/mm	1	耐冲击性/cm	
		正冲	50，通过
		反冲	50，通过
烘烤后耐冲击性[1]/cm		低温耐冲击性[1]/cm	
正冲	50，通过	正冲	50，通过
反冲	50，通过	反冲	50，开裂

① 烘烤温度150℃，1h，低温温度5℃。
② 采用 0.1mol/L 的硫酸溶液。
③ 采用 0.1mol/L 的氢氧化钠溶液。

(5) 有机硅改性丙烯酸酯涂料　丙烯酸树脂的改性技术专利约有五分之一为有机硅改性，有机硅树脂具有优异的耐高低温、耐臭氧、耐紫外线性能、耐污染性和电绝缘性，有较低的表面张力等优点。用有机硅树脂对丙烯酸树脂进行改性后，所制备涂层具有更加优异的耐候性、保光性、抗粉化性和耐污染性，对无机材料的附着力也会大幅提高，可用作户外耐候性装饰涂料。

溶剂型有机硅改性丙烯酸酯（硅丙）涂料是开发较早的建筑涂料。硅树脂与热塑性丙烯酸树脂采用物理共混改性时，由于极性差异大，相容性差，加之有机硅组分易迁移，难以获得均质性好的涂料，所以一般需进行化学改性制备热固性的丙烯酸树脂。

含羟基、烷氧基的硅烷或有机硅中间体和羟基丙烯酸酯或其低聚物（以

R—OH 表示），可以通过下列反应实现化学改性：

$$-\underset{|}{\overset{|}{Si}}-OH + HO-R \longrightarrow -\underset{|}{\overset{|}{Si}}-O-R + H_2O \qquad (5-1)$$

$$-\underset{|}{\overset{|}{Si}}-OR' + HO-R \longrightarrow -\underset{|}{\overset{|}{Si}}-O-R + R'OH \qquad (5-2)$$

但根据反应（5-1）或（5-2）制得的溶剂型硅丙涂料一般是热塑性的，涂膜中缺乏交联密度大的网络结构，涂膜性能不高。

要制备常温交联型的高耐候有机硅改性丙烯酸树脂，必须在分子主链上引入能在常温下发生反应的官能团和少量高离解能的—Si—O—的分子链段，得到高性能的热固性树脂。通过添加助剂、颜料、溶剂等可制备高性能的有机硅丙烯酸酯建筑装饰涂料。

$$(C=C-COOH)_n + (C=C-\underset{}{Si})_n + \left(\underset{C_2H_5}{\overset{C_2H_5}{Si}}-O\right)_n \xrightarrow[\text{加热}]{\text{引发剂}}$$

$$-\underset{Si(OR')_3}{\overset{COOR}{\underset{|}{C}}}-C-C-C-C-\underset{}{\overset{\left(\overset{C_2H_5}{Si}-O\right)_n}{C}}$$

有机硅改性丙烯酸树脂合成工艺如下：在装有冷凝器、搅拌器的器皿中加入二甲苯、醋酸丁酯和中间体，搅拌升温，在 95℃开始滴加混合好的单体和引发剂。控制反应温度为 95～100℃，用 3h 滴完，保温 1h，即得到改性树脂。

影响有机硅改性丙烯酸树脂的主要因素有两个。一是有机硅在树脂中的质量分数。如果硅中间体的含量太少，其合成的树脂所配制的涂料的人工老化性能达不到预定的指标，将无法达到改性的目的；如果含量太高，交联程度大，导致黏度增大，最后胶化。硅中间体的加入量为单体总量的 5% 左右时，得到树脂的性能较好。二是树脂的加入次序。由于硅中间体是具有一定的分子量的长链大分子，加上空间位阻等因素的影响，其反应活性与丙烯酸酯类单体的小分子相比较，活性大大降低，因此，硅中间体的竞聚率不如丙烯酸酯类小分子，故硅中间体应先加入反应体系中。某种有机硅改性丙烯酸树脂配制成涂料的技术指标和性能实测结果见表 5-53。

■表 5-53　某种有机硅改性丙烯酸树脂涂料的性能

检验项目	技术指标	测试结果
耐水性（144h）	无起泡，无剥落，允许轻微失光和变色	合格
耐碱性（500h）	无起泡，无剥落，允许轻微失光和变色	合格
耐擦洗/次	≥3000	合格
耐人工老化性（800h）	无起泡、无剥落、无裂纹	合格
变色/级	≤1	合格
粉化/级	≤2	合格
储存稳定性/月	≥6	合格

(6) 含氟丙烯酸酯涂料 丙烯酸酯涂料多用作面漆，对耐沾污性、易擦洗、自清洁性要求很高；而氟树脂为疏水性材料，具备防腐蚀性、耐沾污性、耐化学品性、户外超长耐候性、高装饰性等优异的综合性能，因此，氟树脂与丙烯酸树脂匹配可得到性能优异的涂料。

制备含氟丙烯酸酯涂料有两种方法，一种是用含氟丙烯酸酯单体与其他丙烯酸酯单体共聚，得到含氟丙烯酸树脂；另一种是丙烯酸树脂与氟树脂共混用作涂料组合物。

EP960918A2 报道，由聚偏二氟乙烯（PVDF）与相对分子质量为 25000～200000 的聚甲基丙烯酸甲酯（PMMA）组成的混合物来制备涂料。PVDF 为紫外光高透过性树脂，耐候性优异，是建筑涂料的重要组成物，为了平衡 PVDF 涂料的性能，一般需要加入第二种树脂以提高对基材的附着力，减少由于 PVDF 过度的结晶性而造成的收缩，同时改善颜料在涂料中的分散性，获得良好的涂层丰满度和光泽。通常选用 PMMA 作为第二种树脂是因为 PMMA 与 PVDF 有很好的相容性，可提供优异的耐热性、力学性能、耐候性和光学透明性。研究表明：当 PVDF 与 PMMA 以 70∶30 的质量比混合时，且 PMMA 相对分子质量范围在 25000～200000 时，涂料综合性能最好，主要体现在耐溶剂性、柔韧性、硬度和保光性。PMMA 分子量过高或过低，涂层的耐丙酮擦洗性均变差。

溶剂型氟树脂由三氟氯乙烯/四氟乙烯与乙烯基醚类/醋酸乙烯类单体共聚而成。目前主要是通过三氟氯乙烯/四氟乙烯气相单体高压合成氟树脂。受三氟氯乙烯/四氟乙烯等气相含氟单体的制约，常压溶液型聚合无法满足生产的要求，使得氟树脂的生产应用受到一定的限制。天津灯塔涂料有限公司利用液态含氟丙烯酸单体，采用常压溶液型聚合物反应工艺，合成了支链含氟的丙烯酸树脂 DTF-200。该树脂的理论含氟量为 22%，其主要性能测试结果见表 5-54。

■表 5-54 含氟丙烯酸树脂 DTF-200 性能测试结果

项　　目	实测值	检测方法
容器中状态	透明黏稠液体	目测
黏度（涂-4 杯，25℃）/s	120	GB/T 1723
固体含量/%	50.2	GB/T 1725
酸值/（mgKOH/g）	5.6	GB/T 6743
羟值/（mgKOH/g）	79.8（理论设计值）	—
氟含量/%	22（理论设计值）	—

利用该树脂制成的涂料配方见表 5-55，实测性能见表 5-56。目前，该涂料与通用标准底漆配套，已经推广应用于航空航天、机械、桥梁、户外大型设施上。

■表5-55 白色含氟丙烯酸酯涂料配方

配方组分	质量份	配方组分	质量份
含氟丙烯酸树脂	60	流平剂	2.0
二氧化钛	20.0	混合溶剂	17.0
分散剂	1.0		

■表5-56 白色含氟丙烯酸酯涂料的实测性能

项　目	实测性能	项　目	实测性能
容器中状态	有轻微沉淀，易搅起	耐冲击性/cm	50，通过
漆膜外观	平整光滑	耐水性（240h）	基本无变化
60°光泽/%	85	耐酸性（240h）	基本无变化
铅笔硬度	2H	耐碱性（240h）	基本无变化
柔韧性/mm	1	耐汽油性（96h）	基本无变化
附着力（划圈法）	0级	人工加速老化失光率/%	
干燥时间/h　表干	1	1000h	8.4
实干	24	2000h	23.2

5.2.3 水基丙烯酸酯涂料

5.2.3.1 特点与分类

　　水基涂料是指以水为溶剂或分散介质的涂料，水基丙烯酸酯涂料的研制和应用始于20世纪50年代，根据树脂在水中的状态可分为乳液型、水稀释型和水溶液型三类。三者的区别在于：乳液型，外观乳白色，粒径$0.05\sim1.0\mu m$；水稀释型，外观半透明或透明，粒径$0.01\sim0.05\mu m$；水溶液型，粒径$\leqslant0.01\mu m$。三种水基涂料，乳液型应用最多，其次是水稀释型，水溶液型应用最少，本节主要介绍乳液型丙烯酸酯涂料。水基丙烯酸酯涂料按照成膜方式也可分为热塑性和热固性两类，热塑性也习惯上称为挥发自干型，其综合性能比热固性水基涂料稍差，主要表现为耐水性、耐介质性差，常用作要求不太高的金属、非金属和木质制品的装饰与防护。热固性水基丙烯酸酯涂料由于交联固化成膜，因此，除了高度环保，还具有优良的耐候性、耐介质性以及良好的使用耐久性，通过各种改性途径，热固性水基丙烯酸酯涂料的应用越来越广泛。

5.2.3.2 乳液型丙烯酸酯涂料

　　乳液型涂料常称为乳胶涂料或乳胶漆。乳液型丙烯酸酯涂料的用途主要包括建筑、木器、纺织物整理剂、皮革、汽车、纸张以及工业防腐等各领域，其中建筑涂料是乳液型丙烯酸酯涂料最主要的应用领域。美国和西欧、地中海沿岸国家90%左右建筑外墙用建筑涂料装饰，大多为乳液型涂料，其中乳液型丙烯酸酯涂料是用量最大的一类。织物纤维用丙烯酸酯乳液通常也称为上浆剂或织物整理剂，统称为纺织浆料。皮革和纸张用丙烯酸酯乳液则习惯上称为涂饰剂，这两部分内容将在 5.8 中详细介绍，本节重点介绍建筑内外墙、木器、汽车用乳液型丙烯酸酯涂料应用现状和最新技术进展。

(1) 建筑用乳液型丙烯酸酯涂料　1953 年 Rohm&Haas 公司推出了第一代 100％纯丙烯酸酯乳液 Rhoplex AC-33，它由丙烯酸酯和甲基丙烯酸酯合成，具备快干、低气味和容易清洗的特点，但仅局限于内墙的涂装，在外墙涂装中，由于附着力差的原因，使得应用中经常发生开裂、起泡和剥落现象。纯丙烯酸酯乳液涂料存在"热黏冷脆"现象，其耐溶剂性、耐磨性和耐湿擦性较差。多年来，人们一直致力于对纯丙烯酸酯乳液的改性工作，以求获得更加优异的综合性能。

普通的丙烯酸酯聚合物乳液，含有硬单体甲基丙烯酸甲酯较多，因而具有较高的玻璃化温度 T_g，这一特点给建筑外墙用乳胶漆带来的问题是，经过风吹日晒的建筑物外墙往往出现蜘蛛网状的裂纹，涂膜会随之断裂、雨水渗入并侵蚀墙面，进一步导致涂膜遭受破坏而脱落。另外在低温下，涂层也容易开裂，影响保护和装饰效果。为了解决这一问题，人们开始研制建筑外墙用丙烯酸酯弹性乳液。这类弹性乳液通过加入适量的软单体来降低 T_g，并利用加入的功能单体或低聚物所带有的特殊官能团相互作用形成醚键、酯键、酰胺键或大分子链之间的 C—C 键，使其具有微交联结构。特点是能在较大温度范围内保持一定的弹性、韧性以及良好的伸长率，实际上就是一类所形成的涂膜能够在一年四季始终处于高弹态的聚合物乳液。

根据改性物质的不同，目前研究和应用较为广泛的有纯丙弹性乳液（包括苯丙乳液）、有机硅改性丙烯酸酯弹性乳液、聚氨酯改性丙烯酸酯弹性乳液几类。

① 纯丙弹性乳液　纯丙弹性乳液又可分为自交联型和外交联型。自交联型弹性乳液，所加入的功能单体首先应该有一个双键，以保证功能单体以共聚的方式进入丙烯酸酯分子链；其次功能单体应至少包含羧基、羟基、羟甲基等活性官能团，官能团之间发生缩合反应，可将大分子之间链接起来实现微交联。自交联型弹性乳液的制备中，最常使用的功能性单体为 N-羟甲基丙烯酰胺（NHAM），为了抑制 NHAM 在水相中均聚的倾向，也常加入其他助剂共同完成交联。利用 MMA、St、CHMA（甲基丙烯酸环己酯）为硬单体，BA、BMA、2-EHA 为软单体，AN 为功能单体制备了具备软核硬壳乳胶粒结构的弹性乳液，所得涂膜具有良好的耐刮擦性、耐沾污性、低温弹性和表面滑爽性。国外也有报道用 N-(异丁氧基甲基) 丙烯酰胺（BOAM）代替 NHAM 作为功能单体，优点在于 BOAM 比 NHAM 更亲油大，更易于与丙烯酸酯类物质共混并发生反应，一定程度上增加了反应体系的稳定性，并且 BOAM 具有较小的毒性，有利于工业化应用。

外交联型是功能单体的双键与丙烯酸酯类单体完全以自由基加成反应的

方式共聚实现交联。以不饱和羧酸和不饱和酰胺作为功能单体，采用核壳聚合方法制备弹性乳液，硬单体在核结构中约占30%，在壳结构中约占65%，也属于软核硬壳结构，软核可赋予涂层良好的低温弹性、较低的成膜温度和良好的附着力，硬壳则赋予涂层良好的耐刮擦性和耐沾污性。

② 有机硅改性丙烯酸酯弹性乳液　有机硅改性丙烯酸酯弹性乳液简称为硅丙弹性乳液，其得到迅速发展的原因在于，可以利用Si—O键能大、表面能低、分子链柔性大等特点，通过乳液聚合技术对聚丙烯酸酯进行改性，以提高涂层的耐高低温性能、抗龟裂性、耐沾污性和耐老化性，最终提高外墙涂料的使用寿命。

有机硅改性丙烯酸酯乳液的制备有物理共混和化学改性两种方法。化学改性法又可分为缩聚法、硅氢加成法和自由基聚合法。缩聚法是通过丙烯酸树脂中的羟基等活性基团与有机硅预聚体中的羟基和烷氧基等进行缩聚反应，从而将有机硅链段引入到丙烯酸树脂链段中。硅氢加成法是通过含活泼氢的有机硅烷或有机硅氧烷与含有不饱和双键的丙烯酸树脂进行硅氢加成反应，而将有机硅链段引入丙烯酸树脂链段中。该方法反应条件温和、产率高，广泛应用于合成各种含硅聚合物，但在涂料领域的应用还处于起步阶段。自由基聚合法是目前制备硅丙乳液最常用和最有效的方法，该方法是直接利用含不饱和双键的有机硅烷或有机硅氧烷与含不饱和双键的丙烯酸树脂进行自由基聚合，实现将有机硅引入丙烯酸树脂链段中的目的。可以利用八甲基环四硅氧烷（D_4）与乙烯基环四硅氧烷（D_4^V）的有机硅单体，对丙烯酸酯乳液进行改性，体系中有机硅分子开环聚合与丙烯酸酯类单体的自由基聚合同时存在，开环聚合后有机硅分子链段中的双键又以交联剂的形式将丙烯酸酯大分子链接起来，形成具有微交联结构的弹性乳液，反应历程如下：

$$nD_4 + mD_4^V \longrightarrow \left(O-\underset{CH_3}{\overset{CH_3}{Si}}\right)_{4n}\left(O-\underset{CH=CH_2}{\overset{CH_3}{Si}}\right)_{4m}$$

$$\left(O-\underset{CH_3}{\overset{CH_3}{Si}}\right)_{4n}\left(O-\underset{CH=CH_2}{\overset{CH_3}{Si}}\right)_{4m} \xrightarrow{\text{AA MMA}}_{\text{BA EHA}} \left(O-\underset{CH_3}{\overset{CH_3}{Si}}\right)_{4n}\left(O-\underset{H_2C-CH_3}{\overset{CH_3}{Si}}\right)_{4m}$$

Lin等以D_4和D_4^V为有机硅单体，制备以聚硅氧烷为核、以P（MMA-BA）共聚物为壳的乳胶粒。Liles等用乙烯基三乙氧基硅烷对丙烯酸乙酯进行改性，制备出了以丙烯酸乙酯为核、以乙烯基三乙氧基硅烷-丙烯酸乙酯为壳的具有互穿网络结构的乳液。该乳液具有良好的综合性能。

③ 聚氨酯改性丙烯酸酯弹性乳液　聚氨酯改性丙烯酸酯弹性乳液是近年发展起来的一类新型的涂料用乳液。聚氨酯乳液耐寒性和力学性能良好，但单一的聚氨酯乳液固体分低、自增稠性差且成本较高，改性后的乳液由于大分子结构中既有氨基甲酸酯又有羧酸酯结构单元，结合了两类乳液的优点，既具有聚氨酯乳液的耐溶剂、耐酸碱、耐腐蚀、耐磨损和可低温固化的

特点，又具有聚丙烯酸酯乳液的优良保光、保色、光亮、耐候和附着力强等优点。这类新型的乳液被称为第三代水性聚氨酯，得到了广泛的重视。其制备方法分为物理共混法和化学共混法。物理共混法是在分别制备 PU（聚氨酯）和 PA（聚丙烯酸酯）乳液的基础上，通过机械搅拌将两种乳液搅拌均匀，这种方法由于 PU 和 PA 的相容性差，因此形成分布均匀稳定的乳液有较大困难，形成的涂膜不透明、易开裂，因此在实际应用中很少采用物理共混法。化学共混法也是分别制备出 PU 和 PA 乳液，然后在其中一种乳液中加入偶联剂或交联剂，并通过机械搅拌，使 PU 和 PA 乳液混合均匀并发生交联反应，最后固化成膜。例如可以利用丙烯酸-β-羟乙基酯、丙烯酸-β-羟丙基酯等与多异氰酸酯反应，未反应的—NCO 用仲氨基化合物进行封端，经过提纯得到含氨基甲酸酯的丙烯酸酯类单体，该单体与其他丙烯酸酯类单体进行乳液聚合，就可得到 PUA 共聚乳液。另一条途径是利用自交联反应，在制备 PU 乳液时，使 PU 乳胶粒留有少量—NCO 基团，当与 PA 乳液共混时，—NCO 基团可与 PA 链段上的—OH 或—COOH 的活泼氢反应而自行交联，根据需要可得到交联程度不同的 PUA 涂膜，该方法需要注意的是，—NCO 基团一般需要封端保护，交联时需要较高的解封温度。

　　总之，改性后的丙烯酸酯类乳液不仅保留了普通丙烯酸酯乳液耐候性、保光保色性、成膜性好的特点，而且由于具有了一定的弹性，可以具备良好的遮盖墙体毛细裂缝的能力和防龟裂的能力，越来越广泛地应用于建筑物外墙用涂料。在建筑涂料领域，由于环保要求不断提高，丙烯酸乳液几乎占据统治地位。美国建筑涂料占涂料总消费的 50％，德国在 30％以上，国内建筑涂料占到 35％～40％。各国建筑用乳液品种不尽相同，美国较多使用的是醋酸乙烯-丙烯酸酯共聚物乳液；德国习惯于用苯乙烯-丙烯酸酯共聚乳液；英国拥有丰富的石油资源，叔碳酸乙烯-醋酸乙烯共聚乳液占 50％以上。

　　我国目前生产的建筑涂料主要有两大类：一类是合成树脂乳液（乳胶漆）类，包括乙丙乳液、苯丙乳液、氯乙烯-偏氯乙烯乳液、聚醋酸乙烯乳液、环氧-丙烯酸乳液等；另一类是无机涂料，一般以硅酸盐、硅溶胶等为基础。内墙涂料占建筑涂料总量的 75％～80％，市场上以苯丙乳液涂料、乙丙乳液涂料为代表的中档产品为主，以聚乙烯醇及其缩甲醛类为基料的低档涂料市场在不断萎缩。以纯丙或硅丙乳液涂料为代表的高档外墙涂料的比例仍然比较低，产量约占涂料总量的 15％。近年来，我国的研究热点涉及核壳乳液聚合、无皂乳液聚合、乳液互穿聚合物网络、有机-无机复合乳液，研究最多的是硅溶胶-苯丙乳液。

　　(2) 木器用乳液型丙烯酸酯涂料　木器涂料系指用于实木板、胶木板、木屑板、纤维板、木纹面板等制成的器材表面涂覆用涂料，包括家具、地板、文体用品、乐器以及建筑装修用涂料。大致分为家具制造和室内装饰装修两类。国外把这类涂料都归为装饰涂料，我国则习惯称为木器涂料。我国已成为世界第一家具生产和出口大国，木器涂料约占涂料总量的 15％～20％，在工业涂料中仅次于防腐涂料居第 2 位。2009 年我国木器涂料年产量已达到 80 万吨，但水基木器涂料仅占 2％。其中聚氨酯涂料约占 75％，丙烯酸酯木器涂料所占份额甚少。国内北京化工大学、华南理工大学、广东嘉宝莉、顺德建邦等涂料厂家均致力于水基丙烯酸酯木器涂料的研发与生产。

随着社会经济的发展和全民环保意识的提高，木器用涂料逐渐开始实现水性化以减少 VOC 的排放。水基木器涂料经历了 60 年的发展历史。20 世纪 40 年代，P. Schlack 首次制备出了阳离子水性聚氨酯；1970 年，第一代阴离子型水性聚氨酯开发成功，开始将水性聚氨酯-丙烯酸共混体系用于木质地板涂料；1980 年，水性聚氨酯-丙烯酸共混体系在瑞典、挪威、丹麦迅速推广应用；1987 年，所有欧洲国家开始使用水性透明地板涂料，并首次开发出水性聚氨酯-丙烯酸共聚树脂；1989 年，水性聚氨酯-丙烯酸共聚树脂在欧洲商品化；1992 年以来，逐步开发出了无助溶剂体系、非乳化剂（非皂化）体系、自交联树脂体系、水性 UV 固化体系等新一代水性树脂，并应用于木器涂料。

目前，木器水基涂料主要有丙烯酸酯乳液和聚氨酯乳液两大类。我国的木器用乳液型丙烯酸酯涂料的发展开始于 20 世纪 80 年代。丙烯酸酯乳液由于其价格低廉、丰满度好、光泽度高、优良的耐候性、耐介质性和耐沾污性，在木器用乳液中得到了长足的发展，但作为木器用涂料仍然存在着最低成膜温度高、涂膜硬度低、抗回黏性差、不耐溶剂和热黏冷脆等缺点。目前主要采用环氧树脂、聚氨酯和无机纳米材料对其进行改性。

① 环氧树脂改性　环氧树脂改性主要可以提高丙烯酸乳液涂膜的附着力和力学性能。改性的方法主要有物理共混和化学接枝，其中，化学接枝应用最为广泛。根据接枝部位和反应机理的不同，又可分为两条技术路线：一是利用环氧基团和羧基、氨基的酯化反应，把环氧基团和丙烯酸树脂结合在一起；二是通过自由基聚合，使部分丙烯酸类单体接枝到环氧链段上，得到复合乳液。酯化反应的方式主要有两种：一种是环氧树脂和丙烯酸树脂加催化剂酯化；二是环氧树脂先和丙烯酸酯类单体酯化，再参与共聚。对于自由基聚合，大量研究表明：单纯以自由基接枝方法制备水性环氧丙烯酸树脂，在乳液合成过程中，随着环氧树脂的增加，凝聚现象严重，乳液的聚合稳定性较差，最终导致产物收率降低。如果采用硬核软壳的核壳乳液聚合方法，在硬核大分子间引入交联，可提高涂膜的物理和化学稳定性，同时软壳结构又能保证丙烯酸树脂在低温下成膜，所得到的乳液颗粒在保持硬度不变的条件下，具有相对较低的最低成膜温度（MFT），有效克服了丙烯酸树脂硬度与低成膜温度的矛盾。采用乳液聚合技术，对丙烯酸酯类单体进行乳液聚合，形成丙烯酸酯类微乳粒子，再将环氧树脂接枝到丙烯酸酯乳胶粒子表面，形成以丙烯酸酯乳胶粒为硬核、环氧树脂为软壳的核壳结构，所得到的

乳液 VOC 低、硬度大、耐盐水性好，环氧树脂在外层使得乳胶粒子较柔韧，同时也有效提高了涂膜的附着力，可用于制备高性能木器涂料。

② 聚氨酯改性　聚氨酯乳液也是木器涂料的重要品种，但聚氨酯价格昂贵、固体分低，耐候、耐水性和保光性方面有一定缺陷。采用聚氨酯改性丙烯酸酯用于制备木器涂料，既可以保证优良性能又可以降低成本。目前可采用的主要改性方法有物理共混、种子乳液聚合和互穿网络聚合。物理共混的缺点是体系不稳定，容易产生相分离。种子乳液聚合传统的方法是在有机溶剂存在下，合成带羧基的聚氨酯预聚体，然后进行中和与乳化，最后脱去溶剂得到自乳化型的阴离子聚氨酯乳液，以此为种子乳液，加入丙烯酸酯类单体和引发剂进行自由基聚合，即可得到核壳结构的聚氨酯-丙烯酸酯乳液。该方法最后要蒸馏除去溶剂，工艺繁琐。同时该方法所得到的乳液，除了少量 PU 和 PA 有少量黏结外，大部分仍以单独形式存在，会导致相分离。所报道的一种弥补上述缺陷的合成方法是：以 MMA 和 BA 为有机溶剂，在合成水性聚氨酯低聚物过程中，加入 HEMA 作为交联单体参与 PUA 的聚合反应，在合成过程中，在 PA 与 PU 的核、壳之间起到了架桥作用，可以提高涂膜的耐水性能，同时也有利于两种树脂的相容。

聚氨酯改性丙烯酸酯乳液一般为假塑性流体，胶粒的大小与硬段组分、亲水组分和乙烯基单体的含量有关。剪切力相同的条件下，硬段含量、乙烯基单体含量越大，胶粒的粒径越大。一般来说，复合乳液膜表面层富含壳部分，膜的内部富含核部分，即乳液成膜后，核部分位于涂层的中部，而壳部分位于涂层的外表面与底材相接触，乳液涂层的表面性能和附着性能更加接近于壳部分的性能。如以聚丙烯酸酯为核，聚氨酯为壳的复合乳液成膜后的附着性能和表面性能更接近聚氨酯乳液的性能。

③ 互穿网络聚合　互穿网络聚合是由两种共混的聚合物分子链相互贯穿，并以化学键的方式各自交联形成的网络结构。这种特殊的聚合物在分子水平上达到"强迫互容"和"分子协同"效果，比核壳聚合物的相容性更好。以二甲基亚砜作为有机溶剂，合成带—NCO 的预聚体，与功能性丙烯酸酯类单体进行反应，最后在水乳液中自由基聚合，可以得到聚氨酯-丙烯酸酯 LIPN（乳液互穿聚合物网络）型共聚物，该类聚合物所得涂膜的热稳定性比较好。

④ 无机纳米颗粒改性　无机纳米颗粒改性是新型的丙烯酸酯乳液改性技术，也是目前的研究热点之一。纳米改性丙烯酸酯乳液有三种方式：第一种是通过硅溶胶的方式；第二种是将纳米颗粒（主要是纳米 SiO_2 或 TiO_2 以及 $CaCO_3$ 颗粒）作为纳米源引入聚合体系中；第三种是采用溶胶-凝胶法直接原位生成无机纳米粒子来合成无机/有机纳米复合乳液。硅溶胶和丙烯酸酯单体通过乳液聚合可得到纳米 SiO_2/丙烯酸酯复合乳液，纳米 SiO_2 以分散相分布在胶粒内部，SiO_2 的加入能显著提高乳液涂膜的力学性能和耐热性。在改性的 TiO_2 表面进行原位聚合制备纳米 TiO_2/硅丙复合乳液，乳

液涂膜透明，纳米粒子的引入可赋予复合乳液杀菌功能，起到净化空气的作用。纳米颗粒容易团聚，可以采用偶联剂或油酸对纳米粉体进行表面修饰。如以正硅酸乙酯（TEOS）为纳米 SiO_2 的前驱体，以甲基丙烯酰氧基硅烷偶联剂进行改性，可合成聚丙烯酸酯/SiO_2 纳米复合乳液，涂膜耐紫外线性能较聚丙烯酸酯类有所提高。在传统乳液聚合后，采用溶胶-凝胶法向体系滴加 TEOS，原位生成无机纳米颗粒，聚合物表面的硅烷偶联剂和 TEOS 在涂膜形成过程中发生共缩聚，交联的网状结构使涂膜的耐溶剂性能进一步提高。

(3) 汽车用乳液型丙烯酸酯涂料

① 丙烯酸酯阴极电泳涂料　电泳涂料是可利用电泳涂装方法进行施工的涂料。而电泳涂装是利用外电场使悬浮于电泳液中的树脂和颜料等微粒定向迁移，并沉积于被涂工件表面的涂装方法。电泳涂装按照沉积性能可分为阳极电泳涂料（工件为阳极、涂料是阴离子型）和阴极电泳涂料（工件为阴极、涂料是阳离子型）。

电泳涂料始于 20 世纪 30 年代。20 世纪 60 年代初，阳极电泳涂料开始工业化应用，主要是福特汽车公司应用于汽车的涂装。随着日渐暴露出其漆膜含有金属阳离子，导致涂层防腐性能差的缺陷，人们开始研发阴极电泳涂料。1971 年，美国 PPG 公司首次研制出第一代阴极电泳涂料。1976 年 6 月，美国通用汽车公司开始采用 PPG 公司的第二代阴极电泳涂料 CED-3002 作为底漆涂装汽车车身。1978 年，美国通用汽车公司和福特汽车公司把原来使用的 65 条阳极电泳涂料涂装生产线，几乎全部改用新的阴极电泳涂料，从此拉开了阴极电泳涂料在工业界广泛使用的序幕。尤其是以汽车为代表的包括自行车、摩托车等各种车辆，彩电、空调、洗衣机等轻工行业产品的涂装，以及仪表、建材等各行业中都有应用。事实上阴极电泳涂料也是汽车行业近 30 年来长期普遍使用的底漆类型，据统计，目前全球汽车生产涂装中，底漆涂层 92％使用电泳涂料，其中阴极电泳涂料又占 90％。

电泳涂装使用水基涂料，涂料中 80％以上为水分，比较环保。阴极电泳涂料按照树脂的类型可分为环氧型、丙烯酸酯型和聚氨酯型，环氧型和丙烯酸酯型阴极电泳涂料应用较为普遍。

阴极电泳涂料有其突出的特点。

a. 以水为溶剂，几乎没有发生火灾的危险，应用过程中对操作者的危害以及对环境的污染也比较小。

b. 涂层致密、厚度均匀可控。湿膜含水率低，可有效缩短烘干前水分蒸发的预干时间，缩短施工周期，提高工作效率。

c. 能均匀涂覆于工件的边、角、内腔、缝隙等各个表面，适合于复杂结构和造型的金属零件的涂装。

d. 涂料利用率高。电泳涂料浓度低、沉积过程带出损失小。使用超滤技术，涂料的利用率可达 90％～95％。

e. 适宜于大规模工业生产，可实现涂装线的机械化和自动化。

阴极电泳涂料的发展十分迅速，目前，全球的阴极电泳涂料的生产以美国 PPG 公司、德国 Hoechst 集团和日本关西涂料公司为代表。目前的电泳涂料已发展到第六代、第七代。最具代表性的有：厚膜型阴极电泳涂料、边角覆盖型阴极电泳涂料、耐候型阴极电泳涂料、低温固化型阴极电泳涂料和多彩型阴极电泳涂料。

耐候型阴极电泳涂料由日本神东公司开发，是一种厚膜型自分层双层结构的阴极电泳涂料。采用不同表面张力的阳离子丙烯酸树脂和阳离子酚醛环氧树脂混合物为基料，以三聚氰胺、异氰酸酯和聚酰胺为固化剂。涂装工艺采用两步电泳，先在 25℃、200V 条件下电泳 2min，然后在 600V 条件下继续电泳 2min，这样可以在汽车车身表面形成 $70\mu m$ 厚的涂层。该涂层具有双层结构，底层以环氧树脂为主，保证了涂层优良的耐蚀性，表层以丙烯酸树脂为主，保证了涂层良好的耐候性。该涂层体系和涂装工艺可实现汽车电泳涂装的底面合一。涂层由于树脂浓度的分布呈梯度变化，与多层涂装相比，避免了层与层之间的附着性不良等问题。

彩色阴极电泳涂料由日本关西涂料公司开发，其中 KG500 是以环氧树脂为基础，以异氰酸酯为固化剂，配合使用丙烯酸树脂，在电泳过程中均匀沉积，进一步烘烤时湿涂膜产生热流动。表面张力较小的丙烯酸树脂上浮于表面，表面张力大的环氧树脂下沉于下层形成复合型涂层。该涂层在日本平旧曝晒场经 90 天曝晒，KG550 的 60°镜面反射率从 80％降低到 70％，而一般涂料 60°镜面反射率从 70％快速降到 10％。因此，该涂料保光性比一般阴极电泳涂料要好得多。除了用于汽车表面的涂装，也可用于室内使用的机械、家电、办公用具、建筑壁板、仪表盘、配电盘和工具箱。

进入 21 世纪，新一代的阴极电泳涂料主要体现出以下优点。

a. 阴极电泳涂料的泳透力一般在 20cm 以上。泳透力是指衡量电泳涂料在工件内腔上膜能力的参数，该值越高，车身或其他工件内外膜厚就越均匀，车身整体防护性能就越好。同时高的泳透力也能节约涂料用量。

b. 边角涂覆能力更强。电泳涂装过程中，工件边缘部分由于涂料的电化学作用，造成边角涂层特别薄，新型的阴极电泳涂料通过性能改性，边缘覆盖能力大大增强。

c. 颜基比降低。降低电泳涂料的颜基比可以有效提高涂料的流动性，降低胶体的沉降速率，减少颜料絮凝，降低材料消耗。

d. VOC 显著降低。新型的阴极电泳涂料 VOC 越来越低，有利于环境保护。

e. 无铅型。铅在电泳涂料的防腐蚀、钝化和加速交联等方面起着重要作用。新一代的阴极电泳涂料禁止了铅等重金属元素的使用，更加环保。

② 自动沉积丙烯酸酯涂料　自动沉积丙烯酸酯涂料也称为自泳漆，主要作为汽车底漆使用。汽车用涂料包括新车制造过程中，在涂装生产线上使

用的涂料和维修使用的修补涂料。其中涂装生产线上所用涂料一般由底漆、中间漆和面漆组成，有些汽车制造公司的面漆又由底色漆和罩光清漆组成。底漆直接影响汽车车身材料的防腐蚀性能。

汽车底漆到目前为止经过了如图 5-12 所示的五个技术发展阶段。

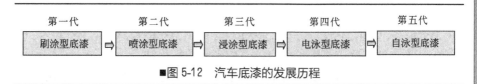

■图 5-12　汽车底漆的发展历程

第一代：刷涂型底漆。指防护底漆采用人工刷涂进行涂装的方法，完全的手工操作、劳动强度大、工作效率低，涂层外观很难控制，常常出现刷痕、流挂等涂层缺陷，目前已完全淘汰。

第二代：喷涂型底漆。也称为压缩空气喷涂底漆，是采用喷枪利用压缩空气形成的气流将涂料雾化并吹散喷涂在汽车底材表面，形成完整连续薄膜。该方法的缺点是涂料利用率低，只有 $50\% \sim 60\%$；稀释剂用量大，喷涂过程中溶剂大量挥发，造成环境污染。

第三代：浸涂型底漆。是指被涂工件浸入涂料中一定时间后取出，流平并干燥固化的涂装方式。该方法主要适用于溶剂型涂料，缺点是易产生流挂现象。涂装过程中也会导致溶剂大量挥发，带来严重的空气污染问题。

第四代：电泳型底漆。是指把被涂工件和电极放入水基涂料中，借助于电场所产生的物理化学作用，使涂料各组分在被涂工件表面均匀析出沉积。可分为阳极电泳和阴极电泳底漆两种。阴极电泳底漆由于不存在阳极金属离子溶解污染涂膜的问题，成为目前最常用的电泳底漆品种。

第五代：自动沉积型底漆。是指不需要外电场，利用化学反应在钢铁表面形成一层黑色的漆膜。该方法的特点是漆膜结合力强、硬度高、延展性好，边缘覆盖性好，不含有机溶剂和重金属，环保性好。

自动沉积型底漆由于诸多优点，在汽车行业逐步开始应用。其基本原理为：当钢铁工件浸在涂料中时，低浓度的氢氟酸、氟化铁开始腐蚀工件并溶解出 Fe^{2+}，Fe^{2+} 被氧化为 Fe^{3+}，部分 Fe^{3+} 与树脂和颜料反应，并使树脂和颜料析出到工件表面。未参加反应的 Fe^{3+} 与溶液中的 F^- 形成络合物稳定在溶液中。涂料会首先沉积在边缘、尖端和薄的部位，当这些部位覆盖完全后就在其他部位继续沉积。初始沉积的涂层具有一定的黏附性，多孔透水，酸性物质可以继续通过孔隙渗入到基材表面发生反应，使涂料继续沉积，涂层逐渐连续并完整。反应历程示意如下。

a. 铁离子溶解

$$Fe + 2HF \longrightarrow Fe^{2+} + H_2 + 2F^-$$
$$Fe + 2FeF_3 \longrightarrow 3Fe^{2+} + 6F^-$$

b. 氧化还原

$$2Fe + 3H_2O_2 + 6HF \longrightarrow 2Fe^{3+} + 6H_2O + 6F^-$$

c. 涂料沉积

$$Fe^{3+} + \frac{Latex}{pigment} \longrightarrow \left[Fe\frac{Latex}{pigment} \right]$$

式中　Latex—乳液；pigment—染料。

d. 反应终止

$$2Fe^{3+} + 6F^- \longrightarrow 2FeF_3$$

这一反应再生了反应体系中必需的氟化铁。

自动沉积型底漆与电泳底漆相比，在施工工艺上可省去多道工序，可节约 20% 以上的成本。自动沉积型涂料常见的有：丙烯酸酯自动沉积涂料、聚偏二氯乙烯自动沉积涂料和环氧树脂类自动沉积涂料。电泳涂装与自泳涂装的工序见图 5-13。Bammel 对三种树脂的自动沉积涂料进行了性能对比，结果见表 5-57。

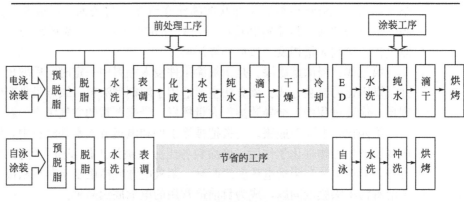

■图 5-13　电泳涂装与自泳涂装的工序

■表 5-57　不同树脂自动沉积涂料性能对比

项　　目	环氧类	PVDC	丙烯酸酯类
漆膜厚度/μm	15.2~25.4	12.7~25.4	12.7~25.4
附着力（划格法）	0 级	0 级	0 级
60°光泽/%	40~90	5~10	5~15
铅笔硬度	2~5H	4~7H	1~2H
耐反冲击/cm[1]	102~406	406	102
耐石屑性（-30℃）	通过	通过	通过
耐潮湿（1000h）	无脱落	无脱落	无脱落
耐水性（240h）	无脱落	无脱落	无脱落
GM9540P 划痕（3mm 平均距离）/圈	40	40	32
SAEJ2334 划痕（3mm 平均距离）/圈	40	40	30
中性盐雾 划痕（3mm 平均距离）/h	336~600	600~1000	336~500
无划痕（<10%锈化）/h	>1000	>1000	>1000
VOC（g/L水）	≤39.95	—	215.7

① 采用 ASTM D2794 方法测定。

Shachat通过种子乳液聚合合成了丙烯酸酯类共聚物用于制备自沉积涂料，配方见表5-58。合成工艺为：在机械搅拌下，将单体、乳化剂和水分散预乳化，然后取5％的预乳液、20％的引发剂和水，加入反应釜，搅拌升温到80℃时，滴加剩余预乳液和引发剂，约150min滴完，然后再补加0.1％的过硫酸铵，使残余单体反应完全。最后升温到85℃并保持60min，然后冷却、中和过滤出料。得到的聚合物颗粒直径为$0.07\sim0.14\mu m$。

■表5-58　自沉积涂料配方

组分	质量份	组分	质量份
丙烯酸丁酯	44	甲基丙烯酰胺	1.5
丙烯腈	36	丙烯酸羟乙酯	1.5
苯乙烯	10	乳化剂	0.3~1.0
甲基丙烯酸	7	过硫酸铵	0.3~0.7

(4) 玻璃纤维用乳液型丙烯酸酯涂料

玻璃纤维是一种性能优异的无机非金属材料，它是以玻璃球或废旧玻璃为原料，经高温熔制、拉丝、织布等工艺处理后形成的产品，主要作为水泥增强材料，也可以成型制作玻璃纤维复合材料，具有柔软、定位好、强度高及耐碱腐蚀的优点。玻璃纤维虽然具有强度高、电绝缘性好、质量轻等特点，但同时存在耐屈挠性和耐磨性差，以及高温下强度下降和化学稳定性低的缺点，尤其是耐碱性差。在碱性条件下，玻璃纤维骨架因发生如下反应而遭到破坏：

$$
\begin{array}{c}
-\mathrm{Si-O-Si-} \ + \ \mathrm{OH}^- \longrightarrow \ -\mathrm{Si-OH} + \ -\mathrm{Si-O}^- \\[2mm]
-\mathrm{Si-O}^- + \mathrm{OH}_2 \longrightarrow \ -\mathrm{Si-OH} + \mathrm{OH}^-
\end{array}
$$

玻璃纤维耐碱性差的缺点长期以来限制了它的应用，人们着力于从两个方面提高玻璃纤维的耐碱性，一方面是改变玻璃成分，提高玻璃本身的耐碱性；另一方面是对玻璃纤维表面进行耐碱处理。改变玻璃成分是从根本上解决玻璃纤维耐碱性问题的最好的技术途径，但成本太高，在实际应用中有局限性。而采用耐碱性表面处理的技术，主要是通过涂料提高耐碱性，具有成本低、工艺灵活等特点，成为目前各领域尤其是建筑领域最常采用的方法。

以玻璃纤维机织物为基础，经过耐碱涂层表面处理后制备的玻璃纤维耐碱网布，具有高强、质轻、耐温、耐碱、耐腐蚀、抗龟裂的特点，广泛应用于墙体增强、外墙保温、外墙装饰、屋面防水等方面，还可应用于塑料、水泥、沥青、大理石、马赛克等墙体材料的增强。玻璃纤维网格布进行耐碱处理的目的是，依靠涂层进一步提高耐碱性，并使网孔固定，减少位移，同时使网布挺阔，易于施工，涂层材料可采用耐碱性良好的高分子材料树脂并加入耐碱抑制剂，经过充分塑化，成为涂塑耐碱网格布。对玻璃纤维的表面涂覆有多种方法，可归为三大类，见表5-59。

■表 5-59　玻璃纤维的表面涂覆方法

分　类	涂覆剂种类
无机物涂层	钛、锌、锆盐类：硫酸钛、氯化钛、硫酸锆、氯化锆
	金属盐类：硬脂酸锌、乙酸锌
有机物涂层	热固性树脂：环氧、呋喃树脂、聚氨酯、氟树脂
	热塑性树脂：过氧乙烯、聚氯乙烯、丙烯酸树脂、
	水乳性高聚物：纯丙烯酸酯乳液、苯丙乳液、乙丙乳液、含硅乳液
	有机硅：乙烯基硅氧烷、苯基硅氧烷、丙基硅氧烷
有机无机复合涂层	金属盐与乳液的复合物：乙酸锌与氯乙烯-偏氯乙烯
	金属盐溶于树脂：硬脂酸锌与丙烯酸酯乳液

20 世纪 90 年代以来，随着玻璃纤维网格布在内外墙表面作为增强和装饰材料广泛使用，对于其耐碱涂覆剂也进行了详细研究，应用最广泛的为聚醋酸乙烯乳液和聚丙烯酸酯乳液。国内浙江嘉兴会伟玻璃纤维制品有限公司与浙江大学联合开发出了高分子复合型网布用于墙体材料，主要采用改性丙烯酸树脂处理剂对中碱或无碱玻璃纤维网格布进行处理而成，其综合性能处于国内领先水平。但与国外同类产品相比，国内的玻璃纤维涂层品种还比较少，国际上随着玻璃纤维表面处理技术的提高，玻璃纤维涂层织物在耐热、防腐以及建筑装饰和增强等领域的应用不断扩展。1997 年，在欧洲用于建筑装饰和增强的玻璃纤维涂层织物用量达到 20 万吨，仅美国波音公司每年采购的玻璃纤维涂层织物制品价值就达约 1200 万美元。

耐碱处理剂中，聚合物结构对乳液的耐碱性有很大影响，图 5-14 为各种乳液在 80℃，1mol/L NaOH 溶液中的皂化速率，可以看出，聚醋酸乙烯酯发生了明显的水解，而丙烯酸酯类的耐碱性好得多。图 5-15 为各种丙烯酸酯在 NaOH 溶液中的水解特性，可以看出，丙烯酸酯单体中醇的碳链越长，耐水解性越好，例如 PMMA 比 PMA 好。

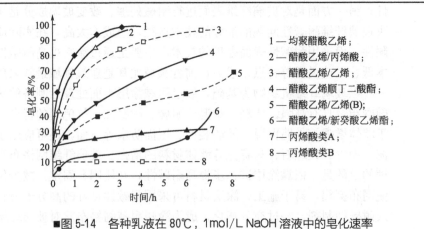

1 — 均聚醋酸乙烯；
2 — 醋酸乙烯/丙烯酸；
3 — 醋酸乙烯/乙烯；
4 — 醋酸乙烯顺丁二酸酯；
5 — 醋酸乙烯/乙烯(B)；
6 — 醋酸乙烯/新癸酸乙烯酯；
7 — 丙烯酸类A
8 — 丙烯酸类B

■图 5-14　各种乳液在 80℃，1mol/L NaOH 溶液中的皂化速率

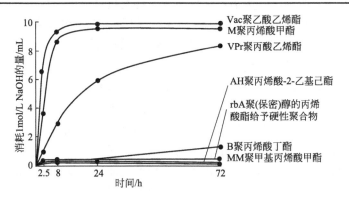

■图 5-15　各种丙烯酸酯在 NaOH 溶液中的水解特性

　　为进一步提高聚丙烯酸酯乳液作为玻璃纤维涂层的耐久性，常常进行各种性能改性。如可以在聚合过程中添加有机硅偶联剂，增强涂层与玻璃纤维网格布之间的结合力，增加定位效果，并利用有机硅偶联剂的交联作用增强涂层的耐水性和耐碱性。也可以采用丙烯酸酯单体改性丁苯乳液，使得涂层兼具有柔软性和高强度，经高温烘干后，玻璃纤维网格布的拉伸强度和抗碱腐蚀性明显提高。有机硅改性丙烯酸酯乳液也是玻璃纤维制件最常采用的涂层材料。表 5-60 和表 5-61 为有机硅改性后的丙烯酸酯乳液对玻璃纤维套管耐电压性和耐温性的影响。

■表 5-60　改性后的丙烯酸酯乳液对玻璃纤维套管耐电压性的影响

项　　目		有机硅改性后	有机硅改性前
黏度（涂-4 杯）/s		68	54
固体分含量（质量分数）/%		38.45	40.2
击穿电压/V	涂覆 1 次	3200	3000
	涂覆 2 次	4500	3800

■表 5-61　改性后的丙烯酸酯乳液对玻璃纤维套管耐温性的影响

项　　目		有机硅改性后	有机硅改性前
耐高温性能	130℃ ×2h	不发黄	不发黄
	140℃ ×2h	不发黄	略发黄
	150℃ ×2h	不发黄	严重发黄
耐低温性能	20℃ ×12h	发硬，曲绕面不断裂	较硬，曲绕面不断裂
	4℃ ×12h	硬，曲绕面不断裂	硬、脆，曲绕面破损
	−14℃ ×12h	硬，曲绕面不断裂	硬、脆，曲绕面断裂

　　虽然丙烯酸酯乳液及其改性产品已广泛地应用于各领域，但人们仍在不断追求高品质的丙烯酸酯及其改性乳液产品。相控微纳米乳胶制备技术的出现，为制备真正绿色环保丙烯酸酯涂料奠定了技术基础。相控微纳米功能乳胶微粒粒径为 130～180nm，内含硬相粒径 5～20nm 的复合型多相丙烯酸酯

共聚乳胶液，在无需添加任何挥发性有机助剂的条件下，可在低温下形成完整的连续高分子膜，该技术可用于制备无挥发性有机溶剂的高品质水基涂料，可满足"零 VOC"绿色环保涂料的性能标准。

5.2.3.3 水稀释型丙烯酸酯涂料

水稀释型丙烯酸酯分散体用树脂也带有可中和的基团，这种基团中和后成为盐，使树脂具有水溶性，但基团的数量又不足以使树脂完全溶于水，因此，这样的树脂又带有一定的自乳化性质，分散体外观介于乳液和溶液之间，略带乳白色。水稀释型丙烯酸酯涂料在稀释时有黏度异常现象，与乳液涂料相比，成膜温度大致相同或稍低，而硬度则更高，这是水稀释型丙烯酸酯涂料最突出的特点。与普通溶液型涂料相比，相同固体分，水稀释型涂料的黏度低，分子量可以更高。国内水稀释型丙烯酸酯分散体的研究方向主要为阴离子型。

日本旭硝子公司开发了由三氟氯乙烯与不同乙烯基醚通过共聚种子反应，然后再引入丙烯酸酯进行改良的聚合物，以此方法制备的可交联的水分散体系用图 5-16 所示的酰肼固化剂固化，可得到高性能的涂层，采用碳弧灯光源进行涂层的耐候性测试，发现经 4000h 碳弧灯加速老化后，丙烯酸树脂含量为 30% 时，光泽保持率仍达到 80%。

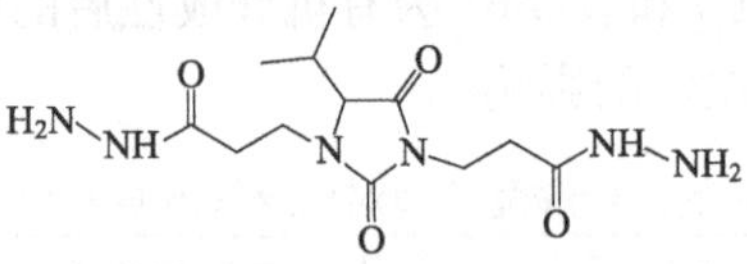

■图 5-16　酰肼固化剂结构示意图

水稀释型丙烯酸酯涂料可采用的施工方法有辊涂、刷涂、电泳和静电喷涂，可应用于汽车、皮革、轻工、金属建材等领域。

5.2.3.4 水溶液型丙烯酸酯涂料

水溶液型丙烯酸酯涂料所采用的树脂通常是通过溶液聚合得到的含水溶性基团的丙烯酸树脂，若以离解后的状态分类有阴离子型和阳离子型两种。阴离子型比较常用，一般分子侧链带有羧基，使用时用有机胺或氨水中和成盐而获得水溶性。阳离子型主要用于阴极电泳涂料。表 5-62 是常规水溶液型丙烯酸酯涂料的组成。

水溶液型丙烯酸酯涂料可用于汽车、家电、木器、食品工业等领域。例如，易拉罐等金属食品罐内壁以往大量使用丙烯酸型、环氧型、酚醛型、乙烯型有机溶剂涂料，20 世纪 70 年代以来，随着各国对涂料行业 VOC 的限制，制罐行业开始逐步使用水溶液型涂料，首先研制成功的就是水溶液型环氧接枝丙烯酸酯涂料，目前，该类涂料丙烯酸树脂的含量可达到 80%，堪称真正的水溶液型丙烯酸酯涂料。

■表 5-62　水溶液型丙烯酸酯涂料的组成

组成		常用品种	作　用
单体	非功能单体	（甲基）丙烯酸甲酯、（甲基）丙烯酸乙酯、（甲基）丙烯酸丁酯、（甲基）丙烯酸乙基己酯、（甲基）丙烯酸苯乙烯等	调整基础树脂的硬度、柔韧性、耐候性及其他物理性能
	功能单体	（甲基）丙烯酸羟乙酯、（甲基）丙烯酸羟丙酯等	提供交联反应基团
		（甲基）丙烯酸、顺丁烯二酸酐等	提供阴离子树脂的亲水基团
		（甲基）丙烯酸二甲胺乙酯、（甲基）丙烯酸二乙胺乙酯等	提供阳离子树脂的亲水基团
中和剂		氨水、三乙胺、二甲基乙醇胺、2，2-二甲氨基-2-甲基丙醇、2-氨基-2-甲基丙醇等	中和阴离子树脂上的羧基成盐
		甲酸、醋酸、乳酸等有机酸	中和阴、阳离子树脂上的氨基成盐
助溶剂		乙二醇乙醚、乙二醇丁醚、丙二醇乙醚、丙二醇丁醚、仲丁醇、异丙醇等	提供共聚合介质，偶联效率及增溶作用，调整黏度和流平性等涂装性能

5.2.4　高固体分丙烯酸酯涂料

5.2.4.1　特点与分类

　　高固体分涂料指施工固体分大于等于 70％ 的涂料。但因构成涂料基料的类型不同而有差异，如环氧树脂高固体分涂料的施工固体分可达 80％，而丙烯酸酯高固体分涂料的施工固体分一般大于等于 65％。随着新技术的应用，高固体分涂料的施工固体分也在不断提高。在设计高固体分丙烯酸酯涂料配方时，除考虑一般溶剂型丙烯酸酯涂料的影响因素外，更加重视树脂的黏度，需在树脂性能和黏度间建立平衡。

　　一般聚合物溶液的黏度主要受聚合物分子量及浓度控制。在固定的浓度下，溶液黏度随聚合物分子量的降低而降低。高固体分丙烯酸树脂只能由分子量低的低聚物组成，其数均分子量须低至 2000～6000 才能使固体含量达到 70％ 左右而黏度不致太高。但当分子量较小时，就必须有极窄的分子量分布并且有足够的羟基酯单体参与聚合，才能保证每个树脂分子上都有两个以上的羟基。否则，这些分子就不能与固化剂交联成体型大分子，从而影响涂膜的质量。另外，分子量分布窄的树脂黏度也较低。

　　高固体分丙烯酸酯涂料对溶剂也有较高的要求，包括溶解力要强、降低黏度效果要好、毒性小、来源广、成本低等。

　　由于高固体分丙烯酸酯涂料黏度低，湿膜厚，流动性大，特别需要合适的防流挂剂。普通防流挂剂通常不适用，需用丙烯酸微凝胶、碱性磺酸钙凝胶等新型防流挂剂。

　　高固体分丙烯酸酯涂料对颜料、填料没有特殊要求，可使用一般溶剂型涂料使用的颜料。

高固体分涂料的主要优点如下。

(1) 低污染　据统计，目前全世界每年向大气中排放的各类有机溶剂已达到 1000 万吨以上，大部分是涂料行业所为。高固体分涂料明显减少 VOC 排放量，为净化大气、减少污染、改善生态环境做出贡献，是降低环境污染、减少对人体健康危害的有效措施之一。

(2) 节省资源（能源）　2010 年，我国涂料总产量达到 966.6 万吨，假设全为溶剂型涂料，VOC 按 50% 计算（普通溶剂型涂料的 VOC 一般为 40%～60%），则当年涂料生产与施工中消耗有机溶剂接近 500 万吨。所用有机溶剂有苯类、烃类、酯类、酮类及醚类等，都是重要的化工原料，这些原料的生产或精制，需要消耗大量的能源和原材料，施工后全部挥发到大气中，不仅对大气造成污染，而且造成大量的浪费。高固体分涂料可有效克服这一弊端。

(3) 提高生产效率　发展高固体分涂料无需增加设备投资，生产与施工工艺设备、检测仪器等与普通溶剂型涂料相同。高固体分涂料一次施工可得到较厚的涂层，一般为普通溶剂型涂料的 1～4 倍，减少施工次数，降低施工强度，生产效率得到提高。

高固体分涂料也不可避免存在一些缺点。

(1) 流挂　高固体分涂料的流挂分两种情况：第一是在烘烤前的流挂。流挂倾向基本上是下列各原因所致：为控制黏度，聚合物的分子量较低；溶剂含量低，而不能快速挥发使黏度迅速提高；由于雾化不良导致液滴较大，从而降低了溶剂挥发的表面积；由于使用了与聚合物相互作用的强溶剂，导致溶剂吸留于涂膜中，从而降低了黏度。第二是烘烤中的流挂。高固体分涂料加热升温时所导致的黏度下降十分严重，溶剂挥发所引起的黏度增加远不能与之相抵，从而引起严重的流挂现象。

上面两种流挂问题都很严重，并且会导致涂膜的外观和性能发生明显的变化。流挂问题可用不影响涂膜性质的特种流变性助剂来解决。如触变剂和微凝胶微粒助剂等方面的一些新技术，可有效解决流挂问题，而不影响诸如光泽、鲜映性、涂膜透明度及涂层使用耐久性。

(2) 缩边和缩孔　高固体分涂料含有的高官能团含量低聚物和相对强极性溶剂具有高的表面张力。这种高表面张力的涂料施工于表面能相对低的底材上时，会出现缩边（不浸润）现象。缩孔也是表面张力驱使的流动造成的，引起缩孔形成的材料，其表面张力比湿态涂膜要低。为解决这些问题，可以采用流平剂。流平剂一般是通过与涂料体系的一种可控制的不相容性来降低其表面张力，促使涂膜流平，消除涂膜的表面缺陷。另外，为了克服因高表面张力所导致的各种问题，必须对底材作表面处理，使其表面能达到最高。清洁的金属一般有足够高的表面能，但是润滑油、油脂等的存在会引起表面能下降。在塑料制品表面，除仔细除尽脱膜剂残余物外，还需进行良好的表面处理。

(3) 边缘覆盖性差　由于湿涂料的回缩，在表面锐边处有边缘覆盖性差的问题，这些部位所沉积的涂层干膜厚度很薄，成为早期涂层破坏的起始点。高固体分涂料因其表面张力较大，因此所显示的边缘覆盖性问题比传统涂料突出。为了解决这些问题，必须在边缘及其周围增加施工条纹涂层，即外加涂层。

高固体分丙烯酸酯涂料的种类和用途见表 5-63。

■表 5-63　高固体分丙烯酸酯涂料种类和用途

类别	交联反应	特点和用途
丙烯酸聚氨酯涂料	羟基丙烯酸树脂和多异氰酸酯	高防护和装饰性；用于飞机蒙皮、家电、车辆、户外物面保护装饰漆
丙烯酸氨基树脂涂料	羟基丙烯酸树脂和高甲醚化三聚氰胺甲醛树脂	良好的附着性，涂层坚硬、耐刮擦、耐老化、耐溶剂性好；多用于汽车面漆
有机硅改性丙烯酸酯涂料	SIH 基和丙烯酸低聚物的双键发生氢化硅烷化反应	耐溶剂、耐酸雨性提高，施工固体分提高；用于汽车、工业防护面漆
含 Cardura E10 组分的丙烯酸酯涂料	引入叔碳酸缩水甘油酯，参与丙烯酸酯与交联剂的反应	显著降低黏度，提高施工固体分，光泽、硬度、鲜映性及耐化学介质性提高，用于汽车面漆等
硅氧烷封闭羟基的丙烯酸酯涂料	硅氧烷封闭丙烯酸酯单体的羟基，得到丙烯酸酯低聚物；可用—NCO 基或环氧交联	耐酸雨、耐磨性、耐候性优异，用于汽车面漆等

5.2.4.2　高固体分丙烯酸聚氨酯涂料

高固体分丙烯酸聚氨酯涂料是近年来发展起来的一类新型涂料，由于在其大分子结构中同时含有氨基甲酸酯链段及丙烯酸的碳-碳长链段，因而结合了这两类涂料各自的优点，其综合性能非一般产品所能比，被认为是最有发展前途的涂料品种之一。因此，这类产品的应用日趋宽广，广泛用于飞机蒙皮、家电、火车、轿车和一般汽车等产品的涂饰和翻修，也常用作户外各种物面保护装饰漆。高固体分丙烯酸聚氨酯涂料固化时所消耗的能量很低，是一种满足时代要求的涂料新品种。

双组分丙烯酸聚氨酯涂料主要由羟基丙烯酸树脂（甲组分）和多异氰酸酯（乙组分）组成，其漆膜固化是由丙烯酸树脂提供的—OH 基与多异氰酸酯提供的—NCO 基在室温或低温条件下进行逐步加成聚合反应而实现的。由于—OH 基和—NCO 基反应的摩尔比一般为 1∶1，因此涂料中羟基组分的固体分对最终产品的 VOC 起关键作用。典型的商品化多异氰酸酯固化剂的黏度很低，其固体含量甚至可达 100%，所以，制备高固体分丙烯酸聚氨酯涂料的关键是合成出高固体分、低黏度的丙烯酸树脂。

对于固体分一定的丙烯酸树脂，其黏度的控制因素主要在于聚合物的分子量及其分布、玻璃化温度 T_g 或链的自由度、官能团和溶剂等。

影响丙烯酸树脂分子量及分布的主要因素如下。

(1) 引发剂的品种　引发剂夺氢能力越小，所得树脂的黏度越低，但这类引发剂如叔戊基过氧化物的价格较高。

(2) 引发剂浓度 引发剂浓度越高，树脂分子量越低。但引发剂用量过大不仅会提高成本，增加生产上的不安全因素，而且会导致分解产物量增多，从而影响产品的耐久性及气味。

(3) 合成温度 合成温度越高，合成的树脂分子量越低，但树脂合成温度应和引发剂的半衰期相匹配。温度过高，会使反应难以控制，且聚合中易出现链支化反应。

(4) 链转移剂 链转移剂是通过对链自由基的转移来调节分子量，并使分子量的分布趋于狭窄。但链转移剂用量大，会使得漆膜的耐水性、耐候性等变差，且单体转化率低。

一般来说，玻璃化温度 T_g 愈低，聚合物链移动性越高，溶液的黏度也就越低。研究表明，仅大幅度降低聚合物的 T_g 这一措施，就可提高丙烯酸树脂的 10%（体积）固体分。影响聚合物 T_g 的因素主要有两个：单体结构和聚合物的聚合度。聚合物的玻璃化温度 T_g 对数均分子量很敏感。具有四个或更多个原子的支化烷基（特别是叔烷基）或环烷基类单体降低了极性，避免了芳环耐久性差的问题，同时又通过烷基的刚性赋予聚合物高的 T_g 和硬度，但是引起此特殊现象的原因尚有待进一步研究。

影响树脂黏度的因素还有以下方面。

(1) 官能团 低极性官能团可使链-链间的氢键作用减弱，使链-链相互作用减小，从而降低聚合物溶液的黏度。这也可由 T_g 来解释：当官能团极性增加时，聚合物的 T_g 会升高，黏度也会因之而增大。

(2) 溶剂 溶剂不仅用作成膜聚合物的介质，溶解聚合物，调整黏度及流变性以适应涂装，而且对成膜质量，诸如干膜的整体综合性能和外观等都有重要的影响。涂料中关键的技术之一就是选择合适的溶剂，而溶剂的选择主要取决于溶剂的溶解力、沸点及挥发性、黏度、表面张力、闪点、毒性和价格。单一溶剂很难满足这些要求，故一般采用混合溶剂。对于高固体分丙烯酸树脂的合成而言，选择混合溶剂着眼点在于：沸点、对体系的溶解能力、黏度、挥发速率、链转移系数等因素。

利用商用高固体分丙烯酸树脂，配制白色汽车漆，组分一配方列于表5-64 中，组分二为 N3390。

■表 5-64　白色汽车漆参考配方

组分	质量份	组分	质量份
钛白粉（R-930）	24.40	T1130	0.50
丙烯酸树脂（70%）	52.70	有机锡	0.07
BYK-358	0.10	混合溶剂	22.00 甲苯：二甲苯：醋酸丁酯：乙二醇二甲醚 = 2：4：3：1(摩尔比)
T292	0.80		

表 5-65 为利用不同丙烯酸树脂按表 5-64 配方得到的涂料的性能对比，其中 R-1 为普通溶剂型丙烯酸聚氨酯涂料，R-2 和 R-3 为高固体分丙烯酸聚氨酯涂料。

■表 5-65 高固体分与溶剂型丙烯酸聚氨酯涂料性能对比

项　　目	R-1 漆	R-2 漆	R-3 漆
流平性	差	好	优
60°光泽/%	87	90～91	91～92
柔韧性/mm	1	1	1
冲击性/cm　正冲	50	50	50
反冲	50	50	50
附着力（划圈法）	1～2	1～2	1～2
（划格法）	0～1	0～1	0～1
硬度（摆杆法）	0.55	0.73	0.61
耐水性（240h）	不起泡、不起皱、不脱落、不变色、不失光	不起泡、不起皱、不脱落、不变色、不失光	不起泡、不起皱、不脱落、不变色、不失光
耐汽油性　4h	不起泡、不起皱、不脱落、不变色、不失光	不起泡、不起皱、不脱落、不变色、不失光	不起泡、不起皱、不脱落、不变色、不失光
24h	轻微失光	不起泡、不起皱、不脱落、不变色	不起泡、不起皱、不脱落、不变色
耐温变	2 级	1～2 级	1 级
耐酸性（5% H_2SO_4，7d）	无明显变化	无明显变化	无明显变化
人工加速老化（1000h，失光率）	1 级	1 级	1 级

5.2.4.3 高固体分丙烯酸氨基树脂涂料

高固体分丙烯酸氨基树脂涂料也是丙烯酸酯涂料的重要品种之一。现多用于汽车面漆，对各类底材都有良好的附着性，涂层坚硬、耐刮伤、耐老化、耐溶剂性好。

采用高固低黏的热固性羟基丙烯酸树脂和高甲醚化三聚氰胺甲醛树脂可以制备高固体分丙烯酸氨基烘漆，影响涂料性能的因素主要有以下几方面。

（1）丙烯酸树脂和氨基树脂的选择及配比　高固体分涂料要求原漆具有较高的固体分（一般要求≥70%），同时黏度不能过高。因为如果原漆黏度过高，在涂装施工时必须加入较多的稀释剂，这样高固体分涂料就失去了环保性。丙烯酸树脂的官能团为羟基，在与氨基树脂配合时，通过酸性催干剂的催化作用，使其官能团与氨基树脂进行共缩聚反应，形成坚韧的三维结构涂层。丙烯酸树脂和氨基树脂的配比不同，其涂膜的性能也不同。丙烯酸树脂用量增大，则涂膜的光泽、附着力、耐冲击性和柔韧性好，但会降低涂膜的耐候性和硬度；交联剂氨基树脂的用量增大时，涂膜硬度提高，耐候性变好，但光泽、附着力、耐冲击性和柔韧性变差。

（2）酸性催干剂的选用 高甲醚化三聚氰胺甲醛树脂需要加入酸性催干剂帮助固化。封闭型催干剂对涂料储存影响较小，所以涂料中多采用封闭型催干剂。酸性催干剂添加量的增加，使涂膜的光泽提高、硬度增大，但耐冲击性、附着力、柔韧性和耐水性均变差。

（3）助剂的选用 与常规涂料相比，高固体分涂料储存过程中更容易出现颜料沉淀和施工应用时流挂的情况。因此，高固体分涂料需要加入触变剂来解决以上问题。高固体分涂料中所用树脂和溶剂的极性一般比常规涂料大，与杂质颗粒的表面张力相差就更大，在有颗粒存在时，其周围产生的表面张力差更易导致缩孔。采用合适的流平剂可以较好地消除缩孔的缺陷。

（4）有机溶剂的选择 选择有机溶剂时，需要注意涂料的储存稳定性问题，还要平衡下列各项要求：挥发速率合适、流平性好、无缩孔、无起泡等。

制备高固体分丙烯酸氨基烘漆（白色）的参考配方见表 5-66，其性能见表 5-67。

■表 5-66 高固体分丙烯酸氨基烘漆（白色）参考配方

组　分	质量份	组　分	质量份
热固性丙烯酸树脂	30	封闭型酸性催干剂	1
高甲醚化三聚氰胺甲醛树脂	14	有机硅类流平剂（浓度10%）	1
钛白色浆	50	稀释剂	3.6
丙烯酸类流平剂	0.4		

■表 5-67 高固体分丙烯酸氨基树脂涂料的性能

项　目	性能指标	测试结果	检测方法
容器中状态	无异味、无分层、允许少量沉淀、易搅匀	符合	目测
漆膜外观	光亮丰满	光亮丰满	目测
黏度［涂-4 杯，（25±1）℃］/s	60～80	68	—
固体分（105℃，3h）/%	≥70	72	GB/T 1723
细度/μm	≤15	15	GB/T 1725
干膜厚度/μm	40～50	45	GB/T 1724
60°光泽/%	≥95	98.6	GB/T 9754
铅笔硬度	≥2H	2H	GB/T 6739
耐冲击性/cm	≥50	50	GB/T 1732
附着力	≤1 级	0 级	GB/T 9286
重涂后层间附着力	≤1 级	0 级	GB/T 9286
柔韧性/mm	1	1	GB/T 1731
耐酸性［0.05mol/L H_2SO_4，（25±1）℃］	24h，不起泡、不脱落、允许轻微变色	通过	GB/T 1763
耐碱性［0.1mol/L NaOH，（25±1）℃］	24h，不起泡、不脱落、允许轻微变色	通过	GB/T 1763
耐水性［（25±1）℃］	168h，不起泡、不脱落、允许轻微变色	通过	GB/T 5209

项　目	性能指标	测试结果	检测方法
耐盐水性［5%NaCl，（25±1）℃］	48h，不起泡、不脱落、允许轻微变色	通过	GB/T 1765
耐汽油性［90#汽油，（25±1）℃］	24h，不起泡、不脱落、允许轻微变色	通过	GB/T 1734
耐紫外老化（UVB-313 灯管）	500h，无起泡、斑点、开裂、粉化，失光率≤10%，色差≤1.2	通过	—
储存稳定性［（23±2）℃，6 个月］	黏度变化≤30%，不结块、无异味、允许少量沉淀、易搅匀	通过	—

5.2.4.4 有机硅改性高固体分丙烯酸酯涂料

　　有机硅聚合物黏度低，在喷涂施工条件下，其固含量可达 100%，且具有优良的耐久性和耐酸雨性能。利用有机硅的 SiH 基和含烷烯基的丙烯酸低聚物的双键发生氢化硅烷化反应，可得到耐久性和耐酸雨性能优良的涂层，这是开发高固含量、高性能的丙烯酸酯汽车涂料的一个新方法。

　　通常，含聚二甲基硅烷疏水单元的有机硅和丙烯酸低聚物的相容性不好，为提高它们的相容性，有机硅聚合物侧链要有苯基。丙烯酸低聚物分子中的 C=C 双键如在侧链，则有利于交联反应，涂层性能会更好。

　　以丙烯酸低聚物和聚甲基硅氧烷（PMHS）配制清漆，并在体系中采用含双键的醚低聚物 HPE-1030 作活性稀释剂，清漆的施工固含量可达 70% 以上，甚至可达 80%。涂层的硬度、耐溶剂、耐酸雨性能优异。其配方和技术参数分别见表 5-68、表 5-69。

■表 5-68　有机硅改性高固体分丙烯酸酯涂料配方　　　　　　单位：质量份

组　成	配方 1	配方 2	配方 3	配方 4
丙烯酸低聚物/g	106	70.6	53.4	26.7
聚醚低聚物/g	—	13.0	19.7	31.4
有机硅聚合物/g	37.8	37.8	37.8	37.8
催化剂 H_2PtCl_6/g	0.032	0.028	0.027	0.025
抑制剂/g	1.6	1.4	1.35	1.25

■表 5-69　有机硅改性高固体分丙烯酸酯涂料技术参数

项　目	配方 1	配方 2	配方 3	配方 4
黏度（20℃）/mPa·s	80	80	80	80
固含量（质量分数）/%	62.4	69.0	75.0	86.0
VOC/（kg/L）	0.39	0.32	0.25	0.15

5.2.4.5 含有 Cardura E10 组分的高固体分丙烯酸酯涂料

　　在与三聚氰胺树脂交联的羟基丙烯酸酯聚合物中，引入叔碳酸缩水甘油酯（Cardura E10）代替甲基丙烯酸羟乙酯或丙烯酸羟乙酯等来提供羟基，可明显地改善汽车漆的耐候性和耐酸性，同时提高了漆膜的丰满度和施工固体含量，是一种各项性能均优良的环境友好型涂料。

Cardura E10 降低涂料黏度的方法有两种，一是作为活性稀释剂与丙烯酸酯共混；二是通过接枝将 Cardura E10 引入丙烯酸树脂体系。

将 Cardura E10 与多元醇进行醚化开环反应，很容易得到 Cardura E10 醚类活性稀释剂。表 5-70 列出了几种 Cardura E10 醚类活性稀释剂及基本性能。利用该类活性稀释剂能有效地降低涂料的黏度。

■表 5-70　几种 Cardura E10 醚类活性稀释剂

化合物	结　构	M_w	M_w/M_n	黏度 /mPa·s
TMP-mono-adduct		502	1.05	25
NPG-mono-adduct		400	1.02	3.2
NPG-di-adduct		700	1.08	4.8

通过接枝将 Cardura E10 引入丙烯酸树脂体系，也能有效降低丙烯酸树脂的黏度。该方法是利用丙烯酸酯共聚物的羧基与 Cardura E10 的环氧基进行开环反应，将 Cardura E10 引入丙烯酸树脂，反应式如下：

反应中释放的羧基又可以在涂层固化过程中作为官能团参与交联反应。

制备含 Cardura E10 组分的丙烯酸树脂的方法有一步合成法和两步合成法两种。两步合成法是先将 Cardura E10 与丙烯酸酯单体反应，生成含 Cardura E10 的丙烯酸酯单体，然后再进行自由基共聚，生成 Cardura E10 丙烯酸树脂。一步合成法是这两步反应同时进行。相对而言，一步法在工艺上有一定的优越性。实际操作中，Cardura E10 先投入到反应釜中，丙烯酸酯单体逐步加入，Cardura E10 的开环酯化反应和丙烯酸树脂的共聚反应同时进行。由于树脂在较高固体含量时黏度仍较低，因此，在反应过程中很少或不需要溶剂。

一步合成法虽然工艺简单，但 Cardura E10 不易接枝到丙烯酸酯聚合物链段上，造成改性丙烯酸树脂的转化率低、漆膜性能差等弊病。所以两步合成法采用先将 Cardura E10 和丙烯酸酯单体在催化剂的作用下合成取代丙烯酸酯类预聚物（ACE），再与丙烯酸酯进行自由基聚合反应的方法，可以很好地解决上述问题。

对相同分子量的丙烯酸树脂，其黏度随 Cardura E10 含量增加而降低，但随着 Cardura E10 含量增加，降低黏度的作用减弱，而对漆膜的副作用增加。因此，引入的 Cardura E10 含量一般不超过 30%。

表 5-71 为利用含 Cardura E10 的丙烯酸树脂配制高光泽丙烯酸酯汽车面漆的配方。该面漆的固体含量为 70%～75%，可加入专用稀释剂进一步稀释至固体含量为 60%～65%，黏度为（23±2）s（涂-4 杯，25℃）时，即可喷涂。树脂与固化剂比例为 70∶30，固化条件为 140℃烘烤 20min。

■表 5-71　含 Cardura E10 丙烯酸酯汽车面漆配方

组　分	质量份	组　分	质量份
丙烯酸树脂（65%）	52.4	Modaflow9200 流平剂	0.2
Cymel 1158/80 氨基树脂	17.2	VXL4930 流平剂	0.2
钛白粉 R-902	20.0	DME 溶剂	2.0
XL6212N 分散剂	3.0	二乙二醇丁醚醋酸酯	2.5
905/62 防沉剂	0.5	S100	2.0

在三聚氰胺树脂与羟基丙烯酸聚合物制备的涂层中，未被保护的三聚氰胺交联键很容易水解，造成涂膜耐水性和耐久性差，而 Cardura E10 由于存在庞大且疏水的叔碳酸结构，可提供位阻保护作用，这样使其改性的涂料的光泽、硬度、鲜映性及耐化学介质性都有了很大的提高。表 5-72 是上述涂料 140℃固化 20min，形成干膜厚度为 20～25μm 的涂膜，在室温放置 48h 后的检测结果。

■表 5-72　含 Cardura E10 丙烯酸酯汽车面漆性能

项　目	性能指标	检测方法	项　目	性能指标	检测方法
外观	平整光滑	目测	附着力/级	0～1	GB/T 1720
细度/μm	≤10	GB/T 1724	摆杆硬度	≥0.7	GB/T 1730
黏度（涂-4 杯）/s	60～90	GB/T 1723	60°光泽/%	≥95	GB/T9754
施工黏度（涂-4 杯）/s	22～24	GB/T 1723	耐水性	30d，无变化	GB/T 1733
闪干时间/s	≥120	GB/T 1728	耐汽油性	30d，无变化	GB/T 1734
干燥时间	140℃，20min	GB/T 1728	耐酸性[1]/级	9	

　　[1] 耐酸性是把 0.6mol/L 硫酸滴到漆膜上，放在 50℃的烘箱中，90min 后判断损坏程度，分 0～10 级，0 表示完全损坏，10 表示没有影响。

5.2.4.6　用硅氧烷封闭羟基的高固体分丙烯酸酯涂料

用硅氧烷预先封闭丙烯酸树脂的羟基，得到含封闭羟基的甲基丙烯酸酯单体，然后与其他丙烯酸酯单体共聚，得到丙烯酸酯低聚物。被封闭的羟基在催化剂或水的作用下，解封释放出羟基和硅氧烷。由于低聚物的羟基被极性很低的硅氧烷封闭，降低了丙烯酸酯低聚物的极性，因而降低了黏度，可使聚合物的固含量提高 20%。涂料可用—NCO 基交联，也可用环氧基等交联。硅氧烷封闭羟基的高固体分丙烯酸酯涂层的性能，如耐酸雨、耐磨性、耐候性都优于传统的高固体分丙烯酸氨基烘漆。

封闭羟基丙烯酸酯的合成反应如下：

将甲基丙烯酸-2-羟乙酯、三乙基胺和正己烷加入到反应瓶中，在冷却状态下滴加三乙基氯硅烷。反应完毕后，过滤除去铵盐，减压蒸馏得到封闭羟基的甲基丙烯酸三甲基硅氧乙基酯，反应式如下：

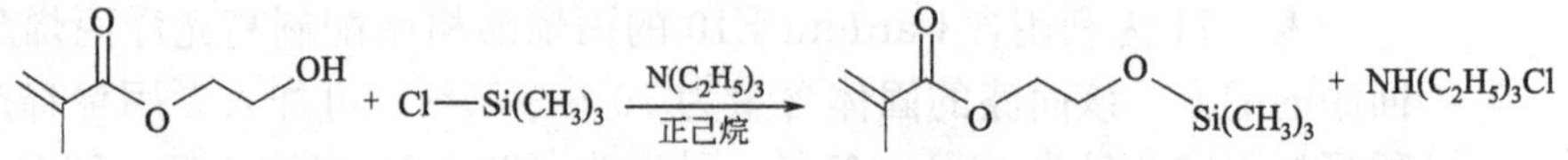

利用自由基聚合的乙烯基单体，如苯乙烯、甲基丙烯酸-2-羟乙酯、甲基丙烯酸等，可制备含不同官能团的丙烯酸酯低聚物，其合成工艺与一般丙烯酸树脂类似。

用硅氧烷封闭羟基的高固体分丙烯酸酯清漆，分别用—NCO 和环氧酸酐交联，与氨基丙烯酸清漆性能对比见表 5-73。

■表 5-73　硅氧烷封闭的高固体分丙烯酸酯清漆与氨基丙烯酸酯清漆性能对比

检测项目	—NCO 交联	环氧酸酐交联	氨基丙烯酸
铅笔硬度	HB	H	F
20°光泽/%	86	87	88
耐二甲苯擦洗	好	好	好
冲击强度/N·cm	490	<490	294
耐水性	好	好	好
抗磨划性（保光率）/%	74	94	25
耐酸性	好	好	差
凝胶分数/%	98.8	96.2	95.4
非挥发分/%	88	90	44
固化温度/℃	110	110	110
储存稳定性（伏特杯 4#）/s	胶凝	胶凝	+0
M_c	596	240	549

低污染性涂料已成为 21 世纪涂料发展的主要目标之一。在我国，从 1995 年到 2000 年，低污染性涂料在市场上的需求量由 4.9% 提高到 26% 以上。由于丙烯酸树脂颜色浅、耐候性好、保色保光性优良、有一定的耐蚀性，决定了丙烯酸酯高固体分涂料用途的广泛性，已成为开发应用的热点之一。目前，丙烯酸酯高固体分涂料主要用于汽车（尤其是轿车）涂装，随着涂料功能的拓展，在轻工、家电、仪器仪表、建筑等各领域将得到更多的应用。

5.2.5 无溶剂丙烯酸酯涂料

5.2.5.1 特点和分类

无溶剂丙烯酸酯涂料包含两类涂料，一类是几乎不含溶剂的，固体分在 99% 以上的液态涂料，另一类是不含溶剂、粉末状涂料。

丙烯酸酯粉末涂料是以（甲基）丙烯酸及其酯与其他活性单体共聚所

得到的丙烯酸树脂为主要成膜物质，配以相应的固化剂制备得到的粉末涂料。粉末涂料用丙烯酸树脂固体含量必须接近 100%，相对分子质量在 3000～5000 之间，玻璃化温度应大于 60℃，熔融温度在 75～105℃之间。树脂的制备方法有本体聚合、溶液聚合、悬浮聚合和乳液聚合。其中溶液聚合最常采用。由于丙烯酸树脂色浅，因此可配制透明和鲜艳的浅色，且涂膜丰满光亮，硬度高，不易划伤，保光保色性好，易保持漂亮的外观。主要缺点是：树脂价格偏高，涂膜与其他粉末涂料的相容性差，涂层耐冲击性较差。按照固化工艺又可分为热固化粉末涂料和辐射固化粉末涂料两种。

5.2.5.2 无溶剂丙烯酸酯液态涂料

无溶剂丙烯酸酯液态涂料的主要用途是路标漆，随着我国公路交通的迅速发展，路标漆的需求量越来越大，目前我国应用于高速公路的路标漆主要是热熔型涂料。由于其施工设备成熟，漆膜耐久性好，干燥时间快，已成为主流产品。常温溶剂型路标漆施工方便、易重涂、适用性强，一次性投资少，仍有一定市场。无溶剂常温固化路标漆是欧洲成熟技术，产品符合环保要求，在耐久性、重涂性、反光性等方面较国内产品有较大的优势。

无溶剂双组分路标漆和溶剂型、热熔型、水性路标漆相比，具有如下特点。

① 环保性：VOC 接近零、固体含量高达 99%以上。

② 施工性：施工时无需加热，重涂性好。

③ 适用性：涂料硬度及柔韧性调整方便，对水泥、沥青等路面及北方、南方气候适用性广。

④ 安全性及耐久性：附着力、耐磨性能好，且使用特殊处理的玻璃珠可显著提高玻璃珠与涂层的结合力，尤其是长期反光性能是其他产品无法比拟的，更能发挥其安全性及耐久性。

⑤ 经济性：由于其耐久性能好，因此性价比高。

各类路标漆的性能比较见表 5-74。

2003 年，我国引进了 REMBRANDTIN 公司生产的无溶剂型常温固化 REMO 路标漆。该产品主要原料为丙烯酸酯聚合物，固体含量达 99%以上，涂层耐磨性能优异，使用寿命得到保证；施工时无需加热、效率高；即使在夏天涂层也不会软化，避免了玻璃珠被车辆压进漆膜内而丧失反光效果。

路标漆是丙烯酸树脂聚合物、单体、颜料、填充料和添加剂等组成的混合物，呈液态，按其施工方式可分为喷涂和刮涂。此处只介绍喷涂路标漆产品。路标漆由 A、B 两组分组成，两组分单独包装、存放。通过"双组分专用喷涂设备"涂覆于路面成膜。表 5-75 所示为某种路标漆用原材料及配比，表中配比均为质量份。

■表 5-74 各类路标漆性能比较

项 目	溶剂型		热熔型石油树脂	水性丙烯酸	无溶剂常温固化路标漆
	氯化橡胶	丙烯酸树脂			
施工方法	喷涂	喷涂	刮涂	喷涂	喷涂或刮涂
施工速率/（km/h）	快，5~9	快，5~9	慢，1~2	快，5~9	快，3~5
施工温度/℃	≥10	≥10	180~210	≥10	≥10
厚度/μm	200~300	200~300	2000~3000	200~300	300~2000
干燥时间/min	15~25	15~25	3~5	15~25	10~20
表面撒玻璃珠	可以	可以	可以	可以	可以
凸面效果	差	差	可以	差	可以
重涂性	可以	可以	差	可以	可以
雨天防滑效果	不良	不良	有限	不良	良好
雨天夜视效果	不良	不良	一般	不良	良好
晴天夜视效果	一般	一般	良好	一般	优秀
耐磨性	有限	有限	良好	有限	优秀
附着力（开始）	良好	良好	良好	良好	良好
附着力（长期）	不佳	不佳	开裂、脱落	良好	优秀
使用期限/月	3~4	3~4	12~24	3~4	24~36
性价比		每年涂 3~4 次，30~40 元/m²	每年涂 1 次，20~25 元/m²	每年涂 2~3 次，30~40 元/m²	每 3 年涂 1 次，10~20 元/m²

■表 5-75 路标漆用原材料及配比

组 成	A 组分	B 组分	组 成	A 组分	B 组分
丙烯酸树脂	20~40	20~40	流变助剂	0.1~0.5	0.1~0.5
甲基丙烯酸甲酯	—	2~5	阻聚剂	—	微量
丙烯酸丁酯	2~5	—	分散剂	0.1~1.0	0.1~1.0
交联剂	0.5~2.0	0.2~3.0	颜料	8~15	8~15
促进剂	0.3~1.0	—	填料	40~60	40~60

　　将丙烯酸树脂、单体、助剂混合液投入配料缸中，高速分散 10min，然后边搅拌边加入促进剂、流变助剂、颜料、填料等低速分散 20min，用单体调整黏度及硬度。待检验合格后，60 目滤网过滤、包装。该涂料 2002 年经交通部交通工程检测中心检测，指标全部合格，见表 5-76，并颁发了生产施工准用证。

■表 5-76 路标漆部分性能指标测试结果

项 目	性能指标	检测结果
容器中状态	无结块、结皮现象，易于搅匀	通过
施工性能	刷涂、无空气喷涂性能良好	通过
漆膜外观	无发皱、泛花、起泡、开裂、发黏等现象，颜色与标准色板差异小	通过
遮盖率（白）	≥0.95	0.99
黏度/mPa·s	2200±500	2240
不粘胎干燥时间/min	≤20	14
固体含量/%	>96	99
耐磨性（200 转后质量减轻）/mg	<50	32

项　　目	性能指标	检测结果
耐水性	经水浸泡 24h 无异常	通过
耐碱性	经饱和石灰水浸泡 24h 无异常	通过
柔韧性	经 Φ 5mm 圆棒柔韧试验，无龟裂、剥离现象	通过
色品坐标	色品坐标值应在视觉信号表 面色色品图规定范围内	通过

5.2.5.3 热固化丙烯酸酯粉末涂料

（1）种类与性能特点　丙烯酸树脂用于粉末涂料始于 20 世纪 60 年代初，根据所用丙烯酸树脂体系的不同，可分为六类：

① 多元酸固化的丙烯酸缩水甘油酯（GMA）类；

② 含羟基的丙烯酸酯（HFA）用封闭异氰酸酯或氨基树脂固化类；

③ 含羧基的丙烯酸酯用异氰脲酸三缩水甘油酯（TGIC）固化类；

④ 含羟基丙烯酸树脂用聚酯树脂固化类；

⑤ 含羧基丙烯酸树脂用环氧树脂固化类；

⑥ 丙烯酰胺树脂自交联体系。

其中，多元酸固化的丙烯酸缩水甘油酯（GMA）类和羟基丙烯酸树脂用封闭异氰酸酯固化体系是应用最广泛的品种。羟基丙烯酸树脂用聚酯树脂固化体系，以及羧基丙烯酸树脂用环氧树脂固化体系都属于混合型粉末涂料，前者为耐候性粉末涂料，后者为室内用粉末涂料。丙烯酸酯粉末涂料最突出的优点是耐候性优异，纯丙烯酸酯粉末涂料耐候性优于聚氨酯粉末涂料和聚酯粉末涂料。几种常见粉末涂料的耐人工加速老化性能为：纯丙烯酸酯粉末涂料＞丙烯酸聚氨酯型粉末涂料＞纯聚酯型粉末涂料＞环氧聚酯混合型粉末涂料。

已知可提高丙烯酸酯粉末涂料耐候性的措施有：降低丙烯酸树脂中的苯乙烯单体含量，采用适宜的聚合工艺得到合适的分子量分布，此外，在涂料配方中加入紫外光吸收剂和光稳定剂也能提高涂层的耐候性。各类丙烯酸酯粉末涂料性能差异较大，表 5-77 所示为各种丙烯酸酯粉末涂料体系的性能特点。

■表 5-77　各种丙烯酸酯粉末涂料体系的性能特点

	脂肪酸固化缩水甘油基聚丙烯酸酯体系	缩水甘油基聚丙烯酸酯-羧基聚酯体系	羧基聚丙烯酸酯-环氧树脂体系
优点	①保光保色性好，耐候性极佳，最适于户外高装饰性涂装；②耐热性好，不易黄变；③附着力好，无需底涂；④耐化学药品性好；⑤力学性能好；⑥静电涂装效果好，可薄涂	①保光、保色性及耐候性类似聚氨酯，适合户外装饰性涂装；②涂膜平整性好；③耐冲击性比纯聚丙烯酸酯明显改进，而耐碱性优于聚氨酯；④颜料分散性好；⑤附着力好，不需底涂	①高硬度（4～5H）；耐化学药品性极好；②附着力好，不需底涂；③涂膜平整性好；耐溶剂性好
缺点	①熔融黏度高，颜料分散性差；②冲击强度略差	耐候性比聚丙烯酸酯有所下降	①耐候性差，只可用于室内涂装；②抗冲击性差

丙烯酸缩水甘油酯类粉末涂料固化反应主要是丙烯酸树脂中缩水甘油酯上的环氧基与交联剂的羧基之间的反应。其中，脂肪族二元酸固化的涂膜综合性能最好。交联反应式如下：

$$2 \left(CHCH_2 \right)_n + R(COOH)_2 \longrightarrow \left[\left(CHCH_2 \right)_n \right]$$

由于上述反应无副产物，因此制备得到的粉末涂料具备如表 5-77 的优点。该类涂料是丙烯酸酯粉末涂料最主要的类型，表 5-78 为典型的丙烯酸酯粉末涂料用缩水甘油基丙烯酸树脂技术指标及其粉末涂料配方。

■表 5-78　典型的缩水甘油基丙烯酸树脂技术指标及其粉末涂料配方

树脂技术指标		树脂 1	树脂 2	树脂 3	树脂 4
外观		无色透明固体	无色透明固体	无色透明固体	无色透明固体
色泽（Gardner 法）		1	1	1	1
熔体指数/（g/10min）		17	21	19	20
环氧值/（eq/100g）		0.11	0.16	0.18	0.22
玻璃化温度/℃		60	61	62	60
软化点/℃		112	112	112	110
分子量	M_n	8000	6000	5500	4600
	M_w	20000	13000	12000	13000
粉末涂料配方（质量份）	丙烯酸树脂 1	86	—	—	—
	丙烯酸树脂 2	—	84	—	—
	丙烯酸树脂 3	—	—	82	—
	丙烯酸树脂 4	—	—	—	79
	十二碳二羧酸	10	10	10	10
	流平剂	1.0	1.0	1.0	1.0
	双酚 A 型环氧树脂	4.0	4.0	4.0	4.0
	金红石型钛白粉	33	33	33	33
	沉淀硫酸钡	10	10	10	10

羟基丙烯酸树脂用封闭异氰酸酯固化体系的固化反应主要是丙烯酸树脂的羟基与固化剂—NCO 基之间的反应，交联反应式如下：

$$2 \left(CHCH_2 \right)_n + \cdots \longrightarrow \left(CHCH_2 \right)_n + 2R^1H$$

丙烯酸树脂用聚酯树脂固化的粉末涂料是 20 世纪 90 年代发展起来的新品种，以缩水甘油基丙烯酸树脂为主体，用羧基聚酯，并加入少量封闭异氰酸酯或长碳二元酸形成混合固化体系。其固化反应主要是丙烯酸树脂中的环氧基与聚酯树脂中的羧基反应，同时聚酯树脂的羟基又与封闭异氰酸酯解封后的—NCO基团反应，交联固化成膜。交联反应式如下：

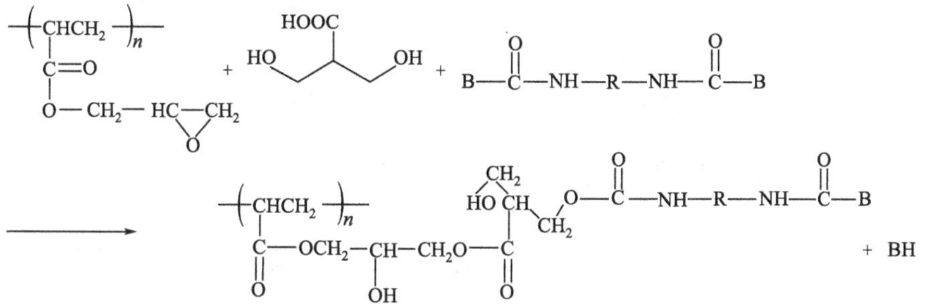

丙烯酸树脂用环氧树脂固化体系的粉末涂料也是备受关注的非耐候性混合粉末涂料品种之一。该类涂料以羧基丙烯酸树脂和双酚 A 型环氧树脂交联固化成膜。主要反应是丙烯酸树脂的羧基和环氧树脂的环氧基发生交联反应，交联反应式如下：

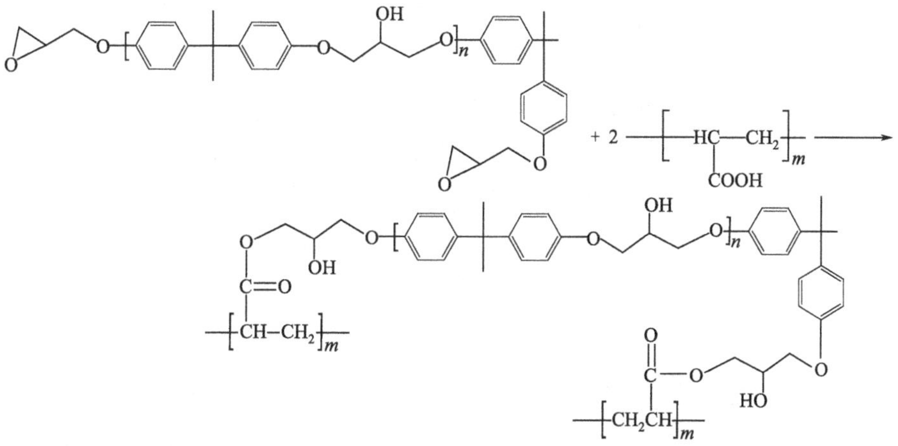

丙烯酸酯粉末涂料最明显的不足之处是固化温度高，限制了其应用。丙烯酸酯粉末涂料在用于汽车罩光漆，克服高温固化问题时，通过采用环化丙烯酸酯单体的途径进行解决，举例如下。

① 采用环化丙烯酸酯单体　合成过程中采用环化丙烯酸酯单体，使基体树脂具有较高的玻璃化温度，T_g 约 75℃，因而涂层的固化温度可降低 10~50℃，即涂层可在 100~140℃ 固化。适用于合成丙烯酸树脂的环化丙烯酸酯单体有丙烯酸异冰片酯、甲基丙烯酸异冰片酯、甲基丙烯酸环己酯等，该类单体用量一般为 20%~40%。

② 用纯化的十二烷基二酸酐做固化剂　先用十二烷基二酸与醋酸酐反应，再经纯化处理，得到缩合度为 3.6，残余 N 为 41mg/kg，灰分为 90mg/kg，熔点为 90℃ 的纯化十二烷基二酸酐。

③ 加入四丁基膦溴作为固化促进剂　基体丙烯酸树脂的 M_n 1520，T_g 设计值为 75℃，环氧当量为 380。配方见表 5-79，涂膜性能实测值见表 5-80。

■表 5-79　四丁基膦溴为固化促进剂的丙烯酸酯粉末涂料配方

组　分		质量份	组　分	质量份
基体树脂	苯乙烯	20	受阻胺 TinuvinCGL052	1
	丙烯酸缩水甘油酯	40	安息香	0.5
	丙烯酸异冰片酯	38	流平剂	0.3
	甲基丙烯酸正丁酯	2	四丁基膦溴	0.2
纯化十二烷基二酸酐		38	N, N'-乙烯双硬脂酰胺	0.1
紫外线吸收剂 CGL1545		2	气相 SiO_2	0.2

注：基体树脂栏质量份 62。

■表 5-80　涂膜性能测试数据

项　目	实测值	项　目	实测值
固化条件	145℃，30min	耐划伤性	优良
外观	优良	耐二甲苯擦洗性	50 次，无痕迹
透明度	优良	耐 QUV 试验	2000h，保光率＞90%
平整度（LW 值）	2.7	粉末结块性	30℃，7d，不结块
光泽（60°）	95%		

④ 将含羧酸的丙烯酸树脂用环化脂肪酸环氧化合物固化，也可降低固化温度，配方和性能见表 5-81。

■表 5-81　环化脂肪酸环氧化合物固化的丙烯酸酯粉末涂料配方

组　分		质量份	组　分	质量份
基体树脂	甲基丙烯酸	15	六氢偏苯三甲酸三缩水甘油酯	20.79
	苯乙烯	15	安息香	0.29
	甲基丙烯酸甲酯	30	流平剂	0.29
	甲基丙烯酸丁酯	40	Tinuvin144	1.31
	过氧化二异丙苯	1.5	Tinuvin900	2.51
	巯基醋酸	1.75		
涂膜性能		固化条件：140℃，30min；外观：平整光滑；光泽（60°）：91%		

注：基体树脂栏质量份 74.81。

不同底材和表面处理工艺对涂膜性能有一定影响。表 5-82、表 5-83 分别为不同底材和表面处理工艺对丙烯酸酯粉末涂料以及丙烯酸-聚酯粉末涂料涂膜性能的影响。

(2) 丙烯酸酯粉末涂料制备方法　粉末涂料制备方法可分为干法和湿法。干法包括干混合法、熔融挤出混合法、超临界流体混合法；湿法包括蒸发法、喷雾干燥法、沉淀法和分散法，工艺流程见图 5-17。

① 干混合法　是最早采用、最简单的粉末涂料制造方法，该方法是先将物料按比例称量、然后进行混合粉碎，经过筛分得到产品。这种方法得到的粉末涂料，经过静电喷涂，漆膜外观不理想，目前工业界已基本不再使用。

② 熔融混合挤出法　是目前国际上通用的生产热固性粉末涂料的唯一方法，该方法直接熔融混合固体原料，经冷却、粉碎、分级得到。该方法的优点是易于连续化生产，固体物料和助剂在树脂中的分散性好，可以保证生产出高品质的粉末涂料。

■表5-82　不同底材和表面处理对丙烯酸酯粉末涂料涂膜性能的影响

项　目	底　材			
	铝材	冷轧钢板	冷轧钢板	镀锌钢板
表面处理	铬酸盐处理	除油	磷酸盐磷化	磷酸盐磷化
烘烤条件/（℃×min）	180×20	180×20	180×20	180×20
涂膜厚度/μm	50~70	50~70	50~70	50~70
60°光泽/%	>90	>90	>90	>90
铅笔硬度	HB~2H	HB~2H	HB~2H	HB~2H
杯突试验/mm	>7	>7	>7	>7
冲击强度[1]/N·cm	>392	>294~392	>294~392	>392
附着力（划格法）	100/100	100/100	100/100	100/100
耐酸性（5%H_2SO_4,20℃,240h）	很好	很好	很好	很好
耐碱性（5%NaOH,20℃,240h）	很好	很好	很好	很好
耐湿热性[2]	很好	一般	很好	很好
耐盐雾[3]/mm	0	<10	2~4	0~2
人工加速老化（保光率50%）/h	500~1500	500~1500	500~1500	500~1500
天然曝晒老化（保光率50%）/月	12~36	12~36	12~36	12~36
耐湿热试验后附着力（划格法）	100/100	0/100	100/100	100/100

① 冲击强度：DuPon法，Φ 1/2in(1.27cm)×500g。

② 耐湿热性：50℃，98%RH，500h。

③ 耐盐雾：35℃，5%NaCl，500h。

■表5-83　不同底材和表面处理对丙烯酸-聚酯粉末涂料涂膜性能的影响

项　目	底　材				
	铝材	冷轧钢板	冷轧钢板	冷轧钢板	镀锌钢板
表面处理	铬酸盐处理	除油	喷砂	磷酸盐磷化	磷酸盐磷化
烘烤条件/（℃×min）	180×20	180×20	180×20	180×20	180×20
涂膜厚度/μm	50~60	50~60	50~60	50~60	50~60
60°光泽/%	>90	>90	>90	>90	>90
铅笔硬度	HB~H	HB~H	HB~H	HB~H	HB~H
杯突试验/mm	>7	>7	—	>7	>7
冲击强度[1]/N·cm	490	490	490	490	490
附着力（划格法）	100/100	100/100	100/100	100/100	100/100
耐酸性（5%H_2SO_4,20℃,240h）	很好	很好	很好	很好	很好
耐碱性（5%NaOH,20℃,240h）	很好	很好	良好	很好	很好
耐湿热性[2]	很好	良好	良好	很好	很好
耐盐雾[3]/mm	0~1	10	4~8	1~2	0~1
人工加速老化（保光率50%）/h	500~700	500~700	500~700	500~700	500~700
天然曝晒老化（保光率50%）/月	12~24	12~24	12~24	12~24	12~24
耐湿热试验后附着力（划格法）	100/100	0/100	70/100	100/100	100/100

① 冲击强度：DuPon法，Φ 1/2in(1.27cm)×500g。

② 耐湿热性：50℃，98%RH，500h。

③ 耐盐雾：35℃，5%NaCl，500h。

③ 超临界流体法　通过超临界二氧化碳使物料流体化，达到低温下熔融挤出的效果。

④ 蒸发法　得到的涂料分散性好，但是工艺流程长，有大量溶剂要回收，设备投资大，成本高。该方法主要用于丙烯酸酯粉末涂料的制造。

⑤ 喷雾干燥法　是将各物料按比例配制成溶剂型涂料后，在研磨机中研磨，然后在热空气或氮气气氛中通过喷雾器，进行喷雾干燥，溶剂和粉末

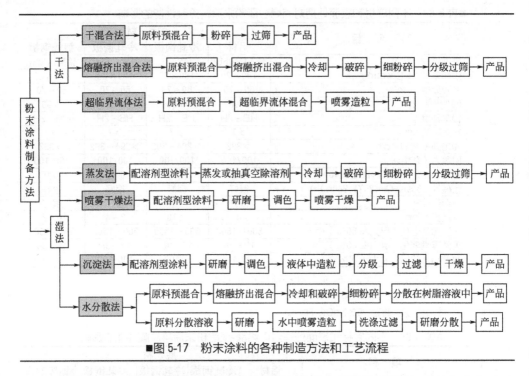

■图 5-17 粉末涂料的各种制造方法和工艺流程

涂料通过旋风分离器得以分离和回收。该方法的优点是配色容易、设备清洗容易，缺点是需要使用大量溶剂。

⑥ 沉淀法　工艺过程与水分散涂料的制造工艺类似，配制成溶剂型涂料后，借助于沉淀剂的作用使液态涂料成粒，然后分级、过滤制得产品。此方法工艺流程长，成本高，工业化应用受到限制。

⑦ 水分散法　主要用于制造水分散粉末涂料和电泳粉末涂料。该方法基本上是溶剂型涂料（或水性涂料）和粉末涂料两种制造方法的结合，又可分为全湿法和半湿法。

丙烯酸酯粉末涂料应用最广泛的方法是熔融挤出混合法，工艺和设备示意图见图 5-18。生产流程为：首先将树脂、固化剂、颜填料及各种助剂计量称重，然后加入预混合器中进行混合，使各组分混合均匀。将混合均匀的物料经加料器送入熔融挤出机。物料在熔融挤出机中受热熔融，并进一步混合均匀。该物料接着再通过压片冷却机压成薄片并粗粉碎，再经空气分级磨（ACM）进行粉碎，最后经旋风分离器筛分，除去超细粉、杂物、粗粉后得到合格产品。

1995 年，美国 Ferro 公司开发了超临界流体制造粉末涂料的方法，该法属于新的粉末涂料制造法，也可用于丙烯酸酯粉末涂料的制造。其工艺过程为：将粉末涂料的各种组分计量称重后，加到带有搅拌装置的超临界流体加工釜中。超临界的 CO_2 使涂料的各组分流体化，实现低温下熔融挤出的效果。混合物料经喷雾在分级釜中造粒，得到合格产品，见图 5-19。该工艺

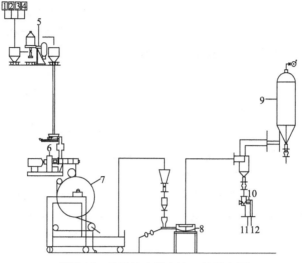

■图 5-18　熔融挤出混合法工艺示意图

1—树脂；2—颜料；3—填料；4—固化剂、添加剂；5—预混合器；

6—双螺杆混料挤出机；7—冷却、破碎；8—ACM 磨细粉碎；

9—滤尘器；10—筛分；11—合格产品；12—大粒径产品

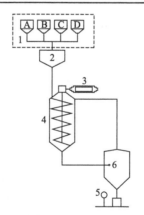

■图 5-19　超临界流体法工艺流程示意图

1—预批量配料；A—树脂；B—固化剂；C—颜填料；D—助剂；

2—便携式装料漏斗；3—搅拌启动装置；4—超临界流体加工器；

5—雾化和分级容器；6—称量包装器

的优点是整个工艺过程可实现计算机控制，且工艺过程在低温下进行，加工温度的降低，使传统高温热熔混炼温度下不易使用的高活性组分得以利用，也可以降低和避免产品的部分胶化，提高产品质量。另外，CO_2 廉价易得，也比较环保，适于工业化生产。

(3) 丙烯酸酯粉末涂料的涂装方法　粉末涂料常见的涂装方法包括以下

几种。

① 空气喷涂法　将被涂工件表面进行预热处理到粉末涂料的熔融温度以上，然后用空气粉末喷枪把粉末涂料直接喷涂到被涂工件表面。该方法的特点是设备简单，投资少，更适合于小型工件的涂装。缺点是被涂物必须预热，不适合于大型工件的施工，在实际中应用并不多。

② 流化床浸涂法　把预热的被涂工件浸入到粉末涂料流化床中，使流化的粉末涂料熔融并附着到工件表面，然后将工件置于烘烤炉中进行流平固化成膜。该方法一次涂装，涂膜厚度可达几百微米，涂料损失少，设备简单，多用于热塑性粉末涂料和环氧涂料的涂装。缺点是：必须预热，涂膜均匀性差，不适合大型工件的涂装。

③ 静电粉末喷涂法　静电涂装中应用最广泛的涂装工艺，采用静电粉末喷枪，借助静电库伦力的作用将粉末吸附到被涂工件表面。该方法的优点是：涂料利用率高、涂层易涂均匀，对大多数粉末涂料均适用，易于实现工业化生产。

④ 真空吸引涂装法　适用于静电粉末喷涂无法适用的小口径管道内壁的涂装，这种方法同样需要将被涂表面预热到适当温度。

⑤ 火焰喷涂法　粉末通过高温气体火焰时，被熔融并喷涂到被涂工件表面，经流平交联固化成膜。被涂表面进行预热或直接喷涂，喷涂后的涂膜可利用火焰喷枪的热量进行流平或交联成膜。

上述各种方法，最常采用的施工方法是高压静电喷涂，其基本原理是将工件与喷枪作为两极，采用一定的高压装置在工件与喷枪之间形成强大的、相对均匀的静电场，在喷枪（阴极）附近产生电晕放电，粉末在进入电场时带电，由于受电场力的作用，带电粉末沿着电力线的方向运动，最终到达工件表面，并吸附在工件表面完成喷涂过程。其喷涂原理示意图如图 5-20 所示。

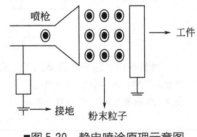

■图 5-20　静电喷涂原理示意图

丙烯酸酯粉末涂料在使用和工艺实施过程中也常会出现一些问题，常见的问题及相应对策见表 5-84。

(4) 丙烯酸酯粉末涂料的应用　丙烯酸酯粉末涂料具有透明度高、漆膜光泽高且耐候性、保光性好，并且由于树脂颜色浅，适合配制浅色涂料和透

■表 5-84　丙烯酸酯粉末涂料使用中常见问题及相应对策

问　题	原　因	相应对策
反离子效应	① 喷枪接地不良；② 喷枪零件有损；③ 喷枪定位不正确；④ 喷枪电压太高；⑤ 粉末输送气压太小	① 检查、改善接地状况；② 更换、维修喷枪零件；③ 调整枪距到适宜位置；④ 降低电压；⑤ 调气压
结团	① 粉末太细或受潮；② 运输中受重压；③ 存储期太长、温度太高	① 检查空气潮湿情况；② 注意运输的保护和储存条件的改善
色差大	① 其他粉末、喷涂设备等污染的影响；② 涂膜厚度不均匀；③ 粉末质量有问题；④ 烘炉温度不均匀或不当；⑤ 固化不安全	① 换新粉和清理喷涂设备；② 调整喷涂参数以使膜厚适宜、均匀；③ 与厂家联系解决；④ 改善烘炉使固化均匀、安全
光泽差	① 固化时间太长或太短；② 不相容粉末或外界污染；③ 固化温度太高或太低；④ 烘炉内混有其他气体；⑤ 工作表面过于粗糙；⑥ 前处理不当	① 检查烘烤固化状况；② 清洁设备换用新粉、排除污染源；③ 检查炉温状况；④ 检查前处理步骤及前处理剂
冲击强度差、附着力不佳	① 固化不足；② 前处理不佳；③ 涂膜太厚	① 检查烘烤状况，确保固化安全；② 检查前处理情况；③ 注意控制膜厚
缩孔针孔	① 空气中有水分或油分；② 不相容粉末污染；③ 材质本身含挥发物；④ 前处理不佳，板材附有油脂等物质	① 去除污染源；② 清洁设备、换用新粉；③ 检查材质；④ 检查前处理步骤及前处理剂
橘皮	① 涂膜太厚或太薄；② 固化速率太快，加热太慢，炉温太低；③ 粉末问题	① 调整设备参数，使涂膜更均匀；② 调节炉温，提升加热速率；③ 与粉末厂家联系
砂粒	① 金属物件表面不干净，有铁锈；② 涂料中含有胶化粒；③ 不相容粉末污染；④ 喷涂系统、烤炉、空气等外界污染	① 检查前处理工作；② 与供应商联系并解决；③ 弃置受污染粉，使用新粉；④ 清理设备，排除污染源
起泡	① 金属材质本身含挥发物；② 压缩空气中带有水分、油分；③ 不相容粉末污染；④ 粉末本身有问题	① 检查材质情况；② 检查供气装置，去除污染；③ 换用新粉，弃置污染粉；④ 与粉末供应商联系、解决

明清漆，非常适合于户外使用。表 5-85 所示为包括丙烯酸酯粉末涂料在内的各类粉末涂料的主要应用领域，包括汽车、铝型材、铝轮箍、耐候性建筑材料等，其中主要应用领域在汽车行业，目前国外已成功用于汽车车身面漆。由表可以看出，丙烯酸酯粉末涂料只是粉末涂料很小的一个分支，在实际应用中，丙烯酸酯粉末涂料还存在一些不足，如价格偏高、涂层耐冲击性较差，与其他粉末涂料用树脂的混溶性差，熔融黏度比较高，颜料的润湿分散性较差，这些缺点一定程度上也会限制其应用推广。

世界上丙烯酸酯粉末涂料产量正以每年 15% 的速度增长，远远超过了其他涂料增长速度。但如表 5-86 所示，我国丙烯酸酯粉末涂料仅仅处于起步阶段，在粉末涂料中所占份额甚少。从 20 世纪前五年西欧粉末涂料用树脂的需求情况分析可以看出（见表 5-87），在西欧市场，虽然丙烯酸酯粉末涂料在其他各种粉末涂料中所占份额最小，但在 1999～2004 年的 5 年间却保持了最大的增长率。丙烯酸酯粉末涂料的迅速发展，得益于汽车工业的发展和环保要求的不断提高。世界范围内对汽车涂装过程中挥发性有机物排放

■表 5-85 各类粉末涂料的主要应用领域

应用领域	粉末涂料品种
汽车和交通车辆	汽车面漆和罩光漆：聚酯、聚氨酯和丙烯酸酯粉末涂料
	摩托车和自行车：聚酯和聚氨酯粉末涂料
	底漆和内置配件：环氧和环氧-聚酯粉末涂料
家用电器	户内用品：环氧-聚酯粉末涂料
	户外用品：聚酯和聚氨酯粉末涂料
建筑材料	铝型材：户外用聚酯和聚氨酯粉末涂料，户内用环氧-聚酯粉末涂料
	钢筋：环氧粉末涂料
管道防腐	输油和输气管道：环氧粉末涂料
	饮水管道：环氧-聚酯粉末涂料
电信器材和仪器仪表	户内用品：环氧-聚酯粉末涂料
	户外用品：聚酯和聚氨酯粉末涂料
金属制品和金属构件	户内用品：环氧和环氧-聚酯粉末涂料
	户外用品：聚酯和聚氨酯粉末涂料
交通配套设施	护栏、路灯、交通标志用聚酯和聚氨酯粉末涂料
工具和器材	户内用品：环氧和环氧-聚酯粉末涂料
	户外用品：聚酯和聚氨酯粉末涂料

■表 5-86 我国热固性粉末涂料品种及所占比例

品 种	比例/%
环氧粉末涂料	10～15
环氧/聚酯粉末涂料	75
聚酯/（TGIC 或 HAA）粉末涂料	10～15
聚氨酯粉末涂料	5
聚丙烯酸酯粉末涂料	少量

■表 5-87 1999～2004 年西欧粉末涂料市场树脂需求

树脂类型	1999 年/t	2004 年/t	增长率/%
环氧	30250	34400	13.7
环氧/聚酯	163400	218100	33.5
聚酯（TGIC/HAA）	90750	103650	14.2
聚氨酯	12100	17250	42.6
聚丙烯酸酯	6050	9550	57.9
总量	302550	382950	26.6

标准的要求越来越高，欧洲 1994 年提出的《溶剂控制指令——汽车涂装过程排放限制》明确规定了轿车涂装线有机溶剂排放量不得高于 $45g/m^2$；德国的排放要求更为严格，有机溶剂排放量不得高于 $35g/m^2$。粉末涂料作为环保型涂料，正逐渐取代溶剂型涂料，越来越广泛地应用于汽车的涂装。

汽车外部涂饰用粉末涂料过去主要采用聚酯、聚酯/聚氨酯类粉末涂料，由于要解决聚酯粉末涂料中所用固化剂——异氰脲酸三缩水甘油酯（TGIC）的毒性问题，考虑到丙烯酸酯粉末涂料具有更优的耐紫外线性能、更高的硬度以及更优的抗剥落性能，因此，丙烯酸酯粉末涂料在汽车涂装中的应用越来越广泛。汽车涂层系统构成一般为底漆-中间漆-面漆或底漆-中间漆-底色漆-罩光清漆（金属闪光漆）。丙烯酸酯粉末涂料主要用于中间漆、底色漆、面漆和罩光清漆（金属闪光漆）。除了汽车车身，一些零部件如铝车轮、门手柄、雨刷器和助力车的汽油箱等也逐步采用了丙烯酸酯粉末涂料。

美国通用汽车公司（GM）早在 1982 年就建立了第一个汽车粉末涂料涂装试验厂，到 1995 年共建立了 7 个试验厂，使用的是杜邦公司的丙烯酸酯粉末涂料。福特汽车公司从 1998 年开始使用丙烯酸酯粉末涂料作为罩光面漆。欧洲的"沃尔沃"和"奔驰"公司也在试用丙烯酸酯粉末涂料作为汽车罩光面漆。1996 年开始，美国通用、福特、克莱斯勒三大汽车公司又联合研发新型的丙烯酸透明粉末涂料。目前，美国通用和欧洲"宝马"等各大汽车公司均采用丙烯酸粉末清漆作为汽车车身的罩光清漆来使用。

除了汽车行业，丙烯酸酯粉末涂料还可应用于门窗和部件等建筑材料，摩托车、自行车等交通器材，冰箱、洗衣机等家用电器，PCM 钢板等金属预涂材料的涂装。

世界上生产丙烯酸酯粉末涂料的厂家很多，主要集中于西欧、北美及日本。代表性的有美国的 ICI-Gliddan 公司、PPG 公司、Rohm&Haas 公司、Cleaness 公司、Lonac 公司；日本的大日本油墨化学公司及日本涂料公司；德国的 BASF 公司与 Bayer 公司。表 5-88 所示为世界各地区丙烯酸酯粉末涂料用主要原材料的供应商。

■表 5-88　世界各地区丙烯酸酯粉末涂料用主要原材料的供应商

原料名称	地　区	供　应　商
丙烯酸树脂	欧洲	Hoechst、Zeneca、BASF
	美国	SC Johson Polymer、Anderson Development
	日本	大日本油墨、Mitsui Toatsu Chemicals
固化剂		Apollo（胺类）、Vantico（胺类、TGIC）、Nissan Chemical（TGIC）、Bayer（IPDI）、Hüls（IPDI）、Olin（IPDI）

5.2.5.4 辐射固化丙烯酸酯粉末涂料

(1) 种类与性能特点　辐射固化技术按照辐射源的不同分为两类，一类是光辐射，包括红外光、可见光和紫外光。由于光的能量较低，不足以引起电离，因此，光辐射又称为非电离辐射；另一类是电离辐射，是基于原子过程和原子核过程产生辐射，其中包括 X 射线、γ 射线和高能电子等能直接或间接引起原子和分子电离的射线及能量源。辐射固化涂料主要包括紫外光（UV）固化涂料和电子束（EB）固化涂料。由于 UV 固化所需设备投入远小于 EB 固化涂料，因此 UV 固化涂料得到了迅速的发展和应用。

UV 固化是指在 UV 的作用下，体系中的光敏物质发生化学反应产生活性碎片，引发体系中活性单体和/或低聚物的聚合、交联，从而使体系由液态涂层瞬间变成固态涂层。紫外光波长为 $200 \sim 400nm$，有效能量为 $598.5 \sim 339.0kJ/mol$。典型有机物的共价键能（离解能）如表 5-89 所示。

■表5-89　常见共价键的离解能

共价键	离解能/(kJ/mol)	共价键	离解能/(kJ/mol)
C—C	350.0	C—N	305.0
C—H	415.0	C—Si	305.0
C—O	360.0		

这些离解能与紫外光的有效能量十分接近，一旦吸收紫外光，就会造成键的断裂，从而引发化学反应。当分子吸收足够的能量，就会跃迁为激发态，然后激发态通过自由基等引发链反应，完成光化学反应。

紫外光（UV）固化粉末涂料是一项将粉末涂料和 UV 固化技术相结合的新技术，是一种符合国际上流行的 4E 原则（Economy、Efficient、Ecology、Energy）节能的新型涂料技术。与传统的热固化涂料相比，具有下列特点：

① 固化速率快，在 0.1～10s 的瞬间完成固化成膜，因此具有极高的生产效率；

② 节约能源，固化时无需加热，耗能仅为热固化涂料的 1/10～1/5；

③ 高度环保，施工过程基本无溶剂排放，物料体系几乎是 100% 转化为涂膜；

④ 可涂装热敏感材料如木材、塑料、纸制品、皮革等，以及热容量大的材料如厚金属板、混凝土等；

⑤ 涂装设备体积小，投资低；

⑥ 涂层性能优异、如高硬度、高光泽、优异耐化学药品性。

(2) UV 固化丙烯酸酯粉末涂料

① 组成与制备　UV 固化丙烯酸酯粉末涂料由主体树脂、光引发剂、颜料、填料和各类助剂组成。其中主体树脂和光引发剂最为重要，决定着涂料的基本性能。

配制能实现低温 UV 固化的粉末涂料，一方面要求树脂能赋予粉末涂料良好的储存稳定性，即粉末必须在 40℃ 条件下储存 3～6 个月不结块；另一方面在较低温度（100℃ 或更低）下具有较低的熔融黏度，以确保光固化之前和光固化之后均具有良好的流动和流平性能，随后在 120℃ 以下发生光固化反应。这要求树脂的 T_g 至少在 40℃ 以上，最好在 50～70℃ 之间，平均分子量应在 1000～4000 范围，且分子量分布要窄。

UV 固化丙烯酸酯粉末涂料属于自由基聚合型。自由基类树脂固化主要依靠光引发剂分解产生自由基，引发树脂中的双键发生聚合反应。UV 固化丙烯酸酯粉末涂料常用树脂和光引发剂见表 5-90。

自由基固化类树脂用作涂料一般是两种或多种树脂合用，例如丙烯酸酯改性树脂与聚酯树脂合用，这样可以克服单一树脂性能方面的不足，得到综合性能更加良好的涂层。丙烯酸酯系列树脂利用丙烯酸中的双键，反应活性高、固化快、漆膜柔韧性好，硬而不脆，同时耐化学品优良，因此目前在光固化树脂中占主导地位。

■表5-90　UV固化丙烯酸酯粉末涂料常用树脂和光引发剂

反应类型	树脂类型	预聚物	光引发剂
自由基聚合型	丙烯酸酯类	聚酯丙烯酸酯 聚醚丙烯酸酯 丙烯酸聚氨酯 环氧丙烯酸酯	苯偶姻烷基醚类 二苯甲酮类 乙酰苯类

② UV固化工艺　UV固化的紫外光源分为弧光灯和激发两类，弧光灯中最重要的是汞弧灯，根据灯管内蒸气压的大小，又可分为低压（小于1个大气压）、中压（1～2个大气压）和高压（大于2个大气压）汞弧灯。高压汞弧灯光源强度高、发生稳定性好、光能量分布均匀，但其使用温度高，必须用水冷却，灯管寿命仅为200h。中压汞弧灯功率在100～500W范围，波长在250～600nm，使用温度较低，只需要空气冷却，灯管寿命可达1000h，其在紫外区的发射波长主要为254nm、280nm、303nm、313nm、334nm和360nm。这些波长点可与常用光引发剂的光谱相匹配，在实际中应用比较广泛。

紫外灯发射紫外光是向各个方面发散发出的，光强随光照距离的增加而迅速减小。为了提高紫外光的利用率，在生产过程中通常采用一些发射装置配套使用。由于200nm以下的紫外光容易使空气产生臭氧，且紫外线本身对眼睛也有刺激作用，因此，工业化的UV固化装置所采用的灯必须配备有冷却装置、通风装置和屏蔽装置。图5-21所示为UV固化设备示意图。

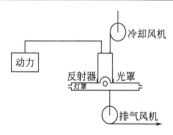

■图5-21　UV固化设备示意图

③ 应用与发展　UV固化粉末涂料是20世纪90年代刚刚兴起的品种，UV固化丙烯酸酯粉末涂料的出现，成功解决了粉末涂料烘烤温度高、不能涂装热敏材料的问题，扩大了粉末涂料的应用领域。表5-91对UV固化粉末涂料、液态UV固化涂料与普通粉末涂料的优缺点进行了比较。由表5-91可以看出，UV固化粉末涂料结合了UV固化涂料和粉末涂料的优点，具有高度环保的特点。

UV固化丙烯酸酯粉末涂料，主要用于热敏材料包括木材、塑料、中密度纤维板（MDF板）等，也有专利报道了在纸张、金属和汽车外表面的应用，在如下各领域的研究和应用已逐步受到关注。

■表 5-91　UV 固化粉末涂料、液态 UV 固化涂料与普通粉末涂料的优缺点比较

项　目	UV 固化粉末涂料	液态 UV 固化涂料	普通粉末涂料
环保与生产效率	无溶剂排放，环保和安全性好，节约资源，生产效率高	有溶剂排放，存在污染和安全问题	无溶剂排放，环保和安全性好，节约资源，生产效率高
回收与利用	涂料可以回收利用，涂料利用率高	涂料不能回收利用	涂料可以回收利用，涂料利用率高
涂装特点	涂装方法简单	涂装方法简单	涂装方法简单
涂膜特点	涂膜流平性好，力学性能好，硬度高，边角覆盖力好	涂膜流平性好，硬度高，涂膜收缩率高，边角覆盖力差	涂膜流平性和硬度一般，涂膜力学性能好，边角覆盖力好
适用对象	不适用于三维工件的涂装	不适用于三维工件的涂装	适用于三维工件的涂装
固化特点	固化温度低，时间短，适用于热敏材料的涂装	固化温度低，时间短，适用于热敏材料的涂装	固化温度高，时间长，不适用于热敏材料的涂装

　　a. 印刷油墨。

　　b. 木器涂料　包括光固化腻子，底漆和面漆，用来提高光泽、硬度、耐磨性、抗划伤性，丰富色彩、提高装饰效果。

　　c. 纸张涂料　即光固化上光油，可用于杂志、包装材料、标签等的表面上光，赋予其高光泽、耐磨损、防水性。

　　d. 塑料涂料　应用于普通塑料和工程塑料，满足不同的性能要求。

　　e. 金属涂料　用于汽车部件、器械、罐头罐等的装饰，赋予各种金属制品高雅美观的外表，主要使用阳离子固化树脂。

　　f. 皮革涂料　主要使用 UV 固化的丙烯酸系列和环氧系列涂料，可使皮革柔顺、耐磨。

　　g. 用作高科技产品的涂料　如可增加光纤使用寿命和可靠性。

　　h. 户外装饰　增加居室的户外美观，并具备耐候、防腐的功能。

　　Johansson 等报道了一种既可以在 80～110℃下热固化，又可以在更低温度下光固化的 UV 固化粉末涂料。该涂料体系主要由无定形甲基丙烯酸酯和结晶性化合物双丙烯酸酯（m. p. ＝106℃）和双酚 A 双甲基丙烯酸酯（m. p. ＝72～74℃）组成。无定形甲基丙烯酸酯通过两步合成得到，首先通过自由基聚合得到羟基官能团化的聚甲基丙烯酸酯，然后与甲基丙烯酸氯反应。体系以（2，4，6-三甲基苯甲酰）二苯氧化磷（LucirinLR8728）作为光引发剂，以过氧化苯甲酰（BPO）作为热固化引发剂。

　　多官能度聚氨酯丙烯酸树脂的制备一直是为得到综合性能良好的聚氨酯改性丙烯酸树脂（PUA）涂层努力的方向之一，超支化聚合物具有球形或树脂状结构，不仅表现出低熔点、低黏度、易溶解的优点，而且支链上可以带有更多的官能基团。熊远钦等以含有 4 个活泼氢的乙二胺为核，分别与丙烯酸甲酯、甲酯丙烯酸缩水甘油酯等反应，得到超支化结构，然后再与甲

苯-2,4-二异氰酸酯和丙烯酸羟乙酯的生成物反应，得到树枝状的可快速光固化的聚氨酯丙烯酸树脂，其涂膜具有良好的附着力、柔韧性和硬度，热解温度达到 208℃。

Dzunuzovie 和 Tasic 等分别采用双（三甲氧基丙烷）和 2,2-二羟甲基丙酸，制备了二、三代超支化聚酯，然后利用其支链上的—OH 与 IPDI 和丙烯酸羟乙酯生成物中的—NCO 发生反应，得到如图 5-22 所示具有超支化结构的 PUA（聚氨酯改性丙烯酸）预聚体，该聚合物所制备的涂层具有良好的力学性能和热稳定性。Dzunuzovic 等对如图 5-23 所示大豆脂肪酸改性的超支化 PUA 也进行了研究，发现长链的大豆脂肪酸与端羟基的反应可以快速降低超支化 PUA 预聚物的黏度，不饱和脂肪酸中的 C=C 可成为 UV 固化新的交联点。

5.2.6 其他新型环保型丙烯酸酯涂料

UV 固化涂料的主要成分之一是活性稀释剂，主要用来调节涂料的流变性，同时也影响涂料的干燥性能和涂膜的性能。UV 固化低聚物的分子量越小，黏度越低，活性稀释剂的添加量就越少，但涂膜固化过程的收缩率就越大，导致涂层综合性能下降；低聚物的分子量越大，涂膜固化收缩率变小，但涂料黏度变大，需要添加的活性稀释剂量增大。UV 固化过程中，很难使活性稀释剂全部固化，活性稀释剂的残留对安全卫生以及产品的性能带来不良影响。减少或消除活性稀释剂的用量是 UV 固化涂料的发展趋势。

UV 固化水基涂料采用水作为树脂的稀释剂，可以克服使用活性稀释剂带来的问题，兼顾了水基涂料和 UV 固化涂料的优点，是新型环保型涂料的发展方向之一。本节将着重介绍 UV 固化水基涂料，并简单介绍其他新型的环保涂料。

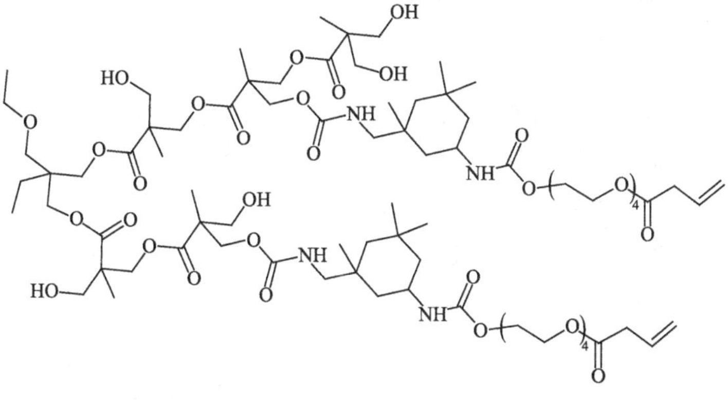

■图 5-22　超支化 PUA 预聚物结构示意图

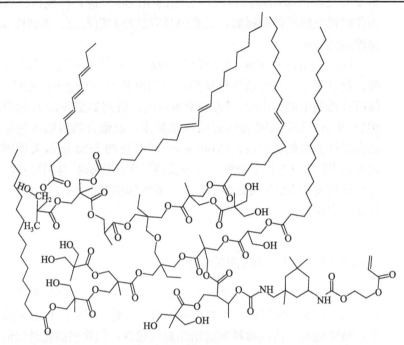

■图 5-23　大豆脂肪酸改性的超支化 PUA 预聚物结构示意图

5.2.6.1 UV 固化水基丙烯酸酯涂料

UV 固化水基涂料一般由 UV 固化水性树脂（或预聚体）、光引发剂、添加剂和水组成。其中最为重要的是 UV 固化水性树脂和光引发剂。

UV 固化水性树脂要进行自由基光固化，其分子中必须带有不饱和基团，在紫外光的照射下，分子中不饱和基团发生反应，由液态变为固态。通常引入的不饱和基团有：丙烯酸酯基、甲基丙烯酸酯基、乙烯基醚或烯丙基等。水性 UV 固化树脂还需具有一定的亲水性，通常引入的亲水基团或链段有羧酸基、磺酸基、叔氨基或聚乙二醇链段等。这样就可以使油性低聚物转为水性低聚物。

按照化学组成和结构，目前 UV 固化水性树脂主要包括不饱和聚酯、聚氨酯丙烯酸酯类、环氧丙烯酸酯类、丙烯酸酯共聚物、聚酯丙烯酸酯等。其性能对比见表 5-92。以下简要介绍几类改性的 UV 固化水性丙烯酸树脂。

■表 5-92　不同 UV 固化树脂的性能对比

类　型	固化速率	拉伸强度	柔　性	硬　度	耐化学性	抗黄变性
不饱和聚酯	慢	高	不好	高	不好	不好
聚氨酯丙烯酸酯	快	可调	好	可调	好	可调
环氧丙烯酸酯	快	高	不好	高	极好	中至不好
丙烯酸树脂	快	低	好	低	不好	极好

（1）环氧丙烯酸酯类　环氧丙烯酸酯具有漆膜硬度高、附着力好、光泽度高、耐溶剂性好以及价格低廉等优点而备受关注。水性丙烯酸酯利用环氧丙烯酸树脂中的羟基和酸酐反应（如马来酸酐、偏苯三酸酐、均苯四酐、苯酐等），引入亲水基团，并与胺中和得到。

（2）丙烯酸酯共聚类　该类树脂涂膜具备丰满度高、光泽好、价格低廉、容易制备等特点。一般采用丙烯酸共聚引入亲水的羧基，用（甲基）丙烯酸羟乙酯或（甲基）丙烯酸缩水甘油酯共聚引入羟基或环氧基以便引入丙烯酰基团。UV 固化水性聚丙烯酸酯区别于其他 UV 树脂的地方在于：它的主链可以在水中合成，甚至可以在乳胶粒子表面接枝上具有 UV 活性的 C≕C 双键。这样合成过程更加环保，且无需分散直接得到水乳液。但缺点是所得到的 UV 固化树脂接枝率太低，并影响固化后的涂膜性能。

（3）聚氨酯丙烯酸酯类　水性聚氨酯丙烯酸酯 UV 固化体系，具备良好的耐磨性、耐化学品性、耐低温性和良好的柔韧性，是综合性能最好的一种体系。同时由于高度环保，因此成为研究的热点。根据不同的乳化方法，可分为外乳化型和自乳化型。

外乳化型 PUA 本身不含亲水基团，是指通过外加乳化剂的方法，在高剪切力的作用下，将聚氨酯丙烯酸树脂分散在水中，得到 PUA 乳液。由于外乳化剂的加入，外乳化型 PUA 涂膜在力学性能、耐水性等方面均较本体型 PUA 差。由于表面活性剂在界面的定向吸附对紫外光有一定的干扰作用，使其转化率不如本体型 PUA，因此，对于外乳化型 PUA，即使增加交联剂的用量，对涂膜的性能也无改善。

自乳化型 PUA 又可分为阴离子型、阳离子型和非离子型。一般是由二异氰酸酯、聚酯二元醇或聚醚二元醚、含亲水基团的二元醇、扩链剂、丙烯酸羟乙酯或甲基丙烯酸羟乙酯通过多步反应得到。因此，目前在聚氨酯丙烯酸酯中引入亲水基也可分为三种途径：阴离子型、阳离子型和非离子型。

阴离子型主要是在分子链中引入羧基，然后用三乙胺等胺类中和成盐，使其具备亲水性。Kyung-Do Suh 和 Ju-Yang Kim 报道合成了一种阴离子型聚氨酯丙烯酸酯乳液，其反应式如下：

$$DMPA + PTMG + TDI \xrightarrow{HMEA} PUA \xrightarrow{TEA} TM$$

　　阳离子型聚氨酯丙烯酸酯一般在主链上引入叔胺基团，然后进行季铵盐化，使其具有亲水性。有资料报道，以 IPDI、PTMG、*N*-甲基二乙醇胺和 HEMA 为原料，合成了阳离子型聚氨酯丙烯酸酯。

　　非离子型一般以 PEG 为亲水基团，B K Kim、H D Kim 等对聚乙二醇改性的聚氨酯丙烯酸酯体系进行了研究，该聚合物的分子结构式如图 5-24 所示。Meixner 报道了如图 5-25 所示的自乳化非离子型聚氨酯丙烯酸酯，可用于木器涂料。

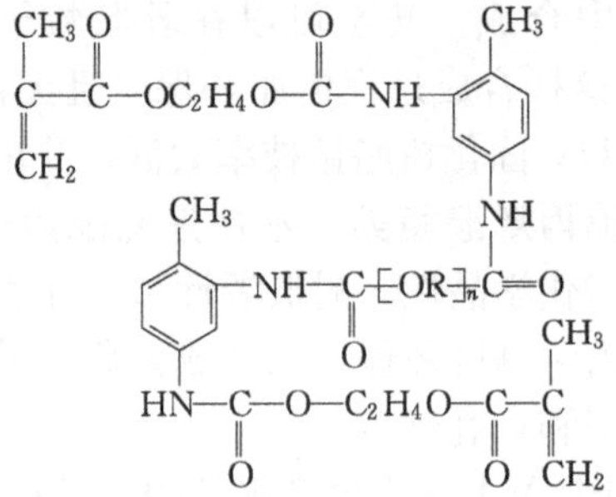

■图 5-24　乙二醇改性聚氨酯丙烯酸酯分子结构示意图

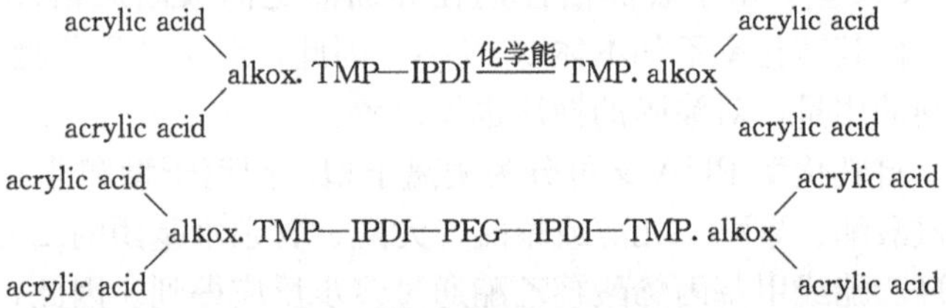

■图 5-25　非离子型 UV 固化水性聚氨酯丙烯酸酯

　　上述几类 UV 固化水基丙烯酸酯涂料，以 PUA（聚氨酯丙烯酸酯）涂料综合性能最好，手感、柔韧性好，有较高的耐冲击性和拉伸强度，是 UV 固化水基涂料中的研究热点。但总体上，UV 固化水基涂料仍处于探索阶段，研制高效的光引发剂是关键。

5.2.6.2　UV 固化辣椒碱改性丙烯酸酯防污涂料

　　开发环境友好型防污涂料来代替有机锡防污涂料一直是船舶防污涂料追求的发展方向。含辣椒碱的防污涂料作为无毒防污涂料品种之一，多以溶剂型为主，在使用过程中存在溶剂挥发，同时也存在辣椒碱渗出率不稳定的问题，不能达到长效防腐的目的。UV 固化型辣椒酯碱改性丙烯酸酯防污涂料为解决上述问题提供了有效途径。

　　辣素又称辣椒碱，结构式见图 5-26，是辣椒中产生辛辣味的主要物质。它是一种稳定的生物碱，不受温度的影响，并具有抗菌、防止海洋生物生长的功能。含辣椒碱的防污涂料不是杀灭海洋生物，而是驱赶海洋生物，因此属于环保型防污剂。辣椒碱的来源包括天然辣椒碱、合成辣椒碱以及含辣素官能团的树脂。把含辣素官能团的树脂（结构式如图 5-27）与其他丙烯酸酯单体在引发剂 AIBN 作用下共聚，合成出含辣素丙烯酸树脂。海上试验表明：这样的分子设计，把辣素官能团结合到聚合物分子链上，可使聚合物具备一定的抑制生物附着的能力。

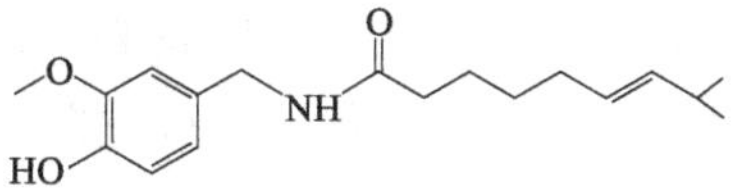

■图 5-26 天然辣椒碱结构式示意图

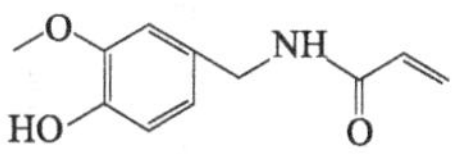

■图 5-27 N-(4-羟基-3-甲氧基-苄基)丙烯酰胺结构式示意图

以含二氮杂萘酮联苯结构的环氧丙烯酸酯为基料，以 2-羟基-2-甲基-1-苯基-1-丙酮为光引发剂，以 1,6-己二醇二丙烯酸酯和三羟甲基丙烷三丙烯酸酯为活性稀释剂，配制 UV 固化涂料，并加入合成辣椒碱，制备海洋防污涂料。实海挂板试验表明：含 10％辣椒碱的涂层经实海浸泡 120 天后，只有较少的污损，表现出良好的防污性能。

5.2.6.3 高折射率丙烯酸酯涂料

光学丙烯酸树脂材料存在着耐磨性、耐溶剂性、抗吸湿性差等缺点，必须配合涂布各种特殊功能涂膜才有应用价值。高折射率涂料主要用于光学树脂的表面，比如树脂镜片的表面。对于树脂镜片，理想的表面涂层系统应该包括：抗磨损膜、多层减反射膜和抗污膜。根据 Fresnel 关系式，当两种介质折射率相同时，其界面上的反射损失为零，同时可避免因反射光干涉而产生颜色，因此，高折射率树脂镜片必须涂覆相同折射率的涂膜才能满足使用要求。

聚合物的折射率与分子体积成反比，与摩尔折射度成正比，摩尔折射度与介质极化率成正比。因此，为提高涂膜的折射率，要求介质具有大的极化率和小的分子体积。具有较大极化率和较小分子体积的苯环有较高的折射率，相同碳原子数的基团，折射率由大到小依次为：苯环>脂环>直链>支化链。另外，S 元素具有较高的摩尔折射度和较低的分子色散力，因此，在聚合物中引入 S 元素也是实现高折射率的方法之一。

光固化树脂的单体大多是丙烯酸酯或丙烯酸缩水甘油醚类，研究表明，将硫醚引入可光固化的丙烯酸类单体中，光固化光学树脂的折射率可达

1.7。胡建合成的二官能度的聚氨酯丙烯酸酯（BPUA）树脂折射率可达
1.5；聚硫代氨酯丙烯酸酯（BPTUA）树脂折射率可达 1.55；三官能度的
聚氨酯丙烯酸酯（TPUA）树脂折射率可达 1.6。

5.2.6.4 UV 固化丙烯酸酯阴极电泳涂料

目前，几乎所有的阴极电泳涂料都以热固化为主，固化温度一般在
140～180℃，低温固化型电泳涂料的固化温度也在 85～110℃。因此，阴极
电泳涂料在许多热敏感材料表面的应用就受到限制。

UV 固化阴极电泳涂料将 UV 固化和电泳涂料技术相结合，具有环保、
高效、节能的优点，同时又能解决热固化阴极电泳涂料的涂装基材受温度限
制的问题。该涂料在离子型水溶性树脂的分子中引入光固化性基团，再利用
UV 照射涂料，使其在低温条件下，短时间固化成膜，从而完成涂装过程。
UV 固化的电泳过程和一般电泳过程的差异是，在电泳涂装和紫外固化之间
加设一道闪蒸工序。闪蒸是指在 UV 固化前除去漆膜中水分的一个过程。
其原因在于电泳涂料是水基体系，电泳涂装后漆膜中大约会残留 5%（质量
分数）的水分，水分的存在会影响固化行为，降低漆膜的硬度、光泽和耐水
性等。图 5-28 为 UV 固化丙烯酸酯电泳涂料涂装流程图。

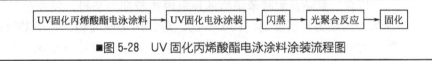

UV固化丙烯酸酯电泳涂料 → UV固化电泳涂装 → 闪蒸 → 光聚合反应 → 固化

■图 5-28　UV 固化丙烯酸酯电泳涂料涂装流程图

UV 固化阴极电泳涂料不仅需要含有乙烯基供 UV 固化，还需要含有亲
水基团，保证水溶性。Yang-Bae Kim 等人利用丙烯酸酯单体进行自由基聚
合得到丙烯酸羟基树脂，然后再与甲基丙烯酸乙氧基异氰酸酯反应得到了含
乙烯基的叔胺聚合物。

5.2.7 丙烯酸酯涂料发展趋势

5.2.7.1 总体发展趋势

涂料在国际上被列为仅次于汽车的第二大"空气污染源"。最早的热塑
性涂料其固含量仅为 5%，意味着有 95% 的溶剂要挥发到大气中成为污染
物。随着世界范围内越来越高涨的环保呼声，发达国家纷纷出台了关于涂料
类产品中重金属元素的限用或禁用，以及挥发性有毒溶剂的限制排放等相关
法律法规。1966 年，美国颁布了世界上第一个限制有机挥发物（VOC）排
放的 66 法规。其他还有美国的《清洁空气条例》和德国的《保持空气纯净
技术指南》等。我国于 2001 年针对 10 种室内建筑装修材料制定了强制性的
安全标准。在这样的背景下，限制 VOC 排放的环保型水基丙烯酸酯涂料、
丙烯酸酯粉末涂料等品种的市场占有率迅速增长，并逐渐取代传统的溶

剂型丙烯酸酯涂料的主导地位，成为丙烯酸酯涂料未来的发展方向。

表 5-93 和表 5-94 分别是德国巴斯夫（BASF）公司和 J. Howad 对欧洲 5 种主要涂料品种市场占有率在 20 年内的变化统计和 2015 年前世界工业涂料构成的统计。

■表 5-93　欧洲 5 种主要涂料品种市场占有率变化统计　　　　　　单位：%

年限 ＼ 涂料品种	溶剂型涂料	水基涂料	高固体分涂料	粉末涂料	光固化涂料
1990 年	51	20	19	9	2
1995 年	40	24	24	10	4
2000 年	31	26	27	12	5
2005 年	15	35	27	18	7
增幅	−70	75	42	100	250

■表 5-94　2015 年前世界工业涂料构成　　　　　　单位：%

年限 ＼ 涂料品种	溶剂型涂料	水基涂料	高固体分涂料	粉末涂料	辐射固化涂料	活性体系涂料
1995 年	39.5	22.5	12.5	8.0	3.5	14.0
2000 年	30.5	26.0	12	12.0	4.5	15.0
2005 年	15	34.5	10	17.5	6.5	16.5
2015 年（预测）	7	39.5	8.5	20	7.5	17.5
增幅	−82	76	−32	150	114	100

由此可见，溶剂型涂料的市场占有率呈逐年下降的趋势，无污染、节能型环保涂料的市场份额正迅速扩大，尤其是辐射固化涂料和粉末涂料增幅巨大，前景十分看好。

5.2.7.2　丙烯酸酯水基涂料发展趋势

（1）**纳米复合化**　颜料和填料对水基丙烯酸酯涂膜的性能有很大影响，采用纳米粉体颜填料用于提高和改善涂层性能成为水基丙烯酸酯涂料，尤其是丙烯酸酯乳液的研究热点。近年出现的纳米复合水基建筑乳胶涂料利用纳米颗粒吸收紫外线、光催化性能、疏水疏油等性能，将纳米颜填料加入传统建筑涂料中，以赋予涂料优良的综合性能。目前采用的纳米颗粒主要有 SiO_2、TiO_2、$CaCO_3$、ZnO 等。张超灿等采用添加水性纳米 SiO_2 溶液的方法，通过无皂乳液聚合制备得到纳米改性复合型丙烯酸酯乳液，使得涂层的洗刷性大大提高。ZnO 纳米颗粒具有吸收远红外线、反射紫外线和杀菌等多种功能，可赋予建筑涂料更好的使用耐久性和自清洁性。类似的研究工作国内复旦大学、中科院金属所均有开展。纳米改性水基丙烯酸树脂的制备方法主要有物理共混法和化学原位聚合法。物理共混不难理解，化学原位聚合法是将纳米颗粒转移分散到单体或聚合物溶液中原位引发聚合制备纳米复合材料。在化学法中，除原位聚合法，溶胶-凝胶法、插层法制备纳米改性丙烯酸树脂也有报道。

（2）**微乳液化**　通过改善聚合物的形态，制备丙烯酸酯微乳液，成为丙烯酸酯水基涂料的发展方向之一。传统的木器用乳液粒径在 $1\sim10\mu m$，为不透明非热力学稳定体系，应用中存在润湿性、渗透性不好的缺点。丙烯酸酯微乳液粒径非常小，在 100nm 以下，该类乳液表面张力低，在底材表面具有极好的渗透性、润湿性、流平性和流变性，可渗透到极细微凹凸图纹，微细毛细孔道中和几何形状异常复杂的基材表面，显著提高被涂物件的加工性和装饰性。该类新型乳液的技术难点在于降低表面活性剂的添加量，提高微乳液的固体含量。关于微乳液聚合及在木器涂料中的应用，北京化工大学开展过详细研究工作，通过多步种子乳液共聚制备的纳米化聚丙烯酸系共聚物乳液，乳胶粒子小于 80nm，具备核壳结构，表 5-95 所示为其涂膜性能。

■表 5-95　纳米化聚丙烯酸系共聚物乳液性能

项　目		实测值	测试方法	项　目	实测值	测试方法
VOC/（g/L）		6	GB/T 6750	柔韧性/mm	0.5	GB/T 1732
干燥时间	表干	15min	GB/T 6751	附着力/级	0	GB/T 9286
	实干	2h	GB/T 1928	常温	200h, 不起泡	GB/T 5209
60°光泽/%		80	GB/T 9754	沸水	40min, 不起泡	GB/T 9754
铅笔硬度		2H	GB/T 6739	饱和 Ca(OH)$_2$ 溶液，2h	无异常	GB/T 9274

(3) 无皂乳液聚合　传统微乳液聚合法以及核/壳乳液聚合法得到的纳米级聚合物乳液，因其表面活性剂用量大，一般用量大于 5%，且需要加入助乳化剂，而且所得到的乳液固含量低，一定程度上限制了它的应用。新的无皂乳液聚合技术制备纳米级乳液结合了无皂聚合和纳米级乳液的优点，可以大大提高纳米级微乳液的稳定性和固体含量，可应用于建筑外墙、木器漆和防锈漆。

5.2.7.3 高固体分丙烯酸酯涂料发展趋势

近几年利用复配改性技术，开发出以丙烯酸树脂为主的高固体分涂料系列产品，如丙烯酸-醇酸、丙烯酸-聚酯、丙烯酸-聚氨酯、丙烯酸-环氧类等产品，目前，这几类产品在高固体分涂料中占主要地位。

高固体分涂料开发的基础是树脂，因此，对丙烯酸树脂结构改进是重要发展方向。采用传统 BPO 类引发剂难以合成固含量≥70% 的高固体分树脂。同时，传统高固体分树脂的合成工艺参数复杂，需对反应温度、不同引发剂配比、引发剂用量、溶剂种类组合、分子量调节剂添加量、HEA 用量等诸多变量进行控制，工业化合成稳定性较差。利用基团转移聚合（GTP）、原子转移自由基聚合（ATRP）、精密聚合等方法，可有效地控制丙烯酸聚合物的结构和分子量，官能团分布均匀，得到适用于高固体分涂料的丙烯酸树脂，为高固体分涂料发展提供便利。例如，采用带羟基的功能性引发剂，只通过对引发剂添加量/聚合反应温度两参数的调节，使低分子量丙烯酸聚合物链均含有 1～2 个羟基，可以制备固体分高达 85% 的羟基丙烯酸树脂。

固化剂的发展也为高固体分丙烯酸酯涂料的发展提供了良好的基础。通过多异氰酸酯和环氧等各类固化剂的选用和用量的调控，可得到性能优异的高固体分涂料。目前，这一发展方向是开发低温固化和快速固化涂料。

采用活性稀释剂取代一般的有机溶剂，也是一种极有前途的开发高固体分涂料的途径。活性稀释剂含有能与涂料树脂反应的官能团，在涂层固化过程中参与交联反应，从而成为涂层的组成部分。根据分子中含有官能团数量不同，可分为单官能团活性稀释剂、双官能团活性稀释剂、多官能团活性稀释剂三类。单官能团活性稀释剂每个分子仅含有一个可以参与固化反应的基团，一般要求具有较高的转化率、体积收缩小、交联密度低、黏度低、固化速率慢等特点。双官能团类活性稀释剂含有两个官能团，固化速率快于单官能团稀释剂，成膜的交联密度随交联点的增加而增大，但仍保持良好的稀释降黏效果。另外，随稀释剂官能度增加，分子量变大，其挥发性逐渐减小，气味也降低。多官能团活性稀释剂分子量较大，对涂料黏度降低作用较弱，一般较少使用。

超临界流体具有很高的扩散能力和很低的黏度，比传统溶剂具有更快混合、溶解和达到平衡的能力，可以用作涂料的溶剂。这种超临界流体可制成多种用途的高固体分涂料（95%～100%），不污染环境，安全无毒，利用此技术可开发出类似于粉末涂料的液态涂料，并且该涂料涂膜性能更好，施工性能更优越。例如，使用超临界 CO_2 替换部分溶剂，不仅能降低涂料黏度，而且有极好的雾化性能，由于消除了喷涂过程中的压缩空气产生的大量气体，该体系可形成优质涂装所需的细微液滴。该技术在欧洲部分国家已开始得到应用。

5.2.7.4 丙烯酸酯粉末涂料发展趋势

(1) 低温固化 丙烯酸酯粉末涂料的固化温度一般在 180～200℃ 之间，这样高的固化温度限制了其在热敏感材料如木材、塑料表面的使用，因此，低温固化成为丙烯酸酯粉末涂料一个主要的技术发展方向。包接化合物为丙烯酸酯粉末涂料低温固化提供了新的思路，其原理是使用一种包接化合物，将常温下高活性的催化剂包接起来，使之在常温下失去活性，然后在特定温度下使包接解除，重现反应活性，从而实现低温固化。日本新研制的丙烯酸酯粉末涂料固化温度可降到 140℃ 或更低，可应用于木材和塑料表面。目前，低温固化粉末涂料有 UV 固化粉末涂料、结晶单体与非结晶树脂配合的粉末涂料、以包接化合物为基料的粉末涂料、采用环化丙烯酸单体合成丙烯酸树脂制备粉末涂料等。图 5-29 是几种粉末涂料体系的固化温度比较，可以看出上述几类新型的低温固化粉末涂料的固化温度明显低于传统标准粉末涂料固化温度。

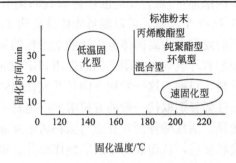

■图 5-29　几种粉末涂料体系的固化温度比较

(2) 复合化　复合粉末涂料技术是应用不相容原理制备的新型粉末涂料，最典型的例如将环氧/丙烯酸酯复合粉末涂料通过一次涂装和一次加热，利用粉末涂料中丙烯酸树脂与环氧树脂混溶性差的特点，形成分层的具有双面特性的复合涂层，使得接触大气的涂层部分为耐候性好的丙烯酸酯粉末涂料，接触底材的涂层部分为附着力好的环氧树脂粉末涂料。图 5-30 为复合粉末涂料加热固化过程涂层变化示意图，表 5-96 为采用复合粉末涂料与单一粉末涂料的涂层性能对比。可以看出，经过复合，涂层整体性能可以得到有效提高。采用新的表面预处理工艺可赋予粉末涂层新的特性，将阴极电泳漆与丙烯酸酯粉末涂层相结合，可形成兼具优良户外耐候性和耐蚀性的复合涂层。

(3) 超细化　丙烯酸酯粉末涂料具有优异耐候性，因此特别适合于汽车和其他户外设施涂装，但一般工艺制备的丙烯酸酯粉末涂料流平性和外观同液体丙烯酸涂料相比仍有差距。丙烯酸酯粉末涂料的超细化有利于改善涂料流平性和漆膜外观。有研究表明：在树脂合成中添加 0.2% 的丙烯酰胺有利于粉末涂料中 TiO_2 等无机颜填料的分散，且可促进粉末涂料的熔融流动性。经验表明：粉末涂层的厚度是粉末涂料平均粒径 2～3 倍时，能够得到满意的流平性和涂层外观。日本已将超细丙烯酸酯粉末涂料应用于汽车表面

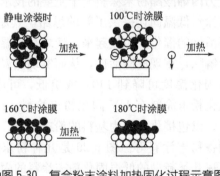

■图 5-30　复合粉末涂料加热固化过程示意图

■表 5-96　复合涂层与单一涂层性能对比

检验项目	复合涂膜	环氧粉末涂膜	丙烯酸酯粉末涂膜	检验方法
膜厚/μm	50~70	50~70	50~70	—
冲击强度/cm	正反 50	正反 50	正反 50	GB/T 1732
光泽（60°）/%	90	90	90	GB/T 9754
弯曲/mm	≤1	≤1	≤1	GB/T 6742
附着力/级	0	0	1	GB/T 9286
杯突	7	7	7	GB/T 9753
铅笔硬度	2H	H	2H	GB/T 6739
耐人工加速老化（保光 50%）/h	1000	—	1000	GB/T 16585
耐湿热性（1000h）	漆膜很好	漆膜很好	漆膜一般	GB/T 1740
耐酸性（5% H₂SO₄，240h）	漆膜很好	漆膜一般	漆膜很好	GB/T 9274
耐碱性（240h）	漆膜很好	漆膜一般	漆膜很好	GB/T 9274
耐盐雾性（5% NaCl，500h）	漆膜很好	漆膜很好	漆膜一般	GB/T 1771

注：表中涂层烘烤条件均为 180℃，20min；人工加速老化性按 GB/T 16585 规定，采用荧光紫外线冷凝循环试验方法，光源为 UV-B(313nm)灯管；每一循环试验条件为 UV 光照：60℃，4h；冷凝：50℃，4h。

涂装，超细粉末可以使涂层变薄，大大降低涂装成本。

　　粉末涂料最大的缺点是固化温度高，一般将固化温度在 180～200℃ 之间的粉末涂料定为标准固化型粉末涂料，将 130～160℃ 之间固化的定为低温固化型，将 110～130℃ 之间固化的定为超低温固化型。尽可能降低粉末涂料的固化温度，成为粉末涂料的技术发展方向之一，也是粉末涂料技术发展长期追求的目标。辐射固化为解决这一问题提供了新途径。

5.3 丙烯酸酯类塑料

5.3.1 概述

　　在丙烯酸酯类塑料中最主要的品种聚甲基丙烯酸甲酯树脂系甲基丙烯酸甲酯（MMA）的均聚物或共聚物，简称 PMMA（Polymethylmethacry-late），俗称有机玻璃，美、英、德、日等国均称为压克力板（AcrylicShe-et），也称为丙烯酸酯板材。按 PMMA 制备工艺分类，分为 PMMA 浇注板、PMMA 挤出板和 PMMA 模塑料。按制品分类一般分为有机玻璃板材、棒材、管材、块状材料和有机玻璃模塑料。丙烯酸酯聚合物光导纤维实际上也是一种丙烯酸酯塑料，通过单体和聚合物氖化，经挤出、拉纤工艺制备而成。

　　由于聚甲基丙烯酸甲酯在塑料材料中透光率最高，并且有良好的耐候性，易于在预聚物浆料或粒料中加入颜料着色、易于成型。相对无机玻璃

（硅酸盐玻璃）来说抗冲击性强，不易破碎，安全性高，因此被广泛地应用于民用建筑、汽车工业、航空航天、电子显示、信息传输等诸多领域。通过对 PMMA 进行功能化改性处理或其他强化处理，可以实现如抗冲击、耐热、耐紫外线吸收、防辐射等多功能化应用。

目前，全球 PMMA 最大生产商为由美国罗姆哈斯（Rohm& Haas）公司和法国埃尔夫阿托菲纳化学（Elf-Ato-Fina chem）公司合资的 Atohaas 公司，其次为英国 ICI 公司（已被美国亨斯迈公司收购）、德国的罗姆公司（Rohm）及 Cy/RO，这四大公司 PMMA 产能占全世界总产能的 2/3。2000年，全世界 PMMA 总生产能力为 150 万吨/年左右，其中 PMMA 板材（浇注板和挤出板比例约为 1∶1）不到 80 万吨（北美占 36%，亚太地区 40%，西欧占 24%），PMMA 模塑料 70 多万吨（北美占 39%，亚太地区占 41%，西欧占 20%）。而到了 2010 年，全球 PMMA 总生产能力已到 2000 万吨/年，其中国内的产量达到 198 万吨。

我国有机玻璃浇注板从 20 世纪 50 年代中期起步，70 年代发展到 50 余家生产厂，大部分为几十吨到几百吨的小型生产厂，1975 年生产能力为 1.3万吨/年，产量为 6000t。从 20 世纪 80 年代起各企业规模逐渐向千吨级发展，如无锡有机玻璃总厂 20 世纪 80 年代后期拥有了 2000t/年的浇注板装置；台湾申春实业股份有限公司在宁波小港经济技术开发区建立了年产5000t 的生产线；苏州安利化工厂建立了 3000t/年机械化浇注流水线，形成了年产 3500t 浇注板的规模。

为了进一步提高我国 PMMA 生产水平，1985 年，苏州安利化工厂从意大利 Omipa 公司引进了第一条年产 1500tPMMA 挤出板生产线，打破了我国 PMMA 模型浇注板一统天下的格局。之后，沈阳有机玻璃厂和哈尔滨有机玻璃厂也相继从德国 Reifenhäuse 公司各引进一套世界先进的有机玻璃挤出装置。珊瑚化工厂从意大利、佛山合成材料厂从 Omipa 公司、顺德汇丰有机玻璃厂从日本、锦州锦山塑料厂从意大利也分别引进了 PMMA 板材挤出装置。进入 20 世纪 90 年代，上海南联、常州中化、汕头宝丽等又用合资方式引进了 PMMA 挤出板生产线或 PMMA/ABS 共挤复合板生产线，20 世纪 90 年代末全国已有引进或国产挤出板（共挤复合板）生产线 22 家以上，总生产能力达到 42900t/年以上。

我国从 20 世纪 70 年代开始小规模生产 PMMA 粒料，20 世纪 80 年代末龙新化工有限公司从美国聚合物技术公司（PTI）引进了溶液法生产的年产 1.2 万吨的模塑料装置，有注射型和挤出型多种品种；抚顺有机玻璃厂于20 世纪 90 年代初也从 PTI 公司引进了一套年产 1.2 万吨 PMMA 粒料装置。

随着下游有机玻璃应用范围的扩大，进入 21 世纪国内 MMA 和 PMMA的原有生产企业一直在扩大能力，并利用外资新建了年产单体 10 万吨级的企业，第 1 章中已做分析，此处不再赘述。

聚甲基丙烯酸甲酯塑料可以采用注射、挤出、浇注等多种工艺方法成型与加工各种制品，在第 4 章已有详细介绍。本节将重点介绍航空有机玻璃、增强丙烯酸酯塑料、光导纤维和其他用途有机玻璃的性能、工艺及应用情况。

5.3.2 航空有机玻璃

5.3.2.1 航空有机玻璃的发展历程

航空有机玻璃是指用于飞机座舱盖、风挡、机舱、舷窗等部位的一种有机透明结构材料，它是以甲基丙烯酸甲酯为主体，用本体聚合方法制得的板料产品，也称为光学级有机玻璃。

从表 5-97 飞机座舱透明材料的发展历程中可以看出，航空有机玻璃伴随着飞机性能的提高和使用中发现的问题不断改进而发展。由于作战的需要，军用战斗机逐渐向高空、高速、多用途、短距离垂直起降方向发展。作为飞机风挡/座舱盖大面积的透明结构材料有机玻璃裸露于大气中，且位于飞机飞行时产生气动热的前缘，必须要承受相应的温度，因此，提高 PMMA 的耐热性是科学家们一直致力于发展的方向。

■表 5-97　航空有机玻璃发展历程

发展年代	透明材料	材料特点	用途	产品牌号
20 世纪 20～30 年代	硝酸纤维素、醋酸纤维素塑料	容易发黄而且不耐磨	亚音速飞机座舱盖	
20 世纪 30～40 年代	浇注增塑有机玻璃	密度小，具有优良的光学透明性、耐候性、较高的力学性能、易于加工成型	亚音速飞机风挡、座舱盖	Plexiglas Ⅰ（美国），СОЛ（前苏联）
20 世纪 50 年代	浇注未增塑有机玻璃	具有 PMMA 的优点，耐热性提高	超音速飞机（马赫数 2 以下）风挡、座舱盖	Plexiglas Ⅱ（美国），СТ-1（前苏联）
20 世纪 50～60 年代	改性有机玻璃	MMA 与其他化合物共聚交联，具有 PMMA 的优点，耐热性更高，吸湿性较大	马赫数 2～2.3 的飞机风挡、座舱盖	Plexiglas-55（美国），2-55（СО-140）、T2-55（前苏联）
20 世纪 60～70 年代	耐热有机玻璃	含氟有机玻璃，除具有 PMMA 的优点外，耐热性更高	马赫数 2.8～3.0 的飞机风挡、座舱盖	СО-180，СО-200（前苏联）
20 世纪 70～80 年代	低吸湿微交联有机玻璃	MMA 中加入交联剂，具有 PMMA 的优点，耐热性高，低吸湿性	马赫数 2～2.3 的飞机风挡、座舱盖	Plexiglas GS249（德国），Poly84、Acrivue351、Acrivue352（美国）

第二次世界大战以后，为了解决飞机透明件的银纹问题，提高风挡的抗鸟撞能力，防止座舱盖的突然爆破，由美国率先开始研制定向有机玻璃，前苏联也在 1951 年起开始有机玻璃定向拉伸方面的研究工作。将有机玻璃加热到玻璃化温度以上，进行拉伸或压缩，使无序的 PMMA 大分子沿拉伸方向有序排列，不仅提高了有机玻璃的韧性，而且改进了有机玻璃的抗裂纹扩展性和抗银纹性，已代替非定向有机玻璃，为世界各国普遍采用。

5.3.2.2 航空有机玻璃的技术性能特征与分类

(1) 技术性能特征　飞机用有机玻璃，其质量要求比工业有机玻璃高得多，因此，生产工艺和设备、技术要求、检验手段等与普通有机玻璃有很大差别，主要表现在以下方面。

① 光学性能　必须严格控制有机玻璃的光学畸变（如折光、波纹消失角及角偏差等）。这就要求严格的生产工艺质量控制浇注有机玻璃模型用的硅酸盐玻璃表面不能有玻筋、气泡等缺陷，因此，一般都用经抛光的硅酸盐玻璃或高质量的浮法玻璃。同时对灌浆、聚合工艺、烘房、聚合车结构，物料输送管路和聚合釜的清理等有严格要求。波纹消失角、角偏差等作为光学性能验收的重要技术指标有相应的检验方法。

② 耐热性　为满足飞机高速飞行的需要，研制不同耐热等级的航空有机玻璃，保证有机玻璃在高温下仍具有较高的力学性能，需制定高温拉伸强度、单面受热拉伸强度等指标。对定向有机玻璃还需制定热松弛指标进行控制。

③ 表面质量　影响有机玻璃表面质量的主要因素是灰尘和单体中的低沸点物，需严格控制杂质和其他点状缺陷的数量。为避免浇注有机玻璃的模型中进入灰尘，保证模型的洁净度，航空有机玻璃模型要在具有除尘装置的净化间中制备，硅酸盐模板需用二次蒸馏水或无离子水进行洗涤，制模过程中用过滤干燥的压缩空气吹风。为减少单体中低沸点物的含量，避免机械杂质进入浆液，规定生产航空有机玻璃的单体纯度应大于 99.9%，制浆灌浆过程中需加强过滤。检验过程除加强目视检查外，还需将浇注板材放入 150℃ 的烘箱中检查加热后是否出现耐热点（旋光点）等缺陷。

④ 力学性能　拉伸强度、冲击强度、弯曲强度、弹性模量等指标都高于工业有机玻璃。其中，定向有机玻璃的冲击强度高于普通有机玻璃的 2 倍以上。断裂韧度是考核定向有机玻璃抗裂纹扩展能力的特有性能指标。

⑤ 耐老化性能　有机玻璃和其他高分子材料一样，长期日光照射下容易发生老化，因此，航空有机玻璃中一般都加入紫外光吸收剂。有机玻璃除化学老化外，还容易吸湿发生物理老化，同样会造成力学性能的下降。因此在共聚改性过程中，应避免加入带极性基团的组分，尽量降低吸湿造成的物理老化的风险，延长有机玻璃的使用寿命。

⑥ 针对结构材料的特殊要求　针对航空有机玻璃这种结构材料，在新

品种投入使用以前需进行疲劳、静力、制件可成型性、边缘连接等一系列应用性能的考核和检验，以确保装机的可靠性。疲劳、静力试验可以随飞机地面试验进行模拟，其余试验可以通过元件级试件进行考核。

综上所述，航空透明件要求材料既要有足够的刚度又要有很高的韧性，还能经受紫外光照射、雨水冲蚀、温度交变等恶劣环境，与此同时还必须保证严格的光学性能，具有良好的成型加工性。研究、生产同时兼备这样全面性能的丙烯酸酯类材料，技术难度相当大。因此，航空有机玻璃也是技术含量很高的一类丙烯酸酯材料。

(2) 航空有机玻璃的分类与命名　航空有机玻璃的分类方法见表5-98。

■表5-98　航空有机玻璃的分类方法

分类方法	类　别	分类方法	类　别
按组成	增塑、未增塑、共聚、交联	按加工方式	浇注板（原板）、定向板、研磨抛光板
按分子排序	浇注、定向	按耐热级别	通用级、耐热级、改性级
按分子结构	线型、轻度交联	按板材的表面质量	抛光级、专用级、通用级

航空有机玻璃各国有各自的命名方式。

① 欧美国家　取各自的商业名，然后以美军标归类。如 Poly Ⅱ 为 Polycast 公司生产的符合 MIL-P-5425 的耐热丙烯酸酯塑料板，即未增塑航空有机玻璃。Poly76 为 Polycast 公司生产的符合 MIL-P-8184F Ⅰ 型 1 类改性丙烯酸酯塑料板，即可用于拉伸的标准吸湿性交联有机玻璃。

② 俄罗斯　以材料软化点进行命名，CO 为浇注板，AO 为定向拉伸板。如 CO-120 为未增塑航空有机玻璃浇注板。"120"表示板材软化温度在120℃左右。CO-120 进行定向拉伸后，牌号变为 AO-120。

③ 中国　以"材料-加工方式-序号"命名。YB 为有机玻璃的汉语拼音缩写；D 代表定向拉伸；M 代表研磨抛光。阿拉伯数字的序号是国内研制的产品的排序，无特殊的规律。如：YB-2、YB-3 分别为增塑和未增塑有机玻璃浇注板；YB-DM-3 为未增塑定向有机玻璃研磨抛光板。

5.3.2.3　浇注航空有机玻璃

(1) 配方成分　浇注航空有机玻璃是以甲基丙烯酸甲酯为主要原料，加入少量其他辅助成分在引发剂作用下，进行本体聚合制得的透明板材。根据加入的辅助成分的种类，航空有机玻璃分为增塑、未增塑、共聚、交联等主要品种。具体配方成分及选择原则见表5-99。

MMA 是生产有机玻璃的主要原料，在聚合配方中占 90% 以上。生产航空有机玻璃对单体纯度要求很高。单体中的杂质包括机械杂质、微量水分和低沸点物、高沸点物。精制后的单体主要杂质及含量见表5-100。机械杂质主要是起阻聚作用的铁、硅、铝以及低聚物凝胶团，不仅影响聚合物的光学性能，在板材成型加热后，杂质周围出现下陷光圈，即所谓"耐热点"（也称旋光点）。微量水分和低沸点物的存在会影响板材的耐热性。α-羟基异

■表 5-99　浇注航空有机玻璃配方成分及选择原则

配 方 成 分		选择原则及要求
甲基丙烯酸甲酯		纯度≥99%~99.5%（需精馏至>99.9%）；酸度≤0.5%；初馏点 98.5℃/0.1MPa；干点 101.5℃/0.1MPa；活性 0.5~19s/120min
引发剂	BPO、LPO、DTBP、ABIN（多选用 ABIN）	纯度≥99%；选择中低效引发剂，一般 $t_{1/2}$ 与聚合反应时间在同一数量级
紫外线吸收剂（也称耐光剂）	**多羟基苯酮类：**UV-531（2-羟基-4-正辛氧基-二苯甲酮）、UV-24（2,2-二羟基-4-甲氧基-二苯甲酮）、UV-9（2-羟基-4-甲氧基-二苯甲酮）、UV-207（2-羟基-4-甲氧基-2-羟基-二苯甲酮）、MA [2-羟基-4-(2-羟基-3-甲氧烯酰氧基丙氧基)二苯甲酮] **水杨酸苯酯类：**BAD（水杨酸双酚 A 酯）、TBS（水杨酸对叔丁基苯酯）、3,5-二氯水杨酸苯酯、水杨酸苯酯。 **苯并三唑类：**UV-P [2(2-羟基-5-甲基苯基)-苯并三唑]、UV327 [2(2-羟基-3,5-二叔丁基)-5-氯-苯并三唑]、703 [2(2-羟基-3-叔丁基-5-甲基)苯基苯并噻唑]（多选用 UV-P）	① 吸收能力强，其吸收范围囊括聚合物的最敏感波长；② 本身对光、热、化学物品的稳定性好；③染色性、挥发性、毒性小；④与树脂的相容性好；⑤纯度≥99%
脱模剂	有机硅单体、硅油、硅橡胶溶液	涂覆在模板边缘
	硬脂酸、硬脂酸酯（多选用硬脂酸）	制浆时加入，用量不得超过 2%
增塑剂	邻苯二甲酸酯类、脂肪族二元酸酯类（多选用邻苯二甲酸二丁酯 DOP、邻苯二甲酸二辛酯 DBP）	① 增塑效率高，以最少的用量获得最佳改性效果；② 与单体聚合物的相容性好，掺混在一起不易渗出；③耐温性好，成型加工过程中不挥发或分解变色；④制成玻璃后光学性能好、色泽好，折射率与有机玻璃接近；⑤毒性小不易挥发；⑥价廉易得；⑦纯度≥99%
具有极性的第二单体	甲基丙烯酸、甲基丙烯酰胺、丙烯腈	提高主链的刚性或提高大分子链间的范德华力或形成氢键
交联剂	**二甲基丙烯酸酯类：**二甲基丙烯酸乙二醇酯（G）、二甲基丙烯酸一缩乙二醇酯（DG）、二甲基丙烯酸新戊二醇酯（NPG） **取代三嗪类：**三烯丙基氰脲酸酯（TAC）、三烯丙基异氰脲酸酯（TAC） **甲基丙烯酰胺（MD）：**甲氧基甲基丙烯酰胺（MMD）、羟甲基甲基丙烯酰胺（HMD）	① 非极性，用量不超过 2%；②选择种类和用量时需考虑有机玻璃的综合性能；③纯度≥99%

丁酸甲酯、甲基丙烯酸乙酯等高沸点物存在会降低聚合物的力学性能和光学性能，还有可能使聚合物产生收缩痕等表面缺陷。因此，生产航空有机玻璃的单体还需精馏，使其纯度大于 99.9%。

■表 5-100　MMA 中的主要杂质

杂质名称	沸点/℃	含量/%	杂质名称	沸点/℃	含量/%
二甲醚	−23.65	不大于 0.02	甲基丙烯酸乙酯	117	不大于 0.1
甲酸甲酯	31.5	不大于 0.05	α-羟基异丁酸甲酯	137	不大于 1.0
甲醇	64.6	不大于 0.05	二丙酮醇	165	不大于 0.07
丙酮	56.5	不大于 0.01	甲基丙烯酸	161	不大于 0.05
丙烯酸甲酯	80.5	0.005 左右	水	100	不大于 0.07
异丁酸甲酯	92.6	0.008 左右			

　　增塑剂用量对有机玻璃性能影响较大。从图 5-31 可以看出，有机玻璃的拉伸强度、布氏硬度随增塑剂含量的增加而下降，冲击强度随增塑剂含量的增加略有上升，当增塑剂含量超过 12% 时，冲击强度基本无变化。同时增塑剂含量增加有机玻璃软化温度下降较明显，一般含 4%～6% 增塑剂，软化温度下降 5～10℃。因此，增塑剂加入量应不超过单体量的 6%，对于厚板加入 2% 的增塑剂即可。通常为提高未增塑有机玻璃韧性、改善成型加工性能，10mm 以下薄板也加入 1% 的增塑剂。

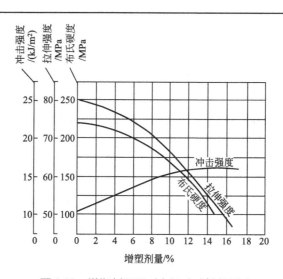

■图 5-31　增塑剂用量对有机玻璃性能影响

　　共聚有机玻璃由于加入具有强极性基团的第二单体，增加了分子链之间的作用力，使力学性能和热性能有显著提高，如共聚有机玻璃 YB-4 和 CO-140 的软化温度达到 140℃，但分子结构中亲水的极性基团极易吸水，水在玻璃中起增塑作用，渗入材料减弱了分子链间形成氢键的分子间力，导致性能下降速率快，使用寿命短，材料的耐久性差，现飞机上已基本不选用该种材料。

　　交联有机玻璃是具有网状或体型结构的高聚物，在 MIL-P-8184 中分为两种型号：Ⅰ型——作浇注板使用并可拉伸；Ⅱ型——仅作浇注板，不适合于拉伸；另外又分为两种类别：①类——标准吸水型（一般吸湿）；②类——改进吸水型（低吸湿）。如选择 N-取代（甲基）丙烯酰胺类的交联剂，由于在聚合物分子中引入极性侧基—$CONH_2$，在高分子链间形成氢键，使力学性能和热性能提高，但也面临与共聚有机玻璃同样的吸湿性大的问题。而低吸湿性的交联有机玻璃，虽然初始热性能稍低，最高使用温度不如交联共聚有机玻璃，但材料耐久性好、使用寿命长，特别适用于民用客机和一些军用战斗机。作为航空有机玻璃，为便于加工成型和定向拉伸，要求聚合物在高弹态有较好的链段运动，交联密度不能太高，从表 5-101 中可以看出，交联剂对断裂韧性和高温性能是相互制约的。交联剂含量越高，交联度越大，导致断裂韧度的下降，而 100℃拉伸强度和热变形温度在交联剂范围内也有一个性能最佳点，因此，一般交联剂用量最好不超过 2%。

■表 5-101　交联剂用量对有机玻璃性能的影响

序号	TAC 用量/%	热变形温度/℃	100℃拉伸强度/MPa	断裂韧度/(MN/m³ᐟ²)
1	1.0	110	23.0	1.18
2	1.5	112	26.7	1.16
3	2.0	113	27.0	1.16
4	3.0	111	25.7	1.16
5	4.0	109	24.8	1.09

（2）浇注有机玻璃生产过程　浇注有机玻璃有不同的种类，生产工艺基本相同，都是把浆液加入到由两块硅玻璃与垫条组成的模型中，但薄板一般采用风浴聚合，即烘房聚合，工艺流程见图 5-32，厚板一般采用水浴聚合。图 5-33、图 5-34 分别为浸入式水浴聚合和非浸入式水浴聚合的工艺流程图。其中方框中带点的内容为风溶、浸入式水溶、非浸入式水溶聚合的区别所在。

①原材料和其他组分的准备　所有原材料和其他组分按照表 5-99 的纯度和活性要求，经过复检，其中部分原料要进行精馏、重结晶等操作，经分析检验达到要求后方可投入使用。由于 MMA 活性较大，在运输和储存过程中一般都要加阻聚剂，在使用前需进行精馏，为保证 MMA 的活性在要求的范围之内，一般规定要用新精馏的单体。在国外也有用低温运输和低温储存的，虽然增加了冷冻费用，但省去了精馏操作。

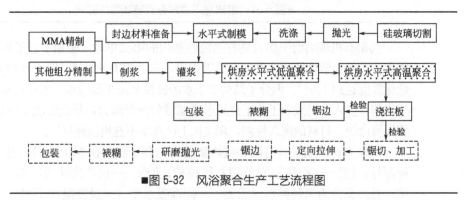

■图 5-32　风浴聚合生产工艺流程图

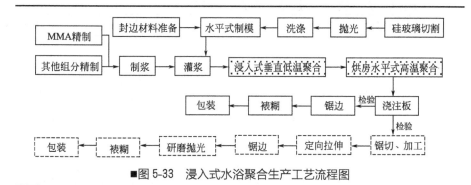

■图 5-33　浸入式水浴聚合生产工艺流程图

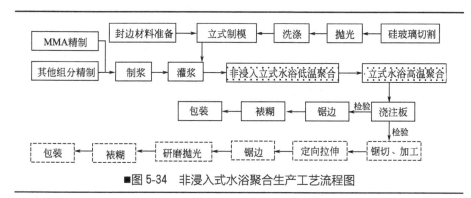

■图 5-34　非浸入式水浴聚合生产工艺流程图

② 制浆

a. 制浆方法　航空有机玻璃生产中有三种制浆方法：直接制浆、降解体制浆、预聚法制浆。三种方法各有优缺点，见表 5-102。

b. 预聚法制浆设备

ⅰ 制浆釜　预聚制浆的主要设备，材质为不锈钢。在预聚合反应过程中要进行加热，使引发剂分解成自由基。MMA 的聚合反应是放热反应，预聚结束后又必须迅速降温，因此，制浆釜必须有供加热冷却的夹套。为了能使器壁及时传热，制浆釜必须有搅拌装置，一般采用锚式搅拌，转速约为 $130\sim150\text{r/min}$。为了能提高传热效率，制浆釜的长径比应设计得稍大些。

ⅱ 原料计量槽　计量槽材质一般为不锈钢，液体原料经计量槽计量后，通过不锈钢管路进入预聚釜，用量很少的组分也可以溶入单体后或者直接从手孔加入。

ⅲ 真空处理槽　也称浆液储槽，因为空气中的氧对 MMA 的聚合起阻聚作用，同时在浆液中过多的空气也容易使板材出现气泡，所以要把预聚浆液抽入真空处理槽，进行真空处理。

ⅳ 浆液计量瓶（槽）　进行浆液计量，以保证有机玻璃的厚度公差，同时也起到进一步抽真空的作用。

ⅴ 过滤器　为保证浆液的纯度，一般经过四道过滤；单体进入制浆釜

■表5-102 航空有机玻璃生产中的三种制浆方法

制浆方法	制浆工艺	优缺点	聚合特点
直接制浆	把单体、引发剂以及其他组分放入釜内搅拌混合均匀，灌入模型后进行聚合	优点：设备、工艺简单 缺点：黏度小，灌模后易泄漏	聚合过程中发生体积收缩，释放热量，当聚合转化率达到20%以上时自动加速聚合，容易发生爆聚现象。该法很少应用
降解体制浆	先制成有机玻璃薄板，将其粉碎成2~3mm的粒子，过筛、洗涤，140℃热解4~5h，使相对分子质量降至10万~20万，加入单体中，升温热解后与其他物料混合均匀	优点：制浆温度低，操作安全，不易发生爆聚；靠降解体加入量和分子量控制黏度，批次间黏度均匀；制浆热解过程中不加入引发剂，浆液保存时间长 缺点：设备复杂，除制浆釜外还要粗碎机、细碎机、过筛、无离子水装置、电热降解箱等；降解体中易混进杂质，浆液纯度低；降解体制备操作繁琐	降解体溶于单体中使浆液黏度增加为物理过程，单体基本上没有被活化，聚合倾向小，聚合时先要在较高温度下诱导，然后降温，聚合周期较长。该法很少应用
预聚法制浆	把单体、引发剂等组分加入制浆釜内加热，通过自由基反应进行预聚合，得到具有一定黏度的浆液，冷却后灌模	优点：预聚中已放出部分聚合热并发生部分体积收缩，缩短了浆液在模型中的时间，减少了渗漏倾向和再聚合过程中爆聚的概率；单体和浆液经过严格过滤，浆液清洁度高 缺点：在80℃左右的温度段操作，最高温度可达90℃以上，控制不好易发生爆聚；靠预聚温度和保温时间来控制黏度，黏度控制困难	为有效控制预聚浆液的黏度，防止爆聚，制薄板先加入一部分引发剂，于聚合反应完成以后，把预聚浆液降至某一温度后，加入剩余引发剂。该法应用较多

前用绸布过滤，预聚浆液进入真空处理槽前用绸布进行第二道过滤，浆液进入浆液计量瓶前要经过过滤器第三道过滤。过滤器的滤层为两层帆布、两层绸布，若干层滤纸，根据滤纸的种类不同一般为5~11层。在从浆液计量瓶灌入模型时，有时还要加绸布过滤，以免计量瓶里的浆皮等杂质进入模型中。

　　c. 制浆工艺　按配料量将单体组分从计量槽加入预聚釜内；启动搅拌，将耐光剂经溶解过滤后加入釜内，加入经纯化处理过的部分引发剂，通过汽水混合器将釜温升至规定的温度，关闭水汽阀门，控制要求达到的黏度。期间需不断测量浆液黏度，当达到规定值时，迅速降温。对于薄板，当降至50℃以下后加入剩余的引发剂，当降至25℃左右时，把浆液抽入真空处理槽，在0.073~0.080MPa下真空处理30min。

　　因不同牌号有机玻璃所用引发剂不同，不同厚度板材引发剂用量也不同，对于预聚合温度以及黏度值的控制，随有机玻璃牌号、产品厚度、制浆量多少而不同。采用高温引发剂可以升温至90℃，而采用ABIN等中温引发剂可控制在较低的温度，一般升至75℃左右。制浆量多，黏度要控制得低一些，其目的是开始降温以后能迅速把浆液温度降下来，避免继续发生聚合反应。

③ 硅玻璃的准备　生产浇注航空有机玻璃的硅玻璃模板表面不应有疵点、气泡，不能有波筋、波纹等缺陷。目前，我国大都使用 8～10mm 厚的浮法硅玻璃板。玻璃进厂后进行切割、磨棱边。对于产量较小的厂家一般采用手工操作，用量大的可以用吸盘搬运，计算机控制自动切割，机械化或半机械化磨棱边。在硅玻璃切割后要进行表面检查，发现有霉斑、碱析、水道等缺陷时，轻度的可以加些抛光粉，用手工抛光或机械抛光，有重度缺陷的应报废。

国外一般采用 8～10mm 厚的钢化浮法玻璃作模板，钢化玻璃强度高，不易破碎、划伤，可循环使用次数多。随着我国钢化浮法玻璃质量的提高，在航空有机玻璃生产中也将被使用。

④ 硅玻璃洗涤　洗涤硅玻璃的目的是除去上次聚合时形成的"浆皮"、硅玻璃表面的油污、灰尘等杂质，硅玻璃的洗涤质量将影响模型质量。在洗涤前先用水进行喷淋，然后按照水-碱液-水的顺序进行洗涤，洗完后垂直置于车上；一车装满后立刻用带压蒸馏水冲非工作面，再冲洗工作面，然后反复逐块冲洗工作面，冲洗完毕立即推入清洁的烘干室烘干。

洗涤中，采用 1.5％碳酸钠的碱水溶液，2％的盐酸水溶液。冲洗用水为二次蒸馏水或无离子水，要求 pH＝7，电阻值≥10Ω，温度（40±5）℃。现在一般都采用机械化洗涤，洗涤设备见图 5-35。硅玻璃抬到洗涤机后，靠传送带前移，带毛刷及纤维布的转动轮洗涤玻璃表面，并冲洗干净，吹干后直接送到制模室。这种方式提高了玻璃洗涤质量，也提高了洗涤效率。

■图 5-35　硅玻璃洗涤设备

⑤ 制模　材料要求：硅玻璃工作面不允许有碱析、水道、霉斑、划伤等缺陷。制模用垫条薄板可用塑料管，厚板用橡胶管，尺寸见表 5-103。

制模室环境：温度（30±2）℃，相对湿度≤45％，空气含尘量≤35 个/L（0.5μm），室内保持正压 9.8Pa 以上。

操作工艺：由检验员用安全灯按规定检查硅玻璃工作面，检查合格后把包覆有涤纶薄膜的塑料管成胶管固定在硅玻璃边缘处。把检验合格的另一块硅玻璃工作面合在已围垫条的硅玻璃上。将上模板一边举起，用压缩空气吹

■表 5-103　胶管和塑料管外径尺寸　　　　　　　　　　　　　　　　单位：mm

玻璃厚度	外径及公差		玻璃厚度	外径及公差	
1.0	2.0	+0.4，−0.2	10.0	14.2	+1.2，−0.2
1.5	2.8	+0.4，−0.2	12.0	17.0	+1.2，−0.2
2.0	3.5	+0.6，−0.2	14.0	20.8	+1.2，−0.2
2.5	4.4	+0.6，−0.2	16.0	22.5	+1.2，−0.2
3.0	5.2	+0.6，−0.2	18.0	25.2	+1.2，−0.2
4.0	6.8	+0.6，−0.2	20.0	27.0	+1.4，−0.2
5.0	7.8	+0.8，−0.2	25.0	36.0	+1.4，−0.4
6.0	9.9	+0.8，−0.2	28.0	41.0	+1.4，−0.4
7.0	10.4	+0.8，−0.2	30.0	43.0	+1.4，−0.4
8.0	11.4	+0.8，−0.2	33.0	47.0	+1.4，−0.4
9.0	12.4	+0.8，−0.2	35.0	50.0	+1.4，−0.4

扫模型内部，吹扫后迅速合模。把垫条接口拉出少许，将安全灯在模型下移动，从垫条接口拉开处目视检查模型内部清洁度，如检查不合格须重新吹风。把模型抬到聚合车上，调整好垫管位置，上好弓形夹。

⑥ 灌浆　灌浆步骤如下。

a. 调整好垫条位置，拧紧安放在模型上的弓形夹，达到要求的模距值。

b. 将聚合车倾斜成与水平成 20°左右夹角。

c. 将真空处理槽中的浆液经浆液过滤器抽入浆液计量瓶中，进行真空处理后从垫条接头处灌入模型中。

d. 将模型封口，调整封口处的模距值，放净气泡，放平聚合车，复测模距值，推入烘房。灌入模型内的浆液量与产品的厚度公差有直接关系，灌少了往往是四周厚中间薄，灌多了中间厚四周薄。灌注浆液，一般以体积计量，用如下公式估算：

$$V=h(L-g)(B-g)D/d$$

式中　　V——灌浆量；

D——有机玻璃相对密度 1.19；

d——浆液相对密度 0.96～0.98（与浆液黏度大小有关）；

g——垫条宽度；

h——成品有机玻璃厚度；

L——模型长度；

B——模型宽度。

模型值与浆液在聚合中的体积收缩、垫条的压缩变形、浆液的黏度、测量习惯等有关。在风浴聚合中"模距值"一般是产品厚度的 1.2 倍左右，实践中，通过试验或统计，使模距值、灌浆量定得合理，以提高产品的厚度合格率。

⑦ 低温聚合与高温聚合　有机玻璃生产中分低温聚分和高温聚分两个

阶段。MMA 的聚合是放热反应，聚合热为 54.4kJ/mol，当转化率达到 20%以后体系黏度增大，链终止速率下降，出现自动加速效应，聚合速率迅速增加出现凝胶，直至转化率达到 85%左右。这期间如不及时移出聚合热，就有可能发生爆聚现象。因此，前期要在低温聚分。

为使反应进行完全就要提高反应温度，降低体系黏度，克服扩散阻力，以尽量减少剩余单体含量，提高有机玻璃的抗银纹性、耐加热性及其他力学性能。所以，有机玻璃生产后期采用高温聚合。

航空有机玻璃生产中常用的聚合方法有风浴聚合和水浴聚合两种。风浴聚合高温处理仍在烘房中进行，对于浸入式水浴聚合则在水浴中完成低温聚合，再把模型移至烘房中完成高温聚合。对于非浸入式水浴聚合装置，低温聚合和高温聚合在同一装置中进行，只是低温阶段温度控制槽中通冷水或热水，在高温阶段则通蒸汽。

a. 风浴聚合　风浴聚合亦称烘房聚合，是把灌有浆液的模型水平地放入闭合的循环风道中，借助离心式风机循环风把聚合热及时传出，实现低温聚合。借助蒸汽加热器或电加热器加热风道中的循环风以提高聚合温度完成高温聚合。由于空气的热导率小，模型硅玻璃及有机玻璃的热阻较大，要求烘房的风速较大且分布均匀。生产航空有机玻璃要求风速大于 7m/s。这种方法聚合反应在较低温度下进行，导致聚合时间长，电能消耗多，生产效率低，同时由于顶丝等因素的影响，光学性能较差，生产厚板时板材的翘曲比较明显。但这种方法对于垫条的要求较低，即使浆料稍有泄漏也不至于使板材报废。而且在高温聚合阶段，烘房聚合温度可以升到 105～150℃，能获得较高力学性能的板材。

工艺操作时注意几个要点：

将装有模型的聚合车推进烘房时要把车一角用薄板垫高，适当时间后撤去垫板，并检查和处理气泡、漏浆情况；

根据弓形夹松动情况、板温、板材边缘收缩情况适时拉去垫条及去边，去边时不要让阳光直接照射；

去边后要保持适当时间，刮边，复查合格后方可升温；

升降温速率不要太快，防止温差过大的循环风吹到模板上，引起模板硅玻璃炸裂；

聚合完毕后，将聚合车拉出烘房，放置一段时间后再脱模，以减少静电。

对于不同品种、不同厚度的玻璃、不同的设备条件，工艺技术参数也不同。一般可分为诱导、低温、升温、高温保温、降温阶段。以某牌号 10mm 厚航空有机玻璃板材制造工艺参数为例：

诱导：室温→32℃→32℃维持 40h→30℃；

低温：30℃维持至胶状，去边后维持 2h 复查；

升温：30℃→105℃（5℃/15min）；

高温保温：3h；

降温：105℃→35℃（5℃/min）。

风浴聚合的主要设备为烘房及聚合车。聚合车由角钢和钢管焊接而成，每层间至少保持150mm的距离，聚合车的顶丝要经常进行调平，以保证有机玻璃的光学性能。聚合车结构如图5-36。

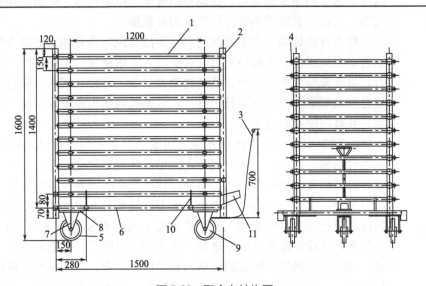

■图 5-36　聚合车结构图

1—模型架；2—车身；3—方向轮把手；4—顶丝；5—固定轮（后轮）；6—车底；

7—铰链板；8—固定轮底板；9—方向轮；10—导向板；11—顶座

聚合烘房如图5-37所示，由风机、加热器、风道、补充风板、调风板等组成，风机应使风道产生平均7m/s以上的风速，因此要求风机具有较大的风量和较大的风压，但对于专用于升高温的烘房，风速不要求很高。加热器可以用散热片，在低温聚合时通冷水进行冷却，高温聚合时通蒸汽。

b. 水浴聚合　水浴聚合是靠水传递热量，使料液实施聚合的一种方法。水浴聚合装置有三种形式：直立浸入式、水平浸入式、直立非浸入式。

ⅰ直立浸入式水浴聚合　将模型直立地吊入由混凝土或钢板建成的水槽中，用电加热器或蒸汽加热水，由水泵实现水的搅拌和循环。这种方法要用水压法灌浆，即在往模型中灌浆的同时，往水槽中加水，使浆液面始终高出水面100～150mm，直至模型灌满，排气泡封口后，再把水槽加满水。

ⅱ水平浸入式水浴聚合　将如风浴聚合中那样的模型水平地装在聚合车上后，用吊车吊入水箱。采用直立浸入式水浴聚合那样的方式实现水的加热和循环。上述两种方法的装置中只能进行低温聚合，高温聚合要换至风浴烘房中进行。

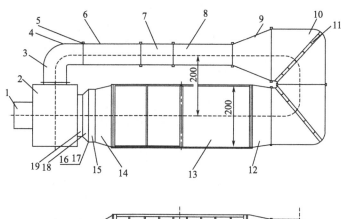

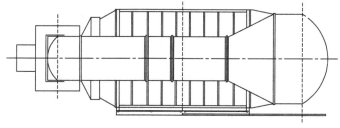

■图 5-37　聚合烘房结构图

1—电机；2—离心风机；3,6,8,9,10,12,14,18,19—风管；4,16—螺栓；
5,17—螺母；7—电加热装置；11—导流板；13—烘房门；15—散热器

ⅲ直立非浸入式水浴聚合　这种装置的温度控制槽由两块钢化浮法模板硅玻璃用聚硅氧烷胶密封到空腹铝合金框上组成，两组温度控制槽中间夹持一副垫条组成一个模型，温度控制槽经滚轮悬挂在框架的槽钢上，可以沿槽钢运动，温度控制槽沿上下分布着的孔可进出流体，实现模型的加热和冷却。模型可以像板框压滤机一样组合，靠螺旋或压缩空气压紧模型。装置结构如图 5-38 所示。对于厚度 12mm 以上的有机玻璃，n 个温度控制模可同时生产 $n-1$ 块有机玻璃，而对于 12mm 以下的薄板在两个温度控制槽之间吊挂一块模板硅玻璃，这样 n 个温度控制槽可生产 $2n-1$ 块有机玻璃。采用这种方法有许多优点：ⓐ模板吊挂在横梁上靠滑轮移动，节省人力；ⓑ水流在两个模型间流动，容积小、流速大、能及时散出热量，聚合温度容易控制，聚合周期短；ⓒ模型随聚合收缩自动夹紧；ⓓ在同一装置中实现低温聚合和高温聚合两个阶段。

浸入式水浴聚合和非浸入式水浴聚合各有优缺点，两者之间的比较见表 5-104。

风浴聚合和水浴聚合比较有各自的优势。由于水具有较高的比热容，可保证水温恒定，既可以加热使单体聚合，又可以在聚合反应激烈时，及时吸收聚合热，反应容易控制，从而使聚合体的分子量不会发生很大的差异，

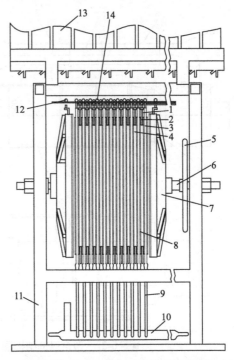

■图 5-38 垂直非浸入式水浴聚合设备

1—铝框；2—密封垫条；3—模板硅玻璃；4—模型；5—手轮；6—螺旋；7—压紧框；8—温度控制槽；
9—水、汽进出软管；10—水、汽进出总管；11—浇注台；12—槽钢；13—加料斗；14—滚轮

■表 5-104　浸入式水浴聚合和非浸入式水浴聚合的比较

比较内容	浸入式水浴聚合装置	非浸入式水浴聚合装置
模型清洁度	水平式制模，模板上易掉落灰尘，模型洁度差，要有高清洁度的制模室	立式制模，模型清洁度高，不需要专用的制模室
聚合温度控制	靠水泵在整个水槽中循环，流速低，不易传出热量，模型各处内外温差较大	水流在温度控制槽中流动，空间小，流速大，而且均匀，容易传出热量，聚合温度容易控制
材料性能	模型不能随聚合收缩而压紧，易使垫条倒塌并向模型内漏水，模型各处温差较大，板材性能分散性较大	随聚合收缩自动夹紧，模腔不与水接触，不会发生向模型内漏水问题，聚合均匀，板材性能分散性小
热处理	移至烘房中进行	在同一装置中进行
生产效率	厚板每次生产 4～6 块板，由于聚合温度不均匀，模型内外温差大，容易发生爆聚引起硅玻璃炸裂，所以聚合温度控制得较低，聚合周期长，76mm 厚板需一个月左右	厚板每台可一次生产 10～20 块，薄板最大设备可一次生产 90 块，由于能准确地控制聚合温度，聚合时温度较高，有效地缩短了聚合周期，如 76mm 厚板只需 84h
操作强度	均为手工操作，劳动强度大	半机械化操作，劳动强度小，效率高

降低了力学性能的分散性；同时水浴聚合不用大风机进行空气循环，不用大量冷水通过散热器冷却空气，因而可节约大量能源。因散热问题，风浴聚合方法一般只能生产 40mm 以下的板材，而水浴聚合可以生产用风浴法无法生产的厚度，由于聚合温度均匀可以使聚合反应在较高的温度下进行，从而大大缩短了聚合周期，提高了生产效率。西方国家在航空有机玻璃生产中纷纷淘汰了风浴聚合方式，改用水浴聚合，特别是非浸入式水浴聚合，具有突出的优点而更受青睐。

(3) 典型性能　表 5-105 是我国浇注有机玻璃实测的典型性能数据。

■表 5-105　我国浇注有机玻璃主要性能典型性能数据

性　　能	YB-2	YB-3（YB-M-3）
拉伸强度/MPa	84.0	86.5
拉伸弹性模量/GPa	3.00	3.23
断裂伸长率/%	4.9	5.9
冲击强度（跨距 70mm）/（kJ/m²）		
厚度 3～6mm	17.7	—
厚度 8～18mm	20.8	—
冲击强度（跨距 40mm）/（kJ/m²）	13.8	14.8
布氏硬度/MPa	232	232
断裂韧度/（MN/m³ᐟ²）	0.91	1.12
应力溶剂银纹/MPa		
40%乙醇	25.6	29.0
95%乙醇	12.8	16.9
透光率/%	92	92
雾度/%	1.3	0.2
热变形温度/℃	88	102
软化温度/℃	106	118
线膨胀系数/10⁻⁵℃⁻¹	8.86	8.08
长期吸水率/%	1.78	2.12

注：除特别注明外，典型值均为厚度 10mm 板材的测试数据。

5.3.2.4 定向有机玻璃

(1) 有机玻璃定向的概念与意义　前面已提到，浇注有机玻璃光学性能好、质量轻、容易成型，被广泛用作飞机透明件，但易出现银纹，抗裂纹扩展性差是其致命的弱点。随着飞机增压座舱压力的增加，采用浇注有机玻璃成型的座舱盖对缺口和应力集中以及溶剂的敏感性暴露无遗，破坏更加频繁。为了解决这个问题，曾采用具有中间夹层的复合丙烯酸板，但这种复合形式不仅重量增加，而且仍易产生银纹。受自由吹塑的 PMMA 座舱盖顶部变薄但具有优越的抗裂性、韧性，不易出现银纹、裂纹现象的启发，由美国人率先开始了对有机玻璃进行定向的研发工作。试验结果表明，拉伸有机玻璃老化前后抗银纹性、冲击、缺口敏感性的都比浇注有机玻璃要好，从而证明了定向有机玻璃是一种有前途的新型结构材料，对有机玻璃进行定向意义重大。

定向有机玻璃是把有机玻璃加热到玻璃化温度以上，通过拉伸或压缩，使大分子沿着拉伸方向或压缩力垂直方向规整有序排列，然后冷却至室温，以保持这种排列状态而形成的板材。对于线型及轻度交联的有机玻璃都可以进行定向拉伸。定向过程是分子重排过程。长链高聚物被认为是无规线团结构，对未定向材料，同一分子的链段在任何方向上排列的概率是一样的。在定向材料中，沿定向方向排列的链段数比沿其他方向要多得多，这种分子排列的方向性使材料力学性能呈现各向异性。

有机玻璃的定向可通过拉伸、压缩两种工艺实现。在相同定向度下用这两种方法得到的板材性能基本相同。由于压缩定向方法使材料表面质量变差，透光率降低，压缩过程所需压力大，难以制造大尺寸定向板材，因此除非特厚的板材，一般都用拉伸定向方法。为保证材料的各相同性，采用多轴或双轴定向拉伸的工艺方法。

(2) 有机玻璃定向拉伸原理 有机玻璃是一种典型的无定形聚合物，随着温度的变化呈现三种不同的状态，即玻璃态、高弹态、黏流态。板材的定向拉伸操作在高弹态区域进行。在这个温度范围操作，只要加较小的外力即可产生较大的变形，使聚合物大分子及链段朝外力作用方向有序排列。

有机玻璃的定向拉伸程度用拉伸百分数或拉伸度表示。对于双轴拉伸，拉伸度 $\varepsilon=(L_1/L_0-1)\times100\%$。式中 L_0、L_1 分别为板材的初始长度和拉伸后的长度。按照拉伸时体积不变原理推导得出拉伸度用下式表示：

$$\varepsilon=[(T_0/T_1)^{1/2}-1]\times100\%$$

式中，T_0、T_1 分别为板材的初始厚度和拉伸后的最终厚度。

在实际生产中都用拉伸度来表示材料的定向程度，但研究表明，分子的定向程度还与拉伸温度、拉伸速率、冷却方式等因素有关，尤其在定向温度较高的情况下，由拉伸前后板材厚度变化测定所得的拉伸百分数，往往大于由定向板材加热回弹后所测得的拉伸度。因此还可以利用有机玻璃双光轴材料的特征，采用双折射、定向应力、X 射线衍射图、红外二色性等表征方法表示有机玻璃的定向程度。

(3) 定向拉伸设备

① 国内外定向拉伸设备情况 工业上实用的定向拉伸工艺有多轴拉伸和双轴拉伸两种。美国 Rohm&Haas 公司的多轴拉伸机由热风加热系统、动力传动系统、夹具等部分组成，有 8 个或 16 个夹具。俄罗斯的多轴拉伸设备如图 5-39 所示，由加速器、传动链、拉伸构件、夹具等构成，板材用循环热空气或红外加热屏进行加热，拉伸速率为 $10\sim12mm/min$，在这样的拉伸机上可以制造直径 2m、拉伸度可达 100% 的定向有机玻璃。

自出现双轴拉伸机后，由于双轴拉伸操作工艺简单，易于精确控制，板材利用率高，而双轴拉伸板材的性能等于甚至优于多轴拉伸板材的性能，因此，许多国家都发展双轴拉伸设备。俄罗斯的矩形拉伸机结构如图 5-40 所示。德国制造了工业上用的大型立式双轴拉伸机，可拉伸最大尺寸为 1600mm×

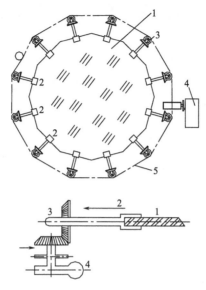

■图 5-39 多轴拉伸有机玻璃板的结构示意图
1—有机玻璃；2—拉伸夹具；3—拉伸构件；4—减速器；5—链条

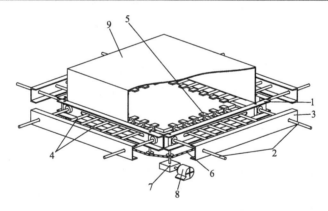

■图 5-40 双轴拉伸矩形定向有机玻璃的设备结构示意图
1—刚性框；2—螺杆；3—横梁；4—拉伸杆；5—夹子；
6—传动链；7—减速器；8—电动机；9—绝热罩

1200mm 的板材，拉伸后尺寸为 2950mm×2150mm，厚度范围 7～60mm，拉伸速率 0.08～0.4m/min，能调节两个方向等比和不等比拉伸，变化范围 2∶1，拉伸框架装有自动移动夹具的折叠机构并且框架可以在轨道上移动，有利于减小拉伸机的体积。美国各大公司的拉伸设备见表 5-106。

我国的拉伸机是以电动机为力源，通过减速机、链轮、链条、丝杠、拉板、拉杆、夹具把力传递到有机玻璃上的双轴拉伸机，每边都有一个力源；用钢

■表5-106 美国各大公司的拉伸设备

公司名称	Sierracin	Goodyear	Swedlow	Douglas	Nordam
拉伸机类型	两边固定两边移动的双轴拉伸机	四边移动的双轴拉伸机	四边移动的双轴拉伸机	24边移动的多轴拉伸机	两边固定两边移动的双轴拉伸机
原板尺寸/mm	1830×1830	1830×1830	1830×1830	Φ1222	1830×1830
拉伸板尺寸/mm	2800×2800	2540×2540	2540×2540	Φ1883	2800×2800
拉伸板厚度/mm	1.27~25.4	2.0~19.05	16.51~25.4	5.08~14.22	1.52~25.4
板加热方式	专用烘箱中水平夹持回转加热,拉伸机中无加热装置	拉伸机中用热空气循环加热	预热箱中加热后移入拉伸机中保温	专用烘箱中加热,拉伸机中无加热装置	专用烘箱中水平夹持回转加热,拉伸机中无加热装置
夹具	液压式夹具不通冷却水	通冷却水	通冷却水	液压式夹具不通冷却水	液压式夹具不通冷却水
动力系统	液压活塞,折叠机构及链条牵引实现拉杆的平行移动,拉伸速率508mm/min	电动机减速机链条齿轮传动	液压活塞	液压活塞	液压活塞,折叠机构及链条牵引实现拉杆的平行移动,拉伸速率508mm/min

丝绳牵引方式,使拉杆顶端通过滑轮沿拉杆滑动,实现拉杆平行移动。拉杆为可调节式,采用自动夹紧夹具,靠冷却水冷却,板材在拉伸机中用电加热的循环热空气进行加热,目前可拉伸的原板尺寸1800mm×1800mm,厚度75mm,最大定向板尺寸2700mm×2700mm。

② 对拉伸设备的要求

a. 加热系统 拉伸设备的加热系统必须有足够大的功率,以保证各种牌号有机玻璃在预定时间内达到所需要的温度。加热温度均匀性是保证定向板材厚度均匀的重要条件之一,一般要求板材各点的温差≤3℃。拉伸过程中有机玻璃的加热方法大致可分为两类:一类为拉伸机不加热,有机玻璃在预热炉中加热后快速运至拉伸机中进行拉伸。这种设备夹具为液压或气压传动,能迅速把有机玻璃夹紧,在2~3min中内完成拉伸操作。另一类为在拉伸机中加热,加热方式一般用热空气循环加热。我国自行研制的拉伸机就是这种加热方式。

b. 拉伸夹具 拉伸设备的拉伸夹具把由动力系统产生的力传递到有机玻璃上实现拉伸,拉伸夹具对有机玻璃拉伸的成败起着关键性的作用。夹具的作用是在拉伸过程中以及在拉伸完毕后的冷却过程中,始终夹住有机玻璃的边缘,这就要求夹具有较大的强度,对有机玻璃具有足够的夹紧力,同时夹具要有冷却所夹持部分有机玻璃的能力。夹具有柱式夹具、自紧式夹具和液压式夹具。其中液压式夹具克服了柱式夹具操作不便,自紧式夹具体积过大规格过多的缺点,可用按钮控制,同时夹紧玻璃,是比较先进的夹具。

有机玻璃的拉伸在高弹态的温度范围内进行,但是在这个温度下拉伸时,夹具对有机玻璃的压紧力足以使夹紧处的有机玻璃变薄,导致夹具脱落，因此，必须对夹具进行冷却，使夹紧处的有机玻璃温度控制在玻璃化温度以下，这样既提高了该处玻璃的强度，又减小了玻璃的变形。但由于夹具的冷却面在向厚度方向冷却的同时，也向平面方向冷却，过分的冷却会使玻璃的冷却环（由于冷却未被拉伸的部分）增大，拉伸不均匀，影响定向板材的利用率，甚至使边缘拉不开，引起玻璃破裂。因此，夹具处玻璃的温度也不能太低，要根据夹具冷却块的面积、冷却水的温度来确定通冷却水的时间。

夹具上的力是通过拉杆传递的，见图 5-40，有机玻璃拉伸中每根拉杆所受的力和拉伸温度、拉伸度、板材尺寸、拉杆数量等诸多因素有关。单位边长中的拉杆数越少，每根拉杆上承受的力越大；拉伸温度低，拉伸度大则拉伸力增大。

(4) 定向拉伸工艺　定向拉伸工艺流程和步骤见表 5-107。

■表 5-107　定向拉伸工艺流程和步骤

拉伸流程序号	拉伸流程名称	工 艺 步 骤
1	拉伸板材的准备	① 仔细检查板材表面，应没有裂口、气泡、杂质、风纹等缺陷，如有小缺陷应加工除去，测量板材厚度 ② 根据要求的板材尺寸划线，由双轴拉伸按线锯切成正方形 ③ 加工锯切边缘，应光滑、平整，无裂纹、麻点等缺陷 ④ 洗净玻璃表面并擦干，在板边缘划出夹头位置标记
2	板材拉伸	① 将板材夹持在拉伸机内 ② 加热板材到要求的拉伸温度并保温 ③ 夹具通水冷却，使夹具处玻璃降至适当温度 ④ 启动动力系统，对玻璃进行拉伸
3	板材冷却	① 拉伸完毕后，停止加热 ② 打开补充风口，待玻璃温度降至玻璃化温度以下，打开保温箱盖 ③ 夹具停止通水，冷却至50℃以下后卸板

定向拉伸工艺参数主要包括拉伸温度、拉伸度、拉伸速率、恒温时间、提前通水时间。

① 拉伸温度　曾对 YB-2、YB-3、YB-4 等有机玻璃进行了不同拉伸温度的性能试验，结果表明，随着拉伸温度升高，伸长率、弹性模量、冲击强度等性能都稍有下降，但温度对这些性能的影响不十分明显，见表 5-108。但拉伸温度过高，分子热运动剧烈，分子链段发生滑移，在外力作用下除产生高弹变形外，还产生不可逆的塑性变形，降低了定向效应，与定向度有关的一些性能将会明显的降低。相反，在接近玻璃化温度进行拉伸时，分子间力较大，所需拉伸力也大，容易使玻璃拉裂，而且会降低板材的光学性能，因此，从定向板材的力学性能、光学性能和拉伸力等综合因素考虑，拉伸温度应高于材料玻璃化温度 15～20℃较为合适。

■表 5-108 拉伸温度对 YB-D-3 有机玻璃性能的影响

力学性能	拉伸温度/℃			
	125	130	140	150
拉伸强度/MPa	90.2	88.8	87.2	84.2
冲击强度/（kJ/m²）	24.9	24.0	23.3	22.5
断裂伸长率/%	27.3	24.8	20.4	21.0
拉伸弹性模量/GPa	3.08	3.05	3.03	3.00
弯曲强度/MPa	164.1	164	160.1	158.6

注：原板厚度 24mm，拉伸度 41%。

②拉伸速率 拉伸速率受两个方面的制约，一方面随外力作用，链段沿拉伸方向进行有序排列，要求拉伸速率不能太快，另一方面在高弹态下分子的热运动会降低定向效应，希望有较高的拉伸速率。研究表明拉伸速率对定向板材性能的影响较小。

由于材料组成以及拉伸机加热方式不同，拉伸速率也会不同。如果拉伸设备是在预热烘箱中加热后移至拉伸机中进行拉伸的，在运输过程中温度会降低，而拉伸机中无加热装置，为了保证在拉伸过程中温度均在玻璃化温度以上，需要较高的预热温度，较快的拉伸速率。俄罗斯采用较低的拉伸温度和较慢的拉伸速率，一般为 10～12mm/min。我国进行过 30mm/min、40mm/min、60mm/min 的拉伸速率试验，表明在这一速率范围内对性能没有影响，因拉伸速率小时，所需的拉伸功率小，电机噪声小，也便于观察拉伸情况，所以一般选用 30mm/min 速率拉伸。

③恒温时间 加热箱中的有机玻璃表面温度达到拉伸温度后要保温一段时间，其目的是使玻璃内部达到与表面相同的温度。恒温时间与玻璃品种无关，而与其厚度有关。拉伸机中玻璃上下两面均被加热，根据有机玻璃的热导率，热透的时间按 3min/mm 计算，10mm 厚的有机玻璃需在拉伸温度下恒温约 30min，25～28mm 厚约 70min，33～36mm 厚约 90min。

④夹具提前通水时间 前面已经提到夹具提前通水的目的是降低夹具处玻璃的温度，增加强度，防止其变薄。夹紧区玻璃的冷却速率与玻璃厚度、冷却块面积、拉伸温度、冷却水温度等有关。虽然冷却速率与玻璃品种关系不大，但是由于玻璃品种的不同，玻璃化温度值也不同，因此提前通水时间也不同。考虑到随着拉伸的进行，冷却块和玻璃的接触更为紧密，冷却效率得到提高，而且在夹紧区玻璃中心温度降至 T_g 以下才开始拉伸。一般对于 40mm×50mm 的冷却块，25mm 厚 YB-3 有机玻璃的提前通水时间为 6～8min，33～36mm 厚的 YB-3 有机玻璃的提前通水时间为 10～12min。

⑤拉伸度 一般所讲的拉伸度是指定向板材的平均拉伸度或者是预期的拉伸度，实际上同一块定向有机玻璃，各处的厚度和拉伸度并不是十分一致的，例如，10mm 厚度的板材允许公差为 +1.0mm，-0.65mm，如果原板厚度为 25mm，则拉伸度可为 50%～63.5%，差 12.7%。试验表明，影响定向板材厚度公差的主要因素是原板厚度公差。此外，拉伸机中的温度分

布均匀性、拉杆松紧程度、夹具冷却的均匀性等对拉伸的均匀性也有一定的影响。

有机玻璃定向后性能的变化，主要取决于定向度。关于最佳拉伸度，除与玻璃组成、拉伸工艺等有关外，与所要评价的项目有很大关系。如俄罗斯的 2-55 玻璃，考核指标为拉伸强度、冲击强度、弯曲强度、伸长率、拉伸弹性模量等常规性能，得出最佳拉伸度为 40%～50%，认为进一步拉伸，性能无显著提高。俄罗斯古吉莫夫认为 сол 玻璃的最佳拉伸度为 50%～70%，见图 5-41。美国则注重材料的韧性，从断裂韧度这个性能出发 Gouza 和 Shaffer 认为 Plexiglas55 的最佳拉伸度为 75%～100%。美国军用标准 MIL-P-25690 中规定，在 145℃加热 24h 后的收缩率大于 37.5%，即拉伸度大于 60%，因此，美国定向有机玻璃的拉伸度一般控制在 66%～70%。

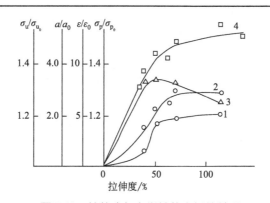

■图 5-41　拉伸度与力学性能之间的关系

1—拉伸强度 σ_p/σ_{p0}；2—弯曲强度 σ_u/σ_{u0}；3—断裂伸长率 $\varepsilon/\varepsilon_0$；4—冲击强度 a/a_0

目前我国生产的定向有机玻璃板材的拉伸度一般在 60%～70%，就性能而言，似乎并未达到最佳值，但已达到技术指标要求。因为在加工和使用中发现，拉伸度越大，因为板材边缘分层现象越严重。在宏观上表现出云母片状或分层现象，而拉伸度 60%～70%，既满足了技术指标要求，分层现象也不明显。

（5）**典型性能**　表 5-109 是我国定向有机玻璃实测的典型性能数据。

5.3.2.5 研磨抛光有机玻璃

（1）**航空有机玻璃研磨抛光的目的**　对于航空有机玻璃要求有很高的表面质量，在航空有机玻璃质量规范中都有关于厚度公差、光学畸变、点状缺陷的质量要求，特别是定向有机玻璃由于原板的缺陷经定向拉伸后放大，致使定向板材表面点状缺陷多、折光波纹重、厚度公差大，不符合制造飞机风挡、座舱盖、舷窗等透明件的要求。我国在没有采用研磨抛光工艺时，尽管在原板生产工艺、定向拉伸工艺等方面进行了大量的试验和改进，但定向有机玻璃合格率仍极低，只好采用挑选使用的办法，即使被挑中的认为较好的板材，在成型后还要进行大量的手工研磨抛光，而且经常让步使用。

■表 5-109　我国定向有机玻璃典型性能数据

性　能	YB-DM-3 (定向度 60%)	YB-DM-4 (定向度 60%)	YB-DM-10 (定向度 70%)	YB-DM-11 (定向度 50%)
拉伸强度/MPa	83~84	89.9~107.5	92.2~96.1	85.3~90.8
100℃拉伸强度/MPa	24.2	29.4~42.5	27.2~30.4	24.8~26.2
拉伸弹性模量/GPa	3.2~3.4	3.6~4.0	3.2~3.5	3.3~3.5
屈服伸长率/%	7.8	6.3	6.7~7.2	6.8~8.9
冲击强度/(kJ/m²)	47.0 (跨距 70mm)	23.5~36.8 (跨距 40mm)	47.0~54.4 (跨距 70mm)	37.7~42.7 (跨距 70mm)
弯曲强度/MPa	140	>160	161~175	148~160
断裂韧度/(MN/m³ᐟ²)	3.0~3.33	2.16	3.48~3.53	2.22~2.42
应力-溶剂银纹/MPa	20.0	21.7	24.9~26.5	19.6~23.9
透光率/%	93	91~92	92~93	92~93
雾度/%	0.9~1.9	1.3~2.4	0.5~0.8	0.9~1.8
一级热松弛/%	0.9~1.3 (100℃, 6h)	1.33 (110℃, 6h)	1.9~2.0 (110℃, 24h)	0.5~1.0 (105℃, 6h)
长期吸水率/%	2.12	4.19	2.19~2.20	2.15~2.21

注：除 YB-DM-10 厚度为 7mm，YB-DM-11 厚度为 9mm 外，其余均为厚度为 10mm 板材的测试数据。表中注明的定向度均为名义定向度。

　　据报道，美国在定向有机玻璃商业性生产初期也存在此情况。为了解决定向有机玻璃的表面质量问题，研究成功了机械研磨抛光工艺。实践证明，研磨抛光是改进定向有机玻璃表面点状缺陷、光学畸变、厚度公差、提高产品合格率最简便有效的措施。目前，该工艺已被普遍采用，美国的 Pilkington Aerospace、Sierracin、Goodyear Aerospace、Nordam 等公司，德国的 Röhm 公司，英国的 Lucas 公司，日本的三菱人造丝公司，法国的 Sully 公司等生产的如 Acrivue350s、Acrivus352s、S-1000、Nordex188、Stretched Plexiglas GS249 等定向有机玻璃，都进行了研磨抛光。

　　此外，对于表面质量要求较高的非定向板材，特别是大尺寸板材，为了达到制造高质量航空透明件的要求，也须进行研磨抛光。目前，我国生产的研磨抛光有机玻璃牌号有 YB-DM-3、YB-M-3、YB-DM-10、YB-DM-11 等。

　　(2) 研磨抛光机理　对于材质较硬的硅玻璃的研磨抛光机理，不少学者进行了研究，形成了三种假设，从表 5-110 可以看出这三种假设的论点。

■表 5-110　硅玻璃研磨抛光机理的三种假设

假设名称	论　点
机械磨削假设	研磨是由于硬度比它高的磨料在一定压力下不断运动而对玻璃表面进行磨削的结果，抛光是研磨的延续
分子层流动假设	玻璃的研磨始于机械磨削，由于玻璃表面具有塑性，抛光开始后把凸出部分挤向凹陷部分，再由于表面张力的作用把玻璃表面拉平，在高温高压时尤为显著
水解假设	研磨、抛光为机械、化学、物理化学变化的综合结果，在研磨过程中，磨料把磨盘的压力传给了玻璃，从而产生了裂纹，由于裂纹毛细管作用向裂纹中渗透了水分，引起玻璃水解，表面形成硅酸盐薄膜，由于硅酸盐薄膜的膨胀和随后磨料的机械作用，裂纹随之扩展而使玻璃剥落，抛光中，由于硅酸盐薄膜和磨盘对红粉具有较大的吸附力，使红粉黏于两者表面，随磨盘的移动，玻璃表面突出部分的硅酸盐薄膜被抛光盘所剥离

塑料的研磨是材料从表面除去的加工过程，材料以颗粒形式脱落下来。塑料的抛光除了发生塑性变形外，还存在着塑料表面的熔融，在适度的抛光条件下（负荷 2kg，速率 1～2m/s），虽然主体保持冷却，但局部地方却达到 100～150℃甚至更高的温度。对于有机玻璃的研磨抛光机理还未见到详细的报道，但从有机玻璃的"磨屑"看，可以认为研磨为磨削的结果，以机械磨削的物理过程为主。在抛光浆中有有机玻璃细末，表明抛光过程中也存在"切削"作用，从研磨表面向抛光表面的转变是由非常微小的机械切削达到的。由于抛光介质的颗粒非常小以至于使表面完全平滑和透明。同时也观察到研磨抛光的线型定向有机玻璃制成的零件存放一段时间后出现"掉屑"（或称破点）的现象，这可理解为有机玻璃为一种塑性材料，抛光时在磨盘压力及磨盘转动下使玻璃表面产生局部的高温，使凸出的表面产生可塑性流动，而流向凹陷部分，在表面张力作用下成为抛光平面，存在着连续熔融和冷凝的过程，所以抛光阶段为物理化学过程。

在有机玻璃加工中，研磨的目的在于得到准确的尺寸以及使研磨后的表面形态达到最有利于后续的抛光，抛光的目的在于使研磨后的毛面玻璃重新具有透明、光泽的表面。研磨和抛光两个工序的区别在于所用的磨光工具、磨料种类和粒度不同。有机玻璃平板的研磨用平而硬的研磨头，较粗粒度的磨料，一般为石英砂、刚玉树脂等粘在基材上的固定磨料（砂布）。抛光用柔软的浮动头，微细的磨料，如红粉、氧化铈、硅藻土等。

(3) 研磨抛光设备

① 研磨机　有机玻璃板材的研磨普遍采用美国 Strasbaugh 公司生产的 6CF 型平板研磨机。坚硬平整的磨头和牢固的底座能使有机玻璃快速地加工至要求的厚度和严格的厚度公差。6CF 研磨机有三种运动，即工作台顺时针旋转，磨头作逆时针旋转同时进行摆动。磨头、工作台用可控硅或变速皮带轮进行无级变速调节，摆动机构为偏心装置，把圆周运动变成往复圆弧运动，采用可控硅调速。通过速率调节，使有机玻璃各处的研磨概率相同。6CF 研磨机有 100 型、110 型、114 型等规格，其性能见表 5-109。为了保证研磨机的精度，工作台面采用钢板焊接件，表面覆盖环氧浇注层，整机装配后，用本机自磨的办法使台面的平整度和主轴的垂直度达到要求。工作台置于径向推力轴承上，预加负荷以提高工作台的精度，安装大尺寸内齿圈，使运转平稳。

② 抛光机　抛光机的运动方式与研磨机相似，但精度要求没有研磨机那么高。工作台、抛光盘的转动以及抛光盘的摆动速率也分别调节，但结构要比研磨机简单，抛光盘的抬起和下降由摆臂尾部的作动筒控制。

Strasbaugh 公司生产适用于大平面有机玻璃抛光的抛光机有 6AW、6BW、6N、6CJ 等型号，新生产的 6CJ 型采用液压装置，其他形式均采用机械传动。6N、6CJ 的性能见表 5-111。

■表 5-111 研磨、抛光机的性能

设备性能	6CF 研磨机	抛光机	
		6N	6CJ
板材最大尺寸/mm	2540×2540；2800×2800；2900×2900	2642×2642	2642×2642
工作台尺寸/mm	Φ3581；Φ3962；Φ4089	Φ3759	2642×2642
偏心移动/mm	0~2286	0~1524	2540
摆动偏离装置/mm	中心每边 0~762	0~610	中心每边 0~762
摆动速率/（c/min）	5~8	3~8	4~8
主轴转速/（r/min）	25~60	20~60	40~120
工作台转速/（r/min）	10~25	6~40	8~24
主轴行程/mm	203（刻度 0.025）	—	—
向下压力/kg	—	—	0~227
电机功率/kW	31	7	24

　　6CF 型研磨机稍加改进，在研磨盘底下悬挂抛光盘，即可兼作抛光机使用。这种研磨、抛光合用的方式有利于提高所加工板材的质量，简化了操作工序，但因为研磨机的价格要比抛光机贵得多，因此，这种方式降低了研磨机的使用效率，只适合于加工量较小的企业。为了有效发挥设备潜力，一般使用专用的抛光机进行抛光，一台研磨机可配数台（一般 3~4 台）抛光机。

　　(4) 影响研磨抛光的因素

　　① 研磨　研磨能力以在给定条件下单位时间内磨去的有机玻璃的量来表示。研磨分粗磨、细磨两个过程。粗磨是使玻璃达到规定的尺寸，磨去量是主要的工艺参数。细磨的目的是减少粗糙、不平度，即降低表面粗糙度，使研磨表面适合于下一步抛光的要求。

　　影响研磨的因素主要有：磨料的性质和粒度、研磨盘的压力和转速、液体介质的性质等，研磨效率也与工件的表面状态有关。

　　有机玻璃的研磨使用固定的磨料，磨料的硬度大、粒度大则磨去量大，粗磨使用 50# 粒度的研磨盘，细磨时使用 120# 粒度的研磨盘。随着使用时间的增加，磨粒数减少，磨粒的锋利性变差，导致研磨效率降低。

　　研磨压力增大，研磨盘转速增加，磨削效率提高，但同时磨料自身的粉碎程度也大大加快。

　　有机玻璃研磨中使用水为介质，这不但是因为经济、方便，而且由于水的黏度低，有利于提高研磨质量和研磨能力。水排走研磨下来的碎屑，降低研磨所产生的热量，阻止磨屑结块，因此，研磨时需要较大的水量。

　　② 抛光　抛光效率以单位时间内的抛光量来表示，它与研磨玻璃的表面质量、抛光盘的压力和转速、抛光粉种类、粒度、工件的表面温度和周围环境的温度、工件种类、抛光盘材质等有关。

　　有机玻璃表面要求光洁透明，一般要求透光率≥90%，雾度≤3%，高质量的要求透光率≥92%，雾度≤1%，不允许有明显划伤。由于抛光效率远低于研磨效率，所以研磨后的玻璃表面质量状况对抛光所需时间有很大的影响。为了提高抛光效率，抛光也分为粗抛、细抛两道工序，粗抛主要是去掉研磨痕，细抛用于提高透光率。

根据有机玻璃原始状态的好坏，研磨量一般要有几毫米甚至十几毫米，而抛光量一般只有 0.2～0.3mm。抛光盘压力、转速增大，使抛光粉对玻璃表面的抛光作用增大。加压使玻璃表面的温度升高，都有利于提高抛光效率，但是压力、转速的增大要考虑到设备的能力，同时，玻璃温度太高不利于板材光学性能的提高，也加大了抛光介质水的挥发及抛光粉的损耗。

有机玻璃的种类对抛光效率有一定的影响，轻度交联有机玻璃的抛光质量及抛光效率高于线型结构的有机玻璃。

抛光毡是使用不同规格的羊毛毡，其质量对抛光效率也有一定的影响。粗毛毡比细毛毡的抛光效率高，但是有机玻璃硬度较小，透光率、雾度等要求又很高，因此应使用较细的抛光毡，同时抛光毡中不应含有铁、硅、砂等硬质颗粒，以免在抛光过程中划伤有机玻璃。

(5) 研磨抛光工艺 有机玻璃的研磨抛光工艺按产品厚度分成厚板和薄板（≤6.35mm）两类，按板材光学质量要求分成 90°/90°、45°/90°、30°/90°三类加工方法，其加工工序见表 5-112。30°/90°即是在检验时视线与幕成 90°，板材与视线成 30°，是质量要求最高的一类，但一般都按照 45°/90°方法进行加工。有机玻璃厚板和薄板的加工方法基本相同，但固定到工作台面上的方法不同，见图 5-42。

■表 5-112　有机玻璃板材的研磨抛光工序

序号	30°/90°加工过程	45°/90°加工过程	90°/90°加工过程
1	玻璃固定到台面上	玻璃固定到台面上	玻璃固定到台面上
2	50#砂纸研磨第一面	50#砂纸研磨第一面	50#砂纸研磨第一面
3	50#砂纸研磨第二面	120#砂纸研磨第一面	120#砂纸研磨第一面
4	120#砂纸研磨第二面	硬垫抛光第一面	硬垫抛光第一面
5	硬垫抛光第二面	软垫抛光第一面	50#砂纸研磨第二面
6	软垫抛光第二面	50#砂纸研磨第二面	120#砂纸研磨第二面
7	120#砂纸研磨第一面	120#砂纸研磨第二面	硬垫抛光第二面
8	硬垫抛光第一面	硬垫抛光第二面	
9	软垫抛光第一面	软垫抛光第二面	

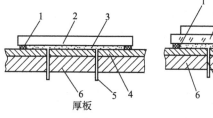
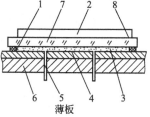

厚板　　　薄板

■图 5-42　有机玻璃研磨抛光固定方法

1—密封条；2—有机玻璃；3—泡沫塑料；4—环氧浇注层；5—真空管；
6—工作台；7—硅玻璃；8—双面压敏胶带

研磨抛光工艺参数随设备性能、工艺品种、工件质量、磨料、毛毡制品质量等不同而有差异。对 6CF 型研磨抛光机，可以采用：工作台转速（18±2）r/min；主轴转速（60±5）r/min；臂摆动速率（3±0.5）个往复/min 的工艺参数。研磨抛光压力、通水量及时间，要在生产实践中根据各道工序的目的进行适当调整，积累经验，针对不同的板材特征摸索出合理可行的工艺参数，见表 5-113，在保证加工板材质量的基础上提高研磨抛光效率。

■表 5-113 研磨抛光工艺参数

研磨抛光工艺参数		浇注板	定向厚板	定向薄板
50# 粗磨	电流增量/A	3~4	2~4	2~3
	水量/(L/min)	8~10	5~10	8~10
	时间/min	≥40	≥25	≥25
120# 细磨	电流增量/A	≥4	2~4	2~4
	水量/(L/min)	8~10	5~10	8~10
	时间/min	≥25	≥15	≥15
硬垫抛光（加干抛光粉）	电流增量/A	3~4	2.5~3.4	2.5~3.5
	水量，抛光粉量	水滴刚加可可甩出即可，粉量随板材而异，约 0.6kg		
	时间/min	≥30	≥30	≥30
软垫抛光（加湿抛光粉）	电流增量/A	2~3	2~3	2~3
	水量，抛光粉量	水滴刚加可可甩出即可，粉量随板材而异，约 0.6kg		
	时间/min	≥20	≥20	≥20

(6) 研磨抛光量 试验及统计表明，航空有机玻璃特别是定向有机玻璃的点状缺陷主要存在于板材表面，因而可以用研磨抛光手段减少甚至消除。但是点状缺陷除了直观可见的部分以外，还有一个凭肉眼不易观察到的阻聚区。成型加工时在温度及拉应力作用下，这些区域会形成平滑的凹坑。当把板材各处磨平时，只是把肉眼可见的缺陷磨掉，因此，板材的厚度公差决定了板材的最小研磨量。一般不规则点状缺陷及耐热点（旋光点）比较深，点子大则阻聚区也深，要把阻聚区磨掉，则需要较大的研磨量。对于具体的板材，既要看厚度公差，还要看缺陷的位置。即使很大很深的点，如果位于较厚的区域，可能不影响该板的研磨量，如果大而深的点处于板材较薄处，则就应以该点考虑，增大研磨量。统计表明，对于水平方式聚合的板材，点状缺陷下板较多也较大，因此，下板应有较大的研磨量。

研磨抛光不可能完全实现无点状缺陷的理想状况，在美国军用标准 MIL-P-25690 中，规定了允许大于 5′角偏差的微小光学缺陷不多于 10 个/m² 的标准。对于某一块板材的研磨量应以客观实际出发，使之既经济又能满足使用要求。在进行研磨之前，首先要检验缺陷种类和大小，测量板材厚度，找出较薄的区域，根据最薄区域点状缺陷情况，确定以最薄点为基础的研磨量。一般对浇注板的上板面磨去 1.0mm，下板面磨去 1.2mm 以上，对于定向板上板面磨去 0.8mm，下板面磨去 1.0mm 以上。

(7) 研磨抛光有机玻璃的质量和性能 有机玻璃研磨抛光对减轻或消除表面点状缺陷、减小厚度公差以及由于表面不平整引起的光学畸变，提高有机玻璃的表观质量是十分明显的。表 5-114、表 5-115 是 66 块研磨板及 100 多块未研磨板的统计结果。可以看出，经过研磨抛光后，厚度公差可达到≤0.4mm，折光消失角≤30°，波纹消失角≤40°，点状缺陷基本消失。同时经前人的试验证明，研磨抛光对有机玻璃性能、热性能、老化性能无明显影响。抛光后透光率、耐光性保持在原有水平，雾度和表面粗糙度略有增加，但雾度仍能小于 3%。

■表 5-114　研磨板表观质量的统计（66 张板材）

厚度公差/mm			折光消失角/(°)			波纹消失角/(°)			点状缺陷
≤0.2	0.2~0.3	>0.3	≤20	20~30	>30	≤30	30~40	>40	目视检查
78%	20%	2%	59%	29%	12%	63%	35%	2%	无

■表 5-115　未研磨板表观质量的统计（100 张板材）

厚度公差/mm		折光消失角/(°)		波纹消失角/(°)		>0.5mm 点状缺陷/(各/块)		
≤1.6	>1.6	≤44	>44	≤48	>48	≤25	26~50	>50
60%	40%	78.4%	21.6%	48.5%	51.5%	22.9%	34.1%	43%

5.3.2.6 航空有机玻璃的特殊性能要求

与工业用有机玻璃不同，航空有机玻璃作为飞机的光学结构材料，为保证飞机的飞行安全和较长的使用寿命，对航空有机玻璃提出了较多的性能要求和较高的质量指标。本部分重点介绍了航空有机玻璃的一些特殊性能要求。

(1) 航空有机玻璃的表观质量　航空有机玻璃对表观质量要求较高，在进行力学性能检测之前，首先要进行 100% 的全板表观质量检验，包括厚度、外观缺陷、光学畸变。

① 厚度公差　我国对航空有机玻璃最终产品的厚度公差要求很严格，大部分牌号的玻璃都要求±0.2mm，主要为保证透明件的光学角偏差和光学畸变满足设计要求。

对于不经研磨抛光的板材特别是定向拉伸板来说，要达到这样的公差要求，合格率较低，主要原因一是采用水平聚合方式，靠手工操作，垫条各处的弹性、压紧力不完全相同；二是由于灌浆量控制不当或在聚合过程中漏浆，往往使玻璃边缘和中间部分的厚度产生差异；三是原板厚度的不均匀性在拉伸过程中会继续扩大，烘箱温度的不均匀或夹具冷却过程的不同等因素也会增大定向板的厚度公差。

为确保拉伸板材定向拉伸的均匀一致性，从浇注板这个源头开始就要尽量减小浇注板的厚度公差，要尽量保证拉伸机内温度的均匀性（一般要求温差小于±3℃），正确控制夹具的间距及提前通水时间。还需对板材进行研磨抛光加工。但是在研磨抛光时，不能仅仅把板材加工到符合厚度公差要求，而是把整个面均要经过加工，否则会在加工与未加工的交界面处形成折光。因此，经研磨抛光的板材，在厚度上要降规格，例如，原来 10mm 厚的板材，就变成 8mm 甚至更薄规格的板材。

② 外观缺陷　在俄罗斯和我国航空有机玻璃标准中，都有关于外观缺陷的技术要求，规定了轻条伤、重条伤、点状缺陷、杂质、发霉、水道、气泡、硅黏、压痕、风纹、绒毛等的允许尺寸和数量。表 5-116 列出各种外观缺陷的种类和产生原因。

■表 5-116　有机玻璃外观缺陷的种类和产生原因

外观缺陷种类	产生原因	预防措施
轻条伤、重条伤	碰撞或模板硅玻璃在聚合后期破裂引起的表面条状损伤	小心操作，控制好后期聚合工艺
压坑、硅斗、硅点、发霉、水道、硅黏	模板玻璃有缺陷或未洗净	保证板材硅玻璃的质量；洗净烘干；提高制模室的洁净度，保证模型的质量
杂质点、绒毛	模具或浆料中进入灰尘或其他杂质	提高制模室的洁净度；对浆液进行严格的过滤
划伤、风纹、压痕、气泡	操作不当	保证单体的纯度，严格控制低沸点物，对浆液进行严格的过滤；掌握好去边的时机；严格按操作规程进行烘房的升降温操作
耐热点	由杂质（灰尘或低沸点物）形成的	保证单体的纯度，严格控制低沸点物；对浆液进行严格的过滤

"耐热点"（也称旋光点）大多是由杂质（灰尘或低沸点物）形成的，存在于板材的表面，聚合过程中杂质的周围形成一个阻聚区。由于阻聚区的分子间力小于其他地方的分子间力，在定向拉伸过程中这些缺陷变大。以现有的水平，制模方式难以杜绝模型中进入的灰尘。研磨抛光工艺可以消除存在于有机玻璃表面的划伤、压痕及各种类型的点状缺陷，但不能去除板材内部的缺陷以及风纹、高温前模板玻璃破裂引起的压痕等缺陷。如果研磨深度不够，原有缺陷的"根"没有磨净，在成型中再次加热时，由于缺陷向四周扩散而使缺陷扩大，严重时也可以使板材报废。

我国对外观缺陷是采用目视检查。对于浇注板要进行耐加热性试验，即在板材的一个角上取 200mm×50mm 的试样加热到规定的温度后，把产生的耐热点和标准样板进行比较或用显微镜测量大小。当有争议时，进行大板加热，检验板材外观缺陷与标准的符合程度。

在美军标中，没有对外观缺陷制定具体标准，而是制定了轻度光学缺陷的标准，其轻度缺陷包括任何嵌入板材的颗粒、气泡或透过板材观察降低能见度的擦伤以及引起角偏差的局部缺陷稳定试验时，热稳定性试验，是将 300mm×450mm 的试样在 (180±5)℃加热 2h 后垂直悬挂冷却至标准状态后目视检验。在热稳定试验时材料不应有气泡、银纹或其他热稳定性差的迹象。

③ 光学畸变　航空有机玻璃的光学畸变是一项重要性能，它直接影响到飞行员驾驶以及准确观察和瞄准目标。

光学畸变类型见表 5-117。光学畸变是材料表面的不平整引起的，这种不平整是微观状态的，特别是波纹，肉眼看不出，千分尺、超声波测厚仪测不出，只有用光学仪器才能反映出来，但它对视线观察物体的干扰是很明显的，波纹是小面积的不等厚，折光是大面积的不等厚，其中明暗区折光是在一定面积范围内逐渐变化的，亮道、黑线折光是在一个较狭窄面积内变化，凹凸曲率较大，球形折光的不等厚在近似圆或椭圆的面积内发生。各种畸变可假想为各种曲率的凹凸透镜的效应。

■表 5-117　光学畸变的类型和特点

类　　型		特　　点
折光	亮道折光	在幕上为亮线，视线通过时物体产生严重变形，观察直线束出现弯曲
	黑线折光	在幕上为黑线，视线通过时产生与亮道相似的变形，但比亮道轻
	条影折光	在幕上为亮暗相间的条状影像，视线通过时物体产生变形
	明暗区折光	在幕上为亮暗相间的条纹影像，视线通过时物体出现变形和位移，但不突变，观察直线束时产生圆滑的变形弯曲
	球形折光	在幕上呈明暗的椭圆形或彗星状影像
波纹	水波纹	投影为明暗相间如水波纹，一般较粗，观察中物像产生跳动，观察直线束使线条发生模糊
	条状纹	幕上为长短不一的明暗相间的影像
	发霉纹	在幕上为明暗相间的影像，呈木纹状或长条状
	麻斑纹	幕上为明暗相间的麻点，大都由 PVA（聚乙烯醇）裱糊引起
	闪亮纹	幕上为似闪电的发光，由密集的亮道所致
	网状纹	由模板上的存留物引起

产生光学畸变的原因如下。

内因：表面上看是表面不平整，其根本原因为聚合的不均一性。例如，聚合浆液不均匀导致聚合速率、聚合度、分子构型等不一致；灌浆工艺与产生亮道、黑线、折光有密切关系；烘房的风速及其分布、聚合车结构（横梁、顶丝位置）、阳光对模型的直射、模板上遗留的垫块、夹具等导致模型内各处聚合温度不均匀，反应速率不同，分子量也不一样。由于板材聚合的不均匀性，在加热处理时，各处的收缩率、内应力将不一致，导致各处的不等厚，或出现加热前没有的新的不等厚区域，从而产生折光。

外因：如硅玻璃板上的表面缺陷、缺陷不平整、灌浆后模板在聚合车上放置时受力不均匀、硅玻璃表面发霉等会直接"复制"到有机玻璃上。模型在聚合车上放置时受力不一致或模型夹子夹紧不均匀，会造成有机玻璃大面积的不等厚，从而产生大面积的明暗区折光。硅玻璃发霉不仅使有机玻璃产生发霉，而且也会影响到有机玻璃的聚合，对光学性能有严重影响。

光学畸变有许多检测方法，点光源法是我国自行研制的光学畸变的检测方法，具有直观、能大面积测定、灵敏度高等特点，它是根据光学折射原理，光线通过具有夹角的玻璃时将产生相对位移，通过凹凸不平部位时，将发生扭曲。检测时，把样品放在幻灯机和幕之间，转动样品架，观察并记录光学畸变的类型、部位以及畸变影像消失时的角度。

（2）航空有机玻璃的长期吸水率和干湿态银纹　有机玻璃的干湿态银纹

和长期吸水率是衡量材料耐久性的特性指标之一。由于飞机透明件在使用过程中主要失效模式之一是有机玻璃表面出现银纹，有机玻璃吸水后的抗银纹性能明显降低。干湿态银纹是在短时间内考核材料耐久性的最便捷方法。以往采用的短期吸水率并不能真实反映有机玻璃的吸水特性。在 MIL-P-25690B、MIL-P-8184F 中明确规定了长期吸水率和干态、湿态的银纹指标。表 5-118 是国内外各种牌号有机玻璃的干湿态银纹值计算出的干湿态银纹保持率。可以看出，YB-DM-3、YB-DM-10、YB-DM-11 有机玻璃与俄 AO-120、法国 Acrylex 玻璃的长期吸水率均低于 MIL-P-25690B 中改进吸湿有机玻璃的指标（2.90%），干湿态银纹的保持率明显高于 YB-DM-4 和美国 Tex-Stretch 玻璃。而美国 Tex-Stretch 玻璃与 YB-DM-4 的长期吸水率高于 2.90%，属于标准吸湿有机玻璃，干湿态银纹保持率较低，这与长期吸水率的数据是对应的。YB-DM-4 有机玻璃本身强度很高，但耐久性差，经飞机实际使用，证明无法达到设计寿命要求，已被淘汰。而 YB-DM-3、俄 AO-120、法国 Acrylex 有机玻璃在使用中被公认是耐久性最好的有机玻璃。

■表 5-118　几种有机玻璃的长期吸水率和湿态对干态银纹保持率

材料牌号	长期吸水率/%	干态银纹/MPa	湿态银纹/MPa	湿态对干态银纹保持率/%
YB-DM-11	2.14~2.21	—	—	75~83
YB-DM-10	2.16~2.20	25.9	18.5	81
YB-DM-3	2.12	20.4	12.0	59
A0-120（俄）	2.15	—	—	83
Acrylex（法）	2.24	25.4	18.5	73
YB-DM-4	4.19	29.8	13.2	44
Tex-Stretch（美）	3.91	31.4	15.1	48

(3) 有机玻璃拉伸性能与温度的关系　图 5-43、图 5-44 分别为我国浇注有机玻璃和研磨抛光定向有机玻璃的力学性能随温度的变化曲线，图 5-45 为我国几种典型的航空有机玻璃的应力-应变曲线，可以看出，有机玻璃这种典型的高分子材料力学性能对温度是很敏感的。因此，在高温下力学性能的保持率对有机玻璃来说是很重要的。由于飞机在高空以高速飞行，气动热使有机玻璃表面瞬时温度达到 120℃以上，超音速巡航的飞机玻璃表面瞬时温度可达 150℃，长时间受热会使有机玻璃完全丧失强度，但由于是瞬间高温，有机玻璃透明件处于单面受热，在还未完全热透的情况下，材料仍会保持一定的强度。

(4) 航空有机玻璃的疲劳性能　飞机在飞行过程中产生交变应力，其中一部分是由座舱盖内部和外部压力差所致，另一部分是由于飞机在高速机动飞行时施加的瞬态力产生的。作为飞机结构材料，材料的疲劳强度往往比静强度小得多，多数材料的疲劳强度为静态拉伸强度的 20%~40%，为静态弯曲强度的 10%~30%。为了保证飞机飞行安全及使用寿命，其疲劳强度比静强度更有实际应用意义。

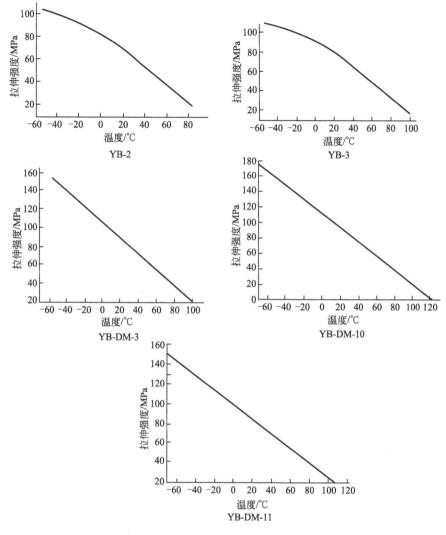

■图 5-43　各牌号航空有机玻璃拉伸强度和温度的关系

　　材料的耐疲劳性可用疲劳寿命、疲劳极限（也称 S-N 曲线）来表示，疲劳寿命为在给定应力水平下试验破坏时的循环次数，或是能使材料持续无限应力循环次数而不破坏的最大应力，产生的变形可以是拉伸、压缩、弯曲、剪切或这些变形的任何组合。加力方式可以是锯齿波也可以是方波，一般使用正弦变化的应力。疲劳试验能够得出有机玻璃抵抗由于反复形变产生裂纹并使之最终破坏的能力。航空有机玻璃主要测拉伸、压缩、弯曲疲劳性，为使断裂出现在工作段范围内，一般采用缺口试样。应力集中系数 $K_t = \sigma_{max}/\sigma_{min}$，$\sigma_{max}$ 为局部应力，σ_{min} 为名义应力，即不考虑材料缺口处几何形状不连续性影响，按截面积计算出的应力。应力比 $R = S_{min}/S_{max}$，式中

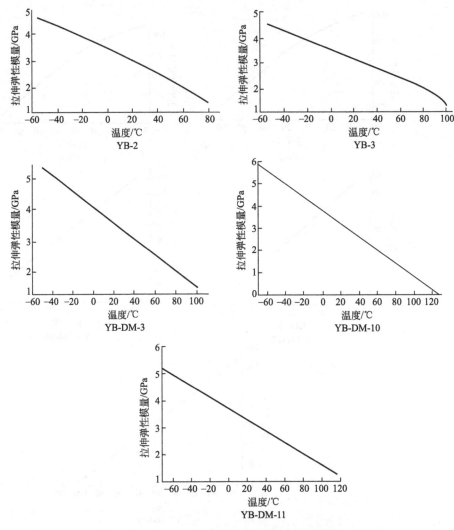

■图 5-44　各牌号航空有机玻璃拉伸弹性模量和温度的关系

$S_{\min}$ 为循环应力中具有最小代数值的应力，拉伸应力为正，压缩应力为负。
$S_{\max}$ 为循环应力中具有最大代数值的应力，拉伸应力为正，压缩应力为负。
一些厚度规格的航空有机玻璃的低周疲劳曲线见图 5-46。影响疲劳寿命的
因素很多，在《有机玻璃疲劳和断口图谱》一书中有详细论述。

(5) **耐老化性能**　引起有机玻璃老化最主要的原因一是紫外光作用产生
化学老化，其老化机理是长分子链的断链，使材料性能下降。二是水分作
用，使材料产生物理老化，造成材料性能的下降。各种牌号有机玻璃的主体
都是甲基丙烯酸甲酯基的长链结构，由紫外光作用造成的性能下降基本是相
同的。而水分对有机玻璃性能的影响程度主要取决于有机玻璃中是否含有易

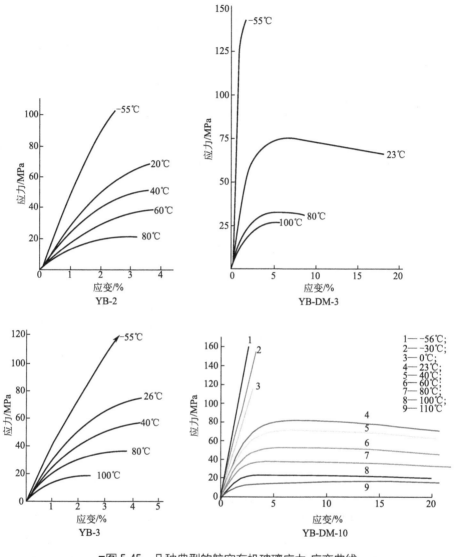

■图 5-45　几种典型的航空有机玻璃应力-应变曲线

吸水的有机基团。由于有机玻璃的部分性能如冲天性能、应力溶剂银纹、拉伸性能、转化温度、一级热松弛等对水和紫外光异常敏感，在这两种环境下的性能变化可直接反映出其耐久性规律。

航空有机玻璃的老化性能是选材和材料改进的重要依据，同时也对确定航空透明件的使用期限、延寿等方面起着重要作用。评定有机玻璃的老化性能通常采用大气暴露试验和实验室阶段湿热、盐雾、紫外光照射等加速方法。

湿热试验是在温度（50±2）℃，相对湿度＞95％的条件下，试验 120h、240h、480h、720h。紫外光照主要选择光源为 GGZ-375 型高压汞灯，试样

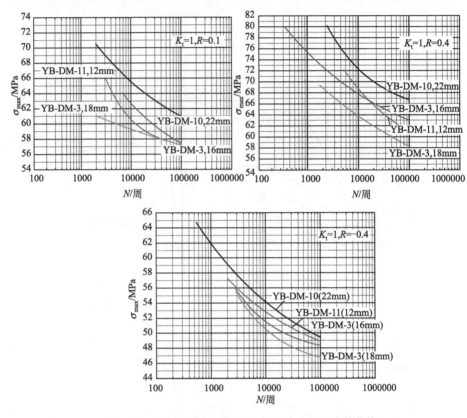

■图 5-46 典型厚度规格航空有机玻璃的低周疲劳曲线

距光源 50cm，试验 10h、20h、30h、50h。主要考核材料力学性能变化，是否有银纹、裂纹和其他影响可视的表面缺陷。图 5-47 为 YB-DM-3、YB-DM-10、YB-DM-11 有机玻璃分别在湿热、紫外光照下，对湿热和紫外光比较敏感的力学性能的变化规律。可以看出，湿热对有机玻璃吸水性、应力-溶剂银纹、100℃拉伸强度、一级热松弛等有明显影响。而紫外光对冲击强度和应力-溶剂银纹影响明显。YB-DM-3、YB-DM-10 有机玻璃在湿热条件下吸水率和一级热松弛值均随试验时间的延长增加较多，见图 5-48。

大气老化试验一般选在亚热带海洋性气候的环境中进行，我国一般选在海南海边试验场。主要考察材料表面是否出现银纹、分层、力学性能和热物理性能是否有明显变化。典型的定向有机玻璃大气老化性能见表 5-119。

5.3.2.7 航空有机玻璃的应用

(1) 在民用飞机上的应用 在民用飞机上主要用作机舱、舷窗和风挡玻璃。一些农用飞机、运输机、直升机采用浇注有机玻璃。由于定向有机玻璃具有优良的抗银纹性、抗裂纹扩展性、较高的强度，作机舱、舷窗透明件可

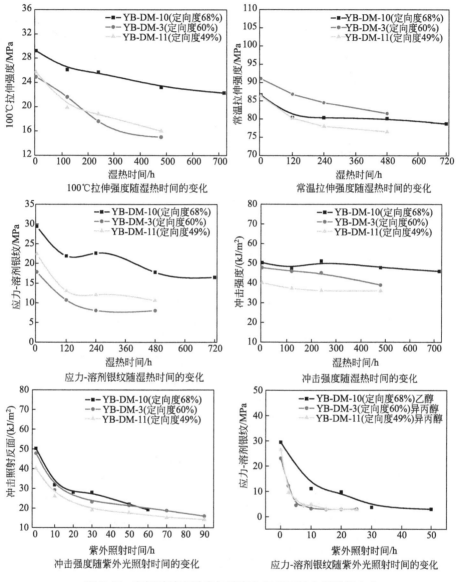

■图 5-47　有机玻璃实验室加速老化条件下的力学性能变化

延长使用寿命，提高飞行安全性。用定向有机玻璃作风挡结构层，可抵御飞机低空飞行中与鸟撞击，同时又可减轻风挡的重量。因此，波音、麦道、空客等客机都曾采用过定向有机玻璃作风挡结构层。专家从经济角度出发认为定向改进了有机玻璃性能，使设计应力由浇注有机玻璃的 10.3MPa 提高到17.2MPa，可以减少 25％的重量，使飞机重量减轻 34～45kg。在飞机寿命期内（以 10 年计）每减轻 0.454kg 重量可得到 1 万英镑的运输价值，仅从减轻有机玻璃重量考虑可获得 7.5 万～10 万英镑的利益。我国民机透明件

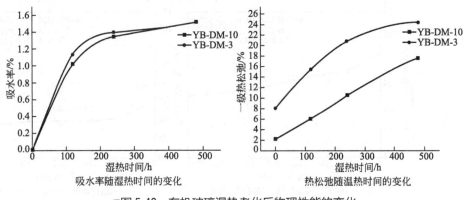

■图 5-48 有机玻璃湿热老化后物理性能的变化

普遍采用浇注有机玻璃和定向有机玻璃。

(2) 在军用飞机上的应用 有机玻璃在歼击机、强击机等飞机上用作风挡、座舱盖。在早期马赫数 2 以下的 F-101、U2、米格-17、米格-19、米格-21 等飞机座舱盖上一般使用浇注有机玻璃，F-102 首次使用定向有机玻璃作座舱盖。F-14、F-15、F-16 等飞机座舱盖采用了交联定向有机玻璃。F-14 早期还采用浇注有机玻璃为面层，定向有机玻璃为结构层的复合结构形式。F-111 和 F-16 采用了浇注有机玻璃为面层，聚碳酸酯为结构层的复合结构。我国军机透明件从二代机开始已经应用 YB-DM-3 的定向有机玻璃。三代机透明件已普遍应用了较度交联的定向有机玻璃。前风挡和防弹玻璃上一般采用硅酸盐玻璃与浇注有机玻璃复合的形式。

(3) 其他应用 由于有机玻璃的独特性能，特别是定向有机玻璃优异的韧性和抗老化性，可应用在建筑、汽车制造业、科学仪器、日常文教用品等方面。建筑上可用于天窗和各类窗玻璃。车船制造业上主要用作小轿车、卡车、汽艇、水陆两用战车及各种车船的安全玻璃和舷窗。此外定向有机玻璃还可作仪器保护罩、高压设备上的安全玻璃、显示器防护屏、实验室安全防护罩、街道防爆灯罩、文具尺等。

5.3.2.8 国内外航空有机玻璃工业与发展动态

(1) 国外航空有机玻璃工业 航空有机玻璃在整个有机玻璃产量中所占比重较小，由于用量少，质量要求高，生产的国家比较少。美国和俄罗斯是世界上航空技术最发达的国家，航空有机玻璃的研究和生产技术领先于其他国家，此外，还有德国、法国、英国、日本等国也有航空有机玻璃生产。

① 美国 美国 Rohm&Haas 公司早在 20 世纪 30 年代最先生产增塑 PM-MA，牌号为 PlexiglasⅠ，符合美国军用标准 MIL-P-6886，以后研究了未增塑的 PMMA，牌号为 PlexiglasⅡ，称耐热丙烯酸酯板，符合美军标 MIL-P-5425。后来又开发了 Plexiglas -55 的轻度交联有机玻璃，这种牌号的有机玻璃为网状结构，有较高的使用温度和力学性能，称改性丙烯酸酯塑料板，符合美军标

■表5-119 典型有机玻璃大气老化性能

性能项目	YB-DM-10				YB-DM-3				Acrylex			
	0年	1年	3年	5年	0年	1年	3年	5年	0年	1年	3年	5年
外观	无色透明	微黄透明	微黄透明	微黄透明	无色透明	无色透明	无色透明	微黄透明	无色透明	微黄透明	微黄透明	微黄透明
透光率/%	92.8	92.5	90.8	88.7	93.2	92.7	91.7	91.0	93.1	92.7	91.3	90.7
雾度/%	1.7	2.8	3.7	7.9	1.6	2.8	3.2	7.2	1.7	3.0	3.1	4.6
交联度	0.0071	0.0059	—	—	—	—	—	—	0.0058	0.0039	—	—
含水量/%	0.18	0.71	0.89	0.78	0.18	0.72	0.86	0.77	0.38	0.94	0.94	1.02
应力-溶剂银纹/MPa												
溶剂：乙醇	24.2	20.0	16.2	17.8	19.9	15.1	11.1	12.8	22.6	17.9	20.0	15.3
溶剂：异丙醇	27.9	23.2	20.2	19.4	21.9	18.7	15.1	14.6	—	—	—	—
热松弛/%												
110℃, 6h	1.07	8.67	27.78	9.6	3.95	24.75	32.13	26.0	4.43	11.27	23.53	9.9
145℃, 1h	41.85	41.60	41.97	41.7	38.12	37.96	37.70	37.6	40.1	39.01	39.61	39.9
玻璃化温度/℃	123, 124	119, 119	119, 121	125,126	116, 117	115, 115	116, 117	—	119	117, 117	118, 117	125,125
软化温度/℃	132, 133	131, 129	122, 123	125,126	123	122, 123	122, 121	123,124	130	125, 125	124, 124	125,125
消间温度/℃	122, 122	122, 122	119, 120	117, 118	116, 116	116, 116	117, 117	113, 113	118, 118	120, 119	117, 118	117, 116
室温拉伸强度/MPa	90.4	85.3	86.6	82.2	88.6	83.9	84.7	79.4	81.7	81.9	84.9	80.5
100℃拉伸强度/MPa	26.9	24.6	20.9	17.4	24.2	21.6	18.5	—	28.0	20.7	19.7	—
屈服伸长率/%	7.4	7.2	7.0	6.5	6.9	6.8	7.2	6.2	6.4	6.7	7.3	6.3
拉伸弹性模量/GPa	3.40	3.41	3.25	3.36	3.30	3.43	3.16	3.29	3.60	—	—	3.33
弯曲强度/MPa	160	146	145	147	157	142	142	146	158	151	154	154
冲击强度/(kJ/m²)	48.8	48.1	47.2	50.5	43.0	39.9	42.1	46.1	46.8	40.6	43.5	46.1
断裂韧度/(MN/m$^{3/2}$)	3.54	3.48	3.68	3.96	3.44	3.02	3.08	3.14	3.46	3.46	3.88	3.88
定向度/%	72	71	72	72	62	61	61	60	67	64	65	66

MIL-P-8184。曾用于 F-15 等机种。但该材料含有极性基团,吸水速率快,吸湿后抗银纹性能明显下降。20 世纪 70 年代末 80 年代初,Swedlow 公司、Polycast 公司相继开发了低吸湿性的交联有机玻璃新品种 Acrivue351、Acrivue352、Poly84。这种材料的吸湿性相当于未增塑的耐热丙烯酸酯 MIL-P-5425 的水平,干态抗银纹性相当于改性丙烯酸酯,湿态抗银纹性的保持率大大优于改性丙烯酸酯。为了区别这两种材料,1989 年公布的军用标准 MIL-P-8184E 中将改性丙烯酸酯塑料板分成标准吸湿性材料和低吸湿性材料两类。

20 世纪 80 年代以后,美国基本不用增塑的 PMMA 作飞机透明件。符合美军标 MIL-P-5425 的板材一般也只用作车船的窗玻璃、非增压飞机透明件、抗破裂性陈列柜。在军用飞机和大型客机上使用符合 MIL-P-8184 的改性丙烯酸酯塑料板。美国是第一个研制出定向有机玻璃的国家,MIL-P-25690 是针对改性丙烯酸酯塑料板的定向板材制定的军用标准。

② 俄罗斯 俄罗斯 20 世纪 40 年代初研制并生产航空有机玻璃 COЛ,之后研究开发出 CT-1、TCT-1 以及共聚有机玻璃 2-55 及 T-2-55。1951 年起研制定向有机玻璃。目前,应用最广泛也是最成熟的是在 CO-120 浇注板上定向拉伸的有机玻璃 AO-120。20 世纪 60 年代以后研制了耐温等级更高的 CO-180、AO-180、CO-200 等含氟有机玻璃新品种,形成了自己独特的材料体系,满足了航空制造业的需要,在某些方面处于世界领先水平。

③ 西欧和其他国家 德国 Röhm 公司(现更名为 Evonic)是世界上较早生产有机玻璃的厂家之一。其牌号分别有:Plexiglas GS243、Plexiglas GS245、Plexiglas GS249,Plexidue plus、拉伸的 Plexiglas GS249 等,其中以 Plexiglas GS249 的性能水平最高,可以根据直升机、客机、军用飞机对透明件的不同要求,分别选用。德国已成为航空有机玻璃浇注板的最大出口国。

英国 ICI 公司生产的飞机窗玻璃用有机玻璃牌号为 Pexspex AGO25。Aerostructures Hamble 公司和 Lucas Aerospace 公司均可以生产交联定向有机玻璃,牌号分别为 Hamblex 和 Dynacrylic。

法国 Sully Product Speciaux 生产的 Acrylex 交联定向有机玻璃,浇注板采用德国的 Plexiglas GS249,该公司只进行定向拉伸。

除上述国家外,加拿大、墨西哥也具有生产 Plexiglas Ⅱ 的能力。日本 MRC(三菱人造丝公司)除可以生产浇注板外,还具备双轴定向拉伸设备和研磨抛光机,生产研磨抛光定向有机玻璃。此外还有如 Pilkington Aerospace、Nordam 等透明件制造公司也在生产航空有机玻璃,采用这种方式有利于提高透明件的质量,降低透明件成本。

(2) 我国航空有机玻璃工业 我国航空有机玻璃的发展走过了从仿制到消化吸收,再到自主研发的艰难过程。从 20 世纪 50 年代开始研制航空浇注有机玻璃,20 世纪 60 年代开始研制定向有机玻璃,先后研制并批量生产出第一代 YB-2 增塑有机玻璃,第二代未增塑 YB-3 有机玻璃和其定向拉伸板材 DYB-3,并且研制了共聚交联耐高温的 YB-4 和其定向板材 DYB-4,后因耐久性较差而被淘汰。通过引进国外有机玻璃研磨抛光设备，解决了定向有机玻璃长期存在的表面缺陷多、折光波纹严重、厚度公差大、板材合格率低的问题，可以生产出各种厚度的板材，满足了航空工业对定向有机玻璃板材的需求。从 20 世纪 80 年代开始转向欧美第三代战斗机广泛使用的高性能轻度交联定向有机玻璃的研制，即我国第三代航空有机玻璃——体型轻度交联高定向度有机玻璃 YB-DM-10 和平面交联低定向度有机玻璃 YB-DM-11，板材的耐久性良好，各项性能与国外同类产品的水平相当，同时发展了水浴聚合有机玻璃厚板的制造技术。上述产品已在我国军用飞机上广泛应用。1987 年进行了航空有机玻璃生产单位的结构调整，结束了多个厂家生产航空有机玻璃的历史，锦西化工研究院成为航空有机玻璃（浇注板和定向板）的定点生产单位，经过 20 多年的技术改造与条件保障建设，已经形成了从单体精馏开始，可生产浇注板、定向板、研磨抛光板的较为完整的生产线，浇注板最大厚度可达 75mm，拉伸后板材最大尺寸 2700mm×2700mm。目前已具备 120t/年浇注板，50t/年定向及研磨抛光板的生产能力，可生产 7 个牌号不同厚度规格的航空有机玻璃。但产能仍显不足，材料的基础研究薄弱，质量稳定性有待进一步提高，改进现有生产工艺，实现半自动化或自动化操作势在必行。

(3) 航空有机玻璃的发展动态　从国内外航空有机玻璃发展历程来看都是先发展增塑、未增塑有机玻璃，继而研制定向有机玻璃。但是随后俄罗斯与西方国家航空有机玻璃的发展出现了明显的不同：西方国家着重发展交联有机玻璃，俄罗斯的军机和民机都用线型结构的有机玻璃；俄罗斯对有机玻璃板材不允许整板研磨抛光，他们认为有机玻璃制板技术和成型技术完全可以保证透明件的质量要求，而西方国家对定向板材一般要进行整板研磨抛光。俄罗斯主要研制耐高温的氟代有机玻璃；美国则致力于开发透明聚碳酸酯和其他材料体系的耐高温透明材料。

我国航空有机玻璃发展的近 60 年的历史中，前 30 年主要仿制俄罗斯材料，后 20 多年里按照西方国家的发展思路，走的是加入交联剂制备交联有机玻璃的技术路线。

各国一直通过各种技术手段对 PMMA 材料进行改性，优化和发掘材料的特性。为满足马赫数 2.2～2.3 机种的要求，曾进行了许多耐热有机玻璃的研究，主要有以下方法。

① 通过甲基丙烯酸甲酯不同位置的取代基进行改性

α 取代基：烷基、CN、Cl、F、F 烷代烷基、萘基、酰氧基、酰氨基和砜基等。

酯基取代基：烷酯、酯环、芳酯、卤代芳酯、硝基烷酯、氰基烷酯等。

直链上用 F 取代：双键两侧 H 或 R 用 F 原子取代。

② 采用甲基丙烯酰胺、丙烯腈等与 MMA 共聚。

③ 加入含 Sn、P 等元素的单体。

通过研究，只有 MMA 与甲基丙烯酰胺得到 Plexiglas -55 的轻度交联有机玻璃，MMA与甲基丙烯酸共聚得到CO-140、YB-4以及直链用F取代的氟代丙烯酸酯实现了工业化生产，并获得了应用。

俄罗斯在提高有机玻璃耐热性方面采用了独特的技术，在丙烯酸酯中引入了氟元素，代表性的牌号是CO-180（也称Э-2和Э-2T）和CO-200（也称CO-200T）有机玻璃，其软化温度分别达到180℃和200℃，这是目前丙烯酸类材料中耐热性最高的一种透明材料，曾用于制造米格-25、米格-29、苏-27、图-144等飞机的座舱透明件。但是CO-180、CO-200所用的含氟单体毒性大、制造工艺复杂、成本高、设备投资多，而且这种材料老化性能和工艺性能差，据说目前已基本停止生产。为替代这种材料，俄罗斯通过聚合工艺和拉伸工艺改进，在不增加环境污染的情况下研制了使用温度120～160℃的新型定向有机玻璃。采用复合工艺，即在有机玻璃上聚合上一层其他耐热有机透明材料，可使使用温度达到300℃。

随着航空工业的发展，开发耐高温、抗冲击、使用寿命更长的新型透明材料是发展趋势，俄罗斯仍然采用PMMA，并且有较大的发展空间。美国的发展思路是提高丙烯酸酯材料的耐久性和耐热性，并着重发展了聚碳酸酯（PC），在一些高性能飞机上用PC代替了PMMA，与此同时一直进行着其他新型材料的探索研究工作，开发了GAC-590、聚邻苯二酸盐碳酸酯（PPC）、聚酯碳酸酯共聚物、聚芳基共聚物、聚砜、氟代环氧和氟代丙烯酸酯等透明材料。这些材料都有较高的热变形温度，但同时存在透光率、雾度、颜色、抗银纹性及耐老化性等问题，目前还未见应用的报道。在绝大多数飞机上，仍大量使用丙烯酸酯材料和PC与PMMA复合的结构。可以说在飞机透明件材料的舞台上，丙烯酸酯类的透明塑料今后仍将是军用飞机、直升机、民用客机透明件材料的主角。

5.3.3 增强丙烯酸酯塑料

5.3.3.1 增强丙烯酸酯塑料的特点与选材

增强丙烯酸酯塑料实际上是一种复合材料，由增强材料和丙烯酸酯树脂组成，经加热聚合而成。玻璃纤维、涤纶布、芳纶、尼龙、碳纤维、高强度聚酰胺纤维以及天然植物纤维等都可以作为增强材料。可用于制备增强丙烯酸酯塑料的丙烯酸酯树脂种类也较多，主要树脂为甲基丙烯酸甲酯树脂。由于增强材料和基体丙烯酸树脂力学和理化性能差异较大，由此形成的产品最终性能取决于两种材料自身的性能以及两者之间表面结合状态。增强丙烯酸酯塑料可作为结构材料使用，广泛用于航空、造船、建筑和化学等工业部门。

用作增强丙烯酸酯塑料的增强材料最初采用玻璃纤维和涤纶布，后期随着新材料的发展以及改善某些性能的需求，尼龙、芳纶、碳纤维、芳族酰胺纤维、聚乙烯纤维以及一些天然纤维也已经用于丙烯酸酯塑料的增强。用做增强的材料性能各异，玻璃纤维具有高强度、低收缩、耐腐蚀、电绝缘、不易燃烧等优异性能；碳纤维具有高强度、高模量、低密度等优点；芳香族聚酰胺具有优异的比强度、比模量、冲击强度，而且其蠕变小，耐疲劳；超高分子量聚乙烯纤维具有极高的比强度、模量、抗冲击性能；涤纶布具有破坏载荷高，耐温性好等特点；其他增强材料如尼龙、芳纶和天然纤维也各具特色。在如此多的增强材料中选材，需根据产品的使用场合、全面性能要求以及各种增强材料的性能特点选择，另外，还要考虑增强材料与制造工艺方法及丙烯酸树脂之间的匹配性和工艺可行性。

在选择丙烯酸酯树脂时，首先要根据产品的设计和使用性能，确定树脂类型和配方，并要保证树脂体系、制造工艺方法与增强材料相匹配，在性能满足要求的前提下，选择操作工艺简便、成本较低的树脂体系。

5.3.3.2 增强丙烯酸酯塑料制造工艺

增强丙烯酸酯塑料始于 20 世纪 40 年代，在半个多世纪的历程中，随着化学工业的飞速发展，各种增强材料、合成树脂及相关助剂相继研制成功，与此相适应的各种成型方法也孕育而生。特别是近几年，随着丙烯酸树脂应用领域的不断扩大，推动了增强丙烯酸酯塑料制造工艺的日益完善，表 5-120 列出了增强丙烯酸酯塑料制造工艺方法的特点与适用范围。

■表 5-120　增强丙烯酸酯塑料各种制造工艺的特点与适用范围

成 形 方 法	特 点	适 用 范 围
接触成型法	① 常温常压下固化成型 ② 设备投资少，模具费用低 ③ 制件强度低，性能分散性大 ④ 生产效率低，劳动强度大，劳动条件差	适合受力不大和生产数量不多的产品
袋压成型法	① 制件较致密，强度较高 ② 制件表面光洁、平整 ③ 一般采取加热固化，固化周期短 ④ 操作较复杂	适合性能要求高的各种零部件、结构件
模压成型法	① 制件表面光洁，质地致密，尺寸准确，零部件互换性好 ② 强度高，性能分散性小 ③ 生产效率高，环境污染小 ④ 设备投资大，模具造价高	中小型大批量的零部件制造
压注成型法	① 制件表面光洁，尺寸精度高 ② 纤维含量易于控制，制件孔隙率低，性能分散性小 ③ 环境污染小 ④ 生产周期长，模具制造难，造价高	制造形状尺寸精度要求高的零部件
缠绕成型法	① 纤维的分布方向及数量的可设计性好 ② 可以制造纤维含量高、强度高的制件 ③ 制件内部应力集中小 ④ 生产效率高 ⑤ 受制件结构形状制约，设备投资大	回转体制件的制造
拉挤成型法	① 制件表面光滑，形状尺寸精确 ② 可以制得单向高强度的制件 ③ 连续生产，效率高，质量稳定 ④ 环境污染小 ⑤ 设备投资大	制造各种截面形状的型材

实际针对不同产品进行制造工艺的选择时，主要考虑增强体和基体对制造方法的适应性；制件的结构，外形尺寸的精度要求；制件的性能要求；制件的生产批量等因素；另外还要尽量选择工序少、操作简便、周期短、劳动强度低、环境污染小、成本低的制造工艺方法。

5.3.3.3 产品性能

增强丙烯酸酯塑料种类较多，不同产品之间性能差异较大，在这里不一一列举，仅介绍两种在航空透明件边缘连接中作为加强材料的 B-1 玻璃纤维织物增强丙烯酸酯塑料板和 D-1 涤纶织物增强丙烯酸酯塑料板的性能。

(1) B-1 玻璃纤维织物增强丙烯酸酯塑料板　B-1 玻璃纤维织物增强丙烯酸酯塑料板是以玻璃纤维为增强材料，聚甲基丙烯酸甲酯树脂为基体加热聚合而成的热塑性层压塑料，该塑料具有较高的拉伸强度、拉伸弹性模量、挤压强度、抗裂纹扩展能力和耐热性，可成型或加工成形状简单的零件，适用于做飞机透明件边缘加强材料。

B-1 玻璃纤维织物增强丙烯酸酯塑料板供应状态见表 5-121，性能见表 5-122。

■表 5-121　B-1 玻璃纤维增强丙烯酸酯塑料板供应状态

尺寸	厚度/mm	2	2
	厚度公差/mm	+0.2 −0.3	+0.2 −0.3
	长度/mm	700	870
	宽度/mm	600	220
生产厂家		苏州安利化工厂	
外观		淡黄色半透明板材	
储存条件		10～40℃干燥室内，避光保存	

■表 5-122　B-1 玻璃纤维增强丙烯酸酯塑料板性能

项　目			典　型　值
物理性能	密度/(g/cm³)		1.45
	热变形温度/℃		117
	线膨胀系数/℃⁻¹		8.4×10^{-6}
力学性能	拉伸强度/MPa	常温	219
		100℃	179
	拉伸模量/GPa		10.2
	弯曲强度/MPa		284
	挤压强度/MPa		113
	层间剪切强度/MPa		6.3
耐环境性能	湿热老化（试验条件温度45℃，湿度90%）		老化500h拉伸强度未出现下降
	人工加速老化（600W氙灯，45～60℃，喷水时间10min/h）		老化400h拉伸强度、弯曲强度未出现下降
	耐油性		耐汽油
工艺性能	加工性		可用锯、铣、钻、铰等加工方法
	成型性		可在135～145℃下成型
	可胶接性		可用丙烯酸酯胶黏剂粘接

(2) D-1 涤纶织物增强丙烯酸酯塑料板 D-1 涤纶织物增强丙烯酸酯塑料板是以涤纶织物为增强材料，聚甲基丙烯酸甲酯树脂为基体加热聚合而成的热塑性层压塑料，该塑料具有较好的韧性，拉伸弹性模量和线膨胀系数与有机玻璃相近，但拉伸强度、挤压强度和抗裂纹扩展能力均高于有机玻璃，可成型或加工成形状简单的零件，适用于做飞机透明件边缘加强材料。

D-1 涤纶纤维织物增强丙烯酸酯塑料板供应状态见表 5-123，性能见表 5-124。

■表 5-123　D-1 涤纶纤维增强丙烯酸酯塑料板供应状态

尺寸	厚度/mm	2		2.5		5		8		10	
	厚度公差/mm	+0.2 −0.2		+0.2 −0.3	+0.2 −0.3	+0.3 −0.3	+0.3 −0.3	+0.4 −0.4	+0.4 −0.4	+0.5 −0.5	+0.5 −0.5
	长度/mm	900		1100	1500	1100	1500	1100	1500	1100	1500
	宽度/mm	700		1000	300	1000	300	1000	300	1000	300
生产厂家		成都飞机制造公司；贵州云马飞机制造厂；安庆曙光化工厂		安庆曙光化工厂							
外观		淡黄色半透明板材									
储存条件		10~40℃干燥室内，避光保存									

■表 5-124　D-1 涤纶纤维增强丙烯酸酯塑料板性能

项 目			典 型 值
物理性能	密度/（g/cm³）		1.25
	热变形温度/℃		72
	线膨胀系数/℃⁻¹		4.8×10^{-5}
力学性能	拉伸强度/MPa	常温	113
		100℃	48
	拉伸模量/GPa		4.8
	弯曲强度/MPa		212
	挤压强度/MPa		98.4
	层间剪切强度/MPa		4.0
耐环境性能	湿热老化（试验条件温度45℃，湿度90%）		老化 500h 拉伸强度下降 31.3%
	人工加速老化（600W 氙灯，45~60℃，喷水时间10min/h）		老化 400h 拉伸强度下降 21.1%
	耐油性		耐汽油
工艺性能	加工性		可用锯、铣、钻、铰等加工方法
	成型性		可在 135~145℃ 下成型
	可胶接性		可用丙烯酸酯胶黏剂粘接

5.3.4　丙烯酸树脂聚合物光导纤维

5.3.4.1　聚合物光纤的发展历程与特点

聚合物光纤（POF）早在 20 世纪 60 年代就已经问世，几乎与石英光纤处于同一时期问世。然而，单模石英玻璃光纤和梯度多模石英玻璃光纤的研究进展十分迅速，不到十年就进行了商业化和市场化，而聚合物光纤的研究进展缓慢。究其原因主要在于聚合物光纤所用原材料的纯度与洁净度、设备控制精度、损耗与带宽等技术问题难以解决。而石英玻璃光纤的优点恰恰在于它们具有极大的带宽、非常小的衰减和长期可靠性，是长距离通信主干线的理想传输介质，已广泛应用于电力、邮电、广播、铁路、交通、军事等领域。但是，无机光纤在通向各家各户即光纤入户（FTTH）或到桌面（FTTD）的过程中存在着几乎不可逾越的障碍，主要表现在：

① 从价格和使用价值两方面考虑，对于短距离而言价格昂贵，一般家庭难以承受；

② 无机光纤细小的纤芯（8~100μm）使得光纤与光纤的端接及与有关器件技术要求很高，苛刻的对接极为困难；

③ 无机光纤性脆，易断裂，在弯曲场合易损坏，因此在光纤入户时遇到很大困难。

随着移动通信环境用户对数据通信业务带宽的需求日益增长，带动了短距离数据传输光纤通信网络的不断扩容。目前，连接个人计算机和工作站的局域网（LAN）80％以上使用的是以太网。以太网优于其他 LAN 之处是传输容量可以超过吉比特（Gbit/s），甚至达到了几十吉比特。作为吉比特以太网的传输媒质一直是人们探讨的热点。为了积极寻找低成本、高可靠、易连接的短距离数据传输用的新型光传输媒质，自 20 世纪 60 年代以来，众多发达国家，如日本、美国、德国等国的著名大学和研究机构纷纷展开了聚合物光纤的研究。聚合物光纤具有芯径粗（0.3~3mm）、良好的柔韧性、连接方便、耦合效率高、制造成本低等优点，并且可修饰性强，选择性多，加上其高带宽、耐震动、抗辐射、重量轻、价格便宜、施工方便等特点，可代替传统的石英光纤及铜缆，非常适用于连接点较多的局域网络，凸显出聚合物光纤在光纤入户、全光网络、军事、航天、工业控制中作为传输介质的极大应用前景。1997 年，国际上制定了相关的标准，聚合物光纤在通信、网络领域的应用开始获得准入证。但是，聚合物光纤传输损耗大，信号衰减严重，仅适合短距离信息传输。

早在 20 世纪 80 年代，日本 Asahi 化学工业公司发明了用甲基丙烯酸塑料制造光纤的技术。用这种材料制成的光纤已定名为 Luminous。该公司销售的光纤中包含一种直径为 200μm 或 1000μm 的裸线，一种直径为 1000μm 或 2200μm 的黑色聚乙烯绝缘的芯线和一种直径为 2.5mm、3.5mm 或 4.5mm 的光波导。用高纯度甲基丙烯酸塑料作纤芯材料，高透明的特种氟塑料作为包层。

从结构上讲，构成聚合物光纤的材料有高折射率和低折射率两种透明聚合物，低折射率材料必须完整地包覆住高折射率材料，即皮材必须包覆住芯材。聚合物光纤芯材所用的材料主要是聚甲基丙烯酸甲酯（PMMA）、聚苯乙烯（PS）、聚碳酸酯（PC）等，这些材料都具有良好的化学、光学稳定性及力学性能，适合作短距离通信媒介，本节主要介绍 PMMA 的聚合物光纤。

5.3.4.2 聚合物光纤的传输特性

聚合物光纤的传输损失主要由材料的 C—H 键振动及电子跃迁的吸收、本征瑞利（Rayleigh）散射以及外部不理想波导（如光纤芯径半径的波动）等因素导致的，一般梯度折射率型聚合物光纤的损耗比阶跃折射率型聚合物光纤的损耗要大。PMMA 为基质的聚合物光纤损耗谱图如图 5- 49 所示。

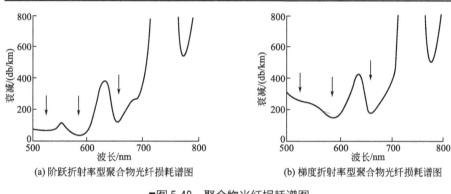

(a) 阶跃折射率型聚合物光纤损耗谱图　　(b) 梯度折射率型聚合物光纤损耗谱图

■图 5-49　聚合物光纤损耗谱图

目前，市场上的聚合物光纤产品多为 PMMA 基质的多模阶跃型聚合物光纤，虽然与玻璃光纤相比具有低价、易处理的优势，但其窄带宽和高固有衰减（150～300dB/km）的缺点，还不能适应带宽逐渐增大的较长距离多媒体通信的需要。

5.3.4.3 丙烯酸树脂聚合物光纤的生产工艺与制造方法

已经工业化生产的聚合物光纤主要是以氘化聚甲基丙烯酸甲酯（PM-MA）为原料，进行拉纤工艺而成。主要步骤包括：制备氘化 MMA 单体、制备氘化 PMMA-d 聚合物、制备氘化聚合物光纤，具体工艺流程见图 5-50，制作聚合物光纤的工艺过程如图 5-51 所示。该工艺可实现连续化工业生产聚合物光纤，且操作简单、产品合格率高。通过该生产工艺，先将 MMA 单体进行氘化处理，进一步得到氘化 PMMA-d 聚合物，有利于后续拉纤工序的顺利进行，可制得耐温达 50～135℃，并可长期使用的聚合物光纤产品。得到的聚合物光纤产品能有效降低光衰、延长光纤传输距离、提高物理性能，其传输距离可提高 2～3 倍。对于聚合物光纤的制作工艺，有专利已经进行了报道。

在预制光纤过程中，是通过挤出第一和第二聚合物材料层和聚合物材料外包层来制成预制聚合物光纤的，其中第一聚合物材料层具有预定折射率并形成纤芯（芯层）；第二聚合物材料层环绕纤芯为中间层，比第一层材料的

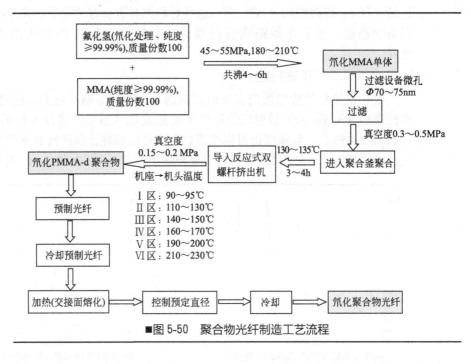

■图 5-50　聚合物光纤制造工艺流程

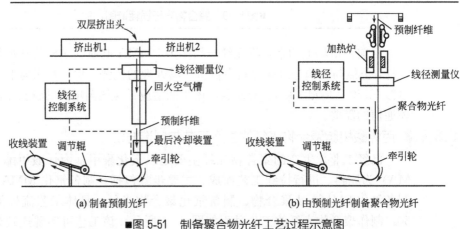

(a) 制备预制光纤　　　　　　(b) 由预制光纤制备聚合物光纤

■图 5-51　制备聚合物光纤工艺过程示意图

折射率低；外包层环绕第二层，比第二层材料折射率低，多层预制光纤按同心结构设置，其结构剖面图见图 5-52。经冷却的多层聚合物光纤，具有梯度折射率。

5.3.4.4　丙烯酸树脂聚合物光纤的应用

（1）**家庭和公寓局域网络**　光纤局域网的最终目的是面向未来实现各种宽带业务，由中国科学院化学研究所等单位开展的丙烯酸树脂聚合物光纤研究，致力于丙烯酸树脂聚合物光纤及其链路系统的实用化，以期满足我国未来多种宽带的业务，如高速数据、会议电视、可视电话、有线电视等的

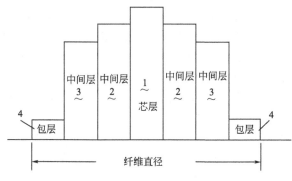

■图 5-52　聚合物光纤剖面结构示意图

需求，与多模玻璃光纤相比，成本也将降到石英单模光纤接入网的 1/5～1/3 以下，若能够实现我国聚合物光纤及集成系统的产业化，丙烯酸树脂聚合物光纤成型装备的生产能力将大于 200 万米/年。

采用丙烯酸树脂光纤构造大规模局域网络，需要两方面的产品，即无源布线连接产品和有源聚合物光纤网络设备。

丙烯酸树脂光纤网络产品在局域网中主要是实现工作组交换机与计算机设备之间网络的高速连接。其部门交换机可以提供多个以太网络光纤端口，在工作组之间或工作组内部提供高带宽、高性能的光纤连接。丙烯酸树脂光纤网卡具有以太网聚合物光纤接口的计算机 PCI 网卡，符合美国电气和电子工程师协会（IEEE）标准，即插即用，支持全双工模式。

(2) 汽车网络　汽车多媒体网络的带宽需求主要是以声频和视频为基础的，聚合物光纤由于重量轻且耐用，因而被用来将车载机通信网络和控制系统连接成一个网络，将微型计算机、卫星导航设备、移动电话、传真等外设纳入机车整体设计中，旅客可通过聚合物光纤网络在座位上享受音乐、电影、视频游戏、购物的乐趣。

(3) 飞机运输控制　飞机运输控制一方面可以通过由聚合物光纤组成的通信网络，从接入的共同网络和国际互联网中为旅客提供个人所需的电影、视频游戏及购物等服务；同时由于聚合物光纤重量轻，可以大大降低飞机的载重量，对飞机减重意义重大。

(4) 工业生产控制网络　通过转换器，聚合物光纤可以与 RS232 和 RS422 等标准协议接口相连，在恶劣的工业制造环境中提供通信线路。利用聚合物光纤网络快速传输控制信号和指令，可以提高生产率，避免因使用铜线电缆受电磁干扰而发生的故障。

5.3.4.5　丙烯酸树脂聚合物光纤的发展动态

(1) 低损耗聚合物光纤　由于 PMMA 中含有大量的 C—H 键，产生高次谐波和电子跃迁损耗，固有损耗主要取决于分子振动吸收和瑞利散射，其损耗不能显著降低。用氘取代 C—H 中的 H 是降低损耗的重要途径，氘化的主要作用是降低分子振动吸收。由于氘化单体的聚合速率较缓慢，聚合物的内应力小，所以氘化也能降低瑞利散射。氘化度越高，损耗水平越低。另外，在 PMMA 中引入 F 原子，分子体积变大，等温压缩率上升，折射率下降，从而也能够使散射损耗下降。C—F 比 C—D（氘化）结合的振动吸收损耗更低。用含氟单体在结构骨架上引入与非晶态聚四氟乙烯相似的环状结构，在波长 600~1300nm 的理论衰减为 25~50dB/km。近年来，在低损耗聚合物光纤的芯材研究方面，研究重点已由氘化转向氘化与氟代相结合，并对含氘、含氟的 PMMA 芯材进行了较系统的研究，氘化氟代的 PMMA 是很有前途的低损耗聚合物光纤芯材。

(2) 耐热甲基丙烯酸聚合物芯光纤　在通信过程中，环境温度对聚合物光纤性能的影响很大。如何提高聚合物光纤的耐温性能，满足不同工作环境的需要是聚合物光纤所要解决的重要问题。PMMA 芯光纤是产量最大的聚合物光纤，但其使用温度上限仅为 80℃，这一温度远低于无机光纤。为提高其耐热性，通常采取下述方法。

① 引入大侧基　MMA-IBOMA（甲基丙烯酸冰片酯）共聚物芯光纤，25℃ 下的损耗为 220dB/km（650nm），120℃ 处理 72h 后，损耗为240dB/km；采用连续本体聚合并除去挥发物的工艺所制得的光纤，在115℃ 处理 240h 后，损耗为 170dB/km。含甲基丙烯酸三环癸酯的共聚物芯光纤具有良好的耐热、耐湿和柔软性。甲基丙烯酸苯酯、甲基丙烯酸金刚烷基酯等都能提高耐热性。MMA-MA-St 共聚物芯光纤在 120℃ 加热 100h 后，损耗为 475dB/km（660nm）。该体系的芯材可制得耐热、抗碎裂性好的柔韧光纤。MA-i-BMA（甲基丙烯酸叔丁酯）共聚物芯光纤，在 140℃ 加热 100h后，损耗为 450dB/km（660nm）。

② 主链上引入酰亚胺环　第一种方法是采用共聚法。MMA-N-甲基二甲基丙烯酰胺共聚物芯光纤 130℃ 加热 100h 损耗不变；MMA-N-苯基马来酰亚胺共聚物芯光纤，在 110℃ 加热 1000h 后，透光率降低 12%，PMMA芯则降低 98%。第二种方法是 PMMA 与均二甲脲反应，此法制得的光纤在120℃ 加热 1000h，损耗不变。第三种方法是 MMA 与甲胺的反应产物，其热变形温度可提高到 162℃。

③ 交联、引入羧酸盐、添加稳定剂　MMA 与甲基丙烯酸缩水甘油酯共聚物经辐射交联后，可提高光纤的耐热性。MMA-甲基丙烯酸-甲基丙烯酸钠共聚物芯光纤，120℃ 加热 500h，透光率降低 40%。若添加稳定剂则其必须与芯材相容性好，而且不吸光，例如可采用不吸收 650nm 波长光的亚硫基二丙酸二月桂酯。

除芯材外，日本通研所还研究了耐热性鞘材和甲基丙烯酸共聚物鞘材，如耐热性好的甲基丙烯酸十七氟癸酯-甲基丙烯酸异冰片酯-甲基丙烯酸共聚物鞘材。

(3) **耐湿甲基丙烯酸聚合物光纤**　聚合物光纤与无机光纤相比易吸潮，而水能增强芯材聚合物 C—H 的振动吸收，使光纤的损耗增大。将脂肪环、苯环和长链烷基引入芯材聚合物，能提高聚合物光纤的耐湿性。如三氟乙烯基五氟代苯/α-三氟甲基三氟丙烯酸三氟甲酯共聚物芯光纤，在 90% 相对湿度和 60℃下放置 2d，损耗仅增加 9dB/km（658nm）。甲基丙烯酸甲酯-甲基丙烯酸环己酯-丙烯酸甲酯共聚物芯光纤在 95% 相对湿度和 70℃下放置1000h，透光率仅下降 1.5%。另外，改善包层或增加包层数也可改善 POF的耐湿性。

(4) **荧光聚合物光纤**　荧光聚合物光纤是在芯材中掺入一定量的荧光剂，其入射端面输入特定波长的光，这种光被荧光剂所吸收，然后发出另一特定波长的光，由聚合物光纤出射端面输出。荧光聚合物光纤可制成特殊的光纤传感器，也可制作功率放大器。

(5) **非线性聚合物光纤**　采用偶极性有机材料同芯材混合，用垂直机头牵引挤出成型，并在靠近模头处设置高强直流电场，这样处于黏流态聚合物中的偶极性有机物获得电场取向，随着黏流态聚合物的冷却成型，非线性有机材料偶极取向固定，从而获得非线性聚合物光纤。这种非线性聚合物光纤可制作电光及非线性光学器件，是一种新型的聚合物光纤。

随着科技的发展，聚合物光纤的应用领域越来越广，其市场的发展会越来越广阔，因此，更应密切注视聚合物光纤的研究和发展。国外在聚合物光纤的应用开发上已取得了较大的成果，且不断在加大新的应用研究投入，在韩国、中国以及我国台湾地区已经有厂商开始投入研发生产。

5.3.5 丙烯酸酯塑料在其他领域的应用

5.3.5.1 在建筑行业的应用

近年来，随着饭店、宾馆、学校、图书馆及高级住宅的兴建，我国建筑采光体迅速发展，用有机玻璃挤出板制成的采光体，具有整体结构强度高、自重轻、透光率高、安全性能高等明显的优点，整体结构自重小于 $35kg/m^2$，整体上凸的结构，防水效果极佳，不易被外力损坏。采光屋面可加工成方底球面形，圆底球面形，金字塔形、拱形、正方形、长方形等各种多样形式，可与任何一种主建筑的风格协调。外观豪华，可以有无色透明、茶色、宝石蓝、绿色等多种颜色。由于其透光率高、拆装灵活、安全可靠等特点，特别适合进深跨度大的公用建筑。同时可以有效地提供人们所需的自然光线，减少了对电光源的依赖，节约了能源。

与硅酸盐玻璃采光体相比，有机玻璃具有安全的巨大优势。硅酸盐玻璃很脆，因此，在使用过程中极易破损，容易伤人。而采用有机玻璃则可以完全杜绝此类事故。有机玻璃即使遇到超负荷冲击，也只是产生龟裂而没有碎片的飞溅，不会对人构成危害。图 5-53 为有机玻璃板材与硅玻璃板材用软式球和硬式球进行破坏试验的对比情况。可以看出，普通硅玻璃全部破碎，且碎片飞溅，PMMA 板材无破坏。虽然同等条件下钢化玻璃和有机玻璃板材破坏强度相等，但破坏的形态截然不同，有机玻璃板具有更好的安全性。

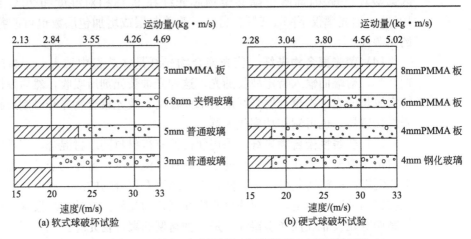

■图 5-53 有机玻璃板材与硅玻璃板材破坏试验对比

同时，建筑用窗玻璃也可以用有机玻璃代替硅玻璃。美国和日本在法律中作出了强制性规定，中小学和幼儿园的建筑用玻璃必须采用有机玻璃。随着我国法律法规的不断完善，预计在不久的将来，我国也会有相应的规定出台，必将为有机玻璃的应用提供更广阔的市场。

在高楼大厦的楼梯护板、电梯的护板普遍采用一定厚度的有机玻璃透明板或彩色板，用以代替硅玻璃，不但保证了安全，同时也美化了环境。有的房屋在装修时，在屋内四壁装上一定高度的透明或彩色有机玻璃，楼梯踏板采用印纹的厚板有机玻璃，彰显出时尚富贵的气派。

发达国家在农业、林业上普遍采用有机玻璃建造温室，以培养农作物和各种树苗，促进了农林业的发展。一般使用波纹型和中空型有机玻璃。由于光透射率高，利于农林作物生长，还因隔热性好，可节省大量能源。耐候性好，可使用十年以上。

水族馆是模拟海洋鱼类等海生动物遨游、生物培养、供人们观赏的科学教育和研究的场所。大型透明水槽和海底隧道使用透明度高、强度高、安全性好、有一定厚度的有机玻璃是唯一的选择。有机玻璃突出的透明性易于人们观赏，其抗冲击性比硅酸盐玻璃高 10 倍以上，采用合适厚度的板材如 55～60mm，完全可避免破裂，使用非常安全。同时板材无臭无味，对鱼类和生物无毒，利于海生动物的生存。此外有机玻璃是热塑性材料，应用粘接技术和成型加工技术，可建造不同形状、不同尺寸和厚度的水槽和海底隧道。日本三菱人造丝公司和德国 Röhm 公司是生产水族馆和海底隧道用浇注有机玻璃板材的专业化生产厂商。如北京富国海底世界采用了 Röhm 公司生产的板材，隧道长 120m，隧道直道处有机玻璃的厚度为 55mm，弯道处为 60mm，可承受 40m 的水压。

5.3.5.2 在显示行业的应用

由于全球电子显示行业的高速发展，PMMA 下游增长最迅速的是在 LCD 市场。2006～2011 年 PMMA 在 LCD 市场年均增长 16.8%，预计 2011～2016 年需求年均增长 7.1%，需求增长主要受到电脑和平板电视市场的驱动。据台湾电子时报研究中心统计，2010 年国际 LED 平板电视需求量已超过 3000 万台，这成为推动 MMA 与 PMMA 强劲需求的主因。资料显示，一台电视平均使用 PMMA 2～2.5kg，这意味着在电视显示行业，PMMA 的需求将达 6 万～7.5 万吨。此外，PMMA 片材还可以用于电脑显示器等的生产。最保守估计，2010 年仅是使用于电脑显示器的 PMMA 就将超过 15 万吨。

对于液晶显示屏的电子产品，同样需要 PMMA。液晶本身不会发光，必须用背光（Back light）作为光源。采用液晶显示面板的液晶电视、笔记本电脑以及台式计算机，冷阴极管所产生的光源需透过一层 PMMA 扩散板，这样能防止光源的分布不均。图 5-54 是 PMMA 在各种显示器中应用的结构示意图。

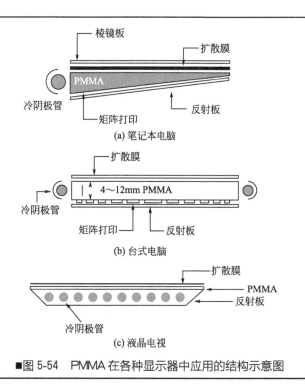

■图 5-54　PMMA 在各种显示器中应用的结构示意图

5.3.5.3 在光学元件中的应用

由于有机玻璃及丙烯酸树脂比无机玻璃质量轻、透光率高、不易破碎，并能通过注射成型生产光学元件，其优点可以从表 5-125 中看出。目前，光学镜片用的材料已不再将无机玻璃作为首选，而逐渐将重心转向具有优良光学特性的聚合物树脂，光学透明丙烯酸树脂材料除了制作眼镜镜片外，还在望远镜、照相机、衍射光栅等需要镜片的光学设备、仪器的光学镜头上基本替代了无机光学材料。

■表 5-125 丙烯酸树脂镜片与玻璃光学镜片的比较

优　　点	技　术　特　征
密度小，重量轻	一般树脂镜片的相对密度为 0.83~1.5，而光学玻璃为 2.27~5.95
耐冲击性强	丙烯酸树脂镜片的抗冲击力是玻璃镜片的十几倍，故而不易破碎，安全耐用
耐光性好	在可见光区，树脂镜片透光率与玻璃相似；近红外区，比玻璃稍高；紫外区以 0.4μm 开始随着波长的减小透光率下降，波长小于 0.3μm 的光几乎全部被吸收
易成型加工，成本低	注射成型的树脂镜片，只需制造一个精密的模具，就可以大量生产，节省了加工费用和周期
能满足特殊要求	易制作非球面镜片，能够进行染色

丙烯酸树脂镜片耐磨性、耐化学溶剂性比玻璃差，表面易划伤，吸湿性比玻璃大，这些缺点可以通过镀膜来改善。但热膨胀系数高，导热性差，软化温度低，容易变形而影响光学性能是其致命缺点。

作为光学镜片的树脂材料主要应满足光学性能（折射率 n_D，阿贝数 v 等指标）切削研磨性，耐药品性，耐热性，染色性，耐冲击性，耐候性，操作安全性，聚合时低的收缩性等要求。能够作为丙烯酸树脂光学镜片的材料主要有聚甲基丙烯酸甲酯（PMMA）或其共聚物，以及 EA 树脂（丙烯酸与双酚 A 环氧合成得到的一种双酚 A 环氧丙烯酸双酯单体，再与苯乙烯共聚而成）。表 5-126 为几种丙烯酸树脂光学镜片的性能。

■表 5-126 几种丙烯酸树脂光学镜片的性能

材　料	PMMA	MMA/St 共聚物	EA 树脂
透光率/%	92	90%	＞90%
折射率 n_D	1.491	1.566	1.5836
阿贝数 v	57.4	35	32
相对密度 d	1.19	1.09	1.14
冲击韧性/(kJ/m²)	2.2~2.8	—	15.7
热膨胀系数/℃$^{-1}$	7×10^{-5}	—	8.2×10^{-5}
饱和吸水率/%	2		0.22

PMMA 不加紫外线吸收剂时，能透过波长 270nm 以下的紫外光，连续使用温度为 65~95℃，表面硬度 M80~M100，可用于制作太阳镜片及镜片与镜架连成一体的视力矫正镜，能注射成型。甲基甲烯酸甲酯/苯乙烯（MMA/St）的共聚物冲击强度和耐热温度稍高。美国理查逊公司和日本三

菱公司均制造出了这种改性树脂镜片。EA 树脂耐强碱、弱酸、盐水溶液、耐醇类脂肪族，溶于丙酮。

丙烯酸树脂作为新型的光学镜片材料，在隐形眼镜技术中也得到了广泛的应用。隐形眼镜材料大致分为：

① 硬镜，聚甲基丙烯酸甲酯（PMMA）；

② 透气硬镜，醋酸丁酸纤维素（CAB）、硅氧烷甲基丙烯酸酯（SMA）、氟硅丙烯酸酯（FSA）、氟多聚体等；

③ 硅弹镜，聚硅氧烷橡胶、聚硅氧烷树脂；

④ 软镜，聚甲基丙烯酸羟乙酯（PHMA）或甲基丙烯酸甲酯与其他聚合物混合改性。

目前，软硬组合式镜片取透气硬镜光学性能好、矫正散光好、透氧充分的优点，又兼软镜的湿润性好、舒适、附着稳定的特长，用于矫正圆锥角膜和高度角膜性散光尤为理想。

虽然光学透明丙烯酸树脂材料在许多应用领域基本替代了无机光学材料，但存在的缺点还不能完全满足在光电子和其他领域应用的要求，限制了其应用范围。因此，提高光学透明丙烯酸树脂材料的耐热性、耐划伤，改善吸湿性、折射率和双折射等性能，制备高性能、功能化的光学镜片仍是该领域的研究重点。

5.3.5.4 在汽车行业中的应用

PMMA 在汽车中除应用在表盘、车灯等方面，现在已拓展到内外装饰材料、车标等方面，表 5-127 列出了 PMMA 在汽车上的应用实例。

■表 5-127　PMMA 在汽车上的应用实例

零　件	材料要求	零　件	材料要求
仪表盘	光学性能好；抗紫外线老化性优异；有较高的表面硬度	外装饰件、反光镜和前装饰条、车身装饰件	颜色明亮度和光泽度好；尺寸稳定性好；生产加工性好；具有较高的表面硬度
指示灯	光学性能好；抗紫外线老化性优异；较高的表面硬度；流动性和着色性好；机械加工性能优异	汽车标牌、车门挡雨板、车窗、隔板、反光镜外盖、车顶导板	更高光泽、更高表面硬度、更好抗老化性
车标	真空电镀及印刷成膜性优异；透明性和抗紫外线老化性能好；耐刮擦	车前灯、车尾灯、后灯、大灯	光学性能好；抗紫外线性；耐冷热交变；耐刮擦
窗框和硬质顶盖	流动性能优异；透明性好；光泽度高；良好的力学性能；抗紫外线老化	汽车内饰：车内 AV 部件、高光泽装饰盖	更高光泽、更高表面硬度

5.3.5.5 在家具、卫生洁具及室内外装饰中的应用

在家具行业 PMMA 之所以能够得到人们的青睐，主要是因为 PMMA 家具具有"仿水晶"的质感。由于 PMMA 材质的特性，PMMA 家具产品造

型丰富，色泽艳丽，晶莹剔透，其"仿水晶"的美誉更是身份、地位、品位的象征，符合人们"求美"的购买动机。另外，PMMA 具有经久耐用的特性，与实木家具怕虫、板式家具怕潮、玻璃家具怕碎相比，PMMA 成型制备的家具更显得经久耐用，不易变形，美观实用。图 5-55 为 PMMA 为原料制成的光鲜亮丽的家具和灯饰品。

■图 5-55　以 PMMA 为原料制造的家具和灯饰品

随着全国城市建设步伐的加快，兴建了大量的街头标志、广告灯箱、电话亭、高速公路及高等级道路照明灯罩，所用材料中有相当一部分是有机玻璃。

有机玻璃浴缸、洗脸盆等卫生洁具具有外观豪华、有深度感，容易清洗，强度高，质量轻及使用舒适等特点，得到用户的青睐。目前，国产有机玻璃浴缸已超过 200 万只。

5.3.5.6　在 IT 行业中的应用

在发展迅速的信息技术产品领域，国内外加工企业已推出 PMMA 与 ABS 共混工程塑料产品，既保留了 ABS 良好的加工性、韧性，同时兼具 PMMA 优异的耐候性、表面硬度和光泽性等优点，使得 PMMA/ABS 合金具有比 ABS 好得多的耐候性、耐刮擦性和光泽。产品广泛运用于要求外观亮丽的各种电器、电子及复杂制件外壳，如车载电视、CD 机壳、液晶电视外壳、显示器外壳、音响壳体、电话机和打印机壳体、复印机部件、MP3外壳、手机壳和充电器外壳等，实现了高光泽、免喷涂化、降低成本的目的。

近年来，在东亚地区和国内信息技术产品生产领域，PMMA 的应用量增长非常迅速。在国外，PMMA 还广泛用来制作 DVD 光盘，在信息记录、储存、传输中发挥着重要作用。未来几年内，国内 IT 行业的发展，必将促进 PMMA 应用的发展。

5.3.5.7 改性有机玻璃的研究进展

虽然有机玻璃具有其他透明材料不可比拟的优越性，但仍不能回避使用温度低、耐热性差、吸水率较高、耐磨性及耐有机溶剂性均较差等不足。针对有机玻璃的弱点，人们进行了许多改性研究。

（1）**耐热型 PMMA** 提高 PMMA 耐热性的方法主要是使其大分子链段的活动性降低。目前，国内外通常采用以下几种方法提高 PMMA 的耐热性：①在 PMMA 主链上引入大体积基团的刚性侧链；②在主链上引入环状结构；③加入交联剂。近几年来也用纳米粒子改善 PMMA 的热性能。Etlenne 等在纳米 SiO_2 表面接枝 PMMA，再与 PMMA 基体熔融，从而得到 PMMA/SiO_2 纳米复合材料，这种复合材料的热学性能和力学性能都有显著提高，其最大分解温度比 PMMA 提高了 15℃。

国内学者对耐热型 PMMA 也作了大量的研究。吴良虎等人采用溶胶凝胶法制备了纳米二氧化锆，通过本体聚合法制备了 PMMA/纳米 ZrO_2 和 PMMA/苯基硅树脂复合材料，通过对 PMMA 复合材料进行分析表明，纳米二氧化锆或苯基硅树脂与聚合物之间产生了一定的相互作用。通过 TGA 分析表明，PMMA 复合材料的热稳定性能得到明显改善。主要原因是纳米二氧化锆或苯基硅树脂的加入，限制了 PMMA 分子链的运动，从而提高了 PMMA 的玻璃化温度。表 5-128 为加入不同含量纳米二氧化锆、苯基硅树脂之后，PMMA 玻璃化温度的变化情况。

■表 5-128 加入不同含量纳米二氧化锆、苯基硅树脂 PMMA 的玻璃化温度

样品编号	0	1	2	3	4	5	6	7	8
纳米 ZrO_2 含量/%	0	0.5	1	3	5	0	0	0	0
苯基硅树脂含量/%	0	0	0	0	0	0.5	1	3	5
T_g /℃	112.7	116.6	117.0	117.2	115.2	111.2	121.4	120.7	123.4

（2）**防辐射 PMMA** 随着现代科学技术的发展，防辐射材料的应用领域越来越广，对性能要求也越来越高。所谓防辐射材料，就是指能吸收或耗散辐射能，对人体或仪器起到保护作用的材料。多年来，相关工业部门、医疗及科研机构均采用铅板和无机铅玻璃作为防辐射器材使用，但是铅板笨重，毒害大，随着欧盟 RoHS 指令的发布，其应用不断受到限制。为此，各国均在研究和开发新型无铅屏蔽材料。在射线屏蔽材料研究中，透明的防辐射有机玻璃一直是个重点研究领域。目前，国内外对防辐射有机玻璃的研究重点主要集中在含铅、钡等有机玻璃方面，并已获得实际应用。表 5-129 是国内含铅 PMMA 与国外同类产品的性能比较。

国内学者蒋平平等人分别用本体和微乳聚合法制备防辐射含铅有机玻璃。

■表 5-129　国内含铅有机玻璃与国外同类产品性能比较

项　目		密度/(g/cm³)	拉伸强度/MPa	悬臂梁冲击强度/(kJ/m²)	热变形温度(负荷 1.82 MPa)/℃	铅当量/mmPb
日本含铅有机玻璃-XA	H	1.61	48	3.1	90	0.2（厚 10mm）
	S	1.32	64	1.5	93	0.5（厚 13mm）
国内含铅有机玻璃		1.44	34	1.7	90	0.6（厚 5mm）
普通有机玻璃		1.19	79	2.2	100	0

在本体聚合制备研究中，主要研究了在甲基丙烯酸甲酯（MMA）/甲基丙烯酸二甲氨乙酯（DM）的共聚体系中加入甲基丙烯酸铅［Pb(MA)$_2$］和辛酸铅［Pb(OA)$_2$］透明防辐射材料的配方及制备工艺。微乳聚合法重点研究甲基丙烯酸甲酯（MMA）与甲基丙烯酸二甲氨乙酯（DM）比例一定时，辛酸铅、硝酸铅及苯乙烯的加入对聚合物透明度的影响，确定了最佳体系。微乳聚合制备的防辐射含铅有机玻璃含铅量达到 18%。

(3) 抗冲击 PMMA　由于 PMMA 本身质脆，冲击强度低，应用于某些场合时，需要对其进行增韧改性以满足工程需要。传统的有机玻璃增韧改性方法主要有：①共聚、交联增韧；②掺入第二相粒子共混增韧；③采用互穿聚合物网络结构；④纤维增强增韧。

对于共聚、交联增韧，从改变 MMA 侧基特性与对 PMMA 进行主价交联与次价交联是最基本的方法。甲基丙烯酸甲酯的 α 位上的甲基可以被氰基或氟、氯原子取代。氟代丙烯酸甲酯单体与 MMA 共聚，随氟单体含量的增高，聚合物的拉伸强度和冲击强度有一定的改善。而对于掺入第二相粒子共混增韧的方法，人们对橡胶粒子和核壳粒子进行增韧的研究比较深入系统，对采用无机微细粒子进行增韧增强的途径也越来越受到重视；采用互穿聚合物网络结构（IPN）是两种或两种以上交联聚合物互相贯穿而形成的交织在一起的聚合物网络，可以视为用化学方法实现的机械共混物。Ph. Heim 等采用 PU/PMMA 的 IPN 结构制备高抗冲、高透光性的浇注有机玻璃板材，PU 的添加量不超过 10% 时，PMMA 板材的综合性能较好；纤维增强增韧也被用来制备抗冲击 PMMA，J. Rolson 等采用单向硼硅酸盐玻璃纤维增强 PMMA 得到了高透光率的复合材料，抗冲击性大大提高，当单向硼硅酸盐玻璃纤维含量增大到 40% 时，有机玻璃的弯曲强度增大 6 倍，弯曲模量增大了 9 倍，断裂功增大了两倍多。

5.4 高吸水性树脂

5.4.1 概述

高吸水性树脂（Super absorbent polymer，SAP）是一种含有羧基、羟

基等强亲水性基团，并具有一定交联网状结构的特殊功能高分子材料。通过水合作用能迅速地吸收达自身质量几百倍至一千多倍的吸水量，也能吸收几十倍至一百倍的食盐水、血液和尿液等液体。传统的吸水材料如棉花、海绵、纸等的吸水作用是依靠毛细管原理进行的，属于物理吸附，其吸水能力只有自身质量的20~40倍，并且挤压时大部分水易被排挤出来。而高吸水性树脂由于其分子结构有一定的交联度，内部的水分不易用简单的机械方法挤出来，因而具有很强的保水性。表5-130是传统的吸水材料与高吸水性树脂吸水能力的比较。

■表5-130　几种传统的吸水材料与高吸水性树脂吸水能力的比较

吸水材料	吸水能力（质量分数）/%	吸水材料	吸水能力（质量分数）/%
瓦特曼3号滤纸	180	木头纸浆绒毛	1200
面巾纸	400	棉花球	1890
聚氨酯海绵	1050	高吸水性树脂A-200（伊朗Rahab Resin公司）	20200

SAP具有高吸水倍率的内在原因之一是其大分子链上存在大量的如羧基、酰氨基、羟基等亲水性基团。交联的丙烯酸盐聚合物是合成树脂系吸水材料的重要部分，而且被认为是最有希望的吸水树脂。典型的丙烯酸系高吸水性树脂的吸水过程如图5-56所示。

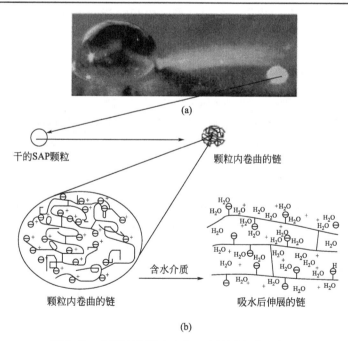

■图5-56　典型的丙烯酸系高吸水性树脂的吸水过程

（a）单个SAP颗粒吸水前（右）和吸水后（左）的变化；（b）SAP颗粒吸水后分子链的变化

自 20 世纪 60 年代末，美国农业部北方研究所首次以淀粉接枝丙烯腈制得具有超过传统吸水材料（如海绵、卫生纸、尿布等）吸保水性能的吸水材料以来，各国科学家在合成高分子吸水材料领域展开了广泛而深入的研究。SAP 是 1978 年开始进入工业化生产的，30 多年来，高吸水性树脂在卫生用品等许多方面得到广泛的应用，产量快速增长。

5.4.2　全球生产状况

5.4.2.1　国外的生产状况

2009 年，全球高吸水树脂总产能约为 178 万吨/年，产量约为 165 万吨，同比分别增长了 3.5％和 3.6％。预计 2014 年，全球高吸水树脂总产能约为 208 万吨/年，产量约为 197 万吨，产能和产量年均增长率约为 3.2％和 3.6％。SAP 发展的前二十多年里，日本厂商曾引领全球 SAP 生产的发展，产能达到 75 万吨/年，约占全球总产能的 44％，2004 年，日本触媒是世界第一大 SAP 生产公司，其产能为 41 万吨/年，生产基地遍及日本、美国、欧洲和中国。赢创德固赛公司于 2006 年上半年收购道化学的高吸水树脂业务后，使得 SAP 市场的格局发生了极大的变化，产能达到 44 万吨/年，已超过巴斯夫成为目前全球第一大高吸水树脂生产企业，占全球高吸水树脂总产能的 24.7％。

2009 年，巴斯夫公司高吸水树脂的产能为 36 万吨/年，约占全球高吸水树脂总产能的 22.2％，位列第二。日本触媒公司高吸水树脂的产能为 35 万吨/年，约占全球高吸水树脂总产能的 19.7％，位列第三。国内外高吸水树脂主要生产企业情况见表 5-131。

■表 5-131　国内外高吸水树脂主要生产企业产能

序号	公司名称	目前产能/(万吨/年)	序号	公司名称	目前产能/(万吨/年)
1	赢创德固赛	44	5	住友	17.5
2	巴斯夫	36	6	韩国 LG	11
3	日本触媒	35	7	NA 工业	6
4	三大雅	18	9	其他	7

2009 年，全球高吸水树脂总消费量约为 165 万吨。全球高吸水树脂消费构成为卫生用品占 92％（其中婴儿尿布占 78％，成人失禁垫占 10％，妇女卫生巾占 4％），农业占 4％，建筑业占 1％，其他领域占 3％。预计，2014 年全球高吸水树脂消费量将达到 197 万吨，2009～2014 年的消费年均增长率约为 3.6％，如表 5-132 所示。

5.4.2.2　国内的生产状况

20 世纪 80 年代我国开始研究高吸水性树脂，国内研究高吸水性树脂的专利与文献报道层出不穷，但在工业化及应用研究方面与国外还有很大差

■表 5-132　国外高吸水性树脂各领域消费现状与预测　　　　　　　单位：万吨

年份 应用领域	2009 年	2014 年	2009～2014 年年均增长率
卫生用品	151.3	181	3.6
农林园艺	6.2	7.8	4.7
建筑	1.6	2	4.6
其他	5.9	6.2	1
合计	165	197	3.6

距。20 世纪 90 年代末，国内有 20 余家企业建有中小型高吸水树脂生产装置，但是当时国内还没有大规模的高纯度丙烯酸生产，加之高吸水性树脂产品性能的缺陷，使产品的应用范围受到很大的限制，因此，当时的高吸水性树脂生产装置开工率很低。特别是在 2001～2003 年，国家对进口丙烯酸酯实施反倾销制裁，致使国内丙烯酸原料价格上涨，导致多数高吸水性树脂生产厂家停产、倒闭，国外产品集合占领了国内全部市场。之后经过国内企业的多方努力沟通，商务部撤销了对丙烯酸酯的反倾销案，国内有些停产或濒临停产的企业又恢复了生产。到 2009 年为止，国内已经有近 20 家企业生产高吸水性树脂。

2009 年，国内高吸水性树脂产能达到 17.5 万吨/年，产量约为 12.1 万吨。2010 年，国内没有新增装置投产，所以产能没有变化，产量约 12.7 万吨。到 2014 年，随着国内已规划和潜在规划项目的投产，预计中国高吸水树脂的产能将达到 31.5 万吨/年，产量约为 25 万吨。使得 2009～2014 年产能年均增长率约为 12.5%，产量年均增长率计划约为 15.6%，详见表5-133。

■表 5-133　国内高吸水性树脂生产现状与预测

年份/年	产能/万吨	产量/万吨	开工率/%
2009	17.5	12.1	69.1
2014	31.5	25	79.4
年均增长率/%	12.5	15.6	

中国作为全球高吸水性树脂最具有成长潜力的市场，一些跨国公司纷纷在中国内地建立高吸水性树脂生产厂。2003 年，日本触媒公司在江苏张家港成立了日触化工（张家港）有限公司，开工建设 3 万吨/年的高吸水性树脂生产装置，并于 2005 年建成投产。2003 年 7 月，日本三大雅公司在南通成立了三大雅精细化学品（南通）有限公司，同年 10 月在南通经济开发区开始建设 2 万吨/年的高吸水树脂生产装置；2006 年 3 月，三大雅开始进行二期项目的扩建；2007 年 7 月，二期项目建成投产，使该公司高吸水性树脂的总产能达到 5.5 万吨。2005 年 3 月，台湾塑胶工业（开曼）有限公司在浙江省宁波市投资 930 万美元成立台塑吸水树脂（宁波）有限公司，该公司的高吸水性树脂生产装置设计产能为 3 万吨/年，于 2007 年 12 月建成投产。

2009 年，我国约有 17 家高吸水树脂生产商。目前，三大雅精细化学品（南通）有限公司是最大的高吸水树脂生产商，总产能占国内总产能的 31％，台塑吸水树脂（宁波）有限公司和日触化工（张家港）有限公司并列第二，约占 17％，具体的生产企业产能情况见表 5-134。

■表 5-134 国内高吸水树脂生产企业情况

序　号	公司名称	2009 年产能/（万吨/年）
1	三大雅精细化学品（南通）有限公司	5.5
2	台塑吸水树脂（宁波）有限公司	3
3	日触化工（张家港）有限公司	3
4	泉州邦丽达科技实业有限公司	2
5	济南昊月树脂有限公司	1.2
6	浙江衢州威龙高分子材料有限公司	0.6
7	河北海明生态科技有限公司	0.6
8	唐山博雅科技工业开发有限责任公司	0.3
9	常州市新亚环保材料有限公司	0.3
10	其他	1
	合计	17.5

5.4.3　高吸水性树脂的分类

SAP 种类繁多，可以有以下几种分类方式。

(1) 按原料分类　有淀粉系（接枝物、羧甲基化等）、纤维素系（羧甲基化、接枝物等）、合成聚合物系（聚丙烯酸系、聚乙烯醇系、聚氧乙烯系等）几大类。其中聚丙烯酸系高吸水性树脂具有生产成本低、工艺简单、生产效率高、吸水能力强、产品保质期长等一系列优点，成为当前该领域的研究热点。目前世界 SAP 生产中，聚丙烯酸系占到 80％左右，交联的聚丙烯酸盐聚合物被认为是应用最广泛的合成树脂系吸收材料。

(2) 按合成方法分类　目前生产高吸水聚合物分为水溶液聚合（生产量最大）和反相悬浮聚合，此外还有其他类型的聚合方法。其引发方法以化学引发法为主，另外还有 γ 射线辐射引发法、紫外光辐射法和微波辐射法。

(3) 按产品形态分类　粉末状、纤维状、片状、膜状、发泡体、乳液状和圆颗粒状等。最常见的形态是白色粉末状的。溶液聚合丙烯酸盐和淀粉接枝丙烯酸盐的最终产品大多为粉末状，反相悬浮聚合的聚丙烯酸盐可得到颗粒状的产品。

5.4.4　高吸水性树脂的吸水理论

SAP 的组成不同，其吸水机理也不同，对于聚丙烯酸盐型的吸水性树脂来说，它主要是依靠渗透压来完成吸水过程。而非离子型的 SAP 则是依靠亲水基团的亲水作用来完成的。SAP 的溶胀性能直接影响其产品质量和应用，目前对 SAP 溶胀性能的研究报道很多，其中对高吸水性树脂吸水机理的研究理论主要可归纳为三方面：①吸水热力学机理；②柔性分子链吸水机理；③溶胀动力学机理。

5.4.4.1 高吸水性树脂的吸水热力学机理

SAP 对水的吸附可分为物理吸附和化学吸附。所谓物理吸附是指通过毛细管来吸附水分，因而吸水能力有限，在一定的压力下会很快溢出。化学吸附是指树脂中的亲水基团通过化学键将水分子牢牢地吸附，吸附能力很强，在较高的压力下也难溢出。

SAP 分子中含有较强亲水性的极性基团，并具有三维交联网状结构。与传统的吸水材料不同，SAP 先通过毛细管吸附和分散作用吸收水分，接着树脂的亲水基团通过氢键与水分子作用，离子型的亲水基团遇水开始解离，阴离子固定在高分子链上，阳离子为可移动离子。随着亲水基团的解离，阴离子数目增多，静电斥力增大，使树脂三维交联网络扩张，见图 5-57。同时为了维持电中性，阳离子不能向外部溶剂扩散，而使其浓度增大，导致树脂交联网络内外的渗透压随之增加，水分子进一步渗入。随着吸水量的增大，网络内外的渗透压差趋向于零。随网络扩张其弹性收缩力也在增加，逐渐抵消了阴离子的静电斥力，最终达到吸水平衡。水分子就是在这种渗透压差和树脂三维交联结构扩张而产生的毛细管作用下，向树脂内部渗透和扩散，从而达到吸水的目的。

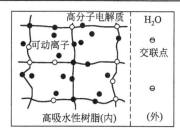

■图 5-57 高吸水性树脂的离子网络

由于 SAP 自身的交联网状结构以及与氢键的结合，限制了树脂在吸附水分时分子网络不能无限制地扩大，保证了树脂吸水后不会溶解于水。这样SAP 内部就存在两种力，一种是内部离子间相斥作用所产生的渗透压力，使水进入树脂内部，导致空间网络扩张；另一种是交联作用所产生的弹性力，使吸水后的树脂具有一定的强度。这两种力相互制约，最后达到平衡，树脂吸水即达到饱和，此时的吸水量即为吸水率。

SAP 的吸水能力可用 Flory 公式定量表示为：

$$Q^{\frac{5}{3}} \approx \left\{ \left[\frac{i}{2V_\mathrm{u}S^{\frac{1}{2}}} \right]^2 + \left(\frac{1}{2} - x_1 \right) \middle/ v_1 \right\} \middle/ \left[\frac{V_\mathrm{c}}{V_0} \right] \tag{5-3}$$

式中　i/V_u——固定在树脂上的电荷浓度；

S——外部电介质的离子强度；

$i/2V_uS^{\frac{1}{2}}$——离子渗透压；

V_c——交联网络的有效交联单元数；

V_0——未膨胀的聚合体体积；

$\left(\dfrac{1}{2}-x_1\right)\!\Big/v_1$——水与树脂的亲和力；

V_c/V_0——树脂的交联密度。

Flory 提出的吸水关系式可简化为：

$$吸水率\infty\frac{离子的渗透压+水的亲和力}{交联密度} \tag{5-4}$$

由式(5-3)可见，SAP 的吸水能力主要取决于电解质浓度、树脂的亲水性以及交联度。对于非电解质吸水材料来说，由于没有离子渗透压，高聚物材料的吸水能力相对较差，吸水性不高。当树脂主链上的羧酸钠侧基遇水后，由于外部盐溶液的离子强度（S）远大于淡水的离子强度，因而吸水率明显下降，这就解释了为什么高吸水材料在盐水、血液、尿液等离子浓度较大的液体中平衡吸液能力比在纯水中小。值得注意的是，在式(5-3)中，离子渗透压是以平方项的形式出现，因而对吸水能力的影响比其他两项因素影响大。

5.4.4.2 高吸水性树脂的柔性分子链吸水机理

SAP 的吸水热力学机理能很好地解释离子型的 SAP 吸水机理，却难以解释非离子型的 SAP 的吸水机理。因此，需从分子链方面对 SAP 的吸水机理作出解释。

根据热力学第二定律，体系总是自发地向熵增大的方向平衡，完全干燥状态的 SAP 在没有外部能量的情况下，大分子链无规则运动，每个碳-碳 σ 键的构象均趋向不一致的状态，此时，SAP 的大分子链总是自发地趋于卷曲的分子构象。

对于理想的柔性大分子链而言，其 C—C 键可以自由旋转，其旋转仅受侧基和氢键影响，具有理想的柔性。但对于 SAP 而言，在交联点附近大分子链的旋转受阻，在交联密度均匀的情况下，每个交联网格的大小相同，可以认为构成交联网格的大分子链具有理想的柔性，即每个吸水网络是理想的，每条交联点之间分子链的碳原子数目相同，SAP 交联网格吸水前后的变化可以采用图 5-58 表示。

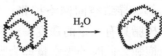

吸水前，交联网格　　　　吸水后，交联
呈收缩状态　　　　　　网格展开

■图 5-58　高吸水性树脂交联网格吸水前后的变化

因此，SAP 的交联密度越低，大分子链的柔性越强，有效链长越长，其构象变化越容易，吸水能力越强，克服大分子链构象变化所需要的外部能量也越小，即 SAP 的凝胶强度越低。从大分子链构象变化的角度来看，选取主碳链侧基与水分子的亲和力大的单体，有助于增强 SAP 大分子链的柔性。

5.4.4.3 高吸水性树脂的溶胀动力学

采用 Berens-Hopfenberg 扩散-松弛模型方程解释树脂的溶胀动力学。扩散-松弛模型方程提出水分子的扩散和树脂大分子链段的松弛对树脂吸液率的贡献满足线性关系，即树脂 t 时刻的吸液率 M_t、扩散吸液率 $M_{t,F}$ 和松弛吸液率 $M_{t,R}$ 关系为：

$$M_t = M_{t,F} + M_{t,R} \tag{5-5}$$

$$M_{t,F} = M_{\infty,F}\left[1 - \frac{6}{\pi^2}\sum_{n=1}^{\infty}\frac{1}{n^2}\exp(-n^2 k_F t)\right] \tag{5-6}$$

$$M_{t,R} = M_{\infty,R}\left[1 - \exp(-k_R t)\right] \tag{5-7}$$

式中　$M_{\infty,F}$——扩散吸液平衡时的吸水率；

$M_{\infty,R}$——松弛吸液平衡时的吸水率；

k_F——扩散速率常数；

k_R——松弛吸液速率常数。

式(5-3) 两边同除以 M_∞，得：

$$w = \frac{M_t}{M_\infty} = x\eta(k_F, t) + (1-x)\xi(k_R, t) \tag{5-8}$$

式中　M_∞——SAP 溶胀达到平衡时的总吸液率；

w——树脂 t 时刻的吸液率占溶胀达到平衡时吸液率的分数；

$x = M_{\infty,F}/M_\infty$——扩散吸水对树脂溶胀平衡时总吸水率贡献的权重；

$\eta(k_F,t) = 1 - \frac{6}{\pi^2}\sum_{n=1}^{\infty}\frac{1}{n^2}\exp(-n^2 k_F t)$——扩散吸水对树脂溶胀平衡时总吸水率的贡献；

$\xi(k_R,t) = 1 - \exp(-k_R t)$——松弛吸水对树脂溶胀平衡时总吸水率的贡献。

5.4.5 高吸水性树脂的主要制备方法及工艺流程

5.4.5.1 水溶液聚合法

由于大多数 SAP 的单体是水溶性的，故可以选用水为溶剂的溶液聚合法。溶液聚合法简单、成本低，但具有反应产生的热量无法散发、后处理需增加干燥、粉碎、筛分工序，产品生产流水线较长、产物破碎后粒径分布不均匀等缺点。由于水溶液聚合法具有成本较低、对设备要求低，投资省、工艺较简单、生产效率高、操作安全、体系纯净、交联结构均匀等优点，所以水溶液聚合方法比较常用。采用该方法生产 SAP 的厂家有日本触媒、三洋化成、德国 Stockhause 等公司，国内的 SAP 生产也基本采用该方法。至 2007 年，占全球 93.2% 的产能采用溶液聚合工业。

采用 γ 射线、微波引发需要特殊的容器，射线发生装置在操作上有很多不便之处。γ 射线引发虽然有文献报道其引发速率快，但由于设备昂贵、射线泄漏危险，在民用生产领域不具备普及优势。热引发生产的产品普遍发黄、单体残留率高、聚合不均匀，故不适合制造高性能的产品。引发剂引发可以方便地控制引发速率，调节吸水性能，所以被广泛采用。

以水为溶剂，将丙烯酸及经碱部分中和后的丙烯酸和丙烯酸钠混合单体，在交联剂、引发剂的存在下经交联聚合、干燥、粉碎制得 SAP。该生产方法过程不会产生有毒、有害物质，整个过程可在环境友好的氛围中进行，主要工艺流程见图 5-59。

■图 5-59　水溶液法生产 SAP 工艺流程

以下为水溶液聚合 SAP 典型的配方和聚合工艺实例。

① 按表 5-135 各组分原料的重量份数分别取样称量。

■表 5-135　水溶液聚合 SAP 的典型配方

序号	组　分	质量份	序号	组　分	质量份
1	丙烯酸	20	5	椰子油二乙醇酰胺	1
2	氢氧化钠	5	6	尿素	2
3	N,N-亚甲基双丙烯酰胺	0.01	7	过硫酸铵	0.01
4	羧甲基纤维素	1	8	水	49.67

② 用水预先配置所需的溶液备用，步骤如下：配置质量浓度为 40% 的丙烯酸溶液（用水 30 份），质量浓度为 25% 的氢氧化钠溶液（用水 15 份），质量浓度为 30% 的尿素溶液（用水 4.67 份）。

③ 在质量浓度为 40% 的丙烯酸溶液中加入质量浓度为 25% 的氢氧化钠溶液中和，然后加入交联剂 N,N-亚甲基双丙烯酰胺，羧甲基纤维素（CMC），椰子油二乙醇酰胺（活性剂）进行搅拌，搅拌速率为 300r/min；升高水浴的温度至 50℃，接着加入质量浓度为 30% 的尿素溶液和过硫酸铵，搅拌速率 300r/min；继续升高水浴温度到 70℃，并控制此温度下反应搅拌

6h 后，形成黏弹性物质，取出反应产物。

④ 反应产物干燥粉碎后即得改性后的丙烯酸高分子吸水树脂。

5.4.5.2 反相悬浮聚合法

反相悬浮聚合法合成 SAP 与水溶液合成 SAP 不同，其合成过程是以有机溶剂为分散介质作为油相，经碱部分中和的丙烯酸钠和丙烯酸混合水溶液作为水相，以液滴方式分散在油相介质中，在悬浮分散剂和搅拌作用下形成油包水的稳定分散液滴，即油包水的悬浮液，引发剂和交联剂熔解在水相液滴中进行聚合方法。聚合反应结束后，需用减压蒸馏等方法除去油相的有机溶剂，然后对凝胶进行干燥可制得 SAP 产品，见图 5-60。

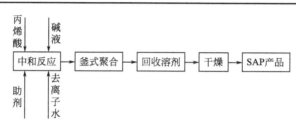

■图 5-60　反向悬浮聚合法制备 SAP 的工艺流程

反相悬浮聚合 SAP 产品吸水速率快，吸水能力高，粒径分布均匀，后处理简单，只需干燥即可获得产品，无需进行粉碎筛分，可直接获得珠状产品，解决了水溶液聚合法的传热、搅拌困难等问题。该方法的缺点是主设备材质要求高，设备投资大，由于生产过程采用有机溶剂需要有溶剂回收装置，容易产生污染。另外反相悬浮聚合法只能进行间歇性的生产，设备利用率低，生产效率低。采用该法生产的有日本住友精化和日本触媒等公司。我国目前未见采用该法工业生产的报道。至 2007 年，约 7％的产能是采用可产出微珠的反相悬浮聚合工艺制备的。

为了提高反应的稳定性及产品的吸水能力，许多研究人员做了大量的工作。住友精化公司发明了典型的多步反相悬浮聚合工艺的专利，第一次反相悬浮聚合后，冷却分散体系，使该体系中的分散剂完全沉淀出来，确保再加入的待聚合液体不会自成液滴，只吸附在第一次聚合产生的粒子表面，然后升温进行第二次聚合，得到窄分布的葡萄状吸水树脂。经过多次的反相悬浮聚合，可以得到预期粒径大小的吸水树脂。

以下为反相悬浮聚合 SAP 典型的配方和聚合工艺实例。

① 按表 5-136 各组分原料的质量份数分别取样称量。

② 先将总水量 30％～70％的水与氢氧化钠配置成氢氧化钠溶液，然后将剩余的水和氯化钙配置成氯化钙溶液。

③ 在丙烯酸中加入氢氧化钠溶液中和，得丙烯酸钠溶液。

④ 在带水浴的反应釜中加入正己烷和椰子油二乙醇酰胺，搅拌均匀后，

■表 5-136　反相悬浮聚合 SAP 的典型配方

序号	组分	质量份	序号	组分	质量份
1	正己烷	90~140	5	氯化钙	3~15
2	椰子油二乙醇酰胺	30~50	6	N,N-亚甲基双丙烯酰胺	0.03~1
3	丙烯酸	20~40	7	过硫酸铵	0.05~1
4	氢氧化钠	5~12	8	水	32~100

加入丙烯酸钠溶液，然后加入氯化钙溶液和交联剂 N,N-亚甲基双丙烯酰胺，进行搅拌，升高水浴的温度至 50℃，加入过硫酸铵；继续升高水浴温度到 70~80℃，并控制此温度下反应搅拌 4~6h 后，取出反应产物。经干燥后即得丙烯酸高分子吸水树脂。

得到的丙烯酸高分子吸水树脂为白色颗粒状物质，吸水后分子链呈纳米程度分散，其吸水率可达自身重量的 500~550 倍，吸盐水率达吸收自身重量的 80~100 倍。

5.4.6 高吸水性树脂结构表征

SAP 是一类不溶不熔的低交联高分子聚合物，红外光谱（IR）、核磁共振法（NMR）、质谱及热解气相色谱是表征 SAP 的有效工具。

在 SAP 的表征中，红外光谱与 ^{13}C-NMR 得到广泛应用。A. Crugnola 等将交联的聚丙烯酸薄膜和部分中和丙烯酸的交联聚合物膜分别于 110℃ 和 250℃ 下加热 10min，对比处理前后的 IR 图谱，发现有酸酐形成，见下式。道化学公司的 Cuite S S 研究发现，将丙烯酸类高吸水性树脂在 250℃ 下加热 10min，生成酸酐的倾向与丙烯酸的中和度成反比。

^{13}C-NMR 也是一种有力的表征工具，在 ^{13}C-NMR 图谱中，可以用羧基碳化学位移的漂移来表征。羧基碳的化学位移与聚丙烯酸类高吸水性树脂的中和度有关。中和度低，羧基碳的化学位移为 180ppm，不易与聚丙烯酰胺的羧基碳区分，而中和度高（羧酸以盐形式存在），羧基碳的化学位移为 184ppm。

在聚合物表征中，热分析技术用来分析聚合物熔点、玻璃化温度 T_g 以及聚合物热降解与氧化。差示扫描量热仪（DSC）以升温法或降温法可观察到 SAP 热容量的变化，定出 SAP 的 T_g。Grennbere 等研究表明，SAP 的 T_g 与聚合物体系的交联度有直接联系，对不同交联共聚物，玻璃化温度会随交联度提高而升高或降低。

上述的表征方法对分析 SAP 十分有效，但都不能直接反应 SAP 的分子网络结构。道化学公司的 Cuite S S 将 SAP 中酯类交联剂水解，再用凝胶渗透色谱（GPC）分析，能得到聚合物分子长链分子量及其分子量分布。然而这种方法也只适用于含酯类交联的 SAP，对 SAP 分子网络结构进行研究，还需借助分子网络模型。

5.4.7 高吸水性树脂的应用

5.4.7.1 卫生用品

1979 年，日本三洋化成工业公司最先将吸水高聚物添加到妇女卫生巾中，开启了高吸水聚合物材料应用的新时代。1983 年，高吸水性聚合物应用于婴儿尿布。目前，应用量最大的是在个人卫生用品方面。按用量大小次序为婴儿纸尿裤、儿童训练裤、成人失禁用品和妇女卫生巾。用量最大的婴儿纸尿裤约占卫生用品 SAP 用量的 90％以上，而成人尿布需求增长速度近年来开始大于婴儿尿布的需求增速。在日本、西欧和美国等工业化国家和地区，随着人口老龄化速度加快，SAP 用于纸尿布和卫生用品的需求近年来年均增长速度约为 5％。据日本卫生用品行业协会统计，日本成人尿布产量 2006 年同比增加了 12％，2007 年增长了 7％，2008 年第一季度趋于平稳，第二季度和第三季度均增长了 4％。同期日本婴儿尿布生产情况，2006 年趋于平缓，2007 年同比增长 6％，2008 年第一季度增长了 2％，2008 年第二季度增长 5％，第三季度增长 4％。

20 多年来，中国一次性卫生用品市场快速增长，表 5-137～表 5-139 分别是截止到 2006 年国内婴儿纸尿裤、妇女卫生巾和卫生护垫、成人失禁用品的消费量和市场渗透率，从中可以看出其增长趋势。以 2007 年为例，市场规模就已达到 400 亿元（包括卫生巾/卫生护垫、婴儿纸尿裤/纸尿片、成人失禁用品、湿巾），估计约占全球市场份额的 10％，近几年市场规模已超过 450 亿元。截至 2007 年底，有卫生巾/卫生护垫企业 644 家，纸尿裤企业 321 家（与卫生巾企业有重复统计），其中，前 15 位为卫生巾/卫生护垫的市场份额达到 61.8％，前 3 家的市场份额为 27.5％，见图 5-61。前 10 位婴儿纸尿裤生产商的市场份额达到 86.1％，见图 5-62。

■表 5-137 国内婴儿纸尿裤的消费量和市场渗透率

项　　目	1993 年	1995 年	2000 年	2001 年	2002 年	2003 年	2004 年	2005 年	2006 年
0～2 岁婴儿/百万人	47.5	48.8	42.4	42.05	41.0	40.5	40.2	40.4	40.8
婴儿纸尿裤总消费量/亿片	0.4	1.5	9.5	11	11.5	14.0	23.5	34.0	43.5
婴儿纸尿片消费量/亿片	—	—	—	4.0	4.8	5.5	6.0	7.7	10.1
婴儿纸尿裤市场渗透率/%	0.07	0.28	2.05	3.26	3.63	5.5	6.7	9.43	12.0

注：婴儿纸尿裤市场渗透率按国内 0～2 岁婴儿实际使用者人均需用纸尿布 3 片/天计算。

■表5-138　国内妇女卫生巾和卫生护垫的消费量和市场渗透率

项　目	1990 年	1995 年	2000 年	2001 年	2002 年	2003 年	2004 年	2005 年	2006 年
适龄妇女数/百万人	311.1	330.0	350.0	352.7	355.0	357.0	358.8	360.7	362.2
卫生巾消费量/亿片	28	186	315	334	351	368	384	399	415
卫生巾市场渗透率/%	5	31.3	50.0	52.6	54.9	57.3	59.5	61.4	63.7
卫生护垫消费量/亿片	—	—	65.0	95.0	120	144	165	178	190
卫生护垫市场渗透率/%	—	—	1.86	3.37	4.32	5	5.75	6.17	6.56

注：渗透率按国内适龄妇女（15～49岁）实际使用者人均需用妇女卫生巾180片/年，卫生护垫800片/年计算。

■表5-139　国内成人失禁用品的消费量

年份/年	65 岁以上人口/万人	成人纸尿裤/亿片	护理垫/亿片
1999	8687	0.40	0.50
2000	8811	0.48	0.55
2001	9062	0.58	0.61
2002	9377	0.68	0.67
2003	9692	0.74	0.72
2004	9879	1.00	1.10
2005	10055	1.18	1.21
2006	10400	1.52	1.34

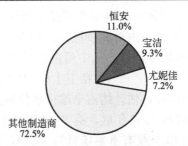

■图 5-61　2007 年卫生巾/卫生护垫前 3 位制造商所占市场份额（销售额）

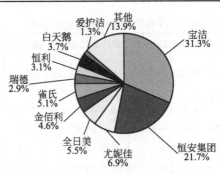

■图 5-62　2007 年排序前 10 位的婴儿纸尿裤（含纸尿片/垫）生产商的市场份额（销售额）

卫生用品所用的 SAP 大部分是聚丙烯酸盐，主要是聚丙烯酸钠盐，其次是聚丙烯酸钾盐，少数是丙烯酸淀粉接枝和丙烯酸共聚物。婴儿纸尿裤由三部分基本设计组成，即多孔的面层、吸水的芯层和不漏的底层组成，吸水的芯层内有高吸水性树脂。婴儿纸尿裤对 SAP 有如下要求：良好的吸水能力；吸收婴儿数次排尿后仍保持稳定的吸尿能力；在婴儿身体移动所产生的剪切力作用下，保持不溢出并有持续的吸尿能力。

成人失禁材料的使用者大部分是由于各种伤病导致的瘫痪、失禁或行动不便的成人或老年人，少部分是因长时间工作不便而不得已使用的消费者，主要以纸尿裤的形式使用。成人纸尿裤的结构主要分 4 层，从顶层到底层依次是面层包覆材料、集液扩散转移层、吸液芯和背层材料，此外还有腿部护围、弹性材料和热熔胶等构件。其中，吸液芯是成人失禁材料的关键功能层，主要有绒毛浆和粒状高吸水性树脂组成。

卫生巾要吸收的液体比较复杂，是更黏的水、盐和细胞的混合物。由于细胞很大，高吸水性树脂难以吸收其至网络结构中，因此，常用表面活性剂涂于高吸水性树脂粒子表面，用于改善对血液的分散性。

目前对 SAP 的研究主要集中在降低成本，提高吸水后凝胶强度，提高聚合物耐盐性这三个方面。提高吸水后水凝胶强度，主要是通过后处理进行表面交联，减少水溶部分含量。科学家 Lind 与 Smith 以含表面活性剂与烯烃添加剂的混合液处理丙烯酸树脂，可将残余单体含量减至 50mg/kg。在提高聚合物耐盐性方面，采用 SAP 与离子交换树脂混合方式，利用离子交换树脂的离子交换特性，降低水溶液的离子浓度，从而提高 SAP 对盐水溶液的吸水性。SAP 与无机水凝胶的复合物是利用无机水凝胶耐盐性较好的特点，将阴离子型 SAP 与无机水凝胶配合，形成凝胶复合体，有利于提高 SAP 的耐盐性。

5.4.7.2 农业林业和园艺

我国干旱、半干旱地区约占国土面积的 51%，水土流失严重，森林覆盖率仅为 13.92%，而干旱地区植树成活率仅为 10%～30%，半干旱地区为 30%～50%，与国家要求植树造林成活率须达 85% 以上差距甚远。因此，开发高吸水保水材料对促进我国农业发展，改善生态环境，实施可持续性发展战略具有重要意义。

自 1973 年美国 UCC 公司最先将 SAP 应用于土壤保水后，SAP 已经逐渐应用到农林园艺的苗木培育及输送，育种，改善土壤保肥性、保水性，抑制水土流失等方面。

(1) 土壤改良剂 SAP 作为土壤改良剂主要是利用 SAP 良好的吸水能力，使土壤中的水分被树脂吸收，以减少土壤中流失的水分，并起到降低热传导的作用，可降低昼夜温差，有利于农作物的生长。同时 SAP 可增强土壤易分散微粒间的黏结力，使微粒能够彼此黏结，团聚成水稳性团粒，从而引起粒径组成的变化。土壤团聚体数量的增加，对改善土壤通透性，防止表土结皮，减少土面水分蒸发等都有较好作用。对于土壤中水分含量较低的黏质土壤，SAP 有助于提高土壤中的空气含量，改善根系周围的水、肥、气、热等生理环境，促进根系发育，扩大吸收面积。

龙明杰等以淀粉接枝丙烯酸、淀粉接枝丙烯腈、淀粉接枝丙烯酸胺、淀粉接枝醋酸乙烯酯等接枝共聚物作为土壤改良剂，改良南亚热带地区的赤红壤，研究了使用 SAP 土壤改良剂后土壤理化性质的变化。结果表明，淀粉接枝共聚物不仅能提高大于 0.25mm 水稳定团粒结构数量，降低土壤容量，增大持水量、渗透系数、水分含量，而且还能显著影响土壤对肥料元素的吸附作用。

(2) 种子涂层或种子包衣 以混合法、涂覆法将 SAP 用于植物种子培育，可以提高发芽率，缩短发芽时间，促进植物的生长。例如，将 SAP 与草籽拌种，可提高在干旱地区飞机播种的成活率。超强吸水剂按 1% 浓度对水搅拌形成凝胶状，涂在种子表面或与肥料、营养剂、杀虫剂、灭菌剂、腐殖土等成分混合制成种子包衣剂，具有促芽、促活、增产等效果，可用于人工播种小麦、玉米、大豆、花生及直播造林、种草。其试验结果见表 5-140。

■表 5-140　SAP 作为种子涂层的效果

作物名称	早出苗/天	提高出苗率/%	增产率/%
小麦	1~3	13	2~20
玉米	1~3	8~47	3~20
甜菜	2	2~6	—
西瓜	1~2	5~9	4.3
花生	—	2.7~8	7~14.4
芝麻	—	—	10~18
大豆	—	—	12.2~46.9
棉花	—	—	3.2~17

用 SAP 对化肥进行包衣后施肥，可使肥料不受雨水冲刷而缓慢释放，提高化肥的利用率，减少了肥料流失造成的浪费和对环境的污染，更能发挥品种优良性能，并兼具防伪功能。

(3) 苗木移植保存剂 在园林业、农业中，常常需移植各种苗木，若保管不善，移植期间苗木会因根部干旱而枯死，因此，常采用根和土一起挖出对苗木进行土壤保护，这样将消耗大量的人力和运输费用，并带来很多麻烦。SAP 解决了这一难题，开辟了苗木移植的新途径。在苗木移植中，只需将 SAP 吸水凝胶涂覆在出土幼苗的根部，进行保水处理，移植数天至半月内不需浇水，可大大提高幼苗的成活率和移植存活时间。

日本已在中东和非洲地区做了近 20 年的试验工作，收到了较好的效果，引起世人关注。同样，这项工作的开展对我国北方地区少雨多旱、土地沙化的现状具有重要的意义。将 SAP 配置成 0.3%～0.4% 凝胶液，埋入

10～15cm 深的沙漠中，就可在上边种植草籽、耐旱灌木，甚至蔬菜和一般农作物。在水土流失严重的沙性土壤中，添加 0.2％左右的 SAP 可使羊茅草增产 40％。在干旱地区，新栽的幼苗由于得不到适量的水分，成活率极低，如果苗木出土后，在其根部蘸上 0.1％～0.5％的高吸水性树脂溶液，可使苗木成活率达到 50％以上。如果用 1％高吸水性树脂溶液蘸根，并将树苗在空气中放置 1 个月再载入土中，成活率可达 99％以上。

淀粉-丙烯酸、淀粉-丙烯酰胺、淀粉-丙烯酰胺-丙烯酸-马来酸酐等的接枝共聚物为主的高吸水性树脂，淀粉-丙烯酸酯-马来酸酐等共聚物的皂化物，纤维素-丙烯酸接枝共聚物，纤维素-丙烯酰胺-丙烯酸接枝共聚物吸水剂是主要应用于农业、林业和园艺的高吸水性树脂。

5.4.7.3 电缆和电气

电缆、光缆是电力、通信等的传输载体，对水非常敏感，电缆进水有发生漏电的危险，光缆进水将不能传输信息。SAP 用于架设或铺设在地下，特别是海底铺设的电缆、光缆，是将高吸水性树脂层制成防水带，包覆在电缆芯上作为防水层，一旦外套管有裂痕或损伤，水进入防水层，内含的高吸水性树脂吸水膨胀后密封损伤部位，可防止水入侵至电缆，避免电缆受潮而降低可靠性，从而提高电缆的安全性，延长其使用寿命。据 Stockhausen 公司介绍，用 SAP 做防水处理的电缆成本低，性能等同甚至优于传统处理方法。

目前，SAP 在这方面的应用正在扩大，特别是在光缆的止水、隔水材料方面。作为光缆止水、隔水材料所采用的 SAP 主要有淀粉-丙烯腈接枝共聚体皂化水解物、淀粉-丙烯酸盐接枝共聚物等。

此外，在电子行业，SAP 还可用于温度传感器，水分测量传感器，漏水检测器，光致变色元件，光应答性元件，身体用电极，超声波的探头等。

5.4.7.4 医用

SAP 吸水后形成的凝胶比较柔软，对人体无刺激性、无副反应、不发生炎症、不引起血液凝固，具有人体适应性，已被广泛应用于医药各个方面。

可用于药片分散剂，微胶囊，医用检验试片。还可用于配制消炎镇痛敷膏，含水量大、使用舒适，能长期湿润皮肤，控制药物释放，有利于创伤面的康复。还可用其制成能吸收手术及外伤出血和分泌液，防止化脓的医用绷带和棉球。

SAP 与透水性好，易成膜，具有醇溶性的尼龙组合作人造皮肤，有良好的水蒸气透过性，可阻隔细菌，有保持药物的能力。另外在隐形眼镜、缓释药物基材等制造中也有应用的实例。

5.4.7.5 土建建筑

混凝土和砂浆的开裂是工程中常发生的质量事故，这是具有较低水胶比、掺用活性矿物掺和料的高性能混凝土表现出的较大自收缩变形引起的。自收缩变形的根本原因是混凝土内部的自干燥。高性能混凝土结构密实,外部养护用水很难进入混凝土内部,后期水泥水化所需的水分无法得到补充,使水泥石内部自干燥现象加剧。因此,为了缓解混凝土内部自干燥,多采用内养护的方法,采用预吸水的陶粒或陶砂或其他吸水人造轻骨料代替普通骨料。但人造轻骨料吸水率有限,缓解干燥、减小收缩效果不明显。

马新伟等用丙烯酸聚合物的超强高吸水性树脂吸水后对混凝土进行内养护。研究表明,超强吸水性聚合物的颗粒更小,在混凝土中分散均匀,其吸水量大,可有效补充水泥石中的消化用水。在砂浆中加入预吸水的超强吸水聚合物后,显著降低了混凝土的自收缩变形,不同水灰比下,自收缩可减小70%~90%。但混凝土硬化后,超强吸水聚合物在混凝土内部留下形状相对规则的封闭孔,这使混凝土强度有一定程度的降低。

丹麦工业大学的 Jensen M 和 Hansen P F 共同提出,在混凝土中加入超强吸水性聚合物能有效改善自干燥,这一方法并得到了国际学术界的广泛认同。当因混凝土水化导致混凝土内部湿度降低而影响混凝土水化时,聚合物材料可释放出所蓄水分,为混凝土的进一步水化提供水源,延缓混凝土的自干燥进程。

在建筑工业上,SAP 还可与天然橡胶或合成橡胶混合,再加入表面活性剂,使它们的相容性提高,制成密封材料。SAP 在遇到水或其他水性流体就急剧膨胀,迅速填满缝隙,形成紧密的密封,并能保持良好的机械强度,具有较强的耐强酸、强碱性能,特别是在输油、气管线的密封上是较优选择,现已用于建筑构件之间、管件连接处的密封剂。这已在英法海底隧道施工中得到了应用,取得了满意结果。此外,在河流、水库、堤坝、矿井等防水堵漏工程抢险中,应用含 SAP 的堵水剂可以大大提高安全性。

5.4.7.6 食品包装

2007 年 1 月中旬,美国食品和药物管理部门(FDA)对巴斯夫公司生产的 SAP 产品发放了允许使用在间接的食品接触包装中的许可证,该 SAP 是以冰丙烯酸和丙烯酸酯为原料制得的,现以巴斯夫商标名 Luquasorb FP800 在全球范围销售。

据巴斯夫公司介绍,在食品包装上使用的 SAP 和薄膜或无纺布组合,加工成各种食品吸液垫的衬里材料,间接与食品接触,可包装水果、蔬菜、禽肉和鱼等食品。SAP 可吸收食品泄漏的液体,如微量血水或水汁或它们的混合液,可使食品保持鲜嫩、延长新鲜期和色泽,提高商品价值。达到同样吸收能力时,用 SAP 的包装材料比其他包装材料省,是一种较经济的包装袋用品。

还可利用 SAP 的吸水吸湿性能和释放水分性能,对食物进行保鲜。例如,在装 15kg 柿子的瓦楞箱中喷 120~160mL 38%乙醇水溶液,使用含有 SAP 的脱水板材,利用 SAP 具有吸水、吸湿的性能来吸收露水和湿气,使瓦楞箱处于低温状态，就可以有效地防止水果的蛀损。

5.4.7.7 油田

随着石油开采领域的不断扩大，钻井深度逐步增加，贫油矿也越来越多，难度也就愈加增大，而且现在产出的原油高凝油占很大的比重，开采和运输都比较困难。超强吸水性树脂具有吸水不吸油等许多优良特性，可用作许多采油化学剂，如破乳驱油剂、分散剂、水处理剂、减阻剂、降黏剂、降凝剂等。SAP 还可有效脱除油品中的少量水分，在含有少量水分的煤油中加入 SAP，充分搅拌滤出树脂，可以得到全部脱除水分的油品。

以聚丙烯腈和聚丙烯酰胺等合成高分子树脂，能控制泥浆的黏度和持水量，还有絮凝作用，更重要的是它们还具有耐细菌破坏和热稳定性，在油田应用较多，缺点是对于多价金属离子有敏感性，容易发生反应而产生沉淀。聚丙烯酸钠因具有支链少和线型柔性长链的大分子结构，减阻效果优良，是应用最广泛的高吸水性树脂。

张维刚等以聚乙二醇双丙烯酸酯（PEGDA）为交联剂的聚丙烯酸钠吸水性树脂（PAA-Na SAP）作为减阻剂效果明显，在原油中加入树脂 $40 \sim 160 \mu g/g$，油品性质基本不变，减阻率 20% 以上。

SAP 还可与无机物粉末粒子制得吸水性复合体，在石油开采中用作可迅速凝胶化的堵水剂。此外，SAP 还可用作油田的化学堵漏材料。

5.4.7.8 防火和灭火

德国 Degussa 公司曾报道，该公司研制的 Firesorb 灭火剂就是一种新型的含有 SAP 的灭火剂。该灭火剂具有很高的防火和灭火性能，它的吸热能力是水的 5 倍，使用这种灭火剂不仅可以减少 50% 的用水量，而且可以缩短灭火时间。

5.4.8 高吸水性树脂的发展趋势

虽然目前 SAP 的研究已经取得很大的进展，但无论理论研究还是生产技术等方面都还需要进一步的改进、提高和发展，其性能仍存在许多不足，特别是耐盐性、吸水速率、强度还较低，给应用带来了困难。随着 SAP 在农业上的扩大应用，如何改善其缓/控释肥性能及环境降解性也成为人们关注的问题。研究和应用 SAP 的工作主要有以下几方面。

（1）**提高 SAP 的耐盐性**　由吸水原理可知，影响树脂吸水能力的因素很多，主要有交联密度、结构组成、溶液性质、表面形貌、制备方法等。根据盐溶液对 SAP 吸水作用的影响，人们采用以下几种方法提高其抗电解质的性能。

①引入多样化基团　由 Flory 公式可知，非离子基团不受外部盐离子的影响，它的引入不但可以加快树脂的吸水速率，而且能大幅提高树脂的耐盐性。可以将不同类型单一基团的物质进行共聚（包括接枝共聚），使树脂

每一个分子链上具有不同的亲水基团，发挥不同基团之间的相互协同作用，降低盐效应和离子效应是提高树脂吸水能力和耐盐性的重要手段。

若使树脂不但具有羧基、磺酸基、磷酸基、叔胺基、季铵等阴离子和阳离子基团，而且还有羟基、酰氨基、酯基等非离子型亲水基团，则其耐盐性和吸水速率会得到明显改善。由于非离子性基团的引入，树脂吸水迅速，在短时间内，树脂高分子网络电离成离子对，离子间电荷的相互作用使高分子网束张展，同时产生较大的渗透压，较大的渗透压又加快树脂的吸水速率，进而又有利于加快高分子网束张展。通过此良性循环，增强树脂的耐盐性和吸水速率。

孙克时等采用水溶液聚合法，在丙烯酸中通过引入亲水性非离子单体（丙烯酰胺、甲基丙烯酸羟乙酯），使吸生理盐水能力比均聚物提高近 10%；丙烯酸-2-丙烯酰氨基-2-甲基丙磺酸合成的共聚物吸生理盐水达 200g/g。

② 交联剂的选择　交联剂用量的大小，决定了树脂空间网络的大小。交联剂链的长短与树脂对水分子的束缚能力以及树脂吸水后的凝胶强度密切相关。交联剂链上的官能团的亲疏水性与数量对树脂的吸水能力也有影响。Omidian H 等在研究中发现，交联剂用量增加，树脂的吸收离子溶液的能力减弱，但树脂对盐的敏感性降低，改变交联剂用量对树脂耐盐性的影响，比改变单体用量的影响大。如采用不同分子量的聚乙烯醇和双烯酸酯作为交联剂。聚乙烯醇的羟基具有强亲水性，又不受盐的影响，用此羟基部分代替丙烯酸的酸根，相当于聚乙烯醇与丙烯酸形成共聚物交联体，从而提高耐盐性。

③ 提高吸水树脂互穿网络中离子电荷的密度和离子的电离度　互穿网络聚合物是指由两种或两种以上聚合物相互贯穿而形成的聚合物网络体系。参与互穿的聚合物之间并未发生化学反应，而是相互交叉渗透，机械缠结，起到"强迫互溶"和"协同效应"的作用，这种网络间的缠绕可明显地改善体系的分散性、界面亲和性，从而提高相稳定性，实现聚合物性能互补，进而达到改性的目的。

Lim 等采用了涂液聚合法制备了丙烯酸和聚乙烯醇互穿网络结构的高吸水性树脂，发现其吸收 0.9%NaCl 溶液的能量最高可达 2114g/g。

④ 与其他成分复合　为了降低成本，提高性能，出现了一系列吸水性复合材料。无机水凝胶的耐盐性一般比较好，但不稳定，如果将无机水凝胶与 SAP 结合在一起，就可以得到稳定且耐盐性好的吸水树脂。常用的无机水凝胶有铝凝胶、铁凝胶、钛凝胶、硅凝胶、高岭土等。这种方法主要应用于对产品需求量大、且要求不太严格的油田开采用堵水剂以及农林业用保水剂等方面。

(2) 提高吸水（液）速率　由高吸水树脂的吸水机理可知，高吸水树脂的吸水速率依赖于水与凝胶之间的相互扩散作用。所以，提高吸水速率的改性方法主要是围绕增大吸水树脂的比表面积展开的。其主要的改性方法为：

小尺寸树脂颗粒的合成、合成大孔及超孔树脂以及其他改善吸水速率的方法。

Omodian H 等采用反相悬浮法制备了聚丙烯酸钠高吸水性树脂，发现树脂颗粒越小，吸水速率越快。然而，树脂的粒径又不能太小，否则将会导致"面团效应"使其吸水速率反而下降。

高吸水树脂的溶胀和消溶胀过程主要是高分子网络的吸收或释放溶剂，这是一个慢的扩散过程，而且接近临界点时更慢。但较小树脂粒径只能在一定范围内增大树脂的吸水速率，因此，不能单独靠减小粒径来实现高吸水树脂的快速吸水。具有相互连接的孔结构可以使溶剂的吸收或释放通过孔径的对流实现，能在很大程度上缩短水在树脂中的扩散距离，使这一过程比在非孔凝胶中的扩散过程快。因此，在合成树脂的过程中，可通过对高吸水树脂制孔来改善其吸水速率。

(3) 提高 SAP 凝胶强度　一般而言，凝胶强度与吸水倍率互为矛盾，水凝胶的强度随交联度上升而提高，但交联度越高，则吸水速率越低，吸水量也减少，因此，必须根据要求的吸水量和吸水速率，控制一定的交联度，达到相应的强度。另一种方法是加入无机矿物，因为无机矿物的强度比 SAP 的强度高很多，将 SAP 与无机矿物复合，有利于提高 SAP 的凝胶强度，不但吸水性能不变化，而且耐久性好，保水性能高。

解决吸水倍率与凝胶强度这两个性能矛盾的有效方法之一是把吸水树脂粒子设计成"核-壳"结构（core-shell structure）：低交联密度的"核"保证吸水树脂有高的吸水倍率，高交联密度的"壳"保证吸水树脂有高的凝胶强度，见图 5-63。同时，再把吸水树脂颗粒做成孔隙状，这样，吸水树脂就具有高吸收倍率、高凝胶强度、快吸水速率的优良综合吸水性能。

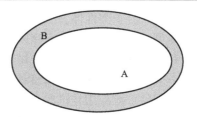

■图 5-63　SAP 粒子的"核-壳"示意图
核(A)：低交联密度区域；壳(B)：高交联密度区域

(4) 改善缓/控释肥性能　近年来，研制保水缓/控释肥料已成为肥料研究的方向。SAP 与肥料可以通过物理混合（吸附或造粒）、包膜或化学合成 3 种方式结合为材料与功能复合一体化的保水缓/控释肥料，使其具有肥料养分缓释和保水的双重功能。何绪生等通过化学聚合反应合成了一种氮肥和保水材料在材料和功能复合一体化的凝胶保水缓释肥料，具有肥料养分缓释和保水的双重功能。研究认为，SAP 的降解率决定了肥料的释放速率。另外，由于土壤中离子的影响，SAP 在土壤中的膨胀度低，肥料释放缓慢，从而显示出较好的缓释性能。而保水剂缓释机理仍有待人们进一步的研究。

(5) SAP 环境降解性的研究 目前，应用于农业的 SAP 以聚丙烯酸盐为主，是难以生物降解的，因此，开发可生物降解保水剂，减少对环境的污染是当前国内外在这一领域的重要研究课题。近年来，关于丙烯酸和乙烯酮缩二乙醇共聚的研究是一项重点，在聚合过程中乙烯酮缩二乙醇通过重排反应在聚合物骨架引入一个酯键，这种酯键能够水解使聚合物骨架断裂，降低了 C—C 骨架聚合物分子量，易被生物降解。

(6) 降低成本扩展用途 价格问题一直阻碍吸水性树脂的广泛应用，为了在农业等方面得到广泛的应用，必须降低成本，这可从生产原料、工艺和设备等方面入手。现在，SAP 除在卫生用品领域用量加大外，还应拓宽 SAP 的用途领域，例如它可用于固定酶，还可用于色谱和传感器。

(7) 加强理论研究 现在的文献报道多集中在产品的合成及应用领域，而对内部结构、吸水机理以及定性的通过分子模拟和量化分析的研究很少，使得理论研究远落后于研发应用，如果没有丰厚的理论研究基础，SAP 的研制开发就会受到束缚，因此，加强理论研究是十分迫切和必要的。

5.5 丙烯酸酯橡胶与弹性体

5.5.1 概述

丙烯酸酯橡胶（ACM）是由丙烯酸酯单体聚合而成的主链为饱和结构、侧基带有极性基团的大分子弹性体。按其共聚单体、硫化单体的类型及硫化特性可分为：含氯型、含环氧基型和自交联型等；按其耐热特性可分为耐热型（使用温度 $-15\sim180℃$）、耐寒型（使用温度 $-30\sim-25℃$）和超耐寒型（使用温度 $-40\sim-35℃$）。丙烯酸酯橡胶具有很好的耐热、耐油、耐候等特性，常制为特种密封件广泛应用在汽车、航空、航天等各个领域。

丙烯酸酯弹性体是指以丙烯酸类单体（$CR＝CR'—COOH$）为主，经均聚、共聚、共混、接枝而得到的一大类聚合物，结构中至少含有一种柔性丙烯酸酯链段或以聚丙烯酸酯作弹性相，可进行热塑加工，它可以看作是将热固性丙烯酸酯橡胶转化成可热塑加工成型的热塑性丙烯酸酯"硫化胶"。由于基团中的 R 与 R' 不同，使得弹性体产品的品种呈现多样。目前，工业化的丙烯酸酯弹性体有聚丙烯酸甲酯、聚丙烯酸乙酯、聚丙烯酸丁酯，聚甲基丙烯酸甲酯、聚甲基丙烯酸乙酯、聚甲基丙烯酸丁酯，聚丙烯腈及其共聚物，聚丙烯酰胺，聚氰基丙烯酸甲酯等。近年来，丙烯酸酯弹性体的开发和制造已发展到相当高的水平，其商业价值日益重要，新品种不断涌现，应用范围已拓展至除轮胎以外的航空、航天、汽车等多个行业各种制品。

5.5.2 丙烯酸酯橡胶

5.5.2.1 丙烯酸酯橡胶的种类与性能

(1) 单体种类 丙烯酸酯橡胶的共聚单体可分为主单体、低温耐油单体和硫化点单体等三类。

常用的主单体有丙烯酸甲酯、丙烯酸乙酯、丙烯酸丁酯和丙烯酸乙基己酯等。

常用的低温耐油单体主要有丙烯酸烷氧醚酯、丙烯酸聚乙二醇甲氧基酯、丙烯酸甲氧乙酯、顺丁烯二酸二甲氧基乙酯等。

常用的硫化点单体主要有含氯型的氯乙酸乙烯酯、环氧型甲基丙烯酸缩水甘油酯、烯丙基缩水甘油酯、羧酸型的顺丁烯二酸单酯或衣糠酸单酯等。

通过控制交联单体种类、分子量以及分子链排布方式等可以得到不同性能的橡胶。

(2) 丙烯酸酯橡胶的性能 一般 ACM 的主链为饱和碳链，侧基为极性酯基，特殊的结构赋予了 ACM 许多优异的特性：耐热（大于150℃）、耐老化、耐油、耐臭氧、耐氧、耐紫外线辐射等。同时，ACM 的力学性能和加工性能优于氟橡胶和硅橡胶；耐热氧老化性优于丁腈橡胶；价格较氟橡胶便宜，其主要用于汽车工业、机械工业中，是近年来重点开发推广的一种密封材料。

丙烯酸酯橡胶具有如下优点。

① 耐热性优良 连续使用最高温度可达180℃，间歇或短时间最高使用温度可达200℃以上；而在热空气环境中使用数年无明显变化，其物理性能受温度影响相对其他普通橡胶较小。

② 高温下耐油性能优良 特别是在含硫及其添加剂的油类环境中表现为惰性。

③ 具有优异的抗氧化性，耐臭氧性能 其耐臭氧氧化性是许多普通橡胶达不到的。

④ 良好的耐候性 其制件在高温、高湿及盐雾的环境下能够长期工作。

⑤ 优异的耐溶剂性，抗屈折龟裂性能良好。

⑥ 耐透气性能良好 可作为密封材料使用。

⑦ 高温下耐压缩永久变形性较好。

不同种类的 ACM 性能不同，影响 ACM 性能的主要因素有：胶料配方、硫化工艺、硫化部位和分子量大小等。而配方中橡胶基体、硫化体系与增塑剂等添加剂的种类与用量不同，其性能明显不同。表5-141为市场上常用的几种 ACM 的基本性能，表5-142为它们在 150℃ ASTM3# 油中，70h后的性能对比。

■表 5-141　不同 ACM 的基本性能对比

橡胶牌号	AR-840	AR-100	AR-300	AR-400
玻璃化温度/℃	−30.3	−15.4	−29.0	−37.8
邵氏硬度	61	70	62	57
拉伸强度/MPa	8.73	9.58	10.03	7.87
扯断伸长率/%	452	592	408	312
扯断永久变形/%	16	12	12	8
压缩永久变形（70h/150℃）/%	77	86	73	80

■表 5-142　不同 ACM 的耐油 （150℃/ASTM3# 油/70h） 性能对比

橡胶牌号	AR-840	AR-100	AR-300	AR-400
邵氏硬度变化率/%	−37.7	−38.9	−39.7	−53.2
拉伸强度变化率/%	−22.9	−1.9	−5.3	−35.4
扯断伸长变化率/%	10.7	2.3	−17.2	−25.8
质量变化率/%	16.9	15.7	16.0	28.7
体积变化率/%	24.0	21.5	22.1	39.7

丙烯酸酯橡胶存在的不足主要表现在：

① 辊筒加工性不好，黏辊筒较为严重；

② 混合物存储稳定性差，并且有残臭；

③ 硫化缓慢，常常需要二次硫化；

④ 耐水性差；

⑤ 对加工模具有腐蚀性；

⑥ 拉伸强度不高。

随着技术的进步，对 ACM 不断进行改性，ACM 的很多缺点已逐步得到改善与解决。例如，日本瑞翁公司解决了黏辊问题；东亚油漆公司已经有相当部分产品不需要二次硫化；日本和美国曾先后以乳液聚合法开发了自交联型 ACM（EA/丙烯酰胺/N-羟甲基丁氧基甲基丙烯酰胺质量比为 99/0.5/0.5）和非共轭双烯作为硫化单体的 ACM，大大改进了其耐水性问题。

5.5.2.2 丙烯酸酯橡胶的合成与改性

(1) 常用的合成方法

① 溶液聚合法　溶液聚合法是丙烯酸酯单体在 BF_3 存在下，以卤代烃作溶剂，形成共聚物。目前，美国杜邦公司和日本住友化学多采用高温、高压的溶液聚合法生产丙烯酸酯橡胶。但溶液聚合法聚合条件要求高、成本较高，采用此方法生产丙烯酸酯橡胶越来越少。

② 乳液聚合法　乳液聚合法是目前生产丙烯酸酯橡胶的主要方法。此方法工艺流程如图 5-64。

■图 5-64　丙烯酸酯橡胶乳液聚合工艺流程

乳液聚合的最大优越性在于其所用设备简单，聚合条件简便，所需原料易得，方便工业化生产。在乳液聚合反应中，影响反应过程的稳定性、时效性、产品产量以及质量稳定性的影响因素如下。

a. 乳化体系的配比与用量　一般选用阴离子或阴离子和非离子复合型乳化剂，不同配方对其应用领域有很大的影响。

b. 聚合温度　温度调节是控制产品质量的一个至关重要的因素。

c. 引发剂种类选择　一般选用油溶性引发剂异丙苯过氧化氢对反应进行引发。

d. 单体的添加方式。

e. 分子量调节剂的添加种类与数量。

f. 凝聚剂的添加。

g. 盐析剂的选择　在工业生产中大多选用 $CaCl_2$ 作为盐析剂，在实验室中则多选择盐酸与硫酸等无机酸类作为盐析剂。

h. 干燥方式的选用与干燥温度的设定等。

不同公司根据其产品牌号、性能和主要应用领域的不同，在工艺路线中所选择的条件不同。例如美国氰胺公司、日本瑞翁公司采用挤出干燥工艺，日本东亚油漆公司则为烘干产品。

③ 悬浮聚合法　丙烯酸酯橡胶也可以采用悬浮聚合法进行合成，但是由于其实际操作性差，反应控制难和产品质量不稳定等因素，此法很少采用。

(2) 常用的改性方法

① 硫化　硫化主要是使丙烯酸酯分子链之间或者官能团之间进行交联反应，形成交联网状结构，可以提高其力学、抗环境老化等性能。硫化过程中，不同牌号的丙烯酸酯选用的硫化工艺与硫化设备不同，但在硫化过程中，最为重要的是硫化体系的选择。丙烯酸酯橡胶硫化常用的三种硫化体系和优缺点见表 5-143。

② 共混改性　改性的主要目的是突出其优势性能或者提高其综合性能，通过添加改性剂可以明显提高丙烯酸酯橡胶的性能。常见的共混改性类型如下。

a. 两种丙烯酸酯橡胶共混改性　根据相似相容原理，两种橡胶组织易互溶。例如：标准型 ACM 耐热、耐油及物理性能好，但是耐低温性能差。而超耐寒型 ACM 耐低温性能好，但耐油性比较差，胶料物理性能也差，将

■表 5-143　丙烯酸酯橡胶硫化常用的硫化体系和特点

硫化体系	优点	缺点
皂/硫黄并用硫化体系	①硫化工艺简便，硫化速率较快 ②胶料在存储过程中稳定性较好	①胶料的热老化性稍差 ②压缩永久变形较大
N,N'-二（亚肉桂基-1,6-己二胺）硫化体系	①硫化胶的热老化性好 ②压缩永久变形较小	①工艺性稍差，会出现黏模等现象 ②硫化程度不高，往往需要进行二次硫化
TCY（1,3,5-三巯基-2,4,6-均三嗪）硫化体系	①硫化速率快，可以取消二次硫化 ②硫化胶热老化性能好 ③压缩永久变形小	对模具腐蚀性较大

这两类 ACM 共混，胶料的综合性能可得到改善，因此在要求耐热、耐油且要耐低温的应用场合（例如汽车的油冷却管），两种 ACM 共混胶料所具有的良好综合性能完全可以满足其要求。

b. 丙烯酸酯橡胶与丁腈橡胶共混改性　可以改善其拉伸性能与加工性能，并能降低橡胶成本。

c. 丙烯酸酯橡胶与硅橡胶共混改性　可以显著提高其耐高温性能，得到耐温、耐油料腐蚀性综合平衡的产品。

此外，ACM 还经常和氯醚橡胶、氟橡胶等共混，以满足实际橡胶制品使用要求。

③ 添加剂改性

通过加入各类添加剂对丙烯酸酯橡胶进行改性，可以明显改善丙烯酸酯橡胶的强度、耐老化性和加工性能。

a. 填充补强剂　丙烯酸酯橡胶多是非结晶性橡胶，纯生胶的机械强度较低，往往低于 10MPa，必须添加补强剂才可以使用。使用填充补强剂后拉伸强度、撕裂强度明显提高，便于加工。例如，利用高耐磨炭黑、喷雾炭黑等补强剂改性效果较好。

b. 加入防老剂　由于丙烯酸酯橡胶经常工作在高温、低温与油脂环境下，故为了延长使用寿命需要加入防老剂。对于防老剂的基本要求是：在高温下不挥发、油环境下不析出。国外有美国尤尼罗伊尔公司防老剂 Naugard 445 和日本 Ouchi Shinko 公司的防老剂 Nocrac 630F；国内主要销售的防老剂是 Naugard 445。

c. 加入增塑剂　增塑剂不仅可以改善橡胶的耐低温性能，还可以改善耐油性和胶料的流动性能。增塑剂的选择标准要着重考虑增塑剂在试验油中的析出性、在热空气中的挥发性及对黏度降低的影响。

d. 加入润滑剂　润滑剂可以改善在混炼加工时的散热性能，提高胶料的流动性能。

e. 加入防焦剂　防止混炼时焦烧现象发生。

f. 加入金属氧化物　可以吸收硫化过程中产生的部分酸性气体，防止酸性气体对硫化过程的阻碍作用。

5.5.2.3 丙烯酸酯橡胶的应用

丙烯酸酯橡胶由于其优良的耐油性、耐高温性、耐候性等，通过不同单体合成与改性的丙烯酸酯橡胶主要应用在航空、航天、汽车、建筑、机械制造、涂料等各个行业中。

(1) 汽车工业　丙烯酸酯橡胶制品应用在汽车工业上的主要制品有：轴封，包括前后曲轴、操作手柄、小齿轮、变速器、传动轴接头、伺服盖等；变速箱中活塞密封、立式离合器及变速箱手动操纵杆密封；阀杆密封；O形圈；油盘密封垫；支重轮密封；轴承防尘罩；气动刹车滑行控制密封；电绝缘制品包括电点火电缆、火花塞套；散热管胶管等。

(2) 航空航天　由于航空与航天器对材料温度的要求比较高，丙烯酸酯橡胶以其较高的耐温性被广泛应用于各种密封垫等密封材料。

(3) 机械制造行业　对于各种机械特别是各种精密机械，丙烯酸酯橡胶制品广泛应用于散热器、加热器的各种软管；点火线和电工用垫以及导线护套；各种机械的火花塞盖等。

(4) 建筑行业　主要用于钢筋混凝土和建筑物的屋面、阳台和外墙的防水。

(5) 其他领域　丙烯酸酯橡胶还应用于高压电力电缆和地下掩埋电缆护套、电器制件的胶辊、传动带、胶管和建筑涂料等，同时还广泛应用于传输带和油罐的衬里等。

5.5.2.4 国内外丙烯酸酯橡胶主要产品牌号

国外丙烯酸酯橡胶的研制和生产主要在美国与日本等丙烯酸工业发达国家，品种丰富，功能齐全。表 5-144 列出了国外主要丙烯酸酯橡胶产品牌号与特性。

■表 5-144　国外主要丙烯酸酯橡胶产品牌号与特性

牌号	类别	特性与用途	生产厂家
B-124	高温耐久级	耐臭氧和高低温性能好，可用于管道、带、密封件等	美国杜邦公司
G、GR	—	用于管道、带、密封件，电线电缆，塑料改性，胶黏剂等	美国杜邦公司
N-123	高温耐久级	耐臭氧，用于低温用管道、密封件等	美国杜邦公司
HG、HGH-124	高温耐久级	用于压出，模压成型的高温耐久性制品，耐臭氧、低温性能好，可用于管道等建筑行业	美国杜邦公司
VMR-5245	—	用于管、带、密封件、电线电缆、塑料改性	美国杜邦公司
AR31、AR51	标准级	耐热与耐寒性能良好	日本瑞翁公司

续表

牌号	类别	特性与用途	生产厂家
AR 32、AR42 AR42W	耐寒级	耐寒性能良好，耐热t-耐寒平衡性良好	日本瑞翁公司
AR54	超耐寒级	超耐寒，耐金属腐蚀性能好，挤出成型工艺性好	日本瑞翁公司
AR72、AR72HF AR72LS、AR74	耐寒级	迅速硫化型，耐低温性能好	日本瑞翁公司
4051、4052 4051EP、4051CG	耐寒级	耐油性优异，易加工	日本瑞翁公司
4053EP、4054	超耐寒级	容易加工，耐油-耐寒平衡性好	日本瑞翁公司
AR210、AR211、AR215	耐寒级	适用于深海、太空等低温领域使用的元器件加工	日本合成橡胶公司
AR100、AR103、AR110、AR115	耐热级	适合机械、航空等行业使用的耐热元件的加工	日本合成橡胶公司
PA-212、PA-312、PA-402、PA-502	耐寒级	应用于耐寒元器件的加工	日本油封公司
A1095、A-5098、PA-301	标准级	耐热与耐寒性良好	日本油封公司
HAD-100、HAD-108	标准级	耐热与耐寒性良好，用于航空与航天领域	德国拜耳公司
PA-101	耐寒级	耐寒性能良好，适合耐寒器件生产	德国拜耳公司

经过几十年发展，国内丙烯酸酯橡胶产品越来越多样化，主要产品见表5-145。

■表5-145 国内主要丙烯酸酯橡胶产品牌号与特性

牌号	类别	特性与用途	生产厂家
BJ111、BJ121、BJ131	耐热型	用于制造耐热器件	北京化工研究院
AR-100、AR-200 AR-300 、AR-400	耐寒级	根据其硬度的性能的不同制造耐寒制件	辽宁青龙丙烯酸酯橡胶厂
AR-01、AR-01T	耐寒级	玻璃化温度为-15℃主要运用于航空，船舶等耐寒用器件	吉林市油脂化学工业公司有机化工厂
AR-02	耐寒级	玻璃化温度为-20℃，主要运用于航空用耐寒器件	吉林市油脂化学工业公司有机化工厂
AR-03、AR-03T	耐寒级	玻璃化温度为-28℃，运用于耐寒器件的制造	吉林市油脂化学工业公司有机化工厂
AR-04、AR-04T	耐寒级	玻璃化温度为-40℃，主要运用于制造耐寒器件	吉林市油脂化学工业公司有机化工厂

牌号	类别	特性与用途	生产厂家
JF-ACM-95	耐寒、耐热级	门尼黏度为 35~45，使用温度为 -25~180℃，可用于制造耐低温与高温元件	中国核工业部建峰化工总厂
AR-100、AR-300	耐寒级	脆性温度为 -15℃和 -30℃	成都科创精细化工有限公司
AR-200	标准级	脆性温度为 -20℃，耐热性能较好	成都科创精细化工有限公司
AR-400	超耐寒级	脆性温度为 -40℃，制造耐低温元件	成都科创精细化工有限公司

5.5.2.5 丙烯酸酯橡胶的发展动态

为拓展丙烯酸酯橡胶应用领域，其研究主要涉及新型交联方法、硫化技术、配合技术、耐寒与超耐寒丙烯酸酯橡胶开发、丙烯酸酯橡胶性能改性等方面。

(1) 丙烯酸酯橡胶新型交联方法的开发 丙烯酸酯橡胶特性以及加工性能因交联点的性质而异，常见的交联点基团有卤系交联点、环氧交联点、羧基交联点等。为了提高 ACM 的硫化速率、加工安全性、存储稳定性、压缩永久变形性、耐热老化性与耐油性等综合性能，又开发了新的交联方法。例如利用 γ 射线辐射法制备羧基交联型丙烯酸酯橡胶，它比化学法制备的橡胶拥有更好的硫化特性、更高的凝胶含量和更优异的力学性能。

(2) 配合技术的发展 ACM 配合技术主要是指用于共混过程中防止黏辊的防黏剂的开发，防止加工过程中 ACM 对加工模具的腐蚀作用的技术等。现阶段防黏剂一般使用的是硬脂酸、蜡类、磷酸酯类化合物和氟化物，其防黏效率较低，需进一步开发防黏效率高的防黏剂。同时，由于 ACM 在加工过程中容易对模具造成腐蚀，模具表面防腐层与 ACM 防腐蚀添加剂的开发则是另一个研究重点。当今主要通过对模具表面镀镍防腐，在镀镍之前应对模具表面进行浸蚀活化处理，该工艺通常采用稀酸＋有机酸溶液浸蚀，化学镀镍最佳时间因模具尺寸不同而不同，化学镀镍后镀层均匀、致密，且结合良好，具有良好的防腐蚀性。

(3) 耐寒级与超耐寒级丙烯酸酯橡胶 随着人类对低温环境的进一步探询与开发，在应用场合对橡胶低温使用要求越来越高。对于丙烯酸酯橡胶，通过改变其聚合方法与加入不同的添加剂制造出超耐寒的橡胶制品是关注的热点之一。例如以丙烯酸乙酯、丙烯酸丁酯为主要单体，配以适量的第三单体和少量的硫化点单体，经乳液共聚合制备了聚丙烯酸酯橡胶，过程中通过改变单体组成及聚合工艺条件，得到不同耐寒级别的聚丙烯酸酯橡胶。

(4) 自硫化丙烯酸酯橡胶 丙烯酸酯橡胶的缺点是硫化比较困难，通常需要进行二次硫化。主要通过改变聚合体系实现丙烯酸酯橡胶的自硫化过程。例如，以丙烯酸酯类单体、苯乙烯以及含叔胺功能基团单体和含氯功能基团单体为原料，通过乳液聚合的方法制备得到丙烯酸酯橡胶乳液，这种丙烯酸酯橡胶乳液具有自交联性能，在不添加交联剂的条件下浇注干燥成型后可得到交联橡胶，无需硫化。

(5) 丙烯酸酯橡胶改性　随着人类对海底、太空等未知世界探索的逐步深入，丙烯酸酯橡胶被广泛应用于航空航天与航海领域，对其拉伸强度、永久变形性、耐寒性、制造成本等提出更高要求，通过化学、物理改性的方法改善其各项性能指标是今后的发展重点。

5.5.3 丙烯酸酯弹性体

5.5.3.1 丙烯酸酯弹性体的种类与性能

(1) 丙烯酸酯弹性体的种类　丙烯酸酯弹性体有硫化与未硫化两种。未硫化的丙烯酸酯弹性体是非结晶无定形的，呈固体片状、碎块或自由流动的粉末状，有些发软和发黏，相对密度为 1.10～1.15，门尼黏度 25～60，略带绿色或者灰白色。

(2) 丙烯酸酯弹性体的性能　未硫化的丙烯酸酯弹性体用量非常有限，绝大多数是经过硫化的丙烯酸酯弹性体，本节主要介绍硫化丙烯酸酯弹性体的性能。

① 超低温性能　丙烯酸酯弹性体的玻璃化温度可达到 -40℃以下，可在低温环境下应用。

② 耐永久变形性能　在较高温度下使用时，丙烯酸酯弹性体永久变形仍较小。弹性体的耐永久变形性与使用环境温度和时间有关，环境温度越高，时间越长，其永久变形相对越大。图 5-65 为杜邦公司产品 AEM-LS 在 150℃时随时间延长的永久变形情况，可以看出，AEM-LS 在 150℃下连续工作1000h 后其永久变形量约为 30%，能够满足许多场合用于密封垫圈的要求。

单体配比、单体种类不同，耐永久变形性也有较大差异。表 5-146 为AEM 系列丙烯酸酯弹性体在 150℃下，连续工作 1000h 永久变形量对比，使用时可以根据不同使用场合的要求选择相应的牌号。

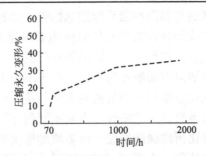

■图 5-65　AEM-LS 丙烯酸酯弹性体 150℃下压缩永久变形随温度的变化曲线

■表 5-146　不同单体配比和种类的丙烯酸酯弹性体压缩（150℃/1000h）永久变形比较

牌号	AEM-LS	AEM-G	AEM-DLS	AEM-D
永久变形量	约 30%	约 35%	约 45%	约 47%

③ 耐油性能　耐油性是指在一定温度下，弹性体在油料中浸泡一段时间后的体积膨胀率。丙烯酸酯弹性体具有较好的耐油性，通常在 150℃下浸泡一周后，其体积膨胀率维持在 20% 以下。

④ 耐热性能与耐热空气老化性能　普通弹性体在高热环境下连续工作后，往往会发生老化，其力学性能明显下降，例如拉伸伸长率大大降低、弹性变小、变脆等。丙烯酸酯弹性体由于其良好的耐热性能，在热环境中服役后力学性能变化较小。表 5-147 为两种丙烯酸酯弹性体在 177℃环境下，服役一周后力学性能的变化情况。

■表 5-147　AEM-G 与 AEM-LS 丙烯酸酯弹性体的耐热性能

牌号	力学性能							
	100%定力拉伸强度/MPa		拉伸强度/MPa		扯断伸长率/%		邵氏硬度/度	
	室温	一周后（177℃）	室温	一周后（177℃）	室温	一周后（177℃）	室温	一周后（177℃）
AEM-G	6.8	9.0	13.4	11.3	225	150	77	87
AEM-LS	6.5	9.0	13.8	12.7	235	180	76	85

此外，丙烯酸酯弹性体还有耐氧化、耐臭氧氧化以及耐多种气体的渗透性，在日光照射下不易变色。表 5-148 为一种典型的丙烯酸酯弹性体的性能。

■表 5-148　典型丙烯酸酯弹性体性能

项　目	数值	项　目	数值
最高使用温度/℃	≥175	拉伸强度/MPa	15~25
连续最高使用温度/℃（空气中 200h）	≤150	保持柔顺性最低使用温度/℃	≥-40
相对密度/(g/cm³)	1.07~1.30	最大拉伸率/%	≤400
硬度（邵 A）/度	45~80	压缩永久变形（70h/150℃）	15~60

(3) 影响丙烯酸酯弹性体性能的因素　影响丙烯酸酯弹性体性能的主要因素如下。

① 单体种类与分子量　单体种类的不同导致官能团与分子链的不同。在聚合过程中，分子量大小的控制则直接影响到其拉伸强度等力学性能。

② 单体配比　单体配比的不同会导致官能团浓度的变化，从而影响性能。

③ **聚合方法** 不同的聚合方法对其中的添加剂、聚合控制和提纯都有影响，并直接影响聚合物的力学性能。

④ **硫化体系** 丙烯酸酯弹性体大分子主链上不含—C≡C—双键，所以一般不用硫黄体系进行硫化，而是利用侧链的—NH_2、—OH、—CN、—COOH及环氧基等基团作为交联的活性点。经常选用环氧树脂、二氨基对苯甲烷、三聚氰胺等化合物作交联剂对其进行硫化，不同硫化体系产品性能会有不同，见表5-149。

■表5-149 不同硫化体系的丙烯酸酯弹性体产品性能

硫化物	力学性能			
	拉伸强度/MPa	扯断伸长率/%	压缩永久变形/%	邵氏硬度/度
三聚氰胺	7.8	400	15	62
二氨基对苯甲烷	12.9	288	13	78
环氧 E-44	14	212	8	58

此外，还有填充剂、增塑剂等添加剂对其性能也有较大的影响，需根据需要选用。

5.5.3.2 丙烯酸酯弹性体的合成与制造工艺

(1) 合成方法 丙烯酸酯弹性体的合成方法主要还是本体聚合、乳液聚合与溶液聚合等传统聚合方法，在聚合过程中，需要添加催化剂、活化剂、偶联剂、终止剂等添加剂，所用单体主要有丙烯酸乙酯，丙烯酸丁酯等。化学引发与辐射引发等新的引发聚合方法尚在研究中，还不甚成熟。

丙烯酸酯弹性体采用溶液聚合与本体聚合时有较明显的缺点：黏稠物料难以进行处理，产品性能的稳定性难以控制，因此，乳液聚合方法是进行丙烯酸酯弹性体生产的首选方法。

乳液聚合通常采用间歇式乳液聚合方法进行生产。在聚合过程中，一般采用搪瓷高压釜或者是不锈钢高压釜，在一定的温度下，按照工艺的要求分别加入去离子水、乳化剂、单体、引发剂，反应温度控制根据需要在5～90℃，反应时间为2～4h，然后将得到的乳液经过盐析、水洗和干燥而得到。具体工艺流程见图5-66。

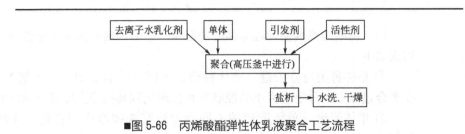

■图 5-66 丙烯酸酯弹性体乳液聚合工艺流程

（2）制造工艺

① 硫化　在丙烯酸酯弹性体的硫化过程中往往需要二次硫化，这是因为硫化体系本身的局限性，硫化过程的硫化程度不好掌握。第一次硫化在硫化炉中进行，第二次硫化通常在烘箱中进行，硫化温度与硫化时间根据弹性体的具体成分来定。例如：对于丙烯酸丁酯弹性体，第一次硫化通常采用低温硫化，硫化时间较短，第二次硫化则需要在150℃左右硫化4~8h。

丙烯酸酯弹性体的硫化体系往往呈碱性或者弱碱性，碱性对硫化反应具有一定的促进作用。丙烯酸酯弹性体的硫化体系通常使用皂类（硬脂酸钠）硫化体系。例如，日本JSR公司应用皂-硫硫化体系，得到了具有优良性能的丙烯酸酯弹性体。但是，在丙烯酸酯弹性体中，最常见的硫化部位为氯硫化部位、环氧硫化部位、羧基硫化部位和多硫化部位等，不同硫化部位对不同硫化体系的反应活性不同。常见硫化部位与其对应的硫化体系见表5-150。

■表5-150　不同硫化部位与对应的硫化体系

硫化部位	氯硫化部位	环氧硫化部位	羧基硫化部位	多硫化部位
硫化体系	三乙烯基四胺等胺类	二乙基硫脲等	六双三聚氰胺等胺类	胺类混合硫化体系

② 混炼　混炼目的是通过加入加工助剂、抗老化剂等，使得高分子链反应更加充分，以提高丙烯酸酯弹性体的加工与使用性能。混炼过程中，添加剂的加入时机、混炼温度和混炼时间是关键的工艺参数。

混炼过程中最容易发生的质量问题是焦烧问题。为防止焦烧问题的发生，主要通过控制体系黏度来掌握混炼时间与温度的关系，黏度的测量主要采用流变仪。目前，使用最为广泛的是Monsanto流变仪。

工业化生产的混炼方法主要有班伯里混炼机混炼与开炼机混炼。班伯里混炼机混炼对于焦烧性的胶料一般采用二段混炼法。对于非焦烧性的胶料则可以采用一段混炼。例如，在对丙烯酸丁酯弹性体进行班伯里混炼时，在装入聚合物以后的0.5min内加入填料和抗氧化剂，3min后加入加工助剂和添加剂，5min时卸压力，清理余料，在6min时于120℃左右排胶和冷浸。完成阶段的混炼包括将每批母炼胶和硫化剂母炼胶的一半混炼3min，于100℃左右排胶并冷浸。不同种类丙烯酸酯弹性体的混炼工艺参数不同。

开炼则是在开足冷凝水的前提下，在室温的辊筒上开始炼胶，然后将聚合物包辊，通过调节辊距滚动堆积胶，加入抗氧化剂，之后依次加入加工助剂和增塑剂，达到一定的时间后加入硫化剂并冷浸。

③ 成品加工　成品加工方法很多，比如挤出和压延。和传统的挤出和压延方法类似，加工过程中需要外加润滑剂、脱模剂等加工助剂。

5.5.3.3 丙烯酸酯弹性体的应用

丙烯酸酯弹性体以其优异的抗高低温性能、耐日光与大气老化、优异的耐油性以及优异的力学性能等，被广泛地应用在航空、航天、汽车、机械与建筑等行业。

① 汽车行业　丙烯酸酯弹性体的主要应用市场是汽车行业。当前汽车燃料发展方向之一是努力提高其辛烷值，丙烯酸酯弹性体耐烃性能更好，汽车软管的寿命可大大延长。同时，由于其拥有良好的抗压缩永久变形性能、耐汽车使用过程中所产生的高温，故被应用在汽车行业的各个零部件，如一些比较关键的密封件、曲轴、软管、垫片、膜片以及填料等。

② 建筑行业　在建筑行业中，丙烯酸酯弹性体的最大优势是其水分散溶液与水硬化水泥掺和使用可以大大提高水泥的抗裂模量，此外，丙烯酸酯弹性体在建筑行业中还常用于地板填充物、密封腻子、建筑装饰材料等，在建筑机械上作为缓冲、抗老化零部件。在丙烯酸树脂的建筑材料一节有详细介绍。

③ 航空航天　在航空航天领域，除常规应用于垫片、密封件等零部件外，由于丙烯酸酯弹性体容易完全燃烧而不留灰烬，常被用做火箭推进剂的粘接剂或爆炸性混合物。相反，此粘接剂如若需要阻燃，则只需在丙烯酸酯弹性体中加入阻燃剂即可。同时，由于其良好的耐热与耐低温性能，可作为密封腻子使用，其使用温度宽泛，可达到$-90\sim200$℃。

④ 塑料改性剂　一般塑料在低温下使用会出现发脆的情形，由于丙烯酸酯弹性体优异的抗低温性能，故可作为某些塑料的抗冲击改性剂。例如，采用聚氯乙烯与丙烯酸酯弹性体共混，可以明显增加聚氯乙烯的抗低温性能。

⑤ 黏合剂　丙烯酸酯弹性体作为黏合剂最大的优势是能够与金属部件之间达到很好的粘接。

此外，丙烯酸酯弹性体还被应用在屋内涂料、高寿命轴封、医药等领域。

5.5.3.4　丙烯酸酯弹性体发展动态

丙烯酸酯弹性体虽有优良的性能，但随着使用要求的提高，性能还有改进的空间。当今丙烯酸酯弹性体的研究方向主要有以下几个方面。

(1) 提高耐热性　耐热性是丙烯酸酯弹性体应用的主要指标之一。随着人类对太空领域的进一步开发和对速度的追求，要求丙烯酸酯弹性体使用温度越来越高。提高丙烯酸酯弹性体耐热性的研究主要是通过引入含更加耐热的组分、新的合成加工方法、与陶瓷等硅酸盐材料复合制造出耐高温的复合材料。例如，苏州特威塑胶有限公司开发一种聚己内酰胺/丙烯酸酯橡胶热塑性弹性体，其组分由丙烯酸酯橡胶和聚己内酰胺、交联剂、增塑剂及助剂组成，通过双螺杆挤出机动态硫化挤出造粒得到。该热塑性弹性体的显著特点是能在175℃下长期使用，并且耐油；意大利埃勒夫阿托化学有限公司在阴离子聚合引发剂和非极性溶剂存在下，使共轭二烯单体聚合，然后在同样溶剂和碱金属烷氧基醇盐配位体存在下使甲基丙烯酸甲酯单体聚合，得到高耐热性共聚物。

(2) 改善加工性能　丙烯酸酯弹性体加工性能一直是制约着其广泛应用的瓶颈，其加工敏感性致使许多复杂形状零件加工困难，当前主要还停留在加工一些形状规则的制件。开发新的加工设备、新的加工方法以及新的加工助剂，改善加工性能是其研究的方向。

（3）**开发硫化体系与硫化工艺**　由于丙烯酸酯弹性体的硫化要求较高，硫化过程控制比较困难，往往出现焦烧等现象；同时，大多数弹性体的硫化需要二次硫化，加大了生产风险，增加了工艺时间，浪费资源。为了提高产量，节约成本，开发新的硫化体系与硫化工艺势在必行。例如，研究中运用活性助剂对弹性体进行自由基硫化，在简化硫化过程的同时，提高弹性体性能；运用辐射法制备全硫化聚丙烯/丙烯酸酯热塑性弹性体，其力学性能、耐热油性优异。同时，在硫化过程中对胶料进行监控并优化硫化工艺参数以及提高硫化过程自动化程度等都是研究的热点。

（4）**开发特殊用途**　丙烯酸酯弹性体具有抗大气老化、物理性能好等优点，在医疗卫生、交通、食品与表面防腐等领域，开发化学功能弹性体、水敏性功能弹性体、光敏性功能弹性体、生物医用功能弹性体，并开展相应的工程化应用研究都是今后发展的方向。

5.6 医用丙烯酸树脂

5.6.1 概述

在药物制剂领域中，高分子材料的应用具有久远的历史。人类从远古时代在谋求生存和与疾病斗争的过程中，就广泛利用来源于自然界的高分子材料，如淀粉、多糖、蛋白质、胶质等作为传统药物制剂的黏合剂、赋形剂、助悬剂、乳化剂等。20世纪30年代以后，合成高分子材料大量涌现，其在药物制剂研究和生产中的应用亦日益广泛。

从药理上讲，丙烯酸树脂本身并不能作为一种有效的药物成分治疗疾病，但是由于药剂本身的稳定性、药效的区别以及一些外科手术对医疗器械的需要，丙烯酸树脂被广泛应用于医疗行业中。丙烯酸树脂结构的多样化在医用中有多种作用机理，对其分子量、性能的要求各有不同，制备工艺千差万别，决定了其在医用中的不同用途。丙烯酸树脂在医用中的分类一般粗略分为药物辅助材料、人工辅助器官材料与外科手术用材料三类。本节主要介绍丙烯酸树脂在缓释型和吸收型医药（药物辅助材料）、齿科材料（人工辅助器官材料）与骨水泥（外科手术用材料）方面的应用。

5.6.2 缓释型医用丙烯酸树脂

5.6.2.1 缓释型医药的特点

缓释型医药能够延缓药物的释放过程而延长药效，与以往的常规剂型（如片剂、胶囊、注射剂）比较，缓释制剂的主要优点是能够减少药物浪费。

例如：糖衣片的抗湿、热、氧化、霉变能力差，而薄膜包衣技术克服了以上缺陷，可使药物在特定的消化道定点释放或具有缓释作用，从而提高疗效，降低副作用，减少给药次数。

缓释制剂因剂量准确、疗效可靠、使用方便而受到人们的重视，常用的技术有薄膜控释、骨架控释、多层缓释片和包衣缓释片技术，一次挤出离心制丸工艺，药物与高分子混溶挤出工艺、不溶性高分子固体分散技术等。在实际应用中，化学药物成分的性质、化学药物作用机理设计、辅药用辅料是缓释制剂开发的基础。丙烯酸树脂类药用聚合物自 20 世纪 50 年代诞生以来，以其理化性能稳定，口服安全、无刺激性等优点，为多国药典收载。经过半个世纪的发展，已成为多种用途的功能性辅料，受到国内外药学工作者的重视。

5.6.2.2 缓释型医用丙烯酸树脂的结构与特性

(1) 缓释型医用丙烯酸树脂结构　缓释型医用丙烯酸树脂以 Eudragit 系列聚合物最具代表性，它是一大类药用丙烯酸树脂聚合物的总称。聚合物的不同化学结构和所含官能团决定了材料的性质和用途。常用于缓释制剂的有渗透型 Eudragit RL、Eudragit RS，NE 和 pH 依赖型 Eudragit L、Eudragit S。渗透型聚合物 Eudragit RL 和 Eudragit RS 是含亲水性甲基丙烯酸氯化三甲氨基乙酯官能团的阳离子型丙烯酸酯共聚物，化学结构式见图 5-67。两者的不同之处在于 Eudragit RL 是高渗透性聚合物，Eudragit RS 为低渗透性聚合物。NE 是非离子型的丙烯酸乙酯与甲基丙烯酸甲酯共聚物，化学结构式见图 5-68，其渗透性介于前二者之间。pH 依赖型 Eudragit L、Eudragit S 是甲基丙烯酸-丙烯酸甲（乙）酯共聚物，化学结构式见图 5-69。

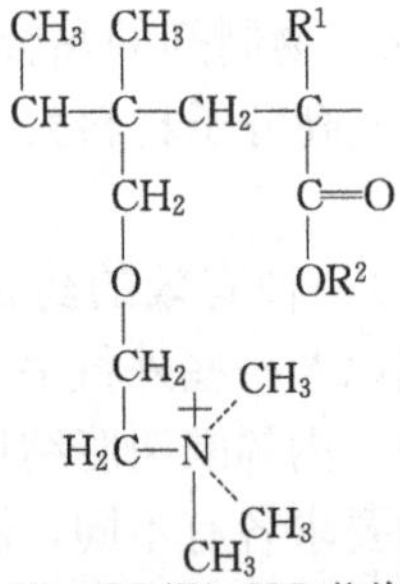

■图 5-67　RS/RL 30D 化学结构 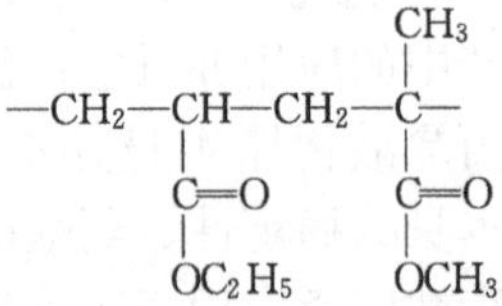　　■图 5-68　NE 30D 化学结构 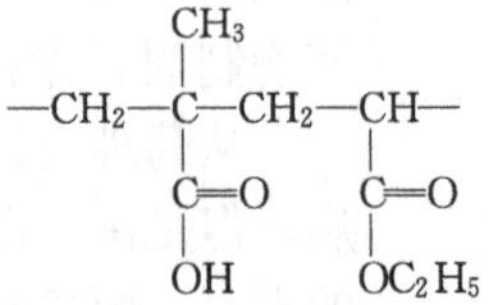　　■图 5-69　L/S 化学结构式

(2) 丙烯酸树脂在缓释型医药中的应用特性

① 非水溶性　丙烯酸树脂不溶于水。利用其特性，把丙烯酸树脂与可溶性材料混合，制成药物的包衣，药物被服用以后，包衣层中水溶性物质被溶解掉，药片表面包衣形成细小的孔洞，药物通过体内胃液等作用，缓慢向人体释放，达到缓释的目的。而为了调节药物释放的速率，可以通过调节包衣层中水溶性物质的多少，达到控制包衣层上孔洞大小来实现。

② 非酸溶性　人体胃和肠内为酸性环境，而丙烯酸树脂通常不溶于此种酸性环境中，通过把药物有效成分分散到丙烯酸树脂所制成的骨架上，人体口服后，可达到药物逐渐释放的目的。

③ pH 依赖性　通过调节丙烯酸树脂的成分，调节其在不同酸性环境中溶解速率与能力，此树脂制成药物包衣，达到定向与缓慢释放药物的作用。

④ 溶胀性与渗透性　通过对丙烯酸树脂进行改性，使其能在人体胃液、肠液中溶胀或者渗透，溶胀与渗透的速率可控可调，达到缓慢释放药物的目的。

此外，缓释型医药还利用了丙烯酸树脂的毒副作用小、密度小、便于成型加工等各种优良性能。表 5-151 为常用到的制造缓释型药物丙烯酸树脂的主要性能和用途。

■表 5-151　丙烯酸树脂的特性及在缓释药剂中的应用

品种与化学组成	主要性能	应用
Eudmgit　RL 甲基丙烯酸二甲基乙基季铵酯与甲基丙烯酸酯共聚物	阳离子特性、水中溶胀、高渗透性	用于包衣和缓释型骨架
Eudmgit　RS 甲基丙烯酸三甲基乙基季铵酯与甲基丙烯酸酯共聚物	阳离子特性、水中溶胀、低渗透性	常与 Eudmgit RL 混合使用调节聚合物膜的渗透性
Eudmgit　NE 30D 丙烯酸乙酯-甲基丙烯酸甲酯共聚物	非离子特性、水中溶胀、中等渗透、高延展性	含30%聚合物的水分散体，适用于包衣和缓释骨架的粘接剂
Eudmgit　L30D-55 甲基丙烯酸-丙烯酸乙酯共聚物	阴离子特性、pH 依赖型、pH5.5 以上溶解	肠溶包衣材料、用于 pH 依赖型缓释制剂
Eudmgit　L 甲基丙烯酸-甲基丙烯酸甲酯共聚物（1∶1）	阴离子特性、pH 依赖型、pH6.0 以上溶解	肠溶包衣材料、用于 pH 依赖型缓释制剂
Eudmgit　S 甲基丙烯酸-甲基丙烯酸甲酯共聚物（2∶1）	阴离子特性、pH 依赖型、pH7.0 以上溶解	结肠靶向制剂包衣材料、用于 pH 依赖型缓释制剂

5.6.2.3 加工制备方法

丙烯酸类树脂材料在制备缓释药剂用辅料时，有的是利用丙烯酸单体，有的利用树脂粉末，其合成采用传统的乳液、溶液与本体聚合方法可以得到，本节不再赘述，本节主要介绍各种缓释型药剂材料的成型制备方法。

(1) 微粒、微囊的制备方法　微粒、微囊的制备方法有很多，一般分为化学方法、物理方法与化学物理方法，详见表 5-152。

■表 5-152　缓释型药剂材料微粒、微囊的制备方法

序号	制备方法分类	制备方法
1	化学方法	界面聚合法、原位聚合法、聚合物快速不溶解法、气相表面聚合法
2	物理方法	乳液法、空气悬浮涂层法、喷雾干燥法、静电喷射法、超临界流体技术
3	物理化学方法	水溶液中相分离法、有机溶剂中相分离法、溶液干燥法、溶液蒸发法、粉末床压法

各种成型方法适用场合与处理加工方式不同。例如，乳液法制微球过程为直接将药物粉末分散或者溶解于丙烯酸树脂的有机溶液后，倾入大量含有乳化剂的水中，形成水包油体系，待溶剂完全去除后，通过离心收集、洗涤和冷冻干燥便可以得到实心的微球。

(2) 包衣制备方法　包衣的制备方法通常用喷射法。喷射法由于其所用设备简单，工艺可控、成本低廉等优势被广大制药企业所采用。以下是喷射法制备实例。

将 Eudragit RS 30D、Eudragit RL 30D 以适当比例混合，加入聚合物量 20%（质量比）的增塑剂，搅拌 0.5h，包衣前加水稀释成固含量 15%（质量比）的溶液，并加入聚合物量 50%（质量比）的滑石粉制成包衣液，包衣过程需持续搅拌包衣液；再取药物片芯置于高效包衣锅内，转动预热至 35℃后开始包衣喷液，初始阶段保持较低喷液速率，以避免包衣液水分渗入片芯；喷液 15min 后，提高喷液速率至搅拌结束。丙烯酸树脂包衣结束后，采用 5% 羟丙基甲基纤维素（HPMC）水溶液进行外层包衣，避免片剂储存过程中发生粘接。整个包衣过程结束后，片剂置于烘箱中恒温热处理 12h。

(3) 骨架制备方法　骨架的制备主要有压模成型、熔融成型与溶剂浇注成型等几种方法。其制备方法不难，但对环境要求较高，同时温度的控制应适中以防止高分子降解。

压模成型的工艺流程见图 5-70。其中第一步溶液的配制主要是使药物与丙烯酸树脂溶于它们的共溶剂中，喷雾干燥是使药物与树脂相互均匀混合在一起，通过疏松粉末均匀后进行压制以控制骨架中的空隙率。由于压模成型方法主要是在室温下成型，特别适用于对温度敏感药物的制造。

熔融成型方法与高分子材料的注射成型类似。主要步骤是使得药物与丙烯酸树脂的混合体达到黏流态，通过均匀性搅拌，将混合流体注射进成型模具当中，用此成型方法制造的药物具有形状多样性、机械强度好、缓释效果

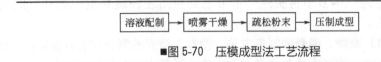

溶液配制 → 喷雾干燥 → 疏松粉末 → 压制成型

■图 5-70　压模成型法工艺流程

好的优点；但是由于温度较高，此方法不适合对温度敏感的药物。

溶剂浇注成型法是将丙烯酸树脂与药物混合形成的固体粉末共溶于其共溶剂中形成溶液或者悬浮液，然后注入模具中，溶液在超低温下缓慢挥发，形成药物。但是该成型方法致命弱点是药物往往分布不均匀，故采用此方法较少。

(4) 丙烯酸水凝胶的制备　因为丙烯酸水凝胶是长链高聚物，在生理条件下不溶于水，含水量通常为 $10\%\sim98\%$，所以药物被其包埋既可以保护药物不被酶或者是胃酸破坏，又可以改变水凝胶的结构来达到缓释药物的目的，大大提高了药物的利用效能，同时防止胃部被药物所伤害。常用的丙烯酸树脂类水凝胶有聚丙烯酸、聚丙烯酸盐及其衍生物、聚丙烯酰胺及其衍生物等。制备方法主要有化学交联、物理交联和辐射交联三种方式。

化学交联是通过化学反应形成网状结构，加热不溶不熔，被称为永久性水凝胶。在交联过程中主要是通过单体的交联聚合、接枝共聚等方式实现，过程中要加入无毒副作用的交联剂。而在丙烯酸单体中，主要是羧基、氨基等双键基团参加交联。影响水凝胶质量的主要因素是加入交联剂的种类与配比、单体种类以及反应条件的控制，根据不同的需要可制得不同水凝胶。

物理交联主要是通过高分子间的作用，以范德华力为主导因素，高分子链段之间形成稳定、有序的接触构成"结合区"。结合区的形成则是由一些外界因素所促成的，比如温度、改变 pH 值、盐的引入、离子强度的改变等。凝胶结合区的作用力决定了随着温度升高，其链段活性增强，结合区瓦解，故物理交联水凝胶又被称为热可逆水凝胶。

辐射交联则主要是通过电子束、射线等高能量束的照射使高分子发生交联反应，聚合成水凝胶。在制备过程中，主要通过能量束强度的控制以调节凝胶的质量。此制备方法优点较多：第一，产物纯度很高；第二，反应一般在普通容器、低温下进行，操作性好；第三，能在预定的几何尺寸模具下对凝胶产品进行表面处理与灭菌处理。但是由于需要电子加速器等价格较高设备，高成本的投入在一定程度上影响了其扩大应用。

5.6.2.4　丙烯酸树脂在缓释型医药中的应用

丙烯酸树脂在缓释型药剂中使用非常广泛，主要应用于微球、微囊、包衣（薄膜）、骨架型缓释剂以及水凝胶缓释剂等方面。

(1) 在微球、微囊方面的应用　有效药物成分以无定形或分子状态分散于微球载体中，而药物的含量可以通过微球的种类和颗粒度大小进行调节，微球中药物的含量和分散状态对释药速率有显著影响。释药方式符合 Higuchi 模型方程、零级和一级动力学方程。通过调节制备条件和配方等方法可获得缓释效果满意的药物。

(2) 在薄膜材料中的应用　丙烯酸树脂在薄膜材料中应用比较广泛。缓释薄膜是在药物周边包裹有控制释药速率的高分子膜的一类材料。根据需要可以制备成多层型、圆筒型、球型或片型的不同形式，并有相应不同的制备方法。例如，以乙基纤维素、渗透型丙烯酸树脂混合用包衣法制备的各种控释片剂就属于这种类型。

丙烯酸树脂在薄膜材料应用中又以各种包衣片剂和包衣小丸为常见。主要有以下几类。

① 微孔膜控释系统在药物片芯或丸芯上包衣 包衣材料为水不溶性的膜材料〔如乙基纤维素（EC）、丙烯酸树脂等〕与水溶性致孔剂（如聚乙二醇、羟丙基纤维素）的混合物。制剂进入胃肠道后，包衣膜中水溶性致孔剂被胃肠液溶解而形成微孔。胃肠液通过这些微孔渗入药芯使药物溶解，被溶解的药物溶液经膜孔释放。药物的释放速率可以通过改变水溶性致孔剂的用量来调节。

② 致密膜缓释系统 致密膜缓释系统不溶于水和胃肠液，但是水能通过。胃肠液渗透进入释药系统，药物溶解，扩散作用导致药物通过缓释膜释放。药物的释放速率由膜材料的渗透性决定，选用不同渗透性能的膜材料及其混合物，可调节释药速率达到设计要求。常用膜材料有丙烯酸树脂 RL、RS 型，醋酸纤维素等。

③ 肠溶性膜缓释系统 这种膜材料不溶于胃液，只溶于肠液。为了达到缓释目的，这类膜常与其他成膜材料混合使用，如不溶性的 EC，水溶性的 HPMC 等。在胃中药物释放很少或不释放，进入小肠后，肠溶丙烯酸树脂材料溶解，形成膜孔，药物可通过膜孔的扩散作用从释药系统释放。药物的释放速率可通过调节肠溶性丙烯酸树脂材料的用量加以控制。如采用丙烯酸树脂肠溶Ⅱ号、HPMC、EC 等不同配比，制成的硫酸锌包衣颗粒，其体内释放时间可达 24h 之久。

④ 透皮给药系统的缓释膜材料 透皮给药系统又称透皮治疗系统，是指药物从特殊设置的装置释放，通过完整的皮肤吸收，进入全身血液系统的缓释给药剂型。丙烯酸树脂可作为透皮吸收贴膜的缓释膜组分，形成一层微孔或无孔性多聚物膜，对药物有一定的渗透性，通过控制聚合物的类别、黏度、比例量等来控制药物的释放速率。例如利用丙烯酸酯和丙烯酸，通过乳液聚合制备的黏胶乳液，加入经乳化的硝酸甘油搅拌均匀，经两次涂布干燥制成黏胶分散型硝酸甘油透皮给药系统。由于皮肤汗液会影响树脂的黏度，因此，透皮缓释膜材料的防水性能还有待提高。

(3) 在骨架材料上的应用 骨架缓释片是目前临床上使用较多的口服缓释制剂之一，按照其所采用的骨架材料的不同，可以分为不溶性骨架缓释片、蜡质骨架缓释片、亲水性凝胶骨架片和混合材料骨架片等。丙烯酸树脂可单独或混合用作骨架材料制备。选用不同性能的材料、用量比例和添加致孔剂可调节骨架的释药速率。值得注意的是，压片时的压力可影响药物的溶出和骨架释药性能。

(4) 在凝胶中的应用 水凝胶骨架缓释系统采用亲水性丙烯酸树脂为主要辅料，材料的特点是遇水以后经水合作用而膨胀，在释药系统周围形成一层稠厚的凝胶屏障，药物由于扩散作用通过凝胶屏障而释放，释放速率因凝胶屏障的作用而被延缓。为了调节药物释放速率，可以选择疏水性阻滞剂对速率加以控制。可供选择的疏水性阻滞剂通常有乙基纤维素、硬脂酸等，肠溶性丙烯酸树脂也作为疏水性阻滞剂的一种选择。

（5）其他应用 丙烯酸树脂在其他剂型中亦有应用。例如，用丙烯酸树脂为载体制备植入剂，其中含有 5％氯霉素作为主药，5％蛋氨酸，5％L-缬氨酸或甘氨酸作辅药。释药结果表明，该植入剂能在 7 天内持续释放氯霉素，符合一级动力学方程，溶出速率常数与辅药的浓度有关。植入剂制备时交联温度越高，植入剂越致密，药物溶出越慢，而制备温度高不利于药物的稳定。还有文献报道，丙烯酸树脂可用来制备脂质体包封抗病毒药物，治疗和预防病毒的感染。

5.6.2.5 丙烯酸树脂在缓释型医药应用中的发展动态

丙烯酸树脂在缓释型药物应用中技术相对比较成熟，根据国内外报道，未来发展趋势主要有载药性、释放机理与时间的精确控制、定位缓释控制与缓释精确性控制几个方面。

① 由于丙烯酸树脂载药机理不同，故对药物的载药量与药物种类还存在一定局限性。通过对丙烯酸树脂采取不同的加工方法以及树脂的改性来提高其载药灵活性、多样性与功能专属性是研究热点。例如，以土贝母皂苷为囊心，EC 为囊材利用相分离凝聚法制得丙烯酸树脂微囊，专用作血管栓塞剂，具有良好的血管栓塞作用和缓释特性。

② 由于不同的病变处于人体不同位置、需要用药量大小和用药时间的不同，改变丙烯酸树脂释药机理，对药物在身体不同环境下释放药物的速率、释放机理、释放时间点和释放时间长短精确控制则是当今研究的又一个热点。例如，通过考察可溶性添加剂、释放介质 pH 及离子强度等研究丙烯酸控释片的释药机理，可以开发出不同缓释型药物。

③ 对于药物的定位释放避免了药物对身体其他部位的伤害，同时提高了药物的利用率。通过改变丙烯酸类树脂的性能（例如 pH 依赖性等）来达到不同部位不同释放效果也是一研究重点。

5.6.3 吸收型医用丙烯酸树脂

5.6.3.1 吸收型医药的特点

根据医药对人体的反应，可将其分为可吸收与非可吸收两类。可吸收材料是指暂时植入人体的医用高分子材料，要求在确定时间内降解为无毒的单体或片段，通过吸收、降解、代谢过程排出体外，不需要再次手术将其取出。反之，非可吸收医用材料则需要手术从人体中取出。生物吸收型医用高分子材料的种类很多，包括天然高分子与合成高分子。天然高分子中有胶原、明胶与甲壳素等，合成高分子中常见的有聚乙醇酸、聚乳酸、聚己内酯等。

丙烯酸类树脂通常具有生物惰性，不容易被人体吸收和降解。当今吸收型医药中应用最为广泛的是聚氰基丙烯酸酯（PACA）。PACA 主要用途之一是作为低黏度、透明、常温快速固化胶黏剂，又称为瞬干胶。另外一个重要用途是作为纳米给药微粒，其具有高吸附能力，低毒性，优良的生物相容性与生物降解能力。本节以之为例对丙烯酸类树脂在吸收型医药中的应用进行简要介绍。

5.6.3.2 聚氰基丙烯酸酯的制备与降解吸收原理

(1) 制备方法

① 单体制备　氰基丙烯酸酯单体制备主要原料为多聚甲醛、甲醇、乙二醇二甲醚与哌啶等单体，在催化剂的作用下，按照一定比例混合，加热并搅拌，使混合体系处于剧烈回流状态，再加入乙烯氰酸酯反应，最后进行除水与蒸馏。

② 聚合物的制备　由于聚氰基丙烯酸酯应用领域和聚合物形态不同，采用的合成方法也不相同。例如，纳米微粒常采用传统乳液聚合，而应用于胶黏剂时则采用本体聚合。聚合过程中，分子量的控制则是其应用领域的主要决定因素，而对其分子量的控制是通过添加阻聚剂来完成的，常用阻聚剂是 HCl，其次水也可以阻止其聚合，其聚合机理如下：

(2) **降解与吸收机理**　PACA 的降解分为热降解和水相降解。在热降解中，降解温度的高低主要和分子量大小有关。当其相对分子质量在 370~1350 时，热降解温度为 140~180℃；当分子量为数千甚至上万的时候，热降解温度在 180~320℃。

在水相降解过程中，水分子进入高分子链中，导致聚合物主链 C—C 键断裂，发生降解。其降解部位和降解速率与水相的 pH 值有很大的关系，在中性环境中，降解速率慢，在碱性环境中则较快，降解的产物则是甲醛等物质。在水相降解中，另一降解部位则是酯键水解，生成酸性产物，具体反应式如下：

$$NC-\overset{\backsim}{\underset{CH_2}{\overset{\overset{O}{\parallel}}{C}}-C-O-R} \xrightarrow[\text{(a)}]{H_2O} 2NC-CH-\overset{\overset{O}{\parallel}}{C}-O-R + CH_2O \xrightarrow{OH^-} 2NC-CH-COO^- + CH_2O + 2R-OH$$

$$NC-\overset{\backsim}{\underset{}{C}}-CH_2-O-R \xrightarrow[\text{(b)}]{2OH^-} \overset{NC-\overset{\backsim}{C}-COO^-}{\underset{NC-\overset{\backsim}{C}-COO^-}{\overset{|}{\underset{CH_2}{|}}}} + 2R-OH$$

PACA 的降解除与水相中 pH 值有关系外,还与本身分子量,粒子大小等状态有关。

5.6.3.3 PACA 在吸收型医药中的应用

PACA 主要以胶黏剂和给药剂的形式在吸收型医药中应用。

(1) 胶黏剂 在目前的外科手术中,组织再建仍然是以缝合为主要手段,但是有些特殊部位难以缝合,采用高效胶黏剂可克服这一困难。在胶黏剂中 PACA 以其毒副作用小,粘接能力好、粘接速率快,不致癌、在体内能分解与排泄的优点,主要应用于外科手术的黏合。例如膀胱的黏合,皮肤伤口的黏合等。

(2) 给药剂 通常利用乳液聚合的方法聚合成 PACA 纳米微粒,常用形式有纳米球与纳米囊。前者是利用其超强的吸附能力将药物成分吸附在纳米球表面;后者则是将药物有效成分包裹在囊中,实现定向给药的作用。通过其在体内水相中的自我降解与吸收达到药物缓慢释放的目的。例如,对于癌症部位的缓慢定向给药证明其具有较好的疗效。

5.6.3.4 丙烯酸树脂在吸收型医药应用中的发展动态

(1) 产品多样化 由于绝大部分丙烯酸树脂具有生物惰性,在可吸收型医药中应用的种类较少,当今主要是通过对分子链与官能团的改性使其可以在人体内降解与吸收。所以,当前研究热点之一是对丙烯酸树脂改性与引进官能团以增加吸收型丙烯酸树脂产品的种类。

(2) 裂解机理研究 人体内环境本身存在复杂性与多样性,由于丙烯酸类材料的裂解能力不同,如何精确控制其在不同人体内的降解是研究重点。例如,研究通过一些无毒副作用的药物改变体内环境促进丙烯酸树脂裂解吸收;另一热点是,研究不同丙烯酸类材料的裂解机理与裂解产物的排泄、吸收机理。例如,胡定煜等利用裂解气相色谱/质谱法研究丙烯腈-甲基丙烯酸-2-羟乙酯共聚物的热稳定性和热裂解机理,结果表明,聚合物在 400℃以下的热稳定性随甲基丙烯酸-2-羟乙酯(HEMA)投料比的增加逐渐下降,其完全裂解温度在 400~500℃,完全裂解温度不受聚合时单体配料比的影响。在高温下的裂解表现为两个均聚体裂解行为的加和,研究结果能够为该类树脂在吸收型医药中的应用提供基础。

(3) 产品低成本化 吸收型丙烯酸类材料合成与加工目前还处于实验室

阶段，大批量工业生产存在条件复杂、设备昂贵等问题。如何简化其合成与生产路线，降低产品成本是其能否大量应用，造福于人类的一个技术难点，需重点研发。

5.6.4 齿科材料

5.6.4.1 齿科材料主要性能要求

随着人们生活水平的提高，高糖、酸性食物所占的比例越来越高；同时随着老龄化社会的来临，带来的口腔问题特别是齿科病变也越来越多，因此齿科材料在治疗齿科疾病过程中显得越发重要。齿科材料主要分为金属材料、无机非金属材料、高分子材料和复合材料四大类。从使用部位来分，大致可分为牙体充填材料、义齿修复材料、根管内材料、正畸材料、口腔外材料以及口腔预防保健材料等。

在高分子材料中，丙烯酸树脂因为其本身的韧性、稳定性好，利于加工成型等优良性能，主要用于齿模、义齿、牙托、填充等齿科材料中，对其性能要求各有不同，其特殊要求可以通过对树脂的改性和采用不同加工手段达到。具体要求如下。

① 较强的表面耐磨性能　表面耐磨性是丙烯酸树脂的缺陷，常常通过对丙烯酸树脂牙进行不同的加工与处理（例如表面改性）完成，以延长义齿使用年限。

② 具有一定的强度　用于牙托、牙模、义齿材料与填充材料时，强度要求不同。例如，牙模材料主要通过添加无机材料以增强其强度，而在充当义齿与牙托以及填充材料使用时，主要通过选择丙烯酸类树脂的种类，通过聚合时控制其分子量与分子链排布形式达到所要求的强度。

③ 具有一定的韧性　在丙烯酸树脂加工过程中，可以通过共混改性等手段提高其韧性。

④ 可塑性与良好的固化性能　热塑性丙烯酸树脂，本身在加热条件下具有良好的可塑性；同时低温固化性能较好，利于齿科材料成型。

⑤ 生物体和齿科材料有良好的粘接性能。

⑥ 其他性能

a. 生物毒性　必须满足医用材料对于毒性的要求。

b. 抗老化性能　可增强齿科材料使用的寿命。

c. 透明性　有利于对病变部位的临床观察。

d. 耐酸性　可增加其在口腔环境中的服役时间。

5.6.4.2 丙烯酸树脂齿科材料主要性能特点

丙烯酸类树脂在齿科材料中的主要特点如下。

① 对人体组织无毒，对黏膜及其软组织无刺激，具有良好的生物性能。

② 具有良好的化学稳定性。

③ 具有良好的力学性能，通过改性可以承受口腔内各种应力，耐磨性优良，满足较长时间的使用。

④ 具有一定的耐热性，在口腔内温度条件下，不软化变形。

⑤ 材料容易进行抛光处理、修复物表面较光滑，容易进行清洁处理。

⑥ 容易着色，符合美观要求。

⑦ 密度小，不容易脆裂与折断。

⑧ 成型方法简单、原料来源丰富、替换方便等。

5.6.4.3 材料制造与成型加工方法

(1) 制造方法 丙烯酸齿科材料的合成与制造方法很多，高分子材料的传统聚合方法本体聚合、溶液聚合、乳液聚合等均可以用于合成齿科材料。现阶段丙烯酸类齿科材料发展趋势是丙烯酸树脂与纳米粉末材料（常用的纳米粒子有 SiO_2、$CaCO_3$、TiO_2 等粒子）制成的复合材料，它们比常规材料具有更好的物理、化学性能，其主要合成方法有原位聚合法、溶胶-凝胶法、共混法、插层复合法和乳液复合法。

① 原位聚合法 原位聚合法即原位分散聚合，该法是将纳米粒子分散于单体中，再进行聚合反应。其特点是：纳米粒子均匀分散在单体中，既保持了粒子的纳米属性，又无需进一步热加工，避免了热加工带来的聚合物基体各种性能损失。欧玉春等人应用原位分散聚合方法，用阳离子偶氮化合物 AIBN 作引发剂，以液相 SiO_2 纳米粒子为核，PMMA 作核壳结构，制备了分散相粒径介于 130nm 左右的聚甲基丙烯酸甲酯/二氧化硅 PMMA/SiO_2 纳米复合材料，利用扫描电镜（SEM）、动态热力学性能（DMA）等手段研究了该体系的性能。结果表明，经表面处理的 SiO_2 无机填料在复合材料基体中分散均匀，界面黏结好。SiO_2 填充粒子的用量对基体的热稳定性、动态力学行为、光学行为以及拉伸强度、弹性模量、断裂伸长率等力学性能都有较大提高。

② 溶胶-凝胶法 溶胶-凝胶法自 20 世纪 80 年代以来开始应用。具体操作方法为：将硅氧烷等非金属化合物作为前驱物溶于聚合物的水或有机溶剂中，经水解生成 SiO_2 纳米粒子溶胶，再经蒸发干燥形成半互穿网络的聚合物/SiO_2 纳米粒子复合物凝胶；另一种方法是将前驱物与单体溶解在溶剂中，让水解与聚合反应同时进行，使聚合物均匀嵌入无机纳米 SiO_2 网络中，形成半互穿至全互穿（聚合物已交联）网络。溶胶-凝胶法合成聚合物/SiO_2 复合材料的特点在于反应条件较为温和，SiO_2 纳米粒子在聚合物中分散较为均匀，缺点是在凝胶过程中由于溶剂和水分子的挥发易导致材料脆裂。

③ 共混法 共混法是将 SiO_2 等纳米粒子与聚合物直接进行分散混合而得到复合材料的一类方法。这类方法的特点是过程较简单，容易实现工业化，缺点是 SiO_2 纳米粒子呈纳米级的均匀分散很困难，产品的稳定性存在问题。为此发展衍生了以下一些不同的工艺。

a. 溶液共混法 将聚合物溶解于溶剂中，然后加入 SiO_2 纳米粒子并混合使之均匀分散，除去溶剂后得到复合材料，但同时也带来环境污染、溶剂回收难等问题。

　　b. 悬浮液或乳液共混法　与溶液共混法类似，用悬浮液或乳液代替溶液；在不适宜溶液共混的情况下，可以采用悬浮液或乳液共混。

　　④ 乳液复合法　乳液复合法是以经过表面处理的无机纳米粒子为种子实施乳液聚合，通过一定工艺使有机单体在纳米粒子表面发生聚合而得到复合乳液。此法得到的聚合物往往无裂缝存在，材料的热性能大大提高。同时，聚合物-无机纳米粒子复合乳液在保持有机乳液成膜性、透明性、柔软性优良的基础上又兼备了无机物质的各种优点，还获得了纳米粒子所带来的声、光、电、磁等优良性能。

　　⑤ 插层法　许多无机化合物（如硅酸盐类黏土、磷酸盐类、石墨、金属氧化物等）具有典型的层状结构，可以嵌入聚合物形成层状结构的纳米复合材料。这种材料既具有黏土矿物优良的强度、尺寸稳定性和热力学稳定性，又具备聚合物的各种特性。插层法中最具应用前景的是聚合物层状硅酸盐纳米复合材料，应用范围最广，也最有希望工业化。例如，用单体插层悬浮聚合法制备造齿材料——PMMA/MMT 纳米复合树脂，整个试验过程简单，产物理化性能良好。

　　(2) 主要成型加工方法　丙烯酸树脂齿科材料的成型方法主要有以下几种。

　　① 模压法　将聚合好的热塑性丙烯酸树脂加热软化、模压、冷却定型制成所需产品。此方法主要优点是设备及工艺简单，成本低廉，主要应用在牙托、义齿等方面。模压过程中，树脂在较大的压力下成型，获得的产品具有较高的机械强度和较好的尺寸稳定性。目前，大多数的树脂牙均是采用模压法成型。

　　② 注射成型法　传统的注射成型方法可用于制造丙烯酸树脂齿科材料。在一定压力的前提下，将树脂注入牙模，通过控制聚合物的分子量、分子量分布以及添加剂用量来控制其硬度等性能指标。

　　③ 直接涂塑法　将树脂直接涂于需要应用部位的模型上，使其直接固化的方法称为直接涂塑法。该方法的优点是可以任意塑形，在涂塑过程中，丙烯酸树脂的流动性好，不会起丝，不粘器械。但应该注意两点：第一，在模型上应涂无毒的脱模剂；第二，应根据对齿科材料的需要选择合适的丙烯酸树脂单体与固化方式。

　　④ 浇注成型法　此方法是对液/粉体系进行模型浇注，选择合适的固化工艺进行固化。在固化过程中，往往需加压促使其加速固化。

　　除上述方法外，丙烯酸树脂齿科材料的成型方法还有凝胶法和热压法等，可根据丙烯酸树脂的使用性能要求与成型方法的特点进行选用。

5.6.4.4　丙烯酸树脂在齿科材料中的应用

　　(1) 模型材料　主要应用于制造各种口腔模型。传统的模型材料有石膏、低熔点合金、模型蜡等。随着技术的发展，新一代模型材料——丙烯酸树脂/无机材料组成的复合材料开始应用于制造模型，它主要利用高分子材料具有一定韧性的特点，结合无机材料成模性好的优点制作齿模。

(2) 义齿材料 俗称假牙，在修复缺损的牙齿或者牙齿缺陷过程中，丙烯酸树脂用于制造假牙、牙托等。作为义齿材料，丙烯酸树脂有如下要求。

① 对人体组织无毒，对黏膜与软组织无刺激，有良好的生物性能。

② 具有良好的化学稳定性，口腔内不易老化，无特殊气味。

③ 具有良好的力学性能，能承受口腔内的各种应力，耐磨性能优良，能满足长期使用而不变形。

④ 美观且具有一定的耐热性。

甲基丙烯酸甲酯假牙和基托的制作中应用最为广泛，它具有加工特性好、成本低廉、对人体无害等优点。但传统的 PMMA 存在韧性不足、表面硬度不高、耐磨性较差、抗菌性不强等问题，影响义齿的长期使用，如何改进 PMMA 的性能始终是研究努力的方向。目前的解决办法主要是通过 PMMA 与纳米粒子复合对其进行改性。通过改性，明显增加了其强度、韧度、硬度及耐磨性，并提高了其抗菌性。

(3) 齿科填充材料 由于细菌作用易使牙齿产生窝洞，填充材料主要用于填充牙齿上窝洞等缺陷。根据它与唾液的溶解程度不同可以分为暂时性填充材料和永久性填充材料。其中，永久填充材料在口腔中可以使用长达十年以上，是填充材料首选。丙烯酸类树脂由于具有优良的化学稳定性，被应用于永久性填充材料中，典型的材料有聚丙烯酸乙酯、聚丙烯酸丁酯以及其改性聚合物。

(4) 粘接材料 丙烯酸树脂作为齿科粘接材料，主要用于口腔软、硬组织与塑料、金属以及陶瓷等材料之间的粘接，如粘接填充体、固体修复体等。

5.6.4.5 丙烯酸树脂齿科材料的发展动态

为提高应用于齿科材料的丙烯酸树脂的性能，科研工作者在材料改性和聚合方法方面做了很多研究工作。

(1) 复合改性提高综合性能 传统丙烯酸树脂（例如 PMMA）的复合化主要是为了提高其表面硬度，同时提高其强度等力学性能。利用新方法进一步改善其综合性能，降低生产成本是一个研究方向。朱燕萍等人研究了将有机化的蒙脱土（OMMT）添加至甲基丙烯酸甲酯（MMA）单体中，利用单体插层自由基聚合法，制得了 PMMA/MMT 义齿基托复合材料并且测定了它的多种力学性能，并与空白组进行比较，结果表明，制得的 PMMA/MMT 义齿基托复合材料比原有义齿基托材料的强度、硬度和韧性都有一定程度的提高。他们探索了一种能够更好地增强增韧义齿基托的有效方法，为义齿基托材料的研究和开发提供基础理论依据和参考。

(2) 提高耐磨性能 齿科材料中，义齿占据了相当的比重，现今义齿的主要问题仍然是耐磨性能不好。如何在义齿使用安全可靠的前提下提高义齿表面强度，增强其耐磨性是丙烯酸树脂齿科材料研究的另一个重点。例如，

通过添加纳米 SiO_2 颗粒分散到聚甲基丙烯酸甲酯单体中，是一种能够提高义齿耐磨性能的有效方法。王晨等人制作了 $SiO_2/PMMA$ 纳米复合物，探讨对义齿人造牙硬度和耐磨性的提高效果。方法是采用原位分散法将 SiO_2 纳米颗粒在 MMA 单体中进行分散，按人造牙制作的常规方法制作硬度和耐磨性实验试件，按照纳米颗粒含量分组进行实验分析。结果表明，$SiO_2/PMMA$ 纳米复合材料的硬度值和摩擦磨耗值分别高于和低于常规方法制作的热凝树脂人造牙，随着 $SiO_2/PMMA$ 纳米颗粒含量的增加，硬度值增大，摩擦磨耗值减少（$P < 0.01$）。因此，$SiO_2/PMMA$ 纳米复合物可提高义齿人造牙的硬度和耐磨性。

(3) 提高生物相容性与抗菌性能 由于齿科材料用于人体，与人体的生物相容性至关重要。在齿科材料使用过程中，常需要与牙床等部位相配合，对丙烯酸树脂进行改性提高其生物相容性也是研究的重点。同时，在使用过程中不同人体清洁状况不同，经常出现人体口腔部位感染、病变，故在齿科材料中加入抗生素，使抗生素在齿科材料使用过程中进行缓释。

(4) 延长使用寿命 人体口腔呈酸性环境，齿科材料在口腔中使用加速了丙烯酸树脂材料的老化，对应老化问题的主要方法是加入抗老化剂。当前，适用于人体口腔的更高效率齿科材料抗老化剂体系的开发是当务之急。

(5) 新型丙烯酸类单体的开发 随着齿科材料技术的发展，对丙烯酸树脂单体的要求越来越高，新的齿科材料需要有更高的粘接强度，与各种树脂、陶瓷或者人体肌肉、骨骼有很好的粘接性和相容性，自身具有较好的流动性、抗菌性等，研制新的丙烯酸类单体是实现所需要求的有效途径之一，因此，具有新功能的单体开发显得十分重要。许乾慰等探讨了不同齿科用丙烯酸酐类单体的合成方法与其优良性能。

5.6.5 骨水泥

5.6.5.1 骨水泥的发展历程

20 世纪 60 年代开始，丙烯酸骨水泥（以下简称骨水泥）便被应用于人体骨外科手术中。它是一种由聚甲基丙烯酸甲酯或改性聚甲基丙烯酸甲酯共聚物与甲基丙烯酸甲酯单体组成的、含有或不含阻挡 X 射线添加剂的室温自凝材料。骨水泥技术可提供假体置换术后的早期稳定，从假体微动和下沉等方面看，骨水泥固定明显优于生物固定，因而允许术后早期负重而不必担心假体的下沉和松动。

以甲基丙烯酸甲酯为主要成分的现代骨水泥，一般由粉剂和液剂两种组分组成，使用时粉剂和液剂按一定比例混合后，在室温下凝固，可以达到对人工关节镶嵌固定的目的。当用其充填于假肢与骨组织的间隙时，可形成同髓腔骨表面不规则外形一致的整块结构，使假体得以固定，应力得以均匀传递。但骨水泥在周期性负荷作用下会发生疲劳损坏甚至断裂，还会对骨组织产生热损伤或机械损伤，其磨损或微动产生的碎屑还会激活巨噬细胞，造成假体周围骨溶解、假体松动及应力遮挡。针对这些问题，研究人员调整了假体设计，改进了骨水泥的使用技术，使得骨水泥技术不断发展。

骨水泥主要起源于欧洲与美国，经过几十年的发展，国外骨水泥已形成系列化产品，知名的有德国含庆大霉素的 Palacos 载药骨水泥，美国 How-medica 公司的 Simplex-P 系列骨水泥，美国 Zimmer 公司的中黏度和低黏度系列骨水泥等。随着国内骨水泥研制与生产技术水平的提高，我国也具备了一定的生产能力。国内天津市合成材料工业研究所和中国人民解放军总医院共同研制的 TJ 骨水泥于 1979 年通过技术鉴定，并用于临床，随后上海与成都等地也有 PMMA 骨水泥生产。经过技术发展与演变，骨水泥已经有了三代产品。国内外骨水泥的主要生产厂商与牌号见表 5-153。

■表 5-153　国内外骨水泥的主要生产厂商与牌号

公司	天津合成材料工业研究所	德国康龙	美国 Zimmer	美国 Howmedica	英国 CMW	德国 Palacos	瑞士 SULFIX
产品牌号	TJ	TM	Zimmer D Zimmer E	Simplex P	CMW-3 CMW	Palacos-E Palacos-R	Sulfix-6 Sulfix-60

5.6.5.2　骨水泥的技术特点

(1) 第一代骨水泥的技术特点

① 低黏稠度。

② 需用手搅拌。

③ 填入髓腔采用指压法。

④ 不重视髓腔冲洗，表现为不均匀导致充填厚薄不一；充填不充分导致骨与假体间无骨水泥充填；注入压力不够，骨水泥与骨相嵌不充分；冲洗不彻底，血液碎屑易混入骨水泥中。

⑤ 股骨柄假体是以合金为主的材料铸造的，假体内侧缘有锐角，可切割骨水泥。

(2) 第二代骨水泥的技术特点

① 仍为低黏稠度。

② 仍需用手搅拌。

③ 髓腔远端使用髓腔栓（骨质、生物栓子等）。

④ 用骨水泥枪加压注入。

⑤ 假体由高级合金锻造而成，股骨柄内缘呈圆形多数有颈领。

(3) 第三代骨水泥的技术特点

① 低黏稠度流动性好，可更深入骨组织间隙而与其交织。

② 采用真空离心搅拌。

③ 脉冲加压冲洗髓腔。

④ 应用髓腔栓子。

⑤ 骨水泥枪加压注入。

⑥ 采用中置器，使假体柄下 2/3 始终位于髓腔正中，其四周留下的空隙被骨水泥填满后形成的骨水泥层厚度均匀。

经临床证实，利用真空离心搅拌方法，骨水泥抗压强度增加了 30% 左右，明显提高了骨水泥的力学性能，但是骨水泥薄于 1mm 或厚于 3mm 均易造成断裂。目前，按第三代骨水泥技术进行操作，根据体外经验，将使骨水泥的锚固作用增加数倍，并可提高骨水泥的抗疲劳性能。

5.6.5.3 骨水泥的性能

骨水泥在临床中主要应用于关节固定、生物体粘接、骨质置换，主要的性能要求如下。

(1) 良好的固化性能　临床使用中，骨水泥施用于人体，故骨水泥必须在固化时排放热量少，固化时间短，同时固化过程中体积收缩量小；固化以后固化物内部致密，无太多缺陷，以保证其力学性能。

(2) 静态压缩性能　骨水泥在使用过程中，受到人体自重影响，始终处于受压状态，此状态可以认为是静态压缩。骨水泥静态压缩性能好坏直接关系到骨水泥的应用，而静态压缩性能在很大程度上与骨水泥所使用的丙烯酸树脂分子量、分子链排布方式、骨水泥混合过程中所加引发剂配比等有着直接的关系。实践证明，当骨水泥的静压缩强度达到 70MPa 以上时，可以满足人体要求。表 5-154 为国际上几种应用率较高的骨水泥静压缩性能比较。

■表 5-154　不同牌号骨水泥静压缩强度对比　　　　　　　　　　　　　　单位：MPa

产品牌号	TJ	Simplex P	CMW	Palacos-R	Zimmer	Sulfix-60
静压缩强度	87.7（均值）	77～128	75～120	67～100	86～98	84～108

(3) 疲劳强度　疲劳强度直接决定骨水泥在人体内服役时间的长短。影响骨水泥疲劳强度的因素很多，包括丙烯酸树脂的微观结构、骨水泥的配比、加工搅拌方法、固化机制等，因而不同牌号的骨水泥其疲劳强度也明显不同。表 5-155 为不同牌号骨水泥疲劳强度对比。

■表 5-155　不同牌号骨水泥疲劳强度对比　　　　　　　　　　　　　　　单位：MPa

产品牌号	TJ	Zimmer	CMW	Surgical sunplex	acrybond	Sulfix-6	Sulfix-60	Allofix-G
疲劳强度	4.6	2.1	3.0	3.2	3.3	2.8	6.3	6.3

(4) 弯曲强度　由于骨水泥常常被应用在人体关节部位，在人行走与运动过程中，会导致关节的弯曲伸展，所以，骨水泥的弯曲强度也是一个非常重要的指标。弯曲强度除了与骨水泥材料本身物质构成有关外，影响最大的因素是骨水泥的搅拌方法。普通搅拌法由于在空气中搅拌，固化以后内部会出现气泡等缺陷，会降低骨水泥的弯曲强度。采用真空搅拌方法，可去除气泡等缺陷，明显提高骨水泥的弯曲强度。表 5-156 为两种搅拌方法骨水泥弯曲强度测试结果对比。

■表 5-156　不同搅拌方法骨水泥弯曲强度对比　　　　　　　　　　　单位：MPa

产品牌号	普通搅拌	真空搅拌	产品牌号	普通搅拌	真空搅拌
TJ	62	70	Palacos-E	74	77
CMW-3	65	68	Palacos-R	66	72
Sulfix-6	64	68	Simplex P	74	77
Sulfix-60	77	87	Zimmer D	48	51

5.6.5.4　骨水泥制备工艺、改性及加工方法

(1) 骨水泥制备工艺　骨水泥从使用方法上分为面团型和注射型两种。

面团型骨水泥是指骨水泥在面团状初期时用手指将其填入骨髓腔中，再插入人工关节以达到关节固定的目的。面团型骨水泥的特点是流动性差，骨界面渗透不好，常有缺损，薄厚不均，从而降低了界面强度，容易造成人工关节的远期松动。

注射型骨水泥是将骨水泥用注射器或骨水泥枪注入骨髓腔中，然后插入人工关节进行固定。特点是黏度较低，在骨水泥与骨界面形成了较多的交锁作用，同时使假体与骨水泥的界面接触更紧密，从而提高了假体的牢固性，大大降低了假体的远期松动。注射型骨水泥粉剂成分由甲基丙烯酸甲酯共聚物、引发剂、显影剂按一定比例配制而成，在球磨罐内混合均匀，封装于包装袋中，进行灭菌处理，制备工艺流程见图 5-71。液剂成分由甲基丙烯酸甲酯单体、阻聚剂、促进剂按一定比例配制而成，制备工艺流程见图 5-72。

(2) 骨水泥的改性

① 提高骨水泥的粘接性　提高骨水泥的粘接性主要通过添加促黏剂达到。例如，常在 MMA 中添加羟乙基苯三酸-4-甲基丙烯酯（4-META）作为促黏剂，添加羟基磷灰石（HA）粒子作为骨相容性填充材料。未添加 4-META 的骨水泥强度随 HA 含量增加明显下降，而添加 4-META 的骨水泥强

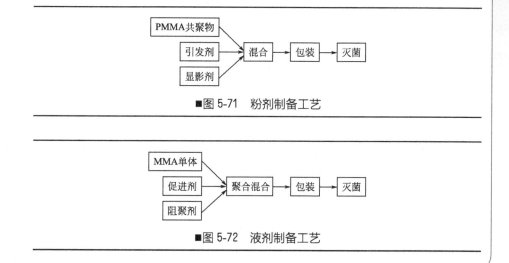

■图 5-71　粉剂制备工艺

■图 5-72　液剂制备工艺

度并未受 HA 粒子的影响。

② 提高骨水泥的耐磨性　骨水泥耐磨性的提高主要通过与其他物质共混改性完成。例如，丙烯酸丁酯微球与脆性聚甲基丙烯酸甲酯共混制备低模量聚甲基丙烯酸甲丁酯（PBMA）骨水泥，其弹性模量远低于普通 PMMA 骨水泥。与 PMMA 相比，PBMA 的柔性使其耐磨性能大大提高，可有效防止磨损颗粒的产生。

③ 提高骨水泥的生物活性　提高骨水泥生物活性的常用方法是在骨水泥中加入生物活性陶瓷粉体，以提高骨水泥的生物相容性。例如将 CaO-SiO_2-P_2O_5-MgO-CaF_2（AW 玻璃陶瓷）粉体和双酚 A-甲基丙烯酸缩水甘油酯共混，制备成面团状和注射型两种生物活性骨水泥（BA），该水泥能在 10min 内固化成型，反应温度远低于 PMMA 骨水泥，其压缩、弯曲和拉伸强度较 PMMA 高，在体内 4～8 周可形成骨结合。以犬做动物试验，用 BA 修复物的生物活性随着时间增长明显优于 PMMA 骨水泥。组织学试验显示，BA 与骨之间可直接结合，且其周围有骨小梁生成。它已用于老年人股骨和踝骨缺损修复，未见不良反应。

(3) 骨水泥的加工技术　骨水泥的加工相对比较简单，主要是对其在使用前进行预冷与搅拌，而常用的搅拌方式由最初的手工搅拌，发展到后来的真空搅拌、机械搅拌与离心搅拌。

① 搅拌前对单体进行预冷　指的是骨水泥在搅拌前将单体冷却到 0℃。其优点在于降低假体-骨水泥界面温度，减轻单体挥发和骨坏死的程度。同时降低骨水泥的黏度，加强假体-骨水泥-骨界面连接，延长凝结时间。

② 真空搅拌　真空搅拌的优点在于降低了骨水泥的孔隙度，增加了机械强度，延长了凝结时间。主要通过负压吸引装置使搅拌过程处于一个真空环境，从而降低了孔隙度，固化物透明度好，致密程度明显优于普通搅拌骨水泥，同时真空搅拌骨水泥也能明显提高弯曲强度。

③ 机械搅拌　与手工搅拌相比，机械搅拌增加了骨水泥的密度，减小了孔隙度，质地比较均匀，近年的发展已经使此项技术实现了标准化。

④ 离心搅拌　其目的是通过高速旋转离心装置，使骨水泥中混入的气泡溢出。试验表明，此方法结果相差很大，重复性不好，要达到成熟应用有待进一步研究。

5.6.5.5 骨水泥的应用

骨水泥适用的病种有：类风湿性关节炎、骨关节炎、创伤性关节炎、陈旧性股骨颈骨折、老年股骨颈骨折、适于做人工关节置换者与关节成型术后需再次手术者等。此外，也可用于恶性肿瘤引起的不稳定骨折，作为固定材料、充填修补材料及颅骨修补材料等。

其使用部位如下。

(1) 关节部位　主要用于全膝关节、全髋关节和半髋关节的置换。这也是目前骨水泥应用最为广泛的地方。在置换过程中，骨水泥起到很好的固定作用。此外，骨水泥还被用在手关节、指关节等其他关节部位。

(2) **脊柱**　在手术中，植骨块早期不能有效地固定脊柱，常常需要辅以骨水泥进行外固定或者内固定，以保证植骨块愈合。骨水泥具有快速固定的特点，能够早期固定脊柱，术后不需要外固定。

(3) **肿瘤部位**　对于因恶性肿瘤骨折的病人，可将切除肿瘤后造成的骨损伤用骨水泥进行填充。

5.6.5.6　骨水泥的发展动态

从以上骨水泥技术分析可以看出现代骨水泥技术发展研究主要体现在以下几方面。

(1) **增加骨水泥的疲劳寿命**　骨水泥的寿命主要由其本身成分与骨水泥的加工两个方面共同决定。对骨水泥成分的改进及新的加工技术开发，以提高其疲劳寿命与安全性是当今骨水泥技术发展的主要方向。例如，将硅烷化的磷灰石-灰硅石玻璃陶瓷粉体与高分子量 PMMA 混合可以制成骨水泥，其成面团时间不超过 4min，固化时间小于 12min，弯曲强度 90~116MPa，压缩强度高达 125MPa，拉伸强度 35~40MPa，杨氏模量约为 9.8GPa。在鼠胫骨缺损试验中，8 周后骨水泥与骨之间形成骨连接，表现出良好的骨传导性，其使用寿命得以提高。

(2) **骨水泥-假体界面的改进**　骨水泥应用区域是最软弱区域，抗剪切能力差。目前，对界面改进已经做了大量研究工作。例如，将假体表面制成粗糙凹凸、沟槽或孔穴状，将明显增加骨面结合强度并使剪切应力转化为压应力；在股骨柄粗糙面上预涂聚甲基丙烯酸甲酯可增加骨水泥与假体界面的粘接强度等。还可以采用物理化学方法改善骨水泥-假体界面状况，增强骨水泥的粘接性。

(3) **骨水泥-骨界面的改进**　骨水泥与骨头界面结合程度直接影响到骨水泥的效用。医学界一直在加强改进界面以增强结合度等方面的研究。例如，髋臼准备就是完整清除臼底软骨下骨，完全显露松质骨，在髋臼窝内向髂、趾、坐骨打骨孔，使之呈倒圆锥形，骨水泥进入孔内形成三个"腿"增加了固定力。此外还需要在提高骨水泥与人体骨面的结合力，减少手术中对人体骨关节的处理，减轻病人疼痛的研究方面下工夫。

(4) **骨水泥的质量提高**　骨水泥自身质量的提高主要体现在提高骨水泥力学等综合性能，包括改进调配技术、改变材料配方等。例如，调配骨水泥时，应该将粉剂倒入杯中，然后加入液剂，液剂量以浸透全部粉剂为宜，液剂过多将使聚合热放热增大，聚合热过高将在骨水泥周围形成骨坏死层，增加纤维膜形成和骨水泥的松动概率。改善骨水泥配方，当今研究较多集中在降低聚合热和选用更合适的阻光剂，有学者曾使用二氧化铝硅酸盐，获得良好效果，目前进展较大的为骨粒骨水泥和陶瓷骨水泥的实验与临床研究。而提高骨水泥质量，简化骨水泥使用方法则是一个研究主题。

(5) **载药骨水泥与低密度骨水泥**　载药骨水泥的载药量、释放药物机理以及高效率低密度骨水泥也是当今骨水泥技术研究的热点之一。为了防止术后感染，可以在骨水泥中载入特定药物。例如，在骨水泥粉剂中加入庆大霉素制备持久型庆大霉素骨水泥，植入人体后庆大霉素在较长时间内持续、稳定地释放出来以抑制细菌的产生。低密度骨水泥则可以更好地渗入到骨组织或者植入物的缝隙当中，充满整个术后空间，减小松动脱落的危险。

5.7 电子、印刷工业和感光材料

5.7.1 概述

丙烯酸树脂应用在电子、印刷工业及感光材料等领域，主要利用了其可自由基光固化（辐射固化）的特性。自 20 世纪 60 年代初美国福特汽车公司首次采用电子束固化涂料至今，光固化技术得到了迅猛的发展。美国著名的光固化设备生产商 Fusion UV System 公司总裁 Harbourne 曾以"无处不在的辐射固化技术"为题，历数了辐射固化材料在国民经济和人民生活各个方面的广泛应用。

光固化技术能得到迅速的发展得益于其自身的一些优势。第一，常温下即可进行反应固化，无需加温；第二，生产效率高、节能降耗显著、产品力学性能和光泽度可达到更高水平；第三，无需使用排污设施。借助光固化技术的迅猛发展，丙烯酸酯类材料迅速扩展到微电子生产（芯片、印刷线路板 PCB 制作、光刻胶、液晶面板的封装、高耐磨触屏涂层、等离子体面板制作、微电子产品的封装等）、三维立体制备、UV 喷墨打印、汽车涂料及汽车配件涂装、电线电缆制造、家具及家装、家用电器的涂装等。

在第 2 章中已经介绍了光固化的机理，第 5 章丙烯酸酯涂料一节也介绍过辐射固化型的粉末涂料。本节着重介绍光固化丙烯酸树脂在电子、印刷工业及感光材料方面的应用情况。

5.7.2 丙烯酸酯类低聚物材料的性能与特点

5.7.2.1 低聚物的选择

低聚物在光固化体系中的作用在第 2 章中已有详细介绍。低聚物具有如 C=C 双键、环氧等在光照条件下可进一步反应或聚合的基团，属于感光性树脂。通常，低聚物的选择需要考虑下列因素。

(1) **黏度**　选用低黏度树脂，可以减少活性稀释剂用量，但低黏度树脂往往分子量低，会影响成膜后的力学性能。

(2) **光固化速率**　选用光固化速率快的树脂是一个很重要的条件，不仅可以减少光引发剂用量，而且可以满足快速固化需求。一般来说，官能度越高，光固化速率越快，环氧丙烯酸酯和胺改性的低聚物都属于光固化速率快的低聚物。

(3) 力学性能　主要由低聚物固化膜的性能决定，而不同品种的光固化树脂其力学性能要求不同，所选用的低聚物也不同。树脂的力学性能主要包括以下几方面。

① 硬度　环氧丙烯酸酯一般硬度高，低聚物中含有苯环结构也有利于提高硬度。

② 柔韧性　聚氨酯丙烯酸树脂、聚酯丙烯酸树脂、聚醚丙烯酸树脂和纯丙烯酸酯一般柔韧性都较好；低聚物含有脂肪族长碳链结构，柔韧性好；分子量越大，交联密度越低，玻璃化温度越低，柔韧性越好。

③ 耐磨性　聚氨酯丙烯酸树脂有较好的耐磨性，低聚物分子间易形成氢键的耐磨性好，交联密度高的耐磨性好。

④ 拉伸强度　环氧丙烯酸酯有较高的拉伸强度；一般分子量较大，极性较大，柔韧性较小和交联度大的低聚物有较高的拉伸强度。

⑤ 抗冲击性　聚氨酯丙烯酸树脂、聚酯丙烯酸树脂、聚醚丙烯酸树脂和纯丙烯酸酯有较好的抗冲击性；低玻璃化温度、柔韧性好的低聚物一般抗冲击性好。

⑥ 附着力　收缩率小的低聚物对基材附着力好，含—OH、—COOH等基团的低聚物对金属附着力好，低聚物表面张力低，对基材润湿铺展好，有利于提高附着力。

⑦ 耐化学性　环氧丙烯酸酯、聚氨酯丙烯酸树脂和聚酯丙烯酸树脂都有较好的耐化学性，但聚酯丙烯酸树脂耐碱性较差，提高交联密度有利于耐化学性增强。

⑧ 耐黄变　脂肪族聚氨酯丙烯酸树脂、聚醚丙烯酸树脂和纯丙烯酸酯有很好的耐黄变性。

⑨ 光泽　环氧丙烯酸酯有较高的光泽，交联密度增大，光泽增加；玻璃化温度高、折射率高的低聚物光泽好。

(4) 玻璃化温度　低聚物玻璃化温度高，硬度也高，光泽好；低聚物玻璃化温度低，柔韧性好，抗冲击性也较好。

(5) 固化收缩率　低的固化收缩率有利于提高固化膜对基材的附着力，低聚物官能度增加，交联密度提高，固化收缩率会相应增加。

(6) 毒性和刺激性　低聚物由于分子量较大，大多为黏稠状树脂，无挥发，是非易燃易爆产品，其毒性和皮肤刺激性也较低。

5.7.2.2 环氧丙烯酸酯

环氧丙烯酸酯（epoxy acrylate，EA）由环氧树脂和丙烯酸或甲基丙烯酸酯化而得，是目前国内光固化产业内消耗量最大的一类光固化低聚物。这种树脂具有抗化学腐蚀、附着力强、硬度高、价格便宜等优点，用它作预聚物制备的树脂在紫外光照射下可发生光聚合或光交联反应,不仅固化速率快,而且涂膜性能优良,因此成为紫外光固化涂料中应用最多的感光性树脂之一,近年来发展非常迅速,已被广泛应用于各个领域,正逐步取代木材、金属等基材所使用的传统涂料。根据结构类型,环氧丙烯酸酯可以分为双酚A型环氧丙烯酸酯、酚醛环氧丙烯酸酯、改性环氧丙烯酸酯和环氧化油丙烯酸酯。环氧丙烯酸酯具有优异的综合性能。双酚A型EA具有较高的刚性、强度、热稳定性好、固化膜硬度大、高光泽、耐化学药品性能优异,但是黏度大、脆性高、柔性不好;酚醛EA反应活性高、交联密度大、耐热性能好,但价格高、黏度大;环氧化油丙烯酸酯价格便宜、柔韧性好,但固化速率慢、力学性能差。

(1) 环氧丙烯酸酯的合成 环氧丙烯酸酯是用环氧树脂和丙烯酸在催化剂作用下经开环酯化而制得,反应见下式。

$$H_2C—CH—R—CH—CH_2 + H_2C=CH—COOH \xrightarrow{\text{催化剂}}$$

$$H_2C=CH—C—O—CH_2—CH—R—C—CH_2—O—C—CH=CH_2$$

因为丙烯酸是呈双分子的氢键缔合状态,所以环氧树脂与丙烯酸的酯化反应在常温下难于进行,只有加入催化剂才能较好地完成酯化反应。常用的催化剂有叔胺(如 N,N-二甲基苯胺、N,N-二甲基苄胺等)、季铵盐等。

(2) 环氧丙烯酸酯的性能 双酚A型环氧丙烯酸树脂分子中含有苯环,使得树脂有较高的刚性、强度和热稳定性,同时侧链的羟基有利于极性基材的附着,也有利于颜料的润湿。在众多环氧丙烯酸酯中,双酚A型环氧丙烯酸树脂是光固化速率最快的一种,固化膜硬度大、高光泽、耐化学药品性能优异、耐热性和电性能好,加之其来源方便、价格便宜、合成工艺简单,因此在众多研究中又以双酚A型环氧丙烯酸树脂的研究较多,广泛的用作光固化纸张、木器、塑料、金属涂料的主体树脂,也用作光固化油墨、光固化胶黏剂的主体树脂。

双酚A型环氧丙烯酸酯的缺点主要是固化膜柔性不足、脆性很高、耐光老化和耐黄变性差,不适合户外使用,这是由于双酚A环氧丙烯酸酯含有芳香醚键,涂膜经阳光(紫外光)照射后易降解断链而粉化。为提高其性能,拓宽其应用,需对其改性。一般引入可以增加其柔韧性的柔性基团(醚或长链脂肪酸),提高在塑料及金属上的附着力;也有为提高其光敏性,采用不饱和酸酐对其改性,增加双键含量,缩短光固化时间。

酚醛环氧丙烯酸酯为多官能团丙烯酸酯,因此比双酚A环氧丙烯酸酯反应活性更高,交联密度更大,苯环密度大,刚性大,耐热性更佳。其固化膜也具有硬度大、高光泽、耐化学药品性优异、电性能好等优点。只是原料价格稍贵,树脂的黏度较高,因此目前主要用作光固化阻焊油墨,一般很少用于光固化涂料。

环氧化油丙烯酸酯价格便宜、柔韧性好、附着力强，对皮肤刺激性小，特别是对颜料有优良的润湿分散性，但光固化速率慢，固化膜软，力学性能差，因此在光固化涂料中不单独使用，只是与其他活性高的低聚物配合使用，以改善柔韧性和对颜料的润湿分散性。

近年来，国内外众多研究都集中在对各类环氧丙烯酸酯的改性方面。例如，环氧丙烯酸酯的脂肪链虽然具有很好的柔韧性，但是其热稳定性和耐酸性却很差，因此，需要对环氧丙烯酸酯进行改性，使其满足特定场合下性能的要求。各种环氧丙烯酸酯改性途径和性能特点见表 5-157。

■表 5-157　改性环氧丙烯酸酯的途径及性能特点

改性环氧丙烯酸酯途径	性能特点
胺改性	改善脆性、附着力以及对颜料的润湿性，提高固化速率
脂肪酸改性	改善柔韧性，提高固化速率
磷酸改性	提高阻燃性，提高对金属的附着力
聚氨酯改性	改善耐磨性、耐热性、弹性
酸酐改性	碱溶性树脂可作光成像材料低聚物；经胺或碱中和后，做水性 UV 固化材料低聚物
有机硅改性	改善耐候性、耐热性、耐磨性和防污性
酚醛型环氧树脂改性	改善耐热性
无机固体改性	提高硬度、耐化学品和耐高温

① 胺改性环氧丙烯酸酯　利用少量的伯胺或仲胺与环氧树脂中部分环氧基缩合，余下的环氧基再丙烯酸酯化，得到胺改性环氧丙烯酸酯，可提高固化速率，改善脆性和附着力。

② 脂肪酸改性环氧丙烯酸酯　先用少量脂肪酸与环氧树脂中部分环氧基酯化，余下环氧基再丙烯酸酯化，得到脂肪酸改性环氧丙烯酸酯。例如，合成环氧丙烯酸酯时，以柔性长链脂肪二酸（如壬二酸）或一元羧酸（如油酸、蓖麻油等）部分代替丙烯酸，在环氧丙烯酸酯链上引入柔性长链烃基，可改善其柔韧性，同时树脂对颜料、填料的润湿性也得以改善。环氧化腰果壳油丙烯酸酯（CNOEA）分子量大，刺激性小，储存稳定性好，固化体积收缩率低，分子内含有柔性好的长烷烃链；它与双酚 A 型环氧丙烯酸酯共混改性后，会降低 EA 的施工黏度，改善涂膜脆性，进一步扩大了 EA 的应用范围。

③ 磷酸改性环氧丙烯酸酯　先用不足量丙烯酸酯化环氧树脂，余下的环氧基用磷酸酯化，得到磷酸改性环氧丙烯酸酯。

④ 聚氨酯改性环氧丙烯酸酯　利用环氧丙烯酸酯侧链上羟基与二异氰酸和丙烯酸羟乙酯（摩尔比 1∶1）半加成物中的异氰酸根反应，得到聚氨酯改性环氧丙烯酸酯，可明显改善耐磨性、耐热性和弹性。

⑤ 酸酐改性环氧丙烯酸酯 酸酐与环氧丙烯酸酯侧链上的羟基反应，得到带有羧基的酸酐改性环氧丙烯酸酯。

⑥ 有机硅改性环氧丙烯酸酯 近年来，将含硅基团引入环氧丙烯酸骨架形成杂化体系越来越引起人们的注意，这种方法能明显改善环氧丙烯酸酯的耐电性、耐热性、耐候性、耐磨性、阻燃性和防污性。树脂中硅含量的增加可以提高其热稳定性。环氧树脂的环氧基与少量带氨基或羟基的有机硅氧烷缩合，再与丙烯酸酯化得到有机硅改性的环氧丙烯酸酯。

⑦ 无机固体改性环氧丙烯酸酯 有机聚合物具有弹性好、容易加工处理等优点，无机固体则具有高硬度、耐化学品和耐高温等特点，而有机-无机杂化材料则可以将他们的优点结合起来，得到性能更优良的材料。杂化材料具有很好的化学和力学稳定性，与不同表面具有良好的相容性、低吸水性和水蒸气渗透性。纳米 TiO_2 加入到环氧丙烯酸树脂中形成的有机-无机杂化材料的耐候性得到了很大程度的提高。但由于纳米 TiO_2 能够吸收紫外光，因此，它的加入会降低 UV 固化体系的光聚合反应速率及光引发剂的引发效率。所以，含有 TiO_2 的光固化体系需要通过调整光引发剂种类、膜厚、光强及 TiO_2 的分散介质等条件来得到合适的光聚合速率。

⑧ 酚醛改性环氧丙烯酸酯 用酚醛型环氧丙烯酸酯作为骨架所制成的碱溶性感光树脂有更好的耐热性能。把酚醛型和双酚 A 型环氧树脂所制成的碱溶性感光树脂作为混合型感光树脂，能够获得更加优良的耐热性能。

表 5-158 列举了国内外生产厂商的环氧丙烯酸酯低聚物的性能和应用。

■表 5-158 环氧丙烯酸酯低聚物的性能和应用

生产厂家	产品牌号	简称	性能和应用
巴斯夫	LR8765	脂肪族 EA	高反应活性，柔韧性好，用于各种涂料
盖斯塔夫	104	EA（含 25%TPGDA）	高黏度、高活性、高硬度，用于清漆和色漆
科宁	3015	双酚 A EA	高活性、高光泽、柔韧性好，用于罩光清漆、胶印油墨
沙多玛	CN2100	胺改性 EA	快速固化，柔韧性好，耐化学药品性好，润湿性好，用于木器、纸张、金属涂料，油墨
优比西	EB860	大豆油 EA	良好流平性、颜料润湿性和黏附性，用于胶印油墨
江苏三木	6104	双酚 A EA（含 20%TPGDA）	低色相，高光泽，硬度高，用于纸张、木器等
无锡树脂厂	WSR-U120	酚醛 EA	高反应活性，耐热性好，用于阻焊剂、耐热性涂料

5.7.2.3 聚氨酯丙烯酸酯

聚氨酯丙烯酸酯（polyurethane acrylate，PUA）是另一类比较重要的光固化低聚物，其在光固化涂料、油墨、胶黏剂等领域应用广泛程度仅次于环氧丙烯酸酯。它是由多元醇、聚异氰酸酯、丙烯酸-β-羟乙酯等通过加成反应制得的具有氨基甲酸酯官能团的树脂，通用结构式如下：

$$\text{H}_2\text{C}=\text{CHC}-\text{O}-\text{CH}_2\text{CH}_2\text{O}-\overset{\text{O}}{\overset{\|}{\text{C}}}-\overset{\text{H}}{\overset{|}{\text{N}}}-\text{R}-\overset{\text{H}}{\overset{|}{\text{N}}}-\overset{\text{O}}{\overset{\|}{\text{C}}}-\text{O}-\text{R}'-$$

$$-\text{O}-\overset{\text{O}}{\overset{\|}{\text{C}}}-\overset{\text{H}}{\overset{|}{\text{N}}}-\text{R}-\overset{\text{H}}{\overset{|}{\text{N}}}-\overset{\text{O}}{\overset{\|}{\text{C}}}-\text{O}-\text{CH}_2\text{CH}_2\text{O}-\overset{\text{O}}{\overset{\|}{\text{C}}}-\overset{|}{\underset{\text{H}}{\text{C}}}=\text{CH}_2$$

这类树脂的大分子中同时含有氨基甲酸酯和丙烯酸酯结构，兼有两者的特性，因此，具有较高的光固化速率，良好的附着力、柔韧性、耐磨性和耐温性及突出的高弹性和伸长率，已广泛应用于金属、木材、塑料涂层、油墨印刷、织物印花、光纤涂层等方面，是很有发展前途的光固化树脂。它的组成和化学性质有较大的可调余地，可以通过分子设计，合成具有不同官能度、不同性能的聚氨酯丙烯酸酯预聚物，从而调整紫外光固化材料的性能以适应不同的需要，灵活性相当强，在多数情况下，PUA 是紫外光固化材料的首选预聚物。

(1) 聚氨酯丙烯酸酯的合成　聚氨酯丙烯酸酯预聚物的合成通常可以采用两种方法，两种合成工艺的区别在于反应物的加料顺序不同。以甲苯二异氰酸酯与甲基丙烯酸羟乙酯反应为例，第一种合成方法是将甲苯二异氰酸酯与甲基丙烯酸羟乙酯在 50～60℃ 下反应，生成含异氰酸酯基团的氨基甲酸酯的加成物，再将此加成物同各种饱和（或不饱和）多羟基聚合物反应。

$$\text{OCN}-\text{R}-\text{NCO}+\text{H}_2\text{C}=\text{CHC}-\text{O}-\text{CH}_2\text{CH}_2\text{OH}\longrightarrow$$

$$\text{H}_2\text{C}=\text{CHC}-\text{O}-\text{CH}_2\text{CH}_2\text{O}-\text{C}-\text{NH}-\text{R}-\text{NCO}$$

$$2\text{H}_2\text{C}=\text{CHC}-\text{O}-\text{CH}_2\text{CH}_2\text{O}-\text{C}-\text{NH}-\text{R}-\text{NCO}+\text{HO}-\text{R}'-\text{OH}$$

$$\longrightarrow \text{CH}_2=\text{CHC}-\text{O}-\text{CH}_2\text{CH}_2\text{O}-\text{C}-\overset{\text{H}}{\text{N}}-\text{R}-\overset{\text{H}}{\text{N}}-\text{C}-\text{O}-\text{R}'-$$

$$-\text{O}-\overset{\text{H}}{\text{C}}-\overset{\text{H}}{\text{N}}-\text{R}-\overset{\text{H}}{\text{N}}-\text{C}-\text{O}-\text{CH}_2\text{CH}_2\text{O}-\text{C}-\overset{\text{R}}{\text{C}}=\text{CH}_2$$

另一种方法是先使甲苯二异氰酸酯与多羟基聚合物反应，再与（甲基）丙烯酸羟乙酯反应形成 PUA。

$$2\text{OCN}-\text{R}-\text{NCO}+\text{HO}-\text{R}'-\text{OH}\longrightarrow \text{OCN}-\text{R}-\overset{\text{H}}{\text{N}}-\text{C}-\text{O}-\text{R}'-\text{O}-\text{C}-\overset{\text{H}}{\text{N}}-\text{R}-\text{NCO}$$

$$\text{OCN}-\text{R}-\overset{\text{H}}{\text{N}}-\text{C}-\text{O}-\text{R}'-\text{O}-\text{C}-\overset{\text{H}}{\text{N}}-\text{R}-\text{NCO}+2\text{H}_2\text{C}=\text{CHC}-\text{O}-\text{CH}_2\text{CH}_2\text{OH}$$

$$\longrightarrow \text{H}_2\text{C}=\text{CHC}-\text{O}-\text{CH}_2\text{CH}_2\text{O}-\text{C}-\overset{\text{H}}{\text{N}}-\text{R}-\overset{\text{H}}{\text{N}}-\text{C}-\text{O}-\text{R}'-$$

$$-\text{O}-\text{C}-\overset{\text{H}}{\text{N}}-\text{R}-\overset{\text{H}}{\text{N}}-\text{C}-\text{O}-\text{CH}_2\text{CH}_2\text{O}-\text{C}-\overset{|}{\underset{\text{H}}{\text{C}}}=\text{CH}_2$$

国内曾有学者采用两种方法合成了可紫外光固化的聚氨酯丙烯酸酯预聚物。从预聚物的结构、黏度、分子量分布、固化膜玻璃化温度、反应速率等方面对两种合成工艺进行了比较。由于第一条合成路线是二异氰酸酯先与丙烯酸羟乙酯反应生成丙烯酸酯，再与二醇反应时，丙烯酸酯受热聚合可能性增大，需加入更多阻聚剂，这对产品的色度和光聚合反应活性产生不良影响，所得聚氨酯丙烯酸酯的黏度和分子量要高于第二种方法所得的产物。第二条合成路线是先异氰酸酯扩链，再丙烯酸酯酯化，这样丙烯酸酯在反应釜内停留时间较短，有利于防止丙烯酸酯受热时间过长而容易聚合、凝胶。虽然可能丙烯酸酯封端反应不彻底，会存少量没有反应的丙烯酸羟基酯，但不会影响使用。另外，合成工艺中加入多羟基聚合物时，体系中基本上只有单异氰酸官能团的分子与其反应，PUA 的分子量分布较第一种的窄，且由其所制固化膜的玻璃化温度也较第一种高。而第一种合成工艺的反应时间较第二种的短，预聚物的黏度较大，色泽较淡。从实用角度考虑，必须要兼顾其使用性能和加工性能两方面的要求；而不同材料、不同用途和不同加工方法对聚合物的结构、黏度、分子量分布、玻璃化温度及聚合反应速率的要求是不同的。

(2) 聚氨酯丙烯酸酯的性能和应用　聚氨酯丙烯酸酯分子中有氨酯键，能在高分子链间形成多种氢键，使固化膜具有优异的耐磨性和柔韧性，断裂伸长率高，同时有良好的耐活性药品性和耐高、低温性能，较好的耐冲击性，对塑料等基材有较好的附着力，具有较佳的综合性能。

由芳香族异氰酸酯合成的 PUA 称为芳香族 PUA，由于含有苯环，因此，链呈刚性，其固化膜有较好的机械强度和较好的硬度和耐热性。芳香族 PUA 相对价格较低，最大的缺点是固化膜耐热性较差，易变黄。

由脂肪族和脂环族异氰酸酯制得的 PUA 称为脂肪族 PUA，主链是饱和烷烃和环烷烃，耐热、耐候性优良，不易黄变，同时黏度较低，固化膜柔韧性好，综合性能较好，但价格较贵，涂层硬度较差。

由聚酯多元醇与异氰酸酯反应合成的 PUA，主链为聚酯，一般机械强度高，固化膜有优异的拉伸强度、模量和耐热性，但耐碱性差。由聚醚多元醇与异氰酸酯合成的 PUA，有较好的柔韧性、较低的黏度，耐碱性提高，但硬度、耐热性稍差。

PUA 虽然有较佳综合性能，但其光固化速率较慢，黏度也较高，价格相对较高，只在一些高档的性能要求高的光固化涂料中作主体树脂用，在一般的光固化涂料中较少用 PUA 作为主体树脂，常常为了改善涂料的某些性能，如增加涂层的柔韧性、改善附着力、降低应力收缩、提高抗冲击性而作为辅助性功能树脂使用。特别是在纸张、软质塑料、皮革、织物、易拉罐等软性底材的光固化涂装、粘贴和印刷方面，聚氨酯丙烯酸酯 PUA 发挥着至关重要的作用。芳香族 PUA 在光固化纸张、木器、塑料涂料上应用，脂肪族 PUA 在光固化摩托车涂料、汽车车灯涂料和手机涂料上应用。表 5-159 为部分厂家生产的聚氨酯丙烯酸酯低聚物产品的性能和应用。

■表 5-159 聚氨酯丙烯酸酯低聚物的性能和应用

生产厂家	产品牌号	简称	性能和应用
巴斯夫	UA9031V	芳香族 PUA	高反应活性，坚韧，良好耐磨性能
	UA19T	脂肪族 PUA	低黄变性、柔韧性佳，用于涂料
拜耳	UA VP LS2298/1	芳香族 PUA	硬度高，韧性优良，良好耐磨性能
	UA VP LS2258	脂肪族 PUA	低黏度，耐磨性优异,适合各种应用
沙多玛	CN972	芳香族 PUA	韧性好，用于纸张、木器涂料，油墨
	CN965	脂肪族 PUA	韧性好，耐黄变，用于金属涂料、丝印油墨
优比西	EB210	芳香族 PUA	具有广泛通用性，用于各种罩光清漆
	EB5129	六官能度脂肪族 PUA	良好抗划伤性、抗磨损性和柔韧性，用于涂料、油墨、胶黏剂
江苏三木	SM6201	芳香族聚醚 PUA	优良的柔韧性和附着力，用于各种涂料和油墨
陕西金岭	UA315	芳香族聚酯 PUA	高光泽，优良的柔韧性，用于各种涂料和油墨
	UA320	脂肪族聚酯 PUA	耐黄变优异柔韧性、耐磨性和耐化学性，用于涂料、丝印油墨、胶黏剂

(3) 研究热点 近年来，研究可紫外光固化的水性聚氨酯体系较为突出。目前，该体系的合成制备主要是通过以单端羟基丙烯酸类单体对聚酯聚醚类端异氰酸酯预聚物进行封端来实现的，但用这种主链封端方式引入的可交联固化的双键数量有限，同时聚酯类聚氨酯又存在耐水性差、聚醚类聚氨酯耐热性差等缺点。端羟基聚丁二烯（HTPB）具有双端羟基，能够通过与异氰酸酯共聚引入更多的双键进入产物主链并参与交联，同时它还具有耐水、耐低温等优异性能，因此，基于 HTPB 合成制备的水性聚氨酯丙烯酸酯，通过紫外光固化后有望改善固化涂层的性能。

水稀释型 UV 固化聚氨酯丙烯酸酯，由于分子量较小，分子链中无软段，羧基含量高，因此，涂膜性能较差，吸水率非常高。而水乳液型 UV 固化体系可以分散高分子量预聚物，具有较低的交联密度，解决了传统溶剂型 UV 涂料不能同时具有高硬度和高韧性的矛盾，避免了由于活性稀释剂所引起的固化收缩，具有较好的涂膜性能，而且易于清洗，更加安全健康。水性光固化 PUA 涂料的耐候性很好，特别是带有脂环族结构的树脂。另外，添加紫外光吸收剂和光稳定剂 HALS 可以减缓涂层的光降解速率，同时增加涂层的耐久性。

为了提高水性聚氨酯涂料的力学性能及耐水性能，以甲苯-2,4-二异氰酸酯（TDI）、聚乙二醇（PEG）、2,2-二羟甲基丙酸（DMPA）和甲基丙烯酸-β-羟乙酯（HEMA）为原料制备了一系列可紫外光固化的水性端丙烯酸酯基聚氨酯。动态光散射技术分析表明，聚氨酯分散体的粒径随 DMPA 含量的增加而减小。紫外光固化水性丙烯酸酯基聚氨酯涂层的玻璃化温度、硬度及耐水性测试结果表明，固化涂层的耐水性能很好，且随聚氨酯中端丙烯酸酯基含量的增加，涂层的热性能和力学性能均有提高。Molla 等则以异佛尔酮二异氰酸酯、聚乙二醇-1000 和聚乙二醇-2000 的混合物及丙烯酸羟乙酯为原料制备了一种水性聚氨酯丙烯酸酯预聚物。这种水性预聚物的黏度小于 $10 \times 10^{-3} Pa \cdot s$，可以用在喷墨印刷油墨中，在颜料中使用时具有很好的颜色固定性。

5.7.2.4 聚酯丙烯酸酯

聚酯丙烯酸酯低聚物（polyester acrylate，PEA）近几年的发展非常迅速，功能性越来越强，在涂料、油墨和胶黏剂领域的应用也越来越多。它是在饱和聚酯的基础上进行丙烯酸酯化引入光活性基团，通用结构式如下：

$$H_2C=C-C-O-R^2-O\{-C-R^1-C-O-R^2-O\}_n C-C=CH_2$$

大致分为以下 4 种方法。

① 二元酸（或其酸酐）与多元醇以及丙烯酸在硫酸、对甲苯磺酸等催化剂存在下，用溶剂共沸脱水，边除水边酯化的方法制得聚酯丙烯酸酯，即一步合成法。

② 二元醇和二元酸（或酸酐）先进行酯化得到末端带羟基（—OH）的聚酯二醇，然后再用丙烯酸进行酯化，即二步合成法。

③ 在二元酸（或其酸酐）中加入环氧乙烷或环氧丙烷令其发生加成反应得到聚酯多元醇（二醇），进而再用丙烯酸酯化的二步合成法。

④ 丙烯酸-β-羟乙酯和苯二甲酸酐在硫酸催化下，以甲苯为溶剂酯化而制得聚酯丙烯酸酯。如果把丙烯酸-β-羟乙酯和苯二甲酸酐按 $1:1$（摩尔比）反应，则生成带 1 个羧基的单丙烯酸酯。这个单酯可用稀碱水洗净或显影，所以，紫外光未照射的部分因未感光固化可以洗去，照射固化部分成为图像保留。作为印刷版、光致抗蚀剂用的反应性低聚物是很有价值的。

Ahmet Nebioglu 研究了聚酯丙烯酸酯有机/无机杂化材料，制备的方法是溶胶-凝胶法。他们用实时傅里叶变换红外光谱和 DSC 研究了含硅基团对光固化自由基聚合的影响。含硅基团的加入会改变聚酯丙烯酸酯 UV 固化交联网络的形成机理。在 UV 固化杂化材料中，核-壳型微凝胶结构的形成使微凝胶变得更大且更稳定。这种核-壳结构式是由 UV 固化交联有机核和硅酸盐壳组成的。壳上的硅酸盐基团可以阻止微凝胶粒子之间的交联反应，从而使粒子继续增大，也使杂化材料的相分离降低。另外，丙烯酸酯化聚二甲基硅氧烷（AF-PDMS）可以作为一种活性添加剂加入 UV 固化聚酯丙烯酸酯涂料配方中。加入 UV 固化聚酯丙烯酸的 AF-PDMS 含量应该低于 1%（质量分数）。如果 AF-PDMS 的含量太高，固化膜的表面和整体性能会大幅度下降。这种含有 AF-PDMS 的涂料配方对氧气十分敏感，因此，它必须在惰性气体条件下进行固化。除了将硅直接作为助剂添加外，还可以制备聚酯丙烯酸酯与硅的杂化材料，以改善其性能。

用于光固化体系的聚酯丙烯酸酯分子量较低，通常在几百到几千。其黏度比环氧丙烯酸酯和聚氨酯丙烯酸酯都低得多，光固化速率受影响，表面氧阻聚较明显。解决的办法有很多，例如，合成酯化的多官能度 PEA，光固化反应活性显著提高，但黏度也高达数十帕·秒，固化膜交联密度较高，柔性下降。又如，对常规 PEA 进行胺改性，不仅克服了氧阻聚问题，由此形成的固化膜附着力、耐磨性、气味、光泽等性能也将改善。此外，在 PEA 主链上引入醚键或引入芳环作为侧链，也能提高固化速率。

5.7.2.5 其他丙烯酸酯树脂

丙烯酸酯化丙烯酸低聚物（acrylated acrylic oligomer）是指具有侧位丙烯酸酯基团的丙烯酸系共聚物，主链通常由几种乙烯基单体共聚，主要包括丙烯酸甲酯、丙烯酸乙酯、丙烯酸丁酯、苯乙烯、马来酸（酐）和官能性丙烯酸酯，共聚物必须有活性反应基团，以便丙烯酸酯侧基的引入。

在光固化领域，丙烯酸酯化聚丙烯酸树脂一般不单独用作主体树脂，如果在共聚物上引入丙烯酸酯基团时，保留部分羧基，这样的预聚物对颜料有相当优异的分散稳定效果，在光固化油墨配制方面作用突出。

光固化的聚醚丙烯酸酯主要指聚乙二醇和丙二醇醚结构的丙烯酸酯，这些聚醚在工业上一般由环氧乙烷或环氧丙烷在多元醇/强碱引发下，经阴离子开环聚合，获得端羟基结构聚醚，再经酸化得聚醚丙烯酸酯。聚醚丙烯酸酯的主要用途是作为活性稀释剂。

丙烯酸酯化纤维素作为光固化涂料，应用不是十分广泛，早期主要用在家具木器涂装上，其主要特点是固化膜坚硬耐磨、光泽度高、电绝缘性能优良。因低酯化度纤维素有较好水溶性，光固化水性涂料曾用它作为主体树脂。

5.7.3 典型配方和应用实例

丙烯酸系树脂光固化涂料，以其干燥固化快、环保节能等优势在诸多领域得到应用。近二十多年来，随着高效光引发剂、活性稀释剂和低聚物的开发，光固化树脂的应用范围得以逐步扩大，其中，比较典型的是在电子部件、光学功能膜等领域。

5.7.3.1 印刷线路板用的保形材料

保形涂料是涂覆于带有插接元件的印刷线路板上的保护性涂层，它可使电子元件免受外界有害环境的侵蚀，如尘埃、潮气、化学药品的腐蚀作用以及外物刮损、短路等人为操作错误，又可延长电子器件的寿命，提高使用的稳定性，从而使电子产品的性能得到改善。除了用于电子工业，保形涂层在汽车工业、航空航天工业、国防工业和生物工程方面也有广泛的应用，光固化保形材料因其所具有的环保优势备受人们关注。它具有以下优点：固化速率快、适用于热敏性的底材、初始投资低、减少溶剂挥发、操作成本低、节省空间。光固化保形材料和其他包装材料在电子行业中相对较新，但其工艺水平发展很快。

目前，通常利用丙烯酸单体或带有丙烯酸官能团的化合物对其他树脂进行改性制得聚氨酯丙烯酸酯、环氧树脂丙烯酸酯等。丙烯酸型光/暗双重固化保形涂层以硅烷偶联剂改性丙烯酸酯作为主体树脂，利用烷氧基硅潮气水解交联机理实现阴影固化。该体系性能非常好，且具有耐热性好、电性能极佳的特点。表 5-160 为丙烯酸型保形材料的参考配方。

■表 5-160　丙烯酸型保形材料的参考配方

原料名称	质量分数/%	原料名称	质量分数/%
聚酯丙烯酸酯	46.1	IBE	16.38
三乙二醇二丙烯酸酯 TEGDA	5.16	2,2-二甲氧基-苯基甲酮 Irgacure651	3.85
1,6-己二醇二丙烯酸酯 HDDA	29.3		

5.7.3.2　光致抗蚀剂

光致抗蚀剂（photoresist），又称光刻胶，是一种特殊的胶黏剂，指通过紫外光、准分子激光束、电子束、离子束、X 射线等曝光源的照射或辐射，使其溶解度发生变化的耐蚀刻薄膜材料。它一般由成膜树脂、光敏剂和阻溶剂等组成。光刻胶主要用于印刷业和电子工业中集成电路及半导体器件的微细加工，同时在平板显示、LED、倒扣封装、磁头及精密传感器等制作过程中也有着广泛的应用。随着电子工业微细加工线宽的缩小，电子束光刻技术愈来愈多地应用在大批量的生产上。甲基丙烯酸缩水甘油醚与丙烯酸酯的共聚物等负型电子束光刻胶，聚甲基丙烯酸甲酯及其衍生物等正型电子束光刻胶均已投入应用。

光刻胶是随着印刷光刻制版业的出现而"兴"，并随着集成电路加工业的进步而"精"。长期以来，西方发达国家一直将光刻胶作为战略物资加以控制，对于高档光刻胶产品的出口控制十分严格，当前主要是对曝光波长小于 248nm 光刻胶的限制。

5.7.3.3　光纤用感光材料

光纤有石英玻璃光纤和塑料光纤两类。石英玻璃光纤透光性能优异，光信号在其中的衰减较小，适用于远距离光信息传输，但存在加工成本高、质量控制严格、脆性高、易折断、难修复等问题。塑料光纤柔软，易于加工，但透光性能不好，传送距离仅限于 50m 以内，适合在短距离传感器等仪器仪表上使用。因此，目前石英光纤的应用仍占绝对优势地位。

石英光纤在制作过程中先将预制石英棒在高温石墨炉内熔融，然后拉丝成纤，此时的玻璃裸纤又细又脆，非常容易折断，加之环境因素易使裸纤发生氧化，吸附灰尘、水分，微弯或刮伤等，这些都直接影响光纤的信号传输质量。因此，必须涂装光纤涂层保护，强化力学性能，增强抗弯能力。光固化光纤涂料固化速率快、涂装效率高，目前，均采用 UV 光纤涂料。光纤涂料应满足三个条件：流变性能适宜、固化速率快、无固体颗粒。常采用的低聚物有聚氨酯丙烯酸酯、聚硅氧烷丙烯酸酯、改性环氧丙烯酸酯和聚酯丙烯酸酯。芳香族的聚氨酯丙烯酸酯在保持固化膜良好柔韧性的同时，以其芳环结构赋予固化膜适当的硬度和拉伸强度。聚硅氧烷丙烯酸酯具有优越的综合性能，在柔韧性、防潮、隔氧、抗侵蚀、耐老化等方面突出，但成本较高，作为普通光纤涂装应用受限制。改性环氧丙烯酸酯在柔韧性方面得到改善，其母体聚合速率快、黏附力强、高冲击强度等特性得以保持。聚酯丙烯酸酯，特别是聚己内酯丙烯酸酯，具有较好的柔韧性和拉伸强度。表 5-161 为光纤涂层的参考配方。

■表 5-161　光纤涂料参考配方

原料名称	质量分数/%	原料名称	质量分数/%
有机硅环氧安息香丙烯酸酯	60	增感剂	2~3
脂环族环氧丙烯酸酯	40	稳定剂	0.1~0.2
二苯甲酮	3~5	光敏染料	2

5.7.3.4 平板显示器产业用感光材料

液晶显示器（LCD）、等离子显示器（PDP）、有机发光二极管（OLED）等平板显示器的快速增长和普及离不开光聚合技术的推动，目前，在平板显示器的生产制造中已有许多工艺使用光聚合材料，采用了光聚合技术，光聚合体系一般选择多官能基聚氨酯丙烯酸酯、环氧丙烯酸酯预聚物，前者能够赋予涂层较好的柔性，后者多官能基环氧丙烯酸酯可以提供较高的硬度，合理的组合使涂层获得优异的附着力和耐擦伤性能。还有一些平板显示器所用材料和制造工艺有望应用光聚合技术来实现或由光聚合技术提高显示器的性能和生产速度。

PDP 显示器是高技术的综合，制造工序均采用自动化连续生产方式，光固化黏合剂具有 100％的固体含量、工作寿命无限制、固化速率快、可按需要的时间固化并可在室温固化等特点，是适合在线生产装配应用的胶种。由于固化速率快、粘接可靠，显示屏电路引脚通过各向异性导电带与集成电路或印制电路板（PCB）及驱动电路的贴装连接，已广泛使用紫外光固化黏合剂进行粘接。

触摸显示屏等所用聚酯薄膜（PET）是柔性薄膜材料，薄膜表面硬化处理技术是人们研究薄膜表面改性的重要内容，硬涂处理层要求有好的附着力、柔韧性、透光性、防水和耐化学品性及表面硬度。薄膜材料涂层的抗擦伤和耐磨性与涂层表面的硬度有关，同时也与涂层的弹性模量和表面摩擦系数有密切关系。表 5-162 为 PET 薄膜硬涂层光固化体系配方。

■表 5-162 PET 薄膜硬涂层光固化体系配方

原料名称	质量分数/%	原料名称	质量分数/%
脂肪族聚氨酯丙烯酸酯	31	1-羟基环己基苯甲酮（184）	3
环氧丙烯酸酯	26	二苯甲酮	2
三羟甲基丙烷三丙烯酸酯	21	流平剂	0.2
耐磨添加剂	2	溶剂	14.5
邻苯二甲酸酯促进剂	0.3		

5.7.3.5 感光纸用树脂的配方和工艺

感光纸是指覆以化学感光材料用以印制相片的特殊纸张。国外生产感光纸用市售丙烯酸系树脂的厂家有 Rohm & Haas，Goodrich，Ashland Chem. 等公司，生产的 Acryloid B-72，Acryloid AT-56 等牌号的丙烯酸系树脂是羧基改性的热塑性或热固性树脂。

UV（紫外光固化）纸张涂料是一种罩光清漆，适用于书刊封面、明信片、广告宣传画、商品外包装纸盒、装饰纸袋、标签、卡片、金属化涂层等纸制基材的涂装，其目的是提高基材表面的光泽度，保护罩纸面油墨图案和字样以增强涂饰美感，并且防水防污。传统的覆膜技术因生产效率低，施工技术要求高，易出现覆膜脱层问题，且涂层光泽度和成本均不及 UV 罩光清晰，现已失去优势。溶剂型和水性纸张上光涂料均存在基材浸润变形、干燥时间较长等问题，不能形成规模，所以，UV 纸张涂料已成为光固化涂料中产量最大的品种之一，且高光型 UV 纸张清漆为纸张上光涂料产量最大的品种。

UV 罩光工艺一般都是通过胶印机上经过改进的阻尼辊和辊涂机实现的，也有采用丝网印刷、凹版印刷和柔版印刷，甚至采用淋涂机来实现的。UV 纸张涂料以辊涂涂装使用最广，涂料用量也最大，丝印、凹印及柔印往往采用局部上光工艺，用于承印面的局部装饰。通常普通辊涂 UV 纸张涂料的黏度较低，黏度在 45～50s（25℃，涂-4#杯），而局部上光的 UV 纸张涂料黏度较高，黏度在 800～1000Pa•s（20℃），且需要具有触变性，以满足印刷适应性。UV 纸张涂料的应用基材多为软质易折的纸质材料，要求固化后涂层必须具有较高柔韧性，聚氨酯丙烯酸酯虽可提供优良的柔韧性，但成本偏高，乙氧基化和丙氧基化改性的丙烯酸酯单体可基本满足固化膜的柔顺性要求，同时保证光固化速率，同时环氧丙烯酸树脂可赋予固化涂层足够的附着力及硬度等性能。UV 纸张涂料典型的配方见表 5-163。

■表 5-163 UV 纸张上光、辊涂用涂料参考配方

原料名称	质量分数/%	原料名称	质量分数/%
环氧丙烯酸酯	22.8	N-甲基二乙醇胺	3.0
三丙二醇二丙烯酸酯 TPGDA	45.0	引发剂 Darocur 1173	3.0
三羟甲基丙烷三丙烯酸酯 TMPTA	23.0	流平剂	0.2
二苯甲酮	3.0		

5.8 纤维、纸张、皮革工业材料

5.8.1 纺织浆料

5.8.1.1 概述

我国现有各种纺织机超过 100 万台，每年纺织浆料耗用量在 25 万吨以上。特别是高速无梭织机每年以 10000 台的速度递增，更促进了浆料的发展。可以说纺织浆料已是纺织行业第二大耗用材料，历来为纺织界所重视。表 5-164 为我国纺织浆料的发展历程。

■表 5-164 我国纺织浆料 50 年的发展历程

年代	纺织浆料材料
1954 年以前	天然淀粉的生物发酵、海藻胶、动物胶等作为纺织浆料
1954 年	全国清梳浆会议——化学分解法 2321 平布上浆率由 16％降到 8％
1960 年	T/C 纱上浆，使用聚乙烯醇（PVA）＋玉米淀粉＋羧甲基纤维素（CMC）
20 世纪 60 年代	"上浆不用粮"——使用各种代用浆料（CMC，橡子粉，膨润土等）
20 世纪 70 年代	主要使用 PVA，并开始使用丙烯酸类浆料（甲酯浆，酰胺浆）
1981～1982 年	四川内江和成都会议——关注变性淀粉浆料的开发
1984 年以后	氧化淀粉开始用于上浆，酸解淀粉，各种变性淀粉浆料陆续推向市场
截至目前	各种变性淀粉浆料、丙烯酸类浆料和变性 PVA 并用

丙烯酸酯类浆料是丙烯酸类单体的均聚物、共聚物或共混聚物的总称，与变性淀粉类以及聚乙烯醇（PVA）类浆料构成工业生产用的三大类浆料。由于其黏着力强，浆膜具有一定的强度，其乳化液的单体组分可以改变，能够调整浆膜的柔软性和断裂伸长率，并且具有良好的水溶性，对环境污染小，对棉、涤棉，特别是疏水性纤维有很好的黏着性能，易于退浆等特点，是一类很有发展前途的浆料。20 世纪 70 年代初，由于涤棉织物的迅猛发展，带动了丙烯酸酯浆料的研制开发，早在 20 世纪 70～80 年代，德国汉高公司的 CB、CR 浆料，英国联合胶体公司的 Vicolpc 浆料，美国 AZTEX 的浆料等都曾在我国有关地区进行过技术交流和应用试验。上述丙烯酸酯类浆料，由于吸湿性较高，易粘连，且价格昂贵，而未能推广采用。常见的几类浆料进行比较，拉伸强度：聚乙烯醇＞羟甲基纤维素＞丙烯酸酯类＞淀粉＝海藻酸钠；拉伸率：丙烯酸酯类＞聚乙烯醇＞羟甲基纤维素＞海藻酸钠＞淀粉；粘接力与柔软性：丙烯酸酯类＞聚乙烯醇＞羟甲基纤维素＞海藻酸钠＞淀粉。

5.8.1.2 丙烯酸类浆料分类与特点

丙烯酸类浆料属于热塑性高分子化合物,大多数是由两种或两种以上单体组成的产品,丙烯酸类浆料分子链和侧链上所带官能团的结构,决定着它们的主要性能,只有掌握它们的化学结构特点,才能更好地了解产品的主要性能。从上浆性能与适应性考虑可将它们分为三类:酸盐类、酰胺类和酯类。常用的单体见表 5-165。

■表 5-165 丙烯酸类浆料常用单体

名称	结构式	名称	结构式
丙烯酸	$H_2C=CH$ $\quad\quad COOH$	甲基丙烯酸	CH_3 $H_2C=C$ $\quad\quad COOH$
丙烯酸盐	$H_2C=CH$ $\quad\quad COO^- R^+$	甲基丙烯酸盐	CH_3 $H_2C=C$ $\quad\quad COO^- R^+$
丙烯酸甲酯	$H_2C=CH$ $\quad\quad COOCH_3$	甲基丙烯酸甲酯	CH_3 $H_2C=C$ $\quad\quad COOCH_3$
丙烯酸乙酯	$H_2C=CH$ $\quad\quad COOCH_2CH_3$	丙烯腈	$H_2C=CH$ $\quad\quad CN$
丙烯酸丙酯	$H_2C=CH$ $\quad\quad COOCH_2CH_2CH_3$	丙烯酰胺	$H_2C=CH$ $\quad\quad CONH_2$
丙烯酸丁酯	$H_2C=CH$ $\quad\quad COOCH_2CH_2CH_2CH_3$		

注: R^+ 为 Na^+、K^+、NH_4^+ 等。

(1) 丙烯酸盐类 聚丙烯酸及其钠盐是最早用于纺织经纱上浆的丙烯酸类浆料,早在 20 世纪 70 年代初期,尼龙-66 长丝上浆就是采用聚丙烯酸及聚丙烯酸钠盐。

丙烯酸盐类浆料的化学结构式如下:

$$\begin{array}{cc} \underset{\text{聚丙烯酸及其盐}}{\left(\!\!\begin{array}{c} H_2\ H \\ C-C \\ \ \ \ COOH \end{array}\!\!\right)_{\!n} \quad \left(\!\!\begin{array}{c} H_2\ H \\ C-C \\ \ \ \ COO^- R^+ \end{array}\!\!\right)_{\!n}} & \underset{\text{聚甲基丙烯酸及其盐}}{\left(\!\!\begin{array}{c} H_2\ CH_3 \\ C-C \\ \ \ \ COOH \end{array}\!\!\right)_{\!n} \quad \left(\!\!\begin{array}{c} H_2\ CH_3 \\ C-C \\ \ \ \ COO^- R^+ \end{array}\!\!\right)_{\!n}} \end{array}$$

式中,R^+ 为一价金属离子 K^+、Na^+、NH_4^+ 等。

丙烯酸(盐)类浆料亲水性强,对亲水性纤维有良好的黏附性,是纯棉高密高支经纱上浆工艺的黏着材料,但吸湿大、再粘严重。以低比例组分与变性淀粉浆混用,有良好的上浆性能(例如:C14.6 tex、9.7 tex 纱的上浆)。目前,这类浆料主要为丙烯酸盐、丙烯腈或及丙烯酰(胺)等的共聚物。聚合物的结构式如下:

丙烯酸酯类浆料共聚物的结构简式

(2) 丙烯酰胺类 丙烯酰胺类浆料的化学结构式为: $\left(\!\!\begin{array}{c} H_2\ H \\ C\!-\!C \\ | \\ CONH_2 \end{array}\!\!\right)$ 。丙烯酰胺类浆料强度高,是一种用于亲水性纤维的浆料,与天然纤维有很好的黏附性能。但吸湿大、再粘严重,并且聚丙烯酰胺浆膜在干燥状态下较硬、弹性差、伸长率低。以前由于它的固含量低,只有 8%,因此,与丙烯酸盐类无法竞争。现在也能制得 25% 以上的固含量产品,又因它是一种单体均聚物,质量容易控制。

(3) 丙烯酸酯类 丙烯酸酯类浆料的化学结构式如下: $\left(\!\!\begin{array}{c} H_2\ H \\ C\!-\!C \\ | \\ COOR \end{array}\!\!\right)_n$ 、

$\left(\!\!\begin{array}{c} \ \ \ CH_3 \\ H_2\ | \\ C\!-\!C \\ | \\ COOR \end{array}\!\!\right)_n$ 。聚丙烯酸酯浆膜的伸长率大,浆膜吸湿性小,可以通过加入丙烯酸酯单体,起到增加黏附力、耐磨、伸长率和降低吸湿率的作用。

5.8.1.3 丙烯酸类浆料的发展

以纯棉经纱用聚丙烯酸类浆料为例,良好的浆料主要需解决三方面问题:①降低浆料的高吸湿再粘性;②增加浆膜的柔韧性,减少浆膜的脆硬性;③降低浆料的黏度。在解决以上三方面问题的同时还必须满足浆料水溶性好,与淀粉类、PVA 混溶性好,退浆容易,成膜性良好,浆料在纱线中的渗透好等要求。

丙烯酸类浆料的发展可分为四个阶段。第一代丙烯酸类浆料主要产品有聚丙烯酸甲酯、聚丙烯酰胺及 28# 浆料,其外观为黏稠液体,固含量在 8%~14%。最大特点是对疏水性纤维具有良好的黏附性,并且浆膜柔韧,弹性好,水溶性及退浆性能好;但第一代丙烯酸类浆料存在黏着力不足、浆膜软、吸湿大、不易制备、固含量高等产品缺陷,决定了它不能单独使用,只能与别的浆料混用。

20 世纪 90 年代开始,随着化工技术与设备的进步,国内外许多浆料科研和生产单位开展对丙烯酸类浆料的改性研究,使丙烯酸类浆料发展加快,从二元、三元发展到多元共聚,合成的单体也不断增加,使得产品的质量与性能不断提高,于是产生了第二代丙烯酸类浆料。第二代丙烯酸类浆料主要是多元共聚浆料,性能比第一代产品有较大改善。产品有 KD2318、AD 浆料、SFB 及 4118 浆料等。其黏度较低,固含量在 25% 左右,黏附性、吸湿再粘性都得到改善，可全部取代丙烯酸甲酯、丙烯酸酰胺及 28# 浆料和其他辅助浆料，亦可部分取代 PVA。

第三代产品为粉末状固体丙烯酸类浆料。近年来，国外有不少产品进入我国市场，如美国生产的西达浆料、英国联合胶体公司生产的 Vicol 系列浆料，其外观为白色粉末，固含量在 90% 以上，性能较第二代产品有所改善，与变性淀粉配合使用能替代部分或全部 PVA，用于纯棉及其混纺纱上浆。上浆性能优于液态丙烯酸类浆料，且调浆方便，性能较稳定，便于存储，但价格较高。

第四代丙烯酸类浆料是目前利用纳米技术对丙烯酸类浆料进行改性，得到的高性能纳米改性聚丙烯酸类浆料，仅有少量试用。纳米改性技术可以使浆纱的强力，浆料的披覆能力，浆纱的耐磨性，浆料的耐色变和耐老化性能进一步提高。随着化工科技的发展，纳米技术应用于聚丙烯酸类浆料改性已经成为人们研究和讨论的热点。纳米技术在聚丙烯酸类浆料上的应用，无疑能为聚丙烯酸类浆料性能的提升提供广阔的空间。

5.8.2 纤维、纸张、皮革加工用粘接剂

5.8.2.1 概述

纤维加工工艺方面，诸多方法能够改变或改善普通纤维织物的性能，从而拓宽了应用领域。醋酸乙烯酯有耐水性不好、手感差的问题，合成橡胶胶乳有老化与变色问题，因此，用碱增黏的自交联型热固化丙烯酸系乳液与三聚氰胺等交联剂并用就成为纤维加工用的主要粘接剂。丙烯酸系乳液在纤维加工中的应用甚广。比如，用植绒方法制成的起绒产品，经丙烯酸系树脂乳液粘接固定后比普通织物的手感好，还能水洗，适用于汽车坐垫以及能够仿制出高级的时尚用品面料。丙烯酸系自交联树脂广泛用于外衣、工作服、女短大衣等衣料加工的粘接剂。无纺布的加工中也大量使用丙烯酸系自交联树脂。另外，丙烯酸树脂乳液在纤维表面成膜，能够使纤维具有释污性，无论与纤维是物理结合还是化学交联，洗涤时都能充分发挥洗涤剂的作用，而且可以防止再次污染。同时在羊毛的防缩加工中，使用水溶性自交联型丙烯酸树脂或其乳液，在羊毛上形成被覆层（掩蔽层），可在不降低其耐磨性的情况下，防止毡化与收缩。实验证明，经丙烯酸树脂粘接剂处理过的羊毛制品与未经处理的相比，收缩率降低了 10 倍以上。总之，丙烯酸自交联树脂在织物加工工艺方面已经大量应用，并成为取代其他传统产品的主要替代品。

在皮革加工工艺过程中，为使皮革产品更加结实、美观，要对皮革分别进行着色、加脂、表面涂装。由于丙烯酸系树脂粘接剂自身是柔软的，与其他硬质树脂必须添加增塑剂才能赋予柔软性的醋酸乙烯酯相比，在赋予皮革耐挠曲性与坚韧性方面，是最合适的合成树脂粘接剂。日本的皮革行业用粘接剂基本都是丙烯酸树脂系粘接剂。用于皮革头道涂层的丙烯酸系乳液，是

以丙烯酸酯为主体，与若干甲基丙烯酸、丙烯酸、丙烯腈、甲基丙烯酸甲酯等共聚而成。

5.8.2.2 特性与合成方法

纤维、纸张、皮革加工用粘接剂一般属于热熔型压敏胶。热熔压敏胶（Hot-Melt Pressure Sensitive Adhesive，简称 HMPSA）是以热塑性聚合物为主的胶黏剂，兼有热熔和压敏双重特性，在熔融状态下进行涂布，冷却固化后施加轻度指压即能快速粘接，同时又能够比较容易地被剥离，不污染被粘物表面。与溶剂型压敏胶以及乳液型压敏胶相比，热熔压敏胶具有突出的优点。

① 不含溶剂，无有机溶剂的公害问题，在制品生产过程中不需干燥工序，涂布机小型化，节能省地方，生产线简洁紧凑，能高速生产，生产能力提高，如一条典型热熔生产线的生产能力 2 亿～3 亿平方米/年，而水系压敏胶为 0.5 亿～1.0 亿平方米/年 。在生产 OPP 包装带时，为了达到合格的粘力，热熔胶涂布量为 $18g/m^2$，而丙烯酸酯乳液涂布量为 $23g/m^2$，比热熔胶高 25%，所以热熔胶技术的成本低得多。

② 能涂布厚的胶层，胶层中无残留溶剂和水分问题，尤其室温固化的压敏胶性能优良，能黏合聚乙烯、聚丙烯等难粘材料。

③ 适应多品种、少批量生产。

④ 制品生产时废弃物、排水处理等环境问题少。

丙烯酸酯类热熔压敏胶通常是采用本体聚合法合成的。用于制备此类热熔压敏胶的单体有软单体、硬单体和官能单体。软单体主要有丙烯酸丁酯和丙烯酸-2-乙基己酯，其作用是产生玻璃化温度较低的压敏性聚合物；硬单体主要为甲基丙烯酸甲酯、醋酸乙烯酯等，其作用是与软单体共聚后能够提高共聚物的内聚强度和使用温度；而官能单体的作用主要是使压敏胶的内聚强度和黏合性能得到提高，如丙烯酸、丙烯酰胺、马来酸酐等。

5.8.2.3 研究进展

以丙烯酸无规共聚物为基体树脂制备的热熔压敏胶，展现了优良的耐候性，但是在低温初黏性和粘接强度之间难以达到平衡。为了同时获得优良的粘接强度和低温初黏性，有研究者采用多价硫醇和丙烯酸酯单体，以自由基聚合的方法合成了一种嵌段共聚物。这种共聚物以硫醇为中心，两种不同组成的丙烯酸酯链段由中心向外放射性扩展，并且两种链段都与石蜡单体共聚。他们以这种嵌段共聚物为主体材料制备的热熔压敏胶，不仅有良好的低温初黏力和耐候性能，而且对于不同类型的被粘物都有优良的粘接性能。美国 3M 公司也以（甲基）丙烯酸酯单体以及链转移剂制备了丙烯酸酯热熔压敏胶，主要用于粘接表面张力小于 40mN/m 的低表面能材料。日本积水化学株式会社发明了一种具有良好低温涂布性能的热熔型丙烯酸系星型嵌段共聚物，它是在多元硫醇的存在下由丙烯酸型单体及烯基大分子单体等经过多步自由基聚合制备，用它做基料可制备高性能的热熔压敏胶。

5.8.3 皮革、 纸张涂饰剂和织物整理剂

5.8.3.1 概述

丙烯酸树脂乳液原料易得，价格低廉，工艺简单可行，而且其稳定性好，储存期长，成膜速率快，喷淋或涂刷后短时间干燥就可进行下道工序，其乳液性能或成膜性能均能稳定一致，因此，在皮革、纸张涂饰剂和织物整理剂方面获得广泛应用。

但丙烯酸树脂对温度较为敏感，单纯聚合的树脂存在着"热黏冷脆、不耐溶剂"的缺点，这是由丙烯酸树脂的结构特点决定的。普通丙烯酸树脂受自由基聚合特点限制，单体在分子链上呈无序排列，成膜时由于分子结构的无序及单体间结构性能相似，材料的聚集态结构为均相，决定了它的玻璃化温度和黏流温度是单一且相互关联的，而树脂的玻璃化温度和黏流温度决定了它的耐寒、耐热性能，因此，丙烯酸树脂的均相结构使得它的耐寒性能和耐热性能难以兼顾。为改善丙烯酸酯类涂饰剂的性能，国内外专家对丙烯酸树脂进行了改性研究，各类改性的丙烯酸酯类乳液应运而生，经过改性后可很好满足皮革、纸张、织物等日用行业的涂饰需要。

5.8.3.2 皮革用丙烯酸酯乳液

(1) 丙烯酸酯乳液在皮革中的应用和发展历程 皮革加工的工艺流程见图 5-73 。

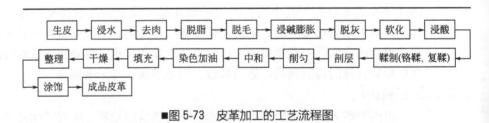

■图 5-73 皮革加工的工艺流程图

1933 年，丙烯酸酯乳液首先在德国用于皮革涂饰，很快得到了推广应用。丙烯酸酯乳液及丙烯酸酯树脂在皮革工业中的主要用途有：在铬鞣中作为预鞣剂、复鞣剂和皮革涂饰剂。以下针对这三个不同工艺段的应用进行具体介绍。

①用作预鞣剂 在铬鞣过程中，浸酸后的皮革纤维表面带负电荷，阳离子型丙烯酸酯树脂很容易渗透到皮板内部，可以封闭皮革纤维表面的极性基团，有利于铬鞣剂的渗透，促进铬鞣剂的吸收。当铬鞣后期进行提碱提温时，皮革纤维、阳离子丙烯酸酯树脂和铬鞣剂之间会形成网状结构，有效增加与铬鞣剂之间的交联点，提高皮革对铬鞣剂的吸收，可以减少铬的污染。研究表明：阳离子丙烯酸酯树脂作为预鞣剂，对铬盐的吸收率可达到 90%

以上，其效果优于二羧酸盐型交联剂。阳离子丙烯酸酯树脂作为预鞣剂不仅可以实现清洁铬鞣的目的，而且可以使革坯丰满、柔软、粒面紧实。

②用作复鞣剂　经过铬鞣后的皮革称为蓝湿革，为改变成品皮革的手感及外观，后续的复鞣是必不可少的工序。复鞣在皮革制造工艺中占有举足轻重的地位，直接决定着皮革的性能。不同类别的复鞣剂有着不同的复鞣效果，复鞣效果的好坏直接取决于复鞣剂性能和品质的优劣。良好的复鞣剂应表现为使皮革变得柔软、丰满、有弹性、粒面平细紧实，并能够增加一定的厚度和赋予皮革一定的力学性能等。丙烯酸酯类复鞣剂，其大分子侧链上的羧基可以与皮胶原肽链段上的多种官能团以及铬鞣革中的铬盐发生化学反应，并且具有选择性填充作用，对皮革的增厚作用明显，复鞣后的皮革耐光、耐老化、有极好的起绒特性。此外，丙烯酸酯类复鞣剂的线型结构，吸尽率高，鞣制后的废液毒性小，易处理。其中阳离子型丙烯酸酯类复鞣剂由于含有一定的阳离子基团，助染效果好，可以有效改善复鞣剂复鞣后的败色现象，促进复鞣剂对阴离子型染料和加脂剂的吸收，该类复鞣剂除了具有阴离子丙烯酸酯类复鞣剂的强化鞣制效应、改善皮革柔软性和丰满度的特点外，其阳离子性还具有杀菌防霉的功能，因此属于一种新型的高档皮革复鞣剂。

用于皮革的丙烯酸酯类复鞣剂一般为乳液型或水溶液型，丙烯酸酯类单体的侧链不宜过长，常用的单体有丙烯酸、甲基丙烯酸、甲基丙烯酸酯、丙烯腈、丙烯酰胺、苯乙烯、马来酸酐等，最常用的是丙烯酸和甲基丙烯酸。以丙烯酸为主的聚合物复鞣剂处理过的坯革色白、但粒面显粗；以甲基丙烯酸为主的聚合物复鞣剂处理过的坯革丰满、粒面细致紧实，但颜色略深、略显僵硬。故两者搭配使用效果最好，通常认为甲基丙烯酸在该类复鞣剂中所占比例应在 60% 以上。

聚合物分子量的大小影响复鞣剂的填充性和皮革的手感，丙烯酸酯类复鞣剂的相对分子质量一般为 $2000\sim10000$，在此范围内，随分子量增大，填充性能增强，皮革的手感更加丰满。而如果采用甲基丙烯酸酯类或甲基丙烯酸与丙烯酸共聚物作为复鞣剂，则其填充效果与其分子量大小无关。复鞣剂的骨架结构也影响复鞣效果，例如，苯乙烯马来酸酐共聚物用作复鞣剂，无规共聚物的鞣性、柔软性、填充性和均染性均优于交替型共聚物。除此之外，由于丙烯酸类聚合物含有大量羧酸基团，在使用过程中，需要对其进行不同程度的中和，将羧酸基变成羧酸盐，这种转变可以促进聚合物在坯革内的渗透，增加聚合物与铬的结合概率。一般情况下，成革的柔软性随丙烯酸酯类聚合物 pH 值的升高而增强。

用于制备丙烯酸酯类复鞣剂的单体多种多样，有常规的丙烯酸酯类单体，采用的聚合体系也不尽相同，有溶液聚合、乳液聚合，也有将纳米 SiO_2、胶原蛋白水解液、降解淀粉等引入丙烯酸复鞣剂中赋予新的功能。对于可提高皮革弹性的丙烯酸酯类复鞣剂，采用丙烯酸丁酯（BA）、丙烯酸

（AA）进行共聚的方法来制备具有特殊弹性的复鞣剂，其原理为：BA 为软单体，与 AA 共聚后共聚物玻璃化温度较低，分子链柔软，且共聚物侧链为非亲水性基团，呈现双亲性表面活性剂的特性，与侧链为极性的共聚物相比，更有利于其在革纤维中的渗透及对革纤维的润滑，使革样在受到外力作用时纤维之间更容易滑动，从而可有效提高皮革的弹性。

在制革的鞣前准备工序中，强化胶原纤维的松散，能提高皮革的柔软性，但胶原纤维的松散在一定程度上会降低皮革强度。因此，在后加工中对皮革进行增强，提高强度，有利于生产更薄更轻的软革。在提高皮革强度方面，利用微乳液聚合技术，制备丙烯酸酯纳米乳液来提高皮革强度的研究十分活跃。Mallikarjun、Santanu 等用微乳液聚合法制备了丙烯酸酯树脂乳液复鞣剂，胶乳粒径为纳米级，该类复鞣剂对皮革有一定加强作用。

丙烯酸酯类复鞣剂虽然目前已大量使用，但其发展历史并不久远，1966年，荷兰首次公开了美国 Rohm&Haas 公司关于丙烯酸酯类复鞣剂的专利，由于其价格低廉，应用于皮革效果明显，吸尽率高，因此近 20 年来，在皮革工业中广泛使用。目前，各皮化材料公司都拥有各种丙烯酸酯类复鞣剂产品，其中代表性的有：Rohm&Haas 公司的 Leukotan 系列、Lubritan 系列，BASF 公司的 Relugan RE、Relugan RF、Relugan RV 等。

③ 用作涂饰剂　皮革涂饰是制革工艺中在干燥后进行的重要整理加工，是在皮革表面涂覆一层有色或无色的天然或合成高分子材料的过程。其主要目的如下。

a. 美化皮革表面，满足客户对于颜色、光泽和手感的不同要求。

b. 修正和弥补粒面缺陷，改善成品的物理性能，使其更加耐用、易清洗和保养。

c. 增加皮革的花色品种，提高皮革的档次，增加商业价值。

皮革涂饰根据成膜物质可分为以下几种。

a. 乙烯基树脂类：包括丙烯酸酯树脂类，以丙烯酸酯和二烯类、乙烯类衍生物的共聚物为基础的成膜材料。

b. 蛋白质类材料：包括乳酪素、改性乳酪素和毛蛋白、蚕蛋白、胶原溶解产品等乳酪替代品。

c. 聚氨酯类材料：包括聚氨酯及其丙烯酸酯、聚氯乙烯、硝化纤维等改性的聚氨酯。

d. 硝化纤维类材料：包括硝化纤维清漆和硝化纤维乳液等。

e. 其他类材料。

在上述几类皮革涂饰材料中，丙烯酸酯类乳液是很重要的一类。我国早在 1999 年的统计数据就显示，在总产量 1.5 万吨的各类皮革涂饰剂中，丙烯酸酯类涂饰剂的产量占 70%。

丙烯酸树脂能很好地黏结着色材料（颜料），与皮革的黏着力很强，具有良好的成膜性能，形成的薄膜透明、柔韧而富有弹性，用于皮革涂饰，其涂层耐光、耐老化、耐干湿擦性能优于乳酪素涂饰剂，卫生性能则优于硝化纤维和聚氨酯涂饰剂，自其诞生以来一直在皮革涂饰中占有极为重要的地位。但丙烯酸树脂温度上升，就逐渐变软变黏，温度降到一定程度就逐渐变脆的"热黏冷脆"现象，以及所成薄膜不耐有机溶剂作用的缺点，限制了其优点的发挥。

（2）用于皮革的丙烯酸酯类乳液改性技术的发展

① 改性材料　诸多类的聚合物或纳米微粒都被用来对皮革涂饰剂用丙烯酸树脂进行改性，如有机硅树脂、有机氟树脂、水性聚氨酯树脂等。根据需要加入不同改性物质，以改善丙烯酸树脂皮革涂饰剂的性能。

改性的丙烯酸酯类乳液主要有含氟丙烯酸乳液和含硅丙烯酸乳液。20世纪 50 年代，美国 3M 公司将有机氟材料应用于皮革、纺织品、纸张等纤维材料的加工，发现含氟材料显著增强纤维材料的拒水拒油性能。20 世纪 70 年代开始，人们开始研究含氟烷基丙烯酸酯聚合物，发现—CF_3 是降低表面张力最有效的基团，分子结构中氟含量的提高会引起表面张力的降低，其中，带有全氟烷基侧链的聚丙烯酸氟烷酯的表面张力最低，具有优异的疏水疏油性。含氟丙烯酸酯和非氟系丙烯酸酯单体一样具有优良均聚性及与其他单体的共聚性。这类含氟丙烯酸酯聚合物比普通氟树脂的溶解性好、透明度高，具有优良的防水、防油、防污性能，除了应用于皮革涂饰，也是纺织品用量较大的一种整理剂。

含氟丙烯酸酯织物整理剂的基本结构单元 $F_{15}C_7COOH_2CH_2COOC\!\!-\!\!\left[CH_2\!\!-\!\!CH\right]_n$ 表明：这类聚合物的疏油性能主要由含氟单体中的侧链烷基来提供，影响疏油效果的关键是其长度与堆积状态。当氟烷基中的碳链在 7 个以上或支链氟烷基碳链在 9 个以上时，聚合物具有对日常生活和工业中一般油品的防沾污功能。

早在 1957 年，美国专利报道了全氟烷基磺酰胺衍生物的甲基丙烯酸酯及其均聚物的制备工艺，以及其在皮革、纸张等制品表面的应用。国外报道了采用本体聚合，合成了含 20%～40%马来酸酐、50%～79%长链烯烃和 1%～10%C_6～C_{12} 的全氟端基烯烃共聚物，其重均分子量为 500～20000。该共聚物性能稳定、储存期长，特别适合用作复鞣剂。同时，该共聚物体系不含乳化剂，制备过程操作方便。存在的问题是，该复鞣剂属于阴离子型，在使用过程中难以避免产生败色的问题。实际上，传统的皮革涂饰剂乳酪素等大多属于阴离子型和非离子型，而坯革经过复鞣、加脂、染色加工工艺后，其表面多带负电荷，因此，坯革与阴离子或非离子涂饰剂之间只能形成弱的结合力，同时，这类材料应用于带满负电荷的坯革表面时，涂饰剂会迅速渗透到革体内，当粒面有损伤或在较粗糙部位则渗透更快。导致的结果是涂饰剂消耗量大、涂层厚，这样会影响皮革的柔软性、丰满度、弹性和粒面清晰度，也会带来光泽不均。阳离子型涂饰剂是 20 世纪 90 年代才发展起来的新型的涂饰材料，与传统阴离子型涂饰剂相比，具有如下优点。

a. 阳离子电荷对铬鞣、植物鞣和合成鞣的皮革都具有良好的键合力。

b. 涂饰溶液的酸碱值接近皮革的等电点，因此，涂饰剂是靠渗透压被吸收，不需要借助渗透剂或溶剂就具有较好的渗透性和涂饰黏着性。

c. 阳离子涂饰剂具有自然、微粒细的特点，比阴离子涂饰剂要柔软，因而具有优良的渗透性和对皮革表面的黏着性，处理过的皮革手感更加柔软且表面成膜薄而自然。

d. 有极佳的遮盖性，能有效填充和封闭伤痕、沙眼、疥癣、烂面等伤残部位，改善成品革外观并提高成品革等级。

e. 可以改善纤维强度和承压能力，同时又具有填充性，涂饰后使皮革手感柔软。

在实际应用中，在制备防水皮革时，由于阳离子型涂饰剂与皮革的黏着性更好，因此使用阳离子型涂饰剂能提高产品的防水性能；有些情况下，皮革厂家和经销商经常会因皮革颜色不受欢迎而需要改色，成品革若耐湿擦性不好，则再涂饰时吸浆困难，从而易导致掉浆，采用阳离子型涂饰剂，这个问题就不难解决。

制备阳离子型含氟丙烯酸酯乳液，引入氟基团有两条途径：一是在聚合时加入含氟添加剂，如氟碳表面活性剂、全氟辛酸等；二是采用氟化丙烯酸酯单体与丙烯酸酯共聚。2001 年，美国专利报道了利用全氟烷基烯烃单体合成了两性复鞣剂。用这种两性复鞣剂处理过的皮革，具有优良的拒水拒油性，而且外观丰满，手感柔软，并且能克服阴离子型复鞣剂败色的缺点。这种复鞣剂由 $1\%\sim10\%$ 的含氟烷烃、$5\%\sim60\%$ 含有羧基的不饱和的丙烯酸或甲基丙烯酸烯烃，以及 20% 以上的丙烯酸烯长链（$C_8\sim C_{40}$）烷基酯组成。可采用自由基聚合方式来制备。国内也开展了相关研究工作，以甲基丙烯酸十二氟庚酯和甲基丙烯酸为单体，偶氮二异丁腈为引发剂，二氧六环为反应介质，制备了氟代丙烯酸酯共聚物，用作复鞣剂，结果表明，该复鞣剂具备分散胶原纤维和填充的作用，并可明显提高皮革的防水性，处理后的坯革 24h 静态吸水率为 34.7%。

② 改性方法　皮革涂饰剂用丙烯酸树脂改性方法很多，主要分为物理混合改性与化学聚合改性。纳米 SiO_2 由于其易分散性，耐磨性，稳定性好等特点被广泛用于皮革涂饰剂用丙烯酸树脂的共混改性中。如庞金兴以含有共聚基团的有机硅氧烷改性的纳米 SiO_2 和丙烯酸酯类单体为主要原料，采用原位聚合法合成了纳米 SiO_2/聚丙烯酸酯复合乳液，此复合乳液具有乳胶粒粒径小、粒度分布窄、稳定性好的特点。马建中等将采用溶胶-凝胶法制得的纳米 SiO_2 溶胶与丙烯酸树脂进行共混，制备出耐水性、耐溶剂性和卫生性能优越的丙烯酸树脂/纳米 SiO_2 复合皮革涂饰剂。刘国军等采用原位聚合法成功制备了聚丙烯酸酯/纳米 SiO_2 有机-无机复合压敏胶乳液，纳米 SiO_2 的引入同时提高了聚丙烯酸酯乳液的内聚力和剥离强度，可制得初黏力大于 20# 球，持黏力大于 100 h，180°剥离强度达到 11 N/25mm 以上的高

性能乳液型压敏胶。胡静等采用无皂乳液原位聚合法制备出纳米 SiO_2/丙烯酸树脂复合皮革涂饰剂，纳米复合涂饰剂的乳胶粒粒径约为 20 nm 且分布均匀；纳米 SiO_2 的加入提高了聚合物的结晶度，增加了丙烯酸树脂的交联度。张志杰等采用乳液原位生成法合成了纳米 SiO_2/丙烯酸树脂复合皮革涂饰剂，并应用于皮革涂饰。涂饰后革样的各项性能较丙烯酸树脂涂饰剂涂饰的革样有明显提高：透水性提高 7.42%，透气性提高 7.33%，耐干、湿擦拭性能均提高 1 级。

从聚合物结构上看，化学改性即利用特殊的聚合方法或聚合单体改变丙烯酸树脂的结构，也就从根本上影响和改变了丙烯酸树脂皮革涂饰剂的综合性能，如粘接性能、涂覆性能等。目前，国内应用与研究的热点集中在新型乳液聚合技术的应用，如核壳乳液聚合技术、互穿网络聚合技术、微乳液技术、无皂乳液聚合技术等。通过共聚改性，交联改性技术引入其他功能性单体等。

③ 阳离子丙烯酸树脂涂饰剂　丙烯酸酯乳液涂饰剂以往的研究多集中于阴离子型，由于鞣制后的皮革表面带负电，阴离子涂饰剂与革面结合力弱、渗透较深、导致吃浆严重，成膜后皮革会出现皮板发硬、柔软性差、手感不佳的缺陷。目前的发展趋势是采用阳离子型涂饰剂。采用阳离子型涂饰剂，以三明治涂饰法涂饰，涂饰剂可与皮纤维牢固结合，能有效阻止涂饰剂向皮革内部过分渗透，所得到的成品革手感柔软，涂层薄、外观自然且结合力强。同时阳离子丙烯酸树脂由于其阳离子的键合性、杀菌性、防腐性以及丙烯酸酯聚合物所固有的黏着性、耐候性、成膜性等，使其成为新型的皮革涂饰剂。制革生产实践也表明，阳离子树脂涂饰剂在伤残革涂饰、变色革涂饰、防水革涂饰以及毛革两用革的涂饰方面都获得了优异的使用效果。国外系列阳离子型皮革涂饰剂及配套的阳离子型涂饰助剂在 20 世纪 90 年代才投放市场。自荷兰斯塔尔公司在 1994 年香港皮革博览会和 1994 年四川什邡皮革交流会上先后推出了被称为"点金术"的阳离子涂饰系统，国内才认识到阳离子涂饰的优势。但由于丙烯酸酯的阳离子型引发剂和阳离子型单体国内非常匮乏，因此，丙烯酸系阳离子聚合物的研究尚处于起步阶段。目前，国内阳离子聚氨酯涂饰剂已有产品，但阳离子丙烯酸树脂涂饰剂还很少有产品报道。据报道，中科院成都有机化学研究所研制成功了阳离子丙烯酸树脂涂饰剂 CBT-1，但市场上未见商业化产品。另外，丹东轻化工研究院和四川大学也有阳离子丙烯酸涂饰剂的研究报道。

除了上述在皮革中用作预鞣剂、复鞣剂和涂饰剂，阳离子型丙烯酸酯树脂也可用作制革工业污水处理剂。阳离子型丙烯酸酯树脂在制备过程中，通过调节阳离子单体的用量，得到不同阳离子浓度的树脂，对污水中的悬浮微粒产生吸附作用，通过电荷中和可对皮革工业污水中的阴离子，如阴离子表面活性剂、多酚类、有机酸类、阴离子型复鞣剂、阴离子染料、加脂剂以及其他阴离子助剂等进行絮凝。絮凝效果与阳离子浓度有关，阳离子浓度越高，絮凝作用越快，絮凝的效果就越好。

④ 有机硅改性丙烯酸酯乳液　有机硅改性丙烯酸酯乳液也是皮革涂饰剂一个新的发展方向。聚硅氧烷具有良好的耐水、耐磨、耐高低温性等特点，但耐油性差、粘接力不强。用聚硅氧烷对丙烯酸酯树脂进行改性，可以兼顾两种树脂的优点，克服丙烯酸酯乳液的热黏冷脆现象，使涂饰剂的综合性能得到提高。Rohm&Haas 公司的专利报道了作为皮革顶层涂饰剂使用的有机硅改性丙烯酸酯乳液，制备过程为：首先加入十烷基苯磺酸和过硫酸铵的水溶液，在特定温度下加丙烯酸丁酯、丙烯腈、甲基丙烯酸、甲基丙烯酰氧基丙基三甲氧基硅烷以及表面活性剂，通过乳液聚合得到有机硅改性丙烯酸酯乳液。该涂饰剂具有耐磨、低温不脆裂的特点。国内许敏等采用单官能团活性硅氧烷与丙烯酸酯类单体共聚，所得到的 SX-8501 涂饰剂具有良好的防水性、耐候性、耐熨烫性、耐溶剂性以及滑爽性，实际使用后，在 $-40 \sim 40℃$ 温度范围内未发现发黏和折痕现象，在 $95 \sim 100℃$ 下压花和熨烫不粘板。

⑤ 光固化技术　光固化丙烯酸酯类皮革化学产品的研发成为亮点。国外新型的光固化丙烯酸酯类涂饰剂的应用已有报道，微波干燥和超声波的应用也有报道，但国内的研究尚处于起步阶段。表 5-166 为 UV 固化丙烯酸酯涂料的典型配方。

■表 5-166　UV 固化皮革涂料的典型配方

原料	质量份	原料	质量份
光引发剂	15	染料	$0.5 \sim 2$
脂肪族聚氨酯丙烯酸酯	$20 \sim 40$	纳米材料	$0.5 \sim 3$
丙烯酸改性环氧树脂	$0 \sim 15$	流平剂	$0.3 \sim 1$
反应型丙烯酸酯单体	$10 \sim 50$	消泡剂	$0.1 \sim 0.5$

(3) 国内外生产与研究现状　美国 Rohm&Haas 公司和 UCC 公司、德国的 QUINN 公司和 Muenzing、英国的 HODGSON 公司、荷兰的 Stahl 公司是世界上生产丙烯酸酯类皮革化工产品的主要代表厂商。此外，德国的 Hostaform、TP chemicals、瑞士的 Ciba、英国的 ICI 等也生产丙烯酸酯类皮革化工产品。全球目前有 2000 家皮革化学品生产公司，品种 2000 个，产量达 100 余万吨。西欧是皮革化学品的集中地，品种 600 种以上，仅 BASF 就有 400 种之多。各大公司丙烯酸酯树脂皮革化工产品已基本形成系列化，已从附着力强、室温发黏的丙烯酸酯树脂类皮革化工产品发展到超高硬度、防水、高温不黏、流平性好的高品质产品。如荷兰 Stahl 公司的 RA 系列、RB 系列、CR 系列，德国 BASF 公司的 Corial Binder 系列，德国 Bayer 公司的 Euderm Bottom A 系列，美国 Rohm & Haas 公司的 Primal Binder 系列，英国 Earnshaw 公司的 Acrylic 系列，大日本油墨公司 Lcc Binder 系列，

意大利 Fenice 公司的 AR 系列以及法国的 Cullmann 公司的产品等都是性能优异的丙烯酸酯类皮革化工产品。

我国的皮革化学品技术和生产相对落后，2004 年制革业所需要的各类皮革化学品已达到 50 万吨，但 70％依靠进口。国外各大皮革化工产品公司纷纷在国内建厂，比如上海的巴斯夫、青岛的德瑞、无锡朗盛等，对国内皮革化学品工业的发展构成威胁。目前，国内大约有 150 家左右的皮革化学品生产企业，产品牌号达到 250 余种。表 5-167 为国内主要的皮革化工产品研制和生产单位及代表性产品，基本上局限于老的品种。上海皮化厂的 A 型树脂，中科院成都有机所的 ASE 树脂，四川联大的 CS 系列核-壳结构丙烯酸酯树脂等也有用于制备性能优异的皮革化学品。

■表 5-167　国内主要皮革化工产品的研制生产单位及代表性产品

单位名称	代表性产品
上海皮革化工厂	丙烯酸酯树脂涂饰剂
丹东皮革化工厂	丙烯酸酯树脂涂饰剂
四川化工总厂	SB、CNS 复合加脂剂、丙烯酸酯树脂涂饰剂
泸州皮革化工厂	丙烯酸酯树脂复鞣剂
北京皮革公司化工厂	丙烯酸酯树脂涂饰剂
天津津港集团有限公司皮革化工分公司	丙烯酸酯树脂涂饰剂
蓝星晨光化工研究院	丙烯酸酯类聚合物新型两亲加脂剂
黄石市铁山精细化工厂	丙烯酸酯树脂复鞣剂
吉林省皮革研究所	聚氨酯改性丙烯酸酯类填充剂
浙江东化实业有限公司	丙烯酸酯类填充剂
天津巨丰皮革化工公司	JAR 丙烯酸酯树脂复鞣剂
天津同生工贸公司	丙烯酸酯树脂复鞣剂、涂饰剂
武汉新景化工有限责任公司	XJ 系列改性丙烯酸酯树脂涂饰剂
中科院成都有机所	BT 改性丙烯酸酯树脂涂饰剂
丹东轻化工研究院有限责任公司	DUA 系列改性丙烯酸酯树脂涂饰剂、改性丙烯酸酯树脂 DG 系列、水性丙烯酸酯树脂亮光剂
成都科技大学	改性丙烯酸酯树脂涂饰剂、丙烯酸酯树脂复鞣剂 CAR
泰州市化工研究所	RA-CS 改性丙烯酸酯乳液、TH 系列改性丙烯酸酯树脂
西北轻工业学院	GN-Ⅱ型丙烯酸酯树脂复鞣剂、GN 型丙烯酸酯树脂复鞣剂填充剂

表 5-168 是国外几种典型的皮革涂饰剂的牌号、技术参数与特性。

■表 5-168　几种典型的丙烯酸酯类皮革涂饰剂

皮革涂饰剂	技术参数	特性	应用
S. P. I. RESINS A6 丙烯酸树脂	化学组成: 水性丙烯酸树脂乳液 外观: 白色液体 有效成分: 25%左右 离子类型: 阴离子	① 成膜非常柔软而不发黏 ② 具有良好的遮盖能力和耐弯折性, 能够有效地提高皮革的耐折性、耐寒性和离板性 ③ 赋予皮革柔软、丰满, 富有真皮感	广泛应用于服装革、沙发革、二层和头层修面革的底涂
S. P. I. RESINS A7 丙烯酸树脂	化学组成: 水性丙烯酸树脂乳液 外观: 白色液体 有效成分: 25%左右 离子类型: 阴离子	① 具有优良的物性、遮盖能力强、压花定型性、耐曲折性和耐寒性好 ② 赋予皮革柔软而富有弹性的膜, 优良的抗断能力	特别适用于沙发革、鞋面革、箱包革的底层涂饰中
S. P. I. RESINS A9 丙烯酸树脂	化学组成: 水性丙烯酸树脂乳液 外观: 白色液体 有效成分: 25%左右 离子类型: 阴离子	① 具有很好的耐光、耐老化和防黏性能、优异的压花定型性、耐寒性和耐湿擦性 ② 具有极佳的压花抗断能力	特别适用于要求长时间摔软或对耐曲折性有更高要求的皮革底涂中
S. P. I. RESINS A10 丙烯酸树脂	化学组成: 水性丙烯酸树脂乳液 外观: 乳白色液体 有效成分: 35%左右 离子类型: 阴离子	① 是一种自交联的丙烯酸树脂 ② 具有优异的填充和渗透性能, 成膜柔软而富有弹性, 亦可与其他丙烯酸或聚氨酯配合使用 ③ 赋予皮革柔软的手感, 耐低温、耐水、耐溶剂性好	适合于各种沙发革、鞋面革、服装革的底涂, 特别适用于要求长时间摔软或对耐曲折性有更高要求的皮革底涂中
S. P. I. RESINS A11 丙烯酸树脂	化学组成: 水性丙烯酸树脂乳液 外观: 白色液体 有效成分: 33%左右 pH 值: 6.0±0.5 离子类型: 阴离子	① 是一种自交联型的丙烯酸树脂 ② 成膜柔软、延伸性好, 具有良好的耐寒性、耐水性和耐曲折性	适用于各类皮革的填充、底涂和中涂
S. P. I. RESINS 1000 丙烯酸树脂	化学组成: 水性丙烯酸树脂乳液 外观: 乳白色液体 有效成分: 35%左右 pH 值: 7.0~8.0 离子类型: 阴离子	① 是一种非常柔软而不发黏的丙烯酸树脂 ② 能在皮革上形成一层柔软无色透明不变黄、延伸性好、耐寒性好、遮盖能力强、有弹性的薄膜 ③ 用于底涂时, 能提高皮革的耐折性、耐弯性、耐寒性和离板性 ④ 用于服装革的涂饰时, 能使皮革柔软、丰满、富有真皮感 ⑤ 用于修面革的涂饰时, 可提高涂层的遮盖能力和耐弯折性	应用于服装革、沙发革、二层和头层修面革的底涂

皮革涂饰剂	技术参数	特性	应用
S. P. I. RESINS 1100 丙烯酸树脂	化学组成：水性丙烯酸树脂乳液 外观：乳白色液体 有效成分：35%左右 pH值：7～8 离子类型：阴离子	① 是一种特别柔软而不发黏的丙烯酸树脂 ② 具有成膜透明、延伸性强的特点，赋予皮革表面丰满而柔软的手感 ③ 可提高皮革的耐折、耐寒和离板性	广泛应用于服装革、沙发革、二层和头层革的底涂中
S. P. I. RESINS 1500 丙烯酸树脂	化学组成：水性丙烯酸树脂乳液 外观：乳白色液体 有效成分：35%左右 pH值：7.5～8.0 离子类型：阴离子	① 是一种软的丙烯酸树脂乳液 ② 能在皮革上形成一层遮盖能力强、具有弹性的软膜 ③具有优异的压花定型性、耐曲折性、离板性	特别适合于沙发革、鞋面革、箱包革的底层涂饰
S. P. I. RESINS 3000 丙烯酸树脂	化学组成：水性丙烯酸树脂乳液 外观：乳白色液体 有效成分：35%左右 pH值：7.0～8.0 离子类型：阴离子	① 是一种中硬的丙烯酸乳液 ② 能在皮革上形成柔软坚韧的薄膜 ③ 具有优异的物性，压花抗断能力极佳；压花定型性好，耐光、耐老化、离板性和防黏性好 ④ 具有优异的耐寒性和耐湿擦性能	特别适合于沙发革、鞋面革、箱包革的底层涂饰
S. P. I. RESINS FGR-01 丙烯酸填充树脂	化学组成：水性丙烯酸树脂乳液 外观：透明液体 有效成分：30%左右 pH值：6.0～7.0 离子类型：阴离子	① 是一种全粒面填充树脂，具有超细粒径、极强的渗透能力和黏着力 ② 用于全粒面填充后，粒面清晰、自然、明显减少松面情况 ③ 用作底涂树脂，可增强涂层的黏着力	广泛应用于皮革的底涂层中
S. P. I. RESINS FGR-02 丙烯酸填充树脂	化学组成：水性丙烯酸树脂乳液 外观：白色乳液 有效成分：33%左右 pH值：6.0～7.0 离子类型：阴离子	① 是一种具有超细颗粒和很强渗透力的丙烯酸树脂乳液 ② 可以作为全粒面或修面革的填充树脂，作为底涂树脂，能有效地提高涂层的黏着力 ③ 具有成膜柔软、透明、延伸性强的特点，可有效改善皮革松面现象	可作为全粒面或修面革的填充树脂

欧盟最近颁布的"生态革"的评估标准规定：在制革中禁止使用重金属；皮革中不能含有六价铬、镉、铅、砷、五氯苯酚、四氯苯酚等有毒物质；加脂剂中短链氯化石蜡含量质量分数不能高于 1‰；游离甲醛含量质量分数必须小于 150×10^{-6}，禁止使用被禁用的 22 种偶氮染料；涂饰材料中的 VOD 要低于 $130g/m^3$；制革废水排放前 COD 去除率要高于 85％以上，铬含量应降到 2mg/L，对我国以丙烯酸酯类乳液为主的皮革化学产品提出了新的挑战。

5.8.3.3　纸张用丙烯酸乳液涂饰剂

我国造纸业正处于飞速发展阶段。在造纸工业发展的同时，将不可避免地遇到一些问题：如何弥补草类和废纸原料使用性能的不足以及高填料含量带来的强度损失与成本提高，满足人们对高档次纸张的需求等，以便提高我国造纸产品在国际市场上的竞争力。造纸涂饰剂与增强剂的使用是解决上述问题最有效的解决方法。

涂饰成膜物质的性能也是决定纸张质量的关键因素。丙烯酸树脂能很好地粘结着色材料（颜料），与纸张的黏着力很强，具有良好的成膜性能，形成的薄膜透明、柔韧而富有弹性，用于纸张涂饰、增强性能优于其他类型涂饰剂，自诞生以来一直在纸张涂饰中占有极为重要的地位。

用于纸张涂饰剂的聚丙烯酸酯乳液常用的单体包括丙烯酸、甲基丙烯酸、丙烯酸甲酯、丙烯酸丁酯、甲基丙烯酸甲酯等。丙烯酸乳液作为纸张涂饰剂机械稳定性好、不易起泡、光泽度高、黏度低、流动性好，有较好的油墨相容性、适当的黏结力、良好的耐磨性能，与其他水溶性胶黏剂有较好的相容性。丙烯酸乳液分纯乳液与改性丙烯酸乳液。前者价格昂贵，主要用于印刷纸张的涂饰。目前，纸张涂饰剂广泛应用的是后者，这类乳液主要是苯乙烯-丙烯酸丁酯共聚物乳液（简称苯丙乳液），两组分比例为 40/60～60/40。苯丙乳液与其他涂料的相容性好，力学性能好，保水性好，涂布时具有较好的操作性，能使成纸具有较好的使用性能。

5.8.3.4　织物用丙烯酸乳液整理剂

织物整理剂是指纺织品离开织机后，到成品前对织物进行加工整理赋予纺织品某种特殊功能的制剂。按照整理剂的功能通常有阻燃整理剂、抗静电整理剂、卫生整理剂、防污和易去污整理剂以及拒水拒油整理剂。现有的纺织品拒水拒油整理剂品种有：有机氟类、石蜡类、N-羟甲基化合物类、有机硅类等，其中，含氟丙烯酸酯乳液是目前织物拒水拒油整理剂中最广泛应用的一种。

丙烯酸类聚合物原料来源广泛、制造成本低廉，具有优良的热稳定性、光稳定性和抗氧化性，良好的成膜性、透明性和结合强度，能赋予织物外观丰满、手感柔软等优点，因此，成为国内外最常使用的织物拒水拒油整理剂。此外还可用作织物的上浆剂、静电植绒胶黏剂、纺织印花浆料的增稠剂、织物染色加工防泳移剂、织物表面的防缩防皱整理剂、抗静电剂、防霉整理剂、抗菌整理剂等。

为使处理过的织物表面具有优良的拒水拒油效果，一般采用改性的丙烯酸酯类乳液。典型的有含氟类（甲基）丙烯酸酯。含氟（甲基）丙烯酸酯和无氟（甲基）丙烯酸酯单体一样具有优良的均聚性及与其他单体的共聚性。其聚合物具有极低的表面能，某些聚合物的表面自由能甚至比聚四氟乙烯还低。也有研究认为在合成聚合物时，只加入少量含氟单体就可以极大改善聚合物的表面性能。该类聚合物结构方面的特点是：侧链含氟基团在分子水平的相分离导致长侧链含氟（甲基）丙烯酸酯聚合物呈现有序的"梳状"结构，含氟侧链向外取向，整齐排列和伸展，对主链形成"屏蔽作用"，如图5-74所示，具有优异的光学特性、极低的折射率、化学惰性，优良的耐候性、耐紫外线性、抗污性、拒水拒油性。

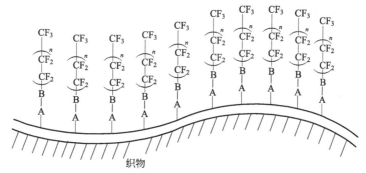

A—聚合物主链；B—结合基团

■图 5-74　含氟整理剂在织物表面的状态

目前，纺织工业上普遍使用的拒水拒油整理剂是由含长链的含氟烷基、聚合物主链及其他官能团组成。单独的含氟烷基类聚合物并不能成为可实际应用的整理剂。为赋予良好的成膜性以及与织物纤维的结合力，一般情况下，可由一种或几种含氟烷基单体与其他单体共聚。图5-75是以四元共聚物为例的典型的含氟丙烯酸酯织物整理剂结构示意图。

式中：Rf 为 C_nF_{2n+1}，$n=6\sim10$；R 为 C_nF_{2n+1}，$n=8\sim18$；X 为连接基团，Y 为反应基团，Z 为功能基团

■图 5-75　含氟丙烯酸酯织物整理剂结构示意图

该四元共聚物中，各组分的功能如下。

组分①是主要组分，其氟烷基（Rf）提供拒水拒油功能，根据产品的不同，氟烷基可以为单一组分，也可以为不同碳原子数氟烷基的混合物。主组分中的连接基团 X 主要起屏蔽酯基的作用，不同的产品，主组分中丙烯酸与氟烷基之间的连接基团也不尽相同。比如 3M 公司的产品，X 连接基团为磺酰胺（—HNSO$_2$），有些产品可能为酰胺（—HNCO）或烯丙基醇基（—CH$_2$CHOHCH$_2$）。

组分②是长链丙烯酸脂肪醇酯单体，与含氟单体共聚产生协同效应，提高拒水性而不降低拒油性，这类单体可以为丙烯酸十二醇酯、丙烯酸十八醇酯等。

组分③是含有反应性基团的单体，多含不饱和键，可以为丙烯酰胺及其羟甲基化合物、甲基丙烯酸羟乙酯和二丙酮丙烯酰胺及其羧甲基化合物。该类单体能自身交联或与织物纤维发生交联反应，从而提高在织物表面的附着性和耐洗性。

组分④是功能性单体，可为 CH$_2$＝CHCOOCH$_2$CH$_2$N$^+$(CH$_3$)$_3$Cl$^-$ 或 CH$_2$＝CHCOOC$_{14}$H$_{19}$N$^+$(CH$_3$)$_3$Cl$^-$ 等亲水性基团，亲水性基团的引入可实现易去污的目的。

根据应用需求，产品中有时也加入一些含卤素的组成，比如氯丙烯、氯丁二烯、偏氯乙烯等含氯不饱和单体，这类单体的加入将降低整理剂的价格。如加入含溴单体除了拒水拒油，还可以增加织物制品的阻燃性能，可用于医院、学校、饭店、旅馆等公共场所的建筑物地毯、窗帘以及其他织物装饰材料。

含氟丙烯酸酯单体的制备方法有两种：电解氟化法和调聚法。美国 3M 公司于 20 世纪 50 年代率先开发了电解氟化法，并一直保持着世界上最大规模的含氟丙烯酸酯单体的电化学合成装置。电解氟化法是以氢氟酸为介质，在低电压、大电流下，对烷基羧酸、烷基磺酸、烷基磺酰氯进行电解氟化，得到含氟烷基化合物，这些化合物可进一步制备成氟烷基酯、酰胺或其他中间体，反应过程如下。

① 氟化反应

$$C_8H_{17}SO_2Cl \xrightarrow[HF,\ 0\sim15℃]{4\sim15V,\ 0.1\sim2A} C_8F_{17}SO_2F$$

② 醇的合成

$$C_8F_{17}SO_2F + H_2NR^1 \longrightarrow C_8F_{17}SO_2NHR^1 \xrightarrow{ClCH_2CH_2OH} C_8F_{17}SO_2N(R^1)\ CH_2CH_2OH$$

③（甲基）丙烯酸酯类的合成

$$C_8F_{17}SO_2N(R^1)CH_2CH_2OH \longrightarrow C_8F_{17}SO_2N(R^1)CH_2CH_2OCC\!=\!CH_2$$

R：C，CH$_3$

R^1：CH$_3$，C$_2$H$_5$，C$_3$H$_7$

电解氟化法生产成本较高，氟化过程中易发生碳-碳键断裂或产生环化反应，从而产生短链的丙烯酸含氟酯单体，这样就导致产物收率低。该方法的优点在于：氢氟酸作为氟化剂，环境污染小，如果进一步提高电解收率，提高转化率，降低生产成本，该方法用于含氟丙烯酸酯单体也是可行的途径之一。

调聚法由于生成的含氟丙烯酸单体具有纯度高、转化率高、价格低等优点，因此成为各厂家最常采用的方法。杜邦公司发明的调聚法，采用四氟乙烯与五氟碘乙烷进行调聚反应，生成碳链长度不同的含氟烷基碘调聚物。该方法反应过程如下。

① 调聚物的合成

$$5F_2C{=}CF_2 + 2I_2 + IF_5 \longrightarrow 5CF_3CF_2I$$

② 调聚反应

$$CF_3CF_2 \cdot \xrightarrow{F_2C{=}CF_2} F_3C{-}CF_2{\left(CF_2CF_2\right)_{\overline{n}}} \qquad n=1,2,3\cdots$$

③（甲基）丙烯酸酯

$$F_3CF_2C{-}(CF_2CF_2)_n{-}I \longrightarrow CF_3CF_2(CF_2CF_2)_n{-}CH_2CH_2OCO{-}\underset{\underset{R}{|}}{C}{=}CH_2$$

$$n=1,2,3\cdots, \ R: H, \ CH_3$$

调聚法的优点是可以得到直链结构的含氟烷基，但所得到的调聚物是不同链长和不同全氟链段的混合物，如何进一步提高有效调聚物的含量，并合理利用长链副产物，以及如何在较温和的反应条件下进行含氟中间体的合成都是调聚法需要进一步解决的问题。

含氟丙烯酸酯织物整理剂的制备根据反应体系的不同，可分为溶液聚合和乳液聚合。早期多采用溶液聚合。溶液聚合方法简单，反应条件容易控制。在溶液聚合反应中，由于氟代丙烯酸单体难以被普通溶剂溶解，因此必须使用含氟有机溶剂。Akira Ohmoei 等以含氟丙烯酸酯和甲基丙烯酸缩水甘油酯为单体，以二甲苯六氟化物为溶剂，在常压下合成了含氟丙烯酸酯类拒水拒油整理剂。溶液聚合的不足之处是：溶剂的大量使用，易带来安全问题，同时也增加成本。

乳液聚合以水为溶剂，大大减少了有机溶剂的用量。Maekawa Takashinge 等利用非离子表面活性剂聚氧乙烯辛基醚和阳离子表面活性剂十八烷基二乙基氯化铵作为乳化剂，以水和丙酮为溶剂，将丙烯酸十二酯、丙烯酸全氟庚酯、羟乙基丙烯酸酯等单体在常压下进行预乳化，然后在引发剂 $2,2'$-偶氮双（2-甲基戊酮脒）盐酸盐的作用下聚合生成了一种低污染高性能的织物整理剂。

Funaki Hiroshi 等对全氟烷基乙基丙烯酸酯、甲基丙烯酸丁酯、2-异氰酸酯乙基甲基丙烯酸酯、正十二烷基硫醇、聚氧乙烯基醚、聚氧乙烯-丙烯嵌段共聚物，4,7 二聚氧乙烯-2,4,7,9-四甲基-5 癸炔、十八烷基三甲基氯化铵、乙酸等的混合物在 50℃下进行乳化反应，然后加入 $2,2'$-偶氮［2-(2-

咪唑啉-2-)丙烷]，聚合得到粒径为 125nm、固含量为 35.5％的含氟丙烯酸酯乳液整理剂。

表 5-169 列出国外生产拒水拒油整理剂的代表性公司，主要有六家。

■表 5-169　国外生产拒水拒油整理剂的代表性公司

公司名称	商品名	国别	制备方法
旭硝子	Asahigard	日本	调聚法
大金工业	Unidyne	日本	调聚法
杜邦	Teflon	美国	调聚法
赫斯特	Nuva	德国	调聚法
3M	Scotchgard	美国	电解氟化法
Atochem	Forapel	法国	调聚法

全氟烷基长链聚丙烯酸酯类织物整理剂，虽然拒水拒油效果好，但随着环保意识的提高，人们发现这类物质即使以少量聚合物的形式使用，也会在生物体内或环境中产生分解代谢产物全氟辛烷磺酸（PFOS）和全氟辛酸（PFOA），两类物质对遗传、雄性生殖、神经、发育和内分泌等都存在毒性。因此，合成含短氟链的聚合物，避免产生 PFOS 和 PFOA 全氟化合物，以及合成新的不含氟的聚合物成为织物整理剂的发展方向。

5.9 建筑材料

5.9.1 建筑密封材料

5.9.1.1 概述

近年来，大规模建筑物如雨后春笋，鳞次栉比。现代建筑一般采用钢筋混凝土建造，尽管这种建筑结构坚固、防腐阻燃性强，但也存在一些弱点，如重量大，拉伸强度、静弯曲强度高，施工拆除、改造困难；易产生龟裂；质量控制、施工管理困难；对酸等化学药品抵抗性弱。所以建筑用密封材料是建筑行业不可缺少的材料，应具有以下特性：

① 具有挠曲性，有吸震作用。

② 操作方便，常温易于施工。

③ 耐候性好，不易老化。

④ 耐热性、耐寒性好。

⑤ 对建筑材料的黏附性好。

⑥ 耐溶剂性、耐油性、耐化学药品性好。

⑦ 柔软、随接缝伸缩能较好地顺应变化。

⑧ 干燥收缩率极小，最好为零。

建筑接孔处的密封，龟裂处的填补，破损部分的修理等所需的密封黏合材料有下列几类：

① 铺地封闭底漆密封料　用于地板的空凹，孔洞、龟裂处的涂覆、填充。

② 屋顶密封漆　用于有防水性能要求的房顶。

③ 密封胶（或腻子）用于混凝土墙壁和金属窗等间隙。

④ 弹性密封胶　用于玻璃幕墙连接处。

当前，建筑领域越来越青睐高性能的弹性密封胶，对密封黏合材料的需求也越发迫切。

5.9.1.2　丙烯酸系弹性密封胶的分类及应用

丙烯酸系密封胶是以丙烯酸系弹性体为胶料的单组分弹性密封胶，由于价格便宜，所以在中、小型建筑中乳液型丙烯酸酯系弹性密封胶比聚硫密封胶的应用更为广泛。主要分为溶剂型和乳液型两种。

(1) 溶剂型丙烯酸树脂密封胶　溶剂型丙烯酸密封胶以丙烯酸乙酯、丙烯酸丁酯为主要成分，其中加少量丙烯腈、丙烯酸等功能性单体共聚而得到丙烯酸橡胶，将其溶于溶剂之后再加入颜料、添加剂和其他助剂而得到的产物。其配制比例见表 5-170。

■表 5-170　溶剂型丙烯酸系密封胶的典型配方

配方组分	配料比 （质量份）	配方组分	配料比 （质量份）
含芳香族溶剂的丙烯酸系高分子（固含量 85%）	500	石棉	12
		硅酸镁	85
碳酸钙	387	硅胶	25

溶剂型丙烯酸树脂密封胶有如下特性。

① 在施工后，因为需要溶剂蒸发和常温固化，固化时间长达 1～6 周，体积收缩率大。

② 对各种接缝构成材料黏结性良好。

③ 和一般双组分弹性密封胶相比，固化后的伸展性和复原性稍差，凝聚强度的成熟期长。

④ 耐用年限最少 20 年，常温下储存稳定性是 6 个月。

⑤ 缺点是使用时需加热到 50℃左右，施工不便。

(2) 乳液型丙烯酸树脂密封胶　乳液型丙烯酸酯系弹性密封胶，是以高分子量的丙烯酸酯系橡胶乳液为基料，再与适当比例量的表面活性剂、分散剂、乳液稳定剂、增塑剂填料、颜料等组分配制而成。

由于这类乳液型密封胶的柔曲性、延伸性、复原性、耐水、耐候等综合性能优良，其用量比溶剂型密封胶大，而且它的推广应用范围也比溶剂型密封胶广。通用的乳液型丙烯酸酯系密封胶配方见表 5-171。

■表 5-171　乳液型丙烯酸酯系密封胶配方

配方组分	用量（质量份）	供应商
Primal JC-40 丙烯酸酯系橡胶乳	430.17	美国 Rohm & Haas 公司
Triton X-405 乳液稳定剂（非离子表面活性剂）	9.46	—
Calgon T 分散剂（阳离子表面活性剂）	10.65	美国 Calgon 公司
Paraplex WP-1 增塑剂	124.21	—
Esso Varsol No.1 石油溶剂	26.91	—
Primal 850 分散剂	1.27	美国 DuPont 公司
Atomite 碳酸钙	692.06	—
Ti-Pure R-90（金红石型氧化钛）	17.72	美国 DuPont 公司

乳液型丙烯酸酯有如下特性。

① 通过水分的蒸发或吸收而发生固化，固化时间较短。

② 这种密封胶很少有一般丙烯酸树脂难闻的气味，在室温下能快速固化成非黏性表面，不坍塌。

③ 乳液型密封胶以水为介质，配方中的挥发组分主要为水分。一般情况下不含或少含有机溶剂，密封胶固化后收缩性较小。

④ 密封胶的柔软性、延伸性、拉伸复原性、耐水性、黏附性、耐气候性、耐紫外线辐射老化等性能优良，具有较长的使用寿命。

⑤ 对各种建筑基材，包括建筑混凝土块、多孔轻质混凝土构件、石材等具有良好的黏附性能和较高的粘接强度。

⑥ 储存稳定性好。

乳液型丙烯酸酯系弹性密封胶主要用于对建筑混凝土块、各种水泥预构件、由石灰质材料与碳酸盐经过混合、成型等工序制得的轻质混凝土构件以及墙壁接缝间的嵌缝、密封。

5.9.2 聚合物混凝土

5.9.2.1 概述

混凝土通常指水泥混合土，由水泥、砂、石子和水按一定比例混合后硬化而成的一种建筑材料。而聚合物混凝土是指高分子树脂部分或全部代替水泥作胶黏剂或将预制水泥混凝土件用高分子树脂浸渍后就地聚合的一种新型建筑材料。这种混凝土用于道路、机场的铺装和修补，地板涂装，防尘防滑铺装，车辙挖补，农业排水用水道（预制混凝土），混凝土砖瓦的粘接等方面。聚合物混凝土一般分为三类：聚合物浸渍混凝土（PIC）、聚合物混凝土（PC）、聚合物水泥混凝土（PPCC）。

5.9.2.2 聚合物浸渍混凝土

聚合物浸渍混凝土（PIC）是将已硬化的水泥砂浆或混凝土经干燥

和抽出内部孔隙中的空气后，再用能产生聚合的有机单体或预聚物及其他组分浸渍，使这些有机物渗入到混凝土内部一定深度（或全渗透），最后再利用热能或辐射能的作用，使其中的单体聚合成聚合物。上述有机单体可采用甲基丙烯酸甲酯、环氧、氯化苯乙烯等。其中 MMA 是目前国内外广泛使用的单体，其聚合物显著改善了混凝土耐磨性、弹性模量、抗压、抗拉和抗冲击等性能。这种材料多用于高强度、高刚性、耐腐蚀要求的工程中，是一种有潜力的材料。有时也采用两种或多种单体如 90%MMA 和 10%三甲基丙烯酸三甲基丙酯并用。一般使用的 PIC 高聚物含量占 4%～8%（质量分数），在改善水泥混凝土材料诸如力学性能，抗蚀性时用得较多，但改性效果没有聚合物混凝土那样显著，很少用于预制混凝土制品方面。

聚合物浸渍混凝土按其浸渍部位不同可分为表面浸渍和完全浸渍两种。试验证明，浸渍混凝土性能的提高，完全是由于单体浸渍和聚合的结果。而聚合物在混凝土中的作用机理是填塞了水泥混凝土的内部孔隙，形成连续的任意方向的增强网，修复水泥浆里的微细裂缝，起到黏结水化和未水化的水泥颗粒，提高水泥颗粒之间黏结力，以及与水泥水化产物产生新的化学反应，改善水泥凝胶的粘接强度等作用。

制造浸渍混凝土用的原材料除基材（被浸渍材料）和单体（浸渍材料）外，根据需要还常加入一些附加剂。目前最常用的基材，主要是水泥混凝土及其制品，其次是石膏及天然岩石。浸渍用的单体最常用的是液态单体。浸渍液的组成，可采用单一品种的单体，也可采用几种单体的混合物，为调节性能，并加入稀释剂、增塑剂、交联剂、促进剂、引发剂等附加剂。最常用的单体为甲基丙烯酸甲酯或甲基丙烯酸甲酯与三羟甲基丙烷三甲基丙烯酸酯（TMPYMA）的混合物，其次是苯乙烯、氯苯乙烯、丙烯腈等。浸渍材料中常用的附加剂有如下几种。

(1) **引发剂** 采用加热法聚合时，必须同时使用引发剂，以引发单体产生聚合，诱导单体产生连锁反应。比较好的引发剂是偶氮二异丁腈，它和单体组成的浸渍液，化学稳定性好，在整个浸渍期间，能完全保持流动性，黏度始终不变。引发剂的用量必须适当，一般为单体重量的 0.1%～5%。

(2) **促进剂** 主要是用以降低引发剂的正常分解温度，改变引发剂分解生成自由基的速率，以促进单体在常温下进行聚合，二甲基苄胺是常用的促进剂。

(3) **交联剂** 能促使线型结构的聚合物转化为体型结构。通常采用的是苯乙烯、三甲基丙烯酸三羟甲基丙烷酯。

(4) **稀释剂** 降低黏度，提高单体渗透能力。

5.9.2.3 聚合物混凝土

聚合物混凝土（PC）是用高分子树脂全部代替水泥做胶黏剂的混凝土。国内外目前使用的单体多为不饱和聚酯、MMA、丙烯酸酯改性环氧、聚酯-

苯乙烯等，一般聚合物含量可达 7%～8%（质量分数）。

甲基丙烯酸甲酯作为单体单独使用时固化收缩率较大，所以常和苯乙烯配合使用。为了降低收缩率常加入 4%～6% 热塑性高分子材料，例如，甘油甲基丙烯酸酯的聚合物等。单体固化通过加入过氧化苯甲酰（BPO）之类的引发剂和对甲基二甲氨基苯或二甲基苯胺等聚合促进剂，或再加入萘酸钴等聚合加速剂实现。

聚合物混凝土比水泥混凝土的强度要高得多，而吸水率要低很多，性能比较见表 5-172 。

■表 5-172　聚合物混凝土与水泥混凝土性能比较

性　能	聚合物混凝土	水泥混凝土
密度/g/cm³	2.3	2.3
压缩强度/MPa	100～150	20～40
压缩弹性模量/MPa	$2.5 \times 10^4 \sim 3.5 \times 10^4$	$1.8 \times 10^3 \sim 2.5 \times 10^4$
弯曲强度/MPa	20～35	4～10
拉伸强度/MPa	10～15	1～3
冲击强度/（kJ/m²）	1.8～2.4	1.5～2.0
吸水率（24h）/%	0.03～0.1	3～4
热膨胀系数/℃⁻¹	$1.1 \times 10^{-5} \sim 1.7 \times 10^{-5}$	$1.0 \times 10^{-5} \sim 1.2 \times 10^{-5}$
粘接强度（对 Fe）/MPa	8～10	2～3

5.9.2.4　聚合物水泥混凝土

聚合物水泥混凝土（PPCC）是将聚合物胶乳液直接掺到水泥混凝土中，以少量聚合物对水泥混凝土进行改性的混凝土，使水泥混凝土和高分子聚合物两种材料复合使用，不仅提高了使用性能，而且可以降低成本。它与旧混凝土不仅黏结好，延展性好，防水和抗冻性也不错。目前已经得到普遍使用的聚合物有聚乙烯酯乳液、呋喃溶液和乳液、橡胶、有机硅，聚氯乙烯和聚偏二氯乙烯的共聚物。丙烯酸系的材料主要是聚丙烯酸酯、聚甲基丙烯酸酯的共聚物。胶乳型 PPCC 与钢筋和老混凝土的粘接极佳，延展性也好，能抵御水和盐的渗透，且具有优良的抗冻融耐久性，一般是采用丙烯酸酯类聚合物的胶乳液。供修理或装修的聚合物水泥混凝土砂浆可按下述成分混合：砂 250 份，水泥 100 份，分散性聚合物 10 份，石棉 1 份，柠檬酸钠 1.7份，碳酸钠 0.5 份，消泡剂 0.25 份，三羟甲基丙烷 1 份。其中聚合物成分 MMA 占 19%、TMPYMA15%、EA 占 46%。

聚合物混凝土已广泛用于水坝、涵洞、桥梁、净水厂的混凝土构件，建筑物正面构件、机器与泵的支座，下水道构件，楼梯踏板、温泉建筑、电话电缆管道、直接铺设公路地面和路面的修补等。

5.9.3 人造大理石

5.9.3.1 概述

人造大理石是由无机矿物填料、树脂、助剂（催化剂、促进剂）和色料等成分组成，将各成分混合后灌入模具中，经固化即制成。人造大理石按所采用的树脂，分为不饱和聚酯型、丙烯酸树脂（MMA 树脂）型、三聚氰胺树脂型和环氧树脂型等。不饱和聚酯型人造大理石发展历史较长，而丙烯酸树脂人造大理石虽然发展时间较短，但性能优于前者，近似天然大理石的质量感或重量感，机械强度高，耐候性优异，可热弯曲加工，保养方便，故而发展速度较快。近年来，日本、美国、德国等国家相继进行了开发应用，美国和日本用作厨房水槽的 MMA 树脂每年约消耗 5000t，英国销售的水槽有10%～20%是 MMA 树脂作的。

丙烯酸树脂人造大理石是以色母料及丙烯酸树脂胶和天然矿物粉经过特殊工艺加工而成的，既具有天然大理石的优雅和花岗石的坚硬，又具有木材般的细腻和温暖感，还具有陶瓷般的光泽，质地均匀、色泽绚丽、加工方便、造型容易，极具可塑性，其变形、黏合和转弯等部位的处理有独到之处。表面无毛细孔，水渍油污不容易渗入其中，无天然石的虹吸受潮现象。此外，抗污力强，密度大、强度高、韧性好、不易破裂、耐高温、无辐射污染、实心无孔，细菌无法寄生等是人造大理石作为建筑材料使用的优势。在橱柜材料选择中，由于人造大理石可以作出任何造型的物品，符合美观和实用相结合的发展趋势，并具有优良的品质，已逐步受到人们的青睐，使其成为橱柜台面首选材料。

5.9.3.2 MMA 人造大理石的品种和制备

20 世纪 80 年代德国 Schoch 公司开发出的 Silacron 人造大理石，是采用 65%硅填料加入 MMA 树脂和其他助剂中充分混合，经浇注而成。1991年 Schoch 公司又开发出新的 MMA 人造大理石 Silgranit，浇注料为聚甲基丙烯酸甲酯（PMMA）溶于 MMA 树脂中，再加入 60%～80%的花岗石填料和其他助剂，混合均匀后进行浇注而成。

マーバツート人造大理石是由日本触媒化学公司开发的 MMA 树脂人造大理石，マーバツート填料采用了 $Mg(OH)_2$ 和 $Al(OH)_3$ 等金属氢氧化物的三水合物，树脂则采用特种甲基丙烯酸酯类。高阻燃 MMA 人造大理石将MMA 树脂浆液 100～130 份加入容器中，一边搅拌一边加入特制的碱式碳酸镁四水合物（$4MgCO_3 \cdot Mg(OH)_2 \cdot 4H_2O$）球粒体（容积密度 0.85g/$cm^3$，粒径 20～50$\mu m$，平均为 30$\mu m$）100 份，并加入引发剂 BPO 0.3 份，充分搅拌后，真空脱泡，而后将浆液浇注在板状铸模中，在室温下保持 2h，再在 70℃下保持 30min，得到的大理石板材可达到高难燃 V-0 等级。

有机结合质填料 MMA 人造大理石是日本三菱人造丝公司为了解决以

往丙烯酸树脂人造大理石存在的无机填料与丙烯酸树脂亲和性和粘接性差的问题，研制了有机结合质填料，作为 MMA 人造大理石的填料。有机结合质填料是用石英粉、超细 $Al(OH)_3$ 等无机物与 MMA 等有机物结合制成。如果 $Al(OH)_3$ 含量达到 30%，并且目数达到 2000 目，那么这样的人造石就是优质的。一般来说，目数越大，颗粒或粉末越细。如果将其整合成固有物，则分子间的结构就越紧密，基本没有毛孔和气孔，那么油或一些比较脏的杂质、污垢就不易渗透。在没有毛孔和气孔的表面，烟痕、油等顽渍也可被除去。霉菌、细菌以及其他微生物也不能存活。

有机结合质填料 MMA 大理石制备方法如下：将石英粉型有机结合质填料 409 份与 200 份 MMA 浆液，0.2 份 BPO 及 4.1 份硅烷偶联剂（2-甲基丙烯酸三甲氧基硅烷丙酯）经机械充分混合制成浆料，而后将浆料浇注在铸模中，先在热水槽中 65℃下聚合 3h，再在烘箱中 120℃下继续聚合 2h，即制得人造大理石板材。

热压成型 MMA 人造大理石通常是将 PMMA 模塑料和有机结合质填料充分混合后，加热熔融，经加压成型而制得。

5.9.3.3 MMA 人造大理石的应用

作为新型建筑材料，将丙烯酸树脂和天然矿物质通过化学的方式融合而成的丙烯酸人造大理石，除了拥有天然材料的质感、可塑性外，同时还拥有易施工和易保养等诸多优点。而且人造大理石重量轻，强度高，厚度薄，耐腐蚀性好，抗污染，并有较好的可加工性，能制成弧形、曲面等形状，现正被广泛应用于墙板、窗台板、地面板、桌面、洗脸盆、浴缸、水槽、梳妆台、花盆、厨房台面以及温泉设备和家用内部装饰材料等许多方面。

5.10 吸油树脂、增稠剂及水处理剂

5.10.1 高吸油树脂

5.10.1.1 概述

含油废弃物引起的污染对环境的损害日益严重，直接威胁着人类和动植物的生存，研究和开发能够有效处理有机物和各种油品的材料势在必行。

高吸油树脂是几种亲油性单体构成的低交联度聚合物，是一种自溶胀性功能性高分子材料，通过树脂分子内亲油基和油分子的溶剂化作用，使树脂发生膨润，依靠范德华力使油品被吸收到树脂内部的网络结构中，达到吸油的目的，优良的高吸油树脂应具有油水选择性好、吸油量高、后处理方便等性能。

丙烯酸类高吸油树脂是以丙烯酸酯类单体聚合得到的树脂，该类吸油树

脂的设计依据是通过亲油基（酯基）和油分子的相互亲和作用而吸油的，所以酯基链越长则亲油能力越强。比较常见的丙烯酸酯和甲基丙烯酸酯类单体来源广，聚合工艺较为成熟，是目前国内外合成丙烯酸类高吸油树脂的主要原料。

国外对吸油树脂的研究起步较早，1977年，日本三井石油化学工业公司以甲基丙烯酸烷基酯经交联得到聚合物。1990年，日本触媒化学工业公司用侧链上有长链烷基的丙烯酸酯为单体制备低交联网络聚合物。20世纪90年代，日本触媒化学工业公司首先研制成功并实现100t/a的生产规模。我国对高吸油树脂的研究起步较晚，浙江大学、苏州大学和江苏石油化工学院等单位曾进行了部分实验研究，但尚无工业化产品问世。随着国民经济的迅速发展，对高效环保材料的需求必将大幅度增加。

合成丙烯酸酯类和甲基丙烯酸酯类高吸油树脂常用的方法有分散聚合法、乳液聚合法和悬浮聚合法等。

5.10.1.2 高吸油树脂的吸油机理和过程

低交联度共聚物的高吸油性树脂，分子间具有三维交联网状结构，内部有一定孔隙，通过大分子链上大量的亲油基团和油分子的溶剂化作用使树脂发生膨胀，见图5-76。由于网状交联结构的存在，当交联程度适当时，则树脂只溶胀而不溶解，而油分子只包裹在大分子网格结构中，从而达到吸油、保油的目的。

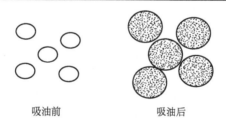

吸油前　　　　　　吸油后

■图5-76　高吸油树脂的吸油机理

高吸油性树脂吸油机理与高吸水性树脂的吸水机理基本相同，但前者是利用范德华力作用吸油的，后者则能用较强的氢键和网格内侧与外侧渗透压之差吸水，因此在吸收量上有差异。另外，被吸收的油与水密度不同，若假设两种树脂内部具有等同的网络容积，吸收油的质量自然要比吸收水的质量小。综上所述，高吸油性树脂的吸油倍率一定会明显减小，仅为几倍至几十倍，而吸水树脂吸水率可达数百倍到数千倍。

高吸油树脂投入油中，最初为分子扩散控制，当一定量的油进入后，油分子和分子链段发生溶剂化作用。但由于油分子进入少，并不足以使高分子链段展开，仍然卷曲缠绕着，此时以分子扩散为主。当油分子进入足够多时，溶剂化作用足够强，链段开始伸展，网络中有共价键交联点存在，此时分子运动开始依照 Flory -Huggins 方程，即由热力学推动力推动。当高分子充分溶胀时，由高分子弹性力学模型可知，高分子链伸展到一定程度，会慢慢回缩，即存在弹性回缩力，最终达到热力学平衡态。

吴宇熊等以丙烯酸丁酯（MMA）和甲基丙烯酸丁酯（BMA）为单体，聚乙烯为分散剂 N, N'-亚甲基双丙烯酰胺为交联剂，过氧化苯甲酰为引发剂，并在体系中加入致孔剂，以程序升温的方式，采用悬浮共聚法合成了两种甲基丙烯酸短链烷基酯高吸油树脂：P（BA-MMA）和 P（BA-BMA）。P（BA-MMA）和 P（BA-BMA）吸油树脂均有较高的吸油率。

杨小敏等以甲基丙烯酸甲酯（MMA）和丙烯酸十六酯（HAD）为单体，N, N'-亚甲基双丙烯酰胺为交联剂，偶氮二异丁腈为引发剂，聚乙烯醇为分散剂，采用悬浮聚合法制得了高吸油性树脂。正交实验得最佳合成条件是：单体配比 nHDA：nMMA＝2：1，交联剂质量分数为 1.00％，引发剂质量分数为 1.20％，分散剂质量分数为 0.15％，在此条件下制得的树脂吸油倍率为 13.97g/g。

5.10.1.3 高吸油树脂的应用

(1) 油污染处理 高吸油树脂可用于处理海面浮油，防止海洋污染。也可用于各种油的吸收材料，如废油处理剂，电镀制品废油、工厂排入水中氯烃化合物和浮油的处理剂等。该树脂可浮在水面上，且体积小，回收方便。同时织物型高吸油树脂还可作为油雾过滤材料，另外还可作为水的净化剂，如用吸油树脂清洁浴盆和游泳池等。

(2) 缓释基材 利用高吸油性树脂受压后不会漏油并具有缓释性能的特点，将吸收了芳香剂的高吸油性树脂置于空气中，由于在树脂和周围环境之间存在浓度梯度，其中有机溶液就会缓慢释放出来。对于农药，可借助吸油材料将其均匀分散，不仅便于施用，还可延长持久的有效期。薄荷油扩散力强，暴露在空气中极易挥发损失，将其混入吸油材料能得到缓释性薄荷油，可更方便地应用于固体食品、药品中。

(3) 减肥产品 将吸油材料加到食品中，能与脂肪酸、胆汁酸、胆固醇等油类化合物生成络合物，且不被消化系统吸收，也不被胃酸水解，可有效减少人体消化吸收这些物质，并促使其排出，最终达到减肥的功效。

(4) 添加剂 吸油材料还可用于生产各种油密封材料以及作为树脂、橡胶的改性剂等。将粒状高吸油树脂分散于热塑性树脂或弹性体中，可制得密封材料，适用于油管接头的密封。

将吸油树脂沉积在热敏颜料层或载体上制得热敏记录材料，由于吸油树脂可以吸收热敏颜料层中的熔融物质，防止熔融物质黏附或聚集在加热头上，从而使记录字迹清晰，避免了加热头上有黏性附着物而产生的漏点现象。吸油材料作为纸张添加剂，可快速吸收油墨中的溶剂，即使高速打印，也不产生模糊。

近年来，令人感兴趣的研究方向是向含有增塑剂和添加剂的聚氯乙烯或橡胶中加入 0.1%~1%（质量分数）的高吸油树脂，不仅不会破坏树脂或橡胶的物性，而且还可防止增塑剂和添加剂的迁移。

5.10.1.4 高吸油树脂研发需要解决的问题

目前高吸油性树脂的开发利用还需要解决如下问题。

（1）由于需要吸收的油品种类多，一种高吸油性树脂不可能同时对多种油品有最佳的吸油倍率，需要有针对性的开发不同类型的高吸油性树脂。

（2）高吸油树脂吸油率一般只有 10~20 倍，通常需要 4~5h 才能基本达到饱和状态，有些甚至超过 10h。因此，提高高吸油树脂的吸油率和吸油速率是推广应用亟待解决的一个主要问题。应深入研究吸油树脂吸油热力学和动力学，加强吸油树脂与有机溶剂相互作用的机理研究。

（3）目前，国内外对吸油树脂还只限于考察单体倍比、交联剂用量、反应温度及反应时间对树脂性能的影响，尚有待于深入探讨树脂的微观结构与吸油性的关系，从理论上进一步弄清高吸油性树脂性能与结构的关系，为高分子结构设计和合成工艺提供理论依据。

（4）采用新的聚合工艺，调节树脂形态结构，如运用致孔技术提高树脂性能是值得研究的重要方向。

（5）按照环境材料学降低成本的概念，加强高吸油树脂的循环再利用和吸油后的树脂和油品的回收，避免二次污染。

5.10.2 增稠剂

5.10.2.1 概述

丙烯酸类聚合物是一种水溶性高分子，它可以使水溶液或水分散体的黏度增加。丙烯酸类聚合物增稠剂中带有羧基的分子链在酸性或中性条件下表现为螺旋屈曲的胶团状态，加入碱溶液后，羧基电离为—COO^-，在静电斥力的作用下，胶团中的无规线团展开为直链棒状，大的分子链完全溶解在水相中，电离的羧基与水形成水合离子态，阻碍了水分子的流动性，引起乳液黏度增大，达到增稠的目的，见图 5-77。

丙烯酸酯类增稠剂被广泛用于纺织印染、皮革涂饰、造纸涂料工业、建筑涂料、油田及化妆品等领域。丙烯酸酯类增稠剂能以任意比例与水混溶，加入碱性溶液后可使体系迅速增稠，具有用量小、使用方便的特点。

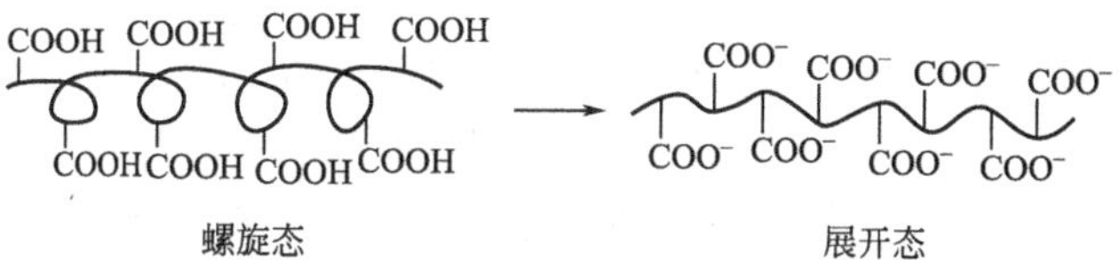

■图 5-77 增稠后分子链示意图

5.10.2.2 增稠剂的应用与研发

从 20 世纪 90 年代开始，国内许多科研单位都致力于合成丙烯酸类增稠剂的开发研究。目前市场上有多个国内增稠剂品种，但这些产品与英国联合胶体公司的丙烯酸类增稠剂 PTF 相比，在质量上有一定的差距，故印染厂大量使用的增稠剂还是 PTF，而 PTF 的价格却高达 410 万元/吨。

制备丙烯酸系增稠剂一般采用乳液聚合、反相乳液聚合或反相悬浮聚合、辐射聚合等工艺，但目前以反相乳液聚合工艺的效果最为理想。

印染生产中为了调节色浆稠度，需加入各种不同的增稠剂。增稠剂的加入可使印染色浆具有一定的黏着力和可塑性，在色浆施于织物表面时不致扩散开来，即使受高压时也能精确地保持原设计图案。

李小瑞等以聚乙烯醇为胶体保护剂，N,N'-亚甲基双丙烯酰胺为交联剂，用过硫酸钾-亚硫酸钠引发丙烯酸、丙烯酰胺、丙烯酸丁酯进行无皂乳液聚合，以制备高性能的涂料印花增稠剂，所得产品稳定性好、增稠效果优良。

Robert L 采用过硫酸铵或过硫酸钾作引发剂，在一定温度下引发聚合丙烯酸钠单体，当聚合度 n 达几十万以上时，其水溶液黏度很大，可以用作增稠剂。

在涂料印花生产工艺中，用聚丙烯酸钠作增稠剂可以很好地替代海藻酸钠和天然淀粉。戚银城、刘宝龙的研究表明，对于丁苯或丙烯酸酯类乳胶只要加入极少量聚丙烯酸钠就可以使体系的黏度增大。且随着聚丙烯酸钠用量的增多，黏度也相应增大。张轶东采用自由基水溶液聚合法合成了超高相对分子质量的丙烯酸钠聚合物，将此聚合物直接用于蛋白质溶液或其他生物大分子提取液的浓缩。用该方法浓缩蛋白质具有效率高、浓缩剂用量少的优点，并且能够更好地保持酶的活性。

5.10.3 水处理剂

5.10.3.1 概述

世界人均水量 $10930m^3$，从数量上看，水资源比较丰富，但由于时空分布极不均匀，以及水资源与工业、城市分布的不一致性，造成了许多地区缺水。随着工业发展速度和城市化的加速，生态环境不断恶化，水资源的短缺愈加突出。因此，水资源短缺已不是局部地区的问题，而是全球性问题。

我国也是水资源贫乏的国家之一，目前有 300 多个大中城市缺水，其中 1/3 城市严重缺水。工业用水占城市用水的 70%～80%，其中的冷却水又占工业用水量的 80% 以上，因此，如何节约工业用冷却水，提高水的重复利用率，变直流冷却水为循环冷却水是一个重要措施。

冷却水循环和废水回用可节约用水，但冷却水循环后，水中的盐类、悬浮物、污染物增浓，水系统不能正常工作。工业排放的废水，因其生产产品不同、工艺不同，废水成分千差万别，只有经过综合处理，才能使化学耗氧量（COD）、生化耗氧量（BOD）、悬浮物、色度等达标排放和回用。要实现上述目标，采用多种水处理剂进行化学处理，是当今水处理技术的主体。

丙烯酸系列水处理剂之所以发展迅速，其主要原因如下。

① 水处理剂是精细化工产品，附加值高，生产中设备投资少，生产过程相对简单。

② 随着国民经济的发展，对水处理剂不断提出新的要求，水处理剂产品更新换代较快。

③ 随着石油化工的发展，丙烯酸系列产品作为水处理剂相对来讲原料来源方便、容易。

④ 从聚合过程来讲，丙烯酸酯及其衍生物进行均聚或共聚，制造一元或多元聚合物，聚合率高，操作易于控制，产品质量好，性能优异且质量稳定。

5.10.3.2 水处理剂的种类与应用

丙烯酸树脂类水处理剂的种类很多，按其功能可分为阻垢分散剂、缓蚀剂、絮凝剂、脱色剂、脱水剂等。

(1) 阻垢分散剂 丙烯酸类阻垢分散剂是以丙烯酸为主要单体，在适当的引发剂作用下，与一种或几种有机单体共聚而成的一类阻垢分散剂，—COOH是此类共聚物的主要功能基团，对 Ca^{2+}、Mg^{2+}、Fe^{3+}、Cu^{2+} 等离子具有较强的螯合能力，不仅有分散和凝聚作用，还能在无机结晶过程中干扰晶格的正常排列，从而起到阻垢、防垢的作用。

国外在 20 世纪 60 年代首先开发出聚丙烯酸（PAA），美国 Nalco 公司的 N-7319 是丙烯酸和丙烯酸酯共聚而成；Chemed 公司合成了丙烯酸/苯乙烯磺酸共聚物；Belz 公司合成了丙烯酸/丙烯酸-2-羟基丙酯（HPA）共聚物；BFGoodrich 公司合成了丙烯酸（50%～90%，质量）/取代的丙烯酰胺（10%～50%）共聚物阻垢剂。

20 世纪 80 年代初，丙烯酸/丙烯酸羟烷基酯的二元和三元共聚物作为商品进入我国，20 世纪 80 年代中期，国内丙烯酸/丙烯酸甲酯共聚物开发成功，奠定了我国水溶性聚合物水处理剂的基础。聚丙烯酰胺是一类较早用于循环冷却水领域的阻垢剂，人们将丙烯酸与丙烯酰胺单体共聚合成丙烯酸/丙烯酰胺共聚物，阻止 $CaCO_3$ 垢、$Ca_3(PO_4)_2$ 垢的效果很好。由丙烯酸与取代丙烯酰胺（如叔丁基丙烯酰胺）共聚而成的阻垢剂可有效地将铁稳定在水中，且能在溶解氧存在下发挥阻垢作用。

李庆明等人合成的丙烯酸/丙烯酰胺/甲基丙烯酸酯三元共聚物，具有阻垢、耐温、耐酸、耐碱等多重功效。丙烯酸单体/丙烯醚类共聚物是日本触媒化学工业株式会社开发的，可用于高浓缩倍数、高 pH 值运转的磷系或锌系冷却水处理，如丙烯酸/甲基乙烯基醚共聚物，防止 $CaCO_3$ 垢效果很好。

黄伯芬等人以丙烯酸、丙烯酸酯、AGPC-1（主要官能团是—OH、

—COOR)、顺丁烯二酸酐为反应单体，水为溶剂，合成一种四元水溶性共聚物 ZG-93，该共聚物作为阻垢分散剂，综合性能好，使用范围宽，对水中存在的主要垢粒 $CaCO_3$、$Ca_3(PO_4)_2$、$CaSO_4$ 能同时起作用，效果极佳，而且对铁红微粒有较好的分散作用。

郑净植等以水为溶剂，过硫酸铵为引发剂，丙烯酸（AA）、2-丙烯酰氨基-2-甲基丙磺酸（AMPS）和次磷酸钠为原料，合成了一种含膦基、羧基和磺酸基的多功能水处理剂，当水样中阻垢剂质量浓度达到 16mg/L 时，对碳酸钙、磷酸钙的阻垢率分别达到 92.4% 和 73.8%。

尽管丙烯酸类共聚物阻垢剂毒性较小，但由于易形成丙烯酸钙，在含有高浓度 Ca^{2+} 时单独使用效果较差，且生物降解性差，因此，逐渐被能够生物降解的新型高效阻垢剂所代替。

(2) 缓蚀剂　人们发现某些丙烯酸酯共聚物不但具有阻垢分散作用，而且还具有缓蚀作用，因此，近年来国外大力研究共聚物缓蚀剂，以期代替无机磷酸盐、锌盐、有机碘酸盐或磷酸醋等缓蚀剂，用于配制不含有机磷的全有机配方。丙烯酸树脂类产品有 Bets 公司生产的丙烯酸/羟丙基磺酸烯丙基醚共聚物等。

EI-Sayed. A 考察了各种高分子聚合物对铁在酸溶液中的缓蚀效果。聚丙烯酸（PAA）、聚丙烯酸钠（Na-PAA）等高分子聚合物在不同的酸溶液中缓蚀效果有明显的差别，但其共同点是对生态环境不会造成不良影响。

国内殷德宏等以亚磷酸二乙酯与顺丁烯二酸二乙酯以及丙烯酸乙酯为原料，在强碱性催化条件下，用一步法合成有机磷羧酸共聚物缓蚀剂。该反应条件温和、工艺流程简单、无毒。

金栋等以异丙烯磷酸（IPPA）、丙烯酸（AA）和丙烯酸羟丙酯（HPA）为单体，水为溶剂，过硫酸铵为引发剂合成了 IPPA/AA/HPA 三元共聚物，并对其阻垢和缓蚀性能进行了研究。结果表明，IPPA/AA/HPA 共聚物不仅具有优异的阻垢分散性能，而且对碳钢也有很好的缓蚀作用，是一种性能优良的新型高效水处理剂。

(3) 絮凝剂　絮凝沉降法是目前国内外普遍用来提高水质处理效率的一种既经济又简便的水质处理方法。絮凝剂在用水与废水处理中占有重要的地位。首先，絮凝能简单有效地脱除 80%~90% 的悬浮物和 65%~95% 的胶体物质，因而对降低水中 COD 有重要作用。絮凝对去除水中的细菌、病毒效果稳定，使处理水的进一步消毒、杀菌变得比较容易而有保证。

我国有机高分子絮凝剂的发展从 20 世纪 60 年代初小量生产聚丙烯酰胺（PAM）系列产品开始。目前，该系列产品的产量占有机高分子絮凝剂总产量的 80% 以上，国内 PAM 产品生产厂约 80 家，总生产能力大约 10 万吨/年。

在合成的有机高分子絮凝剂中，聚丙烯酰胺（PAM）应用的最多。在美国有机絮凝剂总销量最大的是 PAM。聚丙烯酰胺有非离子型、阳离子型和阴离子型，它们的相对分子质量均在 $(50~600)×10^4$。由于这类絮凝剂存在着一定量的残余单体丙烯酰胺，不可避免地带来毒性，因而使其应用受到了限制。

朱胜庆等利用疏水单体全氟辛基乙基丙烯酸酯（FM）、2-丙烯酰氨基-2-甲基丙磺酸（AMPS）、丙烯酰胺（AM）和甲基丙烯酰氧乙基三甲基氯化铵（DMC）通过自由基胶束共聚合成了 P(FM-AMPS-AM-DMC) 四元共聚物，即氟碳型两性聚丙烯酰胺（FPAM）絮凝剂。合成的 FPAM 絮凝剂对于净化煤水，污泥脱水等均具有良好的效果。

我国对有机高分子絮凝剂的研制、生产和应用尚处于开发阶段，仍属薄弱环节。技术差距大的主要表现有：

① 系列化水平低，专用品种少，已商品化的产品仅有 PAM 和聚丙烯酸两大类；

② 产量低，未形成经济规模，某些国外已工业化的品种，至今我国仍不过关；

③ 工艺设备和单体生产落后，整体质量水平不高。今后还应从化学产品的絮凝机理入手，在已有的絮凝机理基础上，更加系统地、全面地开展机理研究，掌握其微观结构，并通过深入研究，探索新型的、絮凝效果更好的水处理剂产品。

参 考 文 献

[1] 朱学文，郑淑君．高吸油树脂研究进展．化学推进剂与高分子材料，2004，1（2）：15-18.

[2] 吴宇熊，周尽花，刘洋等．丙烯酸酯系高吸油树脂的合成及性能．精细石油化工，2009，1（26）：41-45.

[3] 杨小敏，刘建平，胡林等．甲基丙烯酸甲酯与丙烯酸十六酯共聚物的制备及其吸油性研究．江西师范大学学报，2010，2（34）：165-168.

[4] 张高奇，周美华，梁伯润．高吸油树脂的研究与发展趋势．化工新型材料，2002，1（30）：29-31.

[5] 马瑞波．丙烯酸酯类增稠剂增稠稳定性的研究．河北省科学院学报，2001，1（18）：51-53.

[6] 李建宗，程时远，黄鹤．国外丙烯酸类增稠剂合成方法．现代化工，1992，3：22-25.

[7] 李小瑞，董艳春．无皂乳液聚合制备增稠剂及其性能研究．热固性树脂，2005，6（20）：11-13.

[8] 李裕芳．国内外丙烯酸系列水处理剂研制及应用状况．第三届丙烯酸科技发展与应用研讨会论文集，58-60.

[9] 李凡修，辛焰，陈武．共聚物类阻垢剂的研制进展．2000，3（20）：7-10.

[10] 郑净植，张成高，陈涛等．多功能水处理剂的合成及性能研究．武汉工程大学学报，2008，1（30）：10-12.

[11] 邓家乐，黄魁元．缓蚀剂科技发展历程的回顾与展望．材料保护，2000，5（33）：11-15.

[12] EI-SayedA. A study of the inbihiting action of some polymer on the corrosion of iron in acidic media. Corrosion prevention and control，1996，43（1）：27-34.

[13] 金栋．IPPA/AA/HPA 共聚物的合成及性能研究．化工科技市场，2005，3：43-46.

[14] 肖锦，杞永亮．我国絮凝剂发展的现状与对策．现代化工，1997，12：6-9.

[15] 朱庆胜，李小瑞，李培枝．氟碳型两性聚丙烯酰胺絮凝剂的制备及表征．石油化工，2009，11（39）：1219-1224.

[16] 赵谨．国内有机高分子絮凝剂的开发及应用．工业水处理，2003，3（23）：9-12.

[17] 侯一斌，陆企亭．丙烯酸酯胶粘剂的发展概况．粘接，2007，05：36-40.

[18] 刘万章，张在新. α-氰基丙烯酸酯瞬间胶粘剂的现状和展望. 中国胶粘剂，2007，02：41-44.

[19] 李桢林，杨蓓，范和平. 丙烯酸酯类胶粘剂研究新进展. 河南化工，2004，07：4-7.

[20] 熊林，王建营，延玺，胡文祥. 丙烯酸酯胶粘剂研究进展. 中国胶粘剂，2002，03：47-52.

[21] 刘雪宁. 丙烯酸酯类胶粘剂的市场调研. 化学与黏合，2001，04：168-170.

[22] 翟海潮，李印柏，林新松，王兵. 实用胶粘剂配方手册. 北京：化学工业出版社，2000：232-238.

[23] 王慎敏. 胶粘剂合成、配方设计与配方实例. 北京：化学工业出版社，2004：188-197，202-212，233-236.

[24] 张军营. 丙烯酸酯胶粘剂. 北京：化学工业出版社，2006：122-133，251-253.

[25] 翟海潮. 实用胶粘剂配方及生产技术. 北京：化学工业出版社，2000：27-45.

[26] 管蓉，鲁德平，杨世芳. 玻璃与陶瓷胶黏剂及粘接技术. 北京：化学工业出版社，2004：202-217.

[27] 肖卫东，何培新，张刚升，曹杰. 电子电器用胶黏剂. 北京：化学工业出版社，2004：150-156.

[28] 牛松，赵振河，张小丽. 丙烯酸酯涂料印花粘合剂的合成及应用. 粘接，2008，12：20-24.

[29] 方丽荣，王林，张雪峰. 高性能无皂硅丙乳液合成的研究. 涂料工业，2006，07：29-33.

[30] 郭小丽，熊圣东，易昌凤，徐祖顺. 聚含氟丙烯酸酯/聚氨酯共聚物细乳液的制备及表征. 中国胶粘剂，2008，12：14-17.

[31] 柯昌美，汪厚植，邓威等. 微乳化共聚自交联印花黏合剂及其应用. 印染，2004，04：9-12.

[32] S ROY, et al. Mechanism of microemulsion polymertization of methylate methacrylate：experimental evidence. Applied Polymer Science, 1996，62：1509-1516.

[33] Kato Satoshi. Kinetics of emusion polymerization of methylate methacrylate using poly (methymeth-acrylate-methacrylic acid) as polymeric emulsifier, Polym Mater Sci. Eng.，1999，80：552-553.

[34] 吴潮波，徐静逸，张大德，谢峰阵. 偏光片用压敏胶黏剂的合成及性能研究. 信息记录材料，2005，6 (4)：3-6.

[35] 赖延清，蒋良兴，田忠良，刘萍，李劼，刘业翔. 液晶显示器用偏光片. 光显示，2007，44 (7)：46-51.

[36] 穆合山，李艳华. 高固体分丙烯酸聚氨酯汽车涂料. 现代涂料与涂装，2000，3 (5)：3-4.

[37] 李华明，周小勇. 高性能丙烯酸汽车涂料的研究及应用. 现代涂料与涂装，2008.11 (12)：1-3.

[38] 梁平，陈海文. 无溶剂双组分丙烯酸酯路标漆，涂料工业，2003，33 (2)：15-17.

[39] 陈红. 进入21世纪的汽车粉末涂料. 涂料工业，2004，34 (9)：15-19.

[40] 夏正斌，涂伟萍等. 高固体分丙烯酸聚氨酯涂料的研究进展. 现代涂料与涂装，2002，5 (1)，15-18.

[41] 李桂林. 高固体分涂料. 北京：化学工业出版社，2005，292-296.

[42] 汪长春，包启宇. 丙烯酸酯涂料. 北京：化学工业出版社，2005，221-250.

[43] 沈球旺，刘忠，周荣华. 高固体分丙烯酸氨基烘漆的研制，上海涂料，2009，47 (6)：22-25.

[44] 王永军，超高固体分羟基丙烯酸树脂. 涂料工业，2000，30 (12)：8-10.

[45] 白湘云，钟慧，金养智，UV固化水性环氧丙烯酸酯的研究. 信息记录材料，2000，1 (3)：17-19.

[46] 邢宏龙，黄岩峰. 水性紫外光固化环氧丙烯酸酯涂料. 涂料工业，2000，30 (5)：18-19.

[47] 王作娴. 偏苯三酸酐改性的甲基丙烯酸酯的合成. 化学与粘合，1998，20 (2)：73-75.

[48] H. Ishida, et al. Study on UV curable resins with quaternary ammonuym group. Proceedings of RadTech Asia'97, 1997，539-542.

[49] Y. Yamashina, et al. Effect of quaternary ammonium in waterborne UV curable resin. Proceedings of RadTech Asia'97, 1997，220-223.

[50] 胡建. 高折光指数聚氨酯丙烯酸酯涂料的制备及性能. [硕士学位论文]. 杭州：浙江大学，2008，1-2.

[51] Akira O, Ibaraki H, Inukai S. Fluoring-Containing Water-repellent oil-repellent [P]. US

449442，1989.

[52] Maekawa T，Shimada M，Seki R．Aqueous dispersion［P］. US 6872324，2005.

[53] Funaki H，Hirono T，Sato T．Water-and oil-repellent composition.［P］. US 6933338，2005.

[54] 冯素兰，张昱斐．粉末涂料．北京：化学工业出版社，2008. 165-166.

[55] 辛华，沈一丁，含氟丙烯酸酯共聚物乳液．胶体与聚合，2004，23（4）：41-42.

[56] Masoud R A．An optimization study of the graft polymerization of HEMA onto lenther. Journal of the Society of Leather Technologists and Chemists，2003，87（4）：159-161.

[57] Santanu R，Surekha D．High solid content semicontinous microemulsion copolymerization of methyl methacrylate and butyl acrylate. Polymer，1997，38（13）：3325-3331.

[58] Johanssonm，Malmstrom E，Janddona，eta. l Novel concept for low temperature curing powder coatings based on hyper-branched polyester. Journal of Coating Technology，2000，72（906）：49-54.

[59] 韩要星，吴秋芳．粉末涂料制造工艺及其技术进展．涂料技术与文摘，2003，24（1）：9-13.

[60] 蔡立彬．丙烯酸型粉末涂料．广州化工，2000，28（4）：162-165.

[61] 南仁植．粉末涂料与涂装技术．北京：化学工业出版社，2008，220-224.

[62] Gerard T. Caneba，Bo Wang．Low VOC Latex paints from a precipitation polymerization process. Clean Products and Processes，2001，3（3）：55-59.

[63] E. Dzunuzovica，S. Tasicb，B. Bozicb，et al．UV-curable hyperbranched urethane acrylate oligomers containing soybean fatty acids. Progress in Organic Coatings，2005，52（2）：136-143.

[64] S. Tasic，B. Bozic，B. Dunjic．Synthesis of new hyperbranched urethane-acrylates and their evaluation in UV-curable coatings. Progress in Organic Coatings，2004，51（4）：320-327.

[65] E. Dzunuzovica，S. Tasicb，B. Bozicb，et al．Photoreactive hyperbranched urethane acrylates modified with a branched saturated fatty acid. Reactive Functional Polymers，2006，66（10）：1097-1105.

[66] 张风生．殷宪霞，董富刚．复合粉末涂料的探索．现代涂料与涂装，2007，10（10）：16-18.

[67] 周建华．水性紫外光固化聚氨酯丙烯酸酯的制备与改性研究：［硕士学位论文］．长春：长春理工大学．2008，1-17.

[68] B. U. Ahn. S. K. Lee，UV curable polyurethane dispersions from polyisocyanate and organosilane. Progress in Organic Coatings，2008，62（3）：258-264.

[69] 2010-2015年中国丙烯酸树脂行业项目投资可行性分析研究报告，2010.

[70] 陈斌，张玉兴等．氨基丙烯酸卷铝涂料的研制．上海涂料，2006，44（9）：1-3.

[71] 叶红卫，程建．聚酯改性丙烯酸树脂的制研与应用．涂料工业，2001，31（3）：10-13.

[72] 王国炜，席发臣等．常温交联有机硅丙烯酸建筑涂料溶剂型的研制．现代涂料与涂装，2002，5（1）：13-14.

[73] 黄震，张海鹏等．高性能含氟丙烯酸树脂涂料的研制．涂料工业，2005，35（11）：25-26.

[74] 马占镖．甲基丙烯酸树脂及其应用．北京：化学工业出版社，2001：117-263.

[75] 沈开猷．不饱和聚酯树脂及其应用．北京：化学工业出版社，2005：279-283，385-388.

[76] 中国航空材料手册编辑委员会．中国航空材料手册（第七卷）．北京：中国标准出版社，2002，294-300.

[77] 航空制造工程手册总编委会．航空制造工程手册．北京：航空工业出版社，1996，1-12.

[78] 何志良．聚合物光纤在千兆网系统中的应用．电力系统通信，2010，31（208），66-69.

[79] Nishiguchi．Recent advances of plastic optical fiber. 47th IWCS Proc. 1998，248-256.

[80] Jennifer Sorosiak．Dissecting the case for plastic. Fiber Optic Product News，2001，(12)：43-48.

[81] Edward Berman．Plastic optical fiber. Optics & Photonics News，1998，(1)：30-32.

[82] 胡先志．梯度折射率聚合物光纤预制棒的研制．全国第八届光通信学术会议论文集．1997，531-533.

[83] Toshikuni K．Preparation of plastic optical fibers for near-IR region transmission. J Polym Sci Chem Ed，1997，35（1）：37-44.

[84] 黄汉生．日本聚合物光纤发展动向．现代化工，1996，(12)：48-51.

[85] 王利亚．国外聚合物光纤研究概况．石化技术与应用，1998，17（1）：45-48.

[86] 储九荣．高聚物光纤的研究进展．功能高分子学报，1999，11（4）：566-571.

[87] 格里高里·A·帕利，克利福德·伊尔·威彻尔．聚合物光纤及其制造方法．US07/911522，1992-07-10.

[88] 贺德文．一种聚合物光纤的生产工艺．200910301710.7，2009-04-21.

[89] 段明文．有机玻璃的改性．安徽化工，2002（5）：13-14.

[90] MD 贝贾尔，李德民译．塑料聚合物科学与工艺学，广州：华南理工大学出版社，1993.

[91] 夏华成，周勃，王严力．有机玻璃耐热改性的研究．沈阳建筑工程学院学报，2003，19（2）：140-142.

[92] 张兴祥，段谨源等．有机玻璃的研制与性能．塑料工业，1994，（2）：62.

[93] 吴岩，新型建筑物有机玻璃屋面采光材料．沈阳化工，1999，2（1）：40-42.

[94] Etienne S，Beeker C，Rueh D，etal. Effects of incorporation of modified silica nanoparticles on the mechanical and thermal properties of PMMA. J Therm Analy Calorim，2007，87（1）：101-104.

[95] 耿殿军，李洪江．提高有机玻璃耐热性的机理和技术途径．内蒙古石油化工，2009，（2）：77-78.

[96] 吴良虎，王新龙．耐热、阻燃聚甲基丙烯酸甲酯复合材料的制备与研究：[硕士学位论文].南京：南京理工大学，2010.

[97] 董绍胜，魏月贞，白永平，张志谦．耐热有机玻璃的研制．高分子材料科学与工程，2000，16（1）：173-175.

[98] 章霞，王忠刚．可交联丙烯酸酯/MMA 共聚物的合成及表征：[硕士学位论文].大连：大连理工大学，2010.

[99] 张桂敏，郭建梅，周成飞，刘元理．防辐射有机玻璃的研究与进展．中南民族大学学报（自然科学版），2004，23（4）：30-32.

[100] 陈建波，蒋平平．含铅防辐射有机玻璃的制备：[硕士学位论文].无锡：江南大学，2008.

[101] 胡艳巧，胡水，张法忠，温世鹏，刘力．防辐射含钐有机玻璃的制备与性能．塑料工业，2010，38（3）：78-82.

[102] 张留成，瞿雄伟，丁会利．高分子材料基础．第 2 版．北京：化学工业出版社，2002.

[103] Heim P H. Wrotecki C，Avenel M and Gaillard P. High impact cast sheets of Poly（methyl methacrylate）with low levels of Polyurethane. Polymer，1993，34：1653-1660.

[104] Olson J R，Day D E，Stoffer J O. Fabrication and mechanical Propertieso f an optically trans-parent glass fiber/Polylmer matrix composites. Jouma of Composite Materials，1992，26（8）：1181-1193.

[105] 伍雪强，张明祖．有机玻璃增韧改性研究：[硕士学位论文].苏州：苏州大学．2009.

[106] 李江宁．亚克力（Acrylic）与亚克力家具．家具与室内装饰，2006，3.

[107] 张保军，滕敏．光学透明高分子材料的光学特性及应用．湛江师范学院学报，2008，29（3）：52-54.

[108] 迈克尔·艾伦·莫里斯，科林·莫里斯·佩罗，西蒙·J·爱德华兹．光学镜片，99801492.3，2000-11-29.

[109] 高俊武．浅谈树脂镜片材料．眼镜百科，2004，7，75-76.

[110] 陶子斌．丙烯酸生产与应用技术．北京：化学工业出版社，2006.

[111] Mohammad J，Zohuriaan-Mehr，Kourosh Kabiri et al. Superabsorbent Polymer Materials：A Review. Iranian Polymer Journal，2008，17（6）：451-477.

[112] 高德川，邹黎明，王依民．国内外高吸水性聚合物研究开发新动向．化工新型材料，2000，8：13-15.

[113] 张立颖，梁兴唐，黎洪等．高吸水性树脂的研究进展及应用．化工技术与开发，2009，10（38）：34 -39.

[114] 陈伊凡，朱靖．丙烯酸系高吸水性树脂的合成研究．功能材料，2009，06：57-61.

[115] 孙克时，李志强，张书玲等．水溶液共聚法合成耐盐性高吸水性树脂．化学与粘合，2000，（3）：105-107.

[116] 王勇，邢凯华，邓雷等．丙烯酸高分子吸水树脂耐盐性的改性方法．CN：101200519A.

[117] 汪曼霞．2009 年—次性卫生用品市场展望．造纸信息，2009，3：20-21.

[118] 龙明杰，张宏伟，曾繁森．高聚物土壤结构改良剂的研究Ⅰ淀粉接枝共聚物改良赤红壤的研究．土壤学报，2001，38（4）：584-589.

[119] 马新伟，李学英，焦贺军．超强吸水聚合物在砂浆与混凝土中的应用研究．武汉理工大学学报，2009，2（31）：33-36.

[120] Jensen O M, Hansen P F. Influence of temperature on autogenous deformation and relative humidity change in harding cement paste. Cement and concrete reseatch. 1999（29）：567-575.

[121] Jensen O M, Hansen P F. Autogenous deformation and RH-change on perspective. Cement and concrete research. 2001（3）：1859-1865.

[122] 张维刚，崔英德，方岩雄．聚丙烯酸钠吸水性树脂在减阻润滑中的应用．化工进展，2007，5（26）：735-738.

[123] Lim D W, Song K G, Yoon K L, et al. Synthesis of acrylic acid-based superabsorbent inter-penetrated with sodium PVA sulfate using inverse-emulsion polymerization. European Polymer Journal, 2002, 38（3）：579-586.

[124] Omidian H, Hashemi S A, Sammes P G. Modified acrylicbased superbsorbent polymers. Effect of temperature and initiator concentration. Polymer. 1999, 40：3459-3466.

[125] 陈振斌，马应霞，张安杰．聚丙烯酸钠高吸水树脂的改性研究进展．应用化工．2009，38（11）：1656-1661.

[126] 肖楠．备受关注的新材料——特种橡胶的开发与应用．中国化工，2004，（8）：52-53.

[127] 谢长雄．丙烯酸酯橡胶的性能和应用．合成材料老化与应用，2000，（3）28-30.

[128] 李建东，潘惠铭，许锋等．硅橡胶/丙烯酸酯橡胶并用胶的加工与性能．有机硅材料，2003，17（1）8-9.

[129] 张军，徐秀宝．氟橡胶/丙烯酸酯橡胶共混物性能．合成橡胶工业，1999，22（1）：301-303.

[130] 栗付平，张洪雁．丙烯酸酯橡胶硫化特性的研究弹性体．1997，（1）：16-19.

[131] 曾飞．4种丙烯酸酯橡胶的性能比较．化工新型材料，2006，34（11）：76-79.

[132] 吴利英，靳武钢，高建军．丙烯酸酯橡胶在复合材料成型中的应用．现代塑料加工应用，2003，15（5）：35-36.

[133] 李贺．橡胶及橡胶制品//《化工产品手册》编委会．北京：化学工业出版社，1999：27-68.

[134] Charles A, Harper. Handbook of Plastics, Elastomers, & Composites. Acta Petrol EI Sinica 2007：170-188.

[135] Holden G. 热塑性弹性体．付志峰译．北京：化学工业出版社，2000：580-626.

[136] 张洪敏，侯元雪．活性聚合．北京：中国石化出版社，1998：110-121.

[137] 潘广勤，李克友．聚丙烯酸酯橡胶合成与共混的进展．弹性体，1999，6（3）：97-99.

[138] 曹同玉，刘庆普，胡金生．聚合物乳液合成原理、性能及应用．北京：化学工业出版社，2001：89-135.

[139] 焦书科．丙烯酸酯橡胶生产技术及其发展．合成橡胶工业，2007，（5）：17-20.

[140] Tong J. D, Moineau G, Jerome R. Synthesis, morphology, and mechanical properties of PMMA-PBA-PMMA triblocks：Ligated anionic polymerization vs atom transfer radical polymerization. Macromolecules, 2000, 33：470.

[141] 董汉鹏，夏宇正，焦书科．丙烯酸酯互穿网络聚合物的合成和性能．胶体与聚合物，1999，17（1）：11-12.

[142] 李俊松，冯怡，徐德生．中药缓、控释制剂研究现状及思考．中成药，2007，29（4）：563-567.

[143] 韩海岭，王建新．药用丙烯酸树脂在中药缓释制剂中的应用．中成药，2009，31（1）：112-115.

[144] 郑玉峰，李莉．生物医用材料学．哈尔滨：哈尔滨工业大学出版社，2005：240-285.

[145] McGinity J. W. A queous Polymeric Coatings for PHarmaceutical Dosage Forms. 1997.

[146] Williams J. G, Tomer K. B. Disposable chromatograpHy for a high-throughput nano-ESI/MS and nano-ESI/MS-MS platform. Jam SocMass Spectrom, 2004：1331-1340.

[147] 戈进杰．生物降解性高分子材料及其应用．北京：化学工业出版社，2002：122-134.

[148] 郑玉峰，李莉．生物医用材料学．哈尔滨：哈尔滨工业大学出版社，2005：261-270.

[149] Gupta V. K, Beckert T. E, Price J. C, A novel pH and time based multiunit potential colonic drug delivery system I Development [J]. Int J PHarm, 2001, 213 (2)：83-86.

[150] 胡定煜，罗爱芹. 丙烯腈-甲基丙烯酸-2-羟乙酯共聚物的裂解机理. 北京理工大学学报，2000，4：513-516.

[151] Chourasia M. K, Jain S. K. Design and development of multiparticulate system for targeted drug delivery to colon. Drug Delivery, 2009, 11 (3)：201-202.

[152] 王岚，李荣华. 老年患者重新修复总义齿特点的探讨. 实用老年医学，1994，8 (4)：172.

[153] 董建华. 高分子材料科学的发展动向与若干热点. 材料导报，1999，13 (5)：2-4.

[154] 焦剑，姚军燕. 功能高分子材料. 北京：化学工业出版社，2007：172-188.

[155] TsiaoC. J, CaxradoK. A, BottoR. E. lnvestigation of the microPorous strueture of Clays and pillareded clays by XENMR. Mieroporous and Mesoporous Materials, 1998, 21：45：133-135.

[156] 许乾慰，商伟辉. 齿科材料用酸酐类功能单体研究进展. 功能材料，2007，38：1796-1798.

[157] Heikkila J. T, Aho A. J, Kangasniemi I. disturbedbone formation at the surface of bioactive glass and hydroxyapatite. Biomaterals, 1996, 17：1755-1760.

[158] 欧玉春，杨锋，庄严等. 原位分散聚合聚甲基丙烯酸甲酯-二氧化硅纳米复合材料的研究. 高分子学报，1997，45 (1)：199-200.

[159] Xavier J. L. L, Guyot A, Lami E. B. Synthesis and characterization of silica/Poly (methyl-methacrylate) nanocomposite latex Particles through emulsion Polymerization using a cationic initiator. J. Colloid interface Sci, 2002：250 (4)：82-92.

[160] 张希昌. 骨水泥. 北京：中国标准出版社，1997：16-42.

[161] 曹德勇，宋雪峰，陈亦平，卢绍杰，姚康德. 骨水泥生物材料研究与开发进展. 化学工业与工程，2003，20 (5)：35-38.

[162] 窦宏仪，王磊，徐士清，刘沛，刘振. 注射型骨水泥的实验研究及生物学性能评价. 生物医学工程与临床，2005，9 (2)：245-247.

[163] 孙永强. 现代骨水泥技术. 中医正骨，2002，14 (11)：17-20.

[164] 戴戎. 骨水泥的应用原理和发展方向. 骨与关节损伤杂志，2005，10 (4)：113-115.

[165] 朱燕萍. 插层蒙脱土对聚甲基丙烯酸甲酯义齿基托树脂改性的实验研究：[硕士论文]. 天津：天津医科大学，2006.

[166] 王晨，阎立丹，朱燕萍，徐连来，李长福. SiO₂/PMMA 纳米复合物提高人造牙硬度和耐磨性实验研究. 天津医科大学学报，2006，12 (1)：94-96.

[167] 王锋，胡剑青，涂伟萍. UV 固化低聚物及其涂料研究进展. 热固性树脂，2007，22 (3)：41-46.

[168] 王锋，涂伟萍. UV 固化环氧丙烯酸酯涂料研究进展. 热固性树脂，2007，22 (4)：36-40.

[169] Bajpaim IM, Shukla V. Kumar A. Film performance and UV curing of eoxy acrylate resins. Progress in Organic Coatings, 2002, 44 (4)：27-278.

[170] 王浩，唐黎明，陈久军，金凤友. 水性端丙烯酸酯基聚氨酯的合成与紫外光固化. 清华大学学报：自然科学版，2007，47 (6)：867-869.

[171] 万明，武友勤，钱现. 丙烯酸类浆料的性能分析与浆纱实践. 北京纺织，1999，20 (3)：45-48.

[172] 周仁勇，崔建伟，张慧萍，晏雄. 改性聚丙烯酸类浆料的特点与应用. 纺织科技，2007，1，65-66.

[173] 大森英三. 功能性丙烯酸树脂. 北京：化学工业出版社，1993：462-474.

[174] 周永元. 纺织浆料的现状与发展. 棉纺织技术，2000，28 (7)：389-393.

[175] 张在新. 热熔压敏胶粘剂的市场和技术动向. 中国胶粘剂，2002，11 (5)：50-52.

[176] 李红强，曾幸荣，吴伟卿，尹朝辉，李建宗. 热熔压敏胶的应用现状及发展. 化学与黏合，2006，28 (5)：338-340.

[177] Miyashita H, Fukuoka M, Nosetani H, et al. Acrylic hot melt pressure-sensitive adhesive and protective film utilizing the same：US, 2001/ 0044024 [P]. 2001-11-22.

[178] Eckstein A, Moonen E. Hot melt acrylic pressure sensitive adhesive and use thereof：US，2005/0217789 [P]. 2005-10-06.

[179] 周文娟．含氟烷基短链丙烯酸酯乳液聚合剂其在棉织物上的应用：[硕士学位论文]，上海：东华大学，2007，1-16.

[180] 范浩军，石璧．阳离子丙烯酸酯聚合物在制革中的应用前景．皮革科学与工程，1996，6（3）：21.

[181] 靳丽强，刘宗林，李彦春等．阳离子丙烯酸树脂助鞣剂的合成及应用．中国皮革，2003，32（15）：17-20.

[182] 魏杰，王丽娜，李刚强．皮革涂蚀剂的最新研究进展．精细与专用化学品，2006，14（19）：8-15.

[183] 金勇，刘宗惠，魏德卿．含醛皮革复鞣剂的制备方法．CN 1343792A，2002.

[184] 路华，马建中．不同丙烯酸聚合物鞣剂复鞣革样的弹性比较．中国皮革，2007，36（21）：13-19.

[185] 马志杰，马建忠，胡静，张新强．原位生成纳米 SiO_2/丙烯酸树脂皮革图式剂的研究．精细化学，2006，23（11）：1112-1117.

[186] 王学川，孙明，安华瑞，罗艳虹．丙烯酸树脂纳米乳液的制备及对皮革增强作用．精细化学，2005，22（6）：464-467.

[187] 姚治邦．水工建筑材料常用配方．南京：河海大学出版社，1991：4-6，17，43-46，121-123.

[188] 孙裕球．引水建筑物混凝土缺陷漏水的处理．水利水电技术，1981，（2）：23-26.

[189] 葛新亚．建筑装饰材料．武汉：武汉理工大学出版社，2004，8：33-38.

[190] 朱学文，郑淑君．高吸油树脂研究进展．化学推进剂与高分子材料，2004，1（2）：15-18.

[191] 吴宇熊，周尽花，刘洋等．丙烯酸酯系高吸油树脂的合成及性能．精细石油化工，2009，1（26；）41-45.

[192] 杨小敏，刘建平，胡林等．甲基丙烯酸甲酯与丙烯酸十六酯共聚物的制备及其吸油性研究．江西师范大学学报，2010，2（34）：165-168.

[193] 张高奇，周美化，梁伯润．高吸油树脂的研究与发展趋势．化工新型材料，2002，1（30）：29-31.

[194] 马瑞波．丙烯酸酯类增稠剂增稠稳定性的研究．河北省科学院学报，2001，1（18）：51-53.

[195] 李建宗，程时远，黄鹤．国外丙烯酸类增稠合成方法．现代化工，1992，3：22-25.

[196] 李小瑞，董艳春．无皂乳液聚合制备增稠剂及其性能研究．热固性树脂，2005，6（20）：11-13.

[197] 李裕芳．国内外丙烯酸系列水处理剂研制及应用状况．第三届丙烯酸科技发展与应用研讨会论文集，58-60.

[198] 李凡修，辛焰，陈武．共聚物类阻垢剂的研制进展．2000，3（20）：7-10.

[199] 郑净植，张成高，陈涛等．多功能水处理剂的合成及性能研究．武汉工程大学学报，2008，1（30）：10-12.

[200] 邓家燊，黄魁元．缓蚀剂科技发展历程的回顾与展望．材料保护，2000，5（33）：11-15.

[201] EI-SayedA. A study of the inbihiting action of some polymer on the corrosion of iron in acidic media. Corrosion prevention and control. 1996，43（1）：27-34.

[202] 金栋．IPPA/AA/HPA 共聚物的合成及性能研究．化工科技市场，2005，3：43-46.

[203] 肖锦，杞永亮．我国絮凝剂发展的现状与对策．现代化工，1997，12：6-9.

[204] 朱庆胜，李小瑞，李培枝．氟碳型两性聚丙烯酰胺絮凝剂的制备及表征．石油化工，2009，11（39）：1219-1224.

[205] 赵谨．国内有机高分子絮凝剂的开发及应用．工业水处理，2003，3（23）：9-12.

第 **6** 章 丙烯酸树脂生产和使用的安全与环保

6.1 丙烯酸树脂原料的毒性及使用安全

6.1.1 丙烯酸树脂原料的毒性

合成丙烯酸树脂的丙烯酸和甲基丙烯酸及其衍生物，如酯类、腈类、酰胺类产品具有一定的毒性，对人体的皮肤、眼睛、呼吸道有刺激作用，可引起皮肤过敏、眼睛灼伤、肺部病变等，表 6-1 是部分单体的毒性试验结果。

丙烯酸和甲基丙烯酸均为强有机酸，对眼睛、食道、皮肤有严重腐蚀作用，一旦接触皮肤或眼睛，需用大量水冲洗干净，否则会引起强烈刺激并带来炎症。

丙烯酸及其酯类单体属微毒或中等毒性物质，人类能允许的最大蒸气浓度为 0.005%～0.0075%。丙烯酸甲酯、丙烯酸乙酯的蒸气有催泪及刺激黏膜作用，在 25℃、标准大气压下蒸气的平衡浓度为人类允许浓度的 10 倍，即使空气中浓度较低，长期作用也会造成不良后果，如产生角膜损伤、嗜睡、头痛、恶心等神经系统症状。因此，在使用这些单体时应保证现场的有效通风。

随着丙烯酸烷基酯碳链长度的增加，其毒性也随之下降。甲基丙烯酸及其酯类，如甲基丙烯酸甲酯属于低毒化学品，但对皮肤仍然有刺激作用。

在丙烯酸及其酯类单体中，含功能性官能团的单体毒性较大，丙烯酸缩水甘油酯在单体中毒性最大，1%的稀溶液也会严重损伤眼睛。接触皮肤有严重的刺激或灼伤，吸入蒸气有致命危险。甲基丙烯酸缩水甘油酯的毒性稍低，与丙烯酸乙酯相似，有时会引起皮炎或过敏。

烷氨基丙烯酸酯有口服毒性，也会灼伤眼睛、皮肤。烷氨基甲基丙烯酸酯的毒性略低。

总的来说，尽管丙烯酸及酯类单体毒性不一，长期接触仍然会使眼角膜

■表 6-1　常用丙烯酸树脂原料的毒性

单体名称	口服毒性 LD_{50}（鼠）/(g/kg)	皮肤接触 LD_{50}（兔）/(g/kg)	连续呼吸浓度或特定浓度的液体时的危害（鼠）	对皮肤的症状（兔）	对眼睛的危害（兔）
丙烯酸	2.52	0.95	8h, 6 只中无死亡	严重	—
丙烯酸甲酯	0.30	1.30	5min, 6 只中无死亡 15min, 6 只中全部死亡	少许	严重
丙烯酸乙酯	1.02	1.95	5min, 6 只中无死亡 15min, 6 只全部死亡	少许	弱
丙烯酸丁酯	3.73	3.36	30min, 6 只中无死亡 1h, 5 只死亡 2h, 6 只全部死亡	少许	弱
丙烯酸异丁酯	7.46ml	0.89	1h, 5 只死亡	弱	弱
丙烯酸-2-乙基己酯	5.66	8.50	8h, 6 只中无死亡	中等	少许
丙烯酸癸酯	12.30ml	3.54	8h, 6 只中无死亡	中等	少许
丙烯酸缩水甘油酯	0.214	0.40	1h, 6 只全部死亡	严重	严重
丙烯酸-2-乙氧基乙酯	1.07	1.01	2h, 6 只中 1 只死亡	弱	中等
丙烯酸氰乙酯	0.18	0.22	8h, 6 只中无死亡	中等	严重
丙烯酸羟丙酯	0.59	—	—	严重	严重
甲基丙烯酸	2.20			严重	严重
甲基丙烯酸甲酯	7.90	35.50	—	中等	中等
甲基丙烯酸乙酯	1.33	—	—	少许	中等
甲基丙烯酸丁酯	18.00	—	—	少许	中等
甲基丙烯酸羟丙酯	11.20	—	—	中等	中等

注：LD_{50} 为两周内受试动物死亡达半数的投药剂量，单位为 g（药量）/kg（体重）。

受到损伤，出现嗜睡、头疼、恶心等神经系统中毒的症状。操作人员应充分了解毒性防护方面的知识，尽可能减少丙烯酸及其酯类单体对人体的危害。

6.1.2 丙烯酸树脂原料的使用安全

　　丙烯酸及酯类单体非常容易发生自聚反应，铁离子对丙烯酸及酯类单体聚合有催化作用，单体不能直接储存在铁质容器中，可选用不锈钢或镀锌铁质容器。丙烯酸和甲基丙烯酸对金属的腐蚀性与醋酸相似，但比醋酸弱。纯度较高的丙烯酸可采用铝质或不锈钢的储罐，内衬有聚乙烯、聚丙烯之类聚烯烃塑料的铁桶，或直接采用聚丙烯塑料桶。

　　添加阻聚剂可以避免丙烯酸及酯类单体在储存、运输过程中发生聚合反应，大大延长储存时间。常用的阻聚剂有酚类、芳香族胺类、硝基苯类等，用量一般为 0.001%～0.1%。此外，氧气也是有效的阻聚剂。在丙烯酸及酯类单体的运输、储存过程中，除添加一定量的阻聚剂，还应留有足够空间以保存一定量的氧气，利于单体的稳定。

阻聚剂会影响聚合反应，如延长引发剂的诱导期、影响半衰期、造成链终止等，最终影响到产品性能。因此，生产前应了解单体中所加阻聚剂的类型，采取相应的方法除去单体中的阻聚剂，一般适用的方法有三氧化铁法、亚硝化法以及碱溶液检验法等，还可以通过蒸馏单体的方法去除阻聚剂。有的阻聚剂加热易分解，可以充分利用这种性质，加入到丙烯酸酯类单体中。如甲基丙烯酸甲酯中加入对羟基苯甲酸阻聚剂，在单体预聚加热时就可自行分解，是目前生产使用比较方便的阻聚剂。

丙烯酸及酯类单体储存、运输时可以采取以下措施。

① 储存在阴凉、干燥、通风良好的场所。

② 添加一定阻聚剂，留有足够空间。

③ 储槽采用不锈钢材质，地下或半地下方式，设置水喷淋系统以备降温。

④ 小批量单体原料包装桶采用镀锌铁材质。

⑤ 腐蚀性较强的单体包装桶采用内衬有聚乙烯或聚丙烯塑料的铁桶。

⑥ 不要长时间储存，坚持先入库、先出库的保管原则。

丙烯酸及酯类单体一般属于可燃性化合物，遇到明火、高热可引起燃烧爆炸，与氧化剂可发生强烈反应，遇热、光、水分、过氧化物及铁质易自聚而引起爆炸。如低烷基酯类丙烯酸甲酯、丙烯酸乙酯，甲基丙烯酸甲酯等，它们的闪点低于 20℃，危险性与苯类相当，是高危险性化学品。因此在储存、运输、使用丙烯酸及酯类单体时，不仅需要良好的通风设施，而且应严格规定避免接触明火、火花等危险因素。表 6-2 中列举了几种常见丙烯酸及酯类单体的闪点和 25℃下爆炸极限数据。

■表 6-2　几种常见丙烯酸及酯类单体的闪点和 25℃下爆炸极限　（相对空气容量）

单体名称	闪点/℃	爆炸极限/%		单体名称	闪点/℃	爆炸极限/%	
		上限	下限			上限	下限
丙烯酸	68.3	—	2.4	丙烯酸-2-乙基己酯	90.0	—	0.9
丙烯酸甲酯	10.0	25	2.8	甲基丙烯酸甲酯	12.8	12.5	2.12
丙烯酸乙酯	10.0	饱和	1.8	甲基丙烯酸乙酯	21.7	饱和	1.8
丙烯酸正丁酯	48.9	—	1.5	苯乙烯	31.0	6.1	1.1
丙烯酸异丁酯	30.0	—	1.87				

6.2 丙烯酸树脂的毒性及使用安全

丙烯酸树脂（液体）属 3.3 类高闪点或 3.2 类中闪点易燃液体，其蒸气与空气可形成爆炸性混合物，遇明火、高热能引起燃烧爆炸，与氧化剂接触有引起燃烧的危险。树脂具有一定毒性，皮肤接触可导致皮肤刺激不适和发疹；眼睛接触可导致眼睛刺激不适、流泪或视线模糊；吸入蒸气可导致上呼吸道刺激、咳嗽与不适，如眩晕、恶心、头痛、虚弱、神智不清等；长期吸入树脂粉尘，会引起肺部的病变；食入可导致恶心、头痛、虚弱。

丙烯酸树脂生产使用过程中需注意以下几点。

① 区分操作区与非操作区，尽可能自动化、密闭化，安装通风设施。

② 操作人员需佩戴防毒面具，穿橡胶耐酸碱服，戴橡胶耐酸碱手套。

③ 工作场所严禁吸烟，使用防爆型的照明、通风设备，禁止使用易产生火花的机械设备和工具。

④ 产品应密封包装，存放在避光、通风、低温（一般不超过 25℃）、干燥的库房内。

⑤ 与氧化剂、碱类分开存放，不能接触 60℃以上热源及有机溶剂。

⑥ 不宜大量储存或久存。

⑦ 储存区应配备消防器材、泄漏应急处理设备和合适的收容材料。

⑧ 运输时保持干燥清洁，避免日晒雨淋。

⑨ 搬运时要轻装轻卸，防止包装及容器损坏。

6.3 丙烯酸树脂生产和加工中的安全与防护

6.3.1 防火防爆

丙烯酸树脂生产和加工过程中所用的单体和有机溶剂绝大部分都是易燃物质。易燃易爆的化学品在有氧存在下遇到火源会发生火灾或爆炸。

表 6-3 和表 6-4 列出了丙烯酸树脂生产和加工过程中常用溶剂的闪点和爆炸极限。爆炸下限浓度越低、上限越高，即爆炸极限范围越宽，出现爆炸的机会就越大，危险性就越大。因此，在丙烯酸树脂生产过程中应加强生产现场的安全防护措施，防止容器和管道的跑、冒、滴、漏，做好通风，防止易燃气体浓度过大。采用阻火器、避雷针、静电接地、开桶用铜工具等措施，电器仪表照明均需防爆，并且定期检查其可靠性。具体要求和措施概括如下。

■表 6-3　常用有机溶剂的火灾危险性分类

有机溶剂闪点范围	火灾危险性分类	易燃程度	常用有机溶剂
≤28℃	甲	易燃	二甲苯、甲苯、石油醚、甲醇、乙醇、丙酮、甲乙酮、醋酸乙酯
28℃＜闪点＜60℃	乙	一般	正丁醇、200 号溶剂汽油
≥60℃	丙	难燃	二甘醇乙醚

■表 6-4　溶剂的爆炸极限

溶　　剂	爆炸极限(对空气容量)/%	
	下限	上限
甲苯	1.27	7
二甲苯	1	5.3
醋酸丁酯	1.4	8.0

① 按 GB 50016《建筑设计防火规范》、GB 50160《石油化工企业设计防火规范》设计厂房,以化工产品闪点和爆炸极限为依据。

② 工作场所设有排风排气装置,以降低溶剂蒸气浓度、防止室内温度过高。

③ 生产加工现场严禁吸烟,不准携带火柴、打火机等火种进入场地。

④ 电气设备均应设有防爆装置,定期检查,防止漏电打火。

⑤ 防止静电放电引起电火花,消除设备、容器和管道内的静电积累。

⑥ 溶剂型生产是常压操作,应随时注意回流比和釜上压力表。

⑦ 被溶剂污染的废布、棉纱等应集中并妥善存放。

⑧ 生产现场须备有灭火器、石棉毡等灭火工具,现场人员应熟练使用各种灭火器材。

6.3.2 防毒

丙烯酸树脂生产和加工过程中所用的单体和有机溶剂绝大部分都是有毒物质。产生的气体在空气中的浓度越大,对人的伤害越大,应防止车间空气中有害物超标。其最高允许浓度如表 6-5 所示。

■表 6-5　丙烯酸树脂所用原料的最高允许浓度

品名	最高允许浓度/(mg/m³)	品名	最高允许浓度/(mg/m³)
丙烯酸甲酯	中毒,10	甲苯	100
丙烯酸乙酯	中毒,25	醋酸丁酯	300
甲基丙烯酸甲酯	低毒,100	丁醇	200
丙烯酸羟丙酯	与丙烯酸甲酯类似	丙烯腈	2

防毒安全措施有如下几点。

① 尽量少用毒性较大的溶剂,宜采用毒性较小的溶剂代替。

② 加强通风换气,定期检查有害物质的蒸气浓度,确保低于最高允许浓度。

③ 严格密封操作,作业时戴好防毒面具、防护手套、防护眼镜等,穿好工作服、工作鞋上岗,防止直接接触单体和烯料。

④ 一旦出现事故,应将中毒人员迅速抬离现场,加大通风,平卧在空气流通的地方。严重者施加人工呼吸,急救后送医院诊治。

⑤ 禁止未成年人和怀孕期、哺乳期妇女从事有毒作业,对有毒作业人员,应每年进行一次职业健康检查。

6.4 丙烯酸树脂生产和加工中的污染治理及利用

在丙烯酸树脂生产和加工过程中，会产生废水、废气、废渣（液）等，如不加以适当的处理，将会造成环境的污染和人身伤害。因此，在丙烯酸树脂生产和加工过程中必须始终贯穿以人为本的指导思想，采取相应的治理和防护措施。

6.4.1 废水的处理

在丙烯酸树脂生产和加工过程中，会产生大量的废水。如有机玻璃单体MMA生产中合成中间物质丙酮氰醇（ACH）会产生含氰的污水，为高毒物质。为减轻氰的污染，可采取氰化反应按氢氰酸（HCN）与丙酮等摩尔反应，降低单体中氰根（CN^-）的含量。或通过闪蒸和减压蒸馏的工艺，提高ACH纯度，减轻酰胺化时对大气的污染。另外针对蒸馏出的水分中仍含有一定量的CN^-，小型工厂可采用曝气法或焚烧法处理。曝气法是将排出的含氰酸性污水在90℃下连续曝气，可使CN^-含量减小到0.0001％。大型石化企业可以采取将ACH合成时产生的含氰污水和丙烯氰（AN）合成中产生的污水一并送焚烧炉中烧掉。

6.4.2 废气的治理

丙烯酸树脂涂料生产和涂装过程中不可避免有有机挥发性物质，这是造成大气污染的主要原因。我国GB 16297《大气污染物综合排放标准》中对大气污染物排放限值作了规定，表6-6列举了常用的有机溶剂的最高允许排放浓度。

■表6-6 大气污染物排放限值

物质名称	最高允许浓度/(mg/m³)		物质名称	最高允许浓度/(mg/m³)	
	现有污染源	新污染源		现有污染源	新污染源
苯	17	12	甲醛	30	25
甲苯	60	40	乙醛	150	125
二甲苯	90	70	丙烯醛	20	16
甲醇	220	190	丙烯腈	26	22

注：现有污染源为1997年1月1日前设立的污染源；新污染源为1997年1月1日起设立的污染源。

排放的有害物质除影响健康外，有的还有恶臭味，污染周围地区。恶臭物质及其临界浓度见表6-7。

■表6-7　恶臭物质及其临界浓度

恶臭物质名称	临界浓度/(mg/m³)	恶臭物质名称	临界浓度/(mg/m³)
甲苯	0.48	甲醛	1.0
二甲苯	0.17	丙烯醛	0.21
甲乙酮	10.0		

对丙烯酸树脂涂料生产和涂装过程中废气的治理可以采取以下两种措施。

(1) 减少废气的释放　选择高固体分、低溶剂型或无溶剂型涂料、水性涂料等绿色涂料，可大大减少溶剂的排放。同时改善涂料施工工艺，如采用高压无气喷涂、静电喷涂、电泳喷涂等工艺，可减少污染。

(2) 对废气进行治理　治理涂料工业废气常用固体表面吸附法、液体吸附法、催化燃烧法和直接燃烧法等。

直接燃烧法是将含有有机溶剂的气体加热到 700～800℃，使其燃烧，分解为 CO_2 和水。适宜处理高浓度、小风量的涂装废气，效率高、构造简单、设备费用低、余热可利用。缺点是燃烧较大，为回收热能，需高价的热交换器。

催化燃烧法，是用白金、钴、铜、镍等作为催化剂，将有机废气加热到 200～300℃，通过催化剂层，在较低的温度下，达到完全燃烧。该方法能显著降低辅助燃料经费，较直接燃烧法省燃料费 1/2，是除去烃类化合物最有效的方法，适于高浓度、小风量的涂装废气的净化。缺点是表面异物附着易使催化剂中毒失效，催化剂和设备价格较高。

液体吸附法也称气液传质吸收法，是以液体作为吸收剂，来吸收废气中的有害成分。其吸收过程是气相和液相之间进行气体分子扩散或湍流扩散的物质转移。吸收剂的选择比较困难，通常以水或水溶液作为吸收剂，涂料施工排出的废气多为疏水性溶剂，以水做吸收剂效果不好，对于疏水性溶剂吸收好的吸收剂价格贵，分离困难。

活性炭吸附法是采用活性炭做吸附剂，利用其毛细管的凝聚作用和分子间的引力，吸附有机溶剂蒸气，烘干吸附剂，被吸附的气体解析出来冷却成液体，从而回收溶剂。实际中多采用粒径为 5mm 左右的粒状活性炭，粒径越小、温度越低、废气浓度越高，吸附率越高。

6.4.3 废渣（废液）的清理、回收与利用

(1) 丙烯酸树脂涂料废渣　丙烯酸树脂涂料生产和涂装过程中产生的废渣主要有：前处理过程中产生的沉淀物，清理涂料管道容器时产生的废涂料，清理设备时产生的涂料凝块，水性树脂涂料产生的淤渣，废水处理过程中产生的沉渣等。废渣排放的控制，需按国家颁布的 GBZ1《工业企业设计

卫生标准》执行。

废漆渣的收集方式主要有湿式静电沉降法、高压文氏涤气器法、箱式过滤器法。文氏装置应用较为普遍，静电沉降法回收率高，运行费用低，但比较笨重，安装费用高。一些新建涂装厂也用静电沉降装置的方法。

废溶剂可通过分馏法将混在溶剂中的杂质除去后重新利用，废涂料可以和新涂料混合后再生制造要求不高的底漆。对于其他废弃物，如废油或已固化的漆渣、废抹布等，可用焚烧法处理。空涂料桶，用碱液清洗、焊补后，可重新使用或做他用。

废弃物处理装置一般由破碎、压缩、分选、焚烧、回收及无害化处理装置组成。其中最重要的是焚烧炉，各种类型的焚烧炉适用性见表6-8。

■表6-8　各种焚烧炉的适用性

类型	废涂料	废溶剂	涂料废渣	水性沉渣	废漆桶	其他
固定炉床式	3	3	3	2	2	2
旋转炉式	3	3	4	4	4	3
流动燃烧式	3	3	4	3	1	3
喷雾燃烧式	4	4	2	1	1	1

注：4——适用性最好；1——适用性最差。

表6-8中涂装车间废渣分类定义如下。

① 废涂料　仍呈液体状，其组成和性能与原涂料差别不大，被混色或污染的涂料。

② 废溶剂　清洗设备、容器等的溶剂，含有少量油、树脂、颜料等。

③ 涂料废渣　其中含有腻子，已胶冻涂料、喷涂室的漆渣、剥落的旧漆皮和蒸馏溶剂后的残渣。

④ 水性沉渣　水性废涂料、废水处理后的沉淀物。

⑤ 其他　废的涂料桶、塑料容器、颜料包装袋、废旧布、旧手套以及空木箱等。

(2) 有机玻璃废液　有机玻璃生产过程中排放出大量含酸废液，可用来生产硫酸以及普钙、硫铵等化肥，从而达到回收利用的目的。

酯化废酸中的硫酸与氨中和反应生成硫铵，硫酸氢铵与氨反应也生成硫铵。其反应式如下：

$$2NH_3 + H_2SO_4 \longrightarrow (NH_4)_2SO_4$$

$$NH_3 + NH_4HSO_4 \longrightarrow (NH_4)_2SO_4$$

采用MMA酯化废液制造硫铵，首先需去除废酸表面的有机废物，然后将干净的含酸废液加热后与氨气进行中和反应。酯化废液制造硫铵的方法简单易行，关键在于处理好有机物的去除，以保证生产稳定的工艺和可靠的产品质量。

硫酸回收是将废酸经高温分解成 SO_2、CO_2 和水蒸气，冷却、净化后

的气体通过 V_2O_5 催化剂的氧化作用，SO_2 转化为 SO_3，从而可以生产硫酸。该回收法所需要的费用比较高，对于规模不大的 MMA 工厂，不太适宜采用。

(3) 有机玻璃废料 有机玻璃生产过程中产生的废料、机加工产生的碎屑及使用后的废弃物如废灯具等，约占有机玻璃产量的 30%，通过热裂解的方法，制造 MMA 单体，可以对有机玻璃废料有效地进行回收利用。

有机玻璃废料的热裂解分间歇裂解和连续裂解。间歇裂解使用的设备为小型干馏釜或方箱式干馏炉，加料后封口加盖，用火加热使之干馏。效率低，处理量小，炉龄短，单体收率低（在 80% 左右），单体组分含量低（纯度 84%），劳动强度大，小型工厂多用此法。连续裂解法采用的设备为连续裂解炉，物料停留时间短，单体收率高（达到 87%～90%），单体组分较间歇式裂解提高了 4%～6%，纯度 >87%，劳动强度小，操作安全性高，炉龄延长。

连续裂解出的粗单体纯度为 87%～90%，经进一步处理和精馏后纯度可达 97%～98%，但活性不如新合成的 MMA 单体。若采用回收的 MMA 单体直接生产有机玻璃板材，会出现因含水量高而发雾的现象，同时因酸度高，板材易粘模板，不好脱模。因此，裂解回收的 MMA 单体与新合成的 MMA 单体，可按一定比例搭配（如 1∶3）来生产有机玻璃板材。

参 考 文 献

[1] 马占镖. 甲基丙烯酸酯树脂及其应用. 北京：化学工业出版社，2002，412，414.
[2] 汪长春，包启宇. 丙烯酸酯涂料. 北京：化学工业出版社，2005，21-22.
[3] 童忠良. 化工产品手册——涂料. 第 5 版. 北京：化学工业出版社，2008，14.
[4] 陶子斌. 丙烯酸生产与应用技术. 北京：化学工业出版社，2007，54.
[5] 汪盛藻. 丙烯酸涂料生产实用技术问答. 北京：化学工业出版社，2007，26-28.
[6] 刘登良. 涂料合成树脂工. 北京：化学工业出版社，2007，121-122.
[7] 沈开猷. 不饱和聚酯树脂及其应用. 第 3 版. 北京：化学工业出版社，2005，509.
[8] 虞胜安. 高级涂装工技术与实例. 南京：江苏科学技术出版社，2006，216，245.

第 **7** 章 丙烯酸树脂的发展与展望

7.1 引言

　　鉴于丙烯酸及树脂在结构和性能上的独特优势，其相关制品品种繁多，应用范围广，全球丙烯酸及树脂的生产和应用得到了迅速发展。为保证丙烯酸及其树脂上下游产品产业链的均衡发展，加强丙烯酸及酯下游产品的开发和应用已成为业内人士的共识。随着人类社会的进步，高科技水平的提升以及人民生活水平的不断提高，使得高档、环保、个性化丙烯酸树脂的需求进一步扩大，为此带动了树脂制备技术和应用技术的不断创新与发展。

　　丙烯酸树脂的发展主要体现在两个方面：一是在树脂制备技术上通过合成，进行树脂的改性，开发出更多的功能，制备出符合设计性能的高端树脂。特别是在充分发挥丙烯酸树脂特点的前提下，利用其他树脂的优异性能进行改性，弥补丙烯酸树脂的不足，或进行嵌段聚合和新方法聚合，使其具有新型结构，实现其功能性，来开拓新的应用领域；二是由于各国环境立法更加严格，绿色环保成为化工行业的标志性要求，因此，在丙烯酸树脂生产与应用领域，体现经济、高效、节能、生态的 4E（即 Economy、Efficiency、Energy、Ecology）方针的环保、绿色产品取代其他非环保型产品，不断涌现低挥发性有机化合物（VOC）甚至零挥发性有机化合物产品、生物可降解产品，如对环境、人类健康大有裨益的高固体分、水性化、无溶剂、粉末化产品，快速高效的紫外光（UV）和电子束（EB）固化工艺等已经成为一种发展趋势。本章将就以上两方面的研究进展进行介绍。

7.2 丙烯酸树脂嵌段共聚物制备研究进展

7.2.1 原子转移自由基法制备功能性嵌段共聚物

　　采用常规过渡金属作催化剂的原子转移自由基（ATRP）体系来合成一

般的嵌段共聚物的例子，国内外已有不少报道：如苯乙烯与甲基丙烯酸酯、丙烯酸丁酯与苯乙烯的两嵌段共聚物的成功合成。随着对功能性材料的需求，功能性嵌段共聚物的合成备受学术界的关注。

李琨等人通过 ATRP 法合成了大分子引发剂 PBMA-Br 及系列含氟两嵌段共聚物 PBMA-b-PFAEM，所合成的含氟嵌段共聚物膜具有低临界表面张力，通过接触角的测定研究了含氟两嵌段共聚物的憎水、憎油性能与共聚物的含氟量、热处理温度、热处理时间的关系，结果表明，在共聚物中引入含氟嵌段可以明显提高共聚物的憎水、憎油性。结果表明，含氟嵌段 PFAEM 具有向空气-聚合物界面富集的倾向，在共聚物中引入含氟嵌段可以明显提高共聚物的憎水、憎油性。当含氟嵌段达 7.6 %（质量分数）时，临界表面张力（γ_c=18.7 mN/m）已与聚四氟乙烯相当（γ_c=18.5 mN/m），显示出明显的低表面能特征。

双亲聚合物由于具有特殊的性质及广泛的用途而成为当前高分子学科领域研究的另一热点，江明等用 ATRP 法合成并研究了双亲性嵌段共聚物 PS-b-PAA，进一步研究了 PS-b-PAA 在水中的胶束对多环芳香化合物芘（Pyrene）的负载，吸附了芘的胶束可以由加入一定量的 NaCl 沉淀、分离并回收芘，这一过程可应用于水中痕量多环芳香化合物的富集以及水污染的处理。

苏州大学陈国强等人采用甲基丙烯酸二甲氨基乙酯（DMAEMA）、甲基丙烯酸二乙氨基乙酯（DEAEMA）和丙烯酸二甲氨基乙酯（DMAEA）三种含氮丙烯酸酯单体对真丝进行接枝改性，比较了三种单体常规化学引发及 ATRP 法接枝真丝的反应性，发现三种含氮丙烯酸酯单体对真丝的 AT-RP 法接枝均比常规法接枝反应更易发生，具有更好的接枝效果。三种含氮丙烯酸酯单体接枝真丝季铵化后的定量分析抗菌效果为：DEAEMA 单体接枝真丝的抗菌性能最好，DMAEMA 接枝真丝次之，DMAEA 接枝的稍差，即随着接枝单体季铵盐烷基链长的增加，抗菌性增加；三种单体接枝真丝对金葡球菌的抑菌性能均要好于大肠杆菌。三种含氮丙烯酸酯单体接枝真丝的抗菌效果具有很好的耐久性，具体如表 7-1 所示。

■表 7-1　三种不同丙烯酸酯单体接枝的真丝的抗菌效果对比

单体	洗涤次数	抗菌率/%			
		大肠杆菌	金黄色葡萄球菌	大肠杆菌	金黄色葡萄球菌
DMAEMA		接枝率 20.6%		接枝率 56.1%	
	0	78.25	80.29	84.45	93.21
	20	75.31	78.64	83.69	99.32
	50	70.23	75.38	80.56	83.27
DEAEMA		接枝率 20.2%		接枝率 52.8%	
	0	91.32	94.68	94.56	98.65
	20	91.24	93.62	93.29	98.21
	50	90.37	93.20	93.06	97.30
DMAEA		接枝率 21.7%		接枝率 32.8%	
	0	65.21	68.25	76.52	78.92
	20	63.47	65.61	72.37	76.45
	50	60.54	62.76	70.03	73.21

另外，采用其他新型聚合方法与 ATRP 法相结合，可以制备很多功能化、结构多样的丙烯酸树脂新材料。吉林大学王静媛等人将酶促聚合与 ATRP 法结合使用，利用两种反应的优势，并将二者生物相容性和结构可控等优势结合，合成了丙烯酸酯系功能性高分子聚合产物。鉴于这些聚合物新奇的结构及独特的性能，预计可在医用高分子材料、生物酶固载、吸附树脂、胶黏剂、免疫学分析、无害涂料、流变助剂等领域具有广阔的应用前景。

再如苏州大学路建美等人用 ATRP 法以一系列带有不同取代基团和不同偶氮键个数的（甲基）丙烯酸酯类偶氮为单体，合成偶氮苯聚合物材料，对得到的偶氮聚合物进行三阶非线性光学性能的测试，首次较系统地研究偶氮聚合物分子结构与其三阶非线性光学性能之间的关系。结果表明，这类聚合物材料具有很好的三阶非线性光学性能。另外，对他们合成的侧链含偶氮苯的丙烯酸酯聚合物 PNAMA 和 PMANAzo（结构式如图 7-1 所示）进行了在电学存储器件（ElectricMemory devices）方面的研究。分别将偶氮聚合物薄膜制备成由 ITO/Polymer/Al 组成的 M/I/M 型三明治结构的存储器件，研究了偶氮聚合物在电学存储（Electric memory）方面的性能，取得了令人振奋的结果。通过对偶氮聚合物器件的 J-V 特性曲线以及稳定性的测试发现，两个偶氮聚合物都具有 WORM（Write-only read-many-times）型的电学存储性能，并且具有较好的稳定性。

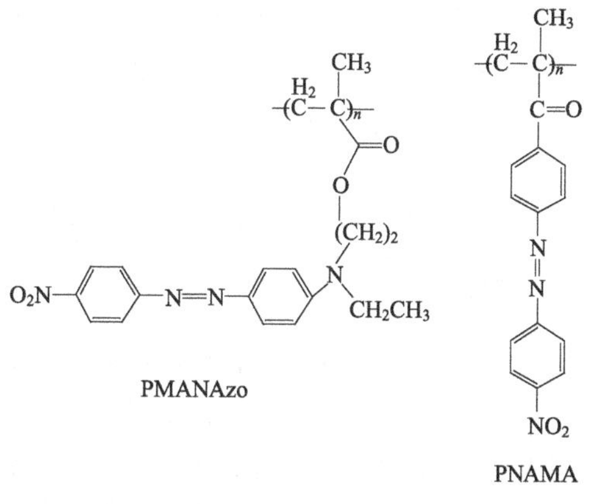

■图 7-1　侧链含偶氮苯基团的丙烯酸酯聚合物结构式

重庆大学张立武等人利用电子活化再生原子转移自由基聚合（AGET-ATRP）法研究三元含氟丙烯酸酯的聚合反应，研究中选用甲基丙烯酸甲酯（MMA）、丙烯酸六氟丁酯（HFBA）、丙烯酸丁酯（BA）作共聚单体，筛选合适的催化体系，用 AGET-ATRP 法进行含氟丙烯酸酯的本体、乳液共聚，所得聚合产品可以直接应用于工业涂料的开发。

应圣康等实现了阴离子聚合向 ATRP 法的转换，首先用活性阴离子聚合制备了聚苯乙烯-环氧乙烷两嵌段共聚物，并用氯乙酰氯、三氯乙酰氯或

2-溴异丁酰溴进行封端，得到了 ATRP 法的大分子引发剂，然后在 Cu（I）/bpy 催化下进行 St、MA 或 MMA 的 ATRP 法反应，得到 ABA 或 ABC 型三嵌段共聚物。Winnik 等则实现了阴离子聚合向 ATRP法的转换：用 1-(9-菲基)-1-苯基乙烯或 1-(2-蒽基)-1-苯基乙烯将 3-异丁基二锂引发得到的活性聚异戊二烯阴离子封端，再将其加入到过量的 α,α'-二溴（或氯）对二甲苯溶液中，使其末端进一步转化为苄基溴（或氯），以此作为大分子引发剂使 MMA 和烷基化的丙烯酸进行原子转移自由基聚合，可得到两嵌段中间有发光染料基团的嵌段共聚物。

ATRP 法具有广泛的单体适应性，可为分子设计和合成提供很有效的途径，利用该法聚合可以获得预期结构和性能的丙烯酸酯嵌段聚合物，因此，用 ATRP 法合成丙烯酸酯嵌段聚合物有着广阔前景。

7.2.2 可逆加成-断裂链转移自由基聚合法制备特殊结构嵌段共聚物

基于可逆加成断裂链转移的活性自由基聚合（RAFT）是在 1998 年由 Rizzardo 等学者首先提出的，几乎同一时间 Charmot 等学者也提出了类似机理的黄原酸酯调控的"活性"/可控自由基聚合。相对于其他的活性自由基聚合而言，RAFT 聚合过程体现出更加温和以及应用广泛的特点，它可以应用的单体范围很广，包括含有羧基、酯等官能基团的单体的聚合，与 ATRP 法聚合体系比较，RAFT 聚合不含金属络合物因而不需要后处理过程。此外，RAFT 聚合过程更加温和，因此被广泛用于特殊结构的丙烯酸树脂的制备，以便实现丙烯酸树脂的多样化与功能化。

浙江大学詹晓力等人利用 RAFT 反应，以苯甲酸 2-氰基异丙基二硫代酯（CPDB）为链转移剂，采用 RAFT 细乳液聚合法合成了分子量可控、稳定性好的含氟共聚物乳液 PBMA-co-PDFMA，CPDB 对甲基丙烯酸丁酯（BMA）和甲基丙烯酸十二氟庚酯（DFMA）的细乳液共聚合体现出很好的调控性。利用 RAFT 细乳液聚合制备的 PBMA 作为大分子链转移剂，通过顺加料法，用 DFMA 为第二单体进行了种子乳液扩链反应，制备的氟代丙烯酸酯嵌段共聚物分子量分布依然保持在很窄的范围（<1.30），且得到的细乳液具有较好的粒径分布，如图 7-2 所示。他们合成的含氟聚合物材料具有极低的表面能、良好的拒水拒油和自清洁性、优异的耐热性能和化学稳定性等，在功能涂层、织物整理、生物医用、航空航天以及微电子等领域具有广泛的应用前景。

复旦大学黄骏廉等人利用 RAFT 合成了聚乙二醇-苯乙烯-聚丙烯酸正丁酯的 ABCB 型三元多嵌段共聚物 (PEO-b-PS-b-PtBA-b-PS)$_n$。对产物中的 PtBA 嵌段进行进一步的水解可以得到含有聚丙烯酸（PAA）嵌段的共聚物 (PEO-b-PS-b-PAA-b-PS)$_n$。该嵌段共聚物可以用作制备银纳米粒子的模板，

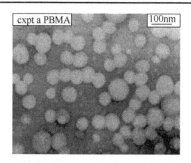 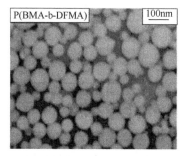

■图 7-2　PBMA 均聚物与 PBMA-co-PDFMA 共聚物细乳液的 TEM 图

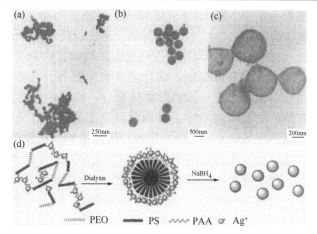

■图 7-3　银纳米粒子的 TEM 图

（a）不加聚合物的形貌图；（b）加入聚合物后的形貌图；
（c）B 图的局部放大图；（d）银与聚合物的复合纳米粒子结构模拟图

制备金属银与聚合物的复合纳米粒子。结果表明，随着共聚物的加入能很好地调节银纳米粒子的形貌，使得银不规则的形态变成粒径均一的球形粒子，且银主要存在于粒子的外层。银纳米粒子与复合纳米粒子的形貌图以及模拟图如图 7-3 所示。这些共聚物稳定化的银纳米粒子可以进行催化特定化学反应，也可能表现出特殊的光电性能等。

7.2.3　氮氧稳定自由基聚合法制备嵌段共聚物

氮氧稳定自由基聚合（NMP）法是 1986 年由 Solomon 等学者提出的。他采用氮氧化合物作为稳定自由基捕捉增长聚合物自由基链（图 7-4），而氮氧自由基与聚合物自由基链的偶联反应在一定的温度下可以实现无副反应的可逆，从而得到了相对分子量分布窄的自由基聚合产物，只是氮氧化合物

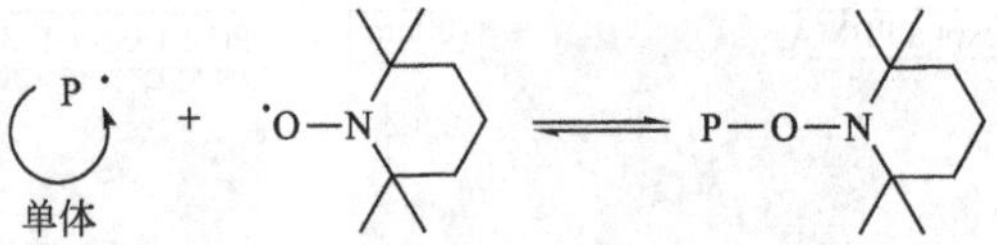

■图7-4　氮氧自由基存在下的自由基聚合反应

不能引发聚合，所以需要在体系中另加自由基引发剂。直到 1993 年 NMP 方法才趋向成熟。

　　Georges 用过氧化苯甲酰（BPO）与 2,2,6,6-四甲基呱啶氮氧自由基（TEMPO）混合物作为自由基引发剂引发单体苯乙烯进行本体聚合，得到高分子量（约 40000～50000）、分子量分布近 1.3 的聚苯乙烯，聚合过程具有活性聚合的特征，即分子量均一、可控，与单体转化率成线性关系等。TEMPO 的加入，可加速 BPO 分解，活化能仅 40kJ/mol，远低于 BPO 分解活化能（120kJ/mol）或热引发活化能。初级自由基引发单体聚合，增长自由基迅速被 TEMPO 捕捉，偶合成共价休眠种。在较高温度下，休眠种均裂成增长自由基，进一步引发单体聚合；均裂产生的另一种自由基 RNO· 又能与新的增长自由基终止成休眠种。如此反复，最终形成高分子量聚合物。不过该体系也有一定的局限性：适用的单体比较少，只有苯乙烯及其衍生物才能进行，聚合速率慢，聚合温度较高，副反应多等，大大限制了其应用范围。现在除苯乙烯以外，丙烯酸酯、丙烯酰胺、1,3-丁二烯、丙烯腈等单体都可通过 NMP 聚合方法实现可控聚合。对于工业上最常用的甲基丙烯酸酯类单体和醋酸乙烯酯单体，都不能实现可控氮氧稳定自由基聚合，所以 NMP 一般不作为合成丙烯酸树脂的直接方法。

　　NMP 作为活性可控聚合新方法，常被人们用来与其他活性聚合相结合制备新型丙烯酸树脂嵌段共聚物。如苏州大学朱秀林等人以 2,2,6,6-四甲基-4-樟脑磺酸基-1-氮氧稳定自由基（CS-TEMPO）为调控自由基，进行了苯乙烯的热引发聚合，以及以过氧化二苯甲酰（BPO）和四乙基二硫代秋兰姆（TETD）作为引发剂的聚合。测试了聚合物的旋光性，并以丙烯酸丁酯为第二单体进行了扩链。由于氮氧稳定自由基结构中带有旋光性官能团，所得聚合物也带有旋光性，并且聚合物比旋光值随聚合物分子量的增大有所下降。此外，以所得聚合物作为大分子引发剂，以丙烯酸丁酯（butyl acrylate，BA）为第二单体，通过原子转移自由基聚合得到 PSt-b-PBMA 嵌段共聚物，将所得二嵌段聚合物 PSt-b-PBMA 作为大分子引发剂，以甲基丙烯酸甲酯为单体，通过原子转移自由基聚合得到 PSt-b-PBMA-b-PMMA 的 ABC 型三嵌段共聚物。CS-TEMPO 本身带有旋光基团，通过这种氮氧稳定自由基可以方便地将含有旋光性的基团接入聚合物的末端，从而使聚合物带有旋光性。

　　青岛大学姚洪伟等人通过 NMP 法与 ATRP 法相结合的方法合成了聚合

物分子刷。首先通过 NMP 法进行了苯乙烯与对氯甲基苯乙烯的共聚合，然后以此共聚物为大分子引发剂，通过 ATRP 法聚合合成以聚苯乙烯（PSt）为主链，聚甲基丙烯酸丁酯（PBMA）为支链的聚合物分子刷，主要研究了聚合反应机理与反应动力学。动力学过程表明，通过改变聚合条件，可以合成出不同长度及接枝密度的分子刷。其结构式如图 7-5 所示。

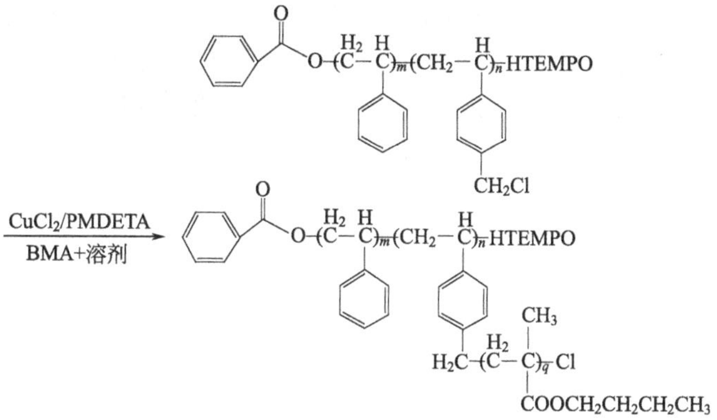

■图 7-5　合成的聚合物分子刷结构示意图

7.3 聚合物及纳米材料改性丙烯酸树脂研究发展现状

热塑性丙烯酸树脂的结构一般为链状线型结构，对温度极为敏感。温度上升，就逐渐变软，变黏，温度降到一定程度就逐渐变脆，即所谓的"热黏冷脆"；另外，丙烯酸树脂在特定场合下存在一定的缺陷，如硬度、抗污染性、耐溶剂性、力学性能不够好以及成本偏高等，限制了它的进一步应用。近年来，随着聚合技术的不断完善和发展，以及人们对环保产品的重视，丙烯酸树脂的改性受到人们的广泛关注。国内外学者进行了大量深入的研究，利用有机硅、有机氟、环氧树脂、聚氨酯、纳米材料等对丙烯酸树脂进行改性，取得了比较好的效果。

7.3.1 有机硅改性丙烯酸树脂

用有机硅对丙烯酸树脂进行改性，可以显著降低聚丙烯酸酯的表面张力、吸水性、防污性，并提高其耐高低温性。有机硅改性丙烯酸树脂的共聚改性，实质是在碳链上引入硅侧链，形成接枝、嵌段或互穿网络体系，达到同时具有二者优异性能的新型材料。有机硅改性丙烯酸树脂能有效地结合有机硅聚合物与丙烯酸树脂各自的优点，特别适用于建筑物的外墙、防水雨具、帐篷等的装饰，其产品现已广泛应用于涂料、黏合剂、皮革、纺织、造纸等行业。在今后一段时期内，合成开发性能优异的该类材料，寻求相关的规律，将是人们热衷的课题。

用有机硅对丙烯酸树脂进行改性的方法主要分为物理共混法和化学改性法。物理共混法操作简便，但化学改性法效果较好，目前大多采用后者。化学改性法按反应机理又分为缩聚法、自由基聚合法和硅氢加成法、互穿网络法；按反应原料形态分为有机硅预聚体-丙烯酸酯预聚体法、有机硅预聚体-丙烯酸酯单体法、有机硅单体-丙烯酸酯单体法、有机硅单体-丙烯酸酯预聚体法。常用的有机硅改性体系的有机硅聚合物包括以下几类，见图 7-6。

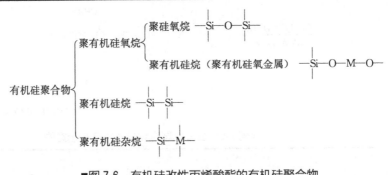

■图 7-6　有机硅改性丙烯酸酯的有机硅聚合物

(1) 物理共混法　物理共混法又称冷拼法，硅丙树脂可以通过丙烯酸乳液与有机硅乳液的共混来制备。但是聚硅氧烷与丙烯酸酯的结构和极性相差较大，聚硅氧烷容易向表面迁移，二者的相容性差，很难制得性能稳定均一的硅丙树脂。因此，采用物理共混法制备硅丙树脂的关键是解决共混物的稳定性和两者相容性。

为提高共混硅丙树脂的稳定性，Richard 提出采用聚乙烯醇作稳定剂，其原理是聚乙烯醇中的羟基和丙烯酸酯中的羰基能形成氢键，从而起到了稳定作用，但前提是体系呈酸性。Richard 同时也提出了两种改善两者相容性的方法：①在丙烯酸树脂上接枝与聚硅氧烷亲和性好的增容剂，如乙烯基三甲氧基硅烷、乙烯基三乙氧基硅烷等。这种方法虽然降低了两相间的界面张力，但是对聚丙烯酸酯和空气间的界面张力影响甚微，仍然难以阻止聚硅氧烷的表面迁移；②通过交联反应减小聚硅氧烷分子的表面迁移性。以甲基硅酸钾为交联剂，通过聚硅氧烷分子上的羟基与甲基硅酸钾之间的缩聚反应，使聚硅氧烷分子间形成网状结构，从而限制了聚硅氧烷分子的表面迁移性。这种具有交联网状结构的聚硅氧烷与聚丙烯酸酯共混，有效地抑制了聚硅氧烷分子的表面富集，在宏观上改善了两者的相分离，然而进一步的研究表明，在微观上两者仍处于分离状态。

(2) 化学改性法　化学改性法是制备硅丙树脂的主要方法。通过化学反应，可以将有机硅分子键入丙烯酸酯分子中，借助化学键使这两种极性相差较大的聚合物结合在一起。化学改性法可以改善两相间的相容性，抑制有机硅分子的表面迁移，使有机硅和丙烯酸酯微观上达到均匀分散。因此，引入硅氧基团的丙烯酸树脂具有聚硅氧烷-丙烯酸树脂简单物理共混所没有的优良性能，两者比较，化学改性法更具有应用价值。

根据有机硅材料的不同可以采用以下 3 种方法：①含双键的硅氧烷，特别是含双键的硅氧烷低聚物与丙烯酸单体共聚，生成侧链含有硅氧烷的梳形共聚物或主链含有硅氧烷的共聚物，常用的含双键有机硅单体有：乙烯基三甲氧基（乙氧基）硅烷、丙烯基三甲氧基硅烷、γ-甲基丙烯酸氧基三甲氧基硅烷等。改性用接枝硅烷主要有八甲基环四硅氧烷、六甲基环三硅氧烷、六甲基二硅氧烷、羟基硅油等；②带羟基的硅氧烷与含羟基的丙烯酸树脂通过缩合反应生成接枝共聚物；③互穿网络法由于交叉互穿的有机硅高分子网络和聚丙烯酸酯网络减少了高分子中弱键断裂的机会，而且在受热时丙烯酸酯网络发生高分子断裂产生的自由基碎片能捕捉聚有机硅氧烷网络上产生的自由基，使其淬灭，体系自由基数目减少，高分子降解速率减慢，热稳定性提高。

王倩等采用含乙烯基官能团的有机硅单体，与甲基丙烯酸酯、丙烯酸酯和丙烯酸羟基酯等单体以乳液聚合的方法进行共聚，合成了有机硅改性丙烯酸酯共聚乳液，考查了有机硅单体用量对乳液机械稳定性、热稳定性、电解质稳定性和冻融稳定性的影响，同时还考查了乳液胶膜的力学性能和吸水率的改进。黄月文制备了易溶于溶剂汽油的含硅甲基丙烯酸酯改性的丙烯酸酯共聚物，通过水接触角、吸水率、铅笔硬度以及 FTIR 光谱和 DSC 等测试，研究了丙烯酸酯单体侧链烷基对共聚物溶解性能的影响及含硅丙烯酸酯单体及其共聚工艺对共聚物表面憎水性能和强度的影响。结果表明，延时后滴加含硅丙烯酸酯单体、使用催化交联剂及添加羟基硅油共混可使甲基丙烯酸异丁酯和甲基丙烯酸异冰片酯的共聚物膜表面的憎水性能和强度大大提高。

7.3.2 有机氟改性丙烯酸树脂

有机氟改性丙烯酸树脂涂料既保留了丙烯酸树脂涂料良好的耐碱性、保色保光性、涂膜丰满等特点，又具有有机氟涂料耐候、耐污、耐腐蚀及自洁的优点，是一种综合性能优良的涂料，具有广泛的应用前景。氟是电负性最大的元素，具有最强的电负性、最低的极化率，而原子半径仅大于氢。氟原子取代 C—H 键上的 H，形成的 C—F 键极短，约为 1.36×10^{-10} m，而键能高达 485 kJ/mol。含氟丙烯酸酯聚合物中的全氟基团位于聚合物的侧链上，在成膜的过程中，全氟烷基会富积到聚合物与空气的界面上，并向空气中伸展，由于全氟侧链趋向朝外，可对主链以及内部分子形成"屏蔽保护"，因此保护了碳键不被冲击，不被化学介质所破坏。其次，氟原子半径比氢原子半径略大，但比其他元素的原子半径小，所以能把 C—C 碳主链严密地包住，因此，氟改性丙烯酸树脂具有较强的化学惰性，优异的防水、防污、防油性和良好的成膜性、柔韧性及黏结性等，广泛应用于建筑、汽车、机电、造船、航天航空等高科技领域。

徐芸莉等研究了氟硅改性丙烯酸乳液的合成，通过合理选择含氟硅单体及聚合工艺，先合成氟硅预聚体，再以丙烯酸树脂为主链，将氟硅预聚体接入丙烯酸树脂中，从而研制出高耐候性、高耐沾污性、高保色性、低污染性、良好的性价比、综合性能优异的乳液，具有很大的市场发展空间。蔡国强等利用叔碳酸酯对水解的屏蔽作用来提高涂料的耐光性及附着力，在共聚物组分中引入叔碳酸缩水甘油酯（1,1-二甲基-1-庚基羧酸基缩水甘油酯），提高了涂料的耐光性，可获得窄的相对分子量分布，增加树脂在有机溶剂中的溶解性，降低黏度，提高涂料的固体含量，增加漆膜的丰满度。制备的涂料已成功用于飞机蒙皮涂料，并在昌河飞机工业公司进行试验，性能良好。涂层性能如表7-2所示。

张燕等用一种氟碳改性剂对由甲基丙烯酸甲酯、丙烯酸丁酯、甲基丙烯酸乙酯以及2种不同氟链段长度的丙烯酸酯单体自由基聚合的产物进行化学改性，由于引入含氟基团使丙烯酸酯聚合物的结构发生改变，保持了丙烯酸树脂的优点，还增加了来源于氟碳树脂的耐候性和耐污性的优点，从而制得

■表7-2 飞机涂料及涂层的性能

检测项目		检测结果	检测项目	检测结果
涂层颜色与外观		白色，涂层平整	附着力（画格法）/级	0
不挥发物含量/%	组分1	65.2	铅笔硬度	4H
	组分2	90.0		
细度/μm		5	光泽（60°）/%	96
闪点/℃		32	耐盐雾（5%NaCl，1000h）	外观：1级
表干/min		25	耐热性［（150±2）℃，48h］	漆膜无裂纹、皱纹及剥落，轻微变色
实干/h		24	耐水性［（50±2）℃，96h］	漆膜无明显变化
烘干（50±2）℃/h		4	耐湿热性［94%~98%RH，（47±2）℃，36d］	外观：1级 胶带附着力：合格
烘干（80±2）℃/h		2	耐航空洗涤汽油（50℃，96h）	漆膜无明显变化
适用性/h		6.5	耐喷气燃油［RP-3，（23±2）℃，7d］	漆膜无明显变化
咬底		不咬底	耐航空液压油［YH-15，（23±2）℃，7d］	漆膜无明显变化
加速储存稳定性［（60±2）℃，7d］		不结皮、分层，易搅起，无结块	耐磷酸酯液压油［（23±2）℃，7d］	漆膜无明显变化
柔韧性/mm		1	耐低温［（-55±2）℃，4h］	绕直径3mm圆柱弯曲180°，开裂，无脱落
耐冲击性/cm		50	人工加速老化（1000h）/级	0
海南自然曝晒试验（1a）/级		0		

了一种具有极低表面能的高憎水性的含氟丙烯酸树脂。研究表明，氟碳改性剂的加入可明显降低涂层表面能，增大涂层接触角，但当加入量大于1.8%时，继续增加氟碳改性剂用量对接触角影响不大。氟碳改性剂与丙烯酸树脂反应机理如图7-7所示。

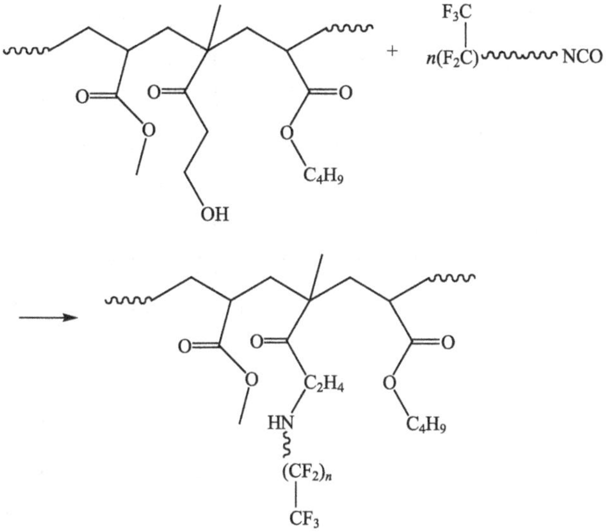

■图7-7　氟碳改性剂与丙烯酸树脂反应机理示意图

目前，合成含氟丙烯酸树脂多采用乳液聚合的方法，将丙烯酸单体和含氟单体混合，加入乳化剂分散于水滴中成为乳液，然后被水溶性引发剂引发聚合。黄遵巧等用甲基丙烯酸甲酯（MMA）、丙烯酸丁酯（BA）和丙烯酸六氟丁酯合成了含氟三元共聚乳液。采用正交方法设计实验条件，对试验结果以及乳液成膜性能进行探讨，并对共聚物的组成进行了定量分析，计算得出了共聚物中各组分的摩尔百分数。对三元含氟共聚物乳液涂膜的表面性能进行测量表明，共聚物氟含量直接影响着膜的表面性能。赵兴顺等以十二烷基硫酸钠（SDS）和OP-10混合乳化剂，制备了甲基丙烯酸全氟辛基乙酯（FMA8)-甲基丙烯酸丁酯（BMA)-甲基丙烯酸（MAA）共聚乳液。并对结果进行检测，结果表明，随着共聚物中全氟单体含量的增加，共聚物膜的表面能显著降低。当全氟单体的含量达到25%时，其表面能降低到19.74MJ/m²，X射线光电子能谱（XPS）对共聚物表面原子组成的分析结果表明，共聚物表面氟的含量远高于其平均含量，证明了含氟基团的趋表现象。经退火处理，共聚物膜表面的氟含量增加，表面自由能降低。

7.3.3 环氧树脂改性丙烯酸树脂

环氧树脂被广泛应用，具有强度高、黏附性好的特性，但其户外耐候性较差。用环氧改性丙烯酸树脂，在环氧树脂分子链的两端引入丙烯基不饱和双键，然后与其他单体共聚，得到的乳液既具有环氧树脂的高模量、高强度、耐化学品和优良的防腐蚀性，又具有丙烯酸树脂的光泽、丰满度和耐候性好等特点，且价格低廉，适用于装饰性要求特别高的场合，如塑料表面涂装、加工过程（如表面处理、电镀、烫金、镀膜等）的需要。环氧树脂虽然没有不饱和双键，但含有醚键，其邻位碳原子上的 α 氢相对比较活泼，在引发剂的作用下可形成自由基，并与不饱和单体接枝聚合反应，最终产物为未接枝的环氧树脂、接枝聚合的环氧树脂和丙烯酸共聚物的混合物。

在环氧改性丙烯酸树脂的合成技术中，目前使用较多的有核-壳杂化结构、互穿聚合、微乳聚合等。为了提供与环氧树脂反应的交联点，聚合过程中可以引进羟基和酰胺基，以提高成膜物的耐水性和耐候性等。王春艳等通过丙烯酸酯类单体与环氧树脂接枝共聚反应，对水性丙烯酸树脂进行改性，研究了环氧树脂种类、用量、加料方式、反应温度及中和度等因素对其性能的影响。研究结果表明，当环氧树脂 E44 在反应前期加入、用量为单体的 6%～9%（质量分数）、反应温度为 110℃、中和度为 110% 时，改性树脂具有较好的成膜性能和优异的力学性能。并对所合成的水性环氧改性的丙烯酸树脂与水性丙烯酸树脂从性能上加以比较，筛选出适合用作水性油墨或水性涂料的制备水性环氧改性丙烯酸树脂的较佳工艺条件。改性前后水性丙烯酸树脂的性能见表 7-3。

■表 7-3　水性丙烯酸树脂环氧改性前后的性能比较

序号	项　　目	性能实测值	
		水性丙烯酸树脂	水性环氧改性丙烯酸树脂
1	树脂外观	浅黄色透明黏稠状	浅黄色透明黏稠状
2	固含量/%	39.5	40.1
3	黏度/Pa·s	145	160
4	吸水率/%	39.8	7.1
5	硬度	0.42	0.67
6	吸附力（划圈法）/级	≥2	≥1
7	拉伸强度/MPa	4.8	7.2
8	断裂伸长率/%	560	420
9	冲击强度/kg·cm	≥50	≥100
10	柔韧性/mm	≤1	≤1
11	光泽度	100.6	141.5

官仕龙等研究了具有光敏特征的酚醛与环氧复合改性丙烯酸酯的过程，采用三乙胺作为催化剂，当反应温度达到 95℃时，丙烯酸单体可在 6h 内反应完全，改性后的树脂成膜以后具有优良的动力学性能、耐溶剂性和耐酸碱性。

王驰亮等人采用液相法和固相法合成了环氧树脂改性丙烯酸酯共聚物，并用 GPC、DSC、DMA、接触角等测试方法对共聚物进行了表征。利用动态升温扫描分析法研究了环氧树脂-丙烯酸酯体系交联固化反应，发现随着环氧树脂链长减小，固化反应活化能明显下降。研究了交联体系的交联点间分子量（M_c）和缠绕部分分子量（M_e），样品制备条件及 M_c 和 M_e 值如表 7-4 所示。发现增大 M_c 和 M_e 对提高粘接性能的作用很大，并提出了可能机理：共聚物交联网络结构的变化，从共聚物表面特性与本体特性两方面影响体系的粘接性能，共聚物表面功能基团富集量随环氧树脂链长的增大而减少，这主要是由共聚物交联网络结构的变化引起的。

■表 7-4　环氧树脂/丙烯酸酯交联固化体系的 M_c、M_e 和 M_n

样品	环氧基与羧基摩尔百分比	环氧树脂环氧值	交联方法	样品制备工艺	$M_c \times 10^3$ /(g/mol)	$M_e \times 10^3$ /(g/mol)	$M_n \times 10^3$ /(g/mol)
1	0.724	0.1390	固相法	135℃ 30min	8.4	92.3	18.2
2	0.724	0.4413	固相法	135℃ 30min	16.8	49.1	18.5

朱传方等人进行了环氧树脂改性丙烯酸树脂纳米复合材料及其作为密封胶的研究。首先通过丙烯酸酯类单体与环氧树脂接枝共聚反应，对其进行改性。研究了环氧树脂环氧值及用量、加料方式、反应温度、溶剂、中和度等因素对改性树脂性能的影响。研究结果表明：加入环氧树脂改性后，丙烯酸酯类密封胶的耐水性明显增强，硬度、附着力、拉伸强度及冲击强度等力学性能有较大幅度地提高。在研究的基础上他们进行了中试试验，中试过程的工艺过程如图 7-8 所示。

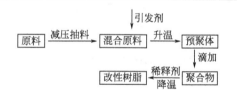

■图 7-8　环氧树脂改性丙烯酸树脂制备中试流程图

7.3.4 聚氨酯改性丙烯酸树脂

聚氨酯涂膜具有高的机械耐磨性、丰满光亮、耐化学品性能好、耐低温、柔韧性好、黏结强度高等优点，但是水性聚氨酯胶膜耐候性、耐水性差，机械强度不及丙烯酸酯乳液。将水性丙烯酸酯和聚氨酯复合，能够克服各自的缺点，使涂膜性能得到明显地改善，而且成本较低，具有广泛的应用前景。聚氨酯改性丙烯酸酯乳液主要有以下 4 种途径：①聚氨酯乳液与丙烯酸酯乳液物理共混；②合成带双键的不饱和氨基甲酸酯单体，再与丙烯酸酯共聚；③用聚氨酯乳液作种子进行乳液聚合；④先制得溶剂型聚氨酯丙烯酸酯，再蒸除溶剂，中和、乳化得到复合乳液。

为了适应环境要求，现今用于丙烯酸树脂改性的聚氨酯一般都是水性聚氨酯树脂，水性聚氨酯是以水为介质的二元胶态体系，包括聚氨酯水溶液、水分散液和水乳液三种。聚氨酯粒子分散于连续的水相中，也称之为水性PU或水基PU，它具有无毒、不易燃烧、不污染环境、节能、安全可靠、不易损伤被涂饰表面、易操作和改性等优点，使得它在织物、皮革涂饰、涂料及黏合剂等许多领域得到了广泛的应用。

北京化工大学乐园等人以二羟甲基丙酸（DMPA）、双丙酮丙烯酰胺（DAAM）为功能性单体，以丙烯酸酯类为溶剂合成了水性聚氨酯改性丙烯酸酯复合乳液，通过透射电镜（TEM）观察了改性前后丙烯酸树脂的乳液粒子的形貌见图7-9。另外，通过测试吸水率、耐溶剂性、硬度、凝胶含量等应用参数，考察了丙烯酸酯聚氨酯复合乳液（PUA）及其涂膜的结构与性能，结果表明，PUA复合乳液涂膜硬度达到3H，凝胶含量可达到84.3%，且耐水性、耐溶剂性得到明显提高。

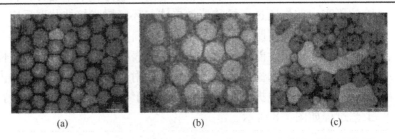

(a)　　　　　　　　　(b)　　　　　　　　　(c)

■图7-9　聚氨酯改性丙烯酸树脂乳液粒子TEM电镜图
(a)丙烯酸酯乳液；(b)聚氨酯改性丙烯酸酯复合乳液；(c)丙烯酸酯聚氨酯混合乳液

聚氨酯改性丙烯酸酯的方法还有就是通过光固化，以交联形式进行改性。Santhosh等合成了一种新型的交联聚氨酯丙烯酸酯电解质（PUA），该PUA具有良好的电化学稳定性和尺寸稳定性，与锂有很好的相容性，因此可以用于锂电池。杨春海等采用异佛尔酮二异氰酸酯（IPDI）制备了可光固化的聚氨酯丙烯酸酯预聚体，研究了制备条件，选择了活性稀释单体进行涂膜固化，对其一些物理性能进行了测试研究。结果表明，与常用的2,4-甲苯二异氰酸酯（TDI）制备的可光固化的聚氨酯丙烯酸酯预聚体相比，该预聚体具有更加优良的力学和抗老化性能。熊远钦等对树枝状多元醇进行改性，合成了可快速光固化的新型树枝状聚氨酯丙烯酸酯，测试结果表明，固化膜具有适当的硬度和柔韧性，较好的黏附力。

7.3.5 纳米材料改性丙烯酸树脂

丙烯酸树脂的线形结构导致的热黏冷脆、抗回黏性和耐热性不佳等缺点对其应用范围有一定限制。由于纳米材料具有表面效应、小尺寸效应、光学效应、量子尺寸效应、宏观量子尺寸效应等特殊性质，可以使材料获得新的功能。近年来，随着纳米科技的快速发展，纳米材料改性丙烯酸树脂的开发已成为近年来国内外研究的新热点，并广泛应用于丙烯酸树脂改性，使其各项性能获得提高。

丙烯酸树脂中添加纳米颜填料后，由于纳米颜填料粒子能够吸收紫外光，起到紫外光吸收剂的作用，可增强丙烯酸树脂的耐老化性能，同时还具有光催化性能、疏水疏油性能、高韧性、高耐擦洗性、高附着力等，故可使丙烯酸树脂的耐候性得到大幅度的提高。此外，纳米材料改性的丙烯酸树脂还呈现出如自清洁、抗静电、抗菌杀菌和吸波隐身等特殊性能，使丙烯酸酯乳液向着环保方向发展。目前，丙烯酸树脂中添加的纳米粒子主要有纳米 SiO_2、纳米 TiO_2、纳米 $CaCO_3$、纳米 ZnO 等。常用的纳米材料按方法分为物理分散法和化学分散法，常用的物理分散方法有机械分散法、超声波分散法和高能处理法；化学分散实质上是利用表面化学方法加入表面处理剂来实现分散的方法。可通过纳米微粒表面与处理剂之间的化学反应，改变纳米微粒的表面结构、状态和电荷分布，使其表面改性，通过双层静电稳定作用和空间位阻作用来提高分散效果，纳米粉体常用的分散方法主要有偶联剂法和分散剂分散法两种。

(1) 纳米 SiO_2 粒子改性 SiO_2 为非晶态白色粉末，是一种无毒、无味、无污染的无机非金属材料，具有颗粒尺寸小，比表面积大等优点。将 SiO_2 无机粒子直接均匀地分散到丙烯酸酯树脂中，其涂层的力学性能和玻璃化转变温度均较丙烯酸酯树脂有一定程度提高，形成有机-无机复合系统，提高了涂层的耐候性和光稳定性。

Amalvy 等利用 SiO_2 粒子表面硅羟基呈弱酸性的特点，在单体聚合中加入了少量含碱性基团的辅助单体，在聚合过程中，纳米 SiO_2 粒子通过酸-碱相互作用吸附到单体液滴或聚合物乳胶粒子表面，起到了乳化作用，整个过程中无需加入任何小分子乳化剂，获得了丙烯酸树脂的无皂乳液聚合的产品。国内也对此进行了详细的研究，武利民等发明了不含任何传统乳化剂的丙烯酸树脂无皂乳液的制备新技术：即利用纳米 SiO_2 表面的硅羟基呈弱负电性或弱酸性及亲水性的特点，通过静电或酸-碱相互作用，使纳米 SiO_2 粒子在单体的聚合反应过程中被吸附到单体液滴和生成的丙烯酸乳胶粒子表面，起乳化剂功能，解决了传统的丙烯酸树脂乳液合成需要大量有机小分子乳化剂的问题。此外，他们还进一步衍生发明了高固低黏纳米复合聚酯及涂层的制备技术，以及以纳米 SiO_2 粒子为乳化剂的硅烷化聚合物后乳液制备技术。目前，德国 BASF 公司已将这种纳米粒子稳定的丙烯酸树脂无皂乳液聚合进行工业化应用，发现涂层的耐污性、耐水性、耐久性等均有显著提高。将 SiO_2/丙烯酸树脂复合制备光学薄膜、亲水表面的研究也有报道。

庞久寅等采用硅溶胶和丙烯酸酯单体通过细乳液聚合制备丙烯酸酯树脂/纳米 SiO_2 复合高分子乳液。结果表明，SiO_2 的引入提高了聚合速率，增加了聚合物的分子量并使相对分子质量分布变窄；在复合乳液粒子中，SiO_2 主要以分散相分布在连续的丙烯酸酯相内部，被连续的丙烯酸酯相所包裹；复合乳液的力学性能明显优于不含 SiO_2 的纯丙烯酸酯聚合物乳液，拉伸强度、拉伸断裂应变以及模量均有较大幅度的提高。

浙江大学王智宇等人用溶胶-凝胶法制备了稳定的纳米 SiO_2 溶胶，并采用在位分散法制备了纳米 SiO_2 改性水性丙烯酸酯涂料。实验证明：纳米 SiO_2 溶胶为球形状态，分散性很好，粒径均匀，如图 7-10 所示。且具有很强的紫外散射屏蔽性能，对 400nm 以下的紫外光能屏蔽 90% 以上，如图 7-11 所示。采用在位分散法的纳米 SiO_2 改性涂料耐人工老化粉化时间比采用直接分散法纳米 SiO_2 改性涂料提高了近 1 倍，耐变色时间（达到色差 2 级的时间）是国标优等品要求的 1.83 倍，较相应的未改性涂料提高了约 25%。

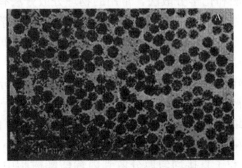

■图 7-10 纳米 SiO_2 溶胶分散状态

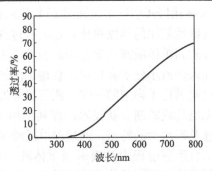

■图 7-11 纳米 SiO_2 改性水性丙烯酸酯涂料屏蔽性能

(2) 纳米 TiO_2 粒子改性 纳米 TiO_2 最初是作为颜料应用于涂料工业，20 世纪 70 年代末 80 年代初曾用来光催化制氢，随着近年来环境问题的日益严峻，TiO_2 又以其独有的优势受到前所未有的重视，应用范围得到进一步扩展，它还可以在生物医学上用来进行杀菌消毒、进行有机和无机合成以及对贵金属的回收等。TiO_2 优异特性如下。

① 高稳定性 超细 TiO_2 熔点大于 1800℃，热分解温度大于 2000℃，

具有很高的化学稳定性、热稳定性、耐候性、耐化学腐蚀性和非迁移性。

② 无毒性 可用在防晒化妆品和食品包装材料上。

③ 透明性 超细 TiO_2 可透过可见光及散射波长更短的紫外线，因而称为透明 TiO_2，常用于农用塑料薄膜。

④ 光催化性 纳米 TiO_2 利用自然光、常温、常压、即可催化分解细菌和污染物，且能长期有利于生态自然环境，其中用于分解废水中有机物的报道最多。卤代烃、卤代芳烃等有毒有机物在纳米 TiO_2 光催化作用下，可逐步降解为二氧化碳、水等对环境无害的无机物。

⑤ 颜色效应 纳米 TiO_2 的质点很小又有透明性，还能大量阻隔紫外线，从而产生颜色效应。它与其他颜料的协同效应相当好，这一独特的光学性能使其成为当今最高档次的效应颜料。将它用于汽车金属闪光面漆中，能使涂层产生丰富而神秘的色彩效果，可明显提高轿车漆的耐候性。

华南理工大学曾幸荣等人采用溶胶-凝胶法，以钛酸丁酯（TBOT）为前驱物、盐酸（HCl）为催化剂、γ-甲基丙烯酰氧基丙基三甲氧基硅烷（KH-570）为改性剂，制备了有机化纳米二氧化钛（TiO_2）溶胶。将有机化纳米二氧化钛溶胶加入到甲基丙烯酸甲酯、丙烯酸丁酯和丙烯酸等反应单体中，采用原位乳液聚合法，合成出纳米 TiO_2/丙烯酸酯复合乳液。结果表明，TiO_2 溶胶对乳胶膜的附着力和弯曲性能影响不大，但却提高了乳胶膜的冲击性能、铅笔硬度、耐紫外老化性能和热稳定性，见表7-5。

■表7-5 紫外线老化后纳米 TiO_2 改性丙烯酸酯乳胶膜性能

TiO_2 溶胶用量（质量分数）/%	冲击强度/cm		附着力/级		弯曲性能/mm		铅笔硬度		光泽度/%	
	72h	144h	72h	144h	72h	144h	72h	144h	72h	144h
0	40	36	0	0	2	2	2B	2B	124.3	141.3
1	43	43	0	0	2	2	2B	2B	120.9	138.1
2	43	38	0	0	2	2	HB	HB	118.4	134.4
3	41	41	0	0	2	2	H	H	117.1	131.7
4	45	42	0	0	2	2	H	HB	114.3	128.0

注：丙烯酸占总质量的3%，乳化剂占总质量的3%，引发剂占单体总重的0.8%。

7.4 丙烯酸树脂发展方向与前景

7.4.1 环境友好化

由于各国对环境污染和环境保护的密切关注，在丙烯酸树脂应用最广泛的涂料、胶黏剂、橡胶、皮革等领域中，环境友好化的丙烯酸树脂发展方兴未艾，已成为丙烯酸树脂今后发展的重要趋势。

水性丙烯酸树脂不但具备优异的硬度、光泽、耐水性、耐酸碱性及良好的耐候性、耐污染性等有机溶剂型丙烯酸树脂的优点，而且具有价格低、使用安全、节省能源、减少环境污染和公害等特点，因而被广泛用于制作水性涂料、水性油墨、水性胶黏剂等。丙烯酸树脂的水性化与其聚合方法有关。在水分散体的制造中主要采用悬浮聚合和乳化聚合两种方法。用悬浮聚合法时，制得的粒子直径较大、分子量中等、还须用分散稳定剂防止沉淀。用乳化聚合法时，粒径较小，相对分子质量较高，需有乳化剂存在。水性丙烯酸树脂大多是采用乳液聚合法，但残留乳化剂是影响涂膜的黏结性和光泽降低的主要原因。在用单体乳化聚合中，聚合开始时它使单体的液滴乳化成胶束，并进行聚合，聚合后乳化剂使聚合物的微粒保持稳定，但在涂膜干燥成膜时，乳化剂在膜层内会形成亲水性小的空穴而致水分侵入膜内，使膜与基材之间的粘接性大大降低，同时也使膜表面光泽下降。为解决这个问题，现已开展了多方面研究。如采用无皂化乳化聚合法、种子（Seed）乳液聚合法、微乳液聚合法等聚合方法时，在乳化剂方面，为了防止残留乳化剂在膜层的迁移现象发生，研究出带有疏水性单体、与丙烯酸可以嵌段共聚的高分子乳化剂，使涂膜的耐水性有了较大的提高。同时也研究开发出一系列反应性乳化剂，这样抑制了残留在涂膜中的乳化剂所造成的恶劣影响，使涂膜性能获得了较大的提高。

目前，全球一直致力于发展的低污染丙烯酸树脂涂料，主要是指环境适应性好的水性丙烯酸树脂、无溶剂丙烯酸树脂、粉末丙烯酸树脂、可生物降解丙烯酸树脂等。为符合 4E 方针，适应高性能低污染的发展方向，科学家们通过各种方法，不断推出水性树脂、氟碳树脂、硅树脂、高固体分树脂、超细无机填料、各种低毒高装饰耐候性颜料以及水性涂料专用原材料等，传统的溶剂型涂料密度逐渐下降。为解决水性丙烯酸树脂涂料存在的硬度大、耐溶剂性能差等问题，提高水性涂料的质量、开发新的品种是发展水性丙烯酸树脂涂料的重要环节。目前研究的热点在于丙烯酸树脂原料的改性，这种技术被称为"活聚合"，可以很好地控制丙烯酸树脂的分子量及其化学结构（如单体排列顺序等）与分布。在行业发展研讨中，专家和企业家们还提出，水性丙烯酸树脂涂料的重点研究和开发应以醋酸乙烯-丙烯酸共聚乳液、苯乙烯-丙烯酸共聚乳液以及纯丙烯酸系列为基料的乳胶涂料为主，并争取在涂料耐久性、漆膜平滑性、丰满度、施工性、装饰性等方面有所突破，同时应继续研究具有高性能的水性涂料，满足部分特殊要求。

7.4.2 树脂功能化

作为丙烯酸树脂的一种理想性能，不仅要保护和美化基体，而且给予基材本身无法具有的特殊功能，可以使丙烯酸树脂获得惊人的高性能化、高增值化、高级化的效果，为扩大丙烯酸树脂的应用范围，追求丙烯酸树脂的功能化是其发展趋势。如前节所述，有机硅、环氧、聚氨酯、纳米粒子改性丙烯酸树脂是功能化实现的重要技术途径，通过共混法、共聚法、交联法、胶乳粒子结构设计法等改性手段则为功能化实现提供了可能。

如针对丙烯酸树脂涂料，目前除在防火、防毒、防虫、杀虫、隔热保温等现有质量水平较低的功能丙烯酸树脂上加大力度、进行科研攻关外，更加强调加紧研究和解决进一步提高并满足树脂各类功能实现中存在的难新问题。现在正在研究的超疏水界面技术、复合化技术等都是提高和满足各类功能的有效途径。例如，弹性功能与呼吸功能复合，是将优良的弹性乳液与亲水性表面修饰微壳（超微粒子）复合化，使弹性能力与透湿性并存；将常温反应型乳液与涂膜亲水性技术复合，通过使用交联分子量大的反应乳胶，提高伸长率和膜密度，使弹性功能与低污染性功能相结合等。另外，通过加入填料使丙烯酸树脂产品具有很多其他功能，如具有紫外线吸收性能的有机玻璃板材，具有珠光性能的皮革表面涂饰剂，具有导电功能的压敏胶黏剂等。还有将基料的改性功能复合化，即对于已有的基料进行某种特殊性能的改性，并与特殊功能相复合。如有机硅改性丙烯酸的耐候性与潮气固化聚氨酯透湿性相结合，以此来达到双重特殊功能的作用。

7.4.3 高性能、高档次化

我国是仅次于美国的丙烯酸树脂生产与消费大国，但中高端树脂研发与生产长期以仿制为主，只能依赖从国外进口树脂和颜填料来调整配方。由于无法形成自己的核心技术，而且对树脂、颜填料这些关键原材料的设计与制备方面的研究不足，我国在树脂及相关涂料领域与国外的竞争中长期处于下风，汽车、电子行业等中高端涂料市场几乎为国外公司垄断，核心技术知识产权被国外科研机构和公司控制，因此发展高性能、高档次化的丙烯酸树脂已成为必然。

近年来，国内将产量最大、用途最广的涂料用树脂——丙烯酸树脂作为突破口，开始从仿制国外技术向自主创新的高端化发展方向上迈出了可喜的一步。2009 年获得国家技术发明二等奖的高性能丙烯酸树脂及应用技术就是复旦大学武利民教授率领的科研人员通过自主创新，在涂料高性能、高档次化上取得的重要突破。该技术主要针对水性涂料综合性能比油性涂料差的缺点，以及汽车工业特别是轿车的面漆和中涂层对高固含量丙烯酸酯涂料需求量的增加，以油性涂料为研究对象，通过提高油性涂料的固含量，实现了高性能和低 VOC 排放双赢这一目标。考虑到树脂固含量不断提高的同时，体系的黏度会随之升高，给涂料调配和施工带来困难，他们发明了高固体分丙烯酸树脂的分离聚合技术，在提高树脂溶液固含量的同时，保证体系具有较低的黏度。之后，又通过将纳米二氧化硅溶胶进行表面改性，获得了高固低黏纳米复合丙烯酸树脂。由于解决了纳米涂料中无机纳米粒子的难分散和团聚问题，制备出的丙烯酸树脂固含量在 90％以上，涂层性能部分超过国外的高固含量的溶剂型涂料。该技术已在广州实现了产业化，产品已在多家著名的汽车、摩托车、家电厂家获得应用，部分取代了进口。同时，他们发明了不含任何传统乳化剂的丙烯酸树脂无皂乳液的制备新技术以及以纳米二氧化硅粒子为乳化剂的硅烷化聚合物后乳液制备技术。目前这项技术已在江苏和上海实现了产业化，生产出的水乳胶丙烯酸树脂涂层的耐污性小于 5％、自清洁性好、人工加速老化时间达 1600h 以上，粘在墙面的灰尘能顺雨水流下，使墙面长期保持干净整洁，解决了建筑工程外墙涂料装饰很容易出现的易沾污、易变色问题，已在央视大楼及演播厅、世博会及其动迁工程等国家重大工程中应用了这一创新成果。围绕这一项目已申请国内发明专利 11 项、国际专利 2 项，发表国际 SCI 论文 53 篇，标志着中国建筑涂料开始接近国际先进水平，并使国产车用涂料成功打入零配件市场，由此吸引了德国汉高、美国 BEHR、美国 GE、英国帝国化学等国际知名公司的高度关注。

7.5 丙烯酸树脂发展策略

为使我国丙烯酸树脂今后更好更快地发展，可以采取以下策略。

① 对树脂进行品种细分，满足多种用途，实现专业化。

② 按社会分工进行树脂与下游产品的分离，改变树脂厂小而全的经营理念，实现树脂生产的规模化。

③ 在专业化规模化的基础上，推进技术进步，在产品品质上瞄准国际水平，树立国有品牌，使产品能够参与国际竞争，实现树脂生产及产品的先进化。

④ 确保淘汰高消耗、高排放的生产，使树脂的环保过关，实现树脂生产的清洁化。

由于作为丙烯酸树脂基本原料来源的石油价格不断攀升，未来寻求非石油转化的丙烯酸及酯类产品将更加迫切，而正因为有这种压力，将会给丙烯酸树脂的发展带来新的机遇。为了进一步提高丙烯酸树脂的综合性能，扩大其应用范围，科研工作者将继续探索丙烯酸树脂综合改性的新途径，并采用各种聚合方法以及先进的聚合工艺，在符合环保要求的前提下，赋予丙烯酸树脂更多的优良性能，使丙烯酸树脂朝着功能化、高级化、环保化的方向发展，为我国树脂行业的发展书写出新的篇章。

参 考 文 献

[1] 许迁，温绍国，王继虎等．"零 VOC"丙烯酸酯类涂料的研究进展．上海工程技术大学学报，2009，23（9）：282-286.

[2] 王季昌，孙缀．丙烯酸树脂产品个性化发展方向．中国涂料，2007，22（1）：6-8.

[3] 唐建东，张鹏宇，王锐等．2008 年丙烯酸及酯类行业概况．弹性体，2009，19（5）：76-82.

［4］ 李鲲，郭建华，李欣欣，吴平平，韩哲文．原子转移自由基聚合合成甲基丙烯酸丁酯与丙烯酸全氟烷基乙酯两嵌段共聚物及其性能的研究．高分子学报，2002，（2）：235-241.

［5］ 朱蕙，刘世勇，潘全名，段宏伟，江明．窄分布两亲性嵌段共聚物的合成及其胶束化行为研究．高等学校化学学报，2002，23（1）：138-142.

［6］ 邢铁玲，陈国强．水介质中丙烯酸酯系单体 ATRP 法接枝真丝的研究：［博士学位论文］．苏州：苏州大学，2009.

［7］ 刘啸天，王静媛．酶促与 ATRP 法方法结合制备新型功能聚合物的研究：［博士学位论文］．长春：吉林大学，2007.

［8］ 李娜君，路建美．含偶氮基团的丙烯酸酯类单体的 ATRP 法及其电光学性能研究：［博士学位论文］．苏州：苏州大学，2007.

［9］ 杨兴兵，张立武．含氟丙烯酸酯的电子活化再生原子转移自由基聚合研究：［硕士学位论文］．重庆：重庆大学，2010.

［10］ Chiefari J，Chong Y K，Ercole F，Krstina J，Jeffery J，Le T P T，Mayadunne R T A，Meijs G F，Moad C L，Moad G，Rizzardo E. Living Free-Radical Polymerization by Reversible Addition-Fragmentation Chain Transfer：The RAFT Process，MACROMOLECULES，1998，31（16）：5559-5562.

［11］ Nair C P R，Chaumont P，Charmot D. Addition-fragmentation behavior of a capto-dative group-substituted acrylic ester in free-radical polymerization and reactivity of the derived macromonomers. JOURNAL OF POLYMER SCIENCE PART A：POLYMER CHEMISTRY，1999，37（14）：2511-2524.

［12］ Solomon D H，Rizzardo E，Caeioli P，PI. U. S. Patent：4，581，429，1986. HIGHLIGHT，5385.

［13］ Georges，M K，Veregin R P N，Kazmaier P M，Hamer G K. Narrow molecular weight resins by a free radical：Polymerization Process. Polynl. Mater. Sci. Eng. 1993，68：6-7.

［14］ 张庆华，詹晓力，陈丰秋．含氟丙烯酸酯共聚物乳液的合成与表征：［博士学位论文］．杭州：浙江大学，2007.

［15］ 贾中凡，黄骏廉．PEO 多官能团引发体系合成特殊结构的两亲性共聚物及其性质研究：［博士学位论文］．上海：上海复旦大学，2006.

［16］ 王倩，张心亚，涂伟萍，陈焕钦．有机硅改性丙烯酸乳液性能的研究．中国胶粘剂，2003，12（2）：5-7.

［17］ 张玉，朱秀林，苯乙烯在新的引发剂和调控剂下的氮氧稳定自由基聚合：［硕士学位论文］．苏州：苏州大学，2005.

［18］ 何翠莲，姚洪伟，通过活性聚合方法设计合成新型嵌段聚合物的研究：［硕士学位论文］．青岛：青岛大学，2007.

［19］ 黄月文．室温固化含硅甲基丙烯酸酯涂料的性能研究．涂料工业，2005，35（8）：12-16.

［20］ J. Richard，C. Mignaud，and A. Sartre. Stability and conpatibility in blends of slilicone and winylacrylic polymer emulsions. Polymer International，1993，（31）：357-365.

［21］ 徐芸莉，倪勇．氟硅改性丙烯酸乳液的合成研究．新型建筑材料，2003，（9）：6-9.

［22］ 蔡国强，朱龙观，李国荣，韩晨羿，郑新凯，盛纪林．氟化改性丙烯酸树脂的合成及在飞机蒙皮涂料中的应用．现代涂料与涂装，2006，（7）：20-21.

［23］ 张燕，王贤明，杨凯．高憎水性含氟丙烯酸树脂及其涂料的制备．中国涂料，23（5）：45-47.

［24］ 黄遵巧，陈广美．含氟丙烯酸酯共聚乳液的合成与性能研究．安徽化工，2007，33（2）：35-37.

［25］ 赵兴顺，丁小斌等．含氟丙烯酸酯共聚乳液及其膜表面特性的研究．高分子学报．2004，（2）：196-200.

［26］ 王春艳，陈涛，朱传方等．环氧接枝改性水性丙烯酸树脂的合成研究．应用化工，2006，35（1）：27-29.

［27］ 王春艳，朱传方．环氧改性的水性丙烯酸树脂、水性聚氨酯的合成及性能研究：［硕士论文］．

华中师范大学，2006.

[28] Santhosh P，Vasudevan T，Gopalan A，et al. Preparation and properties of new cross-linked polyurethane acrylate electrolytes for lithium batteries，Journal of power sources，2006，160 (1)：609-620.

[29] Santhosh P，Gopalan A，Vasudevan T，et al. Evaluation of a cross-linked polyurethane acrylate as polymer electrolyte for lithium batteries，Materials research bulletin，2006，41 (6)：1023-1037.

[30] 官仕龙，李世荣. 光敏酚醛环氧丙烯酸酯的合成工艺. 涂料工业，2006，36 (1)：32-34.

[31] 侯澎涛，乐园，陈建峰. 水性丙烯酸酯/聚氨酯复合乳液的合成及性能研究. 北京化工大学学报：自然科学版，2009，36 (增刊)：42-45.

[32] 杨春海，何卫东，谢文心. 紫外光 (UV) 固化聚氨酯丙烯酸酯涂料的合成及其性能研究：[硕士学位论文]. 南京：南京理工大学，2006.

[33] 熊远钦，卢伟红，夏新年，张小华，徐伟箭. 树枝状聚氨酯丙烯酸酯的合成及性能研究. 湖南大学学报 (自然科学版)，2006，33 (4)：81-84.

[34] 陈鹏，朱传方. 密封胶用环氧改性丙烯酸树脂及纳米复合材料的工艺研究：[硕士学位论文]. 华中师范大学，2008.

[35] Amalvy J I，Percy M J，Armes S P，et al. Characterization of the nanomorphology of polymer-silica colloidal nanocomposites using electron spectroscopy imaging. Langmuir，2005，21 (4)：1175-1179.

[36] Chen M，Zhou S X，You B，et al. A novel preparation method of raspberry-like PMMA/SiO$_2$ hybrid microspheres. Macromolecules，2005，38 (15)：6411-6417.

[37] 武利民，周树学. 纳米结构涂层的发展现状. 涂料工业，2009，39 (12)：1-4.

[38] Xue Z，Wiese H. Method for producing an aqueous dispersion of particles composed of a polymer and a fine-particles inorganic solid. US 7094830B2，2006-08-22.

[39] 庞久寅，王春鹏，林明涛等. 细乳液聚合制备纳米二氧化硅-丙烯酸酯复合乳液的研究. 高分子材料科学与工程，2007，23 (3)：63-65.

[40] 任华，张莉，龙光斗等. 纳米 SiO$_2$ 改性丙烯酸酯乳液的合成与性能研究. 现代涂料与涂装，2008，11 (8)：7-8.

[41] 陈建军，王智宇. 无机纳米粒子改性丙烯酸酯涂料的制备及其光老化性能的研究：[硕士学位论文]. 浙江大学，2004.

[42] 蔡阿满，曾幸荣. 纳米 TiO$_2$/丙烯酸酯复合乳液的制备与表征：[硕士学位论文]. 华南理工大学，2010.

[43] 汪长春，包启宇. 丙烯酸酯涂料. 北京：化学工业出版社，2005.

[44] 王国建，葛凯财，沙海祥等. 紫外光固化二氧化硅/丙烯酸酯亲水杂化薄膜. 化工学报，2008，59 (1)：243-248.

[45] 任洪波，张林，杜爱明等. 紫外光固化丙烯酸酯/二氧化硅杂化光学增透膜的研制. 强激光与粒子束，2004，16 (5)：623-626.

[46] 郭平胜，卢秀萍. 阴离子型水性聚氨酯-丙烯酸酯复合乳液的合成与性能研究. 中国皮革，2007，36 (3)：53-56.

[47] 陈建莲，李中华. 丙烯酸树脂改性的研究进展. 现代涂料与涂装，2009，12 (3)：28-32.

[48] 王驰亮，王立. 丙烯酸酯系聚合物的合成及作为压敏胶的应用研究：[硕士学位论文]. 杭州：浙江大学，2006.

附　录

附录一　丙烯酸树脂国内主要生产厂商与牌号

生产厂商	产品种类	牌　　号
山东东明石化集团科耀化工有限公司	热塑性	EA-30M，EA-30，EA-31，EA-38，EA-38M，EA-39，EA-122，EA-124，EA-126，EA-132，EA-134，EA-136，DS-152，DS-45I，MA-216，MA-218，MA-224，MA-226，MA-232，MA-234，MA-236，MA-240，MA-242，MA-246，DS-50I，DS-50II，DS-506，DS-508，DS-509
	热固性	EA-32，EA-36，VA-80，VA-90，VA-100，VA-100M，VA-101，VA-102，VA-106，VA-110，VA-112，VA-116，VA-120，DS-3670，MA-610，MA-612，MA-616，MA-618，MA-619，MA-620，MA-621，MA-624，MA-626，MA-629，WA-206，WA-208
佛山市鲸鲨化工有限公司	羟基丙烯酸树脂	BG-278-60，BG-279-65，BG-280-60，BG-280-60B
	热塑性丙烯酸树脂	BS-281-50，BS-282-60
佛山市高明同德化工有限公司	热塑性	AC1020-a，AC1020，ACR7519，AC10241-b，AC1023，AC1024，AC10241-a，AC10240A，CR7618，AC1225，AC1225-c，AC1268，AC1252，ACR7603，AC10261-c
	羟基丙烯酸树脂	AC1012，ACR6533，ACR6557B，AC1150，AC1151，ACR6547，AC1060，AC1151B
	热固性	ACR6734，ACR6620，ACR6580，AC1164，ACR6628，AC1100B，ACR6606，ACR6630
北京市通州互益化工厂	热塑性	HBC-02-S，HBC-03-S，HBC-08-S，HBC-04-S，HBC-05-S
	水溶性	WRS-1
	弹性乳液	HBA-400A
杭州一韦涂料化学有限公司	热塑性	YW-B01XX，YW-B04XX，YW-B06XX
	热固性	YW-BH01XX，YW-BH04XX，YW-BH06XX
	羟基丙烯酸树脂	YW-BS01XX，YW-BS04XX，YW-BS06XX YW-BS0138，YW-BST

生产厂商	产品种类	牌　　号
中山市朗玛化工有限公司	热固性	LM-3260H, LM-3255, LM-BG-1, LM-406-1, LM-427, LM-AC-1, LM-3260H, LM-3255, LM-3255, LM-BG-1, LM-406, LM-3262, LM-3260, LM-3261, LM-BG-2
	热塑性	LM-456C, LM-425, LM-459, LM-459, LM-405-1, LM-459, LM-427, LM-400-2, LM-402, LM-415, LM-419GH, LM-422, LM-423, LM-435, LM-401, LM-450, LM-456 LM-455B, LM-455, LM-431
	羟基丙烯酸树脂	LM-BS-1
辽宁三环树脂有限公司		A-01, A-02, A-06, A-04, A-10, A-13, A-66, A-725, A-728, A-804, A-842
北京京都大成化工有限公司	水性丙烯酸树脂	JOE-036
	油性丙烯酸树脂	TKS-203
苏州嘉祥树脂有限公司	环氧改性丙烯酸树脂	ZJ-101, ZJ-102, ZJ-103, ZJ-104, ZJ-105, ZJ-106, E100, E100-80TP, E101-80TP, E102-80TM
	热塑性丙烯酸树脂	ZJ-450, ZJ-451
	氟碳改性的丙烯酸树脂	ZJ-500, ZJ-510, ZJ-520
	羟基丙烯酸树脂	ZJ-200, ZJ-210, ZJ-211, ZJ-212, ZJ-213, ZJ-220, ZJ-221, ZJ-221A, ZJ-222, ZJ-225, ZJ-229, ZJ-230, ZJ-231, ZJ-236, ZJ-240, ZJ-241, ZJ-242, ZJ-250, ZJ-251
	热固性丙烯酸树脂	ZJ-300, ZJ-301, ZJ-302, ZJ-303, ZJ-303A, ZJ-304, ZJ-305, ZJ-306, ZJ-307, ZJ-308
	热塑性丙烯酸树脂	ZJ-400, ZJ-401, ZJ-410, ZJ-420, ZJ-450, ZJ-451, ZJ-460, ZJ-480, ZJ-490
桐乡市正大涂料有限公司	热固型	AK7130, AK3070, AK8503, AK8361, AK9960, AK8135, AK8136, BH8605, AK65, L337, L 809, B009, B002, AK5583, AK2750, AK6028, AK6160, AK 801, AK 802
	热塑型	AP6050, AP5056, AP5852, L7250, L2022, L155, L8150, L 8402, L 806, BPP50, BPP8500, FB44, 804-2, ML-1 805, AP2065
	羟基丙烯酸树脂	AU7093, AU3070, BF02, AU8356, L121, L2860B, L792A, L792B, AU5020, AU8860
	水性丙烯酸树脂	WK163, OPP-2, WP118
	氟碳改性的丙烯酸树脂	BF01, BF02, B-55, B44-40
常州市亚克利涂料树脂有限公司	热塑型丙烯酸树脂	F-1AA, F-01, F-02, F-03, F-04, F-01A, F-01C
	丙烯酸聚氨酯涂料	B-01, B-03, B-04, B-05, B-06
	氨基丙烯酸树脂	H-01, H-03, H-60, H-3060, 201A, 201B
桐乡市金字塔树脂有限公司	热固性丙烯酸树脂	3002, 3809, 6020, 6055, 3917, 3523
	羟基丙烯酸树脂	U-249, 2860, 2050, 3965, 3065, 307, 3010
	热塑性丙烯酸树脂	115, 9228, 3913A, 9225, S-30, 9258, 5192, 5100
	改性丙烯酸树脂	9908, 909, 943, 953, 9082, 222, 9801, 3806, 3402, B348PVDF

生产厂商	产品种类	牌 号
昆山三旺树脂有限公司	羟基丙烯酸树脂	SWU 3250, SWU 3550, SWU 3540, SWU 3530, SWU 3260A, SWU 3160, SWU 3460, SWU 3230, SWU 3032, SWU 3030, SWU 3722, SWU 3570, SWU 3790, SWU 3690, SWU 3780, SWU 3735, SWU 3770, SWU 3020, SWU 3220, SWU 3230, SWU 3075, SWU 3030
	热固性丙烯酸树脂	SWK 6010, SWK 6060, SWK 6110, SWK 6260, SWK 6010A, SWK 6070, SWK 6170, SWK 6075
	热塑性丙烯酸树脂	SWP 9020, SWP 9120, SWP 9550, SWP 9560, SWP 9070, SWP 9070A, SWP 9090, SWP 9060
石家庄鼎新力行科技有限公司	热固性丙烯酸树脂	AP-6590, AP-6050, AP-5025, AP-5066, AP-5048, AP-5041
	热塑性丙烯酸树脂	AV-4050, AV-3048, AV-5030, AV-5036
德国拜耳集团	羟基丙烯酸树脂	Desmophen▌ A 160 SN, A 160 X, A 165 BA/X, A 365 BA/X, A 450 MPA/X, A 565 X, A 575 X, A 665BA, A 760BA/X, A 870BA, A 960 SN, A XP 2412, A XP 2475, A XP 2588, A VP LS 2350
	辐射固化聚氨酯丙烯酸酯	Desmolux▌ U100, VP LS 2265, VP LS 2396, VP LS 2308, U375H, VP LS 2110, VP LS 2220, VP LS 2266, VP LS 2381, XP 2490, XP 2491, XP 2510, XP 2513, XP 2587, U200, VP LS 2299, VP LS 2337, XP 2609, XP 2614
江苏华伦化工有限公司	热塑性丙烯酸树脂	BD801A, BD801B, M133, BD811-2A, 8401, BD855, LH003
	热固性丙烯酸树脂	8104, 844, BD870, M136, BD806, BD816A, BD866-70, BD876
上海齐硕实业有限公司	热塑性丙烯酸树脂	QS-6100, QS-6150, QS-6160, QS-6162, QS-6170, QS-6170A, QS-6170B, QS-6180A, QS-6180A, QS-6192, QS-6192B, QS-6198, QS-621, QS-6215, QS-6226C
	热固性丙烯酸树脂	QS-268, QS-363, QS-683, QS-688, QS-7055, QS-7060, QS-7060A, QS-7260, QS7260A, QS-7260C, QS-7560
	羟基丙烯酸树脂	QS-1060, QS-1070, QS-2060, QS-2160, QS-280, QS-3065, QS-3065A, QS656
上海亚健塑料化纤厂	热固性丙烯酸树脂	AA991
温州博采化工有限公司	热固性丙烯酸树脂	NBS 79-B BX-95 DG-1
张家港市白玉兰涂料科技有限公司	水性丙烯酸树脂	ApA-518、ApA-528、ApA-538、ApA-818、ApA-828、ApA-838 和 ApA-858
珠海吉力化工企业有限公司	水性丙烯酸树脂	AC-830, AC-0304B, AC-719RG, WA-2008, WA-2007, WA-11
深圳市吉田化工有限公司	热固性丙烯酸树脂	SJ-06, SJ-04, MB-85
台昌树脂有限公司	热塑性丙烯酸树脂	TCE-1300, PR-113, TCV-110, TCA-6010-13, TCA-6026, TCE-7728, TCE-771, SA-10-8A
	水性丙烯酸树脂	TCSOL-167, TCE-1608, TCA-6026A-12

续表

生产厂商	产品种类	牌　号
上海朝宇化工 材料有限公司	热塑性丙烯酸树脂	AR-401，AR-402，AR-403
	热固性丙烯酸树脂	R-501，AR-502，AR-503，
	有机硅改性 丙烯酸树脂	SKA001，SKA002，SKA003，SKA004，SKD002
天津市三鸿专用 涂料有限公司	热塑性丙烯酸树脂	BA-5，SZ-10
	羟基丙烯酸树脂	OH-5，OH-6，0H-4
	热固性丙烯酸树脂	BX-05，BX-06，BX-09，BX-10，BX-11，BX-07，BX-04，BX-03，BX-13，BX-02
上海爱力金 涂料有限公司	热塑型丙烯酸树脂	A840，A901，A903，A905，A907，A850
	热固型丙烯酸树脂	A908，A906，A909，A870-1
	水性丙烯酸树脂	A806，A800
	羟基丙烯酸树脂	A970，A874，A937，A910
济南卡夫乐 化工有限公司	羟基丙烯酸树脂	CFU-6460，CFU-6680，CFU-6780，CFU-6260，CFU-6250，CFU-6032，CFU-6030，CFU-6060，CFU-6550，CFU-6020，CFU-2460，CFU-6560，CFU-6239，CFU-6230，CFU-6160，CFU-6150，CFU-6260A，CFU-6451，CFU-6460，WCFU-6570，CFU-6780，CFU-6370，CFU-6570，CFU-6690，CFU-6790，CFU-6675
	热塑型丙烯酸树脂	CFP5020，CFP5020A，CFP5120，CFP5060，CFP5084，CFP5550，CFP5560，CFP5580，CFP5130，CFP5080，CFP5170，CFP5070A，CFP5040，CFP5070，CFP5030
	热固型丙烯酸树脂	CFT3010，CFT3110，CFT3071，CFT3070，CFT3060，CFT3010A，CFT3050，CFT3110A，CFT3120，CFT3160，CFT3170，CFT3250
招远市旭 日化工厂	热固型丙烯酸树脂	CFU6030，CFU6032，CFU6160，CFU6230，CFU6250，CFU6250A，CFU6460，CF6570B，CFU6690，CFU6780，CFU6680，CFU6260，CFU6550
上海博立尔 化工有限公司	涂层用丙烯酸树脂	BM11，BM17，BM24E，BM44，BM51，BM52，BM60，BM61，BM65C，BM66，BM66D，MB-6-A，MB-8，MB-9，MB-10，MB-10-B，MB-12，MB-18-A，MB-22，MB-45，MB-311，BM56，BM70，BM99，MB-2，MB-4，MB-6，MB-6-1
	丙烯酸特种树脂	CR-01，CR-02，CR-03，CR-04，AR-01，SP-02，AR-II，SP-04，SP-07
江苏三木集团 有限公司	热塑性丙烯酸树脂	BS9260，BS1860，BS1206，BS2051A，BS1860-55，BS1206，BS2014，BS4013，BS4017，BS2350，BS2460，BS-1604，BS-1650，BS-2040-A，BS-2050，BS-2060，BS2150，BS2655，BS-103，BS-103-P，BS115，S-2060，BS-103-P，BS-103，BS115，S-2050
	热固型丙烯酸树脂	BS998D，BS9417B，BS8012，EA3842，EA400，BS998D，BS4214，BS9417，BS-961，BS-961-3，BS965，BS965-2，BS965-5，BS965-10，BS9960，BS960，BS113，S-8061，S-8070，S-8060
	羟基丙烯酸树脂	BS9415，BS965M，BS9240-3，BS8012，BS8013，BS9416，BS9418

生产厂商	产品种类	牌　号
上海新华树脂厂	热塑性丙烯酸树脂	4404，4191
	热固型丙烯酸树脂	4401，4220，4550，4440，8222，4230
	水溶性丙烯酸树脂	4000
锦西化工研究院	PMMA 板材	YB-2，YB-3，YB-4，YB-9，YB-M-2，YB-M-3，YB-DM-10，YB-DM-11，丁酯胶片
安庆月山化工有限公司	热塑性丙烯酸树脂	PUA-9012，PUA-9010，RA-RT，RA-RS，RA-FS，RA-F1
上海元邦树脂制造有限公司	溶剂型丙烯酸树脂	YP21-55C，YP21-55D，YP21-60，YP21-70，YP21-70L，YP22-65A，YP23-60，YP23-70Y，YP2050SH，YP2130A，YP2223，YP2224，YP2226，YP2420-3A
	热固型丙烯酸树脂	YP24-55A，YP2231，YP2301，YP2425B，YP2425BJ，YP2428，YP2428H
	热塑性丙烯酸树脂	YP26-55，YP28-52B，YP2650，YP2650C，YP2650DB，YP2660，YP26-55WG
台湾奇美实业股份有限公司	亚克力板材	CM-205X，CM-205，CM-207，CM-211
黑龙江龙新化工有限公司	PMMA 板材	LX-015、LX-025、LX-040、LX-040B、LX-060
广东同步化工股份有限公司	热塑性丙烯酸树脂	TB50066，TB52088，TB50285，TB50069，TB50060，TB45069，TP5598，TP5582，TP5580，TP5353，TP5350，TP5350B，TP5292，TP5100，TP5095，TP5085，TP5075，TP1074，TP5073，TP5071，TP5070，TP5060，TP5052，TP5531，TP5515，TP5510，TP60-4，TP5530，TP4826，TP5198，TP5192，TP5180，TP5180A，TP5171，TP5171A，TP5162，TP5160，TB55043P，TB50161，TB50025D-2，TB50024，TB50024B-3，TB51024，TB50828，TB50827，TB50826，TB50053，TB50042，TB50034，TB43826，TB50192F，TB45069，TB50069A
	热固型丙烯酸树脂	TP6059P，TP6054P，TP6051P，TP6046P，TP6045P，TP6044P，TP6040P，TP60319T，TP60146T，TP60060P，TP60042T，TP60042，TP60040T，TP60039T，TP60011T，TP5546P，TP5538P，TP75046T，TP70029，TP65399T，TP65041T，TP50725T
	羟基丙烯酸树脂	TB50044P，TB50023P，TB50019P，TB50018P，TB50015P，TB50016P，TB50026P，TB71060P，TB70023P，TB70078P，TB70031P，TB70016P，TB75048P，TB75057P，TB75030P，TB70554P，TB70553P，TB60026P，TB60021P，TB55030P，TB71060P，TB61060P，TB52163P，TB52164P，TB50452P，TB65633P，TB65632P，TB65029P，TB65027P，TB65026P，TB65065P，TB60230P，TP6563P，TP6039P，TP6028P，TP5033P

附录二 丙烯酸树脂关键加工设备国内主要制造商

北京赛德丽科技开发有限公司

四川成都常信源通用机械设备有限公司

四川成都市新都永通机械厂

成都瑞龙科技有限公司

成都常源机械设备有限公司

重庆宏达化工机电有限公司

郑州大洋金属结构制造有限公司

山东龙兴化工机械集团有限公司

威海汇鑫化工机械有限公司

青岛克顿塑料机械有限公司

青岛三为塑料机械有限公司

青岛浩赛特塑料机械有限公司

青岛华铭塑料机械有限公司

青岛华磊塑料机械有限公司

青岛福顺塑料机械有限公司

青岛中塑机械制造有限公司

无锡市政海石化设备有限公司

无锡太湖石化装备厂

无锡市锡山雪浪化工设备厂

无锡市恒达化工机械有限公司

无锡市凯拓化工成套设备厂

无锡南泉防腐化机厂

无锡云通石化装备有限公司

无锡压力容器印染设备有限公司

无锡太湖石化装备厂

无锡苏阳化工装备有限公司

无锡明燕集团有限公司

无锡市万钧石化装备厂

无锡市南泉化工成套设备厂

无锡八德石化装备有限公司

常州新泉塑料机械有限公司

苏州金纬机械制造有限公司

苏州德特自动化设备有限公司

杭州精工工业材料有限公司

上海宝碟塑料成套设备有限公司

上海尤曼机械设备有限公司

上海金纬挤出发泡技术有限公司

广州市联信塑料机械有限公司

广东佛山市金博源化工机械厂

佛山市金昶泰机械设备有限公司

深圳市腾创机电有限公司

附录三　丙烯酸树脂用原材料、助剂、引发剂主要生产厂商与牌号

1. 单体

单体	CAS 号	国内生产厂家	国外生产厂家
丙烯酸（AA）	79-10-7	桐乡市康普达生物科技有限公司 淄博市兴鲁化工有限公司 温州市化学用料厂 北京恒业中远化工有限公司 江苏裕廊化工有限公司 山东齐鲁石化开泰实业股份有限公司 北京东方石化公司东方化工厂 淄博丰仓化工有限公司 浙江日出化工有限公司 淄博市兴鲁化工有限公司 阿拉丁公司	美国罗姆哈斯公司 阿法埃莎化学有限公司 日本触媒 德国德固萨 韩国 LG 化学 美国陶氏化学
丙烯酸甲酯（MA）	96-33-3	江阴市东风化工总厂有限公司 江苏裕廊化工有限公司 山东齐鲁石化开泰实业股份有限公司 北京东方石化公司东方化工厂 扬子石化-巴斯夫有限责任公司 浙江日出化工有限公司 上海富蔗化工有限公司 淄博市兴鲁化工有限公司 江阴市东风化工总厂有限公司 阿拉丁公司	阿法埃莎化学有限公司 日本触媒 韩国 LG 化学 美国陶氏化学
丙烯酸乙酯（EA）	140-88-5	北京恒业中远化工有限公司 江阴市东风化工总厂有限公司 江苏裕廊化工有限公司 北京东方石化公司东方化工厂 淄博市兴鲁化工有限公司 上海富蔗化工有限公司 江阴市东风化工总厂有限公司 阿拉丁公司	阿法埃莎化学有限公司 韩国 SK 株式会社 日本触媒 美国罗姆哈斯公司 美国陶氏化学
丙烯酸正丁酯（n-BA）	141-32-2	北京恒业中远化工有限公司 江阴市东风化工总厂有限公司 济南裕兴精细化工有限公司 江阴市友基化工有限公司 江苏裕廊化工有限公司 山东齐鲁石化开泰实业股份有限公司 北京东方石化公司东方化工厂 扬子石化-巴斯夫有限责任公司 浙江日出化工有限公司 淄博市兴鲁化工有限公司 上海富蔗化工有限公司 江阴市东风化工总厂有限公司 阿拉丁公司	英国璐彩特国际公司 阿法埃莎化学有限公司 日本触媒 韩国 LG 化学 美国罗姆哈斯公司 美国陶氏化学

续表

单体	CAS 号	国内生产厂家	国外生产厂家
丙烯酸异丁酯 （i-BA）	106-63-8	上海富蔗化工有限公司 阿拉丁公司	阿法埃莎化学有限公司 Scientific Polymer Products, Inc. 日本触媒
丙烯酸月桂酯	57472-68-1		阿法埃莎化学有限公司 日本三菱化学
甲基丙烯酸十八酯		上海富蔗化工有限公司 常州驰源化工有限公司 阿拉丁公司	日本三菱丽阳株式会社 阿法埃莎化学有限公司 日本三井化学
丙烯酸-2-乙基己酯 （2-EHA）	103-11-7	江阴市东风化工总厂有限公司 江苏裕廊化工有限公司 扬子石化-巴斯夫有限责任公司 浙江日出化工有限公司 淄博市兴鲁化工有限公司 上海富蔗化工有限公司 阿拉丁公司	阿法埃莎化学有限公司 日本三井化学 韩国 LG 化学 美国罗姆哈斯公司 美国陶氏化学
甲基丙烯酸（MAA）	79-41-4	台湾塑胶工业股份有限公司 江苏三益化工有限公司 浙江日出化工有限公司 阿拉丁公司	阿法埃莎化学有限公司 日本三井化学 日本三菱丽阳株式会社 日本触媒
甲基丙烯酸甲酯 （MMA）	80-62-6	温州市化学用料厂 台湾塑胶工业股份有限公司 浙江日出化工有限公司 淄博市兴鲁化工有限公司 上海富蔗化工有限公司 阿拉丁公司 上海璐彩特公司 吉林石化丙烯腈厂 惠州三菱丽阳公司 吉化抚顺吉特化工公司 吉化苏州安利化工厂 黑龙江龙新化工公司 上海制笔化工厂 上海 Evonik 公司（前德固赛） 台湾高雄单体化工公司、 台湾台塑	美国罗姆哈斯、璐彩特国际、 美国德固赛、法国阿科玛 德国德固赛 -罗姆公司、 德国巴斯夫、意大利阿科玛、 西班牙雷普索尔-YPF、 英国璐彩特国际、 俄罗斯 Orgsteklo、 俄罗斯 saratovorgsintez、 日本三菱人造丝、 日本旭化成石化公司、 日本住友化学、日本可乐丽、 日本协同、 日本三菱瓦斯化学、 日本触媒、 新加坡 MMA Monomer、 韩国 LG-MMA、 韩国南海石化、 泰国曼谷公司
甲基丙烯酸烯丙酯 （AMA）	96-05-99	抚顺安信化学有限公司 北京恒业中远化工有限公司 上海富蔗化工有限公司 常州驰源化工有限公司 阿拉丁公司	阿法埃莎化学有限公司 日本三井化学 美国亨斯曼

单体	CAS 号	国内生产厂家	国外生产厂家
甲基丙烯酸乙酯	97-63-2	抚顺安信化学有限公司 温州市化学用料厂 阿拉丁公司	阿法埃莎化学有限公司 日本三井化学
甲基丙烯酸正丁酯 （n-BMA）	97-88-1	抚顺安信化学有限公司 温州市化学用料厂 北京恒业中远化工有限公司 浙江日出化工有限公司 淄博市兴鲁化工有限公司 上海富蔗化工有限公司 常州驰源化工有限公司 阿拉丁公司	阿法埃莎化学有限公司 日本三井化学 德国德固赛 美国亨斯曼
甲基丙烯酸异丁酯 （i-BMA）	97-86-9	抚顺安信化学有限公司 上海富蔗化工有限公司 常州驰源化工有限公司 阿拉丁公司	阿法埃莎化学有限公司 日本三井化学 日本触媒 美国亨斯曼 日本三菱丽阳株式会社
甲基丙烯酸环己酯 （CHMA）	101-43-9	抚顺安信化学有限公司 上海富蔗化工有限公司 常州驰源化工有限公司 阿拉丁公司	日本三菱丽阳株式会社 阿法埃莎化学有限公司 日本三井化学 日本触媒
甲基丙烯酸二甲基 氨基乙酯（DMAM）	2867-47-2	抚顺安信化学有限公司 上海富蔗化工有限公司 常州驰源化工有限公司 阿拉丁公司	日本三菱丽阳株式会社 日本三井化学
甲基丙烯酸-2-乙基 己酯（2-EHMA）	688-84-6	抚顺安信化学有限公司 北京恒业中远化工有限公司 常州驰源化工有限公司 阿拉丁公司	阿法埃莎化学有限公司 德国德固赛 美国亨斯曼
甲基丙烯酸二乙基 氨基乙酯（DEAM）	105-16-8	抚顺安信化学有限公司 上海富蔗化工有限公司 常州驰源化工有限公司 阿拉丁公司	德国德固赛
甲基丙烯酸异 冰片酯（IBOMA）	7534-94-3	常州驰源化工有限公司 北京东方石化公司东方化工厂 阿拉丁公司	日本三菱丽阳株式会社 日本三井株式会社 德国德固赛 德国德固赛
甲基丙烯酸月桂酯 （LMA）	142-90-5	上海昊化化工有限公司 上海富蔗化工有限公司 常州驰源化工有限公司 阿拉丁公司	日本三菱丽阳株式会社 百灵威科技有限公司

单体	CAS 号	国内生产厂家	国外生产厂家
丙烯酸-2-羟基乙酯 （HEA）	818-61-1	无锡市杨市三联化工厂 浙江日出化工有限公司 淄博市兴鲁化工有限公司 北京东方石化公司东方化工厂 上海富蔗化工有限公司 阿拉丁公司	阿法埃莎化学有限公司 日本触媒 美国亨斯曼 百灵威科技有限公司
丙烯酸-2-羟基丙酯 （HPA）	25584-83-2	无锡市杨市三联化工厂 浙江日出化工有限公司 淄博市兴鲁化工有限公司 北京东方石化公司东方化工厂 上海富蔗化工有限公司 阿拉丁公司	阿法埃莎化学有限公司 日本触媒 美国亨斯曼 百灵威科技有限公司
甲基丙烯酸-2-羟基乙酯（2-HEMA）	868-77-9	无锡市杨市三联化工厂 淄博市兴鲁化工有限公司 上海富蔗化工有限公司 阿拉丁公司	日本三菱丽阳株式会社 阿法埃莎化学有限公司 日本触媒 美国亨斯曼
甲基丙烯酸-2-羟基丙酯（2-HPMA）	27813-02-1	无锡市杨市三联化工厂 淄博市兴鲁化工有限公司 上海富蔗化工有限公司 阿拉丁公司	日本三菱丽阳株式会社 阿法埃莎化学有限公司 日本触媒 美国亨斯曼
甲基丙烯酸三氟乙酯	352-87-4	威海新元化工有限公司 阿拉丁公司	百灵威科技有限公司
甲基丙烯酸缩水甘油酯（GMA）	106-91-2	上海昊化化工有限公司 北京恒业中远化工有限公司 上海富蔗化工有限公司 阿拉丁公司	日本三菱丽阳株式会社 美国亨斯曼 百灵威科技有限公司
二甲基丙烯酸乙二醇酯（EGDMA）	97-90-5	抚顺安信化学有限公司 北京恒业中远化工有限公司 上海富蔗化工有限公司 阿拉丁公司	日本触媒 百灵威科技有限公司
二甲基丙烯酸1,4-丁二醇酯（BDDMA）	2082-81-7	抚顺安信化学有限公司 阿拉丁公司	日本触媒 百灵威科技有限公司
甲基丙烯酸甲氧基乙酯（MEMA）	6976-93-8	抚顺安信化学有限公司 阿拉丁公司	American Custom Chemicals Corp. Amfinecom Inc. 百灵威科技有限公司
二乙二醇单丙烯酸酯	13533-05-6	北京恒业中远化工有限公司 石家庄昊天化工有限公司	日本东京化成工业株式会社 Sigma-aldrich 阿法埃莎化学有限公司

2. 助剂

添加剂种类	生产厂商	牌 号
紫外线吸收剂	上海商景实业有限公司	UV-0, UV-9, BP-2, UV-24, UV-284, UV-531, BP-12, UV-328, Tinuvin1130, UV-1164, Tinuvin 5411, UV-1130, UV-1577, UV-234, UV-3030, UV-326, UV-327, UV-329
	台湾永光化学	Eversorb 10, Eversorb 11, Eversorb 12, Eversorb 13, Eversorb 51, Eversorb 71, Eversorb 71, Eversorb 73, Eversorb 74, Eversorb 75, Eversorb 76, Eversorb 77, Eversorb 78, Eversorb 79, Eversorb 80, Eversorb 81, Eversorb 109, Eversorb 234, Eversorb 82
	常山县海诚化工有限责任公司	UV-326, UV-327, UV-328, UV-P
	烟台市裕盛化工有限公司	UV-234, UV-326, UV-327, UV-328, UV-531, UV-329, UV-1577, UV-1164
	陵县微世化工新材料有限公司	UV-9, UV-531, UV-0
	宜兴市天使合成化学有限公司	UV-327, UV-531, UV-328, UV-9, UV-326
	南京迈达化学实业有限公司	UV-P, UV-531
	浙江常山科润化学有限公司	UV-P, UV-326, UV-327, UV-328, UV-329, UV-770, UV-360, UV-292, UV-320, UV-531, UV-571, UV-0, UV-1200, UV-1577, UV-1164, UV-765（292）, N-539, UV-123, UV-234, UV-9
	南京中庆化工有限公司	UV-81（531）, UV-P, UV-234, UV-320, UV-326, UV-327, UV-328, UV-329（5411）, UV-9, UV-3346
	上海创欣化学有限公司	UV-P, UV-531, UV-327, UV-328, UV-9（BP-3）, UV-329（5411）, UV-1130, UV-326
	南京华立明化学品有限公司	UV-320, UV-571, UV-234, UV-T, UV-328, UV-329, UV-531, UV-0, UV-9, UV-P, UV-326, UV-327
	广州志一化工有限公司	UV-P, UV-326, UV-327, UV-328, UV-329, UV-1130, UV-531, UV-9
	杭州欣阳三友精细化工有限公司	UV-1200, UV-1577, UV-1164, UV-765, N-539, UV-123, UV-234, UV-120, UV-350, UV-366, UV-1084, UV-3346, UV-1130, UV-384:2, UV-312, UV-1, UV-2, UV-360, UV-292, UV-531, UV-571, UV-0, UV-P, UV-326, UV-327, UV-328, UV-329, UV-770, UV-320, BP-1, BP-2, BP-3, BP-4, BP-6, BP-9, BP-8, BP-12, UV-3853, UV-2908, UV-3529, UV-651, UV-783, UV-3638, UVT-150, UV-9
	河北辛集市泰达石化有限公司	UV-0, UV-9, UV-531
	上海金锦乐实业有限公司	UV-531
	南京华立明科工贸有限公司	UV-0, UV-531, UV-9, UV-P, UV-326, UV-327, UV-328, UV-329, UV-T, UV-234, UV-571, UV-320
	威海金威化学工业有限公司	UV-234, UV-320, UV-326, UV-327, UV-328, UV-329, UV-360, UV-770
	襄樊市裕昌精细化工有限公司	UV-2002, UV-1084, UV-234, UV-329, UV-360, UV-P, UV-944, UV-9, UV-531, BP-4, UV-3346
	青岛市海大化工有限公司	UV-326, UV-327, UV-531, UV-P

续表

添加剂种类	生产厂商	牌　号
光稳定剂	上海商景实业有限公司	292，622，770，944，802
	上海创欣化学有限公司	光稳定剂 770，944，292，622
	北京加成助剂研究所	GW-326，GW-327，GW-622，GW-531，GW-508，GW-944，GW-480，GW-9，GW-1401，GW-1402，JC-1302
	宿迁联盛化学有限公司	944，622，783，770，791
	北京市化学工业研究所	光稳定剂 770，6911，BW-10LD
	衢州市瑞尔丰化工有限公司	光稳定剂 770，944，123
	南京中庆化工有限公司	944、622、770、783、791、292、765
	广州志一化工有限公司	GW-770，GW-944，GW-622，GW-292
	南京华立明化学品有限公司	622，770，944，802
	台湾永光化学	Eversorb 60，Eversorb 91，Eversorb 90，Eversorb 93，Eversorb 94，Eversorb 765，Eversorb AQ1，Eversorb AQ2，Eversorb AQ3，Eversorb AQ4，Eversorb UR210，Eversorb 270，Eversorb 83，Eversorb 84
	宜兴市天使合成化学有限公司	292，770，783，944，2002，622
	南京迈达化学实业有限公司	770
	烟台市裕盛化工有限公司	光稳定剂 622，781，770，783，944
	无锡昂承进出口有限公司	622，770，783，944，292，1084
抗氧剂	北京化学工业研究所 安徽威驰化工责任有限公司 常州佳通化学有限公司	Antioxidant168，626，439，1098，B215，B225，B561，B900，BHT，T501，264，300，311，2246，44PD，1010，1076，JT-315
	江苏飞亚化学工业有限责任公司	BLE，BLE-W，KY-405，BLE-C，SP，AM，ODA，DFC-34
	烟台市裕盛化工有限公司	抗氧剂 YS40，YS1790，YS245，DOHQ
	南通新长化学有限公司	MC445，995，616，KY405，996 KY405，MC445，995，996，616，SP，BLE，ODA
	北京迪龙化工有限公司	抗氧剂-1010，1076，168，B900，B215，B225
	宿迁联盛化学有限公司	抗氧剂 3114，1010，168

添加剂种类	生产厂商	牌　　号
抗氧剂	吉林省九新实业集团化工有限公司	TNPP, 2088, 1010, 1076, SP-T
	北京市化学工业研究所	B215, B225, B561, B900, 抗氧剂 N, PL-440（MDW-439）, PL-34（ULTRANOX626）, PL-10（Irgafos168）
	临沂市三丰化工有限公司	抗氧剂 SONOX 1010, SONOX 1076, SONOX 3, 5 甲酯, SONOX 1098, SONOX 702, SONOX 1024, SONOX 264, SONOX 245, SONOX 1135, SONOX 1330, SONOX 168, SONOX 626, SONOX 2, 6-二叔丁基苯酚, SONOX 2, 4-二叔丁基苯酚, SONOX 733A, SONOX 246, SONOX 733, SONOX 225, SONOX 561, SONOX 6021A, SONOX 900, SONOX 6011A, SONOX 6921 SONOX 6500, SONOX 6225, SONOX 1171, SONOX 911, SONOX 627A, SONOX 21, 5 SONOX 7000, SONOX 6011, SONOX 6215, SONOX 921, SONOX 6021, SONOX 220, SONOX DSTDP, SONOX DLTDP
	广州志一化工有限公司	264, 246, 303, 346, 525, 235, 446, TM-923, 430, 920, 614, 436, 2030, 2018, 2039, 2068, DPDP, 3026, 3019
	安徽威驰化工责任有限公司	抗氧剂 44PD, 4720
	北京极易化工有限公司	JY-1010, JY-1976, JY-3114, JY-1135, JY-245, JY-168, JY-626, JY-215, JY-220, JY-225, JY-561, JY-900, JY-911, JY-921, JY-9225, JY-3126, JY-3127, JY-6225, JY-702, T-502, T-502A, BHT, JY-DLTDP, JY-DSTDP
	金海雅宝化工有限公司	PW-9215, AT-10, AT-76, AT-702, AT-733, AT-3114, AT-1135, AT-245, BHT, AT-168, AT-626, AT-900, PW-9225B, AT-215, AT-225, AT-220, AT-911, AT-900, AT-561, AT-921, PW-9225, PW-9215
	北京加成助剂研究所	KY-1010, KY-1076, DLTP, DSTP, PKY-168, KY-242, B215, JC-1135, B225, B900, KY-1035, KY-1098, JC-930, JC-1301
	上海商景实业有限公司	1010, 1076, 168, 264, 1098, 2264, 300, 311, DLTP, DSTP
	淄博祥东化工有限公司	抗氧剂 1010, 1076, 264, 168, DSC1507, DSC01504, DSC01501, DSC00118
	宜兴市天使合成化学有限公司	抗氧剂 DLTP, T501, 4426, 1098, 1024, 626, 168, B900, DSTP, 2246, DSTDP, 1076, 1010, 618, DTBHQ, B215, B225
	南京迈达化学实业有限公司	BHT, T501, 1010
	南京中庆化工有限公司	1010、1076、1520、1035、1135、245、3125、1222、1330、3114、1098、300（TBM6）、BHT、168、PS800、PS802、TNPP、PEPQ B215、B225、B561、B900、B835、B1171、GX2215、GX2225、GX2251、GX2411、GX292、XP420、XP490、XP620、XP621
	南京宁康化工有限公司	BHT, T501, 264, 2246, 2246-S, 2246-2S
	南京华立明化学品有限公司	1010, 1076, 168, 264, 1098, 2246, 300, 311, B102, DLTP, DSTP, B215, B225, B900

续表

添加剂种类	生产厂商	牌　号
抗氧剂	杭州欣阳三友精细化工有限公司	1024, 1098, 245, 1520, 1135
	上海昊化化工有限公司	264, T501
	南京隆燕化工有限公司	BHT, 264, T501, 2246
	上海金锦乐实业有限公司	264, T501,　 BHT
	南京华立明科工贸有限公司	1010, B102, 300, 311, DLTP, DSTP, B215、B225、B900, 1076, 168, 264, 1098, 2246
	东莞市晨龙塑胶原料贸易部	3919, 1010, 1076, DP-550
	威海金威化学工业有限公司	405, 264, 1024, AO-1098
	上海创欣化学有限公司	抗氧剂 CX-B65, 2246, CX-TOP, CX-68, 1010, 1076, 168, 1135, 245
	南京米兰化工有限公司	抗氧剂 264（BHT）, 2246, 2246-A, 1010, 1076, 1098, 1010-A, 1024, 264（BHT）
	襄樊市裕昌精细化工有限公司	300
抗静电剂	南京中庆化工有限公司	129、154、163、190、P22
	北京迪龙化工有限公司	TD-T1501
	杭州久灵化工有限公司	抗静电剂 HDC-1800, HDC-350, HDC-320, HDC-308, HDC-201, HDC-200, HDC-103, HDC-102, PK, HJL-400, MOA-3PK, SN, HJL-103, HJL-102, HJL-200, HJL-201, HJL-308, HJL-350, HJL-320
	南通市晗泰化工有限公司	抗静电剂 SN, MOA-3PK, APEK, B
	北京恒瑞硕源科技有限公司	RLC-30, RLC-10, RLB-30, RLA-60, RLA-50, RLA-40, RLA-30, RLA-20
	桑达化工（南通）有限公司	抗静电剂 SN, B, MOA3PK, SD-TM
	江苏省海安石油化工厂	抗静电剂 SN, B
	上海金山经纬化工有限公司	SH-105
	海安县华思表面活性剂有限公司	MOA-3P, TX P -4,　 TX P -10, MA24P, 抗静电剂 B, 抗静电剂 P, 抗静电剂 PK, MOA3PK, TXP-100, SN
	江苏省海安石油化工厂	抗静电剂 SN, 抗静电剂 B
	杭州临安德昌化学有限公司	HDC-1800 HDC-350 HDC-320

添加剂种类	生产厂商	牌　号
光固化剂	南京中庆化工有限公司	光固化剂 1173、184、907、BDK
	武汉欧拜科技有限公司	T31
	深圳吉田化工有限公司	T-31，364
	无锡凯福化工有限公司	呔毕克，赛克，MB 68，MB 31，412，TP 3329
光引发剂	荆门市昱奎化工有限责任公司 上海奇钛化工科技有限公司 上海市宝润化工有限公司	光引发剂 ITX，DETX，TPO，TGIC，EDB，DMI，EHA，1173，BMS，184，EB168 Gencure MBB，MBP，2959，MBF
	上海商景实业有限公司	ITX，DETX，TPO，TGIC，EDB，DMBI，EHA，1173，BMS，184，EB168，651，907
	上海创欣化学有限公司	光引发剂-184，1173，907，651
	无锡昂承进出口有限公司	Achcure -BP，Benzoin，Benzil，651，BCIM，EHA，TPO，OBM，500，BMS，EDB，MBF，EAQ，TPO-L，1173，ITX，907，184，TBP，EMK，MBP，PBP
增塑剂	东莞市晨龙塑胶原料贸易部	DOP，DINP，S-711，DOA，S-160（BBP）
	埃克森美孚化工	佳发™DINP，DIDP，DIUP，MB10
	南通市宝城增塑剂科技有限公司	DX-360，T-160，对苯二甲酸二辛酯（DOTP）
	濮阳县亿丰新型增塑剂有限公司	DEDB，450 酯增塑剂 邻苯二甲酸二丁酯（DBP）邻苯二甲酸二辛酯（DOP）癸二酸二辛酯（DOS）
	兰溪市万盛达化工有限公司	三甘醇二异辛酸酯增塑剂
	厦门海湾化工有限公司	环保型增塑剂（DEDB）
	上海三司化工有限公司	DOP、ESO、环氧大豆油、二辛酯、环氧增塑剂、环氧酯增塑剂、癸二酸二辛酯、己二酸二辛酯、偏苯三酸三辛酯
	苏州金忠化工有限公司	甲苯磺酰胺-甲醛树脂，甲苯磺酰胺甲醛树脂-醋酸丁酯溶液，对甲苯亚磺酸钠（SPTS），苯磺酰胺，邻，对甲苯磺酰胺（O/PT-SA），对甲苯磺酰胺（PTSA），对甲苯磺酰氯（PTSC）

3. 引发剂

引发剂	CAS号	生产厂商
过氧化二苯甲酰（BPO）	94-36-0	江苏泰州市远大化工原料有限公司 江苏省金坛市西南化工研究所 阿法埃莎（天津）化学有限公司 山东邹平恒泰化工有限公司 江苏远洋化学股份有限公司 阿拉丁公司 浙江上虞绍风化工有限公司 姜堰市海翔化工有限公司 兰州助剂厂 天津市福晨化学试剂厂 国药集团化学试剂有限公司
过氧化二月桂酰	105-74-8	阿拉丁公司 国药集团化学试剂有限公司 江苏强盛功能化学股份有限公司 兰州助剂厂
过氧化-2-乙基己酸叔丁酯	3006-82-4	江苏远洋化学股份有限公司 山东富安集团农药有限公司 浙江上虞绍风化工有限公司 兰州助剂厂
过氧化-2-乙基己酸叔戊酯	686-31-7	浙江上虞绍风化工有限公司 兰州助剂厂 山东富安集团农药有限公司
过氧化-2-乙基己基碳酸叔丁酯	34443-12-4	浙江上虞绍风化工有限公司兰州助剂厂 兰州助剂厂
过氧化-2-乙基己酸碳酸叔戊酯	70833-40-8	浙江上虞绍风化工有限公司 兰州助剂厂
过氧乙酸叔丁酯	107-71-1	阿法埃莎（天津）化学有限公司 江苏远洋化学股份有限公司 阿拉丁公司 兰州助剂厂 姜堰市海翔化工有限公司
过氧化苯酸叔丁酯（TBPB）	614-45-9	江苏泰州市远大化工原料有限公司 山东邹平恒泰化工有限公司 阿法埃莎（天津）化学有限公司 江苏远洋化学股份有限公司 兰州助剂厂 浙江上虞绍风化工有限公司 阿拉丁公司 山东富安集团农药有限公司 姜堰市海翔化工有限公司 国药集团化学试剂有限公司

引发剂	CAS 号	生 产 厂 商
过氧化-3,5,5-三甲基己酸叔丁酯	13122-18-14	江苏远洋化学股份有限公司 浙江上虞绍风化工有限公司 兰州助剂厂 焦作鑫益化工有限公司
叔丁基过氧化氢（TBHP）	75-91-2	江苏泰州市远大化工原料有限公司 姜堰市海翔化工有限公司 浙江上虞绍风化工有限公司 山东富安集团农药有限公司 国药集团化学试剂有限公司 山东富安集团农药有限公司 兰州助剂厂
异丙苯过氧化氢	80-15-9	国药集团化学试剂有限公司 阿拉丁公司 兰州助剂厂
二叔丁基过氧化物（DTBP）	110-04-4	江苏泰州市远大化工原料有限公司 阿法埃莎（天津）化学有限公司 江苏远洋化学股份有限公司 姜堰市海翔化工有限公司 浙江上虞绍风化工有限公司 山东富安集团农药有限公司 兰州助剂厂
1,1-二叔丁基过氧化环己烷	3006-86-8	江苏远洋化学股份有限公司 兰州助剂厂 山东富安集团农药有限公司
过氧化二碳酸二（2-乙基己酯）	16111-62-9	连云港市金圆农化有限公司 阜宁达玲化工有限公司 兰州助剂厂 盐城顺恒化工有限公司 山西新天源医药化工有限公司 焦作鑫益化工有限公司
过氧化新癸酸叔丁酯		兰州助剂厂 阜宁达玲化工有限公司 焦作鑫益化工有限公司 浙江上虞绍风化工有限公司 山东富安集团农药有限公司
偶氮二异丁腈	78-67-1	天津市福晨化学试剂厂 国药集团化学试剂有限公司 阿拉丁公司 牡丹江市平安化工厂 浙江东越化工有限公司 湖南株洲诚业九通化工有限公司 山东海明化工有限公司 山东恒佳药化有限公司

续表

引发剂	CAS 号	生 产 厂 商
偶氮二异丁腈	78-67-1	常州市耕耘化工有限公司 上海市四赫维化工有限公司 桓台县春光化工有限公司 成都市科龙化工试剂厂 上海实验试剂有限公司 济南市鲍山化工厂 上海富蔗化工有限公司 上海海曲化工有限公司 淄博春旺达化工有限公司 北京化工厂 淄博聿铎化工有限公司 常州市傲华化工有限公司 沈阳化学试剂厂
偶氮二异戊腈	13472-08-7	上海市四赫维化工有限公司 桓台县春光化工有限公司 阿拉丁公司 上海富蔗化工有限公司 上海海曲化工有限公司 淄博春旺达化工有限公司 淄博聿铎化工有限公司 杭州鼎越化工有限公司
偶氮二异庚腈	4419-11-8	山东恒佳药化有限公司 上海试四赫维化工有限公司 桓台县春光化工有限公司 阿拉丁公司 杭州鼎越化工有限公司 上海富蔗化工有限公司 上海海曲化工有限公司 淄博春旺达化工有限公司 北京化工厂 淄博聿铎化工有限公司

附录四　有关丙烯酸树脂的出版物

[1]　[日]大森英三著. 功能性丙烯酸树脂. 张育川等译. 北京：化学工业出版社，1993.
[2]　陶子斌. 丙烯酸生产与应用技术. 北京：化学工业出版社，2007.
[3]　汪盛藻. 丙烯酸涂料生产实用技术问答. 北京：化学工业出版社，2007.
[4]　汪长春，包启宇. 丙烯酸酯涂料. 北京：化学工业出版社，2005.
[5]　国防科学技术工业委员会. 飞机用丙烯酸酯防滑涂料规范. 北京：国防科工委军标出版发行部，2001.
[6]　张军营. 丙烯酸酯胶黏剂. 北京：化学工业出版社，2006.

[7]　张登侠．聚丙烯酸酯类透明塑料．北京：石油化学工业出版社，1975.

[8]　[日] 大森英三著．丙烯酸酯及其聚合物．朱传启译．北京：化学工业出版社，1985.

[9]　水性紫外光（UV）固化树脂水溶性不饱和聚酯丙烯酸酯树脂．北京：中国标准出版社，2009.

[10]　马占镖．甲基丙烯酸酯树脂及其应用．北京：化学工业出版社，2002.

[11]　孙道兴，魏燕彦．涂料调制与配色技术．北京：中国纺织出版社，2008.

[12]　魏杰，金养智，光固化涂料．北京：化学工业出版社，2005.

[13]　张知先．合成树脂与塑料牌号手册．第三版．北京：化学工业出版社，2006.

[14]　吕常钦．丙烯酸及酯生产与管理．北京：中国石化出版社，2009.

[15]　汉斯乌利奇·彼得厄特著．尤特奇（聚甲基丙烯酸酯）应用技术指南．平其能，张灿译．北京：化学工业出版社，2009.

[16]　中华人民共和国国家标准（GB/T 15597.1—2009/ISO 8257-1：1998 代替 GB/T 16502—1995）：塑料　聚甲基丙烯酸甲酯（PMMA）模塑和挤塑材料，第1部分：命名系统和分类基础．北京：中国标准出版社，2009.

[17]　杨建文，曾兆华，陈用烈．光固化涂料及应用．北京：化学工业出版社，2006：5-13.

[18]　H. 瓦尔森，C. A. 芬奇著．合成聚合物乳液的应用．成国祥，旁兴收，刘超等译．北京：化学工业出版社，2004.

[19]　陈用烈，曾兆华，杨建文．辐射固化材料及其应用．北京：化学工业出版社，2003：5-13.

[20]　翟海潮，李印柏，林新松，王兵．实用胶黏剂配方手册．北京：化学工业出版社，2000.

[21]　沈开，不饱和聚酯树脂及应用．北京：化学工业出版社，2005.

[22]　王孟钟，黄应昌．胶黏剂应用手册．北京：化学工业出版社，1993.

[23]　王慎敏．胶黏剂合成、配方设计与配方实例．北京：化学工业出版社，2004.

[24]　翟海潮．实用胶黏剂配方及生产技术．北京：化学工业出版社，2000.

[25]　管蓉，鲁德平，杨世芳．玻璃与陶瓷胶黏剂及粘接技术．北京：化学工业出版社，2004.

[26]　贺曼罗．建筑结构胶黏剂施工应用技术．北京：化学工业出版社，2001.

[27]　肖卫东，何培新，张刚升，曹杰．电子电器用胶黏剂，北京：化学工业出版社，2004.

[28]　戈进杰．生物降解性高分子材料及其应用．北京：化学工业出版社，2002.

[29]　郑玉峰，李莉．生物医用材料学．哈尔滨：哈尔滨工业大学出版社，2005.

[30]　焦剑，姚军燕．功能高分子材料．北京：化学工业出版社，2007.

[31]　姚治邦．水工建筑材料常用配方．南京：河海大学出版社，1991.

[32]　Holden G. 热塑性弹性体．付志峰译．北京：化学工业出版社，2000.

[33]　张洪敏，侯元雪．活性聚合．北京：中国石化出版社，1998.

[34]　曹同玉，刘庆普，胡金生．聚合物乳液合成原理、性能及应用．北京：化学工业出版社，2007.